CRISTALLOGRAPHIE

CRISTALLOGRAPHIE

DÉFORMATION DES CORPS CRISTALLISÉS
GROUPEMENTS
POLYMORPHISME — ISOMORPHISME

PAR

Fred. WALLERANT

Membre de l'Institut.
Professeur de Minéralogie à la Sorbonne.

PARIS

LIBRAIRIE POLYTECHNIQUE CH. BÉRANGER, ÉDITEUR

15, RUE DES SAINTS-PÈRES, 15

MAISON A LIÉGE, 21, RUE DE LA RÉGENCE

—

1909

PRÉFACE

Les deux premiers volumes du *Traité de Cristallographie*
publiés par Mallard en 1884 renferment l'exposé de nos connaissances sur celles des propriétés physiques des corps cristallisés, dont l'étude pouvait être considérée à cette époque
comme arrivée au terme de son développement. Pour pouvoir
pousser plus loin les recherches, il fallait attendre que les
sciences connexes eussent fait un nouveau pas en avant,
de façon à ouvrir de nouvelles voies, de façon à faire connaître d'autres méthodes d'investigation. Le moment était
donc bien choisi pour faire un exposé complet de l'état de la
science à leur sujet. Aussi le succès de cet ouvrage fut-il considérable et il contribua puissamment à vulgariser les résultats
accumulés depuis le commencement du xixe siècle dans le
domaine de la cristallographie. Et cependant cet ouvrage ne
contenait l'exposé d'aucune des questions qui ont fait l'objet
de recherches personnelles de la part de Mallard. Aussi atten-
dait-on avec impatience la publication d'un troisième volume,
lorsque Mallard mourut subitement, sans laisser le manus-
crit que l'on croyait terminé. C'est qu'en effet la coordination
des résultats établis par Mallard n'était pas possible : le lien
qui devait les réunir n'était encore qu'ébauché par Sohncke

dans son ouvrage : *Entwikellung der Structur*. C'est à Schœnfliess et à Lehmann que l'on doit d'avoir établi, par des
recherches en apparences contradictoires, les résultats théoriques et expérimentaux qui devaient nous éclairer d'une
façon définitive sur la structure des corps cristallisés et nous
faciliter ainsi les bases d'une coordination et d'une explication de tout un ensemble de propriétés. Tandis que Schœnfliess et von Fedorow donnaient une théorie complète et définitive, sinon dans la forme du moins dans le fond, de la structure des corps dont les éléments constituants sont soumis à
la répartition réticulaire, Lehmann montrait que cette répartition pouvait faire défaut dans les corps cristallisés, que les
faces planes, les plans de clivage étaient seuls sous sa dépendance : ce qui diminue beaucoup son importance.

Mais à côté de ces travaux concernant plus particulièrement
la structure des corps cristallisés, beaucoup d'autres ont été
publiés sur les différentes propriétés physiques et dans le cours
de cet ouvrage nous aurons l'occasion d'en citer les auteurs.
Cependant, parmi les savants qui ont ainsi apporté des docu-
ments pouvant confirmer ou infirmer les explications relatives
à ces propriétés, il faut citer en première ligne. M. Wyrouboff.
Au cours de ses recherches soit d'ordre chimique, soit d'ordre
physique, ce savant eut l'occasion de faire des observations
aussi nombreuses qu'originales, ayant toutes une portée théorique. Dans le domaine des faits et des observations, il a contribué plus qu'aucun autre au développement de la cristallographie. Qu'il s'agisse du polymorphisme, de l'isomorphisme,
des propriétés optiques, partout on se trouve en présence de
résultats d'une importance capitale dus au minéralogiste
français.

Depuis Mallard l'état de la science qui nous intéresse s'est
donc profondément modifié, et il m'a semblé que le moment

était venu de faire un exposé d'ensemble de nos connaissances
sur toute une série de propriétés dont on ne parle qu'incidemment dans les ouvrages de minéralogie ou de cristallographie. J'ai été ainsi amené à coordonner les résultats des
recherches que j'ai publiées depuis une dizaine d'années. Ces
résultats, quoique se rapportant à des sujets très variés, concordent de la façon la plus heureuse et peuvent par suite servir
de base à un corps de doctrines de la plus grande simplicité.
Bien entendu les conceptions théoriques, servant de base à
la coordination n'ont qu'une valeur momentanée : il est à
prévoir que de nouvelles découvertes les mettront en défaut,
comme cela a eu lieu pour les conceptions de nos devanciers.
Mais nous n'avons à nous préoccuper que des faits actuellement
connus, tout en restant prêts à modifier nos idées, quand de
nouveaux résultats nous en montreront la nécessité.

CRISTALLOGRAPHIE

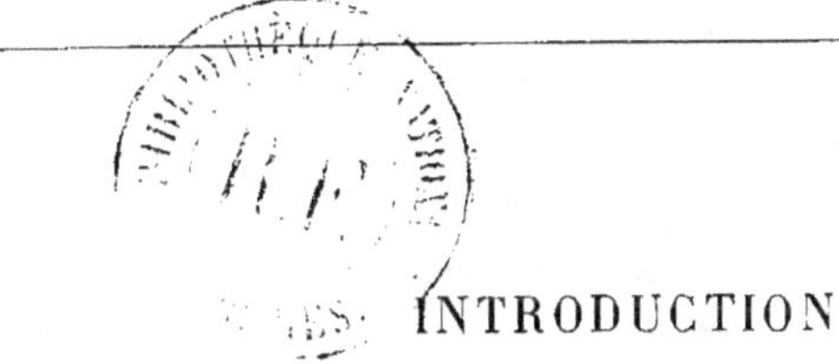

INTRODUCTION

§ 1. — Structure des corps cristallisés

Dans la plupart des ouvrages de minéralogie, on trouvera un exposé de la théorie de Bravais sur la structure des corps cristallisés solides : cette théorie consiste à considérer ces corps comme constitués de molécules chimiques, toutes orientées parallèlement et réparties sur les nœuds d'un système réticulaire. Cette conception du corps cristallisé permet d'expliquer toutes les particularités des formes cristallines des cristaux, c'est-à-dire des corps cristallisés limités par des faces planes, mais elle reste impuissante devant bien des propriétés, et l'on a cherché à obvier à cet inconvénient en la généralisant, en la modifiant, tout en lui conservant ses avantages.

Le but de cette introduction n'est pas de faire un exposé complet des nouvelles théories mathématiques, qui ne paraissent pas applicables dans leur généralité, mais d'indiquer la structure que l'on est amené à attribuer aux corps cristallisés en s'appuyant sur les faits actuellement connus.

A vrai dire, bien des propriétés de ces corps restent encore inexpliquées, et il est évident que parallèlement au développement de nos connaissances, nos idées sur leur structure pourront se modifier ; il ne s'agit donc pas d'exposer une théorie, que l'on considère comme définitive, mais uniquement de rechercher l'hypothèse, qui, pour le moment, rend le mieux compte des faits connus, permet de les grouper le plus simplement, tout en restant prêt à modifier nos idées quand on apportera des faits nouveaux ou des raisons valables.

Rappelons d'abord ce que l'on entend par corps cristallisé : un tel corps est homogène, c'est-à-dire qu'il possède les mêmes propriétés en tous ses points et suivant toutes les directions parallèles, ce qui exclut de la définition les roches comme le marbre ou le granit, qui sont bien cristallisées, mais qui doivent être considérées comme des associations de cristaux.

En second lieu, un tel corps est anisotrope en vertu de sa structure même, c'est-à-dire que ses propriétés suivant des droites et des plans non parallèles ne sont pas identiques en général. Ne rentrent donc pas dans la définition les corps dont l'anisotropie est due à l'action de forces extérieures, ou à la présence dans leur masse de corps étrangers, tel le verre comprimé, la cellulose, etc.

Les corps cristallisés peuvent présenter tous les degrés de cohésion : les uns sont solides, les autres relativement mous comme l'azotate d'ammonium, le camphre, etc. ; ils peuvent être mous comme le chlorhydrate de térébenthène, avoir la consistance de l'huile d'olive comme l'oléate d'ammoniaque, enfin ils peuvent être liquides comme le p-azoxyanisol, etc. Les cristaux d'oxyhémoglobine sont un exemple très frappant de variation de consistance : frais ils sont mous comme de la cire ; exposés à l'air, ils deviennent solides et cassants sans que les autres propriétés soient modifiées. Mais s'ils sont solides, les corps cristallisés sont susceptibles de posséder des propriétés spéciales : ils peuvent être limités par des faces planes, satisfaisant à certaines lois, et on leur donne alors le nom de cristaux.

Nous venons de dire que dans les corps cristallisés, les propriétés variaient avec la direction considérée ; c'est un point qu'il faut préciser, car d'après certaines particularités, ces propriétés se répartissent en deux groupes nettement distincts. D'une part la vitesse de la lumière, la dilatation, la conductibilité calorifique, la conductibilité électrique, la magnétique, etc., varient suivant la direction, mais ces variations sont continues quand la direction change elle-même progressivement. Au contraire, on rencontre dans les corps solides des propriétés qui varient d'une façon discontinue : si un plan est susceptible d'être une face, il n'en est pas de même des plans infiniment voisins ; si un corps cristallisé possède un plan de clivage, cette propriété ne se retrouve pas, même atténuée, dans les plans voisins ; enfin, les arêtes d'un cristal font toujours entre elles des angles finis. Il y a donc, comme on le voit, une distinction profonde entre ce groupe de propriétés et le précédent.

Mais il n'en faudrait pas conclure que les propriétés du second groupe caractérisent les véritables corps cristallisés, les substances ne possédant que les propriétés du premier groupe devant être considérées comme appartenant à une classe spéciale, distincte de celle des corps amorphes et de celle des corps cristallisés. Ce serait là une classification artificielle, car certains corps, suivant les conditions de cristallisation, peuvent présenter ou ne pas présenter ces propriétés du second groupe sans que les autres propriétés soient modifiées.

Or, consciemment ou non, les auteurs qui se sont occupés de la structure cristalline, se sont appuyés exclusivement sur les propriétés du second groupe, sur les propriétés des formes cristallines, pour établir leurs théories. Cela, d'ailleurs, se comprend facilement, si l'on songe que les lois auxquelles satisfont ces formes cristallines, sont susceptibles de recevoir une expression mathématique très simple, se prêtant facilement aux déductions.

Au contraire, nous ignorons le plus souvent les conditions de structure nécessaires pour qu'un corps présente les propriétés du premier groupe. On sait bien que si la matière est répartie symétriquement autour d'un axe d'ordre 3 ou 4, le cristal sera uniaxe au point de vue optique ; mais ce n'est qu'une solution particulière : bien des cristaux sont uniaxes pour une couleur sans que nous puissions en retrouver la cause dans la structure. Si nous connaissons les conditions que doit remplir un cristal uniaxe pour faire tourner le plan de polarisation, il n'en est pas de même pour un cristal cubique ou pour un biaxe. Il serait facile de multiplier ces exemples. Il est donc tout naturel que les cristallographes se soient appuyés sur les propriétés du second groupe, se contentant de vérifier que leurs résultats ne sont pas en désaccord avec celles du premier. Mais il s'en est suivi que peu à peu les esprits, même les plus clairvoyants, se sont écartés de la définition des corps cristallisés et ont considéré la discontinuité de certaines propriétés comme essentielle et caractéristique de l'état cristallisé. Aussi, quand M. Lehmann annonça la découverte de cristaux liquides, ce fut un tolle général. Il fallut à ce savant vingt-cinq ans de travail assidu, de recherches les plus minutieuses pour arriver à battre en brèche les idées préconçues, et à convaincre le monde savant que les corps cristallisés peuvent présenter tous les degrés de cohésion.

La découverte de M. Lehmann est certainement une des plus importantes du siècle dernier ; ses conséquences sont nombreuses et de premier ordre ; elle permet, en particulier, comme on le verra dans la suite, de préciser nos connaissances sur la structure des corps cristallisés.

Haüy et ses prédécesseurs ont reconnu, grâce à de nombreuses observations, que les faces des formes cristallines satisfaisaient aux lois suivantes, qu'il est inutile d'expliquer ici :

Loi de la convexité des angles dièdres.

Loi de la constance de ces angles.

Loi des indices rationnels.

Loi de symétrie.

Haüy rechercha la structure susceptible d'expliquer ces lois, et trouva dans la considération des plans de clivage le point de départ de sa théorie. Si un corps cristallisé possède trois plans de clivage non parallèles à une même droite, il peut être divisé en parallélépipèdes de plus en plus petits, et Haüy admet que cette division peut être poussée jusqu'à l'élément constituant, qui, lui, ne peut être divisé sans perdre les propriétés caractéristiques du corps. Cet élément constituant se trouve donc avoir la forme d'un parallélépipède et le corps est constitué d'une infinité de ces parallélépipèdes juxtaposés. Cette théorie permet d'expliquer les propriétés des formes cristallines holoédriques, mais elle reste impuissante devant les formes mériédriques, comme l'a montré Delafosse.

Dans cette conception du corps cristallisé, le mode de répartition des éléments constituants est imposé par leur forme même, puisque chaque parallélépipède est accolé à un autre et à un seul autre par chacune de ses faces. Pour Bravais, l'élément constituant est la molécule chimique, et il suppose que dans chacun des parallélépipèdes de Haüy, il se trouve une de ces molécules, toutes les molécules étant parallèlement orientées : il établit donc une distinction précise entre la forme de l'élément et son mode de répartition. Les éléments, c'est-à-dire les molécules, ont une forme quelconque et sont répartis suivant les mailles d'un réseau, en désignant ainsi un ensemble de trois systèmes de plans, les plans de chaque système étant parallèles et équidistants.

Un tel édifice présente les mêmes propriétés que celui imaginé par Haüy, mais en outre, Bravais démontre que les corps doués de cette structure ne peuvent posséder que les éléments de symétrie communs au réseau et à la molécule. Comme un réseau ne peut avoir que des axes de symétrie d'ordre 2, 3, 4 et 6, il en sera de même des cristaux, fait confirmé par l'observation. En outre, en supposant que la molécule ne possède qu'une partie des éléments de symétrie du réseau, il retrouve tous les cas de mériédrie connus et en prévoit d'autres, qui ont été découverts depuis.

A vrai dire, pour établir ses résultats, Bravais n'a pas suivi, tout au moins dans son exposition, la voie que nous venons d'indiquer : il est parti de la définition du corps cristallisé donné plus haut. Dans un tel corps, dit-il, il doit exister une infinité de points jouissant des mêmes propriétés, c'est-à-dire autour desquels la matière est également répartie : ce sont des points homologues. De l'égalité de répartition de la matière autour de ces points, il résulte immédiatement qu'ils sont disposés suivant les nœuds d'un réseau ; il en est ainsi, en particulier, des centres de gravité des molécules, qui sont par lui considérés comme homologues. Il en résulte également que les molécules sont orientées parallèlement. La structure réticulaire est donc une conséquence immédiate de l'homogénéité théorique considérée par Bravais. Mais cette homogénéité est-elle identique à celle que nous révèle l'observation ? Évidemment non : deux points d'une molécule ne sont pas identiques au point de vue des propriétés ; suivant deux droites parallèles issues de deux points d'une même molécule, la matière en général n'est pas également répartie. Si expérimentalement nous observons les mêmes propriétés en tous les points, cela provient de ce que, en réalité, nous sommes dans l'impossibilité d'étudier les propriétés d'un corps en un point : nous ne pouvons déterminer que la moyenne des propriétés des points situés à l'intérieur d'un petit volume ; si celui-ci renferme un grand nombre des différents points que l'on peut distinguer dans le corps, il est évident que la moyenne sera constante. De même, nous ne savons déterminer que la moyenne des propriétés des droites parallèles comprises à l'intérieur d'un petit cylindre, moyenne constante si le cylindre renferme un grand nombre des droites différentes de même direction. Mais si ces moyennes sont constantes dans la répartition réticulaire, il est bien évident qu'elles le seront encore, si nous déplaçons les molécules parallèlement à elles-mêmes, de façon que leurs distances respectives soient du même ordre que dans la répartition réticulaire. Nous arrivons ainsi à cette conclusion capitale : si les éléments constituants sont les molécules, pour que l'homogénéité et l'anisotropie, constatées expérimentalement, soient réalisées, il suffit que les molécules soient orientées parallèlement. Les seules propriétés faisant défaut dans un corps constitué de molécules simplement parallèles seront celles variant d'une façon discontinue ; autrement dit, un tel édifice ne présentera ni face plane, ni plan de clivage. On voit déjà comment une juste appréciation des conditions de structure imposées à un édifice cristallin nous amène à la notion de cristaux mous et liquides. Mais avant d'aborder ce sujet, il nous faut continuer l'examen critique des théories cristallographiques.

La théorie de Bravais a le grand inconvénient de supposer que la molécule chimique possède des éléments de symétrie ; elle se bute en outre à des difficultés insurmontables dans l'explication de la polarisation rotatoire, de l'isomorphisme, etc. Aussi, Sohncke chercha-t-il à la généraliser, en faisant remarquer que les centres de gravité de toutes les molécules ne devaient pas forcément être considérés comme homologues, que toutes les molécules n'étaient pas nécessairement parallèles, et qu'enfin la symétrie pouvait ne pas être liée aux molécules elles-mêmes, mais à leur mode de répartition.

Schœnfliess a repris la question dans toute sa généralité, et a montré qu'en admettant l'existence de deux espèces de molécules, symétriques l'une de l'autre, les corps soumis à la répartition réticulaire pouvaient présenter 260 structures différentes. Ces structures se répartissent en 32 classes d'après la symétrie de l'édifice, et ces 32 classes en 7 systèmes cristallins d'après la symétrie du réseau.

Mais de ce que l'étude mathématique de la structure des *corps soumis à la répartition réticulaire*, révèle 260 structures différentes, en résulte-t-il que ces 260 types de structure doivent se retrouver dans les corps cristallisés?

Aucun raisonnement, si subtil soit-il, ne peut permettre de répondre à cette question, que l'expérience seule peut trancher. Remarquons que dans la théorie de M. Schœnfliess toutes les molécules jouent un rôle identique : on peut amener l'une d'elles en coïncidence avec une autre quelconque, soit par translation, soit au moyen des éléments de symétrie ; aucun lien ne réunit certaines d'entre elles et par conséquent si l'on détruit la répartition réticulaire, on détruit par cela même l'édifice cristallisé, et on le transforme en corps amorphe. Or, dans tous les cas ou l'on peut détruire la répartition réticulaire, on constate que les propriétés variant d'une façon continue subsistent et que la transformation en corps amorphe est impossible. Il faut donc bien admettre qu'après la destruction du réseau, il subsiste un élément jouissant des propriétés essentielles du corps cristallisé et dont la répartition réticulaire n'a d'autre effet que de conférer à ce corps la possibilité d'avoir des faces planes et des plans de clivages.

Il serait possible de distinguer parmi les structures de Schœnfliess, celles qui, modifiées légérement, satisfont aux conditions imposées par les résultats de l'expérience, mais il est plus simple de partir de la théorie de Bravais. Ce savant admettait que les corps cristallisés sont constitués de molécules, toutes parallèlement orientées, dont les centres de gravité coïncident avec les nœuds d'un réseau, ou ce qui revient au même avec les centres des mailles d'un réseau; ces molécules possédant les éléments de symétrie que l'on retrouve dans le corps cristallisé. Remplaçons ces molécules par des groupes de molécules, tous identiques et parallèlement orientés ; ces groupes pourront posséder des éléments de symétrie résultant du mode de répartition de leurs molécules, et comme dans la théorie de Bravais ces éléments se retrouveront dans l'édifice cristallisé. Si nous divisons ce dernier, la division pourra être

poussée jusqu'à l'un de ces groupes sans faire disparaître les propriétés du corps ; ce sont donc les véritables éléments constituants,
jouant le même rôle que la molécule en chimie, et nous les désignerons sous le nom de particules cristallines (particules complexes). Avant d'aller plus loin, il nous faut donner quelques renseignements sur leur constitution.

Particule cristalline et particule fondamentale. — Considérons
une particule cristalline : si elle possède des éléments de symétrie,
ceux-ci ne pourront rencontrer les molécules qui sont dénuées de
toute symétrie, et par conséquent ces éléments diviseront la particule cristalline en plusieurs groupes secondaires de molécules,
symétriques les uns des autres. Nous désignerons ces groupes
secondaires sous le nom de particules fondamentales. Celles-ci sont
constituées d'un nombre probablement très grand de molécules, mais
nous n'avons aucun renseignement sur ce point. La particule fondamentale ne possède aucun élément de symétrie, ou si elle en
possède, ceux-ci ne jouent aucun rôle dans la symétrie de la particule cristalline, et par suite ne présentent aucun intérêt pour
nous.

En général il y a deux sortes de particules fondamentales, les
particules d'une sorte étant identiques entre elles et symétriques des
particules de l'autre sorte. Cette dualité de particule fondamentale
existe forcément lorsque la particule cristalline possède un plan
ou un centre de symétrie. Il en résulte que ces particules doivent
être constituées par deux sortes de molécules, symétriques l'une
de l'autre, à moins que l'on n'admette que la molécule possède
un centre ou un plan de symétrie. Mais, bien entendu, il ne faudrait pas en conclure que toutes les molécules d'une sorte soient
réunies dans une même particule fondamentale.

Le nombre de particules fondamentales entrant dans une particule cristalline se déduit facilement du nombre et de la nature des
éléments de symétrie : il est donné par la formule, facile à établir :

$$1 + \Sigma\,(n - 1)\,Mn.$$

Mn désignant le nombre d'axes d'ordre n, dans le cas où la particule cristalline ne possède que des axes de symétrie. Si cette

particule possède en outre un centre ou un plan de symétrie, le nombre de particules fondamentales est donné par la formule :

$$2 [1 + \Sigma(n - 1) \, Mn].$$

Donnons quelques exemples. Supposons que la particule cristalline possède les éléments de symétrie du cube ; elle sera constituée de 48 particules fondamentales. Pour nous rendre compte de leurs positions respectives, considérons un cube permettant de fixer la position des éléments de symétrie. Il présente trois plans de symétrie principaux, divisant le cube en 8 petits cubes, et chacun de ceux-ci est divisé par les plans de symétrie non principaux, qui se coupent trois par trois suivant les axes ternaires, en 6 tétraèdres ; il y a donc 48 tétraèdres, qui peuvent être considérés comme la représentation géométrique des particules fondamentales. Que chacun d'eux renferme un groupe de molécules, tous ces groupes étant symétriques entre eux par rapport aux éléments de symétrie du cube, et l'ensemble constituera une particule cristalline, constituée de 48 particules fondamentales. La figure 1 montre la position respective de six domaines fondamentaux groupés autour d'un axe ternaire.

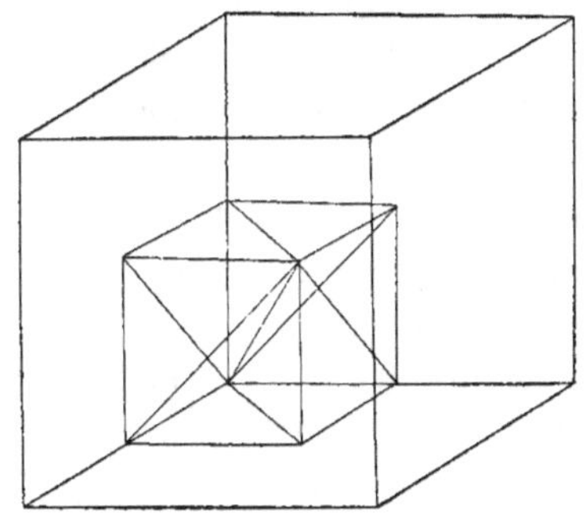

Fig. 1.

Supposons, pour donner un second exemple, que la particule cristalline possède trois plans de symétrie, qui sont forcément perpendiculaires deux à deux. Ces plans déterminent huit trièdres, et chacun de ceux-ci renferme une particule fondamentale symétrique des autres.

Mais les éléments de symétrie ne suffisent pas toujours pour séparer les molécules des différentes particules fondamentales. Si la particule ne possède qu'un axe binaire, les molécules seront disposées symétriquement par rapport à cet axe, mais on n'aura aucune raison pour attribuer une molécule à une particule fondamentale plutôt qu'à l'autre. Nous verrons d'ailleurs dans la suite que au point de vue physique on doit faire intervenir non seulement les éléments de symétrie, mais encore des éléments diamétraux, et on est alors amené à cette conclusion que chaque particule cristalline est constituée de 48 groupes de molécules.

A vrai dire, jusqu'ici on ne connaît de la symétrie des particules que ce qui nous en est révélé par l'étude des formes cristallines, et comme celles-ci ne peuvent présenter d'autres éléments que ceux qui appartiennent au réseau, il en résulte que l'on n'a pu reconnaître dans les particules que des axes d'ordre 2, 3, 4 et 6, avec des doutes en ce qui concerne le dernier. Il est d'ailleurs fort probable qu'il en est de même pour les particules, non seulement des corps cristallisés solides, mais encore des liquides ; tous ces corps présentant des caractères qui les rapprochent beaucoup des cristaux cubiques.

S'il en est ainsi, comme on distingue 32 polyèdres ayant des axes d'ordre 2, 3, 4, et 6, on pourrait par suite différencier par leur symétrie 32 sortes de particules cristallines, si l'on tient compte des axes sénaires et 24 si on exclut ces derniers.

De l'individualité de la particule cristalline. — Il nous faut montrer maintenant que la particule cristalline n'est pas une simple conception de l'esprit mais qu'elle présente une individualité, lui permettant d'exister en dehors de l'édifice cristallisé, ou tout au moins en dehors de la répartition réticulaire, lorsque les conditions sont favorables. Pour mettre cette individualité en évidence, il nous faut donc détruire la répartition réticulaire soit par solution, soit par fusion, soit par action mécanique, et examiner l'état de la substance après cette destruction ; si les particules subsistent, il pourra se faire que les forces d'orientation qu'elles exercent les unes sur les autres, ou qu'un corps étranger exerce sur elles, persistent à faire sentir leur action après la destruction des forces d'attraction, qui les maintenaient en place sur le réseau. Dans ce cas, il est évident que les propriétés dépendant du seul réseau disparaîtront, tandis que celles émanant de la particule subsisteront.

Considérons, par exemple, l'oléate d'ammoniaque. On l'obtient en faisant passer un courant d'ammoniaque dans de l'acide oléique, étendu d'une petite quantité d'alcool. Si l'on sature complétement l'acide, l'oléate se présente sous forme d'une substance jaune clair, granuleuse. Ecrasée sous une lamelle couvre-objet, on constate au microscope, que cette substance résulte de l'agglomération de petites plages, à contours quelconques, mais très nets ; examinées en lumière polarisée convergente, ces plages se montrent applaties perpendiculairement à un axe optique positif. Si par l'intermédiaire du couvre-objet, on exerce une pression sur une de ces plages on y fait naître trois systèmes de macles, orientés à 120°[1]. Ces macles, dont on trouvera la théorie plus loin, se présentent sous forme de lamelles, plus ou moins larges, dont les limites sont absolument rectilignes. Il en résulte que les cristaux ont une symétrie ternaire, et qu'en outre les éléments constituants de ces cristaux sont soumis à la répartition réticulaire. Or si l'on malaxe cet oléate avec une petite quantité d'acide oléique et d'eau, et qu'on n'en examine une parcelle comprimée entre un porte-objet et un couvre-objet, on constate que les plages précédentes ont complètement disparues : on se trouve en présence d'une substance trouble offrant une polarisation d'agrégat. Mais les lamelles de verre exerce sur cette substance une action d'orientation, et si l'on facilite cette action par des chocs répétés, produits au moyen d'une aiguille, on voit s'individualiser des plages, *tout à fait limpides*, qui sont éteintes entre les Nicols à 90°. Si on les examine en lumière convergente, elles donnent une croix noire et des anneaux colorés, que l'on ne saurait distinguer de ceux fournis par une lame de calcite, si ce n'est par le signe optique, qui dans l'oléate est positif. Mais bien plus, ces plages homogènes sont fluides, et si on les fait couler, en exerçant une pression sur le couvre-objet, on constate que l'action d'orientation de la lamelle de verre est suffisamment énergique pour maintenir l'orientation *pendant l'écoulement*, de telle sorte que la figure, vue en lumière convergente ne subit aucune modification. Comme on ne saurait admettre l'existence de la répartition réticulaire *pendant l'écoulement*, il faut donc bien reconnaître que l'eau et l'acide oléique ajoutés ont eu

[1] Voy. Fred. WALLERANT. *C. R. Ac. Sc.*, vol. 143, 1906.

pour effet de détruire la répartition réticulaire, tout en laissant subsister les particules cristallines.

Dans l'expérience précédente, il est nécessaire de prendre certaines précautions et d'opérer lentement lorsque l'on fait couler l'oléate ; car celui-ci possède toujours une viscosité, qu'il faut vaincre et qui peut déterminer un changement d'orientation. Il n'en est plus de même avec le p-azoxyzimtsaeuraethylester, qui solide à la température ordinaire se transforme à la température de 139°,5 en un corps cristallisé uniaxe, aussi fluide que l'eau.

Dissous dans le xylol, par exemple, ce liquide prend la forme de prisme quadratique basé, à faces arrondies par suite des tensions superficielles, qui dépendent non seulement du corps mais encore du solvant. Aussi l'azoxybromzimtsäureester, dissous dans la naphtaline bromée, affecte-t-il la forme de prisme ou d'octaèdre quadratique à faces planes et arêtes rectilignes. Ces liquides sont donc bien cristallisés, leurs particules sont réparties suivant les mailles de réseaux, dont les plans réticulaires superficiels sont légèrement déformés dans le premier liquide.

Mais si on fait fondre ces corps entre deux lamelles de verre, on obtient une couche continue de liquide, sur lequel les lamelles de verre exercent une action d'orientation très énergique. Après quelques mouvements du couvre-objet, le liquide paraît entre les Nicols absolument isotrope, mais l'examen en lumière convergente montre une croix noire et des anneaux colorés à contours très arrêtés, et l'introduction du mica quart d'onde permet de constater que le corps est optiquement positif. Or avec ce corps on peut secouer énergiquement le couvre-objet sans changer l'orientation des particules, qui pendant l'écoulement restent toujours dans une position telle que leur axe optique soit perpendiculaire à la lamelle de verre. Les actions mécaniques sont donc impuissantes à désagréger les particules cristallines.

Prenons un autre exemple, le p-azoxyphénétol ; fondons-le entre un porte-objet et un couvre-objet, nous obtiendrons à la température ordinaire, des plages cristallisées, orientées dans différentes directions, donnant des teintes différentes de polarisation chromatique[1]. De plus ces plages sont polychroïques, et leur teinte varie

---

[1] O. Lehmann. *Flüssige Kristalle.*

du jaune au blanc. Or si l'on chauffe la préparation à la température de 137°,5, ces plages passent à l'état liquide sans perdre
leur individualité : elles restent côte à côte sans se mélanger. Les
teintes de polarisation sont à peine modifiées, les directions d'extinction ne sont pas changées ; elles sont encore polychroïques, et
la direction de la vibration pour laquelle la teinte jaune apparaît
est la même qu'avant la fusion. Par suite de l'adhérence du liquide
au verre, on peut en poussant le couvre-objet faire chevaucher les
plages les unes sur les autres, sans occasionner leur mélange. Le
passage de l'état solide à l'état liquide n'est pas accompagné d'un
changement brusque dans les propriétés physiques, comme ceux
qui se produisent dans les transformations polymorphiques, que
nous étudierons plus tard. Nous nous trouvons donc en présence
d'un corps cristallisé, qui à la température ordinaire possède la
répartition réticulaire, et qui la perd à la température de 137°,5
sans changement appréciable dans les propriétés, à l'exception
bien entendu de celles qui varient d'une façon discontinue, puisque
à l'état liquide il n'est plus susceptible de posséder des plans de
clivage ou des faces planes.

Revenons maintenant à l'oléate d'ammoniaque, pour décrire
les expériences de M. Lehmann, qui montrent bien que les actions
mécaniques sont impuissantes à détruire les particules cristallines.
Si l'on fait fondre l'oléate dans l'alcool à chaud, par refroidissement,
on obtient de petits cristaux, ayant la forme d'une double pyramide, très allongée, dont les faces et les arêtes sont légèrement
courbes. Or si l'on étire l'un de ces cristaux perpendiculairement
à sa longueur, par exemple, toutes les parties du cristal continue
à s'éteindre simultanément : on peut ainsi étirer un cristal en une
longue bande homogène.

Si l'on sectionne l'un de ces cristaux, on voit immédiatement
chacune des nouvelles extrémités se modifier de façon que chaque
fragment reprend la forme du cristal primitif ; des particules
faisant déjà partie de l'édifice, se déplacent de façon à venir
prendre la place des particules déficientes pour compléter le
cristal, qui se trouve simplement raccourci. Le cristal ainsi réparé
est parfaitement homogène et il ne reste pas trace du trouble
momentané que l'action mécanique a pu introduire dans sa

structure. En second lieu, lorsque deux cristaux se trouve à proximité, on les voit tourner sur eux-mêmes de façon à devenir parallèles, se souder et se fusionner en un seul, qui, en lumière polarisée, se montre homogène. Il est à remarquer que l'action d'orientation, exercée l'un sur l'autre par les deux cristaux est très énergique, car si le mouvement de rotation est lent au début, il devient si rapide que l'œil peut à peine le suivre[1].

Tous les faits, que nous venons de décrire concourent donc à démontrer que la particule cristalline peut subsister lorsque la répartition réticulaire est détruite soit par solution, soit par fusion, soit enfin par action mécanique. Les actions mécaniques sont impuissantes à la dissocier en ses molécules constituantes ; il nous faut donc bien admettre son individualité : aussi certains auteurs la considèrent-ils comme constituée d'une seule molécule, mais nous verrons dans la suite que plusieurs propriétés des corps cristallisés sont bien difficiles à expliquer dans cette hypothèse. Nous la considérerons donc comme constituée de plusieurs molécules, dont la répartition entraîne la symétrie. On peut se demander quelle est la nature des forces, qui maintiennent groupées les molécules d'une même particule, mais on ne peut répondre à semblable question, que par une comparaison. M. Lehmann a émis l'idée, que ces forces pouvaient être comparées à celles qui unissent les molécules d'eau de cristallisation aux autres parties de la molécule du corps, et, en effet, il est bien évident que les molécules d'eau de cristallisation de l'alun ne sont pas unies à la molécule du sulfate, comme les molécules de ce sulfate sont unies entre elles. L'élévation de température suffisante pour chasser les molécules d'eau est tout à fait impuissante à dissocier la molécule du sulfate elle-même. Ce rapprochement entre les deux sortes de forces est justifié par le fait suivant : comme on le verra plus

----

[1] Certains auteurs considèrent les liquides cristallisés comme constitués de deux éléments, de petits cristaux nageant dans un liquide, ce qui explique, disent-ils, le trouble de ces liquides. Mais cette façon de voir repose sur une confusion : les liquides ne sont troubles que dans le cas où leurs éléments ne présentent qu'une orientation confuse. S'ils sont orientés parallèlement, le liquide est absolument limpide. On peut mettre le fait en évidence de la façon la plus nette avec l'oléate d'ammoniaque. D'autre part, comment dans cette hypothèse, expliquer qu'une goutte de ces liquides, en suspension dans un liquide convenable, présente des formes cristallines ?

loin, lorsque l'on enlève l'eau de cristallisation d'un hydrate,
la particule se transforme en une autre particule douée de nouvelles propriétés physiques, et il suffit de rendre l'eau pour que
la particule revienne à son état primitif, de sorte que l'on serait
même en droit de se demander si ce ne sont pas les mêmes forces,
qui groupent les molécules d'eau de cristallisation et les molécules
de la particule cristalline.

D'autre part les phénomènes d'orientation, que nous avons
décrits, et provenant de l'action des lames de verre ou des autres
cristaux sont du plus grand intérêt, car ils représentent d'une
façon visible les phénomènes d'orientation qui doivent se produire
dans la cristallisation. Nous avons vu que deux cristaux d'oléate
d'ammoniaque exerçaient une action l'un sur l'autre. Mais si l'un
d'eux est plus petit que l'autre, il sera seul mis en mouvement
par cette action. Or nous pouvons supposer que ce petit cristal
diminue progressivement, les mêmes phénomènes d'orientation
continueront à se produire tant que le petit cristal conservera ses
propriétés essentielles, autrement dit tant qu'il se composera au
moins d'une particule cristalline. Dans la cristallisation le même
phénomène doit se produire, le cristal en voie de formation doit
exercer une action d'orientation sur les particules voisines, qui
lui deviennent parallèles ; puis les forces d'attraction, si leur intensité est suffisante, fixent la position de la nouvelle particule relativement aux autres, et l'amènent à se placer sur le réseau. Si au
contraire ces forces d'attraction sont trop faibles, les particules
sont simplement orientées parallèlement et le cristal est plus ou
moins liquide, plus ou moins solide.

Nous sommes ainsi amenés tout naturellement à une conclusion du plus haut intérêt et qui permettra d'expliquer bien des
particularités jusqu'ici obscures de certains corps cristallisés :
suivant les conditions de cristallisation, les particules cristallines,
toutes parallèles, seront ou ne seront pas réparties suivant les
mailles d'un réseau, sans que les propriétés physiques, variant
d'une façon continue, en particulier sans que les propriétés optiques
soient modifiées. Seule la présence de faces planes, ou de plans
de clivage permettra de conclure d'une façon certaine à la répartition réticulaire.

§ II. — De la mériédrie et de la symétrie approchée

Dans ce second paragraphe de notre introduction, nous voulons développer deux notions, qui se sont modifiées dans ces derniers temps, et sur lesquelles il est nécessaire de posséder des idées précises, pour bien comprendre les faits et les théories, exposés dans la suite de cet ouvrage.

De la Mériédrie. — La symétrie de la structure des corps cristallisés solides ne nous est révélée d'une façon complète que par l'étude des formes cristallines, qui d'ailleurs, comme on le verra plus loin, peuvent posséder une symétrie supérieure à celle de la structure. Les autres propriétés physiques nous fournissent bien des renseignements, mais le plus souvent insuffisants ; c'est ainsi que les propriétés optiques ne nous permettent de distinguer que trois groupes de cristaux, les figures de corrosion donnent le moyen d'exclure certains éléments de symétrie, mais non de conclure avec certitude à l'existence d'autres de ces éléments. En réalité, il est quelquefois nécessaire de faire appel à toutes les propriétés physiques pour arriver à établir d'une façon certaine la nature de la symétrie de l'édifice cristallin. Mais cette symétrie, quelle qu'elle soit, doit se retrouver simultanément dans la particule et dans le réseau ; elle n'est donc qu'une résultante, et quand on veut déterminer les symétries respectives de ces deux éléments, particule et réseau, la difficulté se trouve encore augmentée. En ce qui concerne le réseau, la solution est limitée, puisque ce polyèdre particulier ne peut posséder que sept sortes de symétrie, qui servent à caractériser les différentes espèces de réseaux, comme l'indique le tableau suivant :

Réseau terquaternaire : $3A^4$, $4L^3$, $6L^2$, C, 6P, 3Π.
   —   sénaire   : A^6, $3L^2$, $3L'^2$, C, 3P', 3P, Π.
   —   quaternaire   : A^4, $2L^2$, $2L'^2$, C, 2P', 2P, Π.
   —   ternaire   : A^3, $3L^2$, C, 3P.
   —   terbinaire   : L^2, L'^2, L''^2, C, P'', P', P.
   —   binaire .   : L^2, C, P.
   —   asymétrique : C.

dont le second ne se trouve probablement pas réalisé dans les cristaux. Mais il n'en est plus de même pour la particule, qui *a priori* peut présenter une symétrie quelconque, de sorte que le problème n'est plus limité. Comme les seuls éléments de cette particule qui se révèlent sont ceux qui se retrouvent dans le réseau et par suite dans l'édifice cristallin, il en résulte que tout ce que nous pouvons affirmer, c'est que la particule possède au moins la symétrie de l'un des groupes suivants, dont on a exclu les groupes sénaires, et dont l'existence nous est connue, grâce à l'étude des formes cristallines.

1° $3A^4$, $4L^3$, $6L^2$, C, 6P 3Π.	13° A^4, 2P. 2P'.
2° $3A^4$, $4L^3$, $6L^2$.	14° A^4, C, Π.
3° $3A^2$, $4L^3$, C, 3Π.	15° A^4.
4° $3A^2$, $4L^3$, 6P.	16° A^2, $2L^2$, 2P'.
5° $3A^2$, $4L^3$.	17° L^2, L'^2, L''^2, C. P'', P', P.
6° A^3, $3L^2$, C, 3P.	18° L^2, L'^2, L''^2.
7° A^3, $3L^2$.	19° L^2, P', P''.
8° A^3, C.	20° L^2, C, P.
9° A^3, 3P.	21° L^2.
10° A^3.	22° P.
11° A^4, $2L^2$, $2L'^2$, C, 2P', 2P, Π.	23° C.
12° A^4, $2L^2$, $2L'^2$.	24° O.

A vrai dire, si l'on ne peut démontrer que ce sont là, les seuls groupes de symétrie, qui se rencontrent dans la particule, tout porte à croire, qu'il en est ainsi, car tous les corps cristallisés diffèrent peu par l'ensemble de leurs propriétés physiques d'un corps cubique et, il est probable que la particule ne possède que les éléments de symétrie susceptibles de se rencontrer dans une particule cubique.

Or dans la cristallisation, les particules du corps doivent se répartir suivant les nœuds de l'un ou de l'autre des réseaux précédents, et il est important, capital même, pour l'explication de certaines propriétés de se rendre compte des conditions qui président au choix du réseau.

Sans que l'on puisse le démontrer, il est bien évident que les particules, par raisons de symétrie dans leurs actions réciproques, se répartiront suivant un réseau possédant au moins leurs éléments de symétrie. Mais il peut se trouver plusieurs réseaux remplissant cette condition; si par exemple la particule possède un axe ternaire et trois axes binaires, il y a deux espèces de réseaux possédant la même symétrie, le réseau ternaire et le réseau terquaternaire, qui satisfait à la condition de quatre façons différentes, puisqu'il possède quatre axes ternaires. Parmi ces deux réseaux, lequel sera adopté par les particules ? Jusqu'ici, par suite d'une convention tout à fait arbitraire, on admettait que les particules adoptaient forcément le moins symétrique, c'est-à-dire, dans l'exemple précédent, le réseau ternaire : c'est certainement ce qui a lieu le plus fréquemment, puisque pour adopter un réseau de symétrie plus élevée que la leur, les particules doivent évidemment remplir certaines conditions particulières. Mais il est cependant facile de se rendre compte qu'il peut en être autrement, il suffit pour s'en convaincre de voir comment on a été amené à formuler la restriction, qui par la suite a soulevé de si grandes difficultés en cristallographie.

On sait que l'on appelle groupe de symétrie, édifice cristallin, forme cristalline mériédrique, un groupe, un édifice, une forme ne possédant qu'une partie des éléments de symétrie du système réticulaire. Bravais, pour obtenir les édifices mériédriques et leurs formes cristallines, part de l'édifice holoédrique et fait décroître successivement la symétrie de la molécule, c'est-à-dire de la particule cristalline. Les auteurs allemands, obtenant directement les groupes mériédriques en ne faisant intervenir qu'une partie des éléments de symétrie du réseau, suivent, en réalité, une marche peu différente. On pourrait, d'ailleurs, suivre une marche identique en partant du groupe holoédrique et en n'utilisant qu'une partie de ses éléments de symétrie.

Tous ces auteurs, d'ailleurs, dans la réduction successive des éléments de symétrie d'un système cristallin, s'arrêtent au moment de retomber sur les éléments de symétrie d'un système de symétrie inférieure. Ainsi, dans le système cubique, on s'arrête dans la réduction à la tétartoédrie, caractérisée par quatre axes ternaires et trois axes binaires, en faisant remarquer que, si on allait plus loin, la forme ne présenterait plus que trois axes binaires, c'est-à-dire les éléments de symétrie du système terbinaire. On admet par là, sans avoir aucune raison pour appuyer cette restriction, qu'un cristal n'ayant que trois axes binaires ne peut posséder un système réticulaire terquaternaire. Et cependant Bravais avait parfaitement prévu l'objection, car il dit : « *J'admettrai* la règle suivante : parmi les sept systèmes cristallins, les molécules d'une substance donnée qui vient à cristalliser adopteront celui dont la symétrie offre le plus grand nombre d'éléments communs avec la symétrie propre à leur polyèdre moléculaire. » Mais il ajoute : *Croire que cette règle ne souffre jamais d'exception serait peut-être aller trop loin.*

De même, Mallard dans le tome I de son *Traité de Cristallographie*, après avoir admis la même règle générale que Bravais, ajoute : « Si la relation *conjecturale* que nous avons établie plus haut entre la symétrie du réseau et celle du polyèdre moléculaire était vraie, le mode de classification serait tel que la nature du système cristallin indiquerait immédiatement le mode de symétrie du réseau. *La seule chose qu'il nous soit permis d'affirmer, c'est que le réseau fournit une symétrie au moins égale à celle qui caractérise le système.* »

Mais, après avoir ainsi prévenu l'objection dans l'exposé des généralités de la cristallographie, ces auteurs, lorsqu'ils abordent l'étude des différents systèmes cristallins, ne font aucune allusion à ces formes de symétrie inférieure. Ainsi s'est accréditée cette opinion, aujourd'hui universellement admise, que le réseau d'un corps cristallisé est, parmi les réseaux possédant les éléments de symétrie de ce corps, celui qui possède la symétrie la moins élevée. Tandis qu'en réalité le réseau peut être l'un quelconque de ceux possédant les éléments de symétrie du corps.

Mais, d'après ce qui vient d'être dit, il y a deux cas à considérer dans la mériédrie. La mériédrie peut en effet être nécessaire, en ce sens qu'il n'existe pas de réseau possédant la même symétrie que la particule, obligée dans ce cas d'adopter un réseau de symétrie plus élevé que la sienne. C'est ce qui a lieu, par exemple, si la particule a pour éléments : $3A^2$, $4L^3$, ou $3A^2$, $4L^3$, C, 3Π ou $3A^2$, $4L^3$, 6P. Le réseau terquaternaire étant le seul à posséder ces éléments présidera forcément à la répartition des particules dans l'espace, sans que ces dernières soient assujetties à aucune autre condition.

C'est la mériédrie telle que l'on a l'habitude de la considérer et que je désignerai sous le nom de *mériédrie à symétrie élevée*.

Dans un autre cas, que je désignerai par l'expression de *mériédrie à symétrie restreinte*, quoiqu'il existe un réseau de symétrie identique à celle de la particule, celle-ci adopte un réseau de symétrie plus élevée, grâce à certaines propriétés encore mal connues. Il en résulte que, si l'on ne tient compte que de la symétrie du corps cristallisé, on est amené à attribuer à son réseau une symétrie inférieure à celle qu'il possède en réalité, et à placer le corps dans un système cristallin différent de celui auquel il appartient par son réseau.

C'est ainsi qu'un corps, ayant un réseau cubique, peut posséder non seulement les éléments de symétrie de l'un des groupes distingués dans le système terquaternaire, mais encore ceux de l'un des groupes des systèmes quaternaire, ternaire, binaire, terbinaire, ou asymétrique. Il n'en faut pas conclure qu'il est impossible de distinguer un corps cubique d'un corps appartenant à un autre système cristallin. Les formes mériédriques du système terquaternaire sont astreintes à certaines conditions qui permettent de les reconnaître : leurs faces doivent faire entre elles les angles des plans réticulaires d'un réseau terquaternaire ; leurs paramètres doivent être entre eux dans un rapport déterminé. Citons un exemple : Si un corps, ayant les éléments de symétrie du système ternaire, possède un réseau cubique, la forme primitive au lieu d'être un rhomboèdre quelconque, sera un cube, mais un cube ne possédant au point de vue physique qu'un axe ternaire ; en outre, les paramètres de l'axe ternaire et de l'axe binaire seront entre eux comme $3^{1/2}$ et $2^{1/2}$.

Ainsi donc le réseau pourra être terquaternaire quand les éléments de symétrie de la particule constitueront l'un des groupes indiqués dans le tableau de la page 17.

Le réseau pourra être quaternaire si les éléments de la particule sont ceux de l'un des groupes indiqués sous les numéros allant de 11 à 24.

Le réseau pourra être ternaire si la symétrie de la particule est celle de l'un des groupes 6, 7, 8, 9, 10, 20, 21, 22, 23, 24.

Le réseau pourra être terbinaire si la particule a la symétrie de l'un des groupes indiqués à partir du 17me.

Enfin le réseau pourra être binaire si la symétrie de la particule est celle de l'un des groupes 20, 21, 22, 23, 24.

De la symétrie approchée. — A la notion de mériédrie fait naturellement suite celle de symétrie approchée, introduite dans la science par Pasteur, dans son beau travail sur le dimorphisme[1].

Il définit de la façon suivante, ce qu'il appelle une forme limite : « Je me propose d'établir que dans les substances dimorphes, l'une des deux formes qu'elles présentent est une forme limite, une forme en quelque sorte placée à la séparation de deux systèmes, dont l'un est le système propre à cette substance, et l'autre le système dans lequel rentre la seconde forme de la substance. Ainsi le soufre cristallise en prisme oblique et en prisme rectangulaire droit. Or le prisme oblique est très voisin du prisme rectangulaire, car l'angle des pans est de 90°32', et l'angle de la base sur les pans de 94°6'. » On voit, par cet exemple, que la forme limite est caractérisée par cette propriété, de différer fort peu d'une forme possédant une symétrie supérieure à la sienne. Aussi Mallard a-t-il tout naturellement été amené à considérer ce qu'il appelle un axe de symétrie limite d'un réseau : une rangée telle qu'en faisant tourner autour d'elle le réseau d'un angle de $2\pi : n$ le réseau se retrouve sensiblement en coïncidence avec lui-même. Dans un réseau l'axe limite se trouve donc parfaitement défini ; parce que l'on convient de regarder cet axe comme coïncidant avec une rangée, mais il n'en est plus de même s'il s'agit d'un polyèdre quelconque, car alors toute droite voisine d'un axe limite est elle-même un axe limite ou approché. De même un plan réticulaire est un plan de symétrie approché du réseau, quand celui-ci coïncide sensiblement avec son symétrique relativement à ce plan. La condition à laquelle on astreint les éléments approchés de coïncider respectivement avec une rangée ou un plan réticulaire, se justifie par ce fait qu'un axe de symétrie, un plan de symétrie d'un réseau sont forcément parallèle à une rangée, à un plan réticulaire.

L'existence d'un élément approché dans un cristal découle de

[1] Pasteur. Recherches sur le dimorphisme. *Ann. de Chimie et de Phys.*, vol. 23 3), 1848, p. 267.

sa présence dans la particule, qui en le transmettant au réseau le transmet au cristal lui-même. Or la présence d'un élément approché dans un réseau, et par suite dans les formes cristallines, peut fréquemment se reconnaître avec la plus grande facilité par la considération des angles des plans réticulaires, autrement dit des faces cristallines. Si, par exemple, on constate que à tout plan réticulaire correspondent deux autres plans sensiblement orientés à 120° autour d'une rangée, celle-ci sera un axe ternaire approché. Si à tout plan réticulaire correspondent trois autres plans orientés à 90° autour d'une rangée, celle-ci sera un axe quaternaire approché.

Il y a cependant des exceptions à cette règle, comme on le verra plus loin.

Ces éléments approchés, joints aux éléments réels constituent l'un des groupes de symétrie indiqués à propos de la mériédrie. Autrement dit, il n'y a entre la symétrie approchée et la mériédrie qu'une différence de degré, et il y a passage complet entre les cristaux à symétrie approchée et les cristaux mériédriques puisqu'il suffit que les éléments approchés deviennent des éléments réels du *réseau*, pour que le cristal devienne mériédrique.

Bien entendu, dans un cas comme dans l'autre, si dans la cristallisation, une face se produit, sa formation n'entraînera que l'apparition des faces qui lui sont symétriques par rapport aux véritables éléments de symétrie ; les éléments approchés n'interviendront pas dans la production de ces faces. Mais les faces existantes feront entre elles des angles sensiblement égaux à ceux des faces de la forme cristalline complète, qui se produirait si aux éléments approchés se substituaient des éléments réels.

Mais il y a plus, si un cristal présente des formes cristallines approchées, c'est-à-dire très voisines de formes cristallines de symétrie plus élevée, ses paramètres différeront peu des paramètres déterminés par ces dernières. En particulier, comme l'a montré Mallard, si un cristal présente une symétrie cubique approchée, autrement dit si sa forme primitive diffère peu d'un cube, ses paramètres seront très voisins de ceux d'un cristal cubique, quelle que soit d'ailleurs sa symétrie propre[1].

---

[1] Mallard. Sur la quasi-identité vraisemblable de l'arrangement moléculaire dans toutes les substances cristallisées. *Bul. de la Soc. min. de France*, vol. 7.

Nous désignerons ces cristaux sous le nom de quasi-cubique, quasi-ternaire, etc., le qualificatif de pseudo-cubique ayant été employé dans des sens très différents et ne rappelant qu'imparfaitement la propriété en question. Nous allons, comme exemple, considérer le cas des cristaux quasi-cubiques en passant en revue successivement les différents systèmes cristallins, pour voir quelles valeurs doivent posséder les paramètres dans ces cristaux.

Considérons un cristal quaternaire, si le cristal est quasi-cubique, deux axes binaires doivent différer peu de l'axe quaternaire. Par conséquent si on rapporte le cristal à ces trois axes, on aura pour les paramètres trois valeurs très voisines de l'unité, c'est-à-dire de

$$1 : 1 : 1.$$

Mais les deux autres axes binaires auront une valeur voisine de $2^{1/2}$ si donc on rapporte le cristal à l'axe quaternaire et à ces deux axes binaires, on obtiendra pour paramètres sensiblement

$$1,414 : 1,414 : 1$$

ou

$$1 : 1 : 0,707$$

Considérons maintenant un cristal ternaire ; s'il est quasi-cubique, son axe ternaire aura pour paramètre sensiblement $3^{1/2}$ et ses axes binaires sensiblement $2^{1/2}$, le rapport sera donc voisin de 1,224.

Si le cristal est terbinaire, ses axes binaires peuvent correspondre aux axes quaternaires du cube, et ses paramètres être égaux à peu de chose près à l'unité, ou bien correspondre à un axe quaternaire et à deux axes binaires perpendiculaires, et leurs paramètres seront voisins de $1 : 1 : 0,707$ ou encore de $1,414 : 1,414 : 1$.

Passons aux cristaux binaires : dans ces cristaux, il faut non seulement faire intervenir la question de valeur numérique des paramètres, mais encore celle des angles des rangées qui possèdent ces paramètres.

Comme on prend toujours l'axe binaire comme axe moyen, s'il correspond à un axe quaternaire, les deux autres axes pris dans le plan de symétrie perpendiculaire pourront correspondre, soit aux axes quaternaires, soit aux axes binaires ; dans les deux cas, ils devront être sensiblement perpendiculaires entre eux, et avoir pour paramètres dans le premier cas des nombres voisins de l'unité, et dans le second voisins de 1,414.

L'axe binaire du cristal peut correspondre à un axe binaire d'un cristal cubique et le plan de symétrie perpendiculaire à un plan de symétrie non principal. Les deux axes pris dans ce plan peuvent être assimilables à un axe quaternaire et à un axe binaire, qui dans un cristal cubique seraient perpendiculaires entre eux. Leur angle doit donc différer peu de 90° et leurs paramètres de 0,707 et 1. Mais ils peuvent être assimilables à un axe quaternaire et à un axe ternaire faisant dans un cristal cubique un angle 54°44', et ayant pour paramètres 1 et $3^{1/2}$, qui rapportés à l'axe binaire deviennent 0,707 et 1,224. Enfin les deux axes situés dans le plan de symétrie peuvent être assimilables à un axe ternaire et à un axe trapézoèdrique, perpendiculaires et ayant pour paramètres $3^{1/2}$, et $6^{1/2}$. Dans le cristal binaire, ils devront donc avoir des paramètres voisins de 1,224 et 1,732.

Considérons maintenant un cristal asymétrique ; il est généralement rapporté à trois rangées quelconques prises pour axes ; mais malgré la haute fantaisie apportée par les minéralogistes dans le choix de ces trois rangées, il arrive assez souvent que grâce au développement de certaines faces de la forme primitive, il soit rapporté à l'un des systèmes d'axes que nous venons d'indiquer à propos des cristaux des autres systèmes cristallins. Dans tous les cas, il est d'ailleurs facile d'effectuer un changement d'axes et de constater que les nouveaux axes satisfont aux conditions énoncées plus haut.

Mais avant de donner des exemples, je tiens à dire que outre le type des cristaux quasi-cubiques, dont nous venons de parler pour satisfaire aux nécessités de l'exposition, il est d'autres types de cristaux, dont nous montrerons l'existence plus tard.

Staurotite. — Ce minéral présente un intérêt tout particulier au point de vue historique : c'est le premier minéral, dont on ait montré la symétrie cubique approchée. En 1831, Weiss, guidé

par les découvertes sur les formes mériédriques [1], établissait que
les angles des faces de la Staurotite étaient à peu de chose près
égaux à ceux d'un cristal cubique. Ce minéral, comme on le sait
est terbinaire, et ses paramètres sont égaux à 0,4734 : 1 : 0,6820.
Mais si on multiplie le premier et le troisième par 3 : 2, on obtient
0,7101 : 1 : 1,0242, qui sont très voisins de 0,707 : 1 : 1, paramètres d'un cristal cubique rapporté à un axe quaternaire et à deux
axes binaires perpendiculaires. Weiss ne faisait intervenir que les
angles, et il comparait un cristal de Staurotite à un rhombododécaèdre régulier, dont, dit-il, une face jouirait de propriétés physiques différentes des cinq autres. Cette face particulière serait la
face du clivage facile de la Staurotite, c'est-à-dire, la face g^1, en
outre parmi les cinq autres faces du rhombododécaèdre, une
autre se distinguerait par sa position relativement à la première
face distinguée, c'est elle qui lui est perpendiculaire, elle serait
assimilable à la face p de la Staurotite. Quant aux quatre dernières, elles sont et restent identiques entre elles. Elles font avec
la face p des angles de 119°29' au lieu de 120°, comme cela a lieu
dans le rhombododécaèdre. Les plans passant par la microdiagonale et faisant avec la face p un angle de 134°19' au lieu de 135°
correspondent à deux faces du cube, la troisième étant la face h^1,
perpendiculaire sur les deux précédentes. Le leucitoèdre, qui rapporté aux axes du cube a pour notation (311), et dont l'angle est
de 129°32' est représenté par les deux faces latérales du prisme de
la Staurotite, faisant entre elles un angle de 129°20'. Le leucitoèdre
ayant pour notation relativement aux axes du cube (211), est également représenté dans la Staurotite par les troncatures sur les
sommets du prisme. Celles-ci font en effet un angle de 110°32' au
lieu de 109°28'.

On voit donc que toutes les faces de la Staurotite peuvent être
assimilées à des faces d'un cristal cubique, les angles qu'elles
font entre elles différant fort peu de ceux que les faces analogues
font dans ce dernier cristal, chaque forme cristalline se trouvant
réduite aux faces exigées par la seule symétrie de la Staurotite.

[1] Weiss. *Ueber Staurolithsystem*. Abhand. d. Akad. d. Wissensch. zu. Berlin. 1831.

La forme primitive de ce minéral est donc bien un prisme droit dont l'angle est de 91°22′ au lieu de 90°.

Wulfénite. — Ce minéral ne possède qu'un axe quaternaire, et le paramètre de cet axe est égal à 1,57710. Mais la forme primitive a été choisie d'une façon tout à fait arbitraire, et il est facile de montrer que le réseau de cette substance est sensiblement cubique.

Remarquons, en effet, que la face (101), choisie arbitrairement pour définir la forme primitive, fait avec la face (001) un angle de 57° 27′ 20″, c'est-à-dire un angle très voisin de l'angle 57° 41′ que fait, dans un cristal cubique, la face (312) avec la face (001). Si, conservant le même axe vertical, on prend pour axes dans le plan perpendiculaire deux rangées rectangulaires telles que la face (101) ait pour notation (312), on trouve sans difficulté que les caractéristiques habituelles q', r', s' sont reliées aux caractéristiques q, r, s, relatives aux nouveaux axes par les égalités :

$$q' = 3q + r$$
$$r' = q - 3r$$
$$s' = 5s$$

Il est ainsi facile de calculer les paramètres des faces par rapport aux nouveaux axes, et d'établir le tableau suivant, dans lequel la première colonne donne les caractéristiques habituelles des faces, la seconde leur angle dans la Wulfénite, la troisième leurs caractéristiques dans le nouveau système d'axes, et la quatrième, l'angle des faces déterminées par ces caractéristiques dans un cristal cubique.

Octaèdre	(101) (011)	73°20′	(312) ($\bar{1}$32)	73°24′
	(101) ($\bar{1}0\bar{1}$)	115°15′	(312) ($\bar{3}\bar{1}\bar{2}$)	115°23′
Octaèdre	(111) ($\bar{1}$11)	80°22′	(211) ($\bar{1}$21)	80°24′
	(111) ($\bar{1}\bar{1}1$)	131°42′	(211) ($\bar{2}\bar{1}1$)	131°29′
Octaèdre	(113) ($\bar{1}$13)	49°54′	(123) ($2\bar{1}3$)	49°59′
	(113) ($\bar{1}\bar{1}3$)	73°15′	(123) ($\bar{1}\bar{2}3$)	73°24′
Octaèdre	(102) (012)	51°56′	(314) ($\bar{1}\bar{3}4$)	52° 1′
	(102) ($\bar{1}0\bar{2}$)	76°31′	(314) ($\bar{3}\bar{1}4$)	76°39′
	(001) (101)	65°51′	(001) (211)	65°54′
	(001) (101)	57°37′	(001) (312)	57°41′
	(001) (102)	38°15′	(001) (314)	38°20′

Les différences, comme on le voit, ne sont que de quelques minutes, et les formes cristallines de la Wulfénite devront être considérées comme des formes obliques mériédriques d'un cristal sensiblement cubique.

Quant au paramètre de l'axe vertical rapporté au nouvel axe horizontal, il est égal à $\sqrt{\frac{2}{5}}$ tg 57° 37′ 20″, c'est-à-dire à 0,99745. On voit qu'il s'en faut de très peu que le réseau soit réellement cubique.

Il n'est pas inutile de faire remarquer que le prisme quadratique pris habituellement comme forme primitive a, en réalité, pour notation $(2\bar{1}0)$.

Nous ne multiplierons pas ces exemples, puisque dans la suite nous serons tout naturellement amenés à nous occuper de cette question : les deux minéraux cités plus haut, suffisent d'ailleurs à montrer comment la considération des éléments approchés peut nous permettre de déterminer la forme primitive d'un cristal, quand celle-ci diffère peu d'un cube.

LIVRE PREMIER
DE LA DÉFORMATION HOMOGÈNE

CHAPITRE PREMIER
ÉTUDE THÉORIQUE

§ 1. — EXAMEN DU CAS GÉNÉRAL

Définition. — Si l'on donne à tous les points d'un corps un déplacement déterminé par une convention, on obtient un nouveau corps de forme différente, orienté différemment dans l'espace, dont certaines propriétés pourront se déduire de celles du corps primitif, et réciproquement. Par le déplacement de tous ses points le corps n'étant pas en général resté identique à lui-même, on dit qu'il a subi une déformation. Parmi toutes les déformations que l'on peut faire subir à un corps, il en est une particulièrement utile à considérer en cristallographie, la déformation homogène, dans laquelle les déplacements attribués aux points sont tels, que tous les points du corps situés dans un même plan se retrouvent dans un plan après la déformation, et que deux plans parallèles restent parallèles.

Il nous faut tout d'abord faire une étude géométrique de ce genre de déformation, mais pour qu'il n'y ait pas de confusion, nous devons faire remarquer qu'il ne s'agit ici que de déformations finies.

Propriétés de la déformation homogène[1]. — Deux plans parallèles restant parallèles, il s'en suit que deux droites parallèles restent également parallèles, qu'un parallélogramme, un parallélépipède restent un parallélogramme, un parallélépipède.

[1] Thomson et. G Tait. *Handbuch der Theoretischen Physik*, vol. 1, p. 110, 1871.

Théorème. — Le rapport de deux segments de droites parallèles n'est pas modifié par la déformation.

Supposons que ces segments soient égaux, ils seront encore égaux après la déformation, puisqu'ils déterminent un parallélogramme qui se transforme en un autre parallélogramme.

Si les segments ne sont pas égaux, et qu'ils aient une commune mesure d, l'un sera égal à md, l'autre à nd et leur rapport sera $\frac{m}{n}$. Après la déformation les longueurs d deviennent toutes égales à d', et les segments sont respectivement égaux md' et nd'. Leur rapport est donc encore égal à $\frac{m}{n}$.

Le théorème est exact quelle que soit la distance des deux droites parallèles, il subsiste quand les deux droites sont confondues et l'on peut dire que le rapport de deux segments d'une même droite n'est pas modifié.

De l'élongation. — Du théorème précédent, il résulte que si a est la longueur d'un segment parallèle à une direction déterminée et a' sa longueur après la déformation, le rapport $(a' - a) : a$, c'est-à-dire la variation de l'unité de longueur est constante pour toutes les droites parallèles. Cette variation de l'unité de longueur se nomme l'*élongation* relative à la direction du segment considéré.

Il est d'après cela facile d'établir la relation entre les coordonnées d'un point avant la déformation de celles du point correspondant après la déformation. Soient ox, oy, oz trois axes de coordonnées auxquels nous rapportons les points avant la déformation, et OX, OY, OZ les trois droites leur correspondant. Un point A est le sommet d'un parallélépipède ayant pour côtés ses coordonnés, x, y et z, de même le point correspondant A' est le sommet d'un parallélépipède ayant pour côtés, X, Y, Z. Or si nous prenons sur les axes ox, oy, oz des longueurs égales à l'unité de longueur, elles deviendront par la déformation égales à α, β, γ et les longueurs x, y, z, deviendront égales à αx, βy, γz, on a donc $Z = \alpha x$, $Y = \beta y$, $Z = \gamma z$.

Théorème. — Une déformation homogène transforme une sphère en un ellipsoïde.

Dans la sphère les milieux de toutes les cordes parallèles à une direction déterminée, sont dans un plan, il en est de même dans la surface résultant de la déformation de la sphère. Cette surface est par conséquent une surface du second ordre, et comme elle n'a pas de point à l'infini, c'est un ellipsoïde.

THÉORÈME. — Il existe un trièdre trirectangle qui après la déformation est encore un trièdre trirectangle.

D'après ce qui vient d'être dit on voit que trois directions conjuguées dans l'ellipsoïde correspondent à trois directions rectangulaires dans la sphère. Il en est donc de même des trois axes de l'ellipsoïde, qui correspondent à trois directions rectangulaires.

Ellipsoïde de déformation. — Considérons une sphère de rayon égal à l'unité ; elle est transformée en un ellipsoïde dont le diamètre diminué de l'unité mesure l'élongation dans chaque direction. Cet ellipsoïde dont la connaissance suffit pour déterminer complètement la déformation, se nomme l'ellipsoïde de déformation.

Parmi tous les diamètres de l'éllipsoïde de déformation, il en est un maximum et un minimum coïncidant avec les axes de cet ellipsoïde. Il y a donc une élongation maximum et une minimum.

Les trois axes de l'ellipsoïde de déformation ne coïncident pas en général avec les trois droites du corps, auxquelles ils correspondent. Aussi pour éviter toute confusion, nous désignerons ces trois dernières sous le nom d'axes principaux, désignant les trois premières sous le nom d'axes de l'ellipsoïde.

L'ellipsoïde de déformation peut être de révolution, et même être une sphère ; dans ce dernier cas, l'élongation est la même dans toutes les directions et les dimensions seules du corps sont modifiées. C'est ce que l'on appelle une *expansion*.

Plans cycliques de la déformation. — L'ellipsoïde de déformation possède deux sections circulaires, par conséquent il existe deux sections circulaires de la sphère qui se transforment en cercles. Autrement dit, il existe deux plans jouissant de la propriété que toutes les droites situées dans l'un d'eux subissent la même élongation. A ces plans nous donnerons le nom de plans de nulle déformation, réservant le nom de plans cycliques aux sections circulaires de l'ellipsoïde.

Variation de volume. — Le cube, dont les arêtes sont parallèles aux axes principaux et égales à l'unité de longueur, a pour volume l'unité de volume. Par la déformation, ce cube se transforme en un parallélépipède droit à base rectangle dont le volume est mesuré par le produit $\alpha\beta\gamma$. Le rapport des deux volumes est donc égal à $\alpha\beta\gamma$. On arriverait au même résultat en considérant l'ellipsoïde de déformation : le volume de la sphère dont le rayon est égal à l'unité a pour expression : $\frac{4\pi}{3}$, celui de l'ellipsoïde est mesuré par $\frac{4}{3}\pi\alpha\beta\gamma$, le rapport est donc égal à $\alpha\beta\gamma$.

Application aux cristaux. — On n'est pas parvenu jusqu'ici, au moyen d'actions mécaniques, à faire subir à un cristal de déformation homogène dans le sens général du mot. La chaleur est le seul agent capable de donner de pareils résultats, mais l'étude des actions calorifiques ne rentrant pas dans le cadre de cet ouvrage, nous n'avons à donner dans ce paragraphe ni résultats expérimentaux, ni explications théoriques relatifs à ce sujet. Le but que l'on se propose est de démontrer, dans la suite, que bien des corps cristallisés s'ils ne sont pas cubiques peuvent être *considérés* comme des corps cubiques ayant subi une déformation homogène. Autrement dit la structure des corps cristallisés est telle que par une déformation convenable on pourrait les transformer en corps cubiques, si on avait à sa disposition les moyens de leur faire subir une telle déformation.

Il faut donc tout d'abord étudier les caractères que doit présenter dans sa structure un corps cubique déformé, et nous montrerons dans un paragraphe suivant, en nous appuyant sur les résultats fournis par des déformations spéciales que les corps cristallisés satisfont bien à ces conditions.

Déformation homogène d'un réseau. — Tout d'abord un parallélépipède se transformant en un autre parallélépipède, il est bien évident qu'un réseau se transforme en un autre réseau. En outre, les plans réticulaires en zones resteront en zones, et comme le

rapport de deux segments pris sur une droite n'est pas modifiée par
la déformation, les caractéristiques d'un plan ne changeront pas si
on prend pour axes dans le réseau déformé les rangées correspondant aux rangées prises pour axes dans le réseau primitif.

Considérons un réseau cubique dont la maille est un cube.
Dans la déformation certains éléments de symétrie de cette maille
disparaîtront et par cela même disparaîtront du réseau qui ne
possédera plus que les éléments subsistant dans la maille.

Si les arêtes du cube restent perpendiculaires et si les élongations de deux d'entre elles sont égales et différentes de l'élongation de la troisième, le réseau deviendra quaternaire. La déformation peut alors être considérée comme une simple élongation de
l'axe quaternaire, c'est-à-dire que l'on obtiendra le même réseau
en donnant à chaque nœud du réseau cubique une translation
parallèle à cet axe et proportionnelle à la distance du nœud au
plan perpendiculaire.

Si les arêtes restent égales entre elles et également inclinées
l'une sur l'autre, le réseau deviendra ternaire, et la déformation
sera encore une simple élongation.

Un réseau terquaternaire peut se transformer de deux façons
en un réseau terbinaire : il en sera ainsi si les arêtes, restant perpendiculaires, subissent des élongations différentes ; il en sera
encore de même si un axe quaternaire et deux axes binaires restant perpendiculaires, ces derniers deviennent inégaux. Dans les
deux cas, les axes subsistant seront les axes de l'ellipsoïde de
déformation.

Il y a aussi deux façons de transformer un réseau terquaternaire
en un réseau binaire, il suffit qu'un axe quaternaire ou un axe
binaire reste perpendiculaire sur le plan de symétrie correspondant.

Enfin si la déformation n'est astreinte à aucune condition, le
réseau terquaternaire sera transformé en un réseau asymétrique.

THÉORÈME. — Si un réseau terquaternaire est déformé de façon
que les axes quaternaires viennent coïncider avec trois autres
rangées, le réseau se transforme en un réseau dans lequel les axes
quaternaires du réseau primitif sont encore des rangées.

Soient, en effet (m, n, p), $(m'\, n'\, p')$, $(m''\, n''\, p'')$, les coordonnées numériques des trois rangées avec lesquelles viennent coïncider les axes quaternaires.

Si μ, ν, π sont les coordonnées d'un nœud quelconque relativement aux axes quaternaires avant la déformation, après la déformation, relativement aux trois rangées précédentes il aura pour coordonnées :

$$X = \mu(m^2 + n^2 + p^2)^{1/2}$$
$$Y = \nu(m'^2 + n'^2 + p'^2)^{1/2}$$
$$Z = \pi(m''^2 + n''^2 + p''^2)^{1/2}$$

Ce nœud du nouveau réseau aura pour coordonnées relativement aux axes quaternaires du réseau primitif :

$$x = m\mu + m'\nu + m''\pi$$
$$y = n\mu + n'\nu + n''\pi$$
$$z = p\mu + p'\nu + p''\pi$$

Si donc on prend pour μ, ν, π les nombres déterminés par les égalités :

$$\mu : (n'p'' - p'n'') = \nu : (n''p - np'') = \pi : (np' - n'p) = k$$

On aura :

$$x = m\mu + m'\nu + m''\pi$$
$$y = z = 0.$$

Par conséquent le nœud μ, ν, π du nouveau réseau se trouvera sur l'axe quaternaire primitif, qui est par cela même une rangée.

Il est d'ailleurs facile de calculer le paramètre de cette rangée ; pour cela, il faut chercher les valeurs de μ, ν, π pour lesquelles x prend la plus petite valeur possible. Si D est le plus grand commun diviseur des quantités auxquelles μ, ν, π sont proportionnelles, les valeurs cherchées seront évidemment :

$$\mu = (n'p'' - n''p') : D$$
$$\nu = (n''p - np'') : D$$
$$\pi = (np' - n'p) : D$$

et le paramètre :

$$m(n'p'' - n''p') : D + m'(n''p - np'') : D + m''(np' - n'p) : D$$

Théorème. — Si les rangées avec lesquelles viennent coïncider les axes quaternaires sont conjuguées, le réseau se retrouve en coïncidence avec lui-même.

Si en effet les rangées sont conjuguées, leurs caractéristiques satisfont à la condition :

$$m(n'p'' - n''p') + m'(n''p - np'') + m''(np' - n'p) = \pm 1$$

et le plus grand commun diviseur D est égal à l'unité, par conséquent le paramètre est égal à l'unité, dans le nouveau réseau, comme dans l'ancien.

Revenons au cas général ; puisque les axes quaternaires sont encore des rangées du nouveau réseau, il en résulte que l'on peut passer du réseau cubique à ce nouveau réseau, en supprimant un certain nombre de nœuds sur chacun des axes quaternaires. opération qui, comme on le sait, ne change en rien les directions des rangées ni celles des plans réticulaires.

Par conséquent les paramètres d'un cristal ayant un réseau ainsi déformé, seront des multiples des paramètres d'un cristal cubique, et ses faces feront entre elles les angles des faces d'un cristal cubique.

Si, par exemple, grâce à la déformation, les axes quaternaires viennent coïncider avec les rangées ayant pour coordonnées numériques $(\bar{8}11)$, $(11\bar{8})$, $(1\bar{8}1)$, le réseau se transformera en un réseau ternaire ayant pour maille un rhomboèdre de 107°6'. Le paramètre de l'axe ternaire rapporté à l'axe binaire sera égal au $2:3$ de $(3:2)^{1/2}$, il sera donc dans un rapport simple avec le paramètre de l'axe ternaire d'un cube. Quant aux axes quaternaires primitifs, ils définissent une forme simple, un rhomboèdre qui est un cube, ayant pour caractéristiques $(30\bar{3}2)$.

Déformation de la particule cristalline. — L'étude de la déformation homogène, de la particule cristalline demande quelques explications préliminaires : il ne faut pas en effet oublier que cette particule n'est pas un corps géométrique, qu'elle est formée de molécules qui ne peuvent subir de déformation. Aussi ne considérerons-nous que les centres de gravité de ces molécules, que le polyèdre formé par ces centres de gravité, qui lui est susceptible de se déformer. Dans une particule cubique les centres de gravité des molécules sont symétriquement placés par rapport aux éléments de symétrie du cube, et les centres de gravité symétriquement placés par rapport à un plan de symétrie de ce cube appartiennent à deux molécules symétriques entre elles et symétriquement orientées ; de même les centres de gravité sont symétriquement placés par rapport aux axes d'ordre pair, et ces centres symétriquement placés appartiennent à des molécules superposables orientées à 180 degrés. Or dans la déformation, le cube devient un parallélépipède, les plans de symétrie des plans diamétraux [1] et les axes d'ordre pair des diamètres, ces plans diamétraux et ces diamètres étant associés comme dans le cube, c'est-à-dire qu'un axe et un plan de symétrie perpendiculaires dans le

[1] Il n'est peut-être pas inutile de rappeler ici ce que l'on entend par plans diamétraux et par diamètres dans un parallélépipède. Considérons dans un parallélépipède

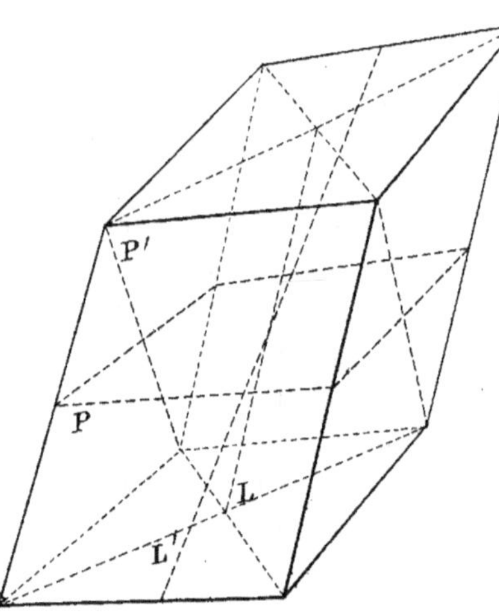

Fig. 2.

quelconque (fig. 2) un plan P passant par le centre et parallèle à deux faces latérales, et la droite L passant par le centre du parallélépipède et les centres des deux faces parallèles au plan P : toutes les cordes parallèles à la droite L ont leur point milieu dans le plan P, qui est donc un plan diamétral ayant pour direction conjuguée la direction de la droite L. De même toutes les cordes parallèles au plan P et rencontrant la droite L ont leur point milieu sur la droite L, qui est un diamètre ayant pour plan conjugué le plan P. Bien entendu si la droite L est perpendiculaire sur le plan P, celui-ci devient un plan de symétrie et la droite L un axe binaire.

De même considérons le plan P' passant par deux arêtes parallèles opposées, et la droite L' passant par les milieux des arêtes parallèles au plan P et non situées dans ce plan : le plan P' est un plan diamétral ayant pour direction conjuguée la direction de la droite L' et celle-ci un diamètre ayant pour plan conjuguée le plan P'.

Dans un parallélépipède quelconque il y a donc trois plans diamétraux parallèles aux faces du parallélépipède, et trois diamètres parallèles aux arêtes : ce sont les plans diamétraux principaux et les diamètres principaux ; il y a en outre six plans diamétraux passant par deux arêtes opposées, plans diamétraux non principaux et six diamètres, passant par les milieux des arêtes parallèles opposées, les diamètres non principaux, qui sont respectivement conjuguées aux plans diamétraux non principaux ; plans diamétraux et diamètres qui peuvent se transformer en plans de symétrie et en axes binaires.

cube deviennent conjugués dans le parallélépipède. On voit donc
que si aucun élément de symétrie n'est conservé dans la déformation, la particule cristalline possédera 9 diamètres et 9 plans diamétraux, conjugués deux à deux, en ce qui concerne la position
des centres de gravité des molécules. En outre les centres diamétralement placés par rapport à un diamètre appartiendront à deux
molécules de même espèce, tandis que les centres, diamétralement
placés relativement à un plan, appartiendront à des molécules
symétriques.

Bien entendu, les molécules ne pourront pas être symétriquement orientées relativement aux éléments diamétraux puisque
ceux-ci ne font pas entre eux les mêmes angles que les éléments
de symétrie d'un polyèdre.

Tels sont les caractères que devra présenter un corps cristallisé
obtenu en faisant subir une déformation homogène à un corps
cubique, en négligeant l'orientation des molécules. On verra plus
loin que bien des corps présentent cette structure.

§ II. — Déformation par translation proportionnelle

Si la déformation homogène, que l'on a fait subir à un corps
est telle qu'il n'éprouve pas de changement de volume, que l'élongation soit nulle suivant l'axe moyen de l'ellipsoïde d'élasticité, et
qu'un plan cyclique coïncide avec le plan de nulle déformation
correspondant, elle peut alors se ramener à une construction
géométrique très simple. On démontre facilement que la déformation consiste à donner à chacun des points du corps une translation parallèle à une droite d'un plan et proportionnelle à la
distance du point à ce plan. Mais au lieu de donner cette démonstration et de déduire les propriétés de cette déformation particulière du cas général, il est préférable, vue son importance, d'étudier
d'une façon spéciale cette déformation, dite par translation
proportionnelle.

La translation, avons-nous dit, se fait parallèlement à une droite
d'un plan, elle est proportionnelle à la distance à ce plan que l'on
nomme plan de glissement; le coefficient de glissement est égal à la

translation des points cités à l'unité de distance du plan de glissement ; on doit multiplier la distance du point au plan par ce coefficient pour avoir sa translation. Il est évident que deux points situés symétriquement par rapport à un plan parallèle à la translation et perpendiculaire au plan de glissement, sont encore symétriques par rapport à ce plan après la translation, aussi tout plan ayant cette orientation est-il dit plan de symétrie. Enfin, une droite du plan de glissement parallèle à la translation est dite arête de glissement.

THÉORÈME. — Tous les points d'une droite se retrouvent sur une droite après la déformation, autrement dit la déformée d'une droite est une droite.

Soient A et B (fig. 3) deux points d'une droite coupant le plan

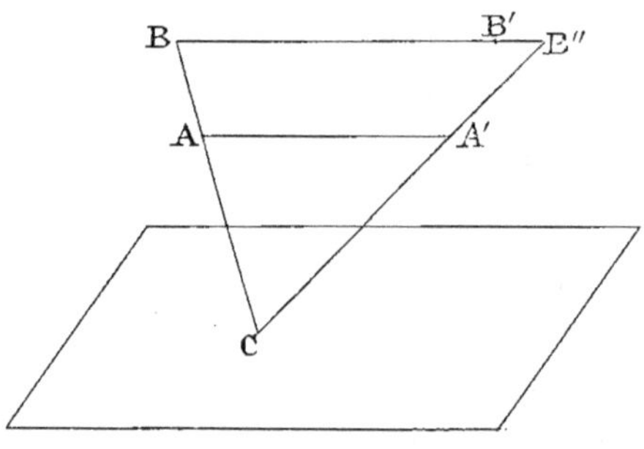

Fig. 3.

de glissement au point C, la déformée de la droite est une droite passant par le point C et par les points A' et B' correspondant aux points A et B.

Soit en effet B″, le point où la droite parallèle à la translation issue de B rencontre la droite CA', il est facile de montrer que B″ se confond avec B'.

On a AA′ = kd et BB′ = kd', k étant le coefficient de glissement et d, d' les distances de A, B au plan de glissement, et comme les triangles BCB″, ACA' sont semblables, on a les égalités :

$$BB'' : AA' = CB : CA = d' : d = kd' : kd$$

et par suite BB′ = kd' = BB″. Les points B' et B″ sont donc confondus et la transformée de la droite AB est bien une droite.

Du théorème précédent, il résulte que la transformée d'un plan est un plan.

THÉORÈME. — Les transformées de deux plans parallèles sont deux plans parallèles.

Si en effet ces plans se coupaient à distance finie suivant une droite, celle-ci serait forcément la transformée d'une droite située à distance finie dans les deux plans donnés, qui par conséquent ne seraient pas parallèles.

Comme on le voit, la déformation par translation proportionnelle est une déformation homogène, telle que nous l'avons définie plus haut.

Toute figure située dans un plan parallèle au plan de glissement ne subit aucune déformation, puisque tous ses points éprouvent la même translation.

Il est une autre série de plans de nulle déformation, qui sont perpendiculaires sur les plans de symétrie et font avec la direction négative de la translation un angle $(\pi : 2) - \lambda$, tel que $2 \tan g \lambda = k$. Si nous considérons un tel plan P et un point A de ce plan, le point correspondant A' sera symétrique de A par rapport au plan normal au plan de glissement et au plan de symétrie et passant par la droite d'intersection de P et du plan de glissement. Autrement dit la déformée d'une figure située dans le plan P s'obtiendra en faisant tourner ce plan d'un angle égal à 2λ autour de sa droite d'intersection avec le plan de glissement.

Il est important de remarquer que ces plans de nulle déformation sont les seuls qui par la déformation sont amenés dans une position symétrique par rapport au plan de glissement et à la normale à ce plan. De même les seules droites, qui soient amenées dans une position symétrique, sont les droites d'intersection de ces plans de nulle déformation et des plans de symétrie.

THÉORÈME. — Pour que dans une déformation par translation proportionnelle, un polyèdre soit transformé en son symétrique relativement au plan de glissement, il faut et il suffit que le plan de glissement soit un plan diamétral de ce polyèdre, la direction conjugée étant celle de la droite d'intersection du plan de symétrie et du plan de nulle déformation.

Prenons pour plan de la figure le plan de symétrie passant par un sommet S (fig. 4), la déformation l'amène en S'; il faut donc qu'avant la déformation un sommet de polyèdre occupe la position

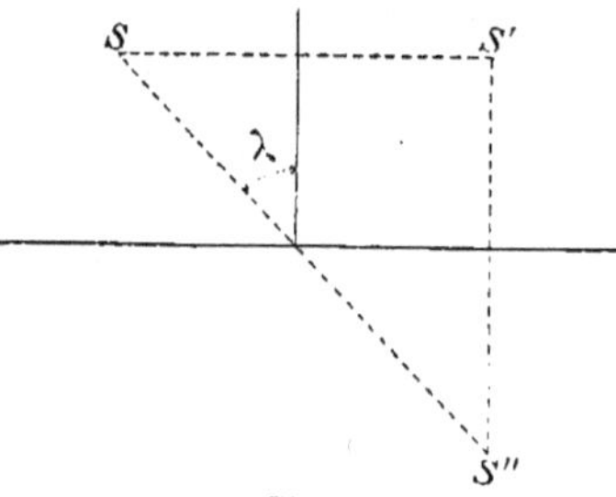

Fig. 4.

S'', symétrique de S' relativement au plan de glissement. Or dans le triangle SS'S'', la droite SS'' a son point milieu dans le plan de glissement et fait avec la normale au plan de glissement S'S'' un angle λ, tel que $SS' = S'S''$ tang λ, mais d'autre part $SS' = \dfrac{S'S''}{2} k$.

Par conséquent, tang $\lambda = \dfrac{k}{2}$ et la droite SS'' est bien parallèle à la droite d'intersection du plan de nulle déformation et du plan de symétrie; ce qui montre le théorème.

Remarquons que le sommet S'' est amené par la déformation dans la position symétrique de celle de S, et par conséquent deux sommets, diamétralement placés, viennent chacun occuper une position symétrique de la position primitive de l'autre.

THÉORÈME. — Pour que dans une transformation par translation proportionnelle, un polyèdre se transforme en son symétrique relativement à l'arête de glissement, il faut et il suffit que cette arête soit dans le polyèdre un diamètre, conjugué du plan de nulle déformation.

La démonstration est calquée sur la précédente[1].

Déformation d'un réseau par translation proportionnelle. — Pour les applications que l'on fera plus tard de cette étude, il n'est pas nécessaire de se placer dans le cas général; il suffit de considérer deux cas particuliers.

---

[1] Wallerant. Explication des macles obtenues par actions mécaniques. *C. R. Ac. des Sc.*, vol. 128. Groupements cristallins, p. 65. 1899.

Dans le premier cas, nous supposerons que le plan de glissement est un plan réticulaire et que la droite d'intersection du plan de symétrie et du plan de nulle déformation est une rangée que nous nommerons rangée *principale*. Cette déformation, comme on le verra dans la suite, a pour effet de transformer un édifice cristallin en son symétrique par rapport au plan de glissement, aussi suivant l'expression consacrée la désignons-nous sous le nom de déformation de seconde espèce. Dans le second cas nous supposons que l'arète de glissement est une rangée et que le plan de nulle déformation est un plan réticulaire. Cette déformation transforme un édifice cristallin en son symétrique par rapport à l'arète de glissement, c'est une déformation de première espèce.

Déformation de seconde espèce. — Cherchons tout d'abord à quelles conditions un réseau est transformé en son symétrique par rapport à un plan réticulaire[1]. D'après le théorème précédent, il faut que le plan réticulaire soit un plan diamétral ayant pour direction conjuguée la direction de la rangée principale. Or un plan diamétral du réseau doit être un plan diamétral de la maille, donc les plans diamétraux sont les plans passant par le centre, parallèles aux faces ou passant par deux arètes opposées, leurs directions conjuguées étant respectivement pour les premiers une arète de la maille et pour les seconds une diagonale d'une face de cette maille. La relation entre le plan réticulaire servant de plan de glissement et la rangée principale se trouve donc ainsi parfaitement déterminée.

D'ailleurs la question peut être sans difficulté traitée analytiquement. Cherchons la condition pour qu'un plan réticulaire (qrs) soit un plan diamétral conjugué à la rangée (mnp). A tout nœud $m'\, n'\, p'$ devra correspondre un nœud $m''\, n''\, p''$, tel que la droite joignant ces deux nœuds soit parallèle à la rangée (mnp), et le milieu du segment de droite joignant ces deux nœuds soit dans le plan (qrs). Il faut donc que les relations suivantes soient satisfaites :

$$q(m'' + m') + r(n'' + n') + s(p'' + p') = 0$$
$$(m' - m'') : m = (n' - n'') : n = (p' - p'') : p$$

<hr>

[1] Wallerant. *Bul. Soc. Min.*, 1904.

On en tire :

$$m'' = m' - 2m\ \frac{qm' + rn' + sp'}{qm + rn + sp}$$

$$n'' =$$

$$p'' =$$

Pour que $m''\,n''\,p''$ soient des nombres entiers quels que soient m' $n'\,p'$, il faut ou bien que $qm + rn + sp = \pm 1$, ou bien que $qm+rn+sp = \pm 2$. C'est-à-dire que le nœud (mnp) doit être dans le plan limitrophe du plan (qrs), ou bien dans le plan suivant immédiatement ce plan limitrophe ; conditions qui reviennent à celles qui ont été établies géométriquement.

Nous pourrons donc distinguer deux sortes de déformations de seconde espèce, suivant que le plan de glissement est un plan diamétral principal, ou un plan diamétral non principal.

Coordonnées de deux éléments correspondants. — Les deux réseaux symétriques relativement au plan de glissement ont un plan réticulaire commun coïncidant avec ce plan de glissement. Si donc on prend pour axes de coordonnées Ox et Oy deux ran-

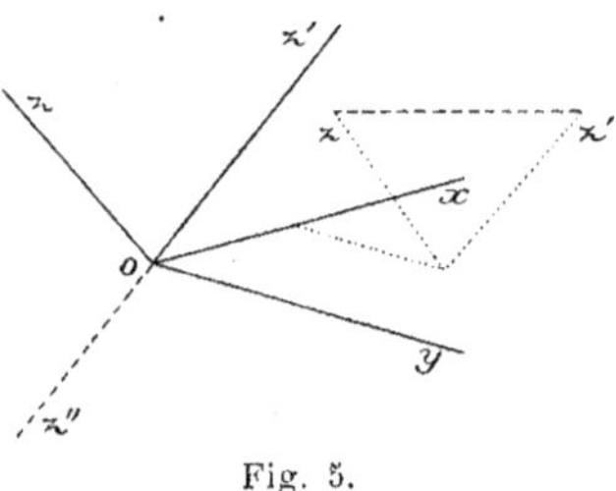

Fig. 5.

gées conjuguées de ce plan réticulaire commun, et pour troisième axe Oz, pour l'un la rangée principale et pour l'autre la rangée. Oz'' symétrique de cette rangée principale relativement au plan de glissement, les deux réseaux seront rapportés à deux systèmes d'axes se correspondant dans la déformation et en outre ayant la même signification cristallographique dans chacun des réseaux.

Comme le montre la figure 5 si $x,\ y,\ z$, sont les coordonnées d'un point avant la déformation relativement aux axes Ox, Oy, Oz, après la déformation, il aura les mêmes coordonnées relativement aux axes Ox, Oy et au prolongement Oz' de Oz'', par conséquent relativement aux axes Ox, Oy, Oz'', ses coordonnées seront $x, y, \overline{z}$. Donc si (mnp) sont les coordonnées numériques d'un nœud ou

les caractéristiques d'une rangée, le nœud ou la rangée correspondant auront pour coordonnées ou caractéristiques $(mn\overline{p})$. De
même les caractéristiques d'un plan réticulaire étant (qrs), les caractéristiques du plan correspondant seront $(qr\overline{s})$.

PROBLÈME. — Trouver les plans réticulaires qui ont la
même signification cristallographique avant et après la déformation.

Prenons pour axes de coordonnées dans le réseau primitif deux
rangées conjuguées du plan de glissement et la rangée principale,
et dans le réseau symétrique les deux mêmes rangées du plan de
glissement et la rangée symétrique de la rangée principale. Nous
avons ainsi deux trièdres ayant la même signification cristallographique, par conséquent deux plans ayant la même signification
cristallographique dans les deux réseaux devront avoir les mêmes
caractéristiques relativement à ces deux trièdres. Or nous avons
vu plus haut que si (qrs) sont les caractéristiques d'un plan réticulaire, après la déformation le plan correspondant a pour caractéristiques $(qr\overline{s})$. Pour que ces deux systèmes de caractéristiques
soient identiques, il faut que l'on ait soit $s = 0$ soit $q = r = 0$,
autrement dit il faut que le plan soit parallèle au plan de glissement, ou qu'il appartienne à la zone définie par la rangée principale.

Mais il est encore un autre cas où la signification cristallographique n'est pas modifiée par la déformation, c'est celui où
par suite de la présence d'éléments de symétrie dans le réseau
primitif les deux plans (qrs) et $(qr\overline{s})$ ont même signification dans
ce même réseau. Dans ce cas la déformation les fait simplement
permuter.

PROBLÈME. — Étant données les caractéristiques (qrs) d'un plan
réticulaire relativement à trois rangées conjuguées quelconques,
calculer les caractéristiques $(q'\ r'\ s')$ du plan correspondant relativement aux trois rangées du second réseau, qui correspondent
aux trois rangées du premier.

Soient (mnp) les caractéristiques de la rangée principale et
$(m'\ n'\ p')$, $(m''\ n''\ p'')$ les caractéristiques de deux rangées du plan

de glissement. Relativement à ces trois rangées le plan (qrs) a pour caractéristiques :

$$mq + nr + sp$$
$$m'q + n'r + p's$$
$$m''q + n''r + p''s.$$

D'autre part, dans le réseau symétrique, la rangée symétrique de la rangée principale et les deux rangées situées dans le plan de glissement ont mêmes caractéristiques par rapport au second, systèmes d'axes de coordonnées, par conséquent le plan ayant pour caractéristiques $(q'\ r'\ s')$ relativement à ces derniers axes, aura relativement à la rangée symétrique de la rangée principale et aux deux rangées situées dans le plan de glissement

$$mq' + nr' + ps'$$
$$m'q' + n'r' + p's'$$
$$m''q' + n''r' + p''s'.$$

Or, d'après ce qui a été dit plus haut, on doit avoir :

$$mq + nr + ps = - (mq' + nr' + ps')$$
$$m'q + n'r + p's = m'q' + n'r' + p's'$$
$$m''q + n''r + p''s = m''q' + n''r' + p''s'.$$

Les deux dernières équations nous donnent :

$$(q - q') : (n'p'' - n''p') = (r - r') : (p'm'' - m'p'') = (s - s') : (m'n'' - n'm'').$$

Or les dénominateurs sont proportionnels aux caractéristiques A, B, C, du plan de glissement, on a donc :

$$(q - q') : A = (r - r') : B = (s - s') : C.$$

En multipliant haut et bas le premier terme par m, le second par n et le troisième par p, on obtient en vertu de la première égalité :

$$(q - q') : A = (r - r') : B = (s - s') : C = 2(mq + nr + ps) : (mA + nB + pC).$$

Egalités qui nous donnent $(q'\ r'\ s')$ en fonction de $(q\ r\ s)$, des caractéristiques du plan de glissement et de celles de la rangée principale.

On voit en outre que les égalités primitives étant symétriques en q, r, s, et en q'. r'. s', si une face (qrs) passe à la face $(q'\,r'\,s')$ réciproquement la face $(q'\,r'\,s')$ passera à la face (qrs).

Réciproquement si l'on connaît les caractéristiques (qrs) et $(q'\,r'\,s')$ d'un plan avant et après la déformation, les équations :

$$(q - q') : \mathrm{A} = (r - r') : \mathrm{B} = (s - s') : \mathrm{C}$$

permettront de calculer les caractéristiques du plan de glissement. En outre, connaissant les caractéristiques d'un second plan, au moyen des deux équations telles que :

$$m(q + q') + n(r + r') + p(s + s') = 0$$

on pourra déterminer les caractéristiques de la rangée principale.

On trouverait de même que si $(\mu\nu\pi)$ sont les caractéristiques d'une rangée, les caractéristiques de la rangée correspondante après la déformation $(\mu'\,\nu'\,\pi')$ sont données par les égalités :

$$(\mu - \mu') : m = (\nu - \nu') : n = (\pi - \pi') : p = 2(\mathrm{A}\mu + \mathrm{B}\nu + \mathrm{C}\pi) : (\mathrm{A}m + \mathrm{B}n + \mathrm{C}p).$$

Il n'y a donc, comme on le voit facilement au moyen de ces égalités, que la rangée principale et les rangées du plan de glissement qui conservent dans la déformation leur signification cristallographique.

Déformation de la particule cristalline [1]. — Supposons que nous fassions subir à un cristal une déformation par translation proportionnelle, de telle sorte que le réseau se transforme en son symétrique par rapport à un plan réticulaire. Que deviendront les particules cristallines dans la déformation? Les molécules qui les constituent subiront une translation et donneront naissance, une fois la déformation effectuée, à un groupement qui sera en général tout à fait différent de la particule cristalline. Pour que le cristal se retrouve identique à lui-même après la déformation, il faut non seulement que ces molécules reforment un groupement identique à la particule, mais encore que la nouvelle particule ait une orientation symétrique de la première par rapport au plan de

[1] Wallerant. *Bul. Soc. Min.*, 1904.

glissement. Or si on considère le polyèdre formé par les centres de gravité des molécules de la particule, il a été démontré plus haut que ce polyèdre ne se transformera en son symétrique que s'il possède un plan diamétral parallèle au plan de glissement et si la direction conjuguée à ce plan diamétral est parallèle à la rangée principale ; les centres de gravité doivent donc être placés diamétralement par rapport au plan de glissement. Mais en outre, comme les molécules ne subissent qu'une simple translation, il faut que les molécules dont les centres sont diamétralement placés, soient symétriques et symétriquement orientées relativement au plan de glissement.

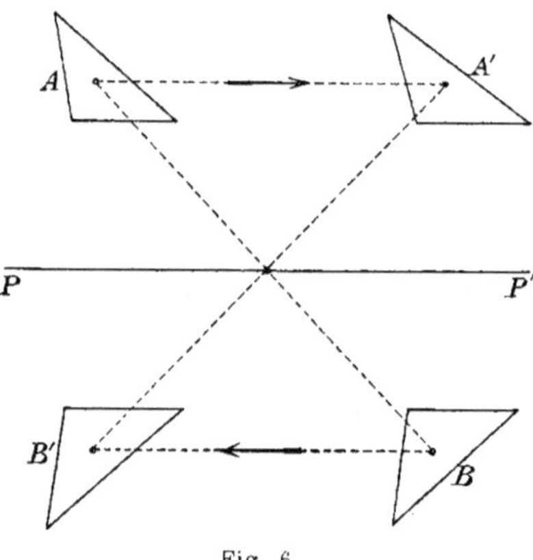

Fig. 6.

En un mot si PP' (fig. 6) est la trace du plan de glissement, à toute molécule A devra correspondre une molécule B, symétrique de A et ayant une orientation symétrique de celle de A par rapport au plan PP', en outre la droite joignant les centres de gravité des molécules A et B devra avoir son point milieu dans le plan PP' et être parallèle à une rangée conjuguée de PP' dans le système réticulaire ; de telle façon que la molécule A venant en A' symétrique de B, et la molécule B en B', symétrique de A, l'édifice soit transformé en son symétrique.

Nous arrivons donc à cette conclusion importante : un plan ne peut être un plan de glissement que s'il est à la fois un plan diamétral du réseau et de la particule cristalline, c'est-à-dire de l'édifice cristallin, en ce qui concerne tout au moins la répartition des centres de gravité, et si en outre les molécules sont symétriquement orientées relativement à ce même plan.

Déformation de première espèce. — D'après les théorèmes précédents, si l'arête de glissement est un diamètre et le plan de nulle déformation un plan diamétral conjugué, le réseau sera transformé en un autre réseau symétrique du premier par rapport à l'arête de glissement, et au plan perpendiculaire. Les plans réticulaires des deux réseaux seront symétriques les uns des autres, mais le plan de nulle déformation sera le seul se transformant en son symétrique.

Nous pourrons distinguer deux sortes de déformation de première espèce suivant que l'arête de glissement sera un diamètre principal ou un diamètre non principal.

Si l'on rapporte le premier réseau à l'arête de glissement, prise comme axe des z et à deux rangées conjuguées du plan de nulle déformation comme axes des x et des y, et le second réseau au même axe des z et aux rangées symétriques de Ox et Oy relativement à l'arête de glissement, la relation entre les éléments correspondants est très simple. Comme on le voit sur la figure

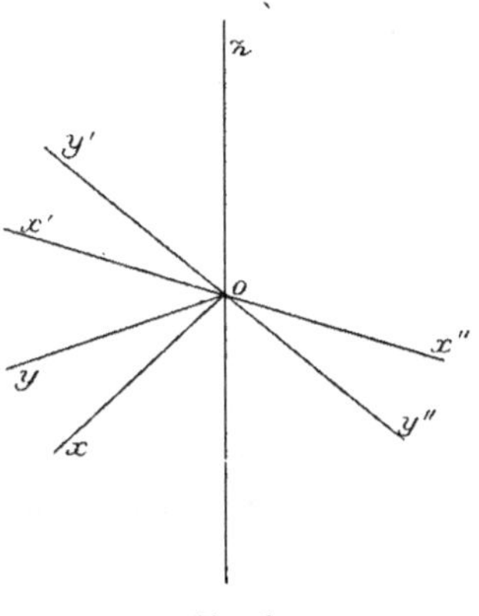

Fig. 7.

ci-jointe (fig. 7), si x, y, z sont les coordonnées d'un point, les coordonnées du point correspondant seront : $\overline{x}$, $\overline{y}$, z. Si (mnp), (qrs) sont les caractéristiques d'une rangée et d'un plan réticulaire, $(\overline{mn}p)$, $(\overline{qr}s)$ seront les caractéristiques de la rangée et du plan réticulaire correspondants.

Problème. — Trouver les rangées qui ont la même signification cristallographique avant et après la déformation.

Prenons pour axes de coordonnées dans le réseau primitif deux rangées conjuguées dans le plan de nulle déformation et l'arête de glissement, et dans le réseau symétrique les deux rangées symétriques situées dans le plan cyclique et l'arête de glissement. Nous avons ainsi deux trièdres ayant la même signification cristallographique, par conséquent deux rangées ayant la même signification cristallographique dans les deux réseaux devront avoir les mêmes caractéristiques relativement à ces deux trièdres. Or nous avons vu plus haut que si (mnp) sont les caractéristiques d'une rangée, après la déformation la rangée correspondante aura pour caractéristiques $(\overline{mn}p)$. Pour que ces deux systèmes de caractéristique soient identiques, il faut que l'on ait soit $p = 0$, soit $m = n = 0$, c'est-à-dire que la rangée doit être parallèle à l'arête de glissement ou au plan de nulle déformation.

Bien entendu, par raison de symétrie, les rangées (mnp) et $(\overline{mn}p)$ peuvent avoir même signification cristallographique. De même, si un plan réticulaire avant la déformation a pour caractéristiques (qrs), il aura après $(\overline{qr}s)$; par conséquent, à moins de raison de symétrie, pour que ce plan ne change pas de signification, il faut qu'il soit parallèle à l'arête de glissement ou au plan de nulle déformation.

PROBLÈME. — Etant données les caractéristiques $(\mu\nu\pi)$ d'une rangée relativement à trois rangées conjuguées quelconques, calculer les coordonnées $(\mu'\nu'\pi')$ de la rangée correspondante relativement aux trois rangées qui correspondent aux trois rangées du premier réseau.

En opérant comme pour le problème analogue de la déformation de seconde espèce, on obtient facilement les égalités suivantes dans lesquelles (ABC) sont les caractéristiques du plan de nulle déformation et (mnp) les caractéristiques de l'arête de glissement :

$$(\mu - \mu') : m = (\nu - \nu') : n = (\pi - \pi') : p = 2(A\mu + B\nu + C\pi) : (Am + Bn + Cp).$$

Il est inutile de pousser plus loin les développements calqués sur ceux du problème du premier cas.

Déformation de la particule cristalline[1]. — Supposons que nous fassions subir à un cristal une déformation de première espèce, le plan de nulle déformation étant un plan réticulaire et l'arête de glissement une rangée. Le réseau restera identique à lui-même, mais viendra occuper une position symétrique par rapport à l'arête de glissement et au plan perpendiculaire. Les molécules qui constituent les particules cristallines subiront une

---

[1] Wallerant. *Bul. Soc. Min.*, 1904.

translation et en général formeront après la déformation des
groupements différant de la particule. Or, pour que le cristal se
retrouve identique à lui-même, il faut non seulement que ces
molécules reforment des groupements identiques à la particule,
mais encore que les nouvelles particules aient une orientation
symétrique de l'orientation primitive par rapport à l'arête de glissement. Si l'on considère le polyèdre formé par les centres de
gravité des molécules, il a été démontré que ce polyèdre ne se
transformera en son symétrique que s'il a pour diamètre l'arête
de glissement, le plan conjugué étant le plan de nulle déformation.
En outre, il faut, bien entendu, que aux deux extrémités d'un
rayon conjugué au diamètre se trouvent deux molécules de même
espèce, orientées à 180° autour de l'arête de glissement.

Nous arrivons ainsi à cette conclusion qu'une rangée ne peut
être une arête de glissement que si elle est parallèle à un diamètre
de la particule cristalline et du réseau, c'est-à-dire de l'édifice cristallin, en ce qui concerne les centres de gravité.

Déformation simultanément de première et de seconde espèce.
— Il est des cas où la déformation peut être considérée aussi bien

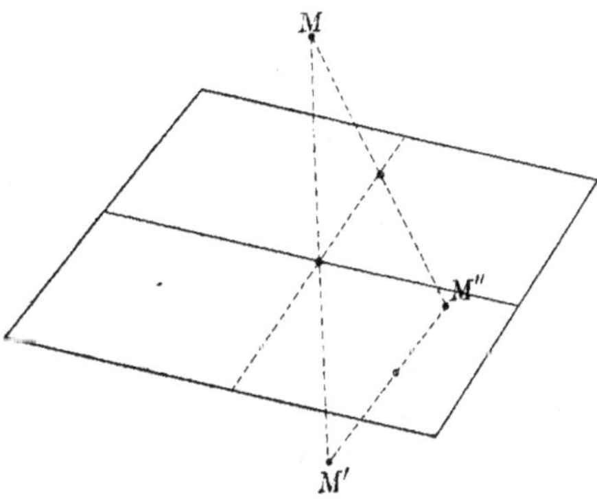

Fig. 8.

comme de première espèce que comme de seconde espèce. Supposons par exemple que les plans de glissement et de nulle déformation soient des plans réticulaires, et que l'arête de glissement

et la droite d'intersection du plan de nulle déformation et du plan
de symétrie soient des rangées. Si la déformation est de première espèce à toute molécule M de la particule cristalline doit
correspondre une molécule M' dont le centre de gravité doit être
diamétralement opposé à celui de M relativement à l'arète de glissement, M et M' étant symétriquement orientées relativement à
cette arète. D'autre part, si la déformation est de seconde espèce,
à la molécule M correspond une molécule M'', dont le centre de
gravité est diamétralement opposé à celui de M par rapport au
plan de glissement, M et M'' étant symétriquement orientées par
rapport à ce plan. Or il est facile de voir sur la figure (fig. 8) que
les molécules M' et M'' sont symétriques relativement au plan contenant l'arète de glissement et perpendiculaire sur le plan de glissement. Ce plan est donc un plan de symétrie de la particule
cristalline ; on démontrerait de même qu'il doit être un plan de
symétrie du réseau, et par suite de l'édifice cristallin.

Rotation apparente[1]. — On vient de voir comment une translation proportionnelle pouvait transformer un cristal en un autre
cristal symétriquement orienté par rapport à une droite, ce qui
simule une rotation de 180° autour de cette droite. Or, dans certains cas, ces translations peuvent simuler des rotations de 120°
et de 90°. Supposons par exemple qu'un cristal possède deux
plans diamétraux A et B à 120°, symétriquement placés par
rapport à un plan de symétrie du cristal. Un glissement suivant A
amène le cristal dans une orientation symétrique relativement
au plan A, il est bien évident que l'on amène le cristal dans la
même position, en le faisant tourner autour de la droite d'intersection du plan de symétrie et du plan A d'un angle égal au double
de l'angle de ces deux plans, c'est-à-dire de 120°.

De même, la position symétrique relativement au plan B
s'obtiendra au moyen d'une rotation de 120° autour de la même
droite, mais en sens inverse. Cette droite sera donc un axe de
groupement d'ordre trois.

D'un autre côté, si le cristal possède un plan de symétrie et

<hr>

[1] Wallerant. *Bul. Soc. Min.*, 1904.

deux plans diamétraux inclinés à 45° sur lui, le glissement sur l'un des plans diamétraux simulera une rotation de 90°.

D'une façon plus générale, supposons qu'un cristal possède deux plans diamétraux A et B à 45° l'un de l'autre : un glissement suivant B donnera un cristal 2, symétrique du cristal donné, et possédant un plan diamétral C symétrique de A, c'est-à-dire perpendiculaire sur A ; par un glissement sur C on obtiendra un cristal 3, symétrique de 2, et en continuant ainsi de suite, on aura un groupement de huit cristaux autour de la droite d'intersection des plans A et B. Or les cristaux, pris de deux en deux, sont superposables et orientés à 90° l'un de l'autre, par conséquent une rotation de 90° ou de 180° autour de la droite d'intersection des plans diamétraux ramènera le groupement en coïncidence avec lui-même : cette droite d'intersection est donc un axe quaternaire de groupement.

De même si les cristaux possèdent deux plans diamétraux à 60° l'un de l'autre, les glissements pourront donner naissance à des groupements ternaires autour de la droite d'intersection des plans diamétraux, groupements formés de six cristaux.

CHAPITRE II

RECHERCHES EXPÉRIMENTALES

§ 1. — Des translations dans les cristaux

C'est à Reusch que l'on doit les premières observations sur les translations dans les cristaux [1], mais c'est M. Mügge qui le premier en a fait une étude systématique. Depuis quelques années, ce savant, poursuivant ses recherches sur les déformations que les cristaux sont susceptibles d'éprouver sous l'influence d'actions mécaniques, a constaté que l'on pouvait faire subir à certains d'entre eux soit des torsions, soit des flexions. Ces études du plus haut intérêt sont malheureusement à leur début, et l'on n'en peut parler que fort brièvement. D'ailleurs si certains cristaux sont maléables à la façon des métaux, en ce sens que l'on peut les courber, les tordre sans les briser autour de certaines droites, ils cessent après la déformation d'être homogène : ce ne sont plus à proprement parler des corps cristallisés, et en lumière polarisée, ils ne présentent plus qu'une polarisation d'agrégat. L'étude des déformations par flexion et par torsion ne rentre donc pas dans le cadre de cet ouvrage. Il en est tout autrement des translations que les actions mécaniques peuvent déterminer dans les cristaux.

Sous l'influence de forces convenablement dirigées, on voit dans les cristaux de certaines espèces, une partie du cristal se déplacer relativement à l'autre suivant la direction d'une arête : la forme extérieure est modifiée, mais contrairement à toute attente un examen attentif du cristal permet d'établir que la structure n'est

---

[1] Reusch. *Pogg. Ann.*, vol. 132, 1867.

pas changée, la partie déplacée et la partie fixe continuent à faire
partie d'un même cristal. La translation, subie par une partie du
cristal, doit donc satisfaire à certaines conditions qu'il est facile de
déterminer.

On sait que si l'on fait subir à un corps cristallisé une translation égale et parallèle au paramètre ou à un multiple du paramètre d'une rangée, le corps se retrouve en coïncidence avec lui-
même. Mais si l'on opère sur un cristal et non sur un corps indé-
fini, il y a simplement déplacement du corps dans l'espace, à
moins qu'une partie seulement du cristal éprouve une translation
relativement à l'autre qui est fixe. Dans ces conditions la surface
de séparation des deux parties sera forcément une surface cylin-
drique ayant ses génératrices parallèles à la translation, un plan
par exemple en zone avec la translation. Dans cette déformation
les faces du cristal en zone avec la translation ne subiront aucune
modification, sur les autres au contraire il se produira un échelon
en saillie ou en retrait. Comme en général la translation se
répète un grand nombre de fois parallèlement à un plan, il en
résulte un grand nombre d'échelons. Si la translation à la même
valeur d'un échelon à l'autre et si ces échelons sont suffisamment
minces, les surfaces seront remplacées tout au moins en apparence, par des faces d'inclinaison différente et portant de nombreuses stries parallèles. Mais si la valeur de la translation varie
d'un échelon à l'autre une face plane sera remplacée par une
surface courbe variable d'une expérience à l'autre. Quels que
soient les changements produits dans la forme extérieure du
cristal celui-ci restera toujours homogène dans toutes ses parties,
qui, après la déformation, ne constitueront encore qu'un seul
cristal. Cette déformation est du plus haut intérêt, puisqu'elle est
une conséquence *immédiate* de la structure réticulaire des corps
cristallisés solides et que la possibilité de la produire est certainement l'argument le plus concluant en faveur de cette structure.
Nous allons passer en revue les cas les plus frappants, les plus
intéressants.

Bromure de Baryum. — $BaBr^2, 2H^2O$. — Le corps cristallise dans
le système binaire et ses constantes cristallographiques sont :

1,44943 : 1 : 1,16559, $xz = 66°30'$ [1]. Or si l'on appuie l'extrémité, d'un cristal sur un obstacle de façon que la pression s'exerce suivant l'axe vertical de la direction positive de cet axe vers la direction négative, sur la portion du cristal situé dans l'angle obtu des axes, il se produit des glissements dans le plan (100), parallèlement à l'axe vertical. En outre l'importance de la déformation dépend de la durée et de l'intensité de la pression ; les parties du cristal les plus rapprochées du point où s'exerce la pression éprouvent une déformation plus marquée que les parties plus éloignées et le passage est graduel entre les parties déformées et les parties du cristal qui n'ont subi aucune déformation. Les faces (111), ($1\bar{1}1$), deviennent convexes tandis que les faces ($11\bar{1}$), ($\bar{1}11$) deviennent concaves. Au contraire les faces (100), (110), ($1\bar{1}0$) restent planes, parallèles à elles-mèmes et les angles qu'elles font entre elles ou avec les faces de la partie non déformée ne changent pas dans la déformation (fig. 9).

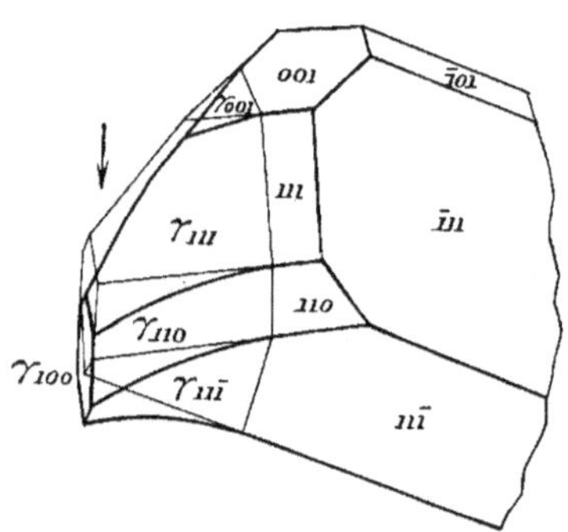

Fig. 9. — Translation du bromure de baryum, d'après M. Mügge.

Après avoir constaté ces faits, M. Mügge a montré, de la façon la plus nette, que la déformation était purement extérieure et que le cristal n'avait subi aucune modification de structure. Si en effet on pratique une coupe dans la partie déformée, on constate que au point de vue optique, il n'y a aucun changement : l'extinction dans la partie déformée se fait toujours parallèlement à celle de la partie non déformée.

Enfin si l'on place le cristal déformé dans une solution saturée de bromure de Baryum, on voit se déposer sur lui de petits cristaux tous parallèles entre eux et parallèles à la partie du cristal qui n'a subi aucune déformation ; ces petits cristaux se développant finissent par se souder et par reconstituer un cristal identique au cristal primitif.

[1] Mügge. *Ueber Krystallform der Brombaryum*. N. Jahrb., 1889, vol. 1, p. 130.

Comme on le voit il n'y a aucun doute : la déformation est exclusivement extérieure et la pression a simplement déterminé une translation parallèle à l'axe vertical et probablement égale à un multiple du paramètre de cet axe.

Chlorure de potassium et de manganèse. — $MnCl^2$, KCl, $2H^2O$ [1].

— Ce sel, qui est triclinique, se présente sous forme de cristaux aplatis suivant la face (010) et allongés suivant l'arête (110) (1$\bar{1}$0). Or si l'on appuie la lame d'un rasoir sur la face (010) dans le voisinage de l'une des extrémités perpendiculairement à l'arête (010) ($\bar{1}1\bar{1}$), la lame pénètre sans difficulté et détermine le glissement de la partie supérieure du cristal vers l'extrémité la plus rapprochée (fig. 10). Si l'on appuie le rasoir dans le voisinage de l'autre extrémité, on détermine un glissement dans le sens opposé avec d'ailleurs la même facilité. Après ces opérations, on constate que toutes les faces qui ne sont pas en zone avec l'arête (010) ($\bar{1}11$) sont couvertes de stries très fines et parallèles à leur droite d'intersection avec la face (010). De plus l'examen optique montre que non seulement les directions d'extinction ne sont pas changées

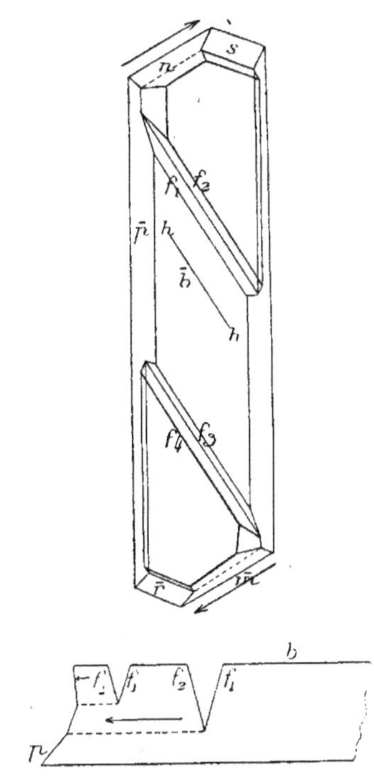

Fig. 10 et 11. — Translation du chlorure de potassium et de manganèse d'après M. Mügge.

dans les parties déplacées du cristal, mais encore qu'il en est de même des figures d'interférences en lumière convergente. Il faut donc admettre que la déformation consiste simplement en une translation parallèle à l'arête (010), ($\bar{1}\bar{1}1$). Il n'est pas inutile

---

[1] Mügge. *Ueber Krystallform.* Mn Cl^2, KCL, H^2O. N. Jahrb. 1892. vol. 2, p. 91.

d'ajouter que dans la partie déformée, on peut déterminer de nouvelles translations (fig. 11).

Gypse. — Les phénomènes de translation sont beaucoup moins accentués dans ce minéral que dans le bromure de Baryum, mais par contre ils peuvent se produire suivant deux directions [1].

Si on appuie la lame d'un couteau sur une face (010) perpendiculairement à l'axe vertical, la lame pénètre dans le cristal et détermine une translation parallèle à cet axe. Une partie du cristal s'est en effet déplacée dans cette direction, sans que les faces en zones avec l'axe c, telles que les faces (110) soient modifiées, tandis que les faces ($\bar{1}$11) se couvrent de stries parallèles à

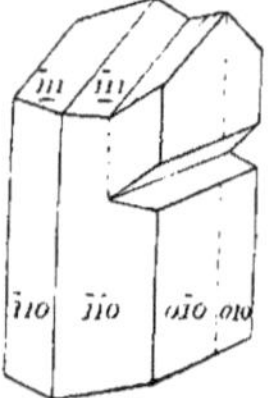

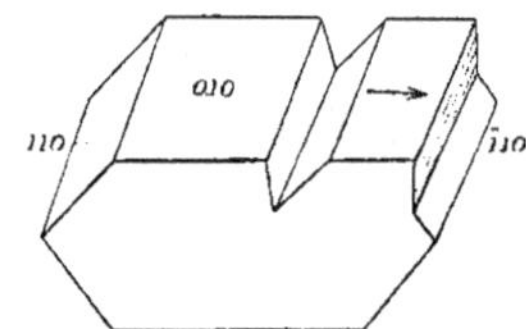

Fig. 12. — Translation du gypse, d'après M. Mügge.   Fig. 13. — Translation du gypse, d'après M. Mügge.

la trace de la face (010). En outre un examen optique montre que la portion déplacée est orientée comme la partie non déformée. La translation peut d'ailleurs se produire dans les deux directions de l'axe c, avec la même facilité : l'action mécanique tend simplement à déplacer la portion la moins importante du cristal (fig. 12).

Si au contraire on appuie la lame du couteau à peu près parallèlement à l'axe c le déplacement se produit à peu près perpendiculairement à ce même axe et les faces (110) se couvrent de stries parallèles à la face (010). La perpendiculaire à l'axe c n'étant pas une rangée, il est probable que la translation se produit parallèlement à la rangée d'intersection de la face (010) et de la face ($\bar{1}$03), mais M. Mügge n'a pu faire des mesures lui permettant d'affirmer qu'il en est réellement ainsi (fig. 13).

[1] Mügge. *Ueber Translationen in Krystallen.* **N.** Jahrb., 1898, vol. 1, p. 71.

Disthène. — Si l'on comprime un petit parallélépipède de ce minéral[1], taillé de façon que ses arêtes soient parallèles à la droite d'intersection des plans (100), (010) et se terminant par des bases, bien polies, perpendiculaires sur les arêtes latérales, lorsque la pression s'exerce sur ces bases, on voit apparaître sur elles des stries très fines parallèles au plan (100). Ces stries ne se produisent pas sur les faces latérales et doivent donc être attribuées à une translation parallèle à l'axe c, dans le plan (100). D'ailleurs la déformation consiste bien en une simple translation, car l'examen optique ne montre aucune modification.

Vivianite. — Si l'on appuie la lame d'un couteau sur la face (010) perpendiculairement à l'axe c le couteau pénètre très facilement, en déterminant une translation parallèle à l'axe, la surface de glissement étant la face (010). M. Mügge recommande de se servir d'un couteau effilé et d'opérer sur une lame cristalline assez épaisse pour éviter la flexion qui se produirait sans ces précautions.

Lorandite. — La lame d'un couteau appuyée sur la face $(10\bar{1})$ parallèlement au plan de symétrie, c'est-à-dire perpendiculairement à l'axe b pénètre presque sans difficulté et détermine un glissement suivant le plan $(10\bar{1})$ et parallèlement à l'axe b. Ce glissement entraîne la formation de stries sur toutes les faces n'appartenant pas à la zone déterminée par l'axe b; il se fait d'ailleurs aussi facilement dans les deux directions.

Galène. — Si l'on comprime entre les mâchoires d'une pince un cube de Galène de façon que la pression s'exerce sur deux sommets opposés, dans le plan de symétrie passant par ces sommets, on voit le cube se déformer et se transformer en parallélépipède monoclinique, tandis que les faces, à l'exception de celles qui sont perpendiculaires sur le plan de symétrie, se couvrent de stries parallèles à ces bases. Il faut admettre qu'il s'est produit une translation parallèle à la diagonale des bases située dans le plan

[1] Mügge. *id.*

de symétrie, mais dans ce cas, on n'a plus à sa disposition les caractères optiques pour démontrer, d'une façon indiscutable, que la déformation consiste bien dans une simple translation (fig. 14).

Tels sont les principaux faits que l'on possède aujourd'hui sur ces phénomènes de déplacement. A la vérité M. Mügge paraît avoir déterminé de semblables translations dans beaucoup d'autres cristaux, mais pour ceux-ci la translation serait accompagnée de flexion ou de torsion, telles que le cristal cesserait d'être homogène. Quoi qu'il en soit, étant donné que M. Mügge est à peu près seul à s'être occupé de ces questions, qu'il n'a pu faire porter ses recherches que sur un petit nombre de cristaux, il est bien évident que nos connaissances sur ce sujet si intéressant, sont appelées à se multiplier et peut-être arrivera-t-on à cette conclusion que cette propriété reconnue chez quelques cristaux appartient en réalité à tous. Comme il a été

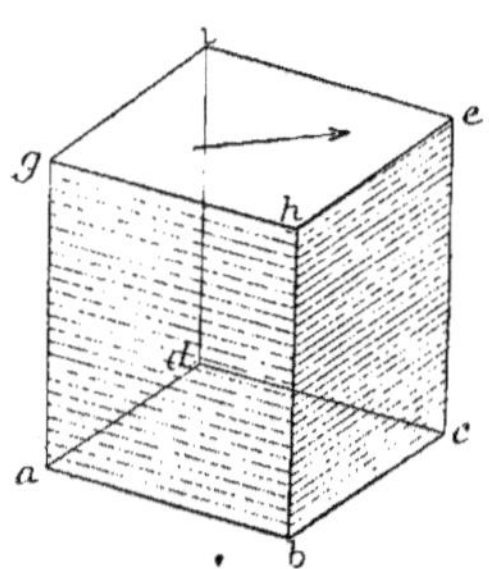

Fig. 14. — Translation dans la galène. d'après M. Mügge.

dit plus haut, le grand intérêt de ces expériences provient de ce qu'elle apporte un argument de premier ordre en faveur de la structure réticulaire des corps cristallisés solides. Il est évident que dans un tel corps, un déplacement parallèle à une rangée et égale à un multiple du paramètre de cette rangée ne change rien à sa structure et par suite à ses propriétés physiques. Mais cependant il ne faudrait pas croire que de ces expériences on puisse tirer une conclusion définitive, car, comme l'a montré M. Hayenbach, si on accole deux cristaux de glace de façon à ce qu'ils soient rigoureusement parallèles, ils se fondent de façon à ne plus former qu'un cristal. Or il est peu probable que dans cet accollement les particules sont rigoureusement à la place qu'elles doivent occuper dans une structure réticulaire. Ici comme dans les cristaux mous et liquides, nous constatons qu'il suffit de placer les particules de façon à ce qu'elles soient parallèles, pour que rien ne soit modifié dans les propriétés physiques.

§ 2. — Déformation des cristaux par translation proportionnelle

Définition de la macle. — On trouve fréquemment dans la nature des associations de deux cristaux, de même espèce, orientés symétriquement par rapport à un plan réticulaire. La symétrie est complète : elle se retrouve dans les formes cristallines et dans toutes les propriétés physiques, elle découle donc d'une symétrie dans la structure des deux cristaux. Dans d'autres cas, les deux cristaux sont symétriques, non plus par rapport à un plan réticulaire, mais par rapport à une rangée. Ces associations portent le nom de *macles,* les dernières sont des macles de première espèce et les premières des macles de seconde espèce. Dans certains cas la macle peut être à la fois de première et de seconde espèce ; si par exemple dans une macle de seconde espèce, les deux cristaux ont un plan de symétrie commun perpendiculaire sur le plan de macle, les deux cristaux seront également symétriques par rapport à la droite d'intersection des deux plans perpendiculaires, qui est une rangée : la macle sera donc de première espèce. Ces associations sont primordiales, c'est-à-dire elles datent de la cristallisation même de la substance. Or l'expérience a montré que l'on pouvait au moyen d'actions mécaniques, exercées sur un cristal de certaines substances, obtenir des associations en tout semblables aux associations que l'on trouve dans la nature, aux macles. Les actions mécaniques déforment une partie du cristal, qui, abandonnant son orientation première, prend une orientation symétrique par rapport à un plan réticulaire ou une rangée : la partie déformée et la partie intacte représentent donc deux cristaux orientés symétriquement. Il n'existe donc aucune différence essentielle entre ces macles d'origine secondaire et les macles primordiales. La seule différence que l'on peut observer entre une macle secondaire et une macle primordiale se rencontre dans les formes cristallines. Dans une macle primordiale les formes cristallines des deux cristaux sont symétriques, tandis que dans la macle secondaire les faces de l'un des cristaux provenant de la déformation des faces de l'autre ne sont pas forcément symétriques de celles-ci. La symétrie, dans les formes cristallines n'est réalisée que dans certains cas particuliers. Il arrive d'ailleurs assez souvent que la même macle se produit un grand nombre de fois; chaque cristal se trouve réduit à une mince lamelle, dite lamelle *hémitrope*. Les macles peuvent donc être étudiées à deux points de vue : nous allons les étudier ici comme résultant de la déformation d'un cristal, nous réservant de les considérer comme associations primordiales dans le chapitre consacré à l'examen des groupements cristallins.

HISTORIQUE. — On sait depuis longtemps que la pression, le choc déterminent des modifications importantes dans la structure des cristaux de calcite, mais les premiers auteurs ne se sont pas rendu compte de la nature de ces modifications. C'est ainsi que Pfaff[1] étudiant les changements introduits par la pression dans les propriétés optiques des cristaux, avait été amené à répartir ceux-ci en deux groupes suivant que les modifications étaient temporaires ou permanentes. Dans le groupe des cristaux, susceptibles de présenter des changements permanents, il plaçait la calcite, et il donne de nombreuses figures représentant des courbes isochromatiques observées en lumière convergente : il ne se rendit pas compte que les phénomènes ainsi obtenus étaient dus à la superposition de cristaux différemment orientés.

C'est à Reusch que l'on doit d'avoir mis nettement en évidence la nature du phénomène[1] : prenant un rhomboèdre de clivage de calcite, il en abattait deux sommets latéraux opposés de façon à pouvoir le comprimer entre les mâchoires d'une pince. Il déterminait ainsi la production de nombreuses lamelles parallèles aux faces du rhomboèdre b[2]. L'existence de ces lamelles se traduisait surtout par la présence de stries parallèles à la grande diagonale sur les faces de clivage; elles étaient en général trop fines pour pouvoir être étudiées, mais cependant sur certaines d'entre elles, Reusch put déterminer la position des plans de clivage.

[1] *Pogg. Ann.*, vol. 107 et 108.
[2] *Pogg. Ann.*, vol. 132 et 136; *Berliner Monatsber.*, 1872; *Berliner Sitzungsber.*. 1873.

M. Baumhauer reprit la même expérience mais sous une forme qui permet de se rendre un compte exact du phénomène [1].

Enfin MM. Liebisch [2] et O. Mügge [3] ont donné la théorie partielle de la déformation du réseau, comme il a été dit plus haut. Mais jusqu'ici on avait laissé de côté la question, capitale cependant, de la particule cristalline : tous les auteurs admettaient que les molécules (les particules) tournaient de 180° autour de la normale au plan de macle pour venir occuper une position symétrique relativement à ce plan ; mais cette hypothèse suppose que la particule possède un centre, or on observe des macles secondaires dans des cristaux non centrés. Cette explication doit donc être rejetée, et l'on a vu dans le chapitre précédent comment dans notre hypothèse sur la constitution des cristaux la déformation de la particule cristalline était due, comme celle du réseau, à la translation proportionnelle. Il faut cependant faire remarquer que la théorie que nous avons exposée plus haut de la formation des macles secondaires, ne suppose nullement l'individualité des particules ; elle peut s'appliquer à toute structure admettant l'existence de plans diamétraux et de diamètre.

Bien entendu, cet historique est tout à fait incomplet, il faudrait pouvoir citer tous les auteurs qui ont déterminé des macles secondaires dans des espèces cristallines. Cette lacune sera comblée partiellement dans la suite, mais il faut cependant faire remarquer ici que M. Mügge est le savant qui a le plus contribué à développer ce chapitre si intéressant de la cristallographie.

Conditions de formation des macles secondaires. — Des résultats théoriques exposés dans le chapitre précédent, il résulte que, dans la formation d'une macle secondaire de seconde espèce, un plan ne peut être un plan de glissement que s'il est un plan diamétral de l'édifice cristallin, et une droite une arête de glissement que si elle est un diamètre de l'édifice. Nous pourrons donc distinguer deux sortes de macles secondaires de seconde espèce suivant que le plan de glissement sera un plan diamétral principal,

[1] *Zeitschr. f. Krystal.*, vol. 3, p. 589.
[2] *N. Jahrb. BB.*, vol. 5, p. 105.
[3] *Id.*, p. 274.

ou un plan diamétral non principal. Comme dans les premières le plan de symétrie est un plan parallèle à une face de l'hexaèdre, forme primitive, nous les nommerons macles hexaédriques, comme dans les secondes, le plan de symétrie est parallèle à une face du dodécaèdre, dont les faces ont pour caractéristiques 1, 1, 0, nous les nommerons macles dodécaédriques de seconde espèce. De même nous distinguerons les macles hexaédriques de première espèce, ayant pour axe de symétrie une arête de la forme primitive et les macles dodécaédriques de première espèce, dont l'axe de symétrie est un diamètre non principal. En outre nous avons vu que les plans diamétraux et les diamètres sont associés de façon que la direction conjuguée à un plan diamétral est parallèle à un diamètre et la direction conjuguée à ce diamètre est parallèle au plan diamétral ; par conséquent une macle de première espèce est associée à une macle de seconde espèce de façon que son arête de glissement est parallèle à la rangée principale de celle-ci, et le plan de glissement de la macle de seconde espèce est parallèle au plan de nulle déformation de celle-là. Deux macles associées de cette façon sont dites conjuguées. D'autre part les plans diamétraux sont associés deux par deux de sorte que la direction conjuguée de l'un soit parallèle à l'autre ; si donc le plan passant par ces deux directions conjuguées est perpendiculaire sur la droite d'intersection des deux plans diamétraux, le plan de glissement de l'une des macles sera parallèle au plan de nulle déformation de l'autre et inversement. Deux macles ainsi associées sont dites réciproques, suivant l'expression de M. Mügge.

Mais il est important de faire remarquer que si les conditions que nous venons de rappeler, sont nécessaires, elles peuvent ne pas être suffisantes. Si par exemple la cohésion perpendiculairement à un plan, remplissant ces conditions, est trop faible, si c'est un plan de clivage très facile, quand on voudra déterminer le glissement on produira un décollement, un clivage. Toutes les causes susceptibles de modifier la cohésion peuvent par cela même rendre plus ou moins facile la formation des macles secondaires. C'est ainsi qu'il pourra être impossible de produire des macles dans certains cristaux à la température ordinaire, alors qu'elles s'obtiennent sans difficulté à une température plus élevée. A propos du polymorphisme, on verra pourquoi les macles secondaires doivent plus facilement se former quand la température vient à varier.

Expérience de M. Baumhauer sur la calcite. — M. Baumhauer a donné à l'expérience de la production des macles dans la calcite une forme saisissante, qui en fait une des expériences les plus instructives de la physique des corps solides. Quoi de plus étonnant en effet que de voir les molécules d'un corps cristallisé, c'est-à-dire d'un corps solide de structure si spéciale, se déplacer.

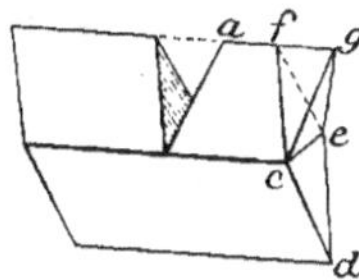
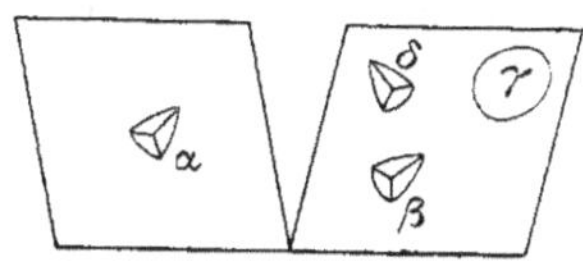

Fig. 15. — Macle secondaire de la calcite, d'après M. Baumhauer.

Fig. 16. — Figures de corrosion sur un cristal de calcite déformé, d'après M. Baumhauer.

glisser les unes sur les autres pour venir prendre une nouvelle position d'équilibre, former en réalité un nouveau corps jouissant de toutes les propriétés du premier.

Si, dit M. Baumhauer, on place un rhomboèdre de clivage de calcite sur une table de façon qu'il repose sur une arête d'un dièdre obtu, et si l'on appuie le tranchant d'une lame de couteau sur l'arête opposée, on voit celle-ci s'enfoncer graduellement dans le cristal, tandis que la partie de ce cristal située entre le couteau et le sommet ternaire se déplace dans la direction allant du couteau au sommet ternaire. La partie déplacée se raccorde avec la partie restée en place suivant le plan b^1 parallèle à l'arête sur laquelle le couteau s'appuyait. Les faces de la partie déplacée sont restées absolument planes et brillantes et l'angle rentrant qui s'est produit à l'extrémité (fig. 15) a pour plan bissecteur le plan b^1. D'ailleurs une étude complète de l'association montre que la partie déplacée est à tous les points de vue, symétrique de l'autre portion du cristal relativement à ce plan b^1. C'est ainsi que l'axe ternaire qui passait sur le sommet f passe après la déformation par le sommet a. On voit en outre que les deux dièdres dont les arêtes rencontraient l'axe et qui par conséquent étaient de 105°5′ se sont transformés en dièdres de 74°55′.

M. Baumhauer a de plus étudié l'influence de la déformation sur les figures de corrosion. Sur les faces p du rhomboèdre celles-ci ont la forme de trièdre ayant un plan de symétrie coïncidant avec le plan de symétrie du cristal, perpendiculaire sur la face : une arête plus longue que les deux autres se trouve dans ce plan (fig. 16). Dans la déformation ce trièdre reste un trièdre, mais l'arête la plus longue se raccourcit, tandis qu'une arête latérale s'allonge ; de même un cercle tracé sur une face p se transforme en une ellipse. Bien entendu, si on attaque au moyen d'un acide la partie déformée, il se produit des figures de corrosion identiques à celles du cristal primitif.

Expériences de M. Mügge sur la calcite. — M. Mügge[1] a repris les expériences de M. Baumhauer avec un dispositif différent et a pu ainsi compléter les résultats obtenus par le savant minéralogiste de Fribourg.

M. Mügge place un rhomboèdre de clivage de calcite entre les deux mâchoires parallèles d'une pince en bois de façon que l'effort se produise sur deux sommets latéraux (fig. 17). En comprimant, il voit la déformation se produire aux deux sommets opposés ; cette déformation s'accentue et il arrive ainsi à transformer le rhomboèdre tout entier en un autre rhomboèdre, placé symétriquement au premier par rapport au plan b^1. Les faces du rhomboèdre ont conservé leur signification cristallographique et sont toujours les faces de clivage, mais les deux sommets principaux sont devenus des sommets latéraux tandis que les sommets latéraux sur lesquels s'exerçait la pression sont devenus les sommets principaux. De même quatre dièdres de 105°5′ sont devenus des dièdres de 74°55′ et inversement pour quatre autres dièdres. Des trois axes binaires un seul a subsisté, celui situé dans le plan b^1, les deux autres ont perdu leur propriété et sont remplacés par deux autres rangées. Enfin des trois plans de

---

[1] *N. Jahrb. f. Min.*, vol. 1, p. 32, 1883.

symétrie passant par l'axe ternaire un seul reste plan de symétrie.

Si les faces du rhomboèdre conservent leur signification cristallographique, il n'en est pas de même en général des autres faces.

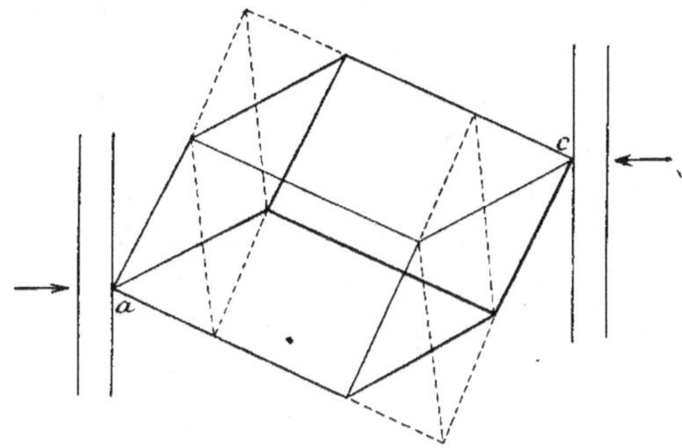

Fig. 17. — Transformation d'un cristal de calcite en son symétrique,
d'après M. Mügge.

C'est ainsi que les bases a^1 se transforment en faces du rhomboèdre e^1, et inversement deux faces de ce rhomboèdre deviennent les bases, tandis que les autres conservent leur valeur. M. Mügge a montré en outre que les faces du rhomboèdre b^1 et celles du prisme d^1 se remplaçaient mutuellement en opérant de la façon suivante : prenant un rhomboèdre de clivage, il opère sur deux arêtes suivant la méthode de M. Baumhauer et, au moyen d'un coup sec de son couteau, il fait sauter les parties déformées ; il obtient

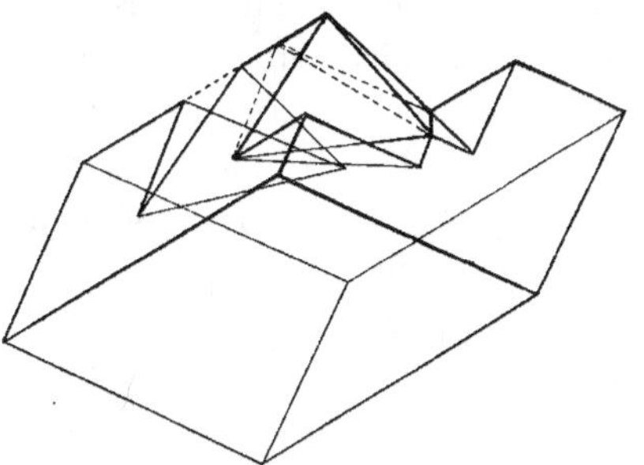

Fig. 18. — Transformation de la face b^1 en
la face d^1, d'après M. Mügge.

ainsi deux faces b^1, et opérant ensuite sur la troisième arête, il transforme ces deux faces b^1 en deux faces d^1, comme le lui prouve la mesure des angles (fig. 18).

Discussion des résultats. — Il est maintenant nécessaire d'analyser ces résultats expérimentaux, pour nous rendre compte si les théories précédentes leur sont applicables. La déformation éprouvée par la calcite est bien une déformation homogène puisque les plans restent des plans et les directions parallèles restent parallèles. En outre, il est un plan de nulle déformation qui reste en coïncidence avec lui-même, c'est le plan b^1. Comme de plus il n'y a pas de changement de volume, il s'en suit bien que l'on a affaire à une déformation par translation proportionnelle ayant pour plan de glissement le plan b^1 et pour rangée principale la diagonale de la face p, non située dans le plan b^1, puisque cette diagonale vient coïncider avec sa symétrique. D'ailleurs, comme le plan passant par cette diagonale et perpendiculaire, sur le plan de glissement est un plan de symétrie du cristal, il en résulte que la déformation peut être considérée comme de première espèce, l'arête b étant l'arête de glissement et la face p le plan de nulle déformation. On voit donc que les faces du rhomboèdre p doivent conserver leur signification cristallographique, puisque par suite de la symétrie, deux faces p se coupant dans le plan b^1 ont relativement à la rangée principale des caractéristiques égales et de signes contraires.

Calculons d'ailleurs les caractéristiques d'une face du cristal déformé relativement aux trois arêtes principales du rhomboèdre, connaissant les caractéristiques de cette face avant la déformation relativement aux trois arêtes du rhomboèdre primitif.

Le plan de glissement a pour caractéristiques (110) et la rangée principale (110), par conséquent d'après les formules données plus haut, on a :

$$q - q' = r - r' = q + r$$
$$s = s'.$$

autrement dit la face (qrs) se transforme en la face $(rq\bar{s})$, les caractéristiques resteront donc les mêmes quand on aura $q = -r$. La base (111) devient la face $(11\bar{1})$ c'est-à-dire une face du rhomboèdre e^1, et inversement comme nous l'a montré l'expérience, la face du rhomboèdre b^1 (011) devient la face $(10\bar{1})$ c'est-à-dire une face du prisme d^1.

Il nous reste à citer quelques exemples de macles secondaires. Ces macles n'ont été encore observées que dans un petit nombre de corps, mais simplement, parce que l'on n'a pas cherché à les produire. On en verra d'autres exemples à propos du polymorphisme et en particulier à propos des mélanges cristallisés d'azotates alcalins.

§ 3. — Système rhomboédrique

Azotate de soude. — Cette substance cristallise en rhomboèdres de 106°33′ et présente toutes les particularités de la Calcite. Il est même à remarquer qu'elle se macle plus facilement que cette dernière substance.

Fer Oligiste. — Les macles secondaires de ce minéral ont été étudiées par MM. Baumhauer[1] et Mügge[2], qui, à vrai dire, n'ont pas pu en déterminer la formation, mais ils ont observé des cristaux de fer oligiste présentant de nombreuses lamelles hémitropes, qu'ils considèrent comme d'origine secondaire. Ils s'appuyent, avec raison, pour établir l'exactitude leur affirmation sur ce fait que les formes cristallines des cristaux accolés ne sont pas symétriques par rapport au plan d'accolement : une face de l'un des cristaux coupe bien une face de l'autre dans le plan d'accolement, mais ces deux faces n'ont pas les mêmes caractéristiques ; ce qui ne peut s'expliquer qu'en admettant qu'une face provienne de la déformation de l'autre.

Comme on le sait, le fer oligiste cristallise en rhomboèdres de 86°. Les lamelles hémitropes sont accolées suivant les faces de ce rhomboèdre, faces qui paraissent bien être les plans de glissement. D'ailleurs, M. Mügge a déterminé les caractéristiques d'une série de faces correspondantes dont nous donnons ici les principales :

$$(2\bar{4}23) \qquad (0\bar{4}41)$$
$$(0\bar{1}11) \qquad (0\bar{1}11)$$
$$(\bar{1}012) \qquad (\bar{1}012)$$
$$(\bar{1}101) \qquad (\bar{1}101)$$

Or, nous savons que les caractéristiques du plan de glissement sont égales à la différence des caractéristiques des faces correspondantes, on a donc :

$$A = 2 \qquad B = 0 \qquad C = 2$$

[1] *N. Jahrb. f. Min.* 1882, vol. 1, p. 219.
[2] *Id.* 1886, vol. 2, p. 35.

le plan de glissement a donc pour caractéristiques ($10\bar{1}1$), c'est une face du rhomboèdre primitif.

Quant aux caractéristiques de la rangée principale, elles sont déterminées par les équations :

$$m - 4n + 2p = 0$$
$$n - p = 0$$

qui donnent ($21\bar{3}1$); par conséquent, la rangée principale est l'arête du rhomboèdre primitif, qui ne se trouve pas dans le plan de glissement.

Corindon. — Ce minéral isomorphe du précédent cristallise en rhomboèdre de 86°4′ et présente d'après les mêmes auteurs les mêmes macles secondaires.

Bismuth et antimoine. — Ces minéraux cristallisent en rhomboèdres, le premier de 87°40′, et le second de 87°35′. Or, d'après M. Mügge, si l'on frappe sur l'arête terminale d'un rhomboèdre de bismuth, il se produit sur les faces adjacentes des stries parallèles aux diagonales horizontales de ces faces. Ces stries sont dues à la formation de lamelles hémitropes suivant les plans de glissement ($01\bar{1}2$) ou b^1. Comme dans la calcite, la rangée principale est la diagonale rencontrant l'axe ternaire. Il en est de même pour l'antimoine.

§ 4. — CRISTAUX ORTHORHOMBIQUES

Leucite. — On sait que ce minéral est cubique à la température de sa formation, et qu'il cristallise en trapézoèdres, mais au-dessous de 560°, comme l'a montré M. Klein, il devient orthorhombique : les axes quaternaires, tout en restant rectangulaires, se contractent différemment et deviennent des axes binaires dans le nouveau cristal. Aussi, les trapézoèdres se décomposent-ils en un grand nombre de lamelles hémitropes, maclées suivant les faces (110) du rhombododécaèdre du cristal cubique primitif, et il en résulte de nombreuses stries sur les faces du trapézoèdre. J'ai montré[1] que l'on pouvait déterminer la formation de ces lamelles hémitropes au moyen de la pression de la façon suivante : une lame mince étant placée sur la platine du microscope polarisant, on amène une lamelle à l'extinction et avec une aiguille on exerce une pression sur cette lamelle, on la voit s'éclairer et pour une pression suffisante l'éclairement persiste. M. Mügge[2] indique un procédé qui donne de meilleurs résultats : une lamelle de leucite épaisse de un centimètre est fortement comprimée entre deux lames parallèles ; cette compression suffit pour déterminer la formation de larges lamelles hémitropes. Enfin, un autre procédé consiste à porter la lamelle au rouge dans un bec Bunsen et à la refroidir brusquement.

En étudiant la disposition des macles dans un cristal de leucite, M. Mügge est arrivé à cette conclusion que si le plan (110) était le plan de glissement, le second plan de nulle déformation était le plan ($1\bar{1}0$) qui passe par le même axe binaire du cristal. Comme ce plan de nulle déformation est un plan réticulaire et que la droite d'intersection du plan de glissement avec le plan de symétrie, c'est-à-dire l'arête de glissement est une rangée, il en résulte que la déformation peut être considérée comme de première espèce ou comme de seconde espèce, puisque le plan de symétrie de la déformation est un plan de symétrie du cristal.

Tartrate de magnésie. Mg $(C^4H^4O^6)^2$, $4H^2O$. — Ce sel, étudié par M. Johnsen[3], est non seulement orthorhombique, mais encore hémiédrique, ce qui donne un intérêt particulier à son étude. Ses paramètres sont égaux à 0,94818 : 1 : 1,69538.

Les deux axes horizontaux étant sensiblement égaux, il en résulte que le cristal est à peu près quaternaire autour de l'axe vertical ; les faces latérales font entre elles un angle de 86°58′ ; les axes optiques sont dans le plan b^1, la bissectrice aiguë étant verticale. Les faces m sont des plans de macles secondaires, que l'on détermine assez facilement par la pression. Si le plan de glissement est la face (110), la rangée principale de la déformation

[1] *C. R. Ac. des Sc.* vol. 128.
[2] *N. Jahrb. f. Min BB.* 14.
[3] *N Jahrb. BB.* vol. 23.

a pour caractéristiques (110) ; elle est donc située dans l'autre face m et les deux macles sont réciproques.

Comme il est facile de le calculer, le coefficient de glissement est égal à 0,10598. Cette substance étant hémiédrique, ne possède pas de centre, il en est donc de même de la particule cristalline, et par suite celle-ci ne peut être amenée dans une position symétrique relativement au plan de macle par une rotation autour d'une droite normale à ce plan, ce que suppose toutes les théories précédemment proposées.

Chlorure de nickel et d'ammonium. $NiCl^2$, NH^4Cl, $6H^2O$. — Ce corps orthorhombique est quasi cubique : ses paramètres sont en effet égaux à 0,9758 : 1 : 0,6867, qui sont à peu de chose près

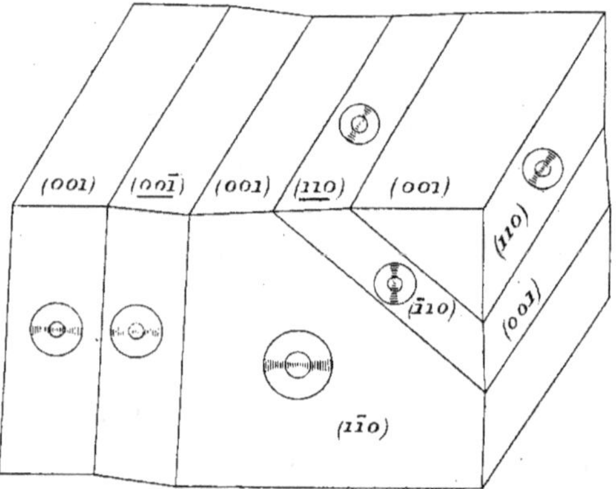

Fig. 19. — Macles secondaires du chlorure de nickel et d'ammonium, d'après M. Johnsen.

les paramètres d'un corps cubique rapporté à deux axes binaires et à un axe quaternaire. Le plan des axes optiques est parallèle à p et les axes optiques sont sensiblement perpendiculaires sur les faces m. Les cristaux se maclent avec la plus grande facilité suivant les plans (110) et les plans (111) ; les premiers sont des plans diamétraux principaux, les seconds des plans diamétraux non principaux, les rangées principales de ces déformations sont celles qui seraient perpendiculaires respectivement sur ces plans, si le cristal était cubique (fig. 19).

§ 5. — Cristaux monocliniques

Les cristaux binaires sont les plus nombreux parmi ceux présentant des macles secondaires, surtout si l'on range parmi eux les cristaux présentant une symétrie apparente plus élevée.

Aragonite. — Comme on le verra plus loin, la symétrie de ce minéral n'est qu'apparente : il ne possède en réalité qu'un axe binaire qui est la petite diagonale. Suivant l'usage, celle-ci doit donc être prise comme axe moyen. Dans la nature on observe deux plans de macle qui ont pour notations (110) et (310). Or, M. Mügge[1], en chauffant des lamelles d'aragonite à la température de 414°, a observé la formation de macles parallèles au plan (110), la rangée principale ayant pour caractéristiques (130). Mais, la macle est, en réalité, une macle de première espèce ayant pour arête de glissement la rangée (110).

Witherite. — Comme le précédent, ce minéral, sous l'influence de la chaleur, se macle suivant le plan (110).

Carnallite. $KCl, MgCl^2, 6H^2O$. — Comme l'aragonite, ce minéral, monoclinique, est quasi-ternaire d'apparence orthorhombique, l'angle $mm = 118°,37'$. D'après M. Johnsen[2], il se macle sous l'influence de la pression suivant les faces m, les rangées principales de ces déformations étant les rangées presque perpendiculaires sur les faces m, ayant pour caractéristiques (130). Bien entendu, ces macles peuvent être considérées comme de première espèce, puisque le plan passant par la rangée

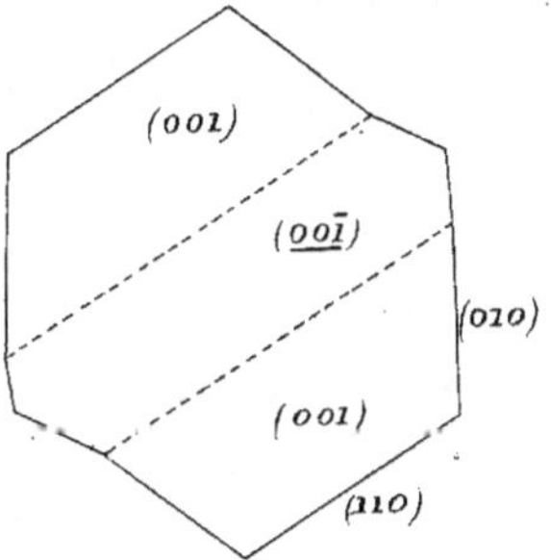

Fig. 20. — Macle de la carnallite, d'après M. Johnsen.

principale et perpendiculaire sur le plan de macle est un plan

---

[1] *N. Jahrb. f. Min. B.B.* vol. 14.

[2] *N. Jahrb. B.B.* vol. 23.

de symétrie, tout au moins en apparence, du cristal (fig. 20). Le coefficient de glissement est égal à 0,04804.

Acétate d'uranyle, de soude et de nickel. — Cette substance cristallise en lamelles quasi-hexagonales, qui, en réalité, sont monocliniques, comme l'a montré M. Wyrouboff. Sous l'influence de la pression apparaissent des macles de seconde espèce et des macles de première espèce, qui sont conjuguées. Mais si la pression exercée n'est pas suffisamment énergique, les macles disparaissent avec l'action mécanique. Pour les macles de seconde espèce, les plans de symétrie sont les plans m et pour les macles de première espèce, les axes de symétrie sont les rangées (130).

Cryolite. — Ce minéral est monoclinique, et ses constantes cristallographiques sont égales à : 0,96626 : 1 : 1,38824 avec $\beta = 89° 49'$, l'angle des faces de la forme primitive adoptée étant de 88° 2°. Les macles de seconde espèce observées ont pour plans de symétrie les faces (110); (001), (112) et ($\bar{1}$12). Or, ces différentes macles ont été obtenues, sous l'influence de la chaleur, par M. Mügge : elles se produisent à une température un peu supérieure à celle de la fusion du zinc. Il est à remarquer que d'après les observations de l'auteur, les macles suivant m paraissent s'atténuer quand la température s'élève. M. Baumhauer[1] a constaté, sur les plans de clivage (001) et (110) la formation de stries, produites par la naissance des lamelles hémitropes.

Remarquons que si l'on divise le dernier paramètre par 2, ces paramètres deviennent 0,96626 : 1 : 0,69412, c'est-à-dire sensiblement 1 : 1 : 0,707. qui sont à peu près les paramètres d'un cristal cubique, rapporté à deux axes binaires et à un axe quaternaire. Quant aux plans de macles, leurs caractéristiques (100), (001) sont celles de plans diamétraux principaux, (101), ($\bar{1}$01), représentant des plans diamétraux non principaux.

Léadhillite. — Le minéral est monoclinique, quasi-rhomboédrique, car l'angle xz est égale à 89° 47' et les faces du prisme font un angle de 59° 33'. Les cristaux présentent fréquemment des

---

[1] *Zeitschr. f. Krystal.* vol. 11, 1886.

macles primordiales, les unes de seconde espèce, ayant pour plans de symétrie les plans (110) et (310), les autres de première espèce ayant pour axe les rangées (110), qui se confondraient avec les secondes macles de seconde espèce sans la légère inclinaison des axes cristallographiques.

En chauffant une plaque de ce minéral à 90°, M. Mügge[1] a constaté qu'il se produisait des lamelles hémitropes, les unes ayant pour plan de glissement le plan (310), qui est un plan diamétral non principal et pour rangée principale la rangée (110), les autres pour axe de glissement la rangée (110), diamètre non principal et pour plan de nulle déformation le plan (310). Les deux déformations sont donc réciproques suivant l'expression de M. Mügge.

Chlorure de Baryum. — Ce minéral comme l'a montré M. Wyrouboff, est non pas terbinaire mais bien monoclinique, avec les constantes cristallalographiques suivantes :

$$0,61775 : 1 : 0.65491 \quad xy = 91°5'$$

La microdiagonale étant sensiblement égale à l'axe vertical, il en résulte que la macrodiagonale est un axe quasi-quaternaire.

Les cristaux que l'on obtient par cristallisation rapide présentent des lamelles hémitropes les unes parallèles au plan (100) et les autres parallèles au plan (001) qui sont deux plans diamétraux principaux. Les macles s'obtiennent mécaniquement avec la plus grande facilité comme l'a montré M. Mügge[2] : si l'on place un cristal applati suivant la face (010), sur la platine du microscope polarisant, en le mettant à l'extinction, et que l'on appuye sur la face supérieure avec une aiguille, on voit apparaitre de nombreuses lamelles hémitropes parallèles aux deux plans indiqués plus haut. Quand la pression cesse, la plupart de ces lamelles disparaissent et quelques unes subsistent. Si l'on comprime un cristal applati suivant (010) parallèlement à cette face, on voit se former une macle suivant celui des deux plans (100), (001) qui se rapproche le

---

[1] *N. Jahrb. f. Min. B.B.* vol. 14, 1901.
[2] *N. Jahrb. f. Min.* vol. 1, 1888.

plus de la direction perpendiculaire à la pression. Mais en même temps il se produit dans le cristal une cassure provenant de ce que la partie du cristal située du même côté du plan de glissement ne se déforme pas toute entière, et cette cassure sépare la partie déformée de la partie non déformée. Si le cristal se macle suivant le plan (100) la cassure se produit généralement suivant le plan (001) et inversement. D'ailleurs une fois la macle produite, au moyen d'une pression convenablement dirigée, on peut la faire disparaître.

Une variation de température, par les tensions qu'elle fait naître dans le cristal, détermine la formation des mêmes macles.

Dans la macle suivant (001) les faces $(10\bar{1})$, (111) se transforment en faces ayant pour symboles respectivement (101) et $(11\bar{1})$, il en résulte que la rangée principale a pour caractéristiques (001). Inversement dans la seconde déformation la rangée principale a pour caractéristiques (100).

Bromure de Baryum — $BaBr^2$, $2H^2O$, — Ce minéral qui n'est pas isomorphe avec le précédent, possède également la faculté de se macler sous l'influence d'actions mécaniques. D'après M. Mügge[1],

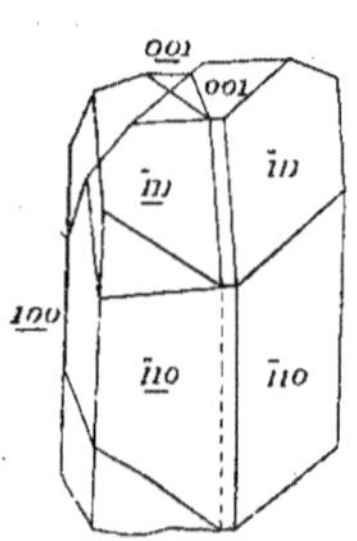

Fig. 21. — Macle secondaire de bromure de baryum, d'après M. Mügge.

ses constantes cristallographiques sont : 1, 44943 : 1 : 1, 16559 avec xz = 66°30'. Les cristaux sont fréquemment maclés suivant le plan (100), la macle pouvant être primordiale ou secondaire. Dans celle-ci la translation se produit parallèlement à l'axe verticale de façon à amener la face (001) dans sa position symétrique, le plan de glissement a donc pour caractéristiques (100) et celles de la rangée principale sont (100) ; le coefficient de glissement est égal à : 1,52509, le plus grand peut-être que l'on ait constaté jusqu'ici.

La macle secondaire s'obtient très facilement de plusieurs façons : on appuye l'extrémité du cristal sur un obstacle de façon que la pression s'exerce dans le sens où doit s'effectuer le glissement, ou bien on appuie la lame d'un couteau sur la face (100) de

[1] *N. Jahrb. f. Min.* vol. 1, 1889.

façon qu'elle soit parallèle à l'axe *b* ; le couteau pénètre et détermine le glissement de la partie supérieure du cristal, absolument comme dans l'expérience de Baumhauer sur la calcite. On produit encore facilement la déformation en comprimant le cristal entre les machoires d'une pince qui s'appuient sur les faces (111).

Iodure de Baryum. — BaI_2, $2H_2O$-M. Mügge a constaté que ce corps dont les données cristallographiques se rapprochent beaucoup de celles du précédent, se comportait absolument comme lui et pouvait se macler suivant le plan (100).

Aethylmalonamide. — D'après M. Keith[1], qui a étudié ce corps,

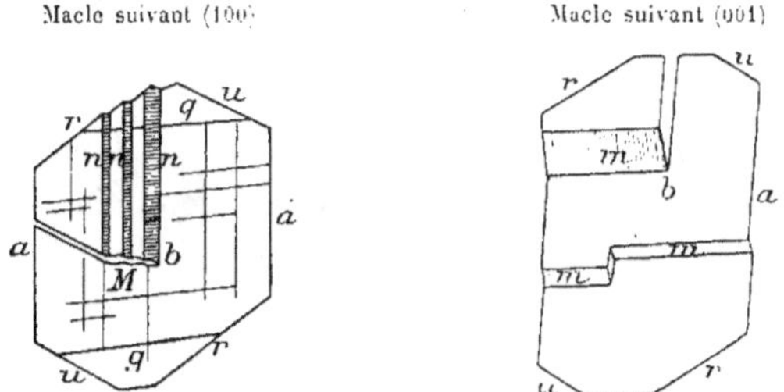

Fig. 22. — Macles secondaires de l'æthylmalonamide, d'après M. Keith.

il a pour constantes cristallographiques : 1,15628 : 1 : 0,6899 avec : xz = 96°34'. Il présente deux sortes de macles primordiales, qui peuvent s'obtenir par actions mécaniques et qui ont pour plans de symétrie les plans réticulaires (100), (001).

La formation de la première détermine une fente parallèle au plan $(\bar{1}01)$ et la formation de la seconde une fente parallèle au plan (100). D'ailleurs ces déformations demanderaient à être étudiées d'une façon plus complète, pour en déterminer les différents éléments.

§ 6. — CRISTAUX TRICLINIQUES

Sulfate de potassium et de cadmium. — $(SO_4)_2$, Cd, K_2, $2H_2O$ — Ce sel est triclinique comme l'a reconnu M. Wyrouboff[2] qui a

[1] *N. Jahrb. f. Min. B.B.* vol. 6.
[2] *Bul. Soc. Franç. de Min.* vol. 14.

obtenu pour ses constantes cristallographiques $0,7967 : 1 : 0,4242$ avec $xy = 88°\ 26'$, $xy = 89°\ 25'$, $xz = 109°\ 22'$.

Autant que l'on peut en juger par la valeur des angles, ce minéral serait quasi-cubique, le plan (100) et (001) étant des faces de l'octaèdre et le plan (010) un plan diamétral non principal mais à vrai dire on n'a pas les éléments pour déterminer avec certitude la forme primitive.

M. Wyrouboff a en outre constaté dans ce sel la propriété de se macler sous l'influence d'actions mécaniques; il est préférable de répéter ici ce qu'il dit à ce sujet.

« Les macles sont de deux espèces : 1° plan d'assemblage parallèle et axe d'hémitropie perpendiculaire à g^1 (010); 2° plan d'assemblage parallèle à une face (601) qui n'existe qu'à l'état de clivage, axe d'hémitropie parallèle à l'axe b.

Cette seconde macle est constante et se trouve dans tous les cristaux sans exception. Elle est généralement indéfinitivement répétée, ce qui produit sur toutes les faces prismatiques une série de stries.

A travers la face a^1 on voit alors en lumière polarisée une multitude de bandes d'une extrême finesse, et l'on n'obtient d'extinction dans aucun azimut. Les deux lois d'assemblage sont parfois associées.

La mobilité des particules cristallines est telle, qu'on peut à volonté faire disparaître ou apparaître ces macles à la condition d'opérer sur des lames assez minces.

Lorsque l'on comprime une lame de clivage suivant a^1 en la serrant avec une pince perpendiculairement à la direction des bandes, ces bandes disparaissent, ou tout au moins diminuent considérablement en nombre, et l'on arrive à avoir des larges zones homogènes s'éteignant complètement entre les Nicols. En revanche il se produit une macle suivant g^1 qui tantôt persiste, tantôt disparaît lorsque l'on cesse la compression.

Si l'on comprime au contraire parallèlement à la surface de la lame, les bandes augmentent en nombre, envahissent les zones homogènes et l'on n'obtient plus d'extinction nulle part.

Si l'on examine la lame au microscope pendant qu'on la comprime avec la pointe d'une pince à laquelle on imprime un mouvement de va-et-vient, on voit les innombrables individus dont se compose la macle se mouvoir en glissant les uns sur les autres, parallèlement aux plans d'assemblage, de telle sorte que les arêtes a^1t, a^1m, etc. prennent pendant ce mouvement la forme de zigzags. Tout redevient rigide lorsque la compression cesse, mais les nouvelles macles produites persistent. »

M. Mügge[1] a repris l'étude de ces macles. Il a constaté que la macle suivante (010) était bien due à une déformation de seconde espèce, dont le plan de glissement coïncide avec le plan (010) et la rangée principale avec l'axe moyen (010) ; le second plan de nulle déformation n'est pas un plan réticulaire. D'après le même auteur, on obtient facilement la déformation en appuyant la lame d'un couteau perpendiculairement sur la face ($\bar{1}$01) qui coïncide à peu près avec le plan de nulle déformation, de façon à ce que la lame passe pas l'axe b.

Au contraire la macle suivant le plan (601) serait due à une déformation de première espèce, l'arête de glissement étant l'axe moyen, et le plan de nulle déformation le plan (010). On obtient facilement le glissement d'une partie du cristal, en appuyant la lame d'un couteau parallèlement à la face (010) ; il se produit un léger décollement parallèlement à la même face (010), quant à la face (601) indiquée par M. Wyrouboff, elle serait non pas le plan de macle, mais le plan d'accolement qui peut être un plan quelconque passant par l'axe moyen.

Sulfate de potassium et de manganèse. $(SO^4)^2$, K^2, Mn, $2H^2O$. — Les constantes cristallographiques de ce corps sont : 0,7161 : 1 : 0,4482 avec $xz = 85°2'$ $xy = 101°29'$, $yz = 87°50'$. Comme dans le précédent, on peut y déterminer des déformations de deux espèces : une déformation de seconde espèce ayant pour plan de glissement le plan (010) et pour rangée principale (010), et une de première espèce ayant pour arête de glissement la rangée (010) et pour plan de nulle déformation le plan réticulaire (010). Mais comme le caractère asymétrique est plus prononcé que dans le sel précédent, il en résulte que les déformations sont plus importantes.

[1] *N. Jahrb. f. Min.* vol. 1. 1894.

Chlorure de baryum et de cadmium. $BaCdCl^5$, $4H^2O$. — Les constantes cristallographiques de ce sel sont : 0,85519 : 1 : 0,51310 avec : $xz = 92°35'$, $xy = 106°17'$, $yz = 88°26'$. M. Mügge[1] a montré que l'on pouvait lui faire subir les mêmes déformations qu'aux sels précédents. Si on appuie un couteau sur la face (010), de

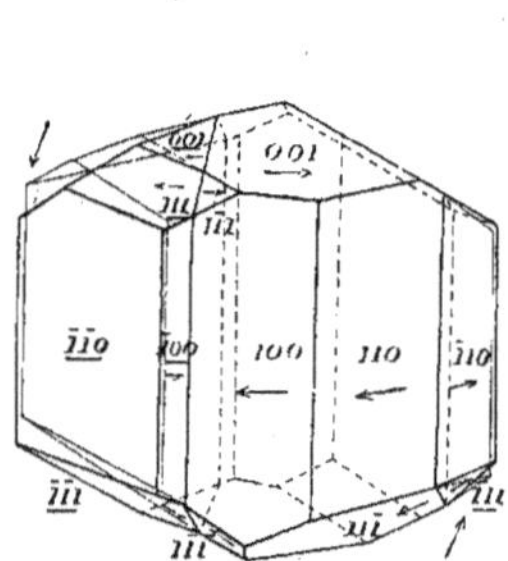

Fig. 23. — Macle de 2ᵉ espèce du chlorure de baryum et cadmium, d'après M. Mügge.

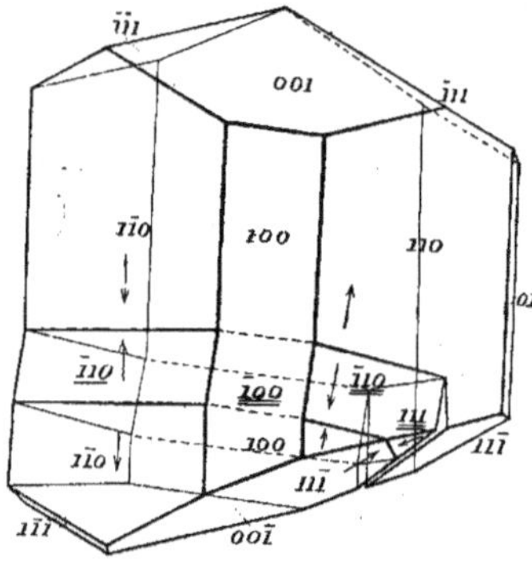

Fig. 24. — Macle de 1ᵉʳ espèce du chlorure de baryum et cadmium, d'après M. Mügge.

façon que la lame soit parallèle à la droite d'intersection avec la face ($\bar{1}01$) le couteau pénètre en déterminant un glissement d'une partie du cristal. Cette déformation a pour plan de glissement le plan (010) et pour rangée principale (010). Il en résulte une fente parallèle à la face ($\bar{1}01$) (fig. 23).

Si on appuie la lame du couteau sur la face (001) de façon qu'elle soit parallèle à la face (010), il se produit un autre glissement accompagné d'une fente parallèle à la face (010). Cette déformation est de première espèce et a pour arête de glissement la rangée (010) et pour plan de nulle déformation le plan réticulaire (010) (fig. 24).

Chlorure de potassium et de manganèse. — $MnCl^2$, KCl, $2H^2O$. — Ce sel triclinique a pour constantes cristallographiques : 0,40012 : 1 : 0,37666 avec : $xz = 82°59'$, $xy = 112°41'$, $yz = 90°53'$. Ces cristaux présentent fréquemment des macles primordiales, les unes de première espèce ayant pour axe de symétrie la rangée

[1] *N. Jahrb. f. Min. B.B.* vol. 6.

(101) et les autres de seconde espèce ayant pour plan de symétrie le plan réticulaire (010). Or si on appuie la pointe d'une aiguille sur la face (010), lorsque le cristal se trouve à l'extinction entre les Nicols croisés, il se produit une infinité de lamelles parallèles à la droite d'intersection des faces (010), ($\bar{1}$11). Ces lamelles disparaissent partiellement quand la pression cesse, mais comme elles sont toujours très fines, il est fort difficile de déterminer la nature de la déformation, qui occasionne leur apparition. D'après M. Mügge, cette déformation aurait pour arête de glissement la rangée (101) et pour plan de nulle déformation le plan ($1\bar{1}1$).

§ 7. — MACLES PRODUITES SANS GLISSEMENT [1]

Dans les cas considérés jusqu'ici, le cristal et le réseau viennent occuper une position symétrique relativement à un plan diamétral ou à un diamètre, mais si cet élément diamétral est en réalité un élément de symétrie du réseau, la position primitive et la position symétrique coïncident, le réseau est à lui-même son symétrique, et la formation de la macle ne résulte plus que de la déformation de la particule cristalline. De telles macles se produisent donc dans les formes dites mériédriques.

Considérons donc un cristal possédant une structure mériédrique, dans lequel un plan de symétrie du réseau, par exemple, fait défaut à la particule cristalline. Remarquons tout d'abord que les éléments de symétrie du réseau appartenant à la particule cristalline se répèteront symétriquement par rapport au plan, et par conséquent, dans deux positions symétriques relativement à ce plan, la particule occupera la même position sur le réseau ; les deux orientations sont donc toutes les deux des positions d'équilibre.

Si les molécules de la particule ne sont pas symétriquement orientées relativement à un plan de symétrie du réseau, il peut se faire qu'elles soient très voisines de cette orientation, de sorte que, si on exerce une action mécanique sur le cristal, les molé-

[1] Wallerant. *Bul. Soc. Min.* 1904.

cules pourront être amenées dans une orientation différant moins de l'orientation symétrique que de leur orientation primitive. Par suite, quand l'action cessera, ces molécules viendront d'elles-mêmes, dans cette orientation symétrique, qui est une position d'équilibre, et la macle sera produite. Nous allons décrire deux cas de ce mode de formation.

Macles de la boracite. — Ce minéral possède un réseau ter-quaternaire, mais il est mériédrique et ne présente comme éléments de symétrie qu'un axe binaire coïncidant avec un axe quaternaire du réseau, et deux plans de symétrie perpendiculaires passant par cet axe et coïncidant avec deux plans de symétrie non principaux du réseau ; il lui manque donc, en particulier, quatre des plans de symétrie non principaux de son réseau.

Les cubes de boracite sont généralement constitués de six cristaux ayant la forme de pyramides quadrangulaires, dont les sommets coïncident avec le centre du cube, et les bases avec les faces de ce cube : chaque cristal est donc séparé des voisins par les quatre plans de symétrie non principaux du réseau, qui ne lui appartiennent pas comme éléments de symétrie. Si l'on fait une section perpendiculaire à un axe ternaire du réseau, on obtient une lame triangulaire intéressant trois cristaux, séparés par les traces de trois plans de symétrie non principaux passant et par le centre de la section et par ses sommets : les cristaux sont symétriques relativement à ces plans de séparation, et orientés à 120° l'un de l'autre par rapport à l'axe ternaire perpendiculaire. Or, si l'on appuie sur l'un des cristaux la pointe d'une aiguille[1], on voit naître de nombreuses lamelles orientées comme l'un ou l'autre des cristaux voisins, c'est-à-dire symétriques de leur orientation primitive par rapport à l'un des deux plans de séparation. Avec un peu d'habileté, on peut faire passer ces lamelles d'une orientation à l'autre, on peut les faire disparaître. Ces phénomènes s'expliquent sans difficulté, si l'on admet que la particule cristalline, outre ses deux plans de symétrie, possède comme plans de symétrie approchés les quatre autres plans de symétrie non prin-

---

[1] Wallerant. *Ac. des Sc.* vol. 128.

cipaux de son réseau : sous l'influence de la pression la particule perd ses plans de symétrie, qui deviennent des plans approchés, moins approchés que les autres plans de symétrie du réseau ; par conséquent quand la pression cesse, on comprend que la particule adopte deux de ces plans, plutôt que ses plans primitifs. Mais les deux plans adoptés par la particule cristalline doivent être perpendiculaires entre eux, et comme les six plans de symétrie non principaux du réseau forment trois groupes de deux plans perpendiculaires, groupes orientés à 120° l'un de l'autre, il en résulte que la particule peut présenter trois orientations à 120° sans pour cela avoir tourné de 120 ou de 240 degrés.

Un autre exemple à signaler est celui d'un composé double de chlorure d'ammonium et de bromure de nickel[1].

Quand on fait cristalliser ensemble du chlorure d'ammonium et du bromure de nickel, tant que le premier prédomine, on obtient des cubes biréfringents composés de six pyramides ayant pour bases les faces du cube ; puis, il se produit un composé double propablement à deux équivalents d'eau, ayant tous les caractères de la boracite. Il cristallise en cubes parfaits, pourvus de deux axes optiques, le plan de ces axes étant parallèle à une face du cube et les axes eux-mêmes étant respectivement perpendiculaires sur chacune des autres faces. Les cubes peuvent être homogènes, mais fréquemment ils sont maclés symétriquement par rapport aux quatre plans b^1 non perpendiculaires sur le plan des axes optiques ; de plus, ces macles se produisent avec la plus grande facilité sous l'influence d'actions mécaniques. Comme les cristaux de boracite, ces cubes, quoique ayant un réseau cubique, ne possèdent que la symétrie orthorhombique, un axe binaire et deux plans de symétrie b^1 perpendiculaires sur le plan des axes optiques ; mais l'absence fréquente de macles (tandis que celles-ci ne font jamais défaut dans la boracite) ne laisse aucun doute sur la véritable nature de ces cristaux.

Les macles de ce composé ayant une disposition identique à celles de la boracite leur formation s'explique de la même façon.

[1] Wallerant. *C. R.* vol. 2. 1905.

CHAPITRE III

DE LA CONSTITUTION DES CORPS CRISTALLISÉS

§ I. — Conditions de formation des macles secondaires

Des résultats expérimentaux qui ont été décrits dans le paragraphe précédent, il est possible de tirer des conclusions les plus intéressantes sur la constitution de la particule cristalline, et par suite sur celle des corps cristallisés.

Jusqu'ici, au point de vue de la structure on n'a fait de rapprochement qu'entre cristaux appartenant au même système cristallin, sans jamais chercher à établir de lien entre des cristaux de symétrie différente. Il est cependant facile de voir que tous les cristaux présentent une unité de structure, permettant d'expliquer leurs caractères communs, et cet air de famille que l'on retrouve chez tous.

On sait qu'un réseau quelconque diffère d'un réseau cubique en ce que une partie, ou la totalité, des éléments de symétrie de celui-ci est remplacée dans celui-là par des éléments diamétraux. Il est facile de montrer que ces éléments diamétraux se retrouvent dans la répartition dans l'espace des molécules du corps cristallisé, tout au moins en ce qui concerne les centres de gravité de ces molécules. En outre en deux points diamétralement opposés relativement à un plan diamétral, se trouvent deux molécules symétriques et non superposables, tandis qu'en deux points diamétralement opposés par rapport à un diamètre se trouvent deux molécules superposables. Mais en général, nous ne connaissons pas les relations d'orientation pouvant exister entre deux molécules dont les centres sont diamétralement opposés.

En effet, l'étude de la déformation par translation proportionnelle nous a montré que la particule cristalline ne pouvait se transformer en une particule symétrique que si le plan de glissement était un plan diamétral de cette particule, ou si l'arête de glissement était un diamètre. Il va nous suffir d'appliquer ce résultat, pour en tirer la conclusion cherchée [1].

Considérons la calcite, par exemple, qui cristallise en rhomboèdre de 105°5′. On a vu que les plans b^1 étaient des plans diamétraux de la particule cristalline, ayant pour directions conjuguées les diagonales des faces p qui rencontrent l'axe ternaire; de plus les parallèles aux arêtes culminantes passant par le

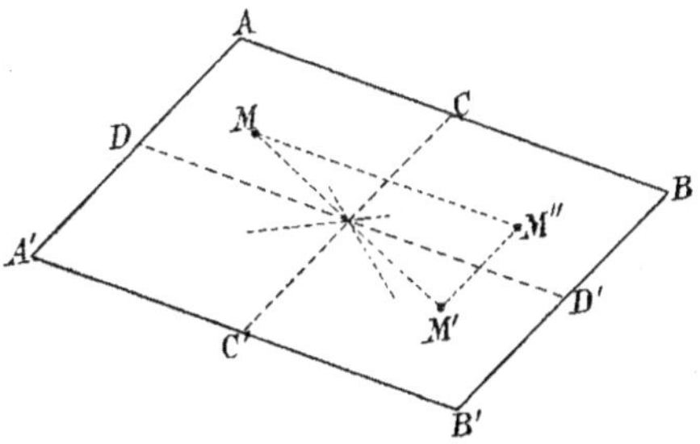

Fig. 25.

centre sont des diamètres de la même particule ayant, pour plans conjugués, les plans p. Il est par suite facile de voir que ces plans parallèles aux faces p et passant par le centre sont des plans diamétraux.

Par une molécule quelconque menons en effet un plan perpendiculaire sur un axe binaire du rhomboèdre, il coupera cet axe binaire en un point O et le rhomboèdre suivant un parallélogramme AA′BB′ (fig. 25), le plan parallèle à p passant par le centre suivant CC′ parallèle à AA′, et le plan diamétral passant par l'axe binaire suivant DD′ parallèle à BA. Le point O appartenant à un axe binaire, le point M′ symétrique du point M par rapport à ce point O, appartient à une molécule de même espèce que M et orientée à 180° de M, et le point M″ diamétralement opposé à M′ par rapport à la droite DD′ appartient à une molécule symétrique de M′, c'est-à-dire de M. Par suite les deux

<hr>

[1] Wallerant. *Bul. Soc. Min.* 1904.

molécules M et M″ sont diamétralement opposées par rapport à CC′, symétriques mais non symétriquement orientées.

On voit donc d'après cela, que les plans de symétrie du rhomboèdre de 105°5 sont des plans de symétrie de la particule cristalline et que ses plans diamétraux sont également des plans diamétraux de cette même particule et par suite du corps cristallisé.

Considérons maintenant le fer oligiste : il cristallise en rhomboèdre de 86° et on a constaté que les faces de ce rhomboèdre, pouvaient être les plans de glissement dans des déformations par translation proportionnelle. On démontrerait sans aucune difficulté que les plans parallèles aux faces b^1 passant par le centre, sont également des plans diamétraux et on arriverait par conséquent à la même conclusion que pour la calcite.

Passons à un cas un peu différent, celui de la leucite qui est terbinaire. Comme on l'a vu, les plans passant par deux arêtes parallèles opposées peuvent être des plans de glissement dans une déformation par translation proportionnelle : ils sont des plans diamétraux de la particule cristalline, qui possède en outre trois plans de symétrie parallèles aux faces du prisme orthorhombique et qui par conséquent possède tous les caractères indiqués plus haut.

Ces exemples, que l'on pourrait multiplier, suffisent pour montrer comment des résultats fournis par l'étude de macles secondaires, on est amené à tirer cette conclusion, que la particule cristalline de ces cristaux peut être comparée à une particule cubique même dans le cas ou la maille du réseau diffère notablement d'un cube, comme cela a lieu pour la calcite, où elle possède des angles de 105°5′ et de 74°55′, c'est-à-dire très différents de 90°.

Si maintenant on se rappelle que tous les jours on constate dans les cristaux l'existence de macles, qui avaient échappé jusqu'ici, que tous les jours on s'aperçoit que des macles considérées comme exclusivement primordiales peuvent cependant être obtenues par actions mécaniques, on ne sera pas étonné que nous généralisions ces résultats et que nous considérions tous les corps cristallisés comme présentant une même structure, et ne différant les uns des autres qu'en ce que certains éléments de symétrie sont remplacés par des éléments diamétraux. D'ailleurs en admettant même que la conclusion ne soit pas générale, la substitution, que l'on constate dans certains cristaux, d'éléments diamétraux à des éléments de symétrie n'en a pas moins une importance capitale, puisqu'elle nous permet d'établir un lien entre les structures de corps cristallisés n'appartenant pas aux mêmes systèmes cristallins.

De la forme primitive. — Si l'on considère un réseau, on sait qu'il existe une infinité de parallélépipèdes qui peuvent être pris pour la maille de ce réseau, ce qui justifie jusqu'à un certain point la désinvolture que les minéralogistes apportent dans le choix de la forme primitive, lorsqu'ils décrivent des cristaux.

Mais d'après ce qui a été dit plus haut, il n'y a qu'un seul de ces parallélépipède, qui possède à la fois et les éléments de symétrie et les éléments diamétraux de la particule cristalline, autrement dit du cristal, c'est ce parallélépipède que nous adopterons dans la suite, comme forme primitive, de sorte que les formes primitives de tous les cristaux seront comparables, et jouiront de propriétés analogues [1].

Le premier caractère commun de toutes les formes primitives est relatif au nombre identique de particules fondamentales. D'après la définition donnée de la particule fondamentale, leur nombre dans une particule cristalline dépend de la symétrie de cette particule. Mais si au lieu de se placer uniquement au point de vue géométrique, on considère la question au point de vue physique, il est facile de voir que toute particule cristalline se compose en réalité de 48 groupes de molécules, comparables aux 48 particules fondamentales d'une particule cubique. On vient de voir, en effet, que les plans de symétrie de la particule cubique sont remplacés par des plans diamétraux, qui avec les plans de symétrie divisent la forme primitive en 48 tétraèdres, et la particule cristalline en 48 groupes de molécules, symétriquement ou diamétralement placés. Ces groupes, il est vrai, ne sont plus en général, de deux sortes seulement, il y en a au moins autant

[1] Wallerant. *Bul. Soc. Min.* 1904.

d'espèces qu'il y a de tétraèdres différents, mais il est à remarquer que tous ces tétraèdres, étant symétriques, ou diamétralement opposés, ont par cela même, des volumes égaux.

En terminant il est important de faire remarquer que la considération des macles secondaires, nous fournit le moyen de déterminer, tout au moins partiellement la forme primitive telle qu'elle a été définie plus haut, puisque le plan de glissement et la rangée principale sont ou bien une face et une arête de cette forme primitive, ou bien un plan diagonal et un diamètre : il suffira donc en général de déterminer les éléments de deux macles secondaires, pour connaître complètement la forme primitive. Il est vrai, que, comme on va le voir, le plus souvent il ne peut se produire deux espèces de ces macles.

Conditions de formation des macles secondaires. — Les considérations qui précèdent vont nous permettre de trouver les conditions que doivent réaliser les éléments diamétraux d'un corps cristallisés pour qu'il puisse se produire des macles secondaires [1].

Pour résoudre ce problème, remarquons tout d'abord, que si théoriquement, il est nécessaire que les molécules soient rigoureusement symétriques relativement au plan de glissement ou à l'arête de glissement, pratiquement, il n'est nullement nécessaire que cette condition soit absolument remplie. Il ne faut pas oublier, en effet, que si on exerce un effort mécanique sur un corps, on le déforme, c'est-à-dire on déplace ses molécules, on les fait tourner autour de leur centre de gravité, et tant que l'on n'a pas dépassé la limite d'élasticité, lorsque l'action cesse, les molécules sous l'influence de leurs actions mutuelles, reviennent à leur position d'équilibre. Cette propriété peut intervenir dans la production des macles secondaires : si en effet avant la déformation, les molécules ne sont pas rigoureusement symétriques relativement au plan de glissement, la translation ne les amènera pas dans une orientation absolument symétrique de leur orientation primitive, mais si elle n'en sont pas trop éloignées, en vertu de leurs actions mutuelles, les molécules viendront prendre cette orientation symétrique, qui est leur position d'équilibre.

[1] Wallerant. *Bul. Soc. Min.* 1904.

A propos de la calcite, on a vu que les deux molécules, dont les centres de gravité sont diamétralement opposés relativement à une face p du rhomboèdre, ne sont pas symétriquement orientées par rapport à cette face p ; par conséquent cette face ne peut être un plan de glissement. Il en serait tout autrement si le rhomboèdre se rapprochait beaucoup d'un cube, car alors les faces p et b^1, faisant entre elles et avec les éléments de symétrie des angles sensiblement égaux à ceux des éléments de symétrie d'un polyèdre, les molécules seraient à peu près symétriquement orientées par rapport aux faces p, et comme la formation des macles secondaires supporte, comme on l'a vu, une certaine latitude dans l'orientation des molécules, il en résulterait la possibilité de produire des macles suivant p. Cette conclusion, à laquelle nous amène la considération de la calcite, est évidemment générale, et l'on peut dire que des macles secondaires ne pourront se produire relativement à deux éléments diamétraux que si ces derniers sont des éléments de symétrie approchés, c'est-à-dire, s'il font entre eux et avec les éléments de symétrie du cristal à peu près les mèmes angles que les éléments de symétrie d'un polyèdre.

Comme exemple, on peut citer le chlorure de baryum, dans lequel les plans de glissement font entre eux un angle de 91°5′, au lieu de 90° ; l'aragonite, la witherite, la léadhillite, dont les plans de glissement font entre eux des angles voisins de 120°, enfin le sulfate double de potassium et de cadmium, dans lequel le plan de glissement de la macle de seconde espèce fait avec l'arête de glissement de la macle de première espèce un angle de 88°1′ au lieu de 90°

En terminant, il faut faire remarquer que les résultats précédents, expliquent tout naturellement la remarque faite par **M. Mügge**[1], que très souvent, lorsqu'il y a deux déformations possibles, le plan de glissement de l'une coincide avec le plan de nulle déformation de l'autre et inversement. Ce fait résulte immédiatement de ce que dans un parallélépipède un diamètre et un plan diamétral sont conjugués, c'est-à-dire, que la direction conjuguée du plan est celle du diamètre et inversement.

---

[1] *N. Jahrb. f. Min.*, 1894. vol. 1. p. 106.

De la structure des corps mériédriques. — Les résultats généraux acquis sur la structure de la particule cristalline, nous permettent de donner quelques détails sur la particule des corps
mériédriques. Considérons, par exemple, un plan de symétrie du
réseau déficient à la particule et par suite au corps lui-même;
d'après ce qui vient d'être dit, c'est un plan diamétral de la particule; mais, comme la direction conjuguée d'un plan de symétrie
lui est normale, il faut bien admettre, pour expliquer l'absence
de symétrie, que les molécules, dont les centres de gravité sont
symétriquement placés, ne sont pas symétriquement orientées. Les
corps mériédriques ne différent donc des corps holoédriques que
par ce changement d'orientation des molécules.

Ces conclusions se trouvent d'ailleurs parfaitement confirmées
par l'étude faite précédemment de la boracite.

LIVRE II

GROUPEMENTS CRISTALLINS

CHAPITRE PREMIER

ÉTUDE GÉNÉRALE

§ I. — Définition. Historique

Définition. — Pour peu que l'on cherche à faire cristalliser une substance en dissolution aqueuse, on s'aperçoit bientôt que, pour obtenir de beaux cristaux homogènes, il est nécessaire que la cristallisation s'effectue lentement dans des conditions de calme parfait. Si au contraire la cristallisation est rapide, ou si on remue la dissolution, on voit se former un grand nombre de petits cristaux enchevêtrés les uns dans les autres d'une façon absolument quelconque, et il n'existe aucune relation d'orientation entre ces cristaux qui se pénètrent. On peut évidemment conclure de ces faits que quand la cristallisation est gênée dans son développement, les particules qui viennent se déposer à la surface des cristaux préexistant, au lieu de prendre l'orientation qui leur revient dans l'édifice moléculaire, prennent une orientation quelconque, et sont le point de départ de nouveaux cristaux.

Mais si au lieu de se placer dans les cas extrêmes, que l'on vient d'indiquer, si au lieu d'une tranquillité absolue, ou d'une agitation violente, la cristallisation s'effectue dans des conditions intermédiaires, dans un liquide légèrement agité, par exemple, on voit se former des associations particulières toujours les mêmes pour une substance donnée. Dans ces associations les cristaux composants ont une orientation parfaitement déterminée l'un par rapport à l'autre, les angles des faces d'un cristal avec les faces de l'autre présentent le même degré de constance que les angles des faces d'un cristal. Ces associations se nomment des *groupements cristallins*. Elles résultent évidemment de ce que, parmi toutes les orientations qu'une particule est susceptible de prendre, en se déposant à la surface d'un cristal, il en est qui correspondent à un maximum, tout au moins relatif, de stabilité. C'est l'existence de ce maximum qui caractérise le groupement et non le mode d'association. La plupart des auteurs prennent au contraire ce mode d'association comme caractéristique du groupement, et considèrent comme tel toute association formée de deux cristaux orientés symétriquement par rapport à un plan réticulaire, oubliant que tous les modes d'association étant possibles, on pourra toujours trouver avec de la patience deux cristaux symétriquement orientés par rapport à un plan réticulaire donné. Aussi, bien des associations, qui ont été décrites, sont-elles purement accidentelles, tandis que les véritables groupements, par cela même qu'ils correspondent à un maximum de stabilité, doivent se retrouver fréquemment. C'est donc à ces dernières associations que nous réservons le nom de groupements cristallins, ce sont les seules qui puissent se prêter à une étude théorique, consistant à rechercher les causes de leur formation, et les lois qui président à l'orientation des cristaux.

Caractères généraux des groupements. — Problème à résoudre. — Tous les groupements satisfont à une même loi : ils sont formés de deux ou plusieurs cristaux symétriques deux à deux, soit par rapport à un plan réticulaire, soit par rapport à une rangée. La symétrie est réalisée non seulement dans la structure, mais encore dans les formes cristallines ; ce qui distingue ces groupements primordiaux des macles secondaires qui en général ne présentent qu'une symétrie de structure. La surface d'accolement des cristaux est d'ailleurs quelconque ; mais quand, dans leur position symétrique, ils ont une face de formation facile parallèle, il arrive souvent qu'ils s'accolent suivant cette face.

Quand l'association se compose de deux cristaux, on lui donne souvent le nom de *macle* ; macle de première espèce si l'élément de symétrie est une rangée, de seconde espèce, si cet élément est un plan réticulaire.

Le problème, que soulève l'étude des groupements cristallins, est donc parfaitement déterminé : il faut rechercher les plans réticulaires et les rangées susceptibles d'être des plans et des axes de symétrie d'un groupement, en montrant que la position symétrique par rapport à ce plan, à cette rangée correspond à un maximum de stabilité.

Historique. — Les minéralogistes ne songeront certainement pas à me reprocher d'être incomplet dans l'historique de cette question : tous les auteurs de traité de minéralogie ont consacré un chapitre à l'étude des groupements, se contentant le plus souvent de répéter, sous une nouvelle forme, ce qu'en avaient dit leurs devanciers. D'autre part, chaque groupement a été décrit au hasard des découvertes, sans que cette description soit l'occasion de considérations d'ordre général. Il n'est donc pas possible de faire même allusion à tous les minéralogistes, qui ont eu incidemment à s'occuper de cette question, et je ne pourrai qu'indiquer les principales étapes dans le développement des théories sur les groupements cristallins.

Quelques naturalistes avaient déjà donné le dessin de certaines associations de cristaux, lorsque Romé de l'Isle reconnut pour la première fois leur régularité : dans son essai de cristallographie, publié en 1772, il dit en effet, à propos du gypse en fer de lance : « Cette figure assez singulière paraît produite par deux moitiés retournées en sens contraire d'une sélénite rhomboïdale. » Cette simple phrase suffit à montrer que Romé de l'Isle s'était parfaitement rendu compte de la position relative des deux cristaux. Dans son traité de cristallographie, paru quelques années plus tard, il pose comme axiome le fait suivant : « Quand, dans un cristal quelconque, il se trouve un angle rentrant, on doit en conclure que ce n'est pas un cristal simple, mais un groupe de deux ou plusieurs cristaux, ou même de deux moitiés retournées d'un même cristal. Ce cristal prend alors le nom de macle. Le gypse, l'hyacinte, la pierre de croix, le schorl, le feld-spath, le rubis spinelle, les marcassites et les cristaux d'étain en fournissent des exemples ».

Mais c'est Haüy qui le premier donna une description systématique des groupements. Il distingue ce qu'il appelle les hémitropies, les transpositions, et, en troisième lieu, les groupements de cristaux. « Le cristal hémitrope, dit-il, s'offre à l'observation comme si, pendant sa formation, une de ses moitiés avait fait une demi-révolution autour de son centre, et s'était appliquée ensuite en sens contraire sur l'autre moitié, qui serait restée immobile. Il en résulte que, parmi les faces adjacentes situées sur les deux moitiés, il y en a souvent deux, ou davantage, qui font entre elles des angles rentrants, tandis que les cristaux ordinaires ne présentent jamais que des angles saillants. Le plan qui est censé avoir partagé le cristal original en deux moitiés est toujous parallèle, soit à une des faces du noyau, soit à une face produite en vertu d'une loi simple de décroissement sur les bords ou les angles de ce noyau ». Il décrit ensuite l'hémitropie de la calcite, de l'amphibole, du pyroxène et de l'étain oxydé.

« Les cristaux transposés ne diffèrent pas de ceux qui portent le nom d'hémitropes quant au jeu de la cristallisation qui a modifié leur forme génératrice. Mais la figure du plan de rotation, qui est toujours un hexagone régulier, permet de supposer que chaque point de la partie mobile, au lieu d'avoir décrit une demi-révolution autour du centre, ait seulement parcouru un arc de 60°, égal à la sixième partie de la circonférence ». Cette définition est suivie de la description des transpositions de la calcite et des octaèdres cubiques.

Haüy propose ensuite, sans d'ailleurs y attacher d'importance, une explication de ces hémitropies et transpositions. Cette disposition des deux cristaux supposent que les molécules sont tournées de 180 degrés et, nous devons concevoir que les molécules sont douées d'une vertu analogue à celle que l'on a désignée sous le nom de polarité. Deux molécules qui se réunissent dans la cristallisation simple, s'attirent par leurs pôles différents, comme cela a lieu par rapport aux aimants. Mais dans le cas de l'hémitropie, les molécules d'une moitié du cristal ont subi un renversement de pôles qui leur fait prendre des positions en sens contraires.

Sous le nom de groupement, Haüy range les associations formées de cristaux qui se pénètrent, et il dit à leur sujet : « Cependant, l'examen, que j'ai fait de plusieurs groupes dont il s'agit, indique que ces réunions, qui ont l'air d'être l'effet d'une rencontre fortuite, sont soumises à des lois qui s'assimilent à celles dont dépendent les positions des faces situées sur les formes que j'appelle secondaires ». Mais il n'arrive pas à l'énoncé de ces lois, tout en faisant remarquer que les groupements peuvent présenter une symétrie supérieure à celle de chaque cristal pris isolément.

En résumé, Haüy a fait faire un grand pas à l'étude des groupements cristallins, puisqu'il a reconnu que les cristaux étaient symétriques par rapport à une face de notation simple, et que d'autre part il les répartit en trois catégories, comme on le faisait encore ces derniers temps.

Cependant on s'aperçut bientôt que la face d'accolement des deux cristaux n'était pas toujours une face cristalline et Mohs fut amené à proposer une seconde loi d'association ; d'après lui les deux cristaux pouvaient avoir en commun, non pas une face, mais une arête perpendiculaire sur le plan d'assemblage.

Cette seconde loi ne fut pas acceptée sans discussion et bien des auteurs admettent que si le plan de jonction ne coïncidait pas exactement avec une face cristalline, il en différait si peu que la différence pouvait s'expliquer par une simple irrégularité, comme on en observe beaucoup dans le phénomène de la cristallisation.

Mais jusqu'ici, il ne pouvait être question des formes mériédriques dont l'origine et l'importance avaient été méconnues. Après les études de Weiss sur les corps, possédant ces formes cristallines spéciales, on reconnut qu'elles présentaient des modes d'associations particulières, Naumann, dans son traité de cristallographie daté de 1830, distingue les macles à axes inclinés, qui ne sont que les macles décrites par Haüy, et les macles à axes parallèles, propres aux formes mériédriques. Deux cristaux limités par des formes hémiédriques sont orientés de telle sorte que l'ensemble des deux demi-formes reproduise la forme holoédrique : les deux cristaux ont donc leurs axes parallèles.

Il faut ensuite arriver à l'année 1849 pour voir développer par Bravais une explication des macles dans son mémoire intitulé : *Études cristallographiques*, et inséré dans le tome **XX** du Journal de l'École polytechnique.

Bravais distingue trois modes d'association : les macles par hémitropie moléculaire, les macles par inversion moléculaire et les macles par hémitropie réticulaire.

Les deux premiers cas correspondent aux macles à axes parallèles de Naümann, et Bravais les explique d'une façon très simple par sa théorie.

Le premier cas se rapporte aux cristaux mériédriques dont les mollécules cristallographiques, les particules cristallines, sont toutes semblables. Ces particules ne possèdent qu'une partie des éléments de symétrie du réseau et parmi les éléments déficients se trouve forcément un axe binaire. Il en résulte que les particules peuvent se disposer de plusieurs façons sur un même réseau, de deux façons dans le cas de l'hémiédrie, de quatre dans le cas de la tétartoédrie. En outre, l'orientation de l'une des particules pourra se déduire de celle d'une autre particule par une rotation de 180° autour de l'axe binaire déficient. On voit donc comment sur une partie du réseau les molécules peuvent prendre une orientation différente de celle qu'elles possèdent sur une autre partie et il en résultera deux ou plusieurs cristaux pouvant se pénétrer les uns les autres et orientés de telle sorte que l'un d'eux pourra se déduire de l'autre par une rotation de 180° autour d'un axe.

Le second cas se rapporte aux corps qui possèdent deux sortes de particules, inverses l'une de l'autre et qui, comme dans le cas précédent, pourront se disposer sur deux parties différentes d'un même réseau et donner naissance à deux cristaux se pénétrant.

En ce qui concerne le troisième cas, Bravais s'exprime ainsi : « L'hémitropie, que je nomme réticulaire pour indiquer que c'est l'assemblage (réseau) entier avec ses réseaux (plans réticulaires) et ses polyèdres moléculaires qui tournent de 180° et non plus simplement la molécule, consiste dans l'accolement de deux cristaux de même espèce suivant deux de leurs faces planes.

« Il n'y a pas ici pénétration avec endentement des parties, comme dans le cas précédemment examiné, c'est une juxtaposition avec soudure ». La juxtaposition ne peut se faire, en général, qu'à la condition que les deux faces venant en contact soient semblables, c'est-à-dire appartenant à une forme de même désignation ; en outre, il faut que les réseaux des deux faces coïncident sommets sur sommets.

« Lorsque les deux plans réticulaires sont eux-mêmes en coïncidence, il est clair que l'on peut toujours obtenir un second mode de coïncidence de leurs réseaux en renversant l'un des assemblages par une rotation de 180° autour d'une droite normale au plan de jonction et passant par un des sommets communs aux réseaux superposés. Si de l'un de ces modes de coïncidence des deux réseaux, il résulte que les deux assemblages soient le prolongement l'un de l'autre, l'autre mode rendra ces deux assemblages géométriquement symétriques entre eux par rapport au plan de jonction ».

« Dans la nature, les deux réseaux superposés portent des molécules en chacun de leurs sommets, de sorte que la coïncidence rigoureuse n'est pas possible : les deux réseaux, celui qui limite vers le haut le cristal inférieur, et celui qui sert de base inférieure au cristal supérieur, se placent parallèlement l'un à l'autre les sommets en regard, et à une distance que déterminent les conditions d'attraction mutuelle ; dans l'un des réseaux, les molécules ont l'orientation propre, celle de leur assemblage ; dans l'autre, celle propre aux molécules de l'autre assemblage.

« Il résulte de ce qui a été dit ci-dessus que le plan d'hémitropie peut être une face quelconque du cristal ; mais, comme l'explication du phénomène suppose que le plan d'hémitropie a existé comme face limite à une époque quelconque de la cristallisation, et comme la chance d'être face limite est loin d'être la même pour tous les plans réticulaires et dépend de la densité de leur tissu, il s'ensuit que le plan d'hémitropie sera presque toujours une face de notation simple, appartenant à une forme normale, ou à une forme parallèle, rarement à une forme oblique ».

Comme on le voit, d'après cet exposé, Bravais n'explique pas la formation des macles par hémitropie réticulaire ; il précise simplement la position des deux cristaux l'un par rapport à l'autre, en faisant une hypothèse sur les relations des deux plans réticulaires qui se font face dans le plan de juxtaposition.

L'étude des groupements a fait l'objet de plusieurs mémoires de la part de Mallard. Cette importante question constitue la base de son travail sur l'*Explication des phénomènes optiques anormaux*, publié en 1876 dans le tome **XX** des *Annales des Mines*. Il a traité la question indépendamment de toutes autres considérations, dans le tome **VIII** du *Bulletin de la Société de Minéralogie* en 1885 et en a fait le sujet d'une conférence publiée par la *Revue scientifique* en 1887. Les idées développées dans ces trois mémoires ne diffèrent pas ; aussi prendrai-je comme base de mon analyse l'article du *Bulletin de la Société de Minéralogie*.

Comme la plupart de ses prédécesseurs, Mallard distingue deux sortes d'associations, profondément distinctes, dit-il. Dans le premier mode de groupement, les cristaux sont simplement juxtaposés sur un plan et leurs réseaux symétriques par rapport à ce plan, il lui réserve le nom de *macle*. Dans le second mode, les diverses orientations cristallines se pénètrent mutuellement et la surface qui les déterminent est en général irrégulière.

Les cristaux sont symétriques par rapport à un centre ou à un axe du réseau, déficient à la particule ; les réseaux des différents cristaux sont donc confondus. A ce mode d'association, il donne le nom de *groupement par pénétration*.

La classification correspond donc à celle de Bravais, puisque les macles proprement dites ne sont que les macles par hémitropie réticulaire de cet auteur, et les groupements par pénétration les macles par hémitropie moléculaire et par inversion moléculaire.

Mais le mérite de Mallard est d'avoir montré que ces groupements par pénétration se retrouvaient non seulement dans les cristaux mériédriques, comme le croyaient Naümann et ses successeurs, mais encore dans un grand nombre de cristaux holoédriques. L'observation lui a montré que si le *réseau* du corps cristallisé possédait un axe de symétrie approché, il jouait le même rôle qu'un axe réel du réseau, déficient à la particule dans les cristaux mériédriques, et que les cristaux se disposaient symétriquement autour de lui.

Dans un pareil groupement les réseaux des différents cristaux ne coïncident plus ; ils sont simplement très voisins. Aussi ne faut-il pas oublier que cette généralisation est le résultat de l'observation seule et non de l'explication de Bravais relative aux

formes mériédriques. Dans celles-ci, en effet, la particule peut
occuper plusieurs positions sur le même réseau; il y a, jusqu'à
un certain point, indifférence pour la particule à prendre l'une
ou l'autre des orientations possibles. On comprend que sur des
régions différentes du réseau les particules prennent différentes
orientations et donnent ainsi naissance à différents cristaux. Mais
dès que les réseaux diffèrent, si peu que ce soit, l'explication ne
subsiste plus.

Et cependant la continuité entre les groupements des formes
mériédriques et ceux des formes holoédriques est telle que, bien
évidemment, l'explication de ces derniers ne peut être qu'une
généralisation de l'explication donnée pour les premiers. On verra,
en effet, que, pour atteindre ce but, il suffit d'interpréter différemment les faits.

En outre, Mallard fait remarquer que les groupements des
cristaux holoédriques peuvent se présenter avec les apparences
d'une macle; les cristaux peuvent en effet se juxtaposer suivant
un plan d'orientation convenable par rapport auquel les deux
réseaux sont symétriques. Il est étonnant que cette remarque
n'ait pas amené Mallard à introduire la considération du plan de
symétrie limite au même titre que celle de l'axe limite et à sup-
primer ainsi cette classification artificielle en macle et groupement par pénétration.

En ce qui concerne les macles, Mallard, à l'exemple de Bravais, rejette la notion d'hémitropie comme susceptible de donner
une idée inexacte sur leur formation en faisant croire que l'un des
cristaux a effectivement tourné par rapport à l'autre. Il propose
de substituer une explication dynamique tirée des célèbres expériences de Reusch et de Baumhauer. Il assimile les plans réticulaires, parallèles au plan de macle, à des plans matériels, susceptibles de se déplacer parallèlement à eux-mêmes de façon à venir
occuper une position symétrique de celle qu'ils occupaient primitivement. Mais outre que dans la nature, les macles ne se produisent généralement pas par actions mécaniques, il ne faut pas
oublier que l'explication de Mallard suppose toujours que la particule doit tourner de 180° autour de l'axe d'hémitropie, qui intervient donc aussi bien que dans l'explication de ses prédécesseurs.

Aussi, en ce qui concerne les macles, doit-on surtout retenir du travail de Mallard les considérations relatives aux formes mériédriques, quoique certains exemples cités par lui s'expliquent beaucoup plus facilement par d'autres considérations.   .

Les principaux résultats obtenus par Mallard, publiés dès 1876, n'ont pas été acceptés par l'école allemande qui s'en est toujours tenu à la considération de l'hémitropie et s'est efforcée de ramener les différents groupements à un ensemble de macles par hémitropie.

En 1880, G. Tschermack publia dans le tome II des *Mineralogische und petrographische Mittheilungen* un article sur les macles qui est encore aujourd'hui considéré par ses compatriotes comme la base des études sur les associations cristallines. Avec juste raison, Tschermack fait remarquer que les lois générales de la formation des macles doivent découler de la théorie relative à la structure des cristaux, théorie qui doit aussi bien expliquer la formation d'un cristal simple que celle d'un groupement de cristaux. En laissant de côté la théorie d'Haüy, basée sur la bipolarité des molécules, il est le premier à avoir esquissé une théorie rationnelle et mécanique des macles. Il part de la considération des éléments constituant le cristal et s'appuie uniquement sur leurs propriétés. La résultante des actions de l'un de ces éléments sur un autre présente, quand celui-ci se déplace dans l'espace, un maximum et un minimum. Les deux directions de ces résultantes doivent être dans le cristal deux rangées conjuguées, et il suffit de se donner la direction d'une troisième rangée, conjuguée des deux premières, pour définir suffisamment le réseau. Ces trois directions qui, en général, ne sont pas rectangulaires, ont naturellement deux sens, l'un considéré comme positif, l'autre comme négatif. Dans la cristallisation normale, les éléments se disposent de façon que ces trois directions soient parallèles et de même sens.

Mais si la cristallisation est gênée, dans deux éléments voisins ces trois résultantes auront des directions quelconques, les unes par rapport aux autres, et ces deux éléments seront le point de départ de la formation de deux cristaux sans relation d'orientation. Dans certains cas, cependant, la condition de parallélisme peut être partiellement remplie ; par exemple, deux des résultantes d'un élément seront parallèles aux deux résultantes correspondantes de l'élément voisin, le troisième ne l'étant pas. L'orientation d'un élément par rapport à l'autre s'obtiendra évidemment en partant du parallélisme par une rotation de 180° autour d'une normale au plan des deux résultantes, qui devront rester parallèles.

Tschermack analyse les différents cas qui peuvent se présenter et distingue ainsi trois sortes d'hémitropies suivant la position de l'axe relativement aux éléments du réseau.

1er cas : l'axe est perpendiculaire sur une face possible.

2e cas : l'axe est parallèle à une arête possible.

3e cas : l'axe situé dans une face possible est perpendiculaire sur une arête.

Ces trois cas suffisaient parfaitement à l'époque de Tschermack pour expliquer toutes les macles connues. Mais une étude plus approfondie de ces dernières faisait bientôt découvrir des associations ne rentrant pas dans l'un des trois cas indiqués. C'est ainsi qu'en 1890, M. Brögger signalait dans le tome XVI du *Zeitschrift für Krystallographie*, le cas de l'hydrargillite dont une macle ne pouvait s'expliquer qu'en admettant un axe d'hémitropie situé dans une face possible et également incliné sur deux arêtes.

§ II. — RECHERCHES THÉORIQUES

Considérations préliminaires. — Avant d'entrer dans l'exposé de la théorie des groupements cristallins, il est nécessaire de faire quelques remarques sur les explications adoptées jusqu'ici. Les auteurs allemands considèrent les groupements symétriques par rapport à un plan et s'efforcent d'y ramener toutes les associations observées. Mallard, de son côté, a reconnu l'existence d'axe de symétrie, mais alors il rejette l'intervention de plan de symétrie, ce qui est inadmissible. Il est bien évident, en effet, que si plusieurs cristaux sont orientés symétriquement par rapport à des axes d'ordre pair et à un centre, ils le sont également par rapport aux plans perpendiculaires aux axes. L'introduction du plan de symétrie est donc indispensable, et l'on évite ainsi l'objection faite par certains auteurs, tel M. Becke dans son beau travail sur la chabasie, faisant remarquer qu'il n'est nullement nécessaire de faire intervenir la loi de Mallard pour expliquer l'association des différents cristaux, et que la loi de l'hémitropie est parfaitement suffisante. En réalité, pour se faire une représentation exacte de l'association, il ne suffit pas d'indiquer la présence de tel ou tel élément de symétrie, il faut les déterminer tous. Si les groupements de cristaux de chabasie peuvent s'expliquer, d'une part au moyen des plans de symétrie, d'autre part au moyen d'axes et de centre, c'est qu'en réalité ils possèdent à la fois ces plans, ce centre et ces axes.

Si Mallard ne fait pas intervenir les plans de symétrie dans les groupements, c'est que son travail est dominé par cette idée préconçue, qu'il existe deux sortes d'associations : les groupements par pénétration dans lesquels la surface d'accolement des cristaux est quelconque, et les macles proprement dites dans lesquelles cette surface est plane. Or cette distinction est en contradiction complète avec les faits : dans bien des groupements, considérés comme de pénétration, les cristaux sont accolés suivant des plans et symétriques par rapport à ces plans, tandis que dans la macle proprement dite, très fréquemment, il y a pénétration des deux cristaux. Il n'y a aucune relation entre la surface d'accolement et l'élément de symétrie déterminant l'orientation des deux cristaux. Tout ce que l'on peut dire, c'est que, dans le cas où les deux cristaux ont des faces de formation facile parallèles, ils s'accolent suivant ces faces, qui peuvent d'ailleurs avoir des notations différentes.

Explication des groupements cristallins. — Il ne saurait être question dans cette étude de donner une théorie proprement dite des groupements cristallins ; elle doit découler tout naturellement de la théorie de la cristallisation, qui nous est complètement inconnue. Si jamais nous avons des renseignements précis sur les actions moléculaires, il nous sera peut-être alors possible d'en déduire les positions d'équilibre que les molécules sont susceptibles d'adopter sous l'influence de leurs actions réciproques, et, par conséquent, de distinguer les cas dans lesquels il y a formation soit d'un édifice homogène, soit d'une association de ces édifices. Mais rien ne nous permet de prévoir le moment où nous

serons en possession de cette base de la théorie, et nous devons
nous contenter de rechercher, par l'expérience et l'observation, les
lois auxquelles satisfont les plans et les axes de macle, et de
grouper ces lois autour d'une explication concrète destinée à fixer
les idées, à montrer comment les choses se passent et non à
démontrer qu'elles doivent se passer ainsi.

Malheureusement on a décrit comme associations régulières bien
des groupements purement accidentels : il suffisait que deux
cristaux fussent disposés à peu près symétriquement par rapport
à un plan réticulaire, ou à une rangée pour que ce groupement
fût décrit comme une macle, sans que les auteurs se soient
demandé si le groupement était susceptible de se reproduire, si
l'orientation symétrique était plus fréquente que les orientations
voisines. Il en résulte que les ouvrages de minéralogie se trouvent
encombrés de renseignements inexacts, qui, si on en veut tenir
compte, mettent en échec toute tentative de théorie.

Au point de vue expérimental, nous ne savons que fort peu de
chose. Cependant des renseignements précieux nous sont fournis
par une expérience due à M. Lehmann, qui a réussi à grouper
des cristaux distincts. Comme il a été dit, l'oléate d'ammoniaque
donne naissance à des cristaux, ayant la forme d'une double
pyramide très allongée. Or, si l'on rapproche deux de ces cristaux,
on constate qu'ils exercent l'un sur l'autre une action d'orientation très énergique : quand l'angle des deux axes des pyramides
est inférieure à un certain angle a ou supérieure au supplé-
ment π-a, les deux cristaux tournent sur eux-
mèmes de façon que leurs axes deviennent parallèles, puis se fondent en un seul cristal, ayant
la même forme extérieure que les cristaux primitifs. Mais si les axes des pyramides font entre
eux un angle compris entre a et π-a, le phénomène est tout autre : les deux cristaux se placent
de façon que leurs axes soient perpendiculaires

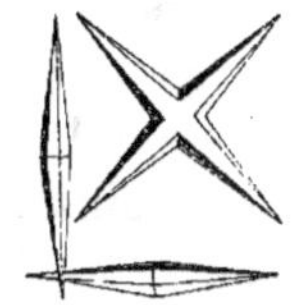

Fig. 25 *bis*. — Macle
de l'oléate d'am-
monium.

et se pénètrent sans se fusionner, comme le polychroïsme permet
de le constater (fig. 25 *bis*). On voit donc se former une de ces
macles auxquelles on a l'habitude jusqu'ici de donner le nom de
macles par pénétration. Il faut tout d'abord remarquer que l'angle a

varie d'un corps cristallisé à un autre, que plus il se rapproche de
$\pi : 2$, plus la variation de l'angle des deux cristaux devant donner
une macle sera faible; plus la macle sera rare. Mais ce qu'il
importe surtout de remarquer, c'est que si l'un des cristaux est
très petit relativement à l'autre, c'est lui qui s'orientera sur le
premier : c'est l'axe du petit cristal qui deviendra parallèle ou perpendiculaire à l'axe du grand. Ce cristal pourra être supposé
aussi petit que l'on voudra, pourvu bien entendu qu'il ne perde
aucune de ses propriétés ; c'est ainsi que nous pouvons le considérer comme réduit à une particule cristalline, et nous voyons alors
que deux cas peuvent se présenter dans la cristallisation : ou bien
la particule s'oriente parallèlement aux particules du cristal de
façon à prendre place dans l'édifice, ou bien elle s'oriente de
façon à ce que son axe soit perpendiculaire sur celui du cristal,
et alors elle est le point de départ de la formation d'un second
cristal, orienté perpendiculairement sur le premier, et constituant
une macle avec lui.

Dans les cristaux solides, les forces d'orientation sont beaucoup
moins énergiques : si petits que soient les cristaux, si proches
soient-ils, ces forces sont impuissantes à vaincre les frottements et
à modifier la position respective des deux cristaux. Cependant, ces
forces existent et on peut les mettre en évidence en diminuant les
frottements en les aidant pour ainsi dire à produire leurs effets.
C'est ce qui résulte de la belle expérience de M. Gaubert[1] sur la
formation des macles d'azotate de plomb. Dans un ballon renfermant une solution saturée de ce sel, on met des octaèdres colorés en bleu par le bleu de méthylène et des octaèdres non colorés,
on agite doucement le liquide et on amène ainsi des cristaux de
colorations différentes à avoir deux de leur faces à peu près parallèles ; par l'action des forces d'orientation, le parallélisme parfait
s'établit et les cristaux s'accolent soit de façon à être parallèles,
soit de façon à être orientés à 180° et par suite à constituer une
macle. Si l'un des cristaux diminue de grosseur le même phénomène pourra se produire tant qu'il conservera ses propriétés
caractéristiques de cristal, tant que, en particulier, il conservera

____

[1] *Bul. Soc. de Min.*, vol. 19.

sa symétrie. Le phénomène se produira donc encore quand il sera réduit à une particule cristalline, et même plus facilement pour une particule, puisque celle-ci reste en suspension dans le liquide, et que, par suite, bien des frottements se trouvent par cela même supprimés.

Nous ne nous occuperons dans ce qui va suivre que des cristaux solides; les macles dans les cristaux mous ou liquides étant encore trop peu connues pour que l'on puisse tenter de rechercher les lois auxquelles elles satisfont.

Comme nous avons vu que deux cristaux pouvaient s'orienter d'une façon quelconque, l'un par rapport à l'autre, il nous faut admettre pour expliquer les macles, c'est-à-dire la répétition de certaines orientations, que celles-ci correspondent à des maximum de stabilité, et ce sont ces orientations qu'il nous faut rechercher.

Pour les trouver, je m'appuierai sur ce fait, que les actions moléculaires ne se faisant sentir qu'à faibles distances, dans la cristallisation une particule cristalline s'oriente sous l'influence presque exclusive des particules limitrophes, que l'action de ces particules limitrophes est prépondérante dans l'orientation de la particule considérée. Dans son explication de la formation des faces et des plans de clivage, Bravais admet, tout au moins implicitement, le même point de départ, et si M. Brillouin a montré que les autres particules voisines exerçaient une action, il établit lui-même que cette action décroît si rapidement que certainement l'influence des particules limitrophes est prépondérante [1].

Or, il est bien évident que si les particules limitrophes interviennent seules dans la cristallisation régulière, elles doivent également présider à la formation des groupements symétriques, c'est-à-dire des groupements cristallins. Sous l'influence de ces particules, une nouvelle particule, venant prendre place dans l'édifice, s'oriente parallèlement aux particules limitrophes et prend une position déterminée par rapport à elles. Mais si elle est gênée dans ces mouvements, il pourra se faire qu'elle ne puisse adopter cette position que relativement à certaines de ces particules, et elle sera le point de départ d'un nouveau cristal, qui aura une

[1] Brillouin. Tensions superficielles et formes cristallines. Domaine d'action moléculaire. (*Annales de Chimie et de Physique*, t. IV, 1895).

orientation parfaitement définie relativement au premier. Il nous faut tout d'abord préciser les relations de position entre une particule et les particules voisines, et voir comment ces relations peuvent n'être que partiellement réalisées.

Éléments privilégiés. — Mais, pour faciliter l'exposition, il est tout d'abord nécessaire d'appeler l'attention sur certains éléments privilégiés de la particule cristalline, droites et plans passant par son centre. Considérons la particule comme occupant le centre de la maille du réseau, les droites issues du centre de la maille et parallèles aux arêtes, sont des diamètres de cette maille, et dans certains cas des diamètres de la particule elle-même. Nous les désignerons sous le nom de *diamètres principaux*, de même les droites joignant les milieux de deux arêtes parallèles seront les *diamètres non principaux*, les plans passant par le centre et parallèles aux faces, les *plans diamétraux principaux*, et les plans déterminés par deux arêtes parallèles opposées, les *plans diamétraux non principaux*. Nous distinguerons encore les *diagonales* de la maille et les plans passant par trois diamètres non principaux, c'est-à-dire les *plans octaédriques* ayant pour caractéristiques, relativement aux arêtes de la maille, les nombres 1, 1, 1, pris avec le signe ±. Tels sont les éléments que nous appellerons les *éléments privilégiés* de la particule cristalline, car il est une confusion qu'il faut éviter de faire : De ce que nous nous servons de la maille pour préciser la position relative de ces éléments, il ne faudrait pas en conclure que c'est la maille qui la détermine ; cette position est une conséquence de la structure de la particule, et c'est la position de ces éléments dans la particule qui, au contraire, détermine la maille. On a vu, en effet, à propos de la calcite par exemple, que les diamètres et plans diamétraux de la maille sont parallèles aux droites joignant deux à deux les centres de gravité des molécules de la particule cristalline. Enfin nous désignerons sous le nom d'*axes et plans trapézoédriques* les droites et les plans ayant pour caractéristiques, relativement aux arêtes de la maille, les nombres 2, 1, 1 pris avec le signe ± dans un ordre quelconque. L'intervention de ces droites et plans n'ayant d'autre but que de faciliter le langage.

Ceci posé, considérons une particule P (fig. 26) comme occupant le sommet d'une maille du réseau ; elle sera au sommet de huit mailles ayant en commun, deux à deux, une face latérale ; et les autres sommets de ces mailles seront occupés par vingt-six particules limitrophes de la particule P. C'est sous l'influence immédiate de certaines de ces particules que la particule P s'est orientée, de telle sorte que ses éléments privilégiés coïncident avec les éléments de même nature des particules exerçant l'action d'orientation. C'est ainsi que ses plans diamétraux coïncident avec les plans diamétraux de huit particules limitrophes, ses plans octaédriques avec les plans octaédriques de six particules. De même ses diamètres, ses diagonales coïncident avec les diamètres et les diagonales de deux particules.

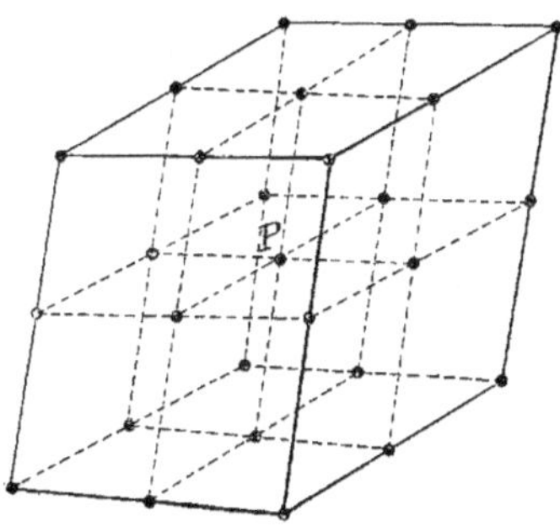

Fig. 26.

Bien entendu, il ne faudrait pas vouloir généraliser cette remarque, et l'étendre aux autres rangées, aux autres plans réticulaires issus du centre de la particule P. Ces rangées, ces plans coïncident bien avec des éléments de même nature appartenant à d'autres particules ; mais celles-ci sont sans influence sur l'orientation de la particule P, et la coïncidence de ces éléments est la conséquence et non la cause de l'orientation de la particule P. Autrement dit, tout s'est passé comme si ces particules éloignées n'existaient pas, et, si la particule P leur est parallèle, cela provient simplement de ce que le parallélisme s'est transmis de proche en proche.

Supposons maintenant que, lors de la cristallisation, la particule P, gênée dans ses mouvements, ne puisse s'orienter parallèlement aux particules faisant déjà partie du corps cristallisé, ses éléments privilégiés ne coïncideront pas tous avec des éléments de même nature des particules limitrophes, mais elle tendra à prendre une orientation différant le moins possible du parallélisme, c'est-à-dire de façon que deux au moins de ses éléments, et en général plusieurs de ses éléments coïncident avec les éléments de même nature des particules limitrophes; c'est ainsi qu'elle s'orientera de façon que deux diamètres principaux coïncident avec deux diamètres principaux, ou bien qu'il en soit ainsi de deux diamètres non principaux, ou d'un diamètre principal et d'un diamètre non principal, ou de deux plans diamétraux principaux ou non principaux, etc.

En adoptant ces orientations, la particule cristalline remplit une partie des conditions satisfaites dans le parallélisme, et se trouve par conséquent dans une position plus stable que toute autre voisine. Dans cette orientation, la particule sera le point de départ d'un second cristal, et l'ensemble des deux cristaux constituera un groupement cristallin satisfaisant bien à la définition donnée plus haut.

Macles hexaédriques de seconde espèce. — Cherchons l'orientation que doit prendre la particule P pour que deux diamètres principaux **PD**, **PD′** qui la joignent à deux particules D et D′ se retrouvent en coïncidence avec eux-mêmes (fig. 27). Il est évident que cette nouvelle orientation se déduira du parallélisme par une orientation de 180° autour de la normale au plan des deux diamètres, c'est-à-dire au plan diamétral principal, rotation qui ramène également en coïncidence les diamètres non principaux Pd

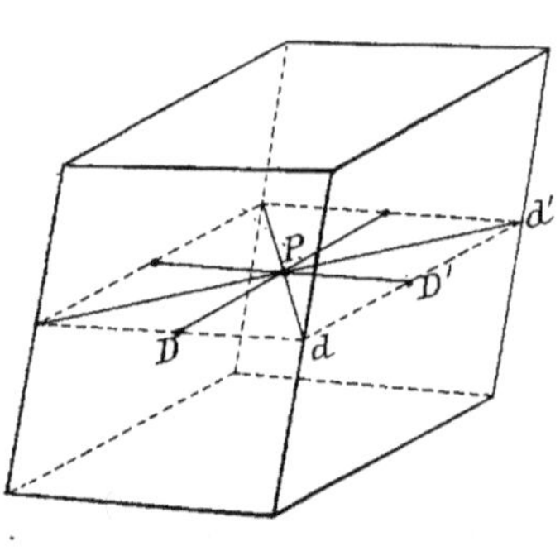

Fig. 27.

et Pd′, qui joignent la particule P aux deux particules d et d′. Si la particule possède un centre, elle aura une orientation symétrique de celle des autres particules relativement au plan diamétral, et il en sera de même des deux cristaux qui auront pour points de départ ces particules symétriquement orientées.

Il pourra en être de même si la particule ne possède pas de centre, mais un plan de symétrie; car alors, en effet, elle possède deux diamètres principaux symétriques de **PD** et **PD′** relativement à ce plan de symétrie; si donc on la fait tourner autour de la droite d'intersection du plan diamétral et du plan de symétrie d'un angle double de celui de ces deux plans, on l'amène dans une position symétrique de sorte que les diamètres **PD** et **PD′** ne coïncident plus avec eux-mêmes, mais avec des diamètres identiques. Bien entendu, comme il n'y a que 3 diamètres principaux, le plan de symétrie passera forcément par l'un d'eux et les deux autres seront symétriques l'un de l'autre par rapport au plan de symétrie.

Si la particule ne possède ni plan, ni centre de symétrie, la rotation de 180° autour de la normale au plan diamétral ne l'amène plus dans une orientation symétrique relativement à ce plan. Les cristaux seront symétriques relativement à la normale, que celle-ci soit une rangée ou non ; mais la symétrie par rapport au plan se trouve réalisée dans l'ensemble constitué par les deux réseaux, de sorte que les deux cristaux pourront présenter des faces symétriques relativement au plan, mais ces faces symétriques n'auront pas les mêmes propriétés physiques.

Quand la particule ne possède ni plan, ni centre de symétrie, il arrive encore assez fréquemment que le corps soit dimorphe, c'est-à-dire, dans le cas présent, que les molécules soient susceptibles de constituer une seconde espèce de particule cristalline, symétrique de la première. Dans ce cas, il pourra arriver que dans la cristallisation à la particule **P**, identique aux autres particules du corps cristallisé, se substitue une de ces particules symétriques de façon que ses deux diamètres principaux coïncident avec **PD** et **PD′**. Elle sera alors le point de départ de la formation d'un nouveau cristal, constitué de particules toutes identiques à la nouvelle particule, nouveau cristal qui sera symétrique du premier par rapport au plan diamétral.

Nous voyons comment deux cristaux peuvent être amenés à se disposer symétriquement par rapport à un plan diamétral principal ; comme il y a, en général, trois plans diamétraux principaux différents, il peut donc se produire trois sortes de ces macles que nous nommerons *macles hexaédriques, de seconde espèce*, pour rappeler que les plans de symétrie sont parallèles aux faces de l'hexaèdre, du parallélépipède, qui constitue la forme primitive.

Naturellement ces macles disparaissent, quand les plans diamétraux deviennent des plans de symétrie du cristal.

Macles dodécaédriques de seconde espèce. — Considérons un plan diamétral non principal, tel que le plan PDd (fig. 28) : il contient un diamètre principal PD, un diamètre non principal Pd et

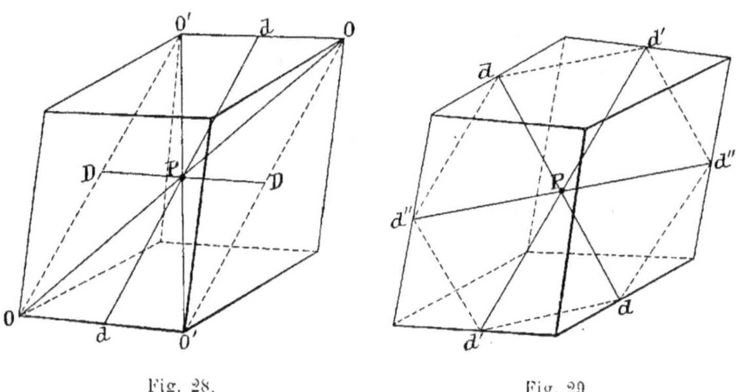

Fig. 28.

Fig. 29.

deux diagonales PO et PO'. Il y a deux orientations de la particule pour lesquelles ces quatre droites se trouvent en coïncidence avec elles-mêmes, et tout ce qui a été dit à propos du plan principal peut se répéter au sujet de ce plan. Un quelconque des six plans diamétraux non principaux peut être un plan de symétrie de ces macles, que nous nommerons *macles dodécaédriques de seconde espèce*.

Macles octaédriques de seconde espèce. — Considérons le plan

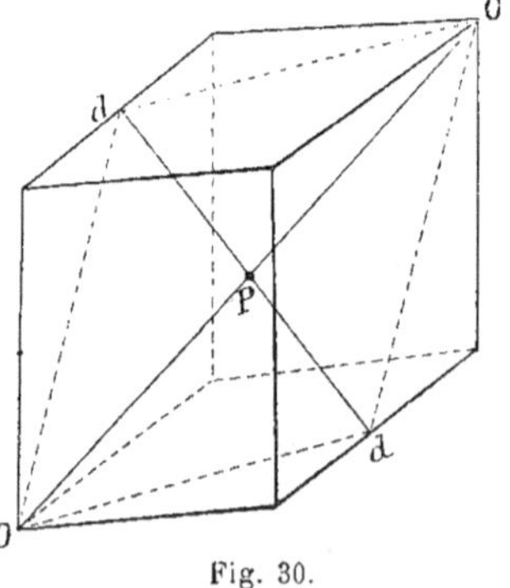

Fig. 30.

octaédrique Pd, Pd', Pd'', (fig. 29) qui renferme trois diamètres non principaux, il pourra être par cela même un plan de macle. Il y a quatre de ces plans, et par suite quatre macles possibles, macles que nous nommerons *macles octaédriques de seconde espèce*.

Macles trapézoédriques de seconde espèce. — Considérons un plan trapézoédrique : il renferme une diagonale telle que PO (fig. 30) et un diamètre non principal tel que Pd, par conséquent il peut être un plan de macle et il y a douze autres plans jouissant de cette propriété. Ces macles sont dites *trapézoédriques de seconde espèce*.

Tels sont les plans susceptibles d'être des plans de groupements, des plans de macles de seconde espèce, et il n'y en a pas d'autres, puisque ce sont les seuls qui renferment deux directions privilégiées de la particule cristalline. Nous voyons donc que les deux cristaux ne sont pas forcément symétriques par rapport au plan de macle et que la considération de la notion de symétrie dans l'étude des groupements cristallins a simplement pour but de faciliter le langage et d'indiquer nettement la position relative des cristaux.

Mais de ce qu'un plan diamétral peut être un plan de macle sans être un plan de symétrie approchée, il ne s'en suit pas que cette symétrie ne joue aucun rôle dans la formation des macles. Et en effet plus le plan diamétral se rapprochera d'un plan de symétrie, moins l'orientation symétrique de la particule différera du parallélisme et plus la macle aura chance de se produire.

Macles hexaédriques de première espèce. — Voyons maintenant quelle orientation doit prendre la particule P pour que deux de ses plans privilégiés se retrouvent en coïncidence avec eux-mêmes. Dans le cas général, il n'y a qu'une opération qui ne modifie pas l'orientation de deux plans : c'est une rotation de 180 degrés autour de leur droite d'intersection.

C'est ainsi que deux plans diamétraux principaux et deux plans diamétraux non principaux reviendront en coïncidence avec eux-mêmes par une rotation de 180° autour d'un diamètre principal qui pourra donc être un axe de macle de première espèce. Il y a trois sortes de *macles hexaédriques de première espèce.*

Macles dodécaédriques de première espèce. — Il en est de même d'un diamètre non principal, puisqu'une rotation autour de ce diamètre ne change pas l'orientation d'un plan diamétral principal, d'un plan diamétral non principal, et deux plans octaédriques.

Macles octaédriques de première espèce. — En troisième lieu, on pourra avoir comme axe de groupement une diagonale de la maille, puisque, suivant une diagonale, se coupent trois plans diamétraux non principaux.

Macles dodécaédriques de première espèce. — Enfin, comme un plan octaédrique et un plan diamétral non principal se coupent suivant un axe trapézoédrique, cet axe pourra être un axe de groupement de première espèce.

Telles sont les seules rangées susceptibles d'être des axes de macle de première espèce, puisqu'il n'y a pas d'autre droite d'intersection de deux plans privilégiés de la particule cristalline.

En résumé cette théorie nous montre que les éléments de groupements sont :

1° Les faces et les arêtes de la forme primitive, c'est-à-dire les éléments ayant pour caractéristiques les nombres 1,0,0, pris dans un ordre quelconque avec le signe ±. Ces groupements seront dits groupements hexaédriques.

2° Les faces et les arêtes ayant pour caractéristiques relativement à la forme primitive, les nombres 1,1,0, pris dans un ordre quelconque avec le signe ±. Ces groupements seront dits dodécaédriques, puisque les faces sont celles du rhombododécaèdre dans le système cubique.

3° Les faces octaédriques et les diagonales de la maille, c'est-à-dire les éléments ayant pour caractéristiques les nombres 1,1,1, pris avec le signe ± dans un ordre quelconque. Ce sont les groupements octaédriques.

4° Les faces et les arêtes ayant pour caractéristiques relativement à la forme primitive les nombres 2,1,1, pris avec le signe ±, dans un ordre quelconque. Ce sont les groupements trapézoédriques.

On voit donc que les éléments du réseau susceptibles d'être des axes ou plans de macles sont les éléments de la forme primitive, c'est-à-dire d'un parallélépipède, qu'il faut déterminer pour chaque espèce de cristaux. Nous retombons donc sur des résultats qui concordent parfaitement avec ceux établis à propos des macles secondaires. C'est là une condition essentielle à laquelle doit satisfaire toute théorie des groupements cristallins, car rien ne permet de distinguer les macles primordiales des secondaires.

Il est vrai qu'à cette théorie on peut faire une objection : nous avons raisonné comme si les particules limitrophes d'une particule intervenaient seules dans son orientation. Or, peut-on dire, les autres particules, tout en ayant une action moins énergique, doivent cependant intervenir et par suite déterminer la formation d'autres macles, qui tout au plus seront moins fréquentes que les précédentes. Nos connaissances sur les actions moléculaires sont encore trop restreintes, pour servir de base à une réponse et nous devons nous adresser à l'observation en choisissant des cas bien nets. Considérons un cristal cubique : les particules les plus proches de la particule **P**, exception faite des particules limitrophes, sont celles dont les centres de gravité ont pour coordonnées 2, 1, 0, pris dans un ordre quelconque avec le signe $\pm$. Si donc l'objection était valable, on devrait trouver dans les cristaux cubiques des macles ayant pour plans ou pour axes de symétrie les plans réticulaires ou les rangées ayant pour caractéristiques les mêmes nombres. Or ces macles n'ont jamais été observées, il faut donc bien admettre que l'objection est sans valeur.

On trouvera d'ailleurs à la fin de cet ouvrage la description de groupements ne *satisfaisant* pas à la loi précédente, mais dont l'origine est toute différente.

De plus il ne faut pas oublier que toute association étant possible, deux cristaux pourront accidentellement s'accoupler suivant un plan quelconque. Il pourra, il est vrai, être difficile de distinguer ces associations accidentelles des véritables groupements, mais les premières, ne correspondant pas à un maximum de stabilité, ne se reproduiront pas.

De la disparition de certains éléments de groupement. — Dans le paragraphe précédent, nous nous sommes placés dans le cas général, en supposant que le cristal était dépourvu d'éléments de symétrie, mais il est bien évident que si un plan diamétral, un diamètre deviennent soit un plan soit un axe de symétrie il cesse, par cela même, d'être un élément de groupement, propriété qu'ils conservent, même s'ils deviennent des éléments de symétrie du réseau sans être des éléments de symétrie de la particule, autrement dit qu'ils conservent dans les cristaux mériédriques.

Mais il est des éléments de groupement qui ne peuvent pas disparaître, telles sont les diagonales, qui peuvent devenir des axes ternaires, mais non des axes binaires : tels sont les plans octaédriques, les axes et les plans trapézoédriques.

C'est ainsi que dans les cristaux cubiques holoédriques, ces éléments sont les seuls qui subsistent comme éléments de groupement. C'est là un fait intéressant qui constitue une confirmation assez probante de la théorie exposée plus haut.

Cette différence entre les deux catégories de groupement s'accentue encore si l'on remarque que les derniers éléments n'étant pas susceptibles d'être des diamètres ou des plans diamétraux de la particule cristalline, les groupements qui leur correspondent ne peuvent s'obtenir par actions mécaniques.

Combinaison des groupements simples. — En nous plaçant dans le cas général, nous avons été amenés à ne considérer que deux sortes de groupements ; les macles de première espèce et les macles de seconde espèce. Mais il est facile de voir que si la macle, au lieu d'être quelconque, satisfait à certaines conditions, la combinaison de ces deux espèces de groupements peut donner des groupements à symétrie plus élevée, identique à celle que présentent les cristaux eux-mêmes.

Supposons, par exemple, que les quatre plans diamétraux passant par un même diamètre principal, fassent entre eux des angles de 45°. Ces quatre plans détermineront huit dièdres ayant pour arête commune le diamètre, et chacun de ces dièdres pourra être occupé par un cristal symétrique relativement aux deux plans qui le limitent, des deux cristaux collatéraux. Or, il est facile de voir que les cristaux pris de deux en deux sont orientés à 90° autour du diamètre, et de quatre en quatre à 180° relativement à ce diamètre. Par conséquent, ce diamètre est un axe de groupement d'ordre 4, comprenant huit cristaux. Dans d'autres cas, un cristal pourra occuper deux dièdres consécutifs, et le diamètre ne sera plus qu'un axe binaire comprenant quatre cristaux.

Supposons maintenant que les trois plans diamétraux passant par la même diagonale fassent entre eux des angles de 60°, ils diviseront l'espace en six secteurs qui pourront être occupés par six cristaux symétriques, deux à deux par rapport aux plans qui les séparent. La diagonale est alors un axe ternaire, mais non pas un axe sénaire, car deux cristaux occupant deux dièdres opposés par leur arête se déduisent l'un de l'autre en prenant le symétrique de l'un, successivement par rapport à trois plans, et par conséquent ces deux cristaux ne sont pas superposables, mais symétriques. A ce groupement de six cristaux symétriques par rapport aux plans diagonaux pourra se superposer le groupement symétrique par rapport à la diagonale, l'ensemble comprendra douze cristaux, et la diagonale sera un axe d'ordre six.

Ces exemples suffisent pour montrer comment de la combinaison des deux sortes de groupements simples peuvent résulter des groupements complexes ayant une symétrie d'ordre supérieur.

§ III. — CLASSIFICATION DES GROUPEMENTS CRISTALLINS

Les éléments de groupements que nous avons distingués dans le paragraphe précédent ne sont pas indépendants les uns des autres, puisque leur position relative est déterminée par un certain parallélépipède ; il en résulte, contrairement à ce qui a été admis jusqu'ici, qu'un plan réticulaire quelconque ne peut être un plan de macle, et Bravais avait remarqué depuis longtemps que les plans d'hémitropie étaient presque toujours parallèles ou perpendiculaires à un axe du cristal. Quoi qu'il en soit, les groupements prennent des caractères tout particuliers suivant la position relative de ces éléments, et il est tout naturel de s'appuyer sur cette position relative pour les classer.

Il peut se faire que certains éléments de groupements soit seuls, soit combinés avec les éléments de symétrie du cristal, constituent l'un des groupes de symétrie susceptibles de se rencontrer dans un polyèdre. Les groupements autour de ces éléments jouiront de cette propriété, que partant de l'un des cristaux et prenant ses symétriques par rapport aux éléments du groupe, on retombera toujours sur l'orientation primitive, quelle que soit la marche suivie dans les opérations. Autrement dit, le groupement comprendra un nombre déterminé de cristaux, et l'on pourra passer de l'un à l'autre par l'intermédiaire d'un élément de symétrie du groupe convenablement choisi.

Nous désignerons ces groupements sous le nom de *groupements parfaits*.

La seconde catégorie de groupements se rencontrent dans les cristaux, dont les éléments de groupement ne font pas entre eux ou avec les éléments de symétrie des angles égaux à ceux des éléments de symétrie d'un polyèdre. Dans ce cas, si l'on prend les symétriques du cristal relativement aux différents éléments, on ne retombe pas sur l'orientation primitive, mais on obtient toujours de nouvelles orientations. Les opérations ne sont pas limitées, et en les continuant, on obtiendrait un nombre infini d'orientations.

Considérons, par exemple, dans un cristal centré, un diamètre et un plan diamétral conjugués. Si le diamètre est perpendiculaire sur le plan, en prenant le symétrique du cristal par rapport au diamètre, puis relativement au plan, on retombe sur le premier cristal. Mais si le diamètre n'est pas perpendiculaire sur le plan, on ne retombera pas sur le premier : on aura une troisième orientation et en prenant le symétrique successivement par rapport au diamètre et au plan on obtiendra toujours de nouvelles orientations.

Comme dans la pratique, le nombre des orientations est forcément limité, nous désignerons ces groupements sous le nom de *groupements imparfaits*.

Mais, si théoriquement, la distinction est absolue entre les groupements parfaits, d'une part, et les groupements imparfaits de l'autre, il n'en est pas moins vrai que dans la nature il y a passage graduel entre les deux catégories. Si, en effet, les angles que les éléments de groupement font entre eux, et avec les éléments de symétrie, diffèrent peu des angles des éléments d'un polyèdre, autrement dit si le cristal possède une symétrie très approchée, il arrive souvent que les cristaux donnent naissance à des associations ayant à peu près les caractères d'un groupement parfait : on retrouve dans ces associations le même nombre de cristaux, ayant vis-à-vis l'un de l'autre sensiblement la même orientation que dans un groupement parfait. Si, partant d'un cristal, on prend son symétrique relativement à tous les éléments, on arrive finalement à un dernier cristal laissant entre lui et les cristaux voisins de petits espaces vides, trop petits pour permettre à d'autres cristaux de se développer, et qui sont occupés par les cristaux voisins, se raccordant suivant des surfaces quelconques, qui peuvent être planes, mais qui alors ne sont pas des plans réticulaires. Dans d'autres cas les cristaux, au lieu de laisser des espaces vides n'ont pas au contraire la place pour se développer complètement, et ils se raccordent encore par des surfaces quelconques.

Il est important de remarquer que dans le cas que nous venons d'indiquer, il peut se produire plusieurs groupements de même ordre, comprenant le même nombre de cristaux, sensiblement disposés de la même façon, et qui cependant ne sont pas absolument semblables : il est bien évident en effet que si, partant d'un même cristal, on prend son symétrique relativement aux éléments de groupement, mais en variant l'ordre dans lequel on fait intervenir ceux-ci, les différents cristaux n'auront pas absolument la même position relative dans tous les groupements, et en particulier les faces du dernier cristal obtenu feront avec les faces des cristaux voisins des dièdres d'angles variables. Prenons un exemple. et considérons un cristal ayant trois plans de groupements A, B, C, se coupant suivant une même droite, et faisant entre eux des angles de 118°30', 119°30' et 122°. Si un cristal se macle avec deux autres suivant les plans A et B, les faces A' et B', respectivement symétriques de A et B, feront entre elles un angle de 4°30', si au contraire il se macle suivant les faces B et C, les faces B' et C' feront entre elles un angle de 1°30', enfin si la macle se produit suivant les faces A et C, les faces A' et C' ne pourront pas se développer ; il s'en faudra de 6° et les deux cristaux devront se raccorder suivant une surface quelconque. Comme on le voit, il pourra se produire trois groupements ternaires, peu différents, il est vrai, mais qui enfin ne seront pas identiques. A part la valeur des angles, le cas que nous venons de traiter est celui de la Chabasie, qui cristallise en parallélépipède triclinique, très voisin d'un cube, et qui possède trois plans diamétraux faisant entre eux des angles très voisins de 120° et qui se distinguent facilement l'un de l'autre par leur position, relativement à l'ellipsoïde d'élasticité optique. Aussi observe-t-on plusieurs groupements ternaires. dont l'un est plus fréquent que les deux autres, simplement parce que deux des plans sont plus approchés que le troisième.

Mais si la chabasie a été étudiée avec le plus grand soin par Becke, il n'en est pas de même des autres substances, et bien souvent nous ne savons si nous avons affaire à un groupement parfait ou à un groupement que nous appellerons *quasi parfait* : aussi devrons-nous les décrire simultanément.

Mais en se plaçant à un autre point de vue, on peut établir une autre subdivision parmi les groupements cristallins. Les uns sont symétriques relativement aux éléments octaédriques ou trapézoédriques, tandis que les autres sont symétriques par rapport aux éléments diamétraux de la maille ; ce sont là deux catégories tout à fait distinctes de groupements, car en effet les seconds peuvent disparaître par suite de ce fait que les éléments diamétraux sont en réalité des éléments de symétrie du cristal, et que les deux orientations symétriques se confondent ; ce qui n'est jamais possible pour les premiers, dont les éléments de symétrie ne peuvent jamais devenir des éléments de symétrie du cristal ; une diagonale de la macle peut bien, il est vrai, devenir un axe ternaire, mais non un axe binaire comme dans le groupement. En outre, il est une autre différence importante : les seconds sont susceptibles, dans des conditions que nous avons déterminées dans le chapitre précédent, de s'obtenir par actions mécaniques, ce qui ne peut jamais avoir lieu pour les premiers, puisque leurs éléments de symétrie ne peuvent être des éléments diamétraux de la particule cristalline.

Nous sommes donc ainsi amenés à distinguer deux catégories de groupements : les uns symétriques, relativement aux éléments octaédriques ou trapézoédriques, les autres symétriques par rapport aux éléments diamétraux de la macle. Dans chacune de ces catégories, on distinguera les groupements parfaits et quasi parfaits d'une part, et les groupements imparfaits de l'autre.

I. — Groupements octaédriques ou trapézoédriques.

    1° Groupements parfaits ou quasi parfaits.

    2° Groupements imparfaits.

II. — Groupements hexaédriques ou dodécaédriques.

    1° Groupements parfaits ou quasi parfaits.

    2° Groupements imparfaits.

CHAPITRE II

GROUPEMENTS PARFAITS

§ 1. — Groupements octaédriques et trapézoédriques.

Considérations générales. — Les groupements parfaits et quasi
parfaits se produisent dans les cristaux dont le réseau possède un
axe ternaire réel ou approché. Considérons tout d'abord l'association des deux réseaux : ils sont orientés à 180° autour de l'axe
ternaire, et comme ils possèdent un centre, ils sont symétriques
relativement au plan perpendiculaire à l'axe. D'autre part, l'axe
ternaire étant un axe sénaire du groupement, puisque celui-ci
possède trois plans de symétrie passant par l'axe, il en possède
trois autres, qui sont des plans trapézoédriques faisant des angles
de 30° avec les premiers plans ; de même, la présence de trois axes
binaires perpendiculaires sur l'axe sénaire entraîne l'existence de
trois autres axes binaires, qui sont trois axes trapézoédriques. Le
groupement des deux *réseaux* présente donc une symétrie sénaire.

Mais pour se rendre compte de la symétrie du groupement des
deux cristaux, il faut répartir les cristaux possédant un axe ternaire en trois catégories, comprenant la première, les cristaux
ayant un centre, la seconde, les cristaux n'ayant pas de centre,
mais un plan de symétrie, et la troisième les cristaux n'ayant ni
centre, ni plan de symétrie, conformément au tableau ci-dessous :

I	II	III
1° $3A^4$, $4L^3$, $6L^2$, C, 6P, 3Π	1° $3A^2$, $4L^3$, 6P	1° $3A^4$, $4L^3$, $6L^2$
2° $3A^2$, $4L^3$, C, 3Π	2° L^3, 3P	2° $3A^2$, $4L^3$
3° L^3, $3L^2$, C, 3P		3° L^3, $3L^2$
4° L^3, C		4° L^3

En premier lieu, si la particule cristalline possède un centre, il
en sera de même des deux cristaux et du groupement, par suite,

ce dernier perpendiculairement à l'axe ternaire possédera un plan de symétrie.

En outre, dans le premier et troisième groupe, comme trois plans de symétrie passant par l'axe existent déjà, il y en aura forcément trois autres, ayant pour notation a^2 (112) dans chacun des cristaux si le réseau est terquaternaire et e^2 (112) si le réseau est ternaire. De même il y aura six axes binaires perpendiculaires sur ses plans. En résumé, les éléments du groupement seront : $L^3 \times {}^2, 3L'^2, 3L^2, C, 3P', 3P, \Pi$. On peut donc, comme on le voit, considérer l'un des cristaux comme symétrique de l'autre, soit par rapport à l'un des plans P', soit par rapport à l'un des axes L'^2, soit par rapport au plan Π, soit par rapport à l'axe ternaire considéré comme binaire. Mais il n'y aura aucune raison pour faire intervenir l'un de ces éléments plutôt que les autres, et c'est même se faire une idée inexacte de la nature du groupement que d'éliminer certains de ces éléments, comme on a l'habitude de le faire. Tout ce que l'on peut dire, c'est que suivant la forme de la surface d'accolement tel ou tel de ces éléments sera plus en évidence que les autres dans la *forme extérieure* du groupement.

Si les cristaux ont les éléments de symétrie du quatrième groupe de cette catégorie les seuls éléments du groupement sont : $L^3 \times {}^2, C, \Pi$.

Dans le groupement des cristaux de la seconde catégorie, il n'y a pas de centre et par suite pas de plan de symétrie perpendiculaire à l'axe ternaire.

Outre cet axe ternaire, qui devient sénaire dans le groupement, celui-ci ne possède que six plans de symétrie passant par cet axe : suivant le cas, les plans de symétrie nouveaux ont pour notation : a^2 (112) ou e^2 (112).

Mais si le plan perpendiculaire à l'axe ternaire n'est plus un plan de symétrie, il peut, malgré cela, être un plan d'accolement. Or, ce plan est un plan de symétrie du groupement des *réseaux*, par conséquent les plans réticulaires de l'un sont symétriques des plans réticulaires de l'autre ; mais deux plans réticulaires, géométriquement symétriques, ne le sont plus au point de vue physique. Par contre, deux formes cristallines, identiques au point de vue physique, ne sont pas symétriques par rapport au plan.

Les cristaux de la troisième catégorie ont ceci de particulier, qu'ils peuvent être formés de deux sortes de particules symétriques l'une de l'autre. Si les deux cristaux constituant le groupement sont formés des mêmes particules, le plan perpendiculaire n'est pas un plan de symétrie ; dans le cas du second et du quatrième groupe, le groupement ne possédera qu'un axe sénaire, auquel s'ajouteront dans le cas du premier et du troisième groupe, six axes binaires perpendiculaires sur cet axe sénaire.

Mais si les deux cristaux associés sont formés de particules symétriques, c'est l'inverse qui a lieu, le groupement ne possède, indépendamment des éléments de chaque cristal, qu'un plan de symétrie perpendiculaire sur l'axe binaire, auquel s'ajoutent les trois plans a^2, passant par l'axe ternaire dans le cas du premier groupe, et les trois plans e^2 dans le cas du troisième.

CRISTAUX DE LA PREMIÈRE CATÉGORIE

I. — Cristaux cubiques

Il n'est pas inutile de rappeler tout d'abord que les cristaux cubiques holoédriques ne peuvent présenter d'autres groupements que ceux que nous allons étudier dans ce paragraphe, et qui peuvent se produire autour de chacun des axes ternaires.

Ces associations offrent une très grande variété d'aspect suivant la forme cristalline qui limite les deux cristaux et suivant le mode d'association ; les deux cristaux peuvent, en effet, s'associer suivant une face octaédrique ou suivant une face trapézoédrique (211), ou encore se pénétrer de telle sorte que, dans la forme extérieure, c'est l'un ou l'autre des éléments de symétrie du groupement qui se trouve mis en évidence. Il est à remarquer que dans cette association un plan réticulaire quelconque de l'un des cristaux est parallèle à un plan réticulaire de l'autre : c'est ainsi que les faces du cube de l'un sont parallèles aux plans (221) de l'autre et réciproquement; les faces du rhombododécaèdre, qui ne passent pas l'axe ternaire du groupement, sont parallèles aux faces (411), et enfin trois faces octaédriques sont parallèles aux faces (311).

1° Le plan d'accolement est le plan de symétrie (111). — Cette association se rencontre principalement dans le spinelle et la magnétite ; elle comprend deux octaèdres accolés suivant une de leurs faces et symétriquement placés par rapport à cette face,

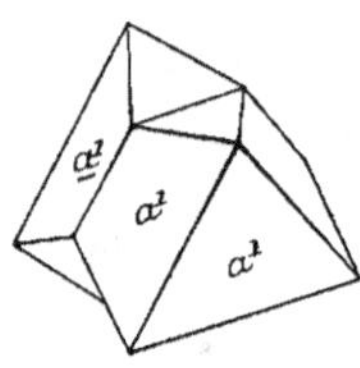

Fig. 30 *bis.* — Macle de deux octaèdres de spinelle.

de sorte que les faces latérales se raccordent suivant un hexagone régulier, en faisant alternativement des angles rentrants et des angles saillants de 141°4 (fig. 30). Cette association peut se répéter un certain nombre de fois, mais tantôt les faces d'association sont toutes parallèles, tantôt au contraire elles appartiennent à une même zone ayant pour axe une arête de l'octaèdre ; il peut alors se présenter deux cas : ou bien les faces d'association sont les faces de l'octaèdre qui font entre elles un angle de 109°28', il se produit

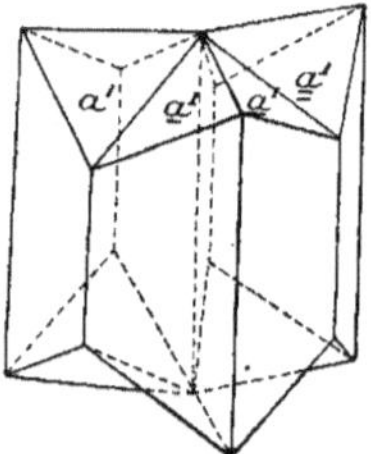

Fig. 31. — Groupement de trois octaèdres de spinelle.

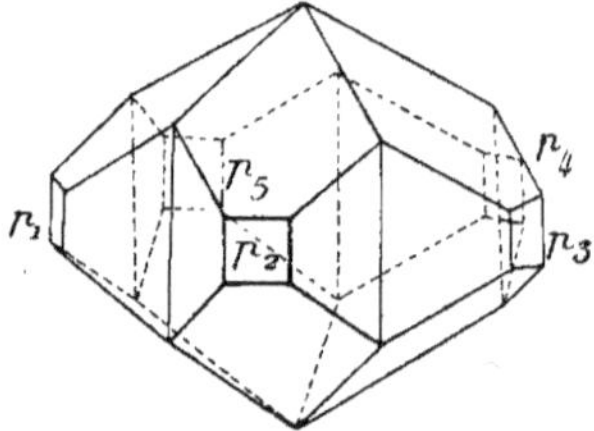

Fig. 32. — Groupement de cinq octaèdres d'or.

alors un groupement de trois cristaux dont les deux derniers laissent entre eux un dièdre vide de 31°36' (fig. 31), ou bien les cristaux s'associent suivant les faces de l'octaèdre faisant des angles de 70°32', et le groupement comprend cinq cristaux laissant inoccupé un dièdre de 7°20' (fig. 32).

Le cuivre et l'argent présentent des associations analogues, mais se produisant entre des cubes dont les faces font entre elles des angles saillant et des angles rentrant de 109°28' ; les angles rentrants peuvent d'ailleurs faire défaut et la macle se présenter comme une association de deux tétraèdres accolés par une base (fig. 33).

Une autre association très intéressante est celle qui se produit
entre deux rhombododécaèdres, et qui présente l'aspect d'un
prisme hexagonal, à arêtes alternativement courtes et longues, et

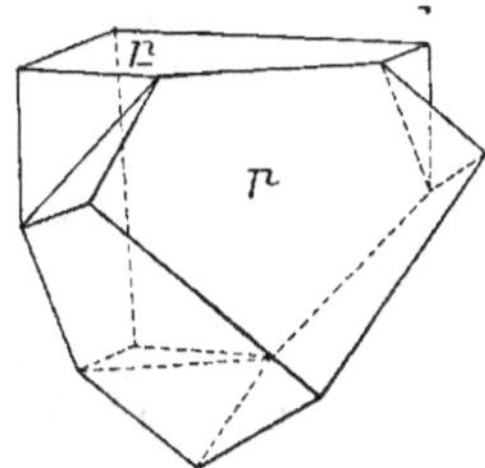

Fig. 33. — Macle de deux cubes
d'or.

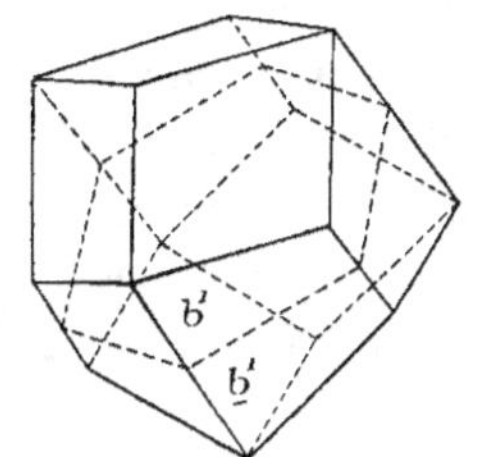

Fig. 34. — Macle de deux rhombododécaèdres d'or.

se terminant par un rhomboèdre de 120°. On l'a observée sur
des cristaux d'or et de diamant, les arêtes du prisme étant très
courtes chez celui-ci (fig. 34).

2° Groupements par pénétration. — Dans ces groupements, c'est
surtout la symétrie autour de l'axe ternaire qui est mise en évidence par la forme extérieure. La surface d'accolement peut être
quelconque, mais fréquemment les cristaux se soudent suivant les

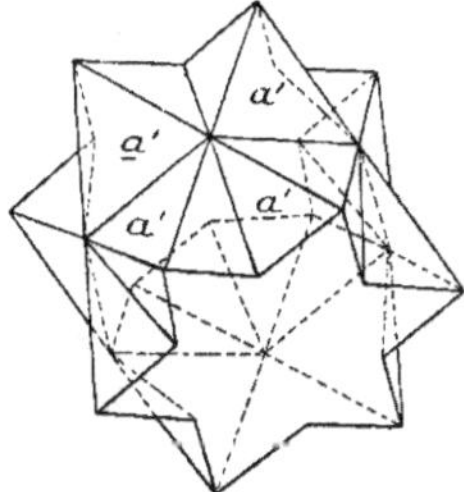

Fig. 35. — Macle de deux octaèdres
de galène.

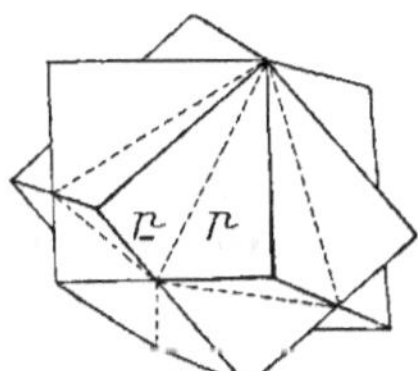

Fig. 36. — Macle de deux cubes
de fluorine.

plans (211), passant par l'axe ternaire, divisant l'espace en six secteurs, alternativement occupés par l'un et par l'autre des cristaux.

La magnétite et la galène présentent des associations de cette
nature entre deux octaèdres, qui, s'ils sont centrés et s'ils sont

également développés, ont en commun deux faces octaédriques parallèles, limitées par un hexagone étoilé (fig. 35).

Dans la galène, la fluorine, etc., on rencontre des associations de deux cubes ayant en commun deux sommets opposés ; les faces d'un cube font avec les faces de l'autre deux sortes d'angles rentrants, les uns ont leur arête partant d'un sommet commun pour aboutir au milieu d'une arête et ont pour valeur 228°11', les autres ont pour arêtes une droite joignant deux milieux d'arêtes d'une même face et sont égaux à 250°32' (fig. 36).

Il est vrai que le plus souvent l'un des cubes est beaucoup plus développé que l'autre.

II. — Cristaux rhomboédriques

On retrouve dans ces cristaux absolument les mêmes associations que dans les cristaux cubiques, ils ne diffèrent de ceux-ci

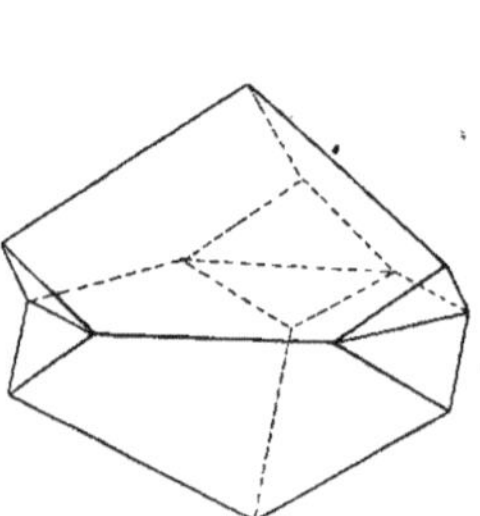

Fig. 37. — Macle de deux rhomboèdres de calcite.

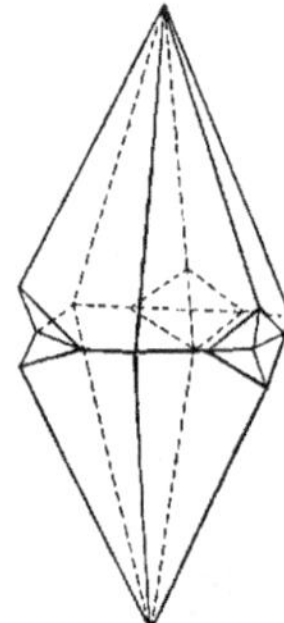

Fig. 38. — Macle de deux scalénoèdres de calcite.

qu'en ce que les groupements ne se produisent que relativement à un seul axe.

C'est ainsi que, dans la calcite, l'on rencontre des associations de deux rhomboèdres (fig. 37), de deux scalénoèdres (fig. 38), accolés suivant un plan parallèle à la base, et présentant alternativement des angles rentrants et des angles saillants. De même ces rhomboèdres et ces scalénoèdres peuvent se pénétrer à la façon des cubes de fluorine.

CRISTAUX DE LA SECONDE CATÉGORIE

Ces cristaux ne possédant pas de centre, le plan perpendiculaire à l'axe ternaire n'est plus un plan de symétrie de leurs groupements. Il peut cependant s'y rencontrer en apparence, si les cristaux portent des formes cristallines qui ne sont pas affectées par la disparition de ce centre, comme le rhombododécaèdre, ou si les formes inverses se trouvent juxtaposées sur ces cristaux. Mais dans ce dernier cas, les faces symétriques au point de vue géométrique ne le sont pas au point de vue physique : ce que très souvent on pourra reconnaître à la différence des caractères physiques.

1. — CRISTAUX CUBIQUES

1° Le plan d'accolement est le plan (111). — Comme exemple de ce cas, on peut citer la blende en octaèdres résultant de la coexistence des faces des deux tétraèdres, et s'accolant suivant une de leur face. Mais on constate qu'une face polie de l'un des octaèdres est symétrique d'une face striée de l'autre. Dans un autre cas, on observe l'accolement suivant a^1 de cristaux limités par les formes b^1 et a^3 ; le plan d'accolement n'est plus un plan de symétrie, mais le groupement n'en conserve pas moins un axe sénaire et six plans de symétrie (fig. 39).

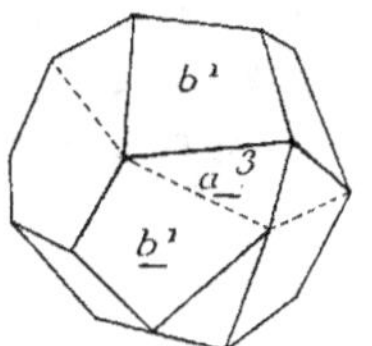

Fig. 39. — Macle de deux cristaux de blende.

2° Le plan d'accolement est le plan (211). — Ce plan de symétrie se trouve bien mis en évidence par la forme extérieure. Ce mode d'association se rencontre dans le cuivre gris en tétraèdres modifiés par des troncatures (fig. 40).

Cette variété d'association s'observe également dans le cuivre gris, sous forme de deux tétraèdres ayant une hauteur commune (fig. 41). Mais, bien entendu, ce groupement est, au point de vue théorique, identique à celui décrit au paragraphe précédent, il n'en diffère que par l'aspect extérieur. Cet exemple est bien fait pour montrer qu'il est impossible de baser une classification des

groupements cristallins sur la nature de la surface d'accolement.
Sadebeck, se basant surtout sur ce second mode d'association,
considérait le groupement comme résultant d'une hémitropie autour

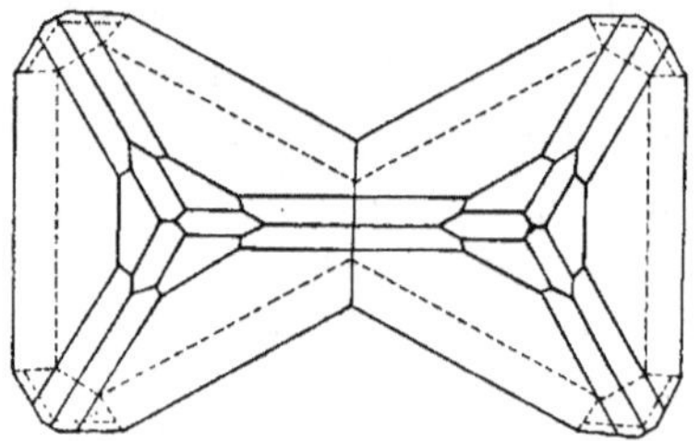

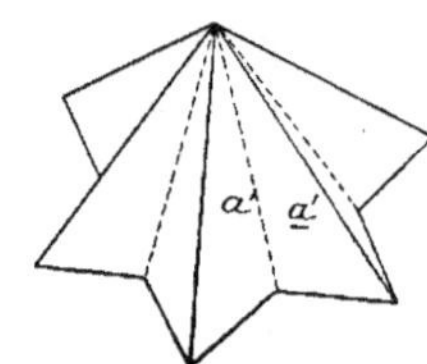

Fig. 40. — Macle de deux tétraèdres de cuivre gris.

Fig. 41. — Macle de deux tétraèdres de cuivre gris.

de l'axe ternaire, admettant que le plan d'accolement, au lieu d'être
perpendiculaire sur l'axe d'hémitropie, pouvait lui être parallèle ;
mais il négligeait d'expliquer la symétrie relativement au plan a^2.
Mallard au contraire, se basant sur le premier cas, admettait un
groupement symétrique par rapport au plan a^2. En réalité la
symétrie est la même dans les deux cas, la surface d'accolement
seule diffère.

3° Groupements par pénétration. — On rencontre des rhombododécaèdres de blende ayant un axe ternaire commun autour

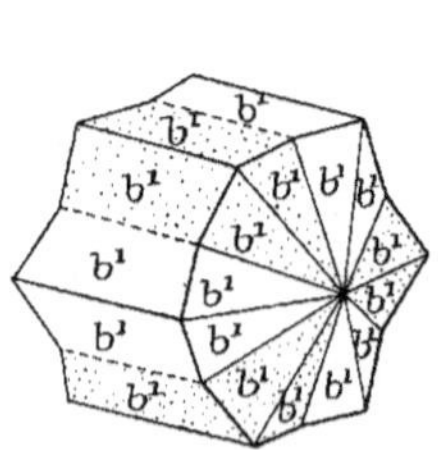

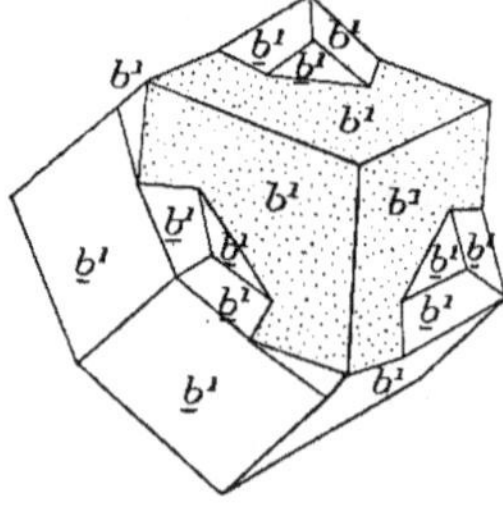

Fig. 42. — Macle de deux rhombododécaèdres de blende.

Fig. 43. — Macle de deux rhombododécaèdres de blende.

duquel ils sont orientés à 180°. Ce sont les plans de symétrie a^2
qui séparent les cristaux dont chacun est subdivisé en trois sec-

teurs de 60° (fig. 42). Le même groupement se retrouve dans la sodalite et le salmiac.

Mais dans la blende elle-même, les deux rhombododécaèdres, tout en se pénétrant et en se raccordant suivant une surface très irrégulière, peuvent avoir des sommets libres sur l'axe de groupement (fig. 43).

2. — CRISTAUX TERNAIRES

Parmi ces cristaux, il suffira de citer la pyrargyrite présentant des macles ayant pour plan d'association le plan a^1, qui n'est pas un plan de symétrie.

CRISTAUX DE LA TROISIÈME CATÉGORIE

Ces cristaux ne possédant ni centre ni plan de symétrie peuvent être constitués par deux sortes de particules cristallines, symétriques l'une de l'autre. Les associations peuvent donc être de deux sortes suivant qu'elles ont lieu entre des cristaux constitués de particules identiques, ou entre des cristaux constitués de particules symétriques. Dans la première sorte, si les éléments de symétrie des cristaux sont ceux des groupes 2 et 4 du tableau de la page 117, le groupement n'aura qu'un axe sénaire ; si ces éléments sont ceux des groupes 1 et 3, le groupement aura en outre six axes binaires perpendiculaires sur l'axe sénaire. Lorsque les cristaux sont formés de deux sortes de particules, l'axe sénaire n'existe pas, mais le plan perpendiculaire est un plan de symétrie. Outre les éléments propres aux cristaux le groupement possèdera trois plans de symétrie a^2, si les cristaux possèdent les éléments du groupe 1, et trois plans e^2 dans le cas du groupe 3. Mais les cristaux cubiques n'offrent aucune association remarquable de ce type, et nous n'aurons à passer en revue que les cristaux rhomboédriques, tels que le quartz et le cinabre qui sont particulièrement intéressants.

Dans le quartz ce mode d'association se présente avec une très grande variété d'aspect, parce que les deux cristaux associés peuvent se pénétrer de façon très différente, et qu'en outre l'association peut se produire entre cristaux de même espèce, c'est-à-dire, tous deux droits ou tous deux gauches, ou bien entre cristaux d'espèces différentes, l'un droit, l'autre gauche.

Si les cristaux sont de même signe, le groupement n'a pas de plan de symétrie, il n'a qu'un axe sénaire et six axes binaires ; si les cristaux sont de signes contraires, le groupement n'a que des

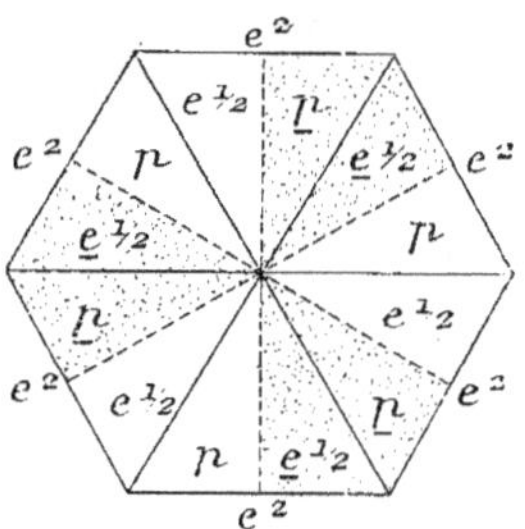

Fig. 44. — Macle de deux cristaux de quartz de même signe.

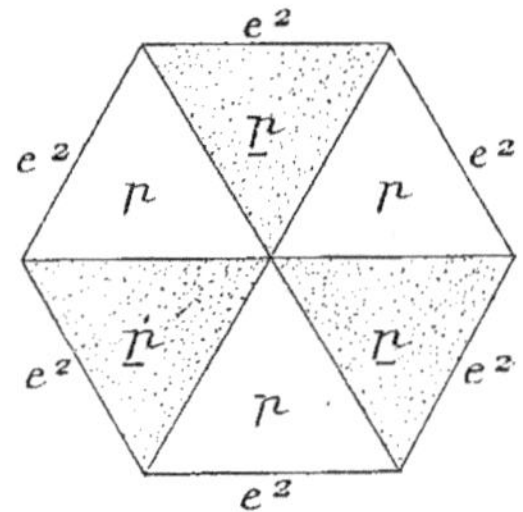

Fig. 45. — Macle de deux cristaux de signes contraires.

plans de symétrie, le plan a^1 et les plans e^2, outre bien entendu les axes propres à chaque cristal ; les éléments de symétrie du groupement sont A^3, $3L^2$, Π, $3\,P'$.

La figure ci-jointe (fig. 44) montre deux cristaux droits avec leur orientation respective : les faces p de l'un sont parallèles aux faces $e^{1/2}$ de l'autre et réciproquement. Mais tantôt les deux cris-

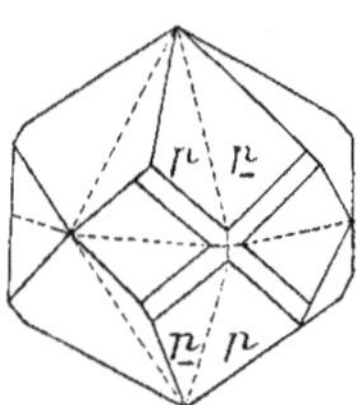

Fig. 46. — Macle de deux cristaux de cinabre de signes contraires.

taux ainsi orientés se pénètrent d'une façon très irrégulière ; la macle se reconnaît à ce que les facettes hémiédriques peuvent se produire sur deux sommets consécutifs, ou bien encore à ce que, au milieu d'une face p brillante et plus ou moins courbe, s'observe des plages mattes et plates d'une face $e^{1/2}$. Tantôt au contraire les cristaux sont découpés en fuseaux par les plans d^1, qui sont des plans de symétrie du réseau déficients aux cristaux.

La figure 45 montre la position respective de deux cristaux de quartz de signes contraires ; la symétrie relativement aux plans e^2 est mise en évidence, mais les cristaux peuvent se pénétrer de manières très variées.

Il est d'ailleurs à remarquer que dans le quartz, le maximum relatif de stabilité correspondant à ces deux orientations à 180° autour de l'axe ternaire, est peu accusé et que souvent les deux cristaux occupent une position relative, voisine seulement de la position théorique et pouvant s'en écarter d'un degré.

Dans l'hyperiodate de soude, qui ne possède qu'un axe ternaire et dans le cinabre, on trouve également des groupements entre cristaux de signes contraires et symétriques relativement aux plans a^1 et e^2 (fig. 46).

§ II. — Groupements hexaédriques et dodécaédriques

Considérations générales. — La théorie, exposée plus haut, s'applique en toute rigueur aux groupements étudiés dans ce chapitre, mais il n'est pas inutile de faire remarquer que dans le cas des groupements parfaits, cette théorie n'est plus nécessaire pour expliquer la possibilité de plusieurs positions d'équilibre. Les groupements parfaits sont susceptibles de se produire quand les éléments diamétraux font entre eux et avec les éléments de symétrie du cristal les angles des éléments de symétrie d'un polyèdre. Il en résulte que forcément ces éléments diamétraux sont des éléments de symétrie du réseau déficients à la particule cristalline, autrement dit le cristal possède une structure mériédrique. Or il est facile de voir que dans ce cas la particule peut prendre indifféremment plusieurs orientations sur le même réseau.

Considérons en effet le groupe d'éléments de symétrie du réseau coïncidant avec les éléments de symétrie de la particule : ce groupe d'éléments se reproduira dans le réseau symétriquement par rapport à tous les éléments de symétrie de ce réseau déficients à cette particule : par conséquent cette dernière pourra occuper sur le réseau autant de positions différentes, qui toutes seront identiques relativement au réseau, et qui par conséquent seront des positions d'équilibre. Mais il est un point qu'il ne faut pas oublier : si la particule cristalline ne possède ni centre ni plan de symétrie, elle ne pourra venir occuper une position symétrique soit par rapport à un centre, soit par rapport à un plan, et le groupement ne pourra se produire que s'il existe une seconde sorte de particule cristalline, symétrique de la première.

Enfin il n'est pas inutile de faire remarquer que dans un groupement parfait le réseau est commun à tous les cristaux, que toutes les lignes cristallographiques, toutes les rangées, tous les plans réticulaires passent sans interruption d'un cristal à l'autre. Il en résulte que les cristaux peuvent s'accoler, se pénétrer d'une façon quelconque, et en particulier des plages de l'un peuvent se trouver englobées dans un autre. Mais très souvent ce sont les plans de symétrie déficients, qui servent de plans de séparation aux cristaux. Dans ce cas, ces derniers ont la forme de pyramides issues d'un même point, et il peut se faire que des pyramides, constituant en apparence des cristaux différents, appartiennent en réalité au même cristal : si par exemple chaque cristal possède un centre, il est bien évident que deux pyramides symétriquement placées par rapport au centre appartiendront au même cristal.

Enfin, si l'on compare les groupes de symétrie indiqués à la page 129, avec les groupes de symétrie des différents réseaux, on constate que, si un polyèdre possède les mêmes axes binaires qu'un réseau, il en possède les axes de symétrie d'ordre supérieur ; par conséquent, parmi les éléments de symétrie du réseau déficients à la particule cristalline, il se trouve forcément un axe binaire. Il en résulte que dans un groupement parfait, on peut toujours passer de l'orientation de l'un des cristaux à l'orientation d'un autre, par une rotation de 180° autour d'une rangée convenablement choisie.

Du nombre des cristaux d'un groupement parfait. — Quand on connaît d'une part la symétrie du groupement, et de l'autre la symétrie des cristaux groupés, il est facile de calculer le nombre des cristaux intervenant dans l'association.

Considérons le groupe de symétrie du groupement et prenons le symétrique tout d'abord d'un polyèdre quelconque par rapport à chaque élément de symétrie.

Nous obtiendrons un nombre d'orientations différentes donné par la formule :

$$1 + \Sigma\,(m - 1)\,Mm,$$

Mm étant le nombre des axes de symétrie d'ordre m dans le cas où le groupe ne comprend ni plan ni centre, et par la formule :

$$2 [1 + \Sigma (m - 1) \text{M}m]$$

s'il existe dans le groupe un centre ou un plan. Mais si le polyèdre au lieu d'être quelconque possède certains éléments du groupe, plusieurs orientations coïncideront entre elles. Le nombre d'orientations coïncidant avec l'une d'elles est donné par l'une des formules :

$$1 + \Sigma(n - 1)\text{C}n$$
$$2 [1 + \Sigma (n - 1) \text{C}n]$$

de sorte que le nombre d'orientations distinctes dans le groupement sera donné par l'une des formules :

$$\frac{1 + \Sigma (m - 1) \text{M}m}{1 + \Sigma (n - 1) \text{C}n}$$

$$\frac{2 [1 + \Sigma (m - 1) \text{M}m]}{1 + \Sigma (n - 1) \text{C}n}$$

Ces formules s'appliquent aussi bien aux groupements quasi parfaits qu'aux groupements parfaits.

GROUPEMENTS DE CRISTAUX A RÉSEAU TERQUATERNAIRE

Dans cette catégorie se rangent les groupements de cristaux, ayant un réseau terquaternaire, ou sensiblement terquaternaire, mais ne possédant qu'une partie des éléments de symétrie de leur réseau, les autres étant remplacés par des éléments diamétraux coïncidant avec les éléments de symétrie du réseau.

La particule cristalline des cristaux susceptibles de présenter de tels groupements a pour éléments de symétrie les éléments de l'un des groupes suivants :

1° $3A^4$, $4L^3$, $6L^2$, C, $6P$, 3Π
2° $3A^4$, $4L^3$, $6L^2$
3° $3A^2$, $4L^3$, C, 3Π
4° $3A^2$, $4L^3$, $6P$
5° $3A^2$, $4L^3$
6° A^4, $2L^2$, $2L'^2$, C, $2P$, $2P'$, Π
7° A^4, $2L^2$, $2L'^2$
8° A^4, C, Π

9° A^4, 2P, 2P′	17° $3A^2$, C, 3Π ou A^2, $2L^2$, C, 2P, Π
10° A^4	18° $3A^2$ ou A^2, $2L^2$
11° A^2, $2L^2$, 2P′	19° A^2, 2Π ou A^2, 2P ou L^2, Π, P
12° L^3, $3L^2$, C, 3P	20° A^2, C, Π ou L^2, C, P
13° L^3, $3L^2$	21° A^2 ou L^2
14° L^3, C	22° Π ou P
15° L^3, 3P	23° C
16° L^3	24° O

Pour comprendre ce tableau, on n'oubliera pas que la lettre A représente un axe de la particule correspondant à un axe quaternaire du réseau, c'est-à-dire devant dans la cristallisation venir coïncider avec un des axes quaternaires, de même la lettre Π représente un plan de symétrie principal.

Il ne faut pas oublier d'ailleurs qu'un même cristal peut donner lieu à plusieurs groupements, différant par la symétrie. Il suffit en effet que l'un des groupes de symétrie, indiqués dans le tableau précédent, comprenne les éléments du cristal, pour être susceptible de se retrouver dans un groupement; par conséquent, plus la mériédrie sera prononcée dans le cristal, plus sera grand le nombre de groupements susceptibles de se produire.

1. — Supposons que le cristal ait pour éléments de symétrie $3A^2$, $4L^3$, C, 3Π, il existe un seul groupe ayant une symétrie plus élevée, c'est le groupe holoédrique. Par conséquent, ces cristaux ne pourront donner naissance qu'à un seul genre de groupement, comprenant un nombre de cristaux égal à $48 : 24 = 2$. Dans un groupement parfaitement régulier les deux cristaux seront séparés l'un de l'autre par les six plans déficients à la particule et par suite subdivisés chacun en douze pyramides, dont la position respective s'obtient au moyen d'un cube. Les pyramides ont leur sommet commun au centre du cube, et elles ont pour bases les triangles dessinés dans les faces du cube par les diagonales.

Ce mode de groupement s'observe dans la pyrite de fer. Deux cubes, par exemple, ayant les mêmes faces, sont orientés à 90 degrés autour des axes quaternaires du réseau commun, et symétriquement orientés par rapport aux six plans non principaux de ce même réseau. Sur une même face, les parties appartenant à deux cristaux différents se reconnaissent à la direction des stries.

Ce même groupement peut se produire entre deux dodécaèdres pentagonaux (fig. 47), ou encore, comme cela a lieu pour les cristaux de l'île d'Elbe, entre deux diploèdres, portant comme troncatures les faces du cube et les faces de l'octaèdre. Les faces de l'octaèdre des deux cristaux sont d'ailleurs dans un même plan, ainsi que les faces du cube, et dans ces dernières les stries per-

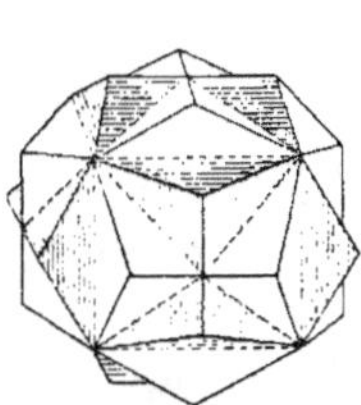

Fig. 47. — Macle de deux dodécaèdres
de pyrite.

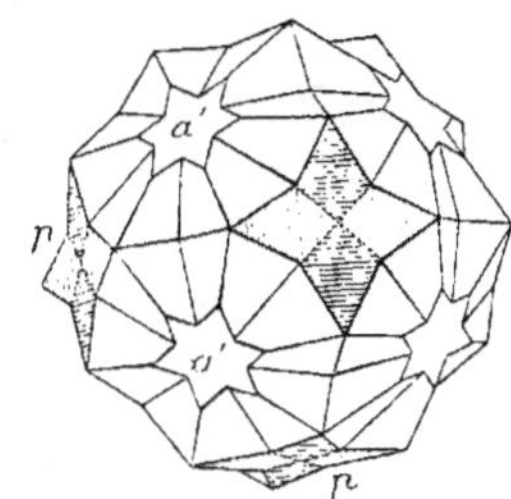

Fig. 48. — Macle de deux diploèdres
de pyrite.

mettent de distinguer les parties appartenant à chacun des cristaux (fig. 48).

Dans toutes ces associations, la surface d'accolement est d'ailleurs très irrégulière : si l'on casse l'une d'elles, la surface de séparation n'apparaît pas immédiatement, mais en polissant la cassure, on la fait apparaître par suite de la différence de poli, que prennent les deux cristaux, et la différence est encore plus tranchée après une attaque à l'acide. On constate ainsi que la surface de séparation est très irrégulière et que ce n'est que très rarement qu'elle se décompose en six plans.

2. — Supposons que le cristal ait pour éléments de symétrie $3A^2$, $4L^3$, 6P, il n'existe encore qu'un groupe de symétrie plus élevé et les cristaux s'associeront encore par deux, orientés à 90 degrés autour des axes quaternaires du réseau et symétriquement placés par rapport aux plans de symétrie principaux, qui les diviseront chacun en quatre pyramides, dans les groupements réguliers ; mais ici deux pyramides opposées par le sommet n'appartiendront pas au même cristal.

Ce mode de groupement s'observe dans le diamant, et se produit le plus souvent entre deux tétraèdres, ayant leurs sommets tronqués par les faces des tétraèdres inverses. Il arrive même assez fréquemment que ces troncatures se développant beaucoup

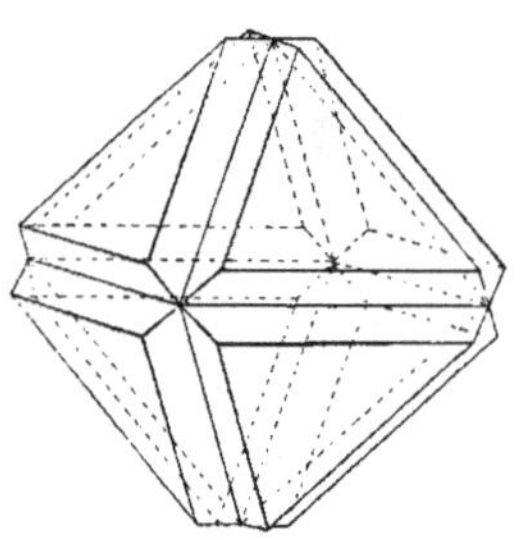

Fig. 49. — Macle de deux tétraèdres de diamant.

les faces latérales des tétraèdres disparaissent presque complètement, et l'ensemble prend l'aspect d'un véritable octaèdre dont la nature n'est révélée que par la présence d'une rainure très fine le long de ses arêtes (fig 49).

3° Si le cristal a pour éléments de symétrie $3A^2$, $4L^3$, il peut se produire quatre espèces de groupements ayant respectivement pour symétrie celle de l'un des quatre groupes plus riches. Mais les seules associations connues ont pour symétrie $3A^2$, $4L^3$, C, 3Π. Tel est le cas du chlorate de soude, donnant naissance à des associations formées de deux tétraèdres symétriquement orientés par rapport aux plans principaux du réseau. La symétrie est d'ailleurs réalisée aussi bien au point de vue physique qu'au point de vue géométrique, car les tétraèdres associés sont de rotations inverses (fig. 50).

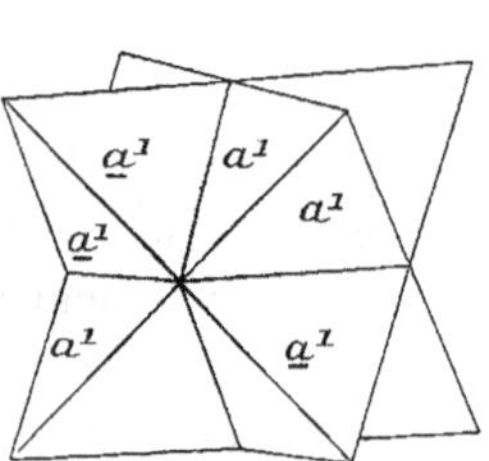

Fig. 50. — Macle de deux tétraèdres
de chlorate de soude.

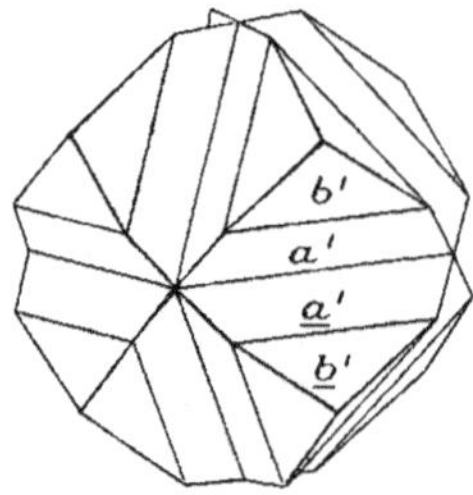

Fig. 51. — Macle de deux tétraèdres
d'ullmannite.

Le même genre d'associations se rencontre dans l'ullmannite, mais les sommets des tétraèdres sont remplacés par trois troncatures b^1 (fig. 51).

4° Si le minéral a pour éléments de symétrie : A^4, $2L^2$, $2L'^2$, C, $2P'$, $2P$, Π, il ne pourra se produire qu'une seule sorte de groupement, ayant pour symétrie celle du groupe holoédrique. Le groupement comprendra 48 : 16 = 3 cristaux. C'est le cas de la boléite, qui se présente en cubes, mais qu'un examen optique décompose en six pyramides ayant pour sommet commun le centre du cube. Chacune de ces pyramides est uniaxe, l'axe optique coïncidant avec la normale à la base de la pyramide considérée, c'est-à-dire avec un axe quaternaire du réseau cubique. Ces cristaux étant centrés, deux pyramides opposées par leur sommet appartiennent au même cristal.

5° Dans le cas où les éléments de symétrie du cristal sont : L^3, $3L^2$, C, 3P, le groupement est forcément holoédrique et comprendra un nombre de cristaux égal à 48 : 12 = 4 et les cristaux seront séparés par les plans principaux du réseau. C'est ce que l'on observe dans la cristallisation d'un mélange de nitrate de plomb et de nitrate de baryum. On obtient des octaèdres réguliers formés de huit pyramides ayant pour bases les faces de l'octaèdre ; deux pyramides opposées par le sommet appartiennent à un même cristal, ayant la symétrie d'un rhomboèdre. Autrement dit, le groupement offre la même disposition que celui des cristaux de diamants, représenté plus haut, mais il y a quatre cristaux au lieu de deux. Le même groupement s'observe dans la fluorine d'Andréasberg[1].

6° Si le cristal a pour élément de symétrie : L^3, 3P, il pourra donner naissance à plusieurs groupements et en particulier former une association ayant pour symétrie : $3A^2$, $4L^3$, 6P et comprenant un nombre de cristaux égal à 24 : 6 = 4. Les cristaux seront séparés par les plans P, ne leur appartenant pas comme plans de symétrie. Tel est le cas de l'eulytine, étudiée par M. Bertrand : des tétraèdres réguliers se décomposent en quatre tétraèdres ayant pour base les quatre faces du tétraèdre principal, et dont les arêtes sont les trois axes ternaires aboutissant aux sommets de leur base respective ; le quatrième axe ternaire du réseau perpendiculaire sur leur base coïncide avec leur axe ternaire, leur axe optique.

7° Considérons le cas où les cristaux ont pour éléments de symétrie L^2, Π, P, ils pourront donner naissance à un groupement ayant la même symétrie que le groupe holoédrique et compre-

---

[1] Wallerant. *Bul. Soc. Min.*, vol. 20.

nant par suite un nombre de cristaux égal à 48 : 4 = 12. L'axe binaire des cristaux coïncidant avec un axe binaire du réseau, ces cristaux auront pour arêtes les axes quaternaires et les axes ternaires du réseau. Il en est ainsi dans le grenat pyrénéite, dont les rhombododécaèdres sont formés de douze pyramides ayant pour base les faces du rhombododécaèdre. Chaque pyramide, biaxe au point de vue optique, a pour bissectrice de l'angle aigu des axes optiques l'axe binaire et pour plan des axes le plan de symétrie non principal.

8° La symétrie du cristal, tout en ayant la même valeur que dans le cas précédent, peut n'avoir pas les mêmes rapports avec la symétrie du réseau, comme cela a lieu si le cristal a pour éléments de symétrie A^2, 2P, qui coïncident avec un axe quaternaire et deux plans non principaux du réseau. Si le groupement a pour symétrie $3A^2$, $4L^3$, 6P, il comprendra 6 cristaux, comme cela a lieu dans la boracite, dont les groupements se présentent avec deux aspects différents.

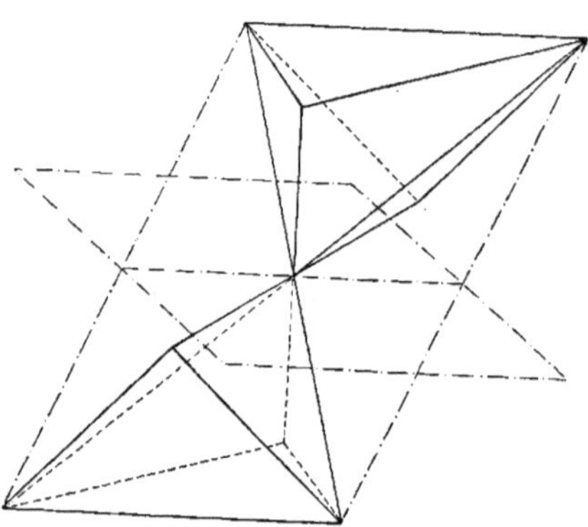

Fig. 52. — Macle du premier type de la boracite.

Comme on le sait, ce minéral affecte la forme de cristaux cubiques sur lesquel les faces dominantes sont tantôt les faces p, tantôt les faces b^1, avec les troncatures a^1 et a^2. Mais ces cristaux se décomposent en pyramides suivant deux types. Maillard a décrit un premier type dans lequel le cristal est formé de douze pyramides ayant pour sommet commun le centre du cristal. Deux pyramides opposées par le sommet appartiennent au même cristal, ayant pour arêtes latérales les deux axes quaternaires ne coïncident pas avec son axe binaire, et deux axes ternaires. Ce cristal n'est coupé que par l'un de ses plans de symétrie, l'autre passe entre les deux pyramides ainsi que l'axe binaire (fig. 52).

Dans le second type décrit par M. Baumhauer, chaque cristal de boracite se compose de six pyramides ayant pour sommet commun le centre du cristal et pour base une face du cube; les arêtes latérales sont donc les quatre axes ternaires et l'axe binaire est perpendiculaire sur la base (fig. 53).

9° Si la symétrie du cristal est représentée par L^2, C, P, le groupement holoédrique comprendra douze cristaux, groupés par quatre autour des axes quaternaires et par trois autour des axes ternaires du réseau. Mais les cristaux pourront affecter deux dis-positions différentes sui-vant que le plan de symé-trie d'un cristal le cou-pera ou ne le coupera pas. Considérons en effet l'axe quaternaire du réseau situé dans le plan de sy-métrie du cristal, par cet axe passe deux plans dia-métraux principaux fai-sant avec le plan de symé-trie du cristal des angles de 45°, et un plan diamé-tral non principal perpen-diculaire sur ce plan de

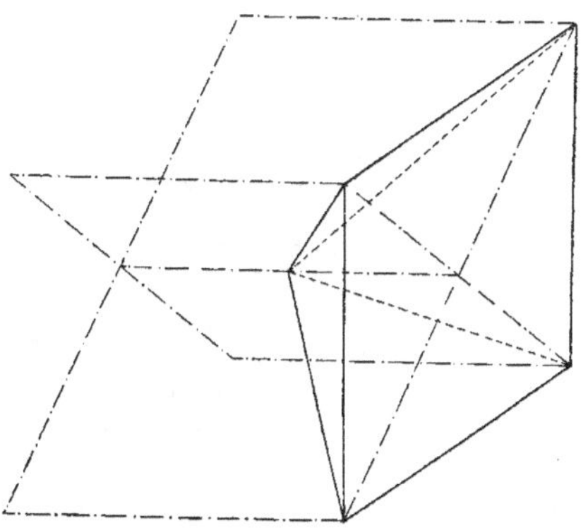

Fig. 53. — Macle du second type de la boracite.

symétrie. Or un cristal peu se macler avec deux cristaux suivant les deux plans diamétraux principaux, ayant pour plan bissecteur son propre plan de symétrie, et ces deux cristaux à leur tour se macler avec un quatrième, également suivant leur plan principal libre : il en résulte un groupement de quatre cristaux orientés à 90°, chaque cristal étant coupé par son plan de symétrie (fig. 54). D'autre part, un cristal peut se macler avec deux cristaux suivant un plan diamétral principal et suivant le plan diamétral non principal faisant avec le premier un angle de 45° : ces deux cristaux se maclent à leur tour avec d'autres suivant la même loi, et par suite, autour de l'axe quaternaire se trouvent groupés huit secteurs de 45°, dont deux symétriques, relati-vement à un plan de symétrie non principal du réseau, appartiennent au même cristal (fig. 55). Ces deux modes de dispositions se retrouvent dans la christianite, comme groupements quasi parfaits.

Ce minéral monoclique est quasi cubique, son axe de symétrie et son plan occupant relativement aux éléments diamétraux sensiblement la positition d'un axe binaire et d'un plan de symétrie non principal dans un cristal cubique. Les constantes cristallo-

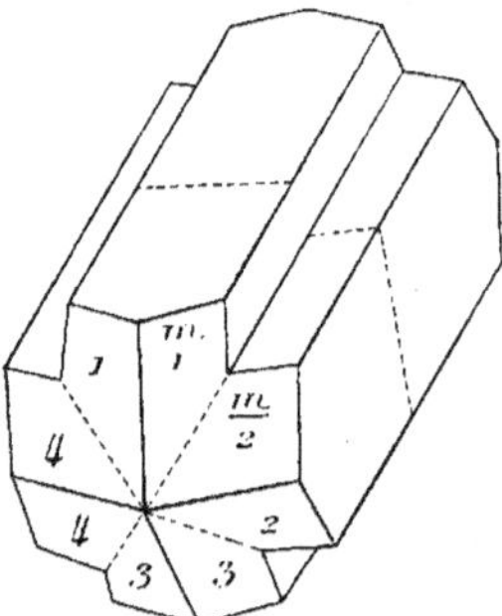

Fig. 54. — Groupement de quatre cristaux de christianite : 1er mode.

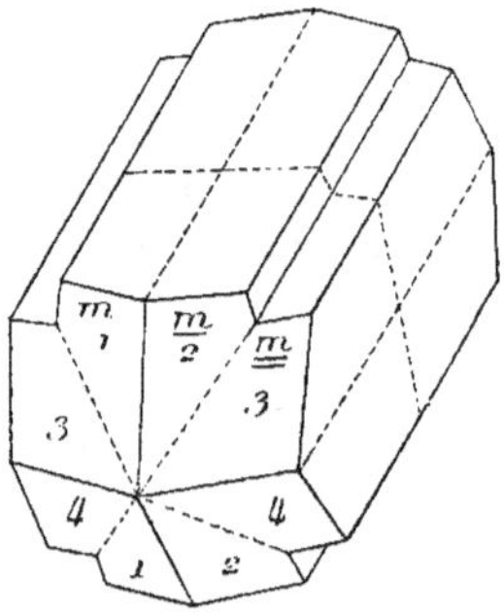

Fig. 55. — Groupement de quatre cristaux de christianite : 2e mode.

graphiques sont en effet, 0,7094 : 1 : 1,256 avec $\beta = 55,37'$ c'est-à-dire que ces constantes diffèrent peu de : 0,707 : 1 : 1,224 avec $\beta = 54.44'$, qui sont celles d'un cristal cubique rapporté à un axe binaire comme axe moyen, un axe ternaire comme axe vertical et un axe quaternaire comme microdiagonale.

La christianite se présente en prismes quasi-quadratiques ayant pour faces latérales deux faces b^1 dans la notation cubique et se terminant à chaque extrémité également par deux faces b^1; ce sont ces faces terminales qui font entre elles un angle de 120° 17′ que l'on prend d'habitude pour faces latérales m de la forme primitive; elles font avec la base p un angle de 119° 39′. Cette face p, perpendiculaire sur le plan de symétrie, est donc un plan diamétral non principal. En outre, par la microdiagonale passent les faces (011), (0$\bar{1}$1), qui font avec la face p des angles de 45° 18′, et qui par conséquent sont des plans diamétraux principaux. Les cristaux de christianite se groupent suivant ces plans principaux et suivant la face p conformément aux deux types décrits plus haut.

Il est à remarquer que dans ces associations les faces m de deux cristaux adjacents tels (fig. 54), que 1 et 2,2 et 3,3 et 4,4 et 1 dans le premier mode d'association, 2 et 3,4 et 2,1 et 4,3 et 1 dans le second mode (fig. 55) sont dans un même plan.

Mais trois de ces groupements quaternaires peuvent s'associer symétriquement relativement à des faces m et ont alors leurs axes quasi quaternaires perpendiculaires deux à deux (fig. 56 A). Ils constituent ainsi un groupement holoédrique, présentant des

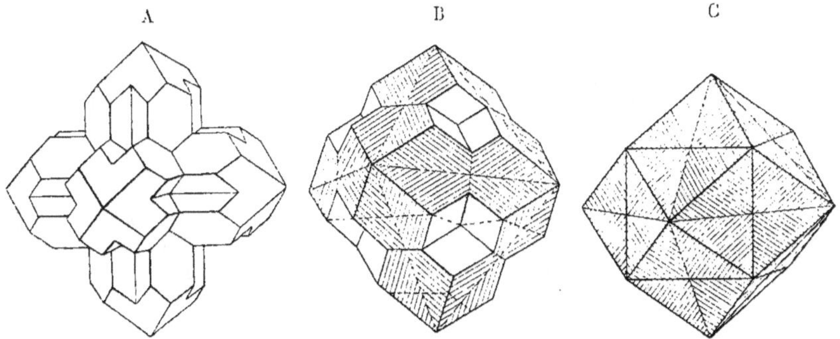

Fig. 56. — Groupement de douze cristaux de christianite.

angles rentrants ; mais par suite du développement des faces m terminant chacun des cristaux, ces angles rentrants peuvent disparaître progressivement (fig. 56 B) et il en résulte un groupement sans angle rentrant, ayant toutes les apparences d'un rhombododé-caèdre (fig. 56 C).

GROUPEMENTS DE CRISTAUX A RÉSEAU TERNAIRE

Il s'agit dans ce paragraphe des groupements de cristaux a réseau ternaire ou quasi ternaire, mais ne possédant qu'une partie des éléments de symétrie de ce réseau, autrement dit des cristaux ayant pour symétrie celle de l'un des groupes suivants :

A^3, $3L^2$	L^2, C, P
A^3, $3P$	L^2
A^3, C	P
A^3	C

Les axes binaires sont perpendiculaires sur l'axe ternaire du réseau, et les plans P passent par cet axe.

Mais ces groupements peuvent se trouver compliqués par ce fait qu'ils se trouvent associés au groupement binaire autour de l'axe ternaire, décrit précédemment, et il en peut résulter des groupements sénaires.

1° Considérons le premier cas, où les éléments de symétrie sont A^3, $3L^2$, le cas du quartz, par exemple. Deux cristaux, l'un

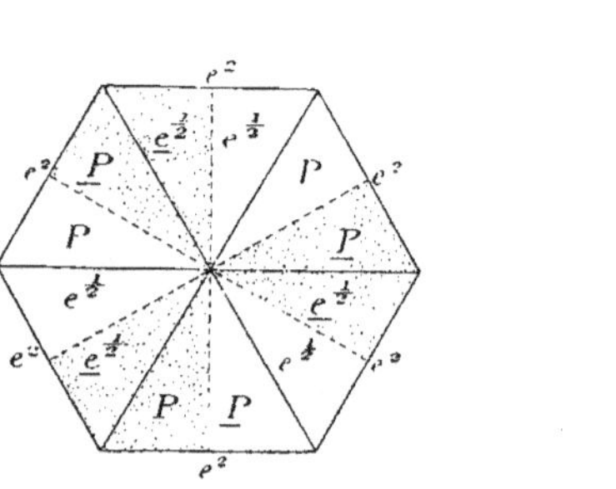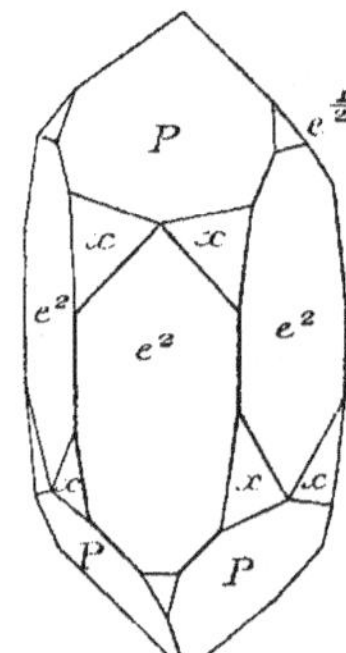

Fig. 57. — Macle de deux cristaux de quartz.

droit l'autre gauche, peuvent se grouper symétriquement relativement à l'un des plans déficients, ils sont alors symétriques par rapport aux deux autres plans et le groupement possède tous les éléments de symétrie du réseau. En général, les deux cristaux ont la même enveloppe cristalline extérieure, et chacun d'eux est subdivisé par les plans de groupement en trois secteurs ; ces plans étant perpendiculaires sur les faces p, celles-ci sont divisées en deux moitiés, appartenant l'une au cristal gauche et l'autre au cristal droit (fig. 57). Les facettes mériédriques, quand elles existent, sont symétriquement placées relativement aux plans de symétrie.

2° Considérons maintenant le second cas, celui où les axes binaires du réseau font défaut dans le cristal. La tourmaline nous en fournit un exemple : deux cristaux sont symétriquement orientés relativement à l'un, et par suite relativement aux trois axes binaires, et comme les deux cristaux ont la même enveloppe extérieure, l'hémimorphisme n'est plus visible : mais si l'on chauffe le cristal, les deux extrémités se chargent d'électricité du même nom. tandis que la partie moyenne se charge d'électricité contraire.

3° Passons au cas où les éléments de symétrie du cristal sont L^2, C, P. le groupement pourra présenter des symétries différentes suivant la position du plan de symétrie du cristal relativement aux plans de symétrie du groupement.

Par l'axe ternaire passent trois plans de symétrie d^1 du réseau et trois plans trapézoédriques e^2, faisant entre eux des angles de 30° et limitant douze secteurs. Or il peut se faire que chaque

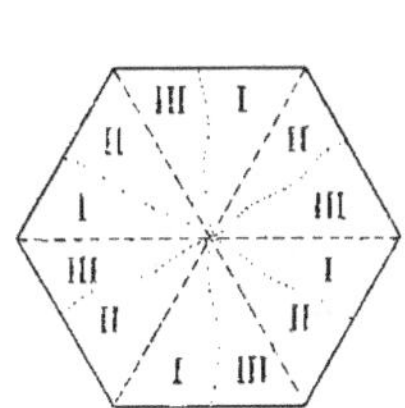

Fig. 58. — Groupement de trois cristaux
d'alstonite.

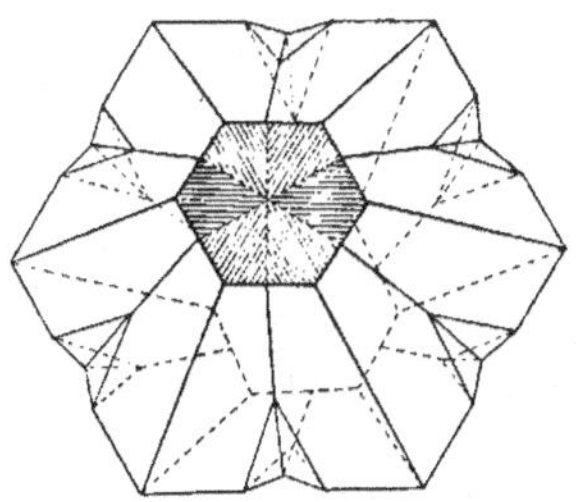

Fig. 59. — Groupement de trois
cristaux de cymophane.

secteur soit occupé par un cristal symétrique des deux cristaux adjacents, par rapport aux plans d^1 et e^2 qui le limitent, ce cristal ayant pour plan de symétrie le plan d^1 faisant un angle de 30° avec le plan e^2, qui le limite, de sorte que deux secteurs symétriques relativement à ce plan d^1, appartiennent au même cristal, ainsi que les deux secteurs symétriques des précédents relativement à l'axe binaire perpendiculaire sur ce plan de symétrie. Un simple coup d'œil sur la figure ci-jointe d'un groupement d'alstonite fera comprendre cette disposition : les quatre secteurs I sont symétriques par rapport à un plan d^1, qui est précisément le plan de symétrie du cristal. Ce groupement est sénaire, quoique ne comprenant que trois cristaux (fig. 58).

Dans d'autres cas, un cristal occupe le secteur compris entre deux plans e^2, en ayant pour plan de symétrie le plan d^1 qui bissecte ce secteur. Deux secteurs opposés par l'arête appartiennent au même cristal, puisque ces secteurs ont même plan de symétrie et même axe binaire. Le groupement est encore sénaire. Tels sont les groupements des cristaux de cymophane (fig. 59), de sulfate de potasse, de la cérusite, etc., qui sont seulement quasi parfaits.

Enfin les cristaux peuvent se disposer symétriquement par rapport à trois plans d^1 à 120° l'un de l'autre, dans chacun d'eux le plan de symétrie coïncidant avec le plan d^1 qui bissecte l'angle de 120°. Tels sont les groupements de chloroaluminate de calcium, de sulfate de potasse, et des carbonates pseudo-orthorhombiques, tel l'aragonite. Mais dans ce dernier cas, l'angle des deux plans d^1 diffère notablement de 120°; deux cristaux laissent entre eux un vide, qui généralement est rempli par la matière de l'un des trois cristaux. Il sera d'ailleurs nécessaire de revenir plus loin sur ces groupements.

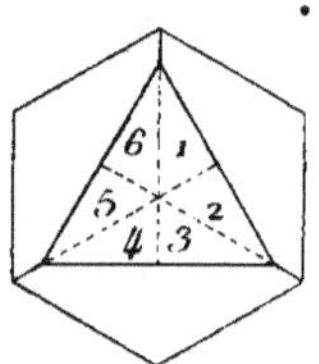

Fig. 60. — Groupement de six cristaux de chabasie.

4° Enfin si les cristaux ne possèdent qu'un centre de symétrie, on se trouve dans le cas de la chabasie, qui se présente en rhom-

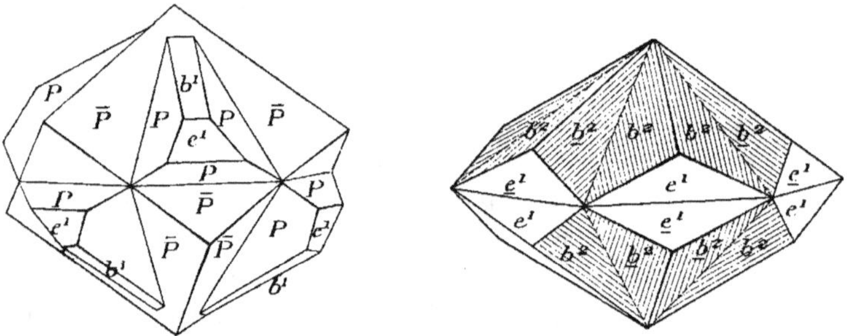

Fig. 61. — Macle de deux pseudo-rhomboèdres de chabasie.

boèdres de 94° 46′, constitués en réalité de six cristaux tricliniques, comme l'a montré **M. Becke**, orientés à 120° autour d'un axe ternaire. La disposition est représentée schématiquement dans la figure 60. Les pseudo-rhomboèdres peuvent d'ailleurs s'associer pour donner naissance à une macle octaédrique (fig. 61).

GROUPEMENTS DES CRISTAUX A RÉSEAU QUATERNAIRE

Théoriquement, les cristaux à réseau quaternaire et à structure mériédrique peuvent se présenter avec des symétries très variées, mais en réalité, on connaît fort peu de ces cristaux. Comme exemple, on peut citer le cas de l'apophyllite, qui a pour éléments de symétrie L^2, C, P, l'axe binaire étant perpendiculaire sur l'axe quaternaire du réseau : les cristaux se groupent symétriquement par rapport aux plans $2P'$ et Π du réseau et donnent ainsi naissance à des octaèdres se décomposant en huit pyramides ayant pour bases les huit faces de l'octaèdre. Ces groupements possèdent tous les éléments de symétrie du réseau.

CHAPITRE III

GROUPEMENTS IMPARFAITS

Considérations générales. — Ces groupements sont caractérisés par ce fait que les éléments de groupements n'ont pas la même position relative que les éléments de symétrie d'un polyèdre. Il en résulte que si l'on prend le symétrique d'un cristal successivement par rapport aux différents éléments, on ne retombe pas sur l'orientation primitive, et l'opération peut théoriquement se continuer indéfiniment. Dans un groupement parfait, au contraire, la série est fermée, on retombe finalement sur l'orientation du premier cristal. En outre il est à remarquer que dans ce cas des groupements parfaits, les différentes orientations se produisent simultanément ; toutes les orientations se rencontrent associées, et qu'il est assez rare de trouver des groupements ne comprenant qu'une partie des cristaux, qu'ils sont susceptibles de présenter.

Au contraire, dans les groupements imparfaits, les maximums de stabilité, correspondant aux différents éléments de groupement, n'ayant pas la même valeur, il en résulte que certaines associations sont beaucoup plus fréquentes que les autres. Aussi a-t-on l'habitude de considérer ces groupements comme indépendants, sans reconnaître aucun lien entre eux.

Nous avons vu dans le chapitre où le problème est traité dans sa généralité, que les éléments de symétrie des groupements devaient être les éléments de la forme primitive, qui ne sont pas des éléments de symétrie de la particule cristalline ; à ces éléments de la forme primitive s'ajoutent les éléments octaédriques et trapézoédriques.

On pourra, il est vrai, rencontrer des associations ne rentrant pas dans la loi que je viens d'énoncer, mais il ne faut pas oublier que toute association est susceptible de se produire, et qu'en particulier deux cristaux peuvent s'orienter symétriquement par rapport à un plan réticulaire quelconque. Mais ces associations sont purement accidentelles, et, comme elles ne correspondent pas à un maximum de stabilité, elles ne se produiront qu'exceptionnellement.

Outre ces associations dues au hasard, il s'en peut rencontrer d'autres, se produisant assez fréquemment et ne rentrant pas non plus dans la loi énoncée plus haut ; nous les étudierons dans un chapitre suivant sous le nom de pseudo-groupements, et nous verrons qu'elles ne sont pas comparables à celles qui nous occupent maintenant.

Enfin d'autres exceptions apparentes résultent d'une étude trop superficielle : tel est le cas des lamelles hémitropes obtenues exclusivement par actions mécaniques. Ces lamelles étant trop fines pour se prêter à une étude complète, on a l'habitude de considérer le plan d'accolement comme le plan de symétrie, alors qu'il peut parfaitement n'être qu'un plan de glissement.

En second lieu, si deux cristaux sont symétriques par rapport à un axe binaire et s'ils sont centrés, ils seront également symétriques par rapport au plan perpendiculaire à l'axe, et ce plan pourra être à tort considéré comme le plan de macle. On doit être averti de l'erreur par ce fait que le plan n'est pas un plan réticulaire, mais nous verrons dans la suite que les réseaux cristallins sont tels qu'à toute rangée correspond un plan réticulaire sensiblement perpendiculaire : par conséquent, les erreurs ne peuvent être évitées que grâce à beaucoup d'attention.

Il en sera de même si le cristal possède un axe de symétrie d'ordre pair et un plan de symétrie perpendiculaire, lorsque le plan de macle passera par l'axe ; car le groupement possédant deux plans de symétrie en possédera forcément un troisième perpendiculaire sur la droite d'intersection des deux autres ; ce troisième plan ne sera pas en général un plan réticulaire, mais comme il en différera peu, il pourra être à tort pris pour le plan de macle.

Nous serons volontairement incomplet dans la description des groupements imparfaits, car dans la suite, nous aurons à nous appuyer sur la considération de ces groupements pour expliquer certaines des propriétés des cristaux, et il nous semble préférable de reporter à ce moment la description des associations servant de bases à nos déductions.

Système cubique. — Les cristaux de ce système ne sauraient offrir de groupements imparfaits, car, si le cristal est holoédrique, les plans parallélépipédiques et rhombododécaédriques sont des plans de symétrie du cristal, et les seuls groupements possibles sont les groupements octaédriques et trapézoédriques qui ont été étudiés précédemment.

Si le cristal est mériédrique, les groupements relatifs aux éléments de symétrie du réseau déficients au cristal sont des groupements parfaits, et par suite leur étude rentre dans le paragraphe précédent.

On ne connaît en effet aucun exemple de groupement de cristaux cubiques maclés suivant une face ne rentrant pas dans les deux cas précédents, on ne connaît par exemple aucun cas de cristaux cubiques maclés suivant les plans (201) qui ont cependant des caractéristiques plus simples que celles des plans (211). C'est là une confirmation frappante de nos idées et aucune autre théorie ne peut expliquer cette particularité.

Système quadratique. — Dans ce système nous prendrons pour axes de coordonnées, les arêtes de la forme primitive, c'est-à-dire l'axe quaternaire et les deux axes binaires perpendiculaires sur les faces de la forme primitive et non à 45° de ces faces, comme on a l'habitude de le faire.

A moins de considérer un cristal à structure mériédrique, il ne pourra se produire de groupement parallélépipédique, puisque les plans diamétraux et les diamètres principaux sont des éléments de symétrie.

Parmi les groupements dodécaédriques pourront se produire les macles de seconde espèce ayant pour plan de symétrie les faces de l'octaèdre (011) b^1, et les macles de première espèce ayant pour axes les diagonales des faces latérales.

Les groupements octaédriques, comprendront les macles ayant

pour plans de symétrie les faces de l'octaèdre (111) a^1, et pour axes les diagonales de la forme primitive.

Les groupements trapézoédriques comprendront les macles ayant pour plan de symétrie les faces de l'octaèdre a^2 (112), et celles du dioctaèdre (211) (b^1 $b^{1,2}$ h^1), et les macles ayant pour axes les rangées, dont les caractéristiques sont 2, 1, 1 pris avec signe $\pm$ dans un ordre quelconque.

Bien entendu, si au lieu d'un cristal holoédrique, on considère un cristal mériédrique, aux éléments de groupements précédents, s'ajouteront les éléments de symétrie déficients au cristal.

Chalcopyrite. — Ce minéral est hémiaxe dichosymétrique, c'est-à-dire que ses éléments de symétrie sont : A^3, $2L^2$, $2P'$. En outre le paramètre de l'axe vertical est égal à 0,98525, il est donc très voisin de l'unité et les formes cristallines du minéral diffèrent fort peu de celles d'un cristal cubique.

Les groupements observés sont les suivants :

1° Deux tétraèdres sont orientés à 90° autour de l'axe quaternaire du réseau et forment ainsi une association analogue à celle qui a été représentée à propos du chlorate de soude. Très fréquemment d'ailleurs les sommets des tétraèdres sont remplacés par des troncatures, donnant à la macle l'aspect général d'un octaèdre.

2° Deux tétraèdres sont symétriquement orientés par rapport à la face (111) et ce groupement peut présenter toutes les particularités signalées à propos des groupements octaédriques. C'est ainsi que, quand l'association a lieu entre deux octaèdres, résultant de la juxtaposition de deux tétraèdres, les faces symétriquement placées n'ont pas la même importance physique, comme cela a lieu pour la blende. Cette macle peut se répéter soit sous forme de lamelles hémitropes, soit entre des octaèdres ayant leur axe dans un même plan ou dans des plans différents. Ce même groupement se produit entre deux octaèdres (201), et il arrive que l'association se reproduit suivant quatre faces de l'octaèdre (111); il en résulte un groupement de cinq individus, dont un central (fig. 62).

3° Le plan de macle peut être la face (101), mais comme celle-ci fait avec la base un angle de 44°36′, au lieu de 45°, il en résulte que les réseaux coïncident sensiblement. Si par exemple l'associa-

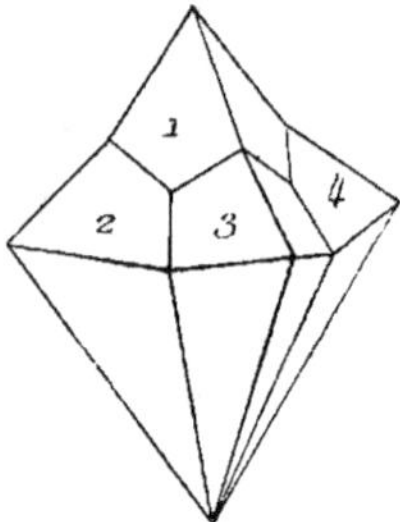

Fig. 62. — Groupement de cinq cristaux de chalcopyrite suivant (111).

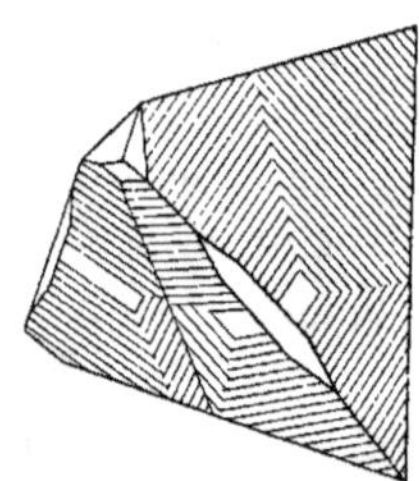

Fig. 63. — Macle de deux tétraèdres de chalcopyrite suivant (101).

tion se fait entre deux tétraèdres (111), les faces des deux cristaux font un angle de 1°23′ (fig. 63).

4° Les cristaux se placent symétriquement par rapport aux plans $(0\bar{1}1)$, $(1\bar{0}1)$ qui passent par une diagonale de la forme primitive, font entre eux et avec le plan de symétrie, contenant la même diagonale, des angles voisins de 120° : il en résulte des

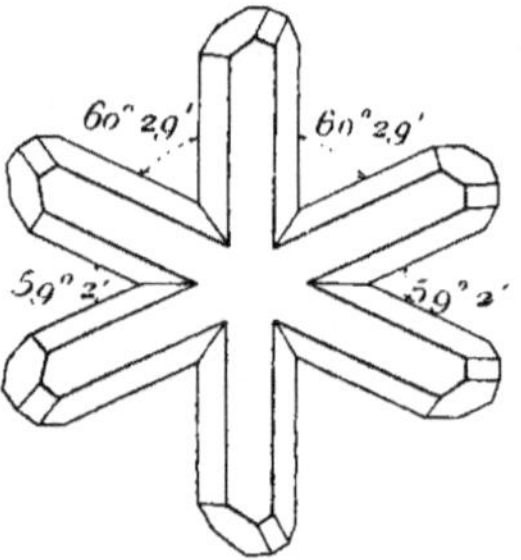

Fig. 64. — Groupement de trois cristaux de chalcopyrite suivant $(0\bar{1}1)$.

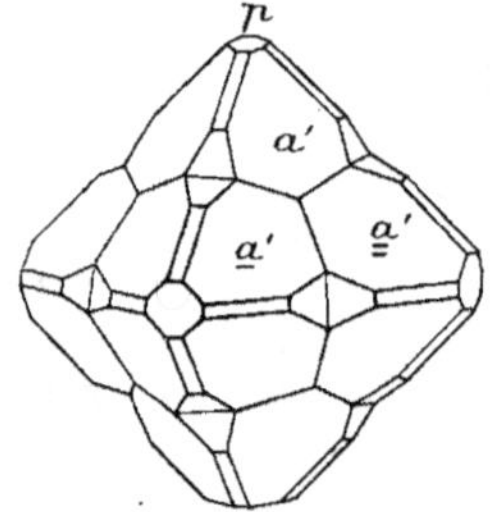

Fig. 65. — Groupement de trois cristaux de chalcopyrite suivant (101).

étoiles à six branches, les cristaux étant allongés perpendiculairement à leur plan de symétrie (fig. 64).

5° Enfin il faut citer des groupements quasi parfaits, ayant la forme générale d'un octaèdre (fig. 65), dont chaque face se décompose en trois facettes appartenant à des cristaux maclés suivant les plans (101), et faisant entre elles des angles de 2°3′.

Système rhomboédrique. — Si l'on prend pour axes de coordonnées, l'axe ternaire et trois axes binaires perpendiculaires,
les plans de groupement sont les faces :

1° du rhomboèdre $(10\bar{1}1)$ p, plans hexaédriques.

2° du rhomboèdre $(01\bar{1}2)$ b^1, plans dodécaédriques.

3° du rhomboèdre $(02\bar{2}1)$ e^1
4° les bases (0001) a^1 } plans octaédriques.

5° du rhomboèdre $(10\bar{1}4)$ a^2
6° du prisme $(01\bar{1}0)$ e^2 } plans trapézoédriques.
7° du scalénoèdre $(12\bar{3}2)$ e_2

Les axes de groupement possibles seront les rangées :

1° $(\bar{2}111)$;
2° (0001) ;
3° $(4\bar{2}\bar{2}1)$;
4° $(\bar{1}2\bar{1}2)$;
5° $(\bar{2}114)$;
6° $(2\bar{1}\bar{1}0)$;
7° $(\bar{4}5\bar{1}2)$.

Ces caractéristiques se déduisent de celles rapportées aux arêtes
de la forme primitive au moyen des formules suivantes :
Pour les plans on a :

$$q' = q - r$$
$$r' = r - s$$
$$t' = s - q$$
$$s' = q + r + s$$

et pour les rangées :

$$m' = -2m + n + p$$
$$n' = m - 2n + p$$
$$o' = m + n - 2p$$
$$p' = m + n + p$$

A ces éléments s'ajoutent les éléments de symétrie du réseau
déficients à la particule cristalline.

Calcite. — Nous n'indiquerons pas ici les groupements binaires
autour de l'axe ternaire, que nous avons déjà étudiés précédemment.

1° Un premier groupement, assez rare d'ailleurs, est celui ayant pour plan de symétrie les faces du rhomboèdre de 105°5′, c'est-à-dire les faces (10$\bar{1}$1). Elle se produit surtout entre des cristaux limités par les formes cristallines (10$\bar{1}$0) et (12$\bar{3}$1) et portent le nom de macle en cœur (fig. 67) ; elle est caractérisée par ce fait que les deux cristaux ont un plan de clivage commun.

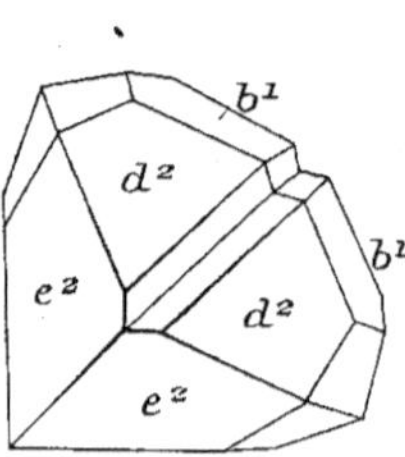

Fig. 67. — Macle en cœur de la calcite.

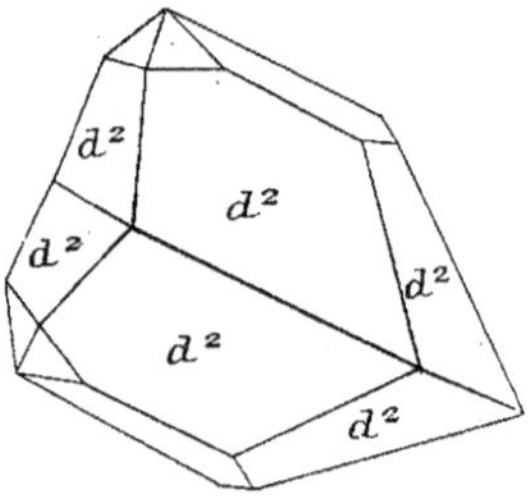

Fig. 68. — Macle de la calcite suivant b^1.

Les axes des deux cristaux font entre eux un angle de 90°46′, c'est-à-dire un angle presque droit.

2° La macle la plus fréquente dans ce minéral est celle ayant pour plan de symétrie une des faces du rhomboèdre (01$\bar{1}$2). Comme il a été dit précédemment, elle se produit très facilement sous l'influence d'actions mécaniques. Dans les cristaux naturels, on l'observe très souvent à l'état de lamelles hémitropes déterminant des stries sur les faces du rhomboèdre primitif, stries parallèles aux diagonales horizontales. Mais on la rencontre aussi dans des cristaux dont les faces dominantes sont celles du scalénoèdre (12$\bar{3}$1) (fig. 68).

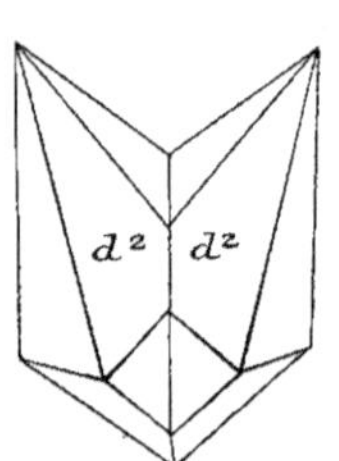

Fig. 69. — Macle de la calcite suivant e^1.

3° Une macle relativement rare est celle qui a pour plan de symétrie une face du rhomboèdre (02$\bar{2}$1) : elle a lieu entre cristaux limités par le même scalénoèdre et les axes ternaires font entre eux un angle de 53°46′ (fig. 69).

Pyrargyrite. — La forme primitive de ce minéral se rapproche beaucoup de celle de la calcite ; il présente également des macles suivant les plans (10$\bar{1}$1) et (01$\bar{1}$2), et en outre suivant le plan

(10$\bar{1}$4). Cette macle peut se répéter sur les trois faces du rhomboèdre, se coupant en un même point de l'axe ternaire ; il en résulte un groupe de quatre cristaux présentant encore la symétrie ternaire (fig. 70).

Ces cristaux sont généralement limités par les formes (11$\bar{2}$0) et (01$\bar{1}$2), c'est-à-dire par un prisme hexagonal, très développé et par un rhomboèdre. Le cristal central est quelquefois très réduit et n'est visible qu'à une extrémité, où chacune de ses faces se trouve dans un même plan avec une face d'un rhomboèdre adjacent, de sorte que si le groupement est très régulier, le cris-

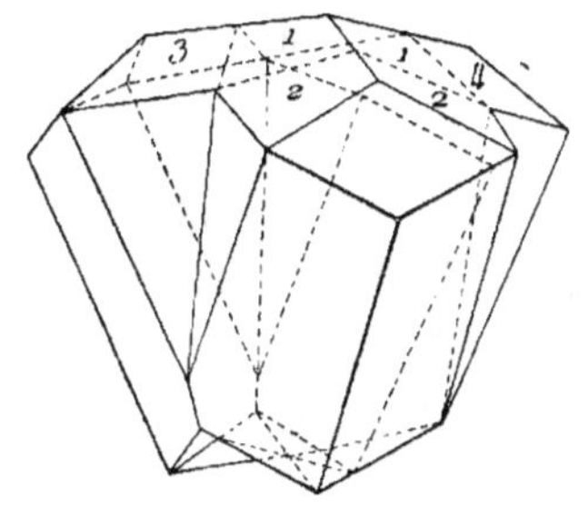

Fig. 70. — Groupement de quatre cristaux de pyrargyrite.

tal central peut échapper à l'examen. En outre chacun des cristaux extérieurs peut être le point de départ d'un groupement semblable, et ainsi de suite, de façon à donner naissance à une masse à peu près sphérique.

Antimoine. — La forme primitive de ce minéral est un rhomboèdre de 87°35', c'est-à-dire un rhomboèdre voisin d'un cube. Ces

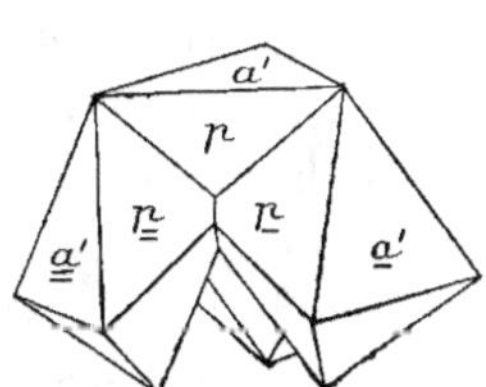

Fig. 71. — Groupement de quatre cristaux d'antimoine suivant *b*'.

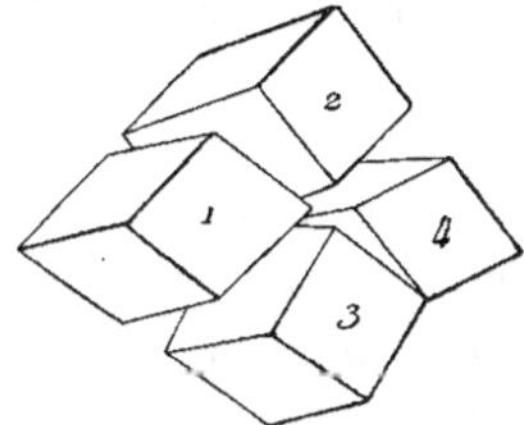

Fig. 72. — Position relative de quatre cristaux d'antimoine.

rhomboèdres modifiés par une base (0001) très développée, se groupent suivant le plan du rhomboèdre (01$\bar{1}$2), et comme dans la pyrargyrite, la macle peut se répéter suivant trois faces se coupant en un même point de l'axe ternaire de façon à former une association de quatre cristaux (fig. 71).

Mais les quatre cristaux peuvent se disposer en cercles : si deux cristaux symétriques par rapport à une troncature sur b^1, au lieu de s'associer suivant cette troncature, s'accollent suivant une troncature sur le sommet e, à l'extrémité de l'arête b, les faces des deux rhomboèdres seront sensiblement dans un même plan, puisque ces rhomboèdres sont très voisins de cubes. Si en outre sur chacun de ces rhomboèdres, s'en dispose un autre de la même façon le groupement comprendra quatre cristaux, ayant chacun une face située à peu près dans un même plan, telles les faces 1, 2, 3 et 4 (fig. 72). C'est une disposition observée dans la nature, et il peut arriver que les bases de chacun des cristaux soient si déve-

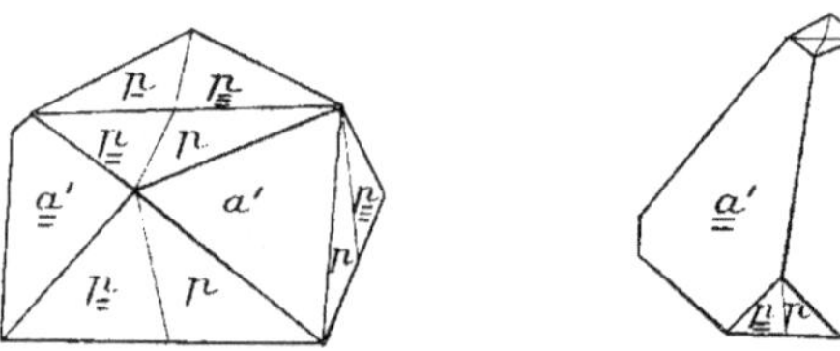

Fig. 73. — Groupement de quatre cristaux d'antimoine suivant b^1.

loppées que le groupement ait l'apparence d'un octaèdre à quatre grandes et quatre petites faces (fig. 73).

Système orthorhombique. — Dans ce système il y a deux cas à considérer : la forme primitive peut être un prisme droit à base rectangle, et les axes binaires sont parallèles aux arêtes, ou bien la forme primitive peut être un prisme droit à base losangique, un axe binaire étant parallèle aux arêtes verticales et les deux autres étant parallèles aux diagonales de la base.

Dans le premier cas, les cristaux peuvent être disposés symétriquement, relativement aux faces :

1° De l'octaèdre (011), groupement dodécaédrique;
2° Du prisme (110)   —
3° De l'octaèdre (111), groupement octaédrique;
4° De l'octaèdre (112), groupement trapézoédrique ;
5° De l'octaèdre (211)   —
6° De l'octaèdre (121)   —

Les rangées susceptibles d'être des axes de groupements sont les suivantes :

1° Les axes binaires du cristal peuvent être des axes quasi quaternaires du groupement.

2° Les rangées (111) peuvent être des axes binaires ou des axes quasi ternaires.

3° Les six rangées (011) et (110) peuvent être des axes binaires.

4° Les douze rangées (112), (121) et (211) peuvent être des axes binaires.

Dans le second cas, ce sont les faces de la forme primitive, qui peuvent être des plans de macles hexaédriques, et les arêtes peuvent être des axes de macles binaires et même quasi quaternaires.

En outre, comme on a l'habitude de prendre pour axes de coordonnées, non les arêtes de la forme primitive, mais les axes binaires, pour avoir les caractéristiques des plans et des axes de macle, il faut remplacer les caractéristiques des plans q, r par q', r' telles que $q' = q + r$ et $r' = q - r$, et celle des rangées par les valeurs $m' = m - n$, $n' = m + n$.

Staurotide. — Comme il a été démontré précédemment, ce minéral possède un réseau quasi terquaternaire, ayant pour axe

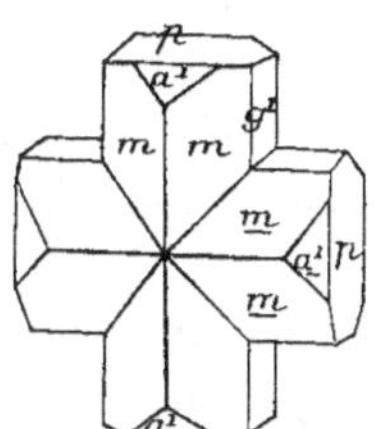

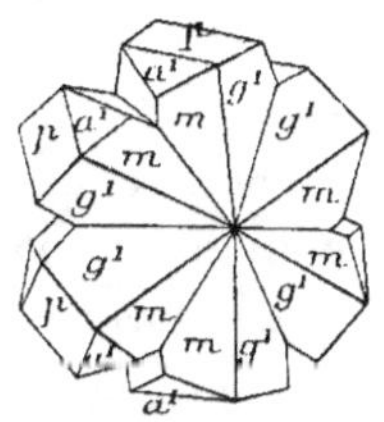

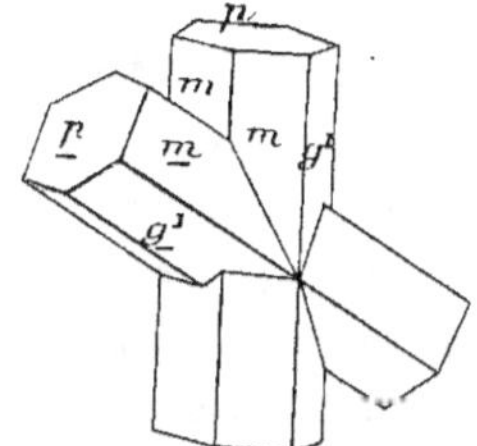

Fig. 74. — Macle de deux cristaux suivant (011).

Fig. 75. — Macles suivant les plans
(111) et (1$\overline{1}$1).

quasi quaternaire la macrodiagonale et pour axes binaires les deux axes binaires perpendiculaires; cela résulte en effet de la considération des paramètres que l'on prend habituellement égaux à 0,4734 : 1 : 0,6828. Mais si l'on multiplie le premier et le dernier par 3 : 2, on obtient 0,7101 : 1 : 1,0242, qui se rapprochent beaucoup de 0,707 : 1 : 1. La forme primitive est donc un prisme droit dont les faces latérales parallèles à la macrodiagonale font entre elles un angle de 88° 38′.

Or les groupements observés sont les suivants : 1° Deux cristaux se pénétrant sont orientés symétriquement relativement à l'un des plans (032), ou avec les nouveaux paramètres (011) (fig. 74). Comme ces plans font avec la face p des angles égaux à 45°31′, les deux cristaux sont donc orientés à peu près à 90° autour de la macrodiagonale, c'est-à-dire autour de l'axe quasi quaternaire.

2° Un ou deux cristaux se disposent sur un troisième symétri-quement par rapport à l'un des plans (232), ($\bar{2}$32), ou avec les nou-

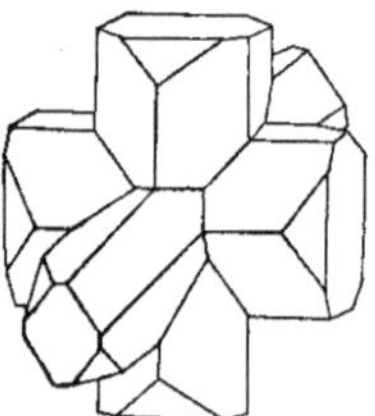

Fig. 76. — Macles suivant les plans
(111) et (011).

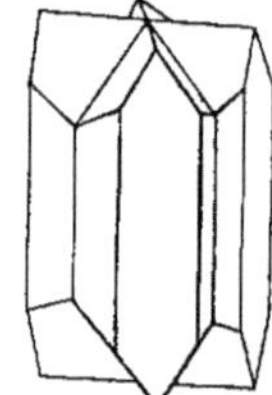

Fig. 77. — Macles de deux cristaux
suivant (110).

veaux paramètres (111), ($1\bar{1}1$), plans qui font avec le plan g^1 des angles de 60° 61′, et qui coupent le plan g^1 suivant une droite faisant avec la microdiagonale un angle de 55° 16′, c'est-à-dire suivant une diagonale de la forme primitive (fig. 75). Cette diagonale est donc un axe quasi ternaire du groupement.

Il est à remarquer que l'on rencontre des associations compre-nant deux cristaux maclés suivant la première loi, et un troisième maclé avec l'un des précédents suivant la seconde (fig. 76).

3° Deux cristaux sont associés de façon à être symétrique-ment orientés par rapport à l'un des plans (230), ou ($\bar{2}$30) ou (110) et ($1\bar{1}0$). Or ces plans coupent le plan p suivant une droite faisant avec la microdiagonale un angle de 54° 37′, c'est-à-dire suivant une diagonale de la forme primitive, comme d'autre part ils passent par l'axe binaire vertical, il en résulte que ce sont des plans trapézoédriques (fig. 77).

Système monoclinique. — Dans ce système, les caractéristiques des éléments de groupement varient suivant le rôle que l'axe et le plan de symétrie jouent dans la forme primitive, et suivant les axes de coordonnées adoptés.

L'axe binaire peut être l'arête de la forme primitive, et le plan de symétrie une face de ce parallélépipède.

On prend toujours comme axe moyen de coordonnées, l'axe de symétrie, mais les deux autres axes, situés dans le plan de symétrie peuvent être soit les deux arêtes de la forme primitive, soit les deux diagonales du parallélogramme déterminé par ces arêtes.

Dans le premier cas, les caractéristiques des plans de groupement se déduiront des groupes (100), (110), (111), (211), en permutant les trois nombres dans chaque groupe, et en les prenant avec le signe $\pm$. Les plans ainsi obtenus sont symétriques par rapport au plan (010) et à l'axe moyen.

Dans le second cas, on déduira les caractéristiques des précédentes, en remplaçant la première par $q + s$ et la troisième par $q - s$.

L'axe binaire peut être une diagonale d'une face de la forme primitive, et le plan de symétrie un plan diagonal de ce parallélépipède, mais les deux axes de coordonnées, pris dans ce plan, peuvent être, soit une arête et une diagonale de la forme primitive, soit cette diagonale et l'axe trapézoédrique situé dans ce plan.

Dans le premier cas, on déduira les caractéristiques du cas précédent, en remplaçant la caractéristique de l'axe moyen par $r + q$ et celle du second axe horizontal par $r - q$, l'arête étant prise comme axe vertical.

Dans le second cas, en prenant pour axe vertical la diagonale de la forme primitive et pour axe horizontal l'arête, on déduira les caractéristiques relatives à ces axes des caractéristiques relatives aux arêtes de la forme primitive, au moyen des formules :

$$q' = q$$
$$r' = r - s$$
$$s' = -q + r + s$$

De même les caractéristiques des rangées se déduiront de celles relatives aux arêtes au moyen des formules :

$$m' = 2n + pn + n$$
$$n' = n - p$$
$$p' = n + p$$

On obtient ainsi pour caractéristiques des plans de groupement :

$(10\bar{1})$, (011), $(0\bar{1}1)$, groupements hexaédriques,
(110), $(1\bar{1}0)$, (001), $(\bar{1}12)$, $(11\bar{2})$, (010) groupements dodécaédriques,
(100), $(1\bar{1}2)$, (112), $(\bar{1}02)$, groupements octaédriques,
$(13\bar{2})$, $(1\bar{3}2)$, $(1\bar{1}\bar{1})$, $(11\bar{1})$, $(\bar{1}\bar{1}4)$, $(\bar{1}14)$, (130), $(\bar{1}30)$,
(101), $(\bar{1}03)$, $(1\bar{2}\bar{1})$, $(12\bar{1})$, groupements trapézoédriques,

et pour axes de macle de première espèce.

(100), (111), $(1\bar{1}1)$,
(201), (001), $(1\bar{1}0)$, (110),
(311), $(31\bar{1})$, (101), $(\bar{1}11)$, $(11\bar{1})$, (010) ;
(301), $(5\bar{1}3)$, (513), $(\bar{1}01)$, $(13\bar{1})$, $(1\bar{3}1)$, $(2\bar{1}0)$, (210), $(\bar{1}\bar{1}3)$, (113), (331), $(3\bar{3}\bar{1})$;

Les axes de la première ligne sont susceptibles d'être des axes quasi quaternaires et ceux de la seconde des axes quasi ternaires.

Dans le cas où l'on prend pour axe de coordonnées horizontal l'axe trapézoédrique et pour axe vertical une diagonale de la forme primitive, les caractéristiques relatives à ses axes se déduisent de celles relatives aux arêtes de la forme primitive, au moyen des formules :

$$q' = q + r - 2s$$
$$r' = r - q$$
$$s' = q + r + s$$

et les caractéristiques des rangées au moyen des mêmes formules :

$$m' = m + n - 2p$$
$$n' = n - m$$
$$p' = m + n + p$$

On obtient ainsi pour caractéristiques des plans de groupement :

$(1\bar{1}1)$, (111), $(\bar{2}01)$, groupements hexaédriques,
(101), $(11\bar{2})$, $(\bar{1}12)$, (010), $(3\bar{1}0)$, (310), groupements dodécaédriques,
(001), $(\bar{2}21)$, $(22\bar{1})$, (401), groupements octaédriques,
$(1\bar{1}4)$, $(\bar{1}02)$, (114), $(\bar{1}10)$, $(\bar{1}00)$, (110), $(13\bar{2})$, $(1\bar{3}2)$, $(\bar{2}11)$, $(21\bar{1})$, (512), $(5\bar{1}2)$,
groupements trapézoédriques.

Il est bien évident que pour les caractéristiques des axes de groupement, on obtiendrait les mêmes valeurs que pour les plans.

1° Comme exemple du premier cas, on peut citer la scolésite, dont les constantes cristallographiques sont : 0,97663 : 1 : 0,33934, et $zx = 88° 50'$, en outre l'angle du prisme $mm = 91° 22'$. Or si l'on multiplie le troisième paramètre par 3 on obtient 1,01802; les trois paramètres sont donc sensiblement égaux à l'unité et à peu près perpendiculaires l'un sur l'autre. Ce minéral présente des macles ayant pour plan de symétrie la face (100), c'est-à-dire une face de la forme primitive et en outre certains cristaux dans une section perpendiculaire sur l'axe vertical, montrent une division en damier, provenant de

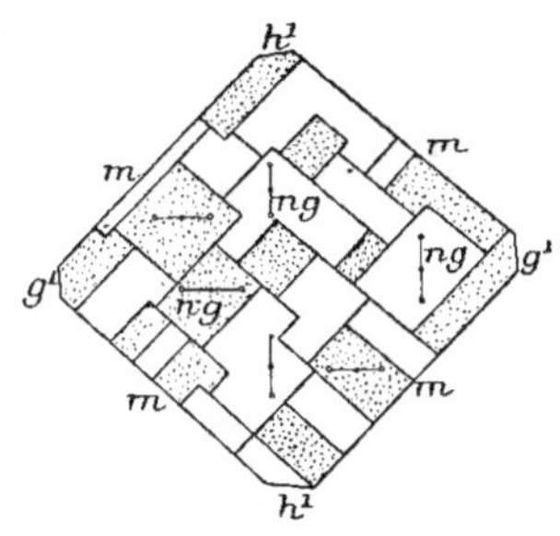

Fig. 78. — Macle de la scolésite suivant le plan (110), d'après M. Lacroix.

l'existence de cristaux maclés suivant les faces (110) (fig. 78). Comme ces plans font avec le plan de symétrie, c'est-à-dire avec le plan des axes optiques, des angles voisins de 45°, il en résulte que les cristaux sont orientés sensiblement à 90°.

2° La cryolite est un exemple du troisième cas : ses constantes sont : 0,96626 : 1 : 1,38824 et $zx = 89° 49'$, en outre les faces du prisme font entre elles un angle de 88° 2'. Or si l'on divise le troisième paramètre par 2, on obtient 0,69412, c'est-à-dire très sensiblement $0,707 = 1 : 2^{1,2}$. La forme primitive est donc un parallélépipède très voisin d'un cube, ayant pour arête l'axe vertical et pour diagonales d'une face l'axe binaire et l'axe horizontal.

Les cristaux de ce minéral se maclent suivant le plan (110) et le plan (001), c'est-à-dire suivant les trois faces de la forme primitive, et ces macles en se répétant donnent naissance à de nombreuses lamelles hémitropes. En outre, ils se maclent suivant les plans (111) et ($\bar{1}$11) et (100), c'est-à-dire suivant trois plans diagonaux.

3° Comme exemple du quatrième cas, on peut citer la christianite, dont nous avons étudié les groupements parfaits, et dont les constantes cristallographiques sont : 0,7018 : 1 : 1,2180 et $zx =$ 55° 11'. Ces constantes sont donc très voisines de celles d'un cristal cubique rapporté à un axe quaternaire comme axe horizontal, à un axe binaire comme axe moyen et à un axe ternaire comme axe vertical, puisque dans ce dernier les constantes sont : 0,707 : 1 : 1,224 et $zx =$ 54° 44'. Les plans de macle de ce minéral sont les faces (001), (110) et (011), c'est-à-dire les plans diamétraux de la forme primitive.

4° Les exemples, que l'on pourrait citer parmi les cristaux binaires, rapportés à une diagonale et à un axe trapézoédrique de la forme primitive, sont très nombreux, mais nous en remettons l'étude à plus tard, car ils sont considérés par tous les auteurs, comme terbinaires, et il faut avant tout exposer les raisons qui doivent en réalité les faire rentrer parmi les cristaux binaires.

Système triclinique. — Dans ce système, aucun axe de coordonnées, n'étant déterminé par des raisons de symétrie, il n'y a pas lieu d'examiner tous les cas particuliers susceptibles de se rencontrer dans la pratique, et de donner *a priori* les caractéristiques des éléments de groupement. Nous nous contenterons donc de considérer un cas particulier.

Feldspaths. — Nous considérerons tous les feldspaths, aussi bien l'orthose que les feldspaths tricliniques : aux éléments de groupement du premier pourront s'ajouter chez les derniers le plan de symétrie approché g^1 et l'axe binaire approché ph^1.

Les feldspaths présentent de nombreuses macles de première et de seconde espèce. Jusqu'ici ces macles étaient considérés comme absolument indépendantes, sans aucune relation entre elles et c'est en appliquant la théorie générale exposée au début de cette étude[1], qu'il nous a été donné de constater que les éléments de groupement étaient les éléments d'un parallélépipède, la forme primitive.

Les groupements observés dans les feldspaths sont les suivants :

[1] Wallerant. *Groupements cristallins.*

1° Dans la macle de manebach (fig. 79), les deux cristaux sont symétriques par rapport au plan p (001) et par rapport à la normale à ce plan. Dans l'orthose, ce groupement a en outre comme axe binaire la droite pg^1 et comme plan de symétrie le plan perpendiculaire. Mais il n'en est plus de même dans les feldspaths tricliniques où le plan g^1 n'est plus un plan de symétrie.

Dans l'orthose, la droite ph^1 est un axe binaire perpendiculaire sur le plan de symétrie g^1. Ni l'un ni l'autre ne peuvent donc être des éléments de symétrie de groupement, mais il n'en est

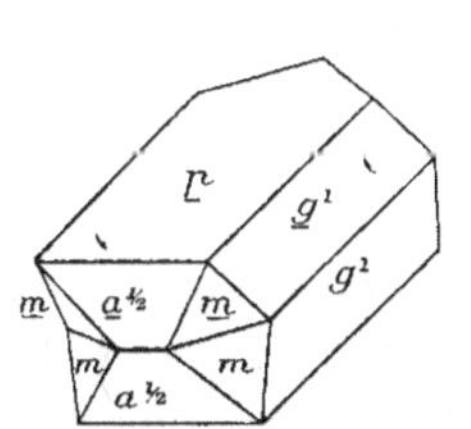

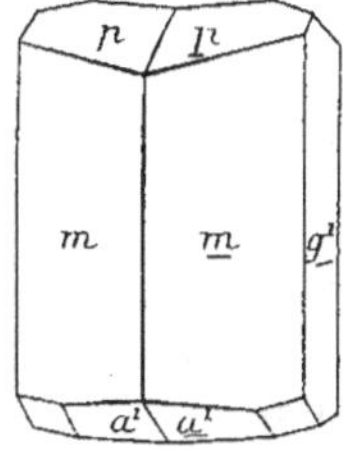

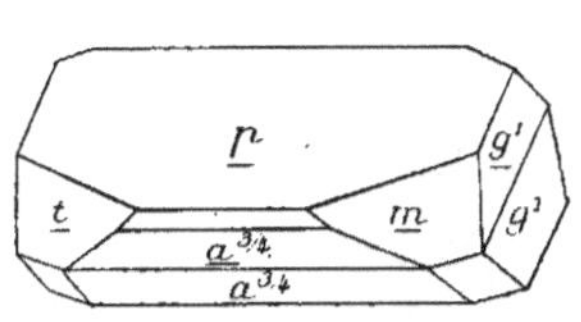

Fig. 79. — Macle de manebach suivant p.

Fig. 80. — Macle de l'albite suivant g^1.

Fig. 81. — Macle du péricline suivant ph^1.

plus de même dans les feldspaths tricliniques, où ph^1 n'est plus rigoureusement perpendiculaire sur g^1 ; aussi deux groupements peuvent se produire :

2° Macle de l'albite (fig. 80) ayant pour élément de symétrie le plan g^1 :

3° Macle du péricline (fig. 81) ayant pour élément de symétrie la droite ph^1.

Ces deux macles, les plus fréquemment observées dans les feldspaths, donnent naissance à de nombreuses lamelles hémitropes, orientées parallèlement de deux en deux et se révélant à l'extérieur par des stries très fines sur les faces. Mais dans le second mode d'association, le plan d'accolement de prédilection des lamelles varie d'un feldspath à l'autre, sans que ce plan soit, bien entendu, déterminé d'une façon absolue.

4° Dans la macle de carlsbad (fig. 82), deux cristaux sont orientés à 180° autour de h^1g^1.

Dans l'orthose, les deux cristaux sont également symétriques par rapport au plan h^1, mais il n'en est plus de même dans les feldspaths tricliniques, d'où un nouveau groupement ;

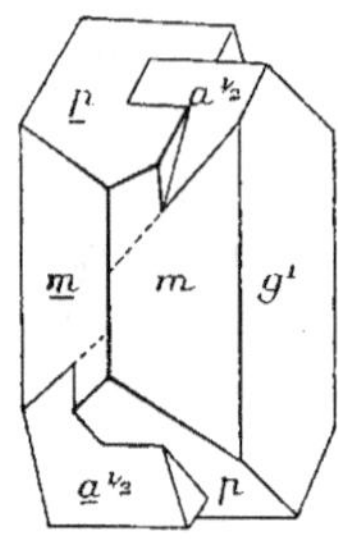

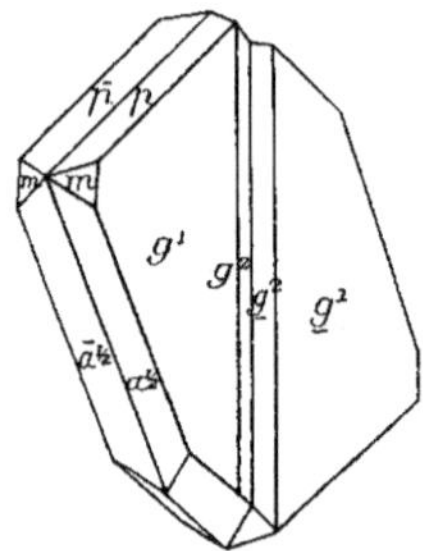

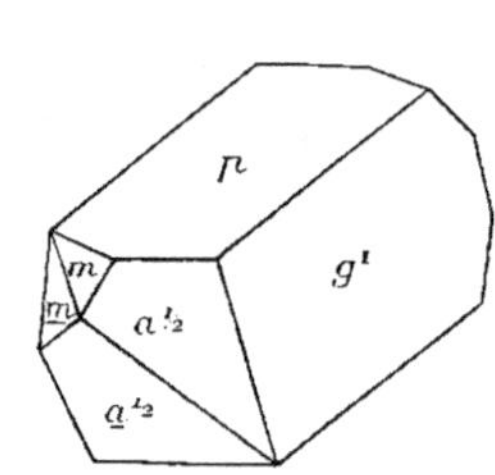

Fig. 82. — Macle de Carlsbad suivant $h^1 g^1$.

Fig. 83. — Macle de Roc Tourné suivant h^1.

Fig. 84. — Macle de Baveno suivant $e^{1/2}$.

5° Macle de Roc Tourné, représenté dans la figure 83, où deux couples de cristaux maclés suivant la loi de l'albite sont symétriques par rapport au plan h^1 ;

6° Une autre macle est celle de Baveno (fig. 84), dans laquelle le plan de symétrie est le plan $e^{1/2}$.

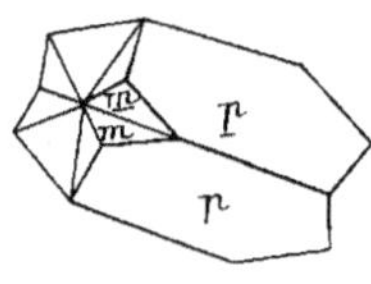

Fig. 85. — Groupement de quatre cristaux suivant $e^{1/2}$.

Sur le second plan $e^{1/2}$ de l'un des cristaux peut s'accoler un troisième cristal, sur lequel peut à son tour s'accoler un quatrième cristal. On aura un groupement de quatre cristaux (fig. 85).

Dans certains cas, chacun des cristaux est remplacé par un couple de cristaux maclés suivant la loi de Manebach et le groupement comprend ainsi huit cristaux, et la droite pg^1 est un axe quasi-quaternaire.

7° Les plans m peuvent être des plans de macles ; si la macle se répète sur les deux faces, on aura un groupement différant peu d'un groupement ternaire autour de la droite $h^1 g^1$.

On a observé de tels groupements pour des associations de deux cristaux maclés suivant la loi de Carlsbad et représentés schématiquement dans la figure 86. Il est alors bien évident que la droite $h^1 g^1$ est un axe sénaire du groupement qui possède six plans de quasi-symétrie passant par cet axe. Trois d'entre eux coïncident avec les plans g^1 et m et les autres qui leur sont perpendiculaires coïncident avec les plans h^1 et g^2.

L'existence de ces plans de symétrie est quelquefois mise en évidence dans la forme extérieure, et c'est ainsi que l'on a été amené à distinguer la macle de Roc Tourné et la macle suivante.

8° Macle symétrique par rapport aux plans g^2;

9° Macle symétrique autour de l'arête pm comme axe binaire.

Il y a naturellement deux groupements de cette nature, puisqu'il y a deux arêtes pm;

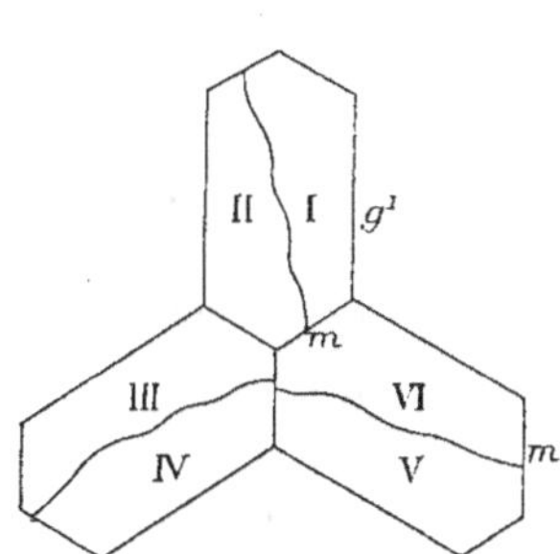

Fig. 86. — Groupement suivant m.

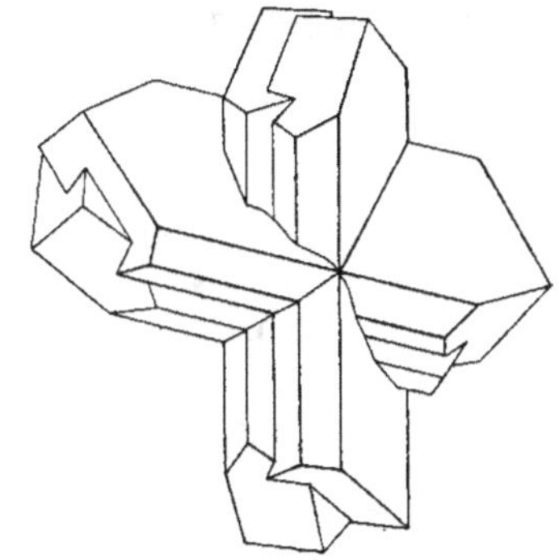

Fig. 87. — Macle suivant $b^{1/2}$.

10° Macle symétrique par rapport au plan $b^{1/2}$ (111) et représenté figure 87;

11° Macle symétrique par rapport au plan $a^{1/2}$ ($\overline{2}$01).

En résumé, dans les groupements, les cristaux sont symétriquement orientés par rapport à certains plans et à certaines droites qui sont pour les plans :

p	(001)	Manebach	h^1 (100)	Roc Tourné
g^1	(010)	Albite	g^2 (130)	
m	(110)		g^2 ($\overline{1}$30)	
m	($1\overline{1}0$)		$b^{1/2}$ ($\overline{1}$11)	
$e^{1/2}$	(021)	Baveno	$b^{1/2}$ (11$\overline{1}$)	
$e^{1/2}$	(02$\overline{1}$)	Baveno	$a^{1/2}$ ($\overline{2}$01)	

Les axes de groupement sont :

$h^1 g^1$	Carlsbad
$p h^1$	Péricline
$p g^1$	
pm	

comme axes binaires.

$$pg^1 \quad \text{comme axe quasi quaternaire.}$$
$$h^1g^1 \quad \text{comme axe quasi ternaire,}$$

Il nous faut maintenant rechercher s'il existe un hexaèdre, susceptible d'être considéré comme la forme primitive des feldspaths et permettant de grouper les éléments de groupement conformément à la loi énoncée plus haut.

Il suffit de s'occuper de l'orthose, les résultats obtenus s'étendront sans difficulté aux feldspaths tricliniques. Les constantes cristallographiques de ce minéral sont :

$$0{,}6586 : 1 : 0{,}5559 \text{ avec } zx = 63°56'$$

Or considérons un prisme monoclinique satisfaisant aux conditions suivantes : l'angle dièdre, dont l'arête est située dans le plan de symétrie, est égale à 90°6', c'est-à-dire à l'angle $e^{1/2}\,e^{1/2}$ dans l'orthose; les deux autres dièdres sont égaux à 96°21'; enfin la diagonale de l'hexaèdre située dans le plan de symétrie, fait avec l'arête un angle de 63°56'. Il est facile de voir que dans un tel hexaèdre le rapport de cette diagonale à l'arête est égal à $\dfrac{2 \times 0{,}5559}{0{,}6586}$. On peut donc considérer cet hexaèdre comme la forme primitive de l'orthose en assimilant la rangée h^1g^1 à la diagonale et la rangée pg^1 à l'arête. Les caractéristiques sont donc prises relativement à l'axe binaire, à l'arête et à la diagonale de la forme primitive; mais la dernière caractéristique doit être multipliée par **2**, puisque la diagonale a une valeur double de celle habituellement adoptée.

Calculons maintenant les caractéristiques q, r, s, des plans de macles relativement aux trois arêtes de la forme primitive; leurs valeurs se déduisent des formules :

$$q = q'$$
$$r = \frac{s' + r' + q'}{2}$$
$$s = \frac{s' + q' - r'}{2}$$

on obtient ainsi pour

p	(011)		h^1	(21$\overline{1}$)
g^1	(0$\overline{1}$1)		g^2	(12$\overline{1}$)
m	(110)		g^2	(1$\overline{1}$2)

m	(101)	$b^{1/2}$	$(\bar{1}10)$
$e^{1/2}$	(010)	$b^{1/2}$	$(10\bar{1})$
$e^{1/2}$	(001)	$a^{1/2}$	(100)

On voit donc que les plans p, g^1, m, m, $b^{1/2}$, $b^{1/2}$, correspondent aux plans diamétraux non principaux de l'hexaèdre, les plans $e^{1/2}$, $e^{1/2}$, $a^{1/2}$, aux faces de cet hexaèdre ; h^1, g^2, g^2, aux plans trapézoédriques.

En outre, les plans g^1, m, m, d'une part et les plans h^1, g^2, g^2 de l'autre qui passent par une diagonale de l'hexaèdre, font entre eux des angles de 60° environ ; il en pourra donc résulter des groupements de trois ou six cristaux autour de cette diagonale. De même les faces p, g^1, $e^{1/2}$, $e^{1/2}$ passant par la droite pg^1, faisant entre eux des angles voisins de 45°, cette droite pourra être un axe de groupement de quatre ou huit cristaux.

Enfin, la macle de Carlsbad doit être considérée comme un groupement binaire autour d'une diagonale, ainsi que les groupements autour des droites pm ; celle du péricline comme un groupement binaire autour d'un diamètre non principal.

Comme on le voit, tous les groupements, si nombreux des feldspaths, ont pour éléments de symétrie les éléments d'un hexaèdre, forme primitive de ces feldspaths. Peu importe que cet hexaèdre soit voisin ou non d'un cube. On a vu d'ailleurs plus haut que dans l'orthose les angles dièdres de cet hexaèdre sont égaux à 90°6′, 96°21′ et 96°21′.

LIVRE III

DE LA SYMÉTRIE APPARENTE

Les questions qui font l'objet de ce livre ne sont encore qu'é-
bauchées ; elles n'ont donné lieu jusqu'ici qu'à un petit nombre de
travaux, et peu de personnes s'en sont occupées. Les conclusions,
exposées plus loin, ne sont peut-être pas définitives, mais il a paru
cependant indispensable de les indiquer pour mettre en évidence
la lacune que présentent nos connaissances et montrer la voie à
suivre dans de nouvelles recherches.

Depuis les travaux de Haüy et de Bravais, tous les minéralogistes ont admis une liaison étroite, trop étroite peut-on dire,
entre la symétrie des édifices cristallins et celle des propriétés
dépendant de la structure. Il est bien vrai que si la structure
satisfait à certaines conditions de symétrie, il devra en être de
même des formes cristallines, des propriétés optiques, etc., mais,
entraîné par le désir de simplifier les questions, on a admis, sans
discussion, la réciproque, c'est-à-dire qu'on a cru pouvoir poser
en principe que de la symétrie des formes cristallines, par exemple,
on en pouvait conclure la symétrie de l'édifice cristallin. Or, c'est
là une hypothèse absolument gratuite : rien ne s'oppose à ce que
la symétrie des propriétés, sous la dépendance de la structure, ne
soit supérieure à celle de l'édifice : la formation d'une face, par
exemple, résulte de l'intervention de forces, qui peuvent ne pas se
reproduire symétriquement, mais dont la résultante, au contraire,
satisfait à certaines conditions de symétrie qui ont pour conséquence d'entraîner la répétition de la face.

Toujours est-il que l'hypothèse admise sur les relations de
symétrie a eu d'une part pour résultat d'entraîner des conclu-

sions inexactes sur la constitution de certains corps cristallisés, et d'autre part, de donner naissance à des contradictions entre les conclusions, que pouvait fournir l'étude de la symétrie des différentes propriétés. Ainsi, par exemple, de la symétrie des formes cristallines, on concluait à la symétrie de la structure, celle-ci entraînait la symétrie des propriétés optiques ; or, on constatait que cette dernière était d'un degré inférieur à ce que permettait de prévoir la symétrie de structure, telle qu'on la croyait connaître ; il y avait donc antinomie entre les deux résultats, et, disait-on, le cristal présentait des anomalies optiques. Aujourd'hui, cette antinomie a disparu grâce aux travaux de Wyrouboff et de Mallard. Considérons un corps cristallisé présentant une mériédrie à symétrie restreinte ; en général ses caractères optiques seront en rapport avec sa symétrie propre. Mais comme plusieurs cristaux peuvent s'associer de façon à donner naissance à un groupement parfait, il pourra se faire que cette association ne présente pas d'angle rentrant et on pourra alors se croire en présence d'un cristal unique montrant dans ses formes cristallines une symétrie supérieure à celle qui régit les caractères optiques. L'antinomie disparaît du moment où la véritable nature de l'édifice est reconnue, du moment où l'on sait être en présence d'un groupement dont la symétrie est supérieure à celle de chacun des individus. A un autre point de vue, la même hypothèse a occasionné des erreurs graves sur la structure des corps cristallisés, en faisant attribuer au cristal un réseau de symétrie supérieure à celui qu'il possède réellement. On pourrait également dire que le cristal présente des anomalies cristallines.

Le but de ce chapitre est de montrer que ces anomalies ne sont qu'apparentes, et que l'explication des faits constatés rentre dans le cas général, si l'on a soin de faire disparaître des principes de la cristallographie, les restrictions que les premiers minéralogistes ont introduites dans un but de simplification. Les faits, qu'il faut expliquer, leur étaient inconnus, ils étaient donc en droit de rejeter toute extension des principes, qui ne trouvaient pas d'application. Aujourd'hui, il en est tout autrement, et le maintien de ces restrictions a pour résultat de forcer les cristallographes à édifier des théories spéciales pour expliquer de soi-

disant anomalies qui disparaissent dès que l'on généralise suffisamment les conceptions premières.

Comme il vient d'être dit, les formes cristallines peuvent
présenter une symétrie supérieure à celle qu'exigerait la symétrie
de la structure du corps cristallisé. Si l'on s'en rapporte exclusivement à ces formes cristallines, on est amené à attribuer au cristal et, par suite, à son réseau des éléments de symétrie qu'ils ne
possèdent pas [1]. Ces cristaux présentent donc dans leurs formes
cristallines une symétrie apparente, qu'il faut soigneusement distinguer de la véritable symétrie, de la symétrie de structure,
lorsque l'on veut reconnaître les analogies pouvant exister entre
les différentes espèces, lorsque l'on veut les grouper d'une façon
naturelle.

Un exemple suffira à faire comprendre ce qu'il faut entendre par
symétrie apparente. Considérons un cristal rhomboédrique,
c'est-à-dire un cristal dont le réseau est ternaire. Il est facile de voir
que si l'on fait tourner le réseau de 60° autour de l'axe ternaire,
un plan réticulaire quelconque vient coïncider avec un autre plan
réticulaire, quoique le réseau ne se retrouve pas en coïncidence
avec lui-même, puisque les nœuds situés dans les plans ne se
superposent pas. Il en résulte que, dans le cristal, à toute face,
correspondent cinq faces symétriques de la première par rapport à
l'axe ternaire. Ces six faces ne sont pas identiques et, dans la
cristallisation, la formation de l'une d'elles n'entraînera pas, *en
général*, la formation des cinq autres, mais seulement la formation
de deux autres. Tel est le cas général ; mais il peut se présenter
des cas particuliers où les six faces se produisent avec la même
facilité, et alors, quoique ne possédant qu'un axe ternaire, le cristal paraîtra posséder un axe sénaire : il aura un axe sénaire de
symétrie apparente. Ainsi le quartz possède certainement une
symétrie ternaire, quoique le plus souvent, par suite de la coexistence des rhomboèdres p et $e^{1/2}$, on pourrait le prendre pour un
cristal hexagonal, et même cet axe ternaire est un axe sénaire de
symétrie apparente pour certaines formes cristallines, telles que
l'isocéloèdre $(2\bar{1}\bar{1}2)$, dont les six faces coexistent toujours. Il

[1] Wallerant. *Bul. de la Soc. Min. de France*. vol. 24, 1901.

pourrait en être de même pour toutes les formes cristallines, et le quartz, quoique son réseau n'ait qu'un axe ternaire, paraîtrait avoir un axe sénaire.

Cette notion de symétrie apparente, qui nous amène à admettre qu'un corps cristallisé peut présenter un axe de symétrie dans ses formes cristallines et même dans son ellipsoïde d'élasticité optique, sans que cet élément se retrouve dans sa structure, est évidemment en contradiction avec les idées reçues, avec les idées courantes. Mais cette conception de la symétrie résulte d'une habitude et n'est justifiée par aucun raisonnement. Il est bien vrai que, si un corps cristallisé possède un axe de symétrie de structure, c'est-à-dire dans son réseau et sa particule cristalline, cet axe se retrouvera dans ses formes cristallines et ses propriétés optiques ; mais la réciproque n'est pas démontrée, quoique on l'admette sans discussion. Il est, en effet, facile de montrer par quelques exemples que la symétrie peut paraître plus élevée qu'elle ne l'est en réalité.

Considérons l'iodargyrite ; cette substance présente, dans ses formes cristallines, une symétrie nettement hexagonale, et l'on admet, par suite, qu'elle possède un axe sénaire et dans son réseau et dans sa particule cristalline. En réalité, son réseau est sensiblement cubique ; elle ne possède qu'un axe ternaire de structure, qui est binaire par symétrie apparente.

Un premier argument est tiré de ce fait que le paramètre de l'axe vertical rapporté à l'axe binaire est égal à 1,2294, c'est-à-dire très sensiblement à $\dfrac{\sqrt{3}}{\sqrt{2}}$, qui est le rapport de l'axe ternaire à l'axe binaire dans le réseau cubique. Si le réseau était hexagonal, pourquoi l'axe vertical aurait-il cette valeur si particulière ; dans un tel réseau, il n'existe aucun rapport entre l'axe vertical et l'axe binaire.

Second argument : les cristaux se maclent suivant la face $(10\bar{1}2)$, faisant avec l'axe binaire un angle de 54° 38' : c'est un groupement inexplicable dans l'hypothèse d'un cristal hexagonal ; si, au contraire, le cristal est considéré comme cubique, cette face de groupement est un plan diamétral non principal, qui, dans le cube, fait avec l'axe ternaire un angle de 54° 44'. La déformation n'est donc que de 6'.

Enfin un troisième, qui, lui est démonstratif, est tiré de la belle expérience de MM. Mallard et Le Châtelier. Quand on chauffe l'iodargyrite, elle devient cubique à la température de 146°, et le phénomène est réversible. Elle peut même être cubique à une température quelconque, la température de transformation s'abaissant avec la pression. Le passage d'une forme à l'autre s'effectuant sans autres cassures que celles résultant d'une inégalité d'échauffement, il faut bien que le réseau, cubique au-dessus de 146°, est ternaire et non sénaire au-dessous de cette température. La déformation du réseau est précisément mesurée par le rapport 1,2294 qui, dans le réseau cubique, est égal à 1,2247.

Les soit disant formes cristallines hexagonales observées dans l'iodargyrite résultent donc simplement de la combinaison de deux formes ternaires. L'isocéloèdre $(10\overline{1}1)$ résulte de la combinaison de deux rhomboèdres $(10\overline{1}1)$ et $(01\overline{1}1)$, dont les faces font avec l'axe ternaire un angle égal à 35° 10' au lieu de 35° 16', comme cela a lieu dans un cristal cubique. De même la coexistence des rhomboèdres $(20\overline{2}1)$ $(02\overline{2}1)$, dont les faces font avec l'axe ternaire un angle 19° 24 au lieu de 19° 28 donne un faux isocéloèdre.

D'autre part, la wurtzite présente, dans ses formes cristallines, un axe sénaire, et le rapport de cet axe à l'axe binaire est égal à 1,2262. Mais la blende, de même composition, possède un réseau cubique et, quand on la chauffe, elle se transforme en wurtzite. Celle-ci possède donc, non pas un réseau sénaire, mais bien un réseau ternaire.

Dans les exemples que l'on vient de citer chaque cristal paraît bien être homogène et la symétrie supérieure des formes cristallines semble résulter de propriétés spéciales. Mais il est des cas dans lesquels la symétrie résulte de groupement d'une nature spéciale. Supposons que deux cristaux soient associés symétriquement relativement à un axe ou à un plan de symétrie de l'ellipsoïde d'élasticité optique. Si l'association ne présente pas d'angle rentrant, elle aura tous les caractères d'un cristal unique puisque toutes ses parties auront la même orientation optique[1].

-----

[1] Wallerant. *C. R. Ac. d. S.*, vol. 130, 1900.

Un exemple très net est celui de la chiastolite, que l'on a considéré comme orthorhombique, malgré la présence assez fréquente d'angles rentrants le long des arêtes verticales, en s'appuyant sur l'identité d'orientation de toutes les parties. En réalité les cristaux sont monocliniques, mais ils s'associent symétriquement par rapport aux plans h^1 et g^1 qui sont des plans de symétrie de l'ellipsoïde optique. M. Gaubert[1] a montré qu'il en était de même pour le nitrate d'urée, qui se montre comme orthorhombique aussi bien dans les caractères optiques que dans ses formes cristallines. En ajoutant une matière colorante, M. Gaubert a pu établir que les cristaux n'étaient pas homogènes, mais résultaient de l'association de deux cristaux orientés à 180° l'un de l'autre par rapport à un axe de symétrie de l'ellipsoïde d'élasticité optique.

Ces exemples suffisent pour montrer que la symétrie des formes cristallines peut être supérieure à celle de l'édifice cristallin, et en particulier à celle du réseau. Mais les faces d'un cristal coïncidant avec les plans réticulaires, la symétrie apparente ne peut être réalisée que si ce réseau satisfait à certaines conditions, qu'il s'agit avant tout de préciser, en définissant les éléments de symétrie apparente et en établissant leurs propriétés.

Définition[2]. — Une rangée est susceptible d'être un axe de symétrie apparente d'ordre n, lorsqu'une rotation du réseau de $\dfrac{2\pi}{n}$ autour de cette rangée amène un plan réticulaire quelconque à coïncider avec un autre plan réticulaire, sans que le réseau se retrouve en coïncidence avec lui-même.

De cette définition résulte évidemment que, dans la rotation, une rangée quelconque vient en coïncidence avec une autre rangée, ou devient parallèle à une autre rangée, puisqu'une rangée peut toujours être considérée comme la droite d'intersection de deux plans réticulaires.

THÉORÈME. — Les paramètres de deux rangées symétriques sont des quantités commensurables.

---

[1] Gaubert. *C. R. Ac. d. S.*, vol. 145, 1907.
[2] Wallerant. *Bul. Soc. Min.*, vol. 24, 1901.

Considérons deux rangées symétriques passant par un nœud O de l'axe et soient A et A' les nœuds de ces rangées limitrophes du nœud O. Considérons la totalité des plans réticulaires d'un système de plans parallèles entre eux. L'un d'eux passera par le nœud O, et un autre par le nœud A, et par conséquent on aura $OA = md$, m étant un nombre entier et d la longueur interceptée sur la rangée par deux plans limitrophes. Par la rotation, la rangée OA viendra coïncider avec la rangée OA', et les plans réticulaires viendront coïncider avec d'autres plans réticulaires, dont l'un passera par O et un autre par A'; on aura donc $OA' = m'd$ et par suite :

$$\frac{OA}{OA'} = \frac{m}{m'},$$

THÉORÈME. — Un axe de symétrie apparente est perpendiculaire sur un plan réticulaire.

Considérons d'abord le cas où l'axe est d'ordre pair, et soient a, a', les paramètres de deux rangées à 180° l'une de l'autre, se coupant en un nœud O de l'axe.

On a :

$$a = md$$
$$a' = m'd$$

et par suite :

$$m'a = ma'.$$

Les points situés sur les deux rangées à cette distance commune sont des nœuds, et la droite qui les joint est évidemment une rangée perpendiculaire sur l'axe. Il y a donc une infinité de rangées perpendiculaires sur l'axe, qui, par suite, est lui-même perpendiculaire sur un plan réticulaire.

Supposons maintenant que l'axe soit d'ordre 3, les paramètres de trois rangées symétriques, se coupant en un nœud de cet axe, satisferont aux conditions :

$$a = md$$
$$a' = m'd$$
$$a'' = m''d$$

et, par suite, les points situés sur ces rangées, à une distance du nœud de l'axe égale à $m'.m''a = m.m''a' = m.m'a''$ seront trois nœuds, et le plan réticulaire passant par ces trois nœuds sera perpendiculaire sur l'axe.

THÉORÈME. — Une rangée perpendiculaire sur un plan réticulaire est susceptible d'être un axe de symétrie apparente d'ordre pair.

Prenons cette rangée pour axe des z et deux autres rangées conjuguées pour axes des x et des y. Un plan réticulaire quelconque aura une équation de la forme :

$$q\,\frac{x}{a} + r\,\frac{y}{b} + s\,\frac{z}{c} = k.$$

L'équation d'un plan coupant l'axe des z au même point que le plan précédent pourra être mise sous la forme :

$$q'\frac{x}{a} + r'\frac{y}{b} + s\,\frac{z}{c} = k.$$

Il est facile de voir que ce plan sera à 180° du premier, si q' et r' satisfont aux conditions :

$$q' = q - 2\frac{a}{c}\,s\cos\alpha.$$
$$r' = r - 2\frac{b}{c}\,s\cos\beta,$$

α et β étant les angles des axes de coordonnées xOz et yOz.

Pour que l'équation représente un plan réticulaire, il faut que q' et r' soient rationnels. Or, pour que l'axe z soit perpendiculaire sur un plan réticulaire $(q''\,r''\,s'')$, il faut que l'on ait :

$$\frac{a\cos\alpha}{q''} = \frac{b\cos\beta}{r''} = \frac{c}{s''}.$$

On a donc par suite :

$$q' = q - 2s\,\frac{q''}{s''}$$
$$r' = r - 2s\,\frac{r''}{s''}$$

Les nombres q' et r' sont donc rationnels.

LEMME. — Il résulte de ce théorème qu'un axe ternaire proprement dit ou de symétrie apparente est susceptible d'être un axe binaire de symétrie apparente.

THÉORÈME. — Dans le plan réticulaire perpendiculaire sur un axe de symétrie apparente d'ordre n, les rangées font entre elles des angles égaux à $\frac{2\pi}{n}$.

Ce théorème résulte de ce que les plans réticulaires passant par l'axe font entre eux des angles égaux à $\frac{2\pi}{n}$ et coupent le plan réticulaire perpendiculaire sur l'axe suivant des rangées.

Cristaux à symétrie orthorhombique apparente. — Considérons un édifice cristallin dont le réseau est ternaire. Dans un plan perpendiculaire à l'axe ternaire, il possède trois axes binaires et trois axes trapézoédriques respectivement perpendiculaires sur les premiers.

Supposons que la particule cristalline se déforme légèrement de façon à ne conserver qu'un axe binaire, le réseau sera en général déformé, mais il se pourra que l'axe ternaire, l'axe binaire et l'axe trapézoédrique, qui lui était perpendiculaire, restent perpendiculaires deux à deux, et dans ce cas l'axe ternaire et l'axe trapézoédrique rempliront les conditions leur permettant d'être des axes de symétrie apparente : le cristal pourra donc présenter une symétrie orthorhombique apparente, quoique n'étant en réalité que monoclinique.

La symétrie orthorhombique pourra d'ailleurs se trouver réalisée par suite de groupements binaires autour de l'axe ternaire ou de l'axe trapézoédrique, ou encore de groupement de deux cristaux symétriques relativement au plan octaédrique, ou au plan trapézoédrique respectivement perpendiculaires sur l'axe ternaire et l'axe trapézoédrique.

Comme exemple, il faut citer les carbonates, dits orthorhombiques, étudiés d'une façon si complète par M. Beckenkamp [1].

Cet auteur remarque, tout d'abord, que les cristaux de Bilin présentent fréquemment sur les faces m des stries obliques (fig. 88), ce qui est incompatible avec l'existence d'un plan de symétrie perpendiculaire sur l'axe vertical.

En employant de l'acide chlorhydrique à 20 p. 100, et en plongeant pendant une minute au plus une lame d'aragonite de Bilin,

[1] *Zeitsch. f. Min.* vol. 14, 1888, et vol. 19, 1891.

taillée parallèlement à (001), M. Beckenkamp a déterminé la formation de figures de corrosion, ayant la forme de pointes triangulaires, allongée suivant la macrodiagonale (fig. 89). Ces figures sont toutes parallèles, mais suivant les plages, la pointe est dirigée vers la droite, ou vers la gauche de la diagonale. La production de telles figures de corrosion n'est pas le résultat d'une anomalie dans l'attaque, car si l'on a soin de polir à nouveau la plaque, une seconde attaque redonne les mêmes figures de corrosion dans les mêmes plages. Il est à remarquer qu'à la face inférieure de la plaque, on obtient les mêmes figures, mais les plages, qui à la

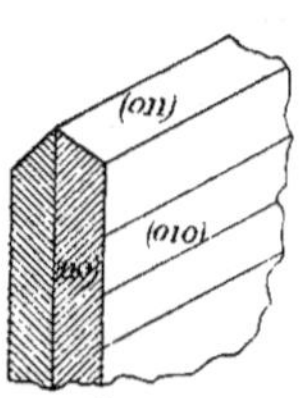 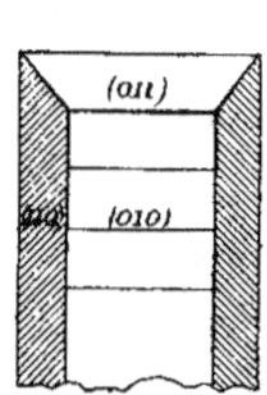 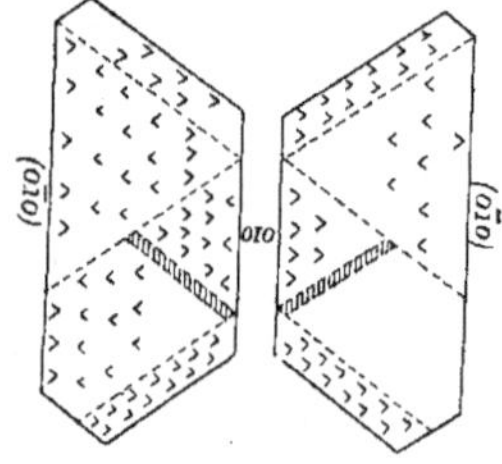

Fig. 88. — Cristaux d'aragonite striés sur la face *m*, d'après M. Beckenkamp.　　Fig. 89. — Figures de corrosion de l'aragonite, d'après M. Beckenkamp.

face supérieure présentent des pointes dirigées vers la droite de la diagonale, montrent à la face inférieure des pointes dirigées vers la gauche.

De ces observations résulte que le cristal possède tout au plus un centre et un plan de symétrie vertical, passant par la macrodiagonale et un axe de symétrie parallèle à la microdiagonale : il ne peut y avoir de plan de symétrie horizontal, ni de plan de symétrie passant par la microdiagonale. Mais par contre les deux sortes de plages, se distinguant par la direction des figures de corrosion, sont symétriques relativement à ce plan vertical passant par la microdiagonale.

Ces observations sont complétées par les résultats que fournit l'attaque de la face (010), perpendiculaire sur la macrodiagonale. Cette face montre en effet des figures dissymétriques, ayant une pointe dirigée tantôt suivant l'axe vertical, tantôt suivant la microdiagonale, les figures de même forme et de même orientation étant groupées par plages ; en outre sur les deux faces d'une même lame d'aragonite les figures ont leurs pointes dirigées en sens inverses.

M. Beckenkamp est tout naturellement amené à tirer des résultats précédents les conclusions suivantes : l'aragonite ne possède pas de plan de symétrie, et les plans considérés comme tels sont tout au plus des plans de macle, ainsi qu'il paraît résulter de la présence de plages symétriques relativement à ces plans.

Complétons ces résultats, en mettant en évidence la véritable nature du réseau. Ce dernier est quasi ternaire, et il a pour plans de symétrie approchés les plans (110) et (1$\overline{1}$0). Ceux-ci sont en effet des plans de symétrie approchés de l'édifice cristallin, comme le démontre ce fait que sous l'influence de la chaleur il se produit des macles secondaires ayant ces plans pour plans de glissement, les rangées principales étant les rangées (1$\overline{3}$0) (130), qui font avec ces plans des angles de 86° 20'. Par conséquent les plans (110) sont des plans diamétraux, dont les directions conjuguées font avec eux des angles de 86° 20' au lieu de 90°, et le plan bissecteur de leur angle obtus, c'est-à-dire le plan (010) est un plan de symétrie du réseau, déficient à la particule cristalline, tandis que la macrodiagonale est un axe binaire de ce même réseau. Le plan (010) est donc susceptible d'être un plan de macle, ainsi que le plan (001), qui est un plan octaédrique, et le plan (100), qui est un plan trapézoédrique.

En résumé, d'après les recherches de M. Beckenkamp les carbonates, dits orthorhombiques, seraient en réalité tricliniques, et comme il résulte des considérations précédentes, leur réseau serait monoclinique quasi ternaire.

M. Viola, en étudiant les figures de corrosion naturelles des cristaux d'aragonite de la Sicile, est arrivé à des conclusions légèrement différentes : les cristaux d'aragonite seraient monocliniques, leur axe de symétrie coïncidant avec la macrodiagonale et leur plan de symétrie passant par la microdiagonale, ce qui confirme pleinement les conclusions précédentes sur la nature du réseau de ces minéraux[1].

Les caractères de l'aragonite se retrouvent d'ailleurs chez tous

[1] *Zeitsch. f. Min.*, vol. 28, 1897.

les carbonates orthorhombiques, et la strontianite présente également des figures de corrosion dissymétriques, indiquant pour ce minéral la même symétrie que dans l'aragonite [1].

Un autre exemple, du même cas, est celui de l'azotate de potasse, étudié par M. Vernasky [2]. Ce sel cristallise, en apparence, dans le système orthorhombique, l'angle des faces du prisme étant de 118°50', mais fréquemment une partie des faces des formes cristallines, considérées comme orthorhombiques, fait défaut : le cristal se présente comme mériédrique, et l'étude des figures de corrosion conduit aux mêmes résultats, de sorte que M. Vernasky est amené à cette conclusion que ce sel ne possède qu'un axe binaire coïncidant avec la macrodiagonale. L'analogie serait donc complète avec l'aragonite, et le réseau de l'azotate de potasse devrait donc être considéré comme quasi ternaire et le cristal lui-même comme monoclinique.

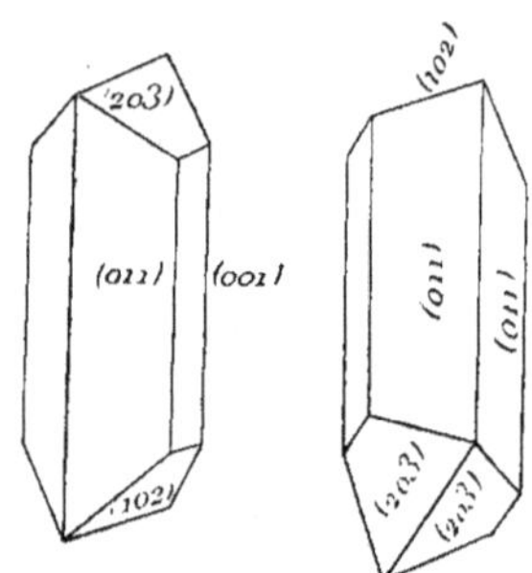

Fig. 90. — Cristaux de barytine, d'après Chester.

Enfin la barytine a été étudiée avec le plus grand soin par M. Beckenkamp [3]. Avant lui plusieurs auteurs avaient déjà remarqué que les formes cristallines ne correspondaient pas toujours à la symétrie orthorhombique, et avaient été amenés, par l'absence de certaines faces, à conclure à l'hémimorphisme suivant un axe, c'est-à-dire à la non-existence de deux des axes binaires. Parmi ces auteurs on peut citer Reuss, qui constata cette hémimorphie sur des cristaux de Dufton [4], Chester, qui la constata sur des cristaux de Kalb [5]. La figure 90 ci-jointe montre l'un de ces cristaux allongé suivant la brachydiagonale, et présentant à l'une des extrémités de cet axe les deux faces (102) et à l'autre les deux faces (203). Par conséquent dans ces cristaux la bra-

[1] Wallerant. *Bull. de la Société de Min.*, vol. 24, 1901.
[2] *Bull. de la Soc. nat. de Moscou*, 1897.
[3] *Zeitsch. f. Min.*, vol. 27, 28 et 30.
[4] *Sitzungsber. d. Wiener Akad.*, vol. 59, 1869.
[5] *Zeitsch. f. Min.*, vol. 14.

chydiagonale serait seule un axe de symétrie. Mais on va voir
d'après les recherches plus approfondies que c'est encore là une
symétrie apparente.

M. Beckenkamp a appliqué la méthode des figures de corrosion
à la détermination de la symétrie de la barytine. Il obtient ces
figures en attaquant le minéral au moyen d'une dissolution chaude
de carbonate de potasse, plus ou moins concentrée. Par une
attaque suffisamment prolongée, il produit des figures nettement

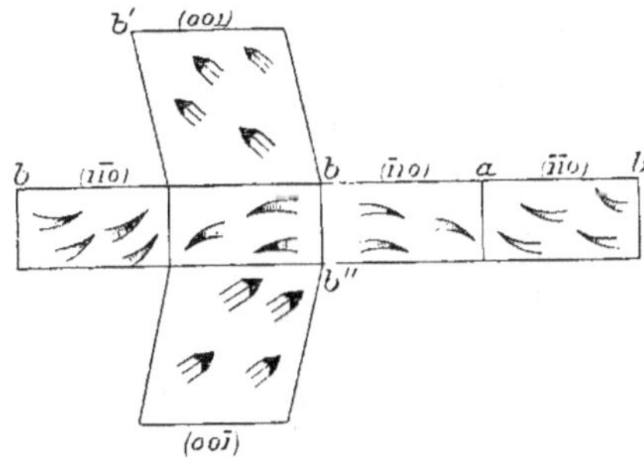

Fig. 91. — Figures de corrosion de la barytine, d'après Beckenkamp.

dissymétriques : les résultats de ce savant se trouvent résumés
dans la figure ci-jointe (fig. 91), montrant que la barytine ne possède pas de plan de symétrie. Comme pour l'aragonite, les figures,
sur les deux faces d'une lame à faces parallèles, sont allongées
dans deux directions inverses ; ce qui indique l'existence d'un
centre qui serait le seul élément de symétrie de ce cristal.

Cristaux à symétrie sénaire apparente. — Considérons un édifice cristallin dont le réseau est ternaire : dans le plan perpendiculaire à l'axe ternaire, le réseau possède trois axes binaires, et en
outre trois axes trapézoédriques faisant avec les axes binaires des
angles de 30°. L'axe ternaire et les axes trapézoédriques sont susceptibles d'être des axes binaires de symétrie apparente, et par
suite le cristal pourra présenter dans ses formes cristallines, et
naturellement dans ses caractères optiques, l'apparence d'une
symétrie sénaire.

D'ailleurs cette symétrie apparente pourra se transformer en symétrie réelle par suite de groupement de deux cristaux, symétriquement orientés, soit par rapport à l'axe ternaire, soit relativement à un axe trapézoédrique.

L'étude des cristaux, considérés jusqu'ici comme hexagonaux, est même poussée assez loin pour que l'on soit en droit de se demander s'il existe des cristaux réellement hexagonaux; c'est-à-dire ayant un réseau sénaire. Ces cristaux n'ont fort probablement qu'un réseau ternaire, avec une symétrie sénaire apparente, dans leurs formes cristallines. Comme, d'autre part, ils sont uniaxes au point de vue optique, il en résulte que le seul moyen que l'on ait à sa disposition pour distinguer leur véritable symétrie repose sur l'emploi des figures de corrosion.

Il ne faut pas oublier que ces figures de corrosion peuvent, en effet, nous fournir d'utiles renseignements sur la symétrie des cristaux, s'il on a soin d'en discuter les résultats. Il est bien évident que dans l'impossibilité où nous nous trouvons d'effectuer des mesures précises sur ces figures, il ne nous est pas permis de tirer de conclusion de leur symétrie, puisque celle-ci peut n'être qu'approchée malgré toutes les apparences d'une régularité parfaite. Mais il en est tout autrement si ces figures présentent une dissymétrie suffisamment prononcée pour être indéniable : elles nous permettent alors de mettre en évidence l'absence de certains éléments de symétrie.

D'après M. Viola[1] on compterait à peu près 40 espèces de cristaux, considérés sans discussion comme hexagonaux. Certains d'entre eux seulement ont été étudiés, et on a pu alors constater que la symétrie hexagonale était apparente.

On a vu plus haut qu'il en était ainsi pour la wurtzite, l'iodargyrite, et par suite pour la zincite, la greenockite. La glace elle-même est considérée aujourd'hui comme rhomboédrique.

La néphéline a été étudiée avec le plus grand soin par M. Baumhauer, qui a montré que les cristaux, simples en apparence, étaient en réalité maclés suivant les plans octaédriques et les plans trapézoédriques, d'où apparence sénaire[2].

L'étude des figures de corrosion a également montré à M. Wiick

[1] *Zeitsch. f. Min.*, vol. 34.
[2] *Zeitsch. f. Min.*, vol. 6 et 18.

que le beryl était à l'état de cristaux maclés, les cristaux élémentaires étant tricliniques.

On pourrait encore citer d'autres cas, mais il faut cependant
bien reconnaître que la question demanderait pour être résolue, en
dehors de toutes considérations d'ordre théorique, une étude plus
complète de tous les cristaux présentant des formes cristallines
sénaires.

Mais à l'appui de cette opinion déniant l'existence des cristaux
hexagonaux, on peut faire appel aux résultats qui sont établis plus
haut relativement aux cristaux considérés comme orthorhombiques
quasi sénaires ; on a vu en effet que ces cristaux n'ont pas d'axe
binaire vertical, et que leur réseau n'est pas quasi sénaire mais
bien quasi ternaire.

Explication de la symétrie apparente. — Une rangée, a-t-il été
dit, est un axe de symétrie apparente lorsque les faces cristallines
se produisent symétriquement par rapport à elle, sans qu'elle soit
cependant un axe de même ordre dans le réseau, et par suite
dans la particule cristalline. Pour que cette symétrie soit réalisée
le réseau doit donc satisfaire à certaines conditions : des plans
réticulaires non identiques doivent se reproduire symétriquement
par rapport à la rangée ; mais c'est là une conséquence et non la
cause de la symétrie apparente, cause qui doit être recherchée
dans la nature de la particule cristalline.

Dans l'état actuel de la science, il nous est impossible de
remonter jusqu'à la cause première ; mais nous sommes à
même de faire faire un pas à la question, grâce à l'observation
de certains faits. C'est ainsi que les rangées qui jouent dans
certains cas, le rôle d'axe de symétrie apparente sont précisément
celles qui, dans un cristal sont des axes de groupement sans être
susceptible de devenir des éléments de symétrie de même ordre dans
la particule, c'est-à-dire les axes ternaires et les axes trapézoédriques. La tendance à se grouper suivant ces droites varie d'une
espèce minéralogique à l'autre ; elle est très marquée chez
certaines qui présentent presque toujours ces groupements. C'est
là un fait qui ne peut s'expliquer que d'une façon ; en admettant
que la particule exerce sur les milieux extérieurs des actions à peu

près identiques dans deux orientations symétriques par rapport à ces axes. Nous sommes donc tout naturellement amenés à concevoir le cas où ces actions diffèrent si peu que l'influence de ces différences sur les rapports du corps cristallisé avec les milieux extérieurs disparaisse.

Or, si les éléments de symétrie de la particule se retrouvent dans les formes cristallines, cela provient comme l'a montré Bravais, de ce que le corps cristallisé, possédant cet élément de symétrie, exerce, par cela même, des actions symétriquement égales sur le milieu cristallogène. De même, l'élément de symétrie de la particule se retrouve dans l'éllipsoïde d'élasticité optique, parce que le corps cristallisé modifie, d'une façon symétrique, l'élasticité de l'éther.

Mais, puisque nous avons été amenés à attribuer à un axe ternaire ou à une rangée [211], les propriétés mécaniques d'un élément de symétrie, le résultat doit être le même pour eux, et ces éléments de symétrie mécanique doivent se retrouver dans les formes cristallines et dans l'éllipsoïde d'élasticité optique.

Mais alors une question se pose subsidiairement; on est en droit de se demander si, dans un tel édifice cristallin, toutes les particules sont parallèles, ou si elles ne prennent pas indifféremment les positions symétriques; c'est là une question à laquelle il est impossible de répondre d'une façon absolue, puisque nous ne pouvons connaître de la structure du corps cristallisé que par ses actions sur les milieux extérieurs, et que, dans les deux cas, les effets sont identiques. Cependant on peut faire remarquer qu'admettre une orientation différente pour les particules disposées suivant un même réseau, c'est attribuer au corps cristallisé une structure toute spéciale, échappant à la définition d'homogénéité, inconvénient que ne présente pas la première hypothèse.

SUR LA QUASI ISOTROPIE DES CRISTAUX

Historique. — Il suffit de jeter un coup d'œil sur un recueil de données numériques pour être frappé de ce fait que certains angles des faces planes se retrouvent dans un grand nombre de cristaux;

quel que soit le système cristallin, quelle que soit la forme primitive ; certaines zones en particulier nous présentent des angles sensiblement égaux, ce qui ne peut s'expliquer qu'en admettant une relation entre les différents réseaux des cristaux.

D'autre part les physiciens ont remarqué depuis longtemps que tous les cristaux sont à peu près isotropes, c'est-à-dire, qu'au point de vue physique, ils diffèrent fort peu de cristaux cubiques. Il y a bien, il est vrai, quelques corps cristallisés qui s'écartent de cette règle, mais il n'en n'est pas moins vrai que la grande majorité des cristaux possèdent une biréfringence très faible, si faible tout au moins que le carré de cette biréfringence peut être négligée devant elle.

Ce résultat ne saurait étonner pour les cristaux qui possèdent une forme primitive voisine d'un cube, tels que ceux qui ont été étudiés à propos de la symétrie approchée, mais il en est d'autres dont la forme primitive diffère trop nettement d'un cube pour qu'un rapprochement soit possible, tel est le cas de la calcite dont la forme primitive, comme on l'a vu, est un rhomboèdre de 105°5'.

Pour ces derniers il y a donc contradiction entre les résultats cristallographiques et les autres propriétés physiques : c'est cette contradiction qu'il s'agit d'expliquer. Malgré son importance, cette question n'a préoccupé que peu de cristallographes et l'historique des recherches est fort court.

Lorsque, au commencement du siècle, Haüy publia sa théorie des formes primitives, qui, avec la loi de symétrie et la loi des indices rationnels, devait servir de base à la cristallographie, elle ne reçut pas des minéralogistes contemporains l'accueil qu'il était en droit d'en attendre. Les résultats furent très discutés, principalement par les auteurs allemands qui les rejetèrent en entier, ou ne les admirent que partiellement. On discuta surtout sur le nombre des formes primitives, autrement dit sur le nombre des systèmes cristallins qu'il fallait admettre, et l'on peut dire que chaque minéralogiste arriva à ce sujet à des conclusions différentes. Cette indécision dans le nombre des systèmes cristallins devait naturellement amener certains minéralogistes à se demander s'il existait une différence absolue entre les différents systèmes et s'il n'était pas possible de déduire toutes les formes cristallines d'une même

forme primitive. Haussmann et Breithaupt se posèrent simultanément cette question, le premier dans son *Handbuch der Mineralogie*,
1828, le second dans un article publié dans le tome **XX** du *Jahrbuch der Chemie und der Physik*, 1827 (1). Tous deux montrèrent
comment, d'après eux, on pouvait déduire toutes les formes cristallines du rhombododécaèdre; mais Breithaupt seul développa
son idée sous le nom de *théorie des progressions*, dans un second

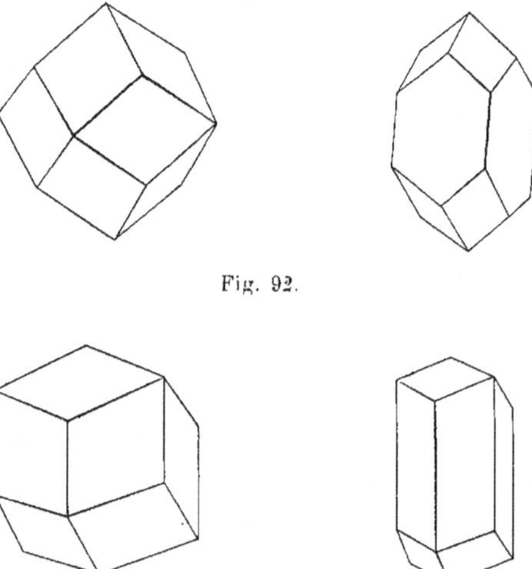

Fig. 92.

Fig. 93.

article du tome **XXIV** du même journal, en 1828. La seule raison
qu'il donne pour appuyer son opinion, raison d'un grand poids,
d'ailleurs, c'est que les minéraux appartenant à des systèmes différents, comme le mica et le fer oxydulé, la scheelite et la fluorine,
etc., s'associent de façon à présenter une orientation relative, parfaitement déterminée; ce qui ne peut s'expliquer que par l'existence
de rapports étroits dans leurs propriétés cristallographiques.

Sa théorie repose sur les remarques suivantes : un rhombododécaèdre peut être considéré comme résultant de la superposition de plusieurs formes. On peut le considérer comme résultant
de la superposition d'un octaèdre et d'un prisme quadratique
(fig. 92) ou bien d'un rhomboèdre de 120° et d'un prisme hexagonal (fig. 93) ; et ces formes peuvent être à leur tour considérées

comme résultant de formes plus simples. Dans un cristal cubique, ces formes coexistent; dans les autres systèmes, elles se produisent indépendamment les unes des autres.

Mais les formes déduites du rhombododécaèdre ont des angles parfaitement déterminés, comment peut-on, par la méthode des troncatures en faire découler les formes d'angles si variés, observées dans les cristaux : comment peut-on, par exemple, en partant d'un rhomboèdre de 120°, obtenir le rhomboèdre de 105°5 de la calcite ? Pour répondre à cette nécessité, Breithaupt rejette la loi ou plutôt la règle de la simplicité des indices, et montre qu'au moyen d'une troncature ayant pour indices $\frac{1003}{720}$, on peut déduire le rhomboèdre de 105°5′ de celui de 120°.

Il donne, en effet, à tous ses rapports le dénominateur commun de 720, parce que, dit-il, les nombres 1, 2, 3, 4, 5, 6 étant ceux que l'on obtient le plus souvent pour indices des faces, l'axe du rhombododécaèdre est probablement divisé par les éléments constituants en un nombre de parties, égale à $1 \times 2 \times 3 \times 4 \times 5 \times 6 = 720$.

Une troncature intercepte sur l'axe un nombre entier de ces parties, ce qui entraîne la rationalité des indices. Mais il est bien évident que si des indices peuvent être des nombres aussi élevés que 720, on n'a plus aucune raison pour admettre qu'ils sont rationnels.

La théorie de Breithaupt est passée complètement inaperçue, car il n'en est fait aucune mention dans les ouvrages de minéralogie, et c'est seulement en 1884 que la question fut reprise par Mallard, dans le plus remarquable peut-être de ces mémoires, intitulé : *Sur la quasi identité vraisemblable de l'arrangement moléculaire dans toutes les substances cristallisées*, et inséré dans le tome VII du *Bulletin de la Société minéralogique de France*.

Partant de ce fait, admis depuis longtemps par les physiciens, que tous les cristaux sont sensiblement isotropes, c'est-à-dire diffèrent fort peu, au point de vue physique, d'un cristal cubique. Mallard s'est proposé de montrer que les paramètres de tous les corps cristallisés différaient peu des paramètres d'un cristal cubique.

La mesure des angles d'un cristal ne nous donne pas en effet, les paramètres eux-mêmes, mais des multiples ou sous-multiples de ces paramètres; Mallard a donc établi que, en multipliant les paramètres d'un cristal par des coefficients compris parmi les rapports des quatre nombres 1, 2, 3, 4, on reproduisait sensiblement les paramètres d'un cristal cubique.

Malheureusement, quoique le principe paraisse bien exact la méthode n'était pas démonstrative : il ne faut pas oublier que les paramètres des cristaux sont des nombres du même ordre de grandeur, compris à peu près entre 0,3 et 3, et que, par suite, si l'on a à sa disposition un nombre de coefficients aussi grand que ceux compris dans la suite des rapports des quatre nombres 1, 2, 3, 4, on peut toujours faire en sorte qu'un paramètre d'un cristal devienne sensiblement égal à un paramètre d'un autre cristal. Le plus souvent on peut, par cette méthode, assimiler de plusieurs façons les paramètres d'un cristal à ceux d'un cube.

Considérons, par exemple, l'aragonite; ses paramètres sont :

$$0,622444 : 1 : 0,72056$$

En prenant le premier paramètre pour unité, on obtient :

$$1,6066 : 1 : 1,1576,$$

se rapprochant beaucoup respectivement de :

$$\frac{\sqrt{6}}{\sqrt{2}} : 1 : \frac{\sqrt{3}}{\sqrt{2}}$$

Mais si, d'autre part, on prend le dernier paramètre pour unité, après avoir multiplié le dernier par 2, on obtient :

$$1,72764 : 1 : 1,388,$$

qui ne diffèrent pas plus des paramètres cubiques que les premiers nombres donnés. Cependant, d'après tous les caractères de l'aragonite, c'est la première solution qui est la bonne. Comme on le voit, la méthode de Mallard a l'inconvénient de fournir plusieurs solutions sans permettre de distinguer les solutions étrangères.

Mais, si Mallard manquait d'un critérium qui lui eût permis d'éviter quelques erreurs, son principe n'en paraît pas moins exact, et l'on doit considérer les paramètres des cristaux comme ne différant que peu de ceux d'un cristal cubique. Il semblerait donc

que la question soit épuisée, que les réseaux de tous les corps cristallisés soient sensiblement cubiques et qu'il suffise de multiplier les
paramètres déduits de la valeur des angles par certains coefficients
tirés de la série des rapports des quatre nombres 1,2,3,4, pour
obtenir les véritables paramètres. Mais l'adoption pure et simple
de ce résultat fait naître immédiatement une objection que Mallard
a bien mis en évidence : « Mais, dit-il, la cristallographie a
jusqu'ici fait rejeter une conclusion aussi naturelle. Il est en effet,
impossible d'expliquer les phénomènes cristallographiques de la
calcite, par exemple, sans admettre que la maille du réseau
formé intérieurement par les points jouissant de propriétés identiques est un rhomboèdre dont l'axe ternaire a pour paramètre
0,854. La nature des formes simples principales, l'orientation des
clivages ne laissent sur ce point aucun doute.

Il paraît donc y avoir une réelle et sérieuse antinomie entre
les phénomènes physiques et les phénomènes cristallographiques. »

Pour faire disparaître cette antinomie, Mallard propose l'hypothèse suivante : Il suppose que toutes les molécules ne sont pas
parallèles, mais orientées symétriquement par rapport aux éléments
de l'édifice; il fait appel, comme on le voit, à la théorie de
Sohncke. Les centres de gravité de toutes ces molécules seraient
sur un même réseau cubique, ou sensiblement cubique qui
serait le réseau physique; mais les centres de gravité des molécules parallèlement orientées, c'est-à-dire les points homologues,
seraient sur un autre réseau, le réseau cristallographique, dont
les paramètres seraient égaux à ceux du précédent, multipliés
par certains rapports des quatre nombres 1, 2, 3, 4. Et, pour
bien faire comprendre son idée, Mallard indique, comme exemple,
la structure possible d'un édifice ternaire, comprenant trois molécules orientées à 120°l'une de l'autre.

Malheureusement cette explication est en contradiction avec
certains faits qui servent de base aux arguments les plus frappants
en faveur de la théorie de la quasi cubicité de tous les cristaux.
Mallard fait remarquer, avec raison, que certains corps cristallisant en rhomboèdres voisins de 107° sont dimorphes, la seconde
forme étant cubique. Le passage de la forme rhomboédrique à la
forme cubique s'effectue sans intervention d'agent extérieur, sans

que le cristal perde sa limpidité, sans cassure. Il faut donc que le réseau soit sensiblement le même dans les deux formes. Or, dans l'explication donnée par Mallard, le passage de la forme rhomboédrique à la forme cubique ne peut se faire que par l'orientation parallèle des molécules différemment orientées, de façon que le réseau cristallographique se confonde avec le réseau physique. Mais cette condition n'est pas suffisante, il faut encore que les molécules possèdent les éléments de symétrie du cube, et en particulier un axe ternaire parallèle à celui du réseau rhomboédrique; par conséquent les molécules que Mallard a d'abord supposées orientées en 120°, sont en réalité parallèles.

Des types cristallins. — On a vu plus haut comment la considération des macles secondaires et primordiales pouvait permettre de déterminer la forme primitive, et par suite les rangées, qui coïncident avec les arêtes, les diagonales, etc. de ce parallélépipède, autrement dit les éléments, qui sont comparables aux arêtes, aux diagonales d'un cube. On peut donc ainsi éviter les incertitudes de la méthode de Mallard. En appliquant cette méthode d'examen, on arrive à cette conclusion que si la maille du réseau n'est pas un cube, dans un grand nombre de corps elle se rapproche beaucoup d'un cube ou d'un parallélépipède, dont les arêtes peuvent être considérées comme des rangées d'un réseau cubique, sur lesquelles on a supprimé certains nœuds, comme il a été expliqué à la page 35. Chacun de ces parallélépipèdes caractérise un type cristallin, dont la connaissance est indispensable dans l'étude complète d'un corps cristallisé.

Il en résulte deux conséquences importantes, qui ont été démontrées plus haut : 1° les réseaux d'un grand nombre de corps cristallisés présentent trois rangées sensiblement trirectangulaires, dont les paramètres sont entre eux à peu près comme des nombres entiers; 2° si un réseau possède deux axes de symétrie, leurs paramètres seront sensiblement des multiples des paramètres des axes de symétrie de même ordre dans un réseau cubique.

A propos de la symétrie approchée, on a déjà eu l'occasion de montrer que la staurotite et la wulfénite avaient des réseaux quasi cubique, et l'on a donné à ce propos les valeurs que les paramètres devaient approximativement posséder, suivant la symétrie du réseau.

La forme primitive sera un parallélépipède tel que si l'on prend pour unité la longueur de l'une de ses arêtes, les autres arêtes devront également être à peu près égales à l'unité, et en outre les diagonales, les diamètres non principaux et les axes trapézoédriques devront être sensiblement égaux, respectivement à $3^{1/2}$, $2^{1/2}$ et $6^{1/2}$.

D'autre part, les cristaux sont relativement peu biréfringents. Tels sont les caractères d'un premier type cristallin que nous désignerons sous le nom de type cubique.

En second lieu, il a été démontré précédemment que la forme primitive des carbonates rhomboédriques était un rhomboèdre de $105°5'$ pour la calcite, de $107°30'$ pour la giobertite, de $107°1'$ pour la diallogite, de $107°$ pour la sidérose, etc. Il est facile de voir que les paramètres de l'axe ternaire, de l'axe binaire sont à peu près des multiples des paramètres des mêmes axes dans un réseau cubique. Si l'on considère la diallogite par exemple, dont le paramètre de l'axe ternaire rapporté à celui de l'axe binaire est égal à $0,818$, en posant :

$$0,818 = m\ 3^{1/2} : n\ 2^{1/2}$$

on en tire $m : n = 0,6678$, c'est-à-dire très sensiblement $2 : 3$.

Par conséquent, le paramètre de ces rhomboèdres est très voisin de $2.\ 3^{1/2} : 3.\ 2^{1/2} = 2^{1/2} : 3^{1/2} = 0,8165$ qui est le paramètre d'un rhomboèdre de $107°6'$. Il est facile de voir que ce rhomboèdre peut être considéré comme ayant pour arêtes les trois rangées d'un réseau terquaternaire, dont les caractéristiques rapportées aux axes quaternaires sont $(\bar{8}11)$, $(1\bar{8}1)$ et $118\bar{})$, et les faces ont pour caractéristiques (711), (171). (117). Si on prend pour axes de coordonnées un axe ternaire du réseau cubique, les trois axes binaires perpendiculaires à l'axe ternaire, les caractéristiques deviennent, $(20\bar{2}\bar{3})$, $(0\bar{2}\bar{2}3)$, $(\bar{2}\bar{2}03)$.

Ce second type, que nous nommerons type calcite, est donc caractérisé par une forme primitive, qui est un rhomboèdre dont les angles diffèrent peu de $107°6'$, ou un parallélépipède voisin d'un tel rhomboèdre. Le rapport de l'axe ternaire ou de l'axe ternaire approché à l'axe binaire ou à l'axe binaire approché est sensiblement égal à 0,8165. De plus, ces cristaux sont fortement biréfringents.

Ces deux types cristallins, le type cubique et le type calcite, comprennent un très grand nombre de corps cristallisés, connus, et leur existence ne fait aucun doute. Comme les paramètres des cristaux du second type, multipliés par 3 : 2 sont à peu près les paramètres d'un cristal cubique, on les a souvent confondus, et l'on a considéré comme isomorphes des corps qui ne pouvaient être rapprochés à aucun point de vue.

Un troisième type, qui paraît également bien défini, est caractérisé par une forme primitive quadratique dont l'axe vertical est égal au 2/3 de l'axe horizontal. Nous en verrons les caractères plus loin et nous le désignerons sous le nom de type rutile, pour rappeler qu'il est bien représenté par cette espèce.

Mais la question qui se pose immédiatement est de savoir s'il existe d'autres types. Cela est fort probable, mais ne saurait être affirmé d'une façon définitive : dans bien des cristaux, les paramètres peuvent être déduits de ceux d'un cristal cubique, multipliés par un facteur simple, mais ce qui caractérise le type, c'est de se retrouver dans un grand nombre de corps cristallisés. Or, du moment que les paramètres de deux corps peuvent être ramenés à ceux d'un corps cubique, il est évident que, multipliés par des facteurs convenables, ils deviendront sensiblement égaux à ceux d'un même type, quoique leurs formes primitives soient notablement différentes. Si l'on connaissait les groupements cristallins, on pourrait trancher la question de savoir s'ils appartiennent ou non à un même type, mais le plus souvent ces groupements sont inconnus ou trop mal connus pour pouvoir servir de base à une détermination rationnelle de la forme primitive. Nous nous contenterons donc pour le moment d'admettre l'existence de trois types parfaitement définis, laissant à des études ultérieures le soin de déterminer les autres.

TYPE CUBIQUE

Système quadratique. — On a déjà donné deux exemples de cristaux de ce système dont la forme primitive se rapproche beaucoup d'un cube : la chalcopyrite dont le paramètre est égal à 0,9852, et la wulfénite dont le paramètre est de 0,99745.

Pour reconnaître ce type, on se rapellera que les plans de macle doivent faire avec la base des angles voisins de ceux indiqués ci-dessous :

dans l'octaèdre b^1 (011) . . . . 135°
dans l'octaèdre a^1 (111). . . . . 125° 16'
dans l'octaèdre a^2 (112). . . . . 144° 44'
dans le dioctaèdre $b^1 b^{1,2} h^1$ (211) . . . . 114° 6'

Système ternaire. — Dans le type que nous étudions maintenant, les angles caractéristiques des formes cristallines dont les faces sont susceptibles d'être des plans de macles, doivent avoir des valeurs voisines de celles indiquées ci-dessous :

$$(10\overline{1}1)\ (0\overline{1}11) = 90°$$
$$(01\overline{1}2)\ (1\overline{1}02) = 120°$$
$$(02\overline{2}1)\ (2\overline{2}01) = 70°32'$$
$$(10\overline{1}4)\ (\overline{0}114) = 146°27'$$
$$(01\overline{1}0)\ (1\overline{1}00) = 120°$$
$$(12\overline{3}2)\ (2\overline{1}32) = 160°49'$$
$$(12\overline{3}2)\ (\overline{3}212) = 96°23'$$

Le paramètre de l'axe vertical doit être voisin de $\dfrac{\sqrt{3}}{\sqrt{2}} = 1{,}224$.

Le meilleur exemple à citer est celui de l'azotate de rubidium, fort peu biréfringent, dont le paramètre est égal à 1,236, et dont l'angle suivant les arêtes culminantes du rhomboèdre est de 90°22'.

Système terbinaire. — Dans ce système, nous avons deux types à considérer suivant que les axes horizontaux correspondent aux axes quaternaires ou aux axes binaires d'un cristal cubique. Les cristaux appartenant à ce système sont très peu nombreux. La plupart de ceux que l'on considère habituellement comme orthorhombiques, ne sont que monocliniques, avec deux axes binaires de symétrie apparente.

Premier type. — Dans ce type, la forme primitive est un prisme droit à base rectangle, dont les paramètres sont sensiblement égaux à l'unité.

Stibine : 0,99257 : 1 : 1,01788.

Bismuthine : 0.9679 : 1 : 0,9850.

Krennerite : 0,94071 : 1 : 1,00890.

Deuxième type. — Dans ces cristaux, la forme primitive est un prisme orthorhombique, à base losangique, dont l'angle est voisin de 90°, et les paramètres sont sensiblement égaux à

$$1 : 1 : \frac{1}{\sqrt{2}} = 0,707.$$

Les caractéristiques q', r', s', relativement aux axes binaires, sont reliés aux caractéristiques relatives aux axes quaternaires par les égalités :

$$q' = q + r$$
$$r' = q - r$$
$$s' = s$$

Le meilleur exemple que l'on puisse citer de ce second type est certainement la staurotite, étudiée précédemment.

Cristaux binaires à symétrie apparente orthorhombique. — Le réseau de ces cristaux est sensiblement ternaire, il ne possède réellement qu'un axe binaire ; la symétrie binaire apparente se trouve réalisée dans l'axe ternaire du réseau, et dans la normale à cet axe, et à l'axe binaire. Si cette normale est prise pour axe des x, l'axe binaire pour axe des y et l'axe ternaire pour axe des z, les paramètres devront être voisins de $\sqrt{3} = 1,732 : 1 :$
$\dfrac{\sqrt{3}}{\sqrt{2}} = 1,224.$

Les macles que l'on observe le plus souvent dans les cristaux de ce groupe ont pour plans de symétrie, les faces (110) et (310), qui font entre elles des angles voisins de 30°. A ces macles de seconde espèce, s'adjoint assez souvent la macle de première espèce ayant pour axe, l'axe quasi ternaire. Il en résulte des groupements de trois ou six cristaux disposés en étoiles à trois ou six branches.

Comme il est facile de le voir, les plans (310) et (3$\overline{1}$0) sont des plans diamétraux non principaux et par conséquent les macles relatives à ces plans peuvent s'obtenir par actions mécaniques, tandis que les plans (110) et (1$\overline{1}$0) étant des plans trapézoïdriques, les macles relatives à ces plans ne peuvent être que des macles primordiales. Par contre, les plans trapézoédriques renferment des rangées (110) et (1̄10) qui sont des diamètres non principaux et peuvent par suite être des axes de macles de première espèce. Mais il est facile de voir que dans la pratique cette différence ne permet pas de distinguer les plans diamétraux des plans trapézoédriques par suite de l'existence du plan de symétrie apparente perpendiculaire sur la droite d'intersection des deux catégories de plans.

En effet, dans la macle ayant pour plan de symétrie le plan (310), les deux cristaux sont en apparence symétriques relativement au plan de symétrie apparente horizontal, et par conséquent par rapport à leur droite d'intersection, c'est-à-dire à la rangée (1̄30) ; de même deux cristaux symétriques relativement à la face (110) sont symétriques par rapport à la rangée (1̄10). Il n'est donc pas possible de distinguer la macle de première espèce de la macle de seconde espèce.

Mispickel. — Le meilleur exemple que l'on puisse donner de ce type est certainement le mispickel, considéré comme orthorhom-

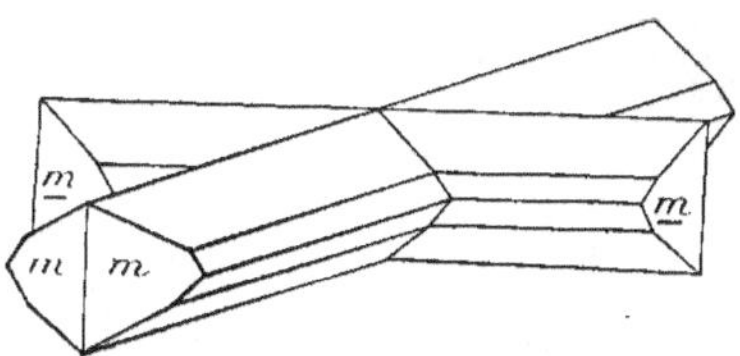

Fig. 94. — Macle de deux cristaux de mispickel suivant (110).

bique, et dont les constantes cristallographiques habituellement adoptées sont :

$$0, 67726 : 1 : 1.18817$$

Or, les cristaux de ce minéral se maclent fréquemment suivant les faces (110), et il arrive que, la macle se répétant suivant les deux faces (110) et (1̄10), cinq cristaux, dont l'un n'est que partiellement développé, forment une couronne fermée (fig. 94).

D'autre part, les cristaux se maclent également suivant les plans (101) et (1̄01) qui, passant par la macrodiagonale, font entre eux un angle de 59°2 2′ et avec le plan (001) un angle de 60° 19′. Ce groupement comprend deux cristaux (fig. 95), ou bien six cristaux faisant entre eux alternativement des angles de 59° et 62°, de sorte que les cristaux sont deux à deux orientés à 180° par rapport à la macrodiagonale (fig. 96).

Il en résulte que la macrodiagonale n'est pas un axe binaire, mais bien un axe ternaire approché et que seul l'axe vertical est un axe binaire du réseau et peut-être du cristal. Quant à la microdiagonale, elle est par cela même un axe trapézoédrique.

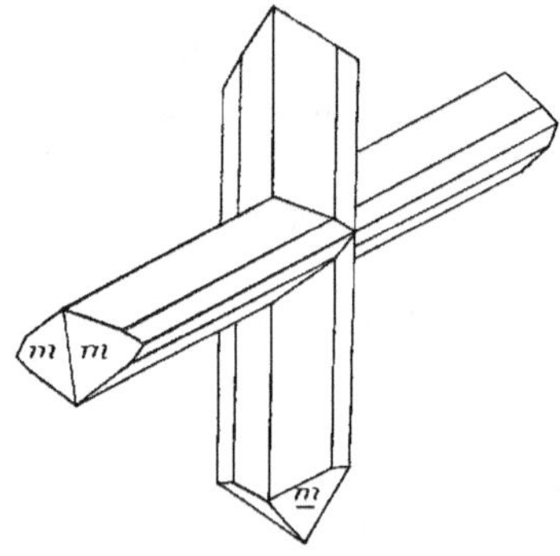

Fig. 95. — Macle de deux cristaux de mispickel suivant (101).

Pour orienter le cristal comme on a l'habitude de le faire, on

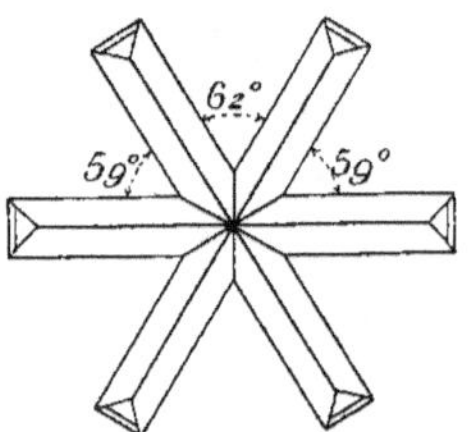

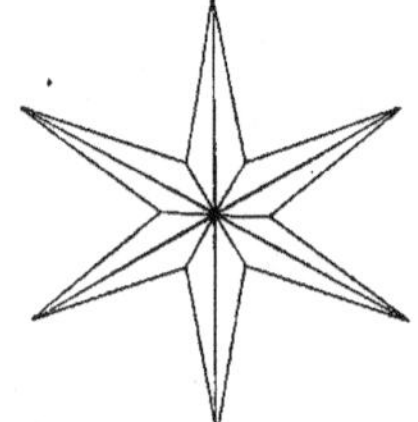

Fig. 96. — Groupements de six cristaux de mispickel.

est donc amené à intervertir l'ordre des deux derniers paramètres. Ces paramètres deviennent donc :

$$\frac{0,67726}{1\,18817} : 1 : \frac{1}{1,18817}$$

ou

$$0,56999 : 1 : 0,34161$$

et en multipliant le premier par 3 et le dernier par 3 : 2, il vient :

$$1,70997 : 1 : 1,2624.$$

Que deviennent alors les plans de macle ; pour obtenir leurs nouvelles caractéristiques, il faut intervertir les deux dernières, puis multiplier la première par 3 et la dernière par 3 : 2. On obtient ainsi pour le plan (101) les caractéristiques (310), et pour le plan $\overline{1}$10), les caractéristiques ($\overline{2}$01), qui sont bien des plans de macles possibles : les premiers étant des plans de macles dodécaédriques et le dernier un plan de macles hexaédrique, puisque le plan ($\overline{2}$01) est une face de la forme primitive.

Mais le plan (110) prend pour caractéristiques (201), qui ne sont pas celles d'un plan de macle. Il faut donc admettre que les cristaux de mispickel, comme ceux d'aragonite et de barytine sont déjà maclés suivant le plan (001) dans le nouveau système d'axes, de telle sorte que les faces (110) et ($\overline{1}$10) sont les faces de la forme primitive de deux cristaux symétriques relativement à une face octaédrique.

Dans le nouveau système d'axes, les faces de la forme primitive ont pour caractéristiques ($1\overline{1}1$), (111), ($\overline{2}$01), il est donc facile de calculer les dièdres de cette forme. L'arête située dans le plan de symétrie fait avec l'axe quasi ternaire un angle de 53°34' au lieu de 54°44', comme cela a lieu dans le cube, le dièdre suivant cette arête est de 89°6', et les deux autres dièdres sont de 88°22'. Comme on peut en juger d'après ces chiffres, la forme primitive du mispickel diffère fort peu d'un cube.

Dans ce même type rentrent un grand nombre de composés du soufre, considérés comme orthorhombiques, tel est le cas du soufre, de l'orpiment, de la barytine, etc.

Cristaux binaires. — Dans ces cristaux, un seul axe de coordonnées se trouve déterminé par raison de symétrie, c'est l'axe des y qui coïncide avec l'axe binaire, les deux autres axes sont généralement choisis tout à fait arbitrairement; cependant assez fréquemment ils coïncident avec deux directions privilégiées de la macle. Supposons d'abord que l'axe binaire soit assimilable à un axe quaternaire du cube, les deux autres axes de coordonnées, situés dans le plan de symétrie pourront coïncider avec les deux diamètres principaux. Ils devront alors être sensiblement perpendiculaires et égaux à l'axe binaire.

En second lieu, l'axe binaire peut être assimilable à un axe binaire du cube et les deux axes perpendiculaires coïncider, le vertical avec un diamètre principal et l'horizontal avec un diamètre non principal. Les paramètres devront peu différer de 1 : 1 : 1 : $2^{1/2}$, c'est-à-dire 1 : 1 : 0,707. Tel est le cas de la cryolite.

Les constantes de ce minéral sont :

$$0,96616 : 1 : 1,38824 \quad \text{avec} \quad \beta = 89.49'.$$

Les angles des faces de la forme primitive sont :

$$(110)\ (\overline{1}10) = 88°,2' \quad \text{et} \quad (110)\ (001) = 89°,52'$$

celte forme est presque un cube.

D'autre part, les plans de groupements sont les faces (110), (100), (001) et (112) avec (110) (112) = 44°58′ et (001) (112) = 44°54′.

Les plans (112) sont donc des plans diamétraux non principaux, et comme il est facile de le voir en se reportant au tableau donné à propos des groupements de cristaux monocliniques, ils doivent avoir pour caractéristiques (111), si le cristal est rapporté à un diamètre principal et à deux diamètres non principaux. Par conséquent, le dernier paramètre doit être divisé par 2 et on obtient ainsi : 0,96626 : 1 : 0,69412, très voisin de 1 : 1 : 0,707. Les caractéristiques des plans de macle deviennent alors (110). (111), (100), (001), ou si l'on rapporte le cristal aux arêtes de la forme primitive (100), (101), (110), (001).

Mais les axes situés dans le plan de symétrie peuvent être un diamètre principal et une diagonale de la macle. Les paramètres doivent alors être voisins 1 : $2^{1/2}$: $3^{1/2}$ ou 0,707 : 1 : 1,224, les deux axes situés dans le plan de symétrie faisant entre eux un angle voisin de 54°44′.

On a déjà eu l'occasion de citer des minéraux rentrant dans ce cas, tels sont la christianite, dont les constantes sont égales à 0,7094 : 1 : 1,256 avec $\beta = 55°38′$.

Cristaux tricliniques. — Dans ces cristaux, l'assimilation avec un cristal cubique est quelquefois difficile, car les axes cristallographiques choisis par les auteurs n'ont que des rapports lointains avec la forme primitive, et si l'on ne connaît pas suffisamment les groupements des cristaux, on peut hésiter entre bien des solutions

Considérons le disthène. Les paramètres cristallographiques de ce minéral sont :

$$0.89938 : 1 : 0.70896,$$

avec

$$xy = 105°14' \qquad yz = 90°5' \qquad zx = 101°2'$$

Les groupements sont assez nombreux et particulièrement intéressants.

1° Le plan des yz (100) est un plan de macle (fig. 97) ;

2° L'axe des z (100 (010) est un axe binaire de groupement (fig. 98) ;

3° L'axe des y (001) (010) est un axe binaire de groupement (fig. 99) ;

4° Les auteurs indiquent, comme axe binaire de groupement,

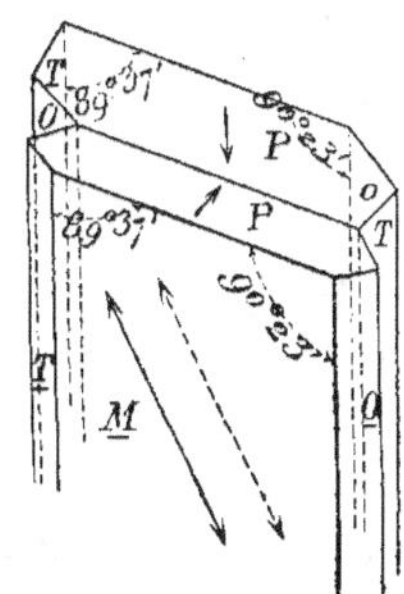

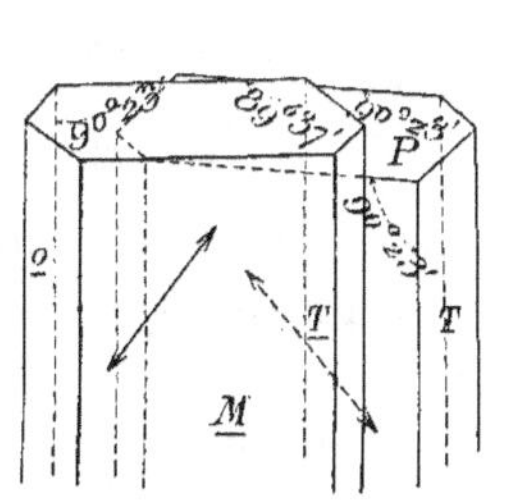

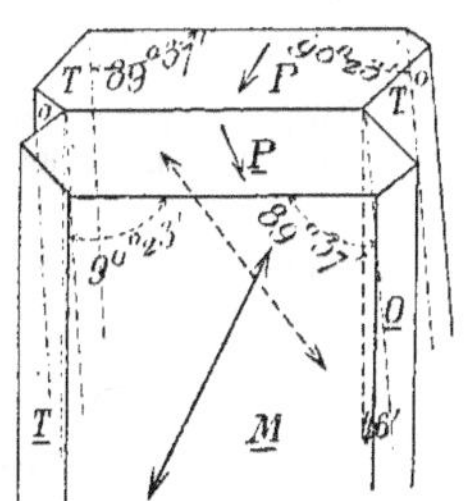

Fig. 97. — Macle du disthène suivant M (100), d'après Baüer.

Fig. 98. — Macle du disthène suivant l'axe (100) (010), d'après Baüer.

Fig. 99. — Macle du disthène suivant l'axe (001) (010), d'après Baüer.

la droite située dans le plan des yz (100) et perpendiculaire sur l'axe des z (010) (100). Cette droite, qui n'est pas une rangée, n'est qu'en apparence un axe de groupement. En réalité, les deux cristaux sont symétriques par rapport au plan passant par l'axe des z et qui, dans un cristal cubique, serait perpendiculaire sur l'axe des y ;

5° On indique également, comme axe de groupement, la droite située dans le plan des yz et perpendiculaire sur l'axe des y ; comme dans le cas précédent, le véritable élément de groupement est le plan réticulaire passant par l'axe des y et à peu près perpendiculaire sur l'axe des z ;

6° Deux cristaux sont orientés à peu près à 60 degrés (fig. 100) l'un de l'autre, autour d'une rangée située dans le plan des yz et faisant avec l'axe y un angle de 54° 52′; en réalité ils sont symétriques par rapport au plan $(12\bar{1})$.

Il résulte évidemment de ce qui précède que l'axe des y est un axe quaternaire approché et l'axe des z un axe binaire approché; en effet, si l'on multiplie par deux le paramètre de ce dernier axe, on obtient 1,41792, c'est-à-dire sensiblement $\sqrt{2}$.

D'autre part il est facile de voir qu'il existe une rangée faisant avec oy un angle de 89° 36′ et avec oz un angle de 89° 41′ et dont le paramètre est égal à 1,4122; cette rangée est donc également un axe binaire approché.

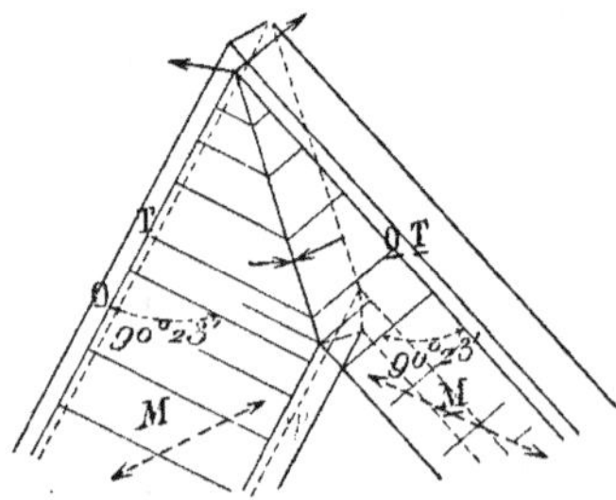

Fig. 100. — Macle du disthène suivant (12$\bar{1}$), d'après Baüer.

Je ferai remarquer en passant que ce sont les deux plans passant par cette rangée et respectivement par l'axe des y et celui des z qui sont les plans de macle des n°ˢ 4 et 5.

Au moyen des nombres donnés plus haut, il est facile de calculer les dimensions de la forme primitive. Celle-ci est un prisme triclinique, dont le dièdre ayant pour arête l'axe des y, est égal à 89° 46′, et les deux autres dièdres à la base sont respectivement égaux à 89° 50′ et 90°, en négligeant les secondes. L'arête du premier de ces dièdres est égal à 0,9969 et l'autre à 1,0041.

On peut se demander quel est la signification de l'axe des x habituel; cet axe coïncide avec la rangée ayant pour caractéristique, par rapport à la forme primitive [231], et pour paramètre, $4 \times 0,89938$.

Il résulte de là que, si l'on désigne par q, r, s, les caractéristiques d'une face par rapport à la forme primitive et par q', r', s', les caractéristiques habituellement employées, on a entre elles les relations :

$$q = 4q' - 3r' - 2s'$$
$$r = r'$$
$$s = 4s' - 4q' + 3r'$$

TYPE CALCITE

Dans ce type rentrent les cristaux dont la forme primitive est un parallélépipède voisin du rhomboèdre de 107°6′. Dans ce groupe ne saurait rentrer des cristaux appartenant au système cubique ou au système quadratique, puisque, chez eux la forme primitive est un prisme droit.

Système ternaire. — La forme primitive des cristaux de ce système est un rhomboèdre dont le paramètre est voisin de 0,8165.

Les plans de groupement sont donc les faces des rhomboèdres.

$$(10\bar{1}1) \text{ dont le dièdre est de } 107°6′$$
$$(01\bar{1}2) \qquad\qquad 136°39′$$
$$(02\bar{2}1) \qquad\qquad 80°10′$$
$$(10\bar{1}4) \qquad\qquad 157°5′$$

et du prisme et du scalénoèdre :

$$(01\bar{1}0)$$
$$(12\bar{3}2)$$

Comme exemple, outre la calcite, on peut citer :

La Pyrargyrite. — Le paramètre de ce minéral est égal à : 0,78916. Les cristaux, comme on l'a vu plus haut, peuvent se macler suivant les faces du rhomboèdre $(10\bar{1}1)$ de 108° 38′, suivant celles du prisme $(11\bar{2}0)$, suivant la base (0001), suivant les faces du rhomboèdre $(10\bar{1}4)$ dont le dièdre est de 157° 49′, suivant celles du rhomboèdre $(01\bar{1}2)$ dont le dièdre est de 137° 55′, du rhomboèdre $(03\bar{2}1)$, dont le dièdre est de 81° 12′.

Cristaux binaires à symétrie orthorhombique apparente. — Ces cristaux n'ont en réalité qu'un axe binaire; mais le réseau est quasi-ternaire, et l'axe ternaire, ainsi que l'axe trapézoédrique perpendiculaire sont des axes binaires de symétrie apparente. Les paramètres de la forme primitive sont :

$$\sqrt{3} : 1 : \frac{2\sqrt{3}}{3\sqrt{2}} \qquad \text{ou} \qquad 1{,}732 : 1 : 0{,}8165$$

Comme exemple considérons la chalcosine :

Chalcosine. — Les paramètres habituellement adoptés sont :

$$0,5822 : 1 : 0,9701$$

Les cristaux se groupent de plusieurs façons : tout d'abord, ils se maclent suivant les plans (110) tels que (110) $(\overline{1}10) = 60° 25'$,

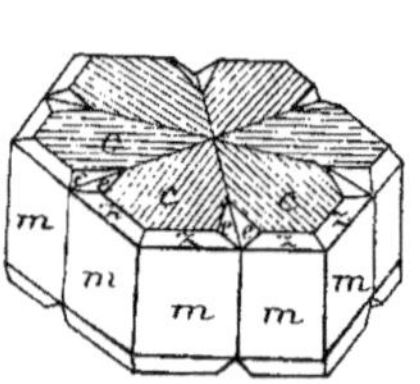

Fig. 101. — Groupement de la chalcosine
suivant (110).

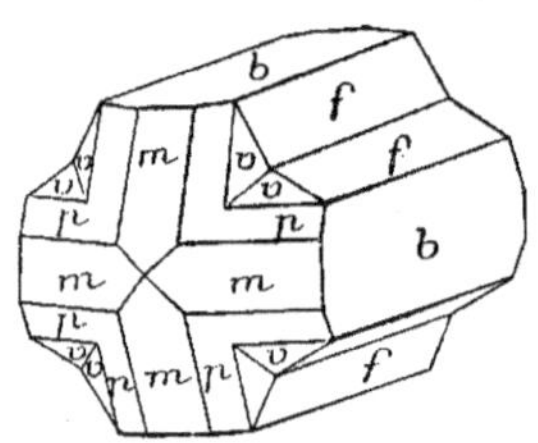

Fig. 102. — Macle de la chalcosine
suivant (011).

et à cette macle s'adjoint la macle de première espèce autour de la droite d'intersection des deux plans, il en résulte un groupement de six cristaux (fig. 101).

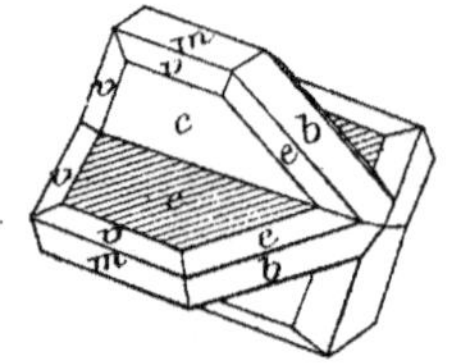

Fig. 103. — Macle de la
chalcosine suivant (112).

En second lieu, deux cristaux, se pénétrant, se disposent symétriquement par rapport au plan (011), ou $(0\overline{1}1)$, tels que (011) $(0\overline{1}1) = 88° 14'$ (fig. 102).

Enfin ils s'associent suivant les plans (112) et $(\overline{1}12)$, tels que (112) $(\overline{1}12) = 106°37'$ (fig. 103).

Or dans un cristal type, les faces (111), $(\overline{1}11)$ font entre elles un angle de 107° 6'; pour homologuer les deux symboles, il faut donc diviser par deux le dernier paramètre. En intervertissant en outre les deux premiers paramètres, on obtient pour les véritables valeurs :

$$1,7177 : 1 : 0,8331$$

La comparaison des angles de la chalcosine avec ceux du cristal type donne le tableau suivant :

(110) $(\overline{1}10)$ =	60°25'	au lieu de	60°
(320) $(\overline{3}20)$ =	97°47'		98°12'

$$(310)\ (\overline{310}) = 59°35'\ \text{au lieu de}\ 60°$$
$$(101)\ (\overline{101}) = 51°45' \qquad\qquad 50°28'$$
$$(201)\ (\overline{201}) = 88°16' \qquad\qquad 86°38'$$
$$(401)\ (\overline{401}) = 125°28' \qquad\qquad 124°8'$$
$$(111)\ (\overline{111}) = 73°43' \qquad\qquad 72°54'$$

Les cristaux de chalcosine présentent des stries parallèles au plan (010); ce qui porterait à croire à l'existence de lamelles hémitropes parallèles à ce plan.

Nombreux sont les minéraux rentrant dans ce groupe, tels que l'énargite, le chrysoberyl, l'olivine, etc., etc. Mais les exemples donnés suffiront à faire comprendre la marche à suivre pour les orienter tous de la même façon et pour calculer leur véritables paramètres.

Cristaux binaires. — Dans ce groupe, on peut ranger le chlorate de potassium, qui cristallise sous forme de parallélépipède ayant l'aspect d'un rhomboèdre, mais qui en réalité est un prisme monoclinique, dont la face p fait avec les faces m des angles de 105° 35', tandis que celles-ci font entre elles des angles de 104° 22'. Par leur biréfringence et l'ensemble de leurs caractères, ces cristaux se rapprochent beaucoup de ceux de l'azotate de sodium.

TYPE RUTILE

Dans ce type, nous ne considérerons que les cristaux quadratiques qui présentent des particularités des plus intéressantes. La forme primitive est un prisme droit à base carrée, dont les faces latérales sont perpendiculaires sur les axes binaires horizontaux, pris pour unité tandis que l'axe vertical est égal à 2,3 — 0,666. Les plans de macle les plus fréquents sont les faces de l'octaèdre (101) ou b^1 et les macles se répètent fréquemment de façon à constituer des associations toutes spéciales par suite de la valeur des angles des faces de l'octaèdre.

Deux faces opposées font entre elles un angle 112°38' : mais si la valeur du paramètre est plus petite de 2,3, cet angle se rapproche de 120°, et il en résulte des groupements quasi-ternaires autour d'un diamètre principal.

D'autre part, l'angle de deux faces adjacentes est de 133°48', et si le paramètre diminue, cet angle se rapproche de .135°. De la répétition de la macle autour de l'arête de l'octaèdre, il résulte des groupements quaternaires autour d'une diagonale de la forme primitive. Les choses se présentent donc à l'inverse de ce qui a lieu dans un cristal quasi-cubique ; puisque dans celui-ci, les groupements quasi-ternaires ont pour axe une diagonale et les groupements quasi-quaternaires ont pour axe un diamètre principal de la forme primitive.

Il n'est pas inutile de faire remarquer, pour éviter les confusions, que si l'angle de deux faces opposées de l'octaèdre b^1 est égal à 120°, les faces de l'octaèdre (301) sont perpendiculaires sur les faces b^1 et que par conséquent les cristaux symétriquement orientés par rapport aux faces b^1, le sont également par rapport aux faces de ce second octaèdre.

Rutile. — Le paramètre de l'axe quaternaire de ce minéral est égal à 0,6441.

L'angle de deux faces opposées de l'octaèdre b^1 est de 114°26' et autour d'un axe binaire se produit assez fréquemment des groupements de six cristaux. L'angle de deux faces adjacentes de l'octaèdre est de 134°58, très voisin de 135° ; aussi des groupements quaternaires autour de l'arête culminante de l'octaèdre ont-ils été observés à plusieurs reprises.

G. Rose a observé un échantillon de Grave's Mountain formé de huit secteurs assemblés autour d'un axe parallèle à une arête culminante de l'octaèdre (101) ; cet assemblage, représenté (fig. 104), donne une sorte de scalénoèdre à 16 faces, dont chaque pyramide octogonale est composée de faces (100) se coupant sous un angle de 114°30' et dont les arêtes en zigzag sont tronquées par la face (110).

D'autre part von Rath décrit un groupement de huit cristaux provenant de Magnet Cove. Les cristaux sont disposés symétriquement autour de la même arête, mais ne portent que les faces (120) (fig. 105).

M. Hautefeuille a reproduit artificiellement ce groupement. L'acide titanique amorphe, chauffé à une température voisine

de 1 000° dans un bain de tungstate de soude, est attaqué par ce
sel, et l'on constate, après plusieurs heures d'action du tungstate,
la formation de petits prismes colorés en bleu par le sesquioxyde

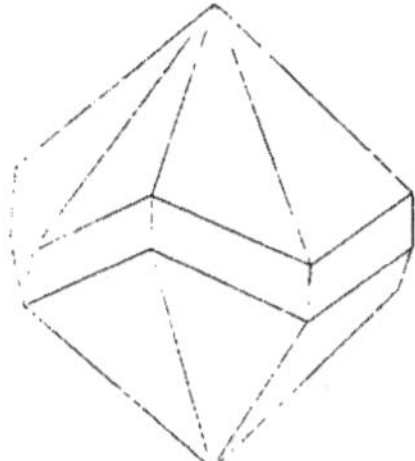

Fig. 104. — Groupement de huit
cristaux de rutile.

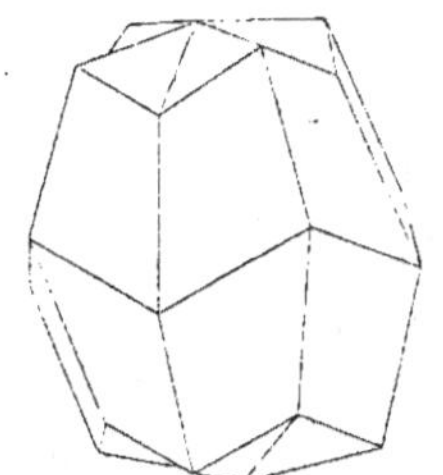

Fig. 105. — Groupement de huit
cristaux de rutile.

de titane. Ces cristaux prismatiques sont des édifices cristallins
complexes; ils présentent sur leurs faces les stries en zigzag de
la macle décrite par G. Rose. Ces cristaux (fig. 106) ne portent

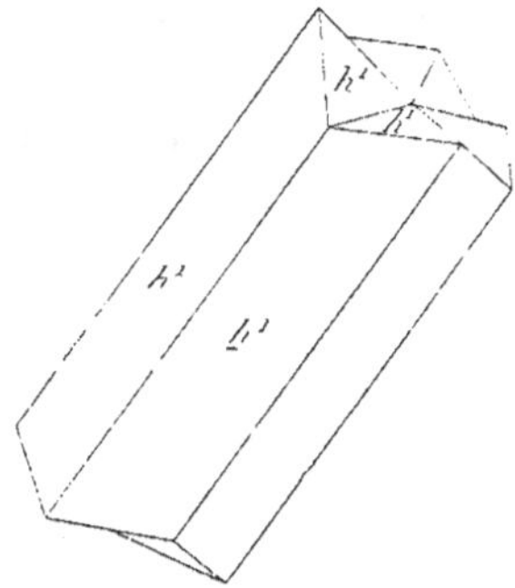

Fig. 106. — Groupement de huit cristaux de rutile.

généralement que les faces (110). Une section perpendiculaire sur
l'axe du groupement montre huit secteurs triangulaires s'éteignant
parallèlement à leur base.

Comme on le verra plus loin, la macle en cœur du rutile a une
tout autre origine.

Le type rutile se retrouve dans un grand nombre de cristaux
quadratiques, tels que la cassitérite, la polianite, l'anatase, le
calomel, le zircon, la thorite, etc.

Conclusions. — Des faits précédemment exposés, il est possible de tirer plusieurs conclusions d'un certain intérêt. Tout d'abord, on a vu comment de la considération des groupements cristallins, on pouvait déduire les éléments de la forme primitive. Dans bien des cas, il est vrai, les groupements sont trop peu connus, pour servir de base à une détermination complète, et il faut faire appel alors à l'ensemble des caractères physiques, pour arriver à résoudre ce problème, qui se présente comme un des plus ardu de la cristallographie.

En second lieu, dans bien des minéraux la symétrie de structure, et en particulier la symétrie du réseau est inférieure à celle des formes cristallines.

Enfin dans les cristaux des types calcite et rutile, les paramètres sont sensiblement des sous multiples de ceux d'un cristal cubique.

Dans les cristaux, dont on ne peut encore déterminer le type, les paramètres d'après Mallard, sont également des multiples ou des sous-multiples de ceux d'un cristal cubique. Cette remarque va nous permettre d'expliquer la quasi-isotropie de tous les cristaux, ou tout au moins des cristaux satisfaisant à cette condition.

Remarquons tout d'abord que la quasi-isotropie est la conséquence immédiate de la structure chez les cristaux du type cubique, qui, comme on l'a vu, diffère peu d'un cristal cubique, et que par conséquent cette quasi-isotropie n'a besoin d'être expliquée que pour les cristaux des autres types dont la forme primitive est notablement différente d'un cube, comme cela a lieu pour les cristaux du type calcite.

Or on a vu dans le premier chapitre de cet ouvrage que si l'on faisait subir à un réseau cubique une déformation homogène telle que les arêtes de sa maille cubique viennent coïncider avec trois rangées, on obtiendrait un nouveau réseau ayant pour forme primitive, le parallélipipède déterminé par ces rangées. En second lieu si un élément privilégié du cube conserve sa signification dans le nouveau réseau, son paramètre dans ce dernier réseau est un multiple ou un sous multiple du paramètre du même élément dans le réseau cubique. Par exemple si les trois rangées sont telles que la nouvelle maille possède un élément de symétrie du cube, le paramètre de cet élément de symétrie dans le nouveau réseau sera dans

un rapport rationnel avec le paramètre du même élément de symétrie dans le réseau cubique. En troisième lieu dans la déformation
trois rangées viendront coïncider avec les trois arêtes de la maille
cubique, et par suite ces arêtes seront encore des rangées dans le
nouveau réseau. Enfin il est évident que si la maille du nouveau
réseau a conservé un élément de symétrie du réseau primitif,
cet élément de symétrie se trouvera dans le parallélipipède déterminé par les trois rangées rectangulaires.

Ceci posé, puisque les paramètres de la maille de tous les corps
cristallisés sont des multiples des paramètres d'un cristal cubique,
il en résulte que les réseaux de ces corps peuvent être assimilés à
un réseau obtenu par déformation d'un réseau cubique, et que les
réseaux de tous les cristaux possèdent trois rangées sensiblement
rectangulaires, sensiblement égales déterminant un parallélipipède
ayant les éléments de symétrie du cristal. Or considérons le réseau
déterminé par ce parallélipipède, pris comme maille, les mailles
de ce nouveau réseau découperont dans le cristal des groupes de
molécules, tous identiques entre eux, parallèlement orientés. Ces
groupes de molécules possèdent les mêmes éléments de symétrie
que le corps cristallisé en vertu du raisonnement inverse de celui
permettant d'établir que les éléments de symétrie d'un corps
cristallisé sont les éléments communs à sa particule et à son
réseau.

On arrive donc ainsi à cette conclusion que tous les corps cristallisés peuvent être considérés comme constitués de groupes de
molécules identiques entre eux, parallélement orientés, ayant la
symétrie du corps cristallisé, et répartis dans l'espace suivant les
mailles d'un réseau sensiblement cubique. .

Par conséquent, comme la staurotite, comme le disthène, comme
tous les cristaux quasi-cubiques, tous les corps cristallisés doivent
être sensiblement isotropes.

Considérons par exemple la calcite : sa forme primitive est un
rhomboèdre de 105° 5′ si cet angle était de 107° 6′, le réseau de la
calcite serait tel que le rhomboèdre ayant pour notation $(03\bar{3}2)$ serait
un cube. Par suite de la légère déformation le rhomboèdre $(03\bar{3}2)$
possède un angle dièdre de 88° 18′. On peut donc considérer la
calcite comme constituée de groupes de molécules de symétrie ter-

naire réparties suivant les mailles d'un réseau sensiblement cubique, puisque cette maille est un rhomboèdre 88° 18′.

De même pour le sphène, il est facile de voir que l'on peut le considérer comme ayant pour maille de son réseau un parallélipipède, voisin d'un cube dont les angles dièdres sont égaux à 89° 59, 89° 59′, et 89° 44′.

Mais bien entendu ces groupes de molécules, qui comprennent plusieurs particules cristallines, ne jouissent pas des propriétés de ces dernières, et la maille du nouveau réseau ne saurait être prise pour forme primitive.

LIVRE IV

POLYMORPHISME

CHAPITRE PREMIER

CONSIDÉRATIONS GÉNÉRALES

§ 1. — DÉFINITION. HISTORIQUE

Définition. — A première vue la propriété du polymorphisme
paraît être des plus facile à définir : un corps est polymorphe
quand ses molécules sont aptes à constituer deux ou plusieurs
édifices cristallins n'ayant pas les mêmes propriétés physiques.
En particulier, les formes primitives de ces édifices ne sont pas
identiques, soit qu'elles n'aient pas la même symétrie, soit
qu'ayant la même symétrie, elles diffèrent par leurs angles et
leurs paramètres, soit enfin qu'ayant les mêmes angles et les
mêmes paramètres, elles soient symétriques et non superposables.
La silice par exemple est polymorphe, par ce seul fait qu'elle
donne naissance à des cristaux de quartz, les uns gauches et les
autres droits ; dans les deux édifices les formes primitives ne sont
pas égales mais symétriques ; le carbonate de chaux peut cristalliser en rhomboèdres de 105° 5, pour former la calcite, ou bien
cristalliser en aragonite, dont la forme primitive est, tout au
moins en apparence, un prisme orthorhombique, n'ayant qu'un
axe ternaire approché.

Mais la simplicité de cette définition est plus apparente que
réelle, car elle suppose implicitement que le carbonate de chaux,
par exemple, qui constitue la calcite est identique à celui qui se
trouve dans l'aragonite, par cela seul que ces deux carbonates
ont la même composition centésimale. Elle suppose que les élé-

ments constituant, les molécules, sont les mêmes, et que les différences constatées dans les propriétés physiques résultent uniquement de ce que chaque édifice a sa structure propre. Or, comme on le sait, on ne peut caractériser un corps en s'appuyant sur sa seule composition centésimale ; il faut faire intervenir l'ensemble de ses propriétés chimiques de façon à distinguer les isomères.

On peut donc se demander si la molécule chimique de la calcite est bien identique à celle de l'aragonite : jusqu'ici toutes les propriétés de l'une se retrouvaient dans l'autre, mais M. Meigen vient de montrer qu'en chauffant l'aragonite et la calcite finement pulvérisées avec une solution étendue d'azotate de cobalt, il se produisait immédiatement un précipité bleu-violet avec l'aragonite, tandis qu'avec la calcite, il faut attendre deux heures au moins pour le voir apparaître. M. Wyrouboff interprète ce résultat en admettant que la particule cristalline de la calcite subsiste, pendant un certain temps, dans la dissolution et ne peut par conséquent prendre part à une réaction, tandis qu'au contraire, la particule cristalline de l'aragonite se dissociant de suite, ses molécules peuvent agir sur les molécules de l'azotate. C'est là l'interprétation la plus rationnelle, présentant bien des chances d'exactitude ; mais il n'en est pas moins vrai que la cause première de la différence d'action des deux poudres provient peut-être de ce que les deux molécules n'ont pas les mêmes propriétés, car il ne faut pas oublier qu'il y a tous les degrés, même au point de vue chimique, entre les différences d'actions que présentent deux isomères.

Cet exemple permet de prévoir les divergences d'opinions sur la définition à adopter pour le polymorphisme.

Pour les uns il n'y a pas de corps polymorphes à proprement parler, en ce sens qu'un corps chimiquement défini ne peut constituer qu'un seul édifice cristallin. Si donc on constate l'existence de deux ou plusieurs édifices de même composition centésimale, ceux-ci sont constitués par autant d'isomères, dont les différences chimiques sont plus ou moins accentuées, plus ou moins atténuées. Pour les autres, au contraire, les isomères sont des corps totalement différents, et il ne saurait y avoir de relation entre leurs cristaux. A côté de ces isomères existent les corps polymorphes, susceptibles de donner naissance à plusieurs espèces de cristaux, constitués de molécules chimiques absolument identiques. La vérité paraît bien être du côté de ces derniers. Il est en effet bien difficile d'admettre que les quatre modifications cristallines de l'azotate d'ammonium, par exemple, que nous apprendrons à connaître plus tard, entre lesquelles on n'a jamais constaté la moindre différence chimique, correspondent à quatre états isomériques. En outre nous verrons que des édifices cristallisés, constitués par les molécules de deux, trois, etc. corps présentent également des transformations polymorphiques; il faudrait donc admettre que ces deux, trois, etc. sortes de molécules subissent simultanément une transformation isomérique : hypothèse absolument gratuite, ne s'appuyant sur aucun fait. Mais il n'en est pas moins vrai que, au point de vue pratique, il est quelquefois impossible de savoir si l'on se trouve en présence de deux corps isomères ou de deux modifications cristallines d'un même corps.

On a bien fait remarquer que les différences d'ordre polymorphique ne devaient exister qu'à l'état solide, et que, par conséquent, les vapeurs, les liquides provenant de deux modifications d'un même corps devaient être identiques, tandis que les différences de deux isomères se retrouvent dans leurs liquides et leurs vapeurs. Mais cette distinction suppose que l'on puisse observer les deux corps à l'état de vapeur ou de liquide : ce qui n'a pas toujours lieu, et suppose en outre que les groupements moléculaires disparaissent complètement dans la résolution en liquide ou en vapeur : ce qui n'est nullement démontré. On a également proposé de baser la différence entre les isomères et les modifications d'un même corps en s'appuyant sur la possibilité des premiers de donner naissance à des mélanges eutectiques, qu'on ne pourrait obtenir avec les seconds. Mais on peut faire à cette distinction le même reproche qu'à la précédente.

En réalité, il est des cas où l'on a nettement affaire à des isomères, d'autres où l'on se trouve en présence des modifications polymorphiques d'un même corps et enfin des cas où l'on n'a pas les éléments nécessaires pour trancher la question.

Pour terminer, il nous faut rappeler ce que certains auteurs entendent par corps polysymétriques. Considérons un corps opti-

quement biaxe, donnant naissance à un groupement parfait terquaternaire par exemple; si chaque orientation se répète un grand
nombre de fois sous forme de lamelles hémitropes, si celles-ci
s'enchevêtrant sont suffisamment fines pour être indiscernables,
les propriétés optiques du mélange seront la résultante des propriétés des différentes orientations, autrement dit le mélange sera
isotrope et le corps paraîtra tantôt biaxe, tantôt isotrope; il sera
polysymétrique. Bien entendu, la densité est la même dans les
deux états. A vrai dire, si l'on conçoit la possibilité de l'existence
de corps polysymétrique, on n'en peut citer d'exemple certain.

Historique. — La difficulté, qui vient d'être indiquée à l'occasion de la définition du polymorphisme, se retrouve dans toute
les phases de l'histoire du développement de nos connaissances
sur cette propriété.

Le premier cas de polymorphisme connu est celui du carbonate
de chaux.

L'aragonite était confondue avec l'apatite lorsque Klaproth[1] en
fit l'analyse et reconnu l'identité de sa composition avec celle de
la calcite.

Ce résultat en désaccord apparent avec les idées développées
par Haüy fut vérifié par de nombreux chimistes, qui tous arri-
vèrent à cette conclusion que l'aragonite et la calcite avaient la
même composition, et que la même substance composée pouvait
présenter des formes primitives différentes. Mais la question dévia
à nouveau quand des analyses plus précises montrèrent la présence de la strontiane dans l'aragonite. On se demanda si une
substance étrangère, même en petite quantité, ne pouvait pas
influer sur la forme cristalline d'un corps auquel elle était mélan-
gée. Cette opinion paraissait confirmée par la découverte de
la strontianite ayant même forme primitive que l'aragonite, mais
devait bientôt être abandonnée, quand on constata que la strontiane faisait défaut dans bien des aragonites.

De plus à cette époque, Mitscherlich montra que des composés
chimiques, sur la pureté desquels aucun doute ne pouvait s'élever,
jouissaient de la même propriété que le carbonate de chaux et

____
[1] Bergm. *Journ.* 1788.

pouvaient affecter plusieurs formes cristallines ; il établit le polymorphisme du phosphate de soude, du soufre, et de l'iodure
d'argent.

A partir de ce moment la possibilité pour un corps de donner
naissance à plusieurs édifices cristallins ne fut plus contestée, mais
les minéralogistes continuèrent à se diviser en deux groupes, les
uns voyant dans le polymorphisme une propriété exclusivement
physique, les autres au contraire, le considérant comme une conséquence de différences chimiques.

Mais jusqu'ici le polymorphisme avait été surtout constaté sur
des corps dont la structure et la forme cristalline étaient le résultat
de la cristallisation. C'est à Frankenheim que l'on doit d'avoir
définitivement montré que sous l'influence de certains agents, tels
que la chaleur, la structure pouvait se modifier ; le champ des
recherches fut ainsi considérablement étendu, et de nombreuses
découvertes furent faites dans cette voie par Lehmann, Mallard,
Wyrouboff, etc. Bien plus la transformation cristalline parut assimilable au passage de l'état solide à l'état liquide, au passage de
ce dernier état à l'état gazeux ; c'est-à-dire à la fusion, à la vapo-
risation, et on se demanda si elle n'était pas accompagnée des
mêmes phénomènes, contraction ou dilatation de volume, absorption ou dégagement de chaleur, et de nombreuses déterminations
furent faites sur ce sujet.

On pensa tout d'abord que la température de transformation
était fixe, puis on constata de nombreuses exceptions. Mais alors
M. Gernez, en étudiant le soufre, qui est orthorhombique à la
température ordinaire et monoclinique à haute température, mit
en évidence des faits, qui parurent propres à expliquer ces exceptions. Ce savant montra en effet que le soufre octaédrique peut
être maintenu à une température élevée sans se transformer, mais
si alors on le touche avec un cristal monoclinique, la transformation se produit immédiatement. Le même phénomène se reproduit
tant que la température est supérieure à 95°6. Au-dessus de cette
température le soufre orthorhombique est donc dans un état particulier, à l'état d'équilibre instable, à l'état de *surchauffe cristalline*. De même le soufre monoclinique peut être maintenu très
longtemps à une température inférieure à 95°6, mais dès qu'on le

touche avec un cristal orthorhombique il prend immédiatement
cette dernière forme : il se trouvait donc dans un état particulier que
l'on caractérise en disant qu'il était à l'état de *surfusion cristalline*.

M. Lehmann crut pouvoir généraliser ce résultat, et dire que la
transformation se produisait à une température fixe, si les deux
formes étaient en contact. Mais même dans ce cas, le phénomène
de la transformation peut être encore fort complexe. Si on
suit la transformation, on constate que, pour certains corps,
commencée en un point de la masse cristalline, elle se propage
si rapidement dans toute cette masse, que l'on peut la considérer
comme instantanée, mais dans d'autres la transformation ne se
propage que très lentement, et même s'arrête avant d'avoir atteint
toute la masse, de telle sorte que les deux espèces de cristaux
restent en présence, côte à côte, sans que la durée du contact soit
limitée. Aussi est-on en droit de se demander s'il existe dans ce
cas une température de transformation.

M. Tammann[1] vient de montrer que pour certains corps la pression, s'exerçant sur les cristaux, fait sentir d'une façon particulière son influence sur la vitesse de transformation. Il a fait voir
que si l'on faisait varier la pression, on modifiait la température
de transformation, et qu'à partir de certaines valeurs de la température et de la pression, la vitesse de transformation était si
grande que la température pouvait être considérée comme unique.
Mais que au-dessous de cette valeur spéciale, il n'y avait plus une,
mais deux températures de transformation entre lesquelles les
deux sortes de cristaux peuvent subsister. Ce résultat important, établi pour un petit nombre de corps, demanderait à être
vérifié dans un plus grand nombre de cas, pour pouvoir être
généralisé.

§ 2. — Conditions de transformation

On admet généralement que l'état d'un corps est complètement
déterminé, quand on connaît sa température t, la pression qu'il
supporte p, et, si l'on considère un mélange, la quantité c p. 100

---

[1] Tammann. *Kristalliesieren u. Schmeldzen.*

de l'un des corps. C'est là évidemment une opinion entachée
d'erreurs, puisque un corps phosphorescent, est capable d'emma-
gasiner et de dissiper de l'énergie sans que sa température varie.
Mais dans une première approximation, largement suffisante
dans l'état actuel de la science, on peut supposer que l'état d'un
corps est déterminé quand on connaît les trois quantités p, t, et c.
Quand ces quantités varient, les constantes physiques du corps
cristallisé se modifient : il se contracte suivant certaines directions, se dilate suivant d'autres; ses angles plans et dièdres
changent de valeur, la biréfringence augmente ou diminue, les
axes optiques s'écartent ou se rapprochent; mais en général ces
modifications se produisent d'une façon continue et l'on ne saurait y voir les conséquences d'un changement de structure à proprement parler.

Dans d'autres cas, au contraire, pour une valeur déterminée
de la pression, de la température et de la composition, il y a
discontinuité dans les variations des constantes physiques, soit
qu'il y ait un changement brusque du volume, des propriétés
optiques, etc., soit qu'un élément cesse de varier après avoir
acquis une certaine valeur : c'est ainsi qu'un cristal biaxe pourra
se transformer progressivement en un cristal uniaxe par le rapprochement des deux axes optiques, qui une fois confondus restent confondus. De plus ce changement brusque est toujours
accompagné d'une absorption ou d'un dégagement de chaleur.

Dans tous ces cas, les modifications persistent dans un certain
intervalle de température, de pression et de composition : il y a
donc là l'indice d'un véritable changement d'état, correspondant à
un changement de structure, à une transformation polymorphique.

Si on considère trois axes, rectangulaires deux à deux, sur lesquels on porte les valeurs correspondantes de t, p et c on
obtiendra un point, qui représentera l'état du corps, et si en particulier on porte les valeurs pour lesquelles se produit une transformation polymorphique, on obtiendra une surface, car si l'on
fait varier p et t par exemple, pour chaque valeur de ces quantités,
la transformation se produira pour une valeur déterminée de c.

Cette surface divisera l'espace en deux domaines ; dans chacun
de ceux-ci une modification et une seule sera stable, et sur la sur-

face seulement les deux modifications seront stables simultanément. On aura naturellement autant de surfaces qu'il y aura de
transformations de natures différentes.

Mais dans le chapitre actuel, nous ne considérons que des corps
homogènes ; ce n'est qu'après avoir étudié une autre propriété
des corps cristallisés, l'isomorphisme, que nous serons à même de
nous occuper des mélanges. Par conséquent dans le cas présent
nous n'avons à considérer que deux variables, la pression et la
température ; autrement dit, notre étude se réduit pour le moment
à la considération des courbes de transformation situées dans le
plan des tp, et nous devons reporter à plus tard celle des courbes
situées dans le plan des tc et des pc.

Modifications stables et modifications instables. — Si nous considérons certains corps cristallisés homogènes, présentant une
transformation polymorphique, pour chaque valeur de la pression, cette transformation se produira à une température déterminée, et en portant sur deux axes de coordonnées les valeurs
correspondantes à cette transformation, nous obtiendrons une
courbe, la courbe de transformation, qui divisera le plan en deux
régions, en deux domaines de stabilité, de telle sorte que pour
tous les points de l'un de ces domaines, une modification et une
seule est stable. Par conséquent, si le point représentatif vient à
traverser la courbe, théoriquement la transformation doit se produire ; c'est en effet ce qui a lieu dans bien des cas : chaque fois que
l'on traverse la courbe dans un sens ou dans l'autre la transformation a lieu immédiatement, il y a réversibilité et le corps
suivant l'expression de Lehmann est *énantiotrope*. Dans d'autres
cas, au contraire, par suite de frottement interne, de nature moléculaire analogue à l'hystérésis, la transformation ne se produit pas
quand on passe par des valeurs de la température et de la pression pour lesquelles on devrait voir apparaître une nouvelle
modification : il y a surfusion ou surchauffe cristallines, si du
moins on peut généraliser ces expressions et les appliquer aux cas
où il n'y a pas changement de température, mais simple changement de pression.

On constate alors que la modification, qui a persisté en dehors

de son domaine de stabilité, se transforme si on vient à la toucher
avec un cristal de la modification stable dans les conditions de
température et de pression considérées. C'est pourquoi O. Lehmann a cru pouvoir dire que la transformation se produisait à
température fixe, pour une pression donnée, si les deux modifications étaient en contact. Mais même quand cette condition est
remplie, la vitesse de transformation est très variable : dans certains cas, une fois amorcée, la transformation se transmet si
lentement que l'on est en droit de se demander s'il y a véritablement une température de transformation. A cette objection, il est
répondu que pour annuler tous les frottements qui s'opposent à
la transformation, il est de toute nécessité d'amener le corps à
la température et à la pression de transformation avec une lenteur suffisante : à cette condition et à cette condition seulement,
la température et la pression de transformation seront fixes.

D'autre part, M. Ostwald a proposé de caractériser cet état particulier, dans lequel se trouve une modification, qui est passé
dans le domaine de stabilité d'une autre modification, en disant
que cet état est métastable. A vrai dire pour les physico-chi-
mistes, ce qui caractérise l'état métastable, c'est qu'il est stable
en lui-même, et n'est instable qu'en présence de l'autre modification. Mais même si on n'accepte pas cette opinion, l'expression
de métastable est à conserver puisque, relativement aux variations
de la pression, les expressions de surchauffe et de surfusion cristallines ne sont guère acceptables.

Mais à côté de ces corps dont les modifications sont stables
dans un domaine déterminé, il en est d'autres présentant d'une
part une modification stable, et de l'autre une ou plusieurs modifications instables à toutes les températures sous la pression
atmosphérique, que l'on n'obtient qu'au moyen d'artifices et qui
ne subsistent que momentanément.

Si on les chauffe on les fond, ou on les transforme en la modification stable, sans que bien entendu, il puisse y avoir réversibilité sous la pression considérée. Dans ce cas, il n'y a plus à
proprement parler de température de transformation pour le passage de la modification instable à la modification stable : il suffit,
par exemple, de chauffer la modification instable plus ou moins

rapidement pour faire varier la température à laquelle s'effectue la transformation.

Comme on le verra plus loin, il est fort probable que les modifications instables sont simplement métastables, mais pour atteindre leur domaine de stabilité, il faudrait faire varier non seulement la température, mais encore la pression.

Dans le cas précédent, il n'y a aucun doute sur la stabilité et l'instabilité des différentes modifications, mais il n'en est plus de même pour d'autres corps. Pour ceux-ci, les deux modifications subsistent simultanément côte à côte, sans que, en apparence du moins, il y ait tendance au passage de l'une des modifications à l'autre. Mais comme on admet que l'état d'un corps est déterminé, pour une température et une pression données, on en conclut qu'une seule des modifications est réellement stable et que l'autre ne subsiste que grâce à des frottements internes, qui s'opposent à la transformation. Comme cette hypothèse se vérifie expérimentalement pour certains corps, il est tout naturel de la généraliser, et nous étudierons successivement les modifications stables et les modifications instables.

§ 3. — DES MODIFICATIONS STABLES

Courbes de transformation. — On trouvera sur ce sujet tous les développements désirables dans l'ouvrage de M. Bakuis Roozeboom, *Die Heter. Gleichgewichte*, t. I.

Dans les transformations polymorphiques, comme dans toutes les transformations réversibles, une variation de la pression entraîne une variation de la température de transformation, et ces deux variations sont reliées par la formule de Clapeyron :

$$\frac{dt}{dp} = \frac{T.\,dv}{Q}$$

dans laquelle T représente la température absolue de transformation, Q la chaleur de transformation et dt, dp, dv les variations concommitantes de la température, de la pression et du volume.

Comme dv est très faible en général, il en résulte qu'une

variation de pression n'entraîne qu'un faible changement dans la
température de transformation.

D'autre part, quand la température s'élève, la quantité de chaleur Q est toujours positive, c'est-à-dire représente toujours de
la chaleur absorbée, il en résulte que si dv est positif, c'est-à-dire
si la transformation est accompagnée d'une dilatation, quand la
température s'élève, dt et dp sont de même signe : autrement dit
une augmentation de pression détermine une élévation de la température de transformation. C'est certainement ce qui a lieu pour
la grande majorité des corps. Cependant, il en est pour lesquels,
la transformation est accompagnée d'une contraction, quand la
température s'élève; dv est donc négatif et par suite dt et dp sont
de signe contraire, autrement dit une augmentation de pression
a pour conséquence un abaissement de la température de transformation.

Jusqu'ici les seuls corps connus présentant cette particularité,
sont la boracite, l'iodure d'argent, le chloro-aluminate de calcium
et l'azotate d'ammonium aux températures de — 16° et de 82°.

Cette particularité trouve son expression très simple dans
l'orientation de la courbe de transformation : le rapport $dt : dp$
n'est en effet que le coefficient angulaire de la tangente à cette
courbe, autrement dit la tangente de l'angle que fait la tangente à
la courbe avec la direction positive de l'axe des p. Par conséquent
quand dv sera positif, la courbe s'écartera de l'axe des p, quand
p augmentera; si au contraire dv est négatif, la courbe se rapprochera de l'axe des p quand il y aura augmentation de pression.

Ceci posé, pour être bien compris, nous allons considérer un
corps polymorphe enfermé dans un vase ne renfermant que lui et
nous supposerons qu'on le chauffe et qu'on le comprime par l'intermédiaire des parois. Si le corps possède deux modifications, stables sous une pression égale à la tension maximum de leurs
vapeurs, quand on écartera les parois du corps, l'espace intermédiaire se remplira de vapeur sous la tension maximum, qui
variera avec la température. Si nous portons sur les axes de
coordonnées les valeurs de cette tension maximum, on obtiendra
une courbe pour les tensions de vapeur de la modification I, une

courbe pour la modification II et enfin une courbe pour les tensions de vapeur du liquide III résultant de la fusion de la modification II. Or soient O (fig. 107) le point d'intersection des deux

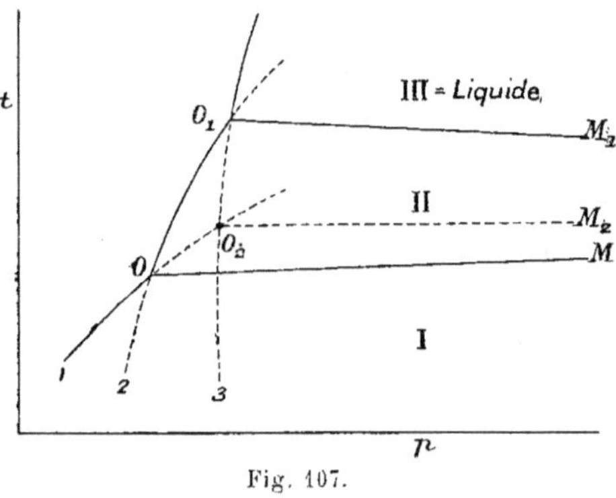

Fig. 107.

premières courbes et O_1 le point d'intersection des deux secondes. Au point O, les deux modifications sont stables simultanément, par conséquent la courbe de transformation OM des deux modifications devra passer par le point O; de même la courbe de fusion $O_1 M_1$ de la modification II devra passer par le point O_1.

Or en maintenant la modification I à l'état de surchauffe cristalline, on pourra déterminer sa tension de vapeur et prolonger sa courbe de tension au delà du point O : de même, grâce à la surfusion, on pourra prolonger la courbe du liquide : ces deux courbes prolongées se rencontreront en un point O_2, situé entre les deux courbes OM et $O_1 M_1$, car comme on le verra plus loin les tensions de vapeurs du liquide surfondu et de la modification I surchauffée sont plus élevées que la tension de vapeur de la modifi-

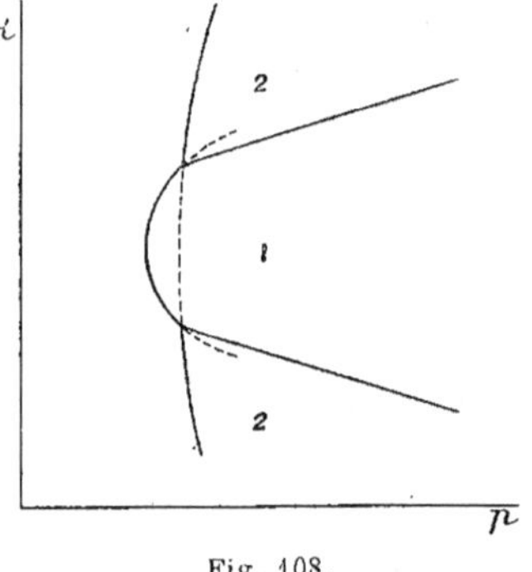

Fig. 108.

cation II. Par ce point O_2 passera la courbe de fusion $O_2 M_2$ de la modification I. A un point de l'espace compris entre la courbe de transformation OM et la courbe de fusion $O_2 M_2$ correspondent deux états du corps, l'un stable sous la modification II et l'autre métastable sous la modification I, et la figure suffit pour montrer que le point de fusion sous l'état métastable est inférieur au point de fusion sous l'état stable.

Comme le montre la figure 108, la courbe de la modification 1 peut avoir une forme telle qu'elle soit coupée en deux points par la courbe de 2 et alors celle-ci possède deux domaines de stabilité, séparés par le domaine de 1 : on ne connaît jusqu'ici qu'un seul exemple de ce cas, la modification quadratique de l'azotate d'ammoniaque, qui comme on le verra plus loin, est stable au-dessous de — 16° et au-dessus de 82°.

Revenons maintenant aux courbes OM et O_2M_2 ; elles pourront se couper du côté des pressions croissantes relativement aux

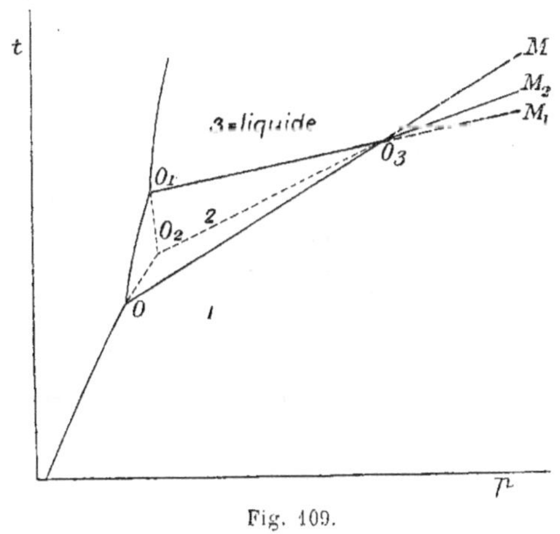

Fig. 109.

courbes de tensions de vapeurs, en un point O_3 (fig. 109). A partir de ce point, la modification 1, fondra directement sans passer par la modification 2 et la fusion s'effectuera suivant une courbe O_2M_2, passant par O_3 et dont le prolongement passera par le point O_2 ; il faut se garder de confondre cette courbe avec la courbe O_1M_1 de fusion de la modification 2. Au point O_3, les deux modifications et le liquide sont simultanément stables; comme on le verra plus loin, ce cas est celui du soufre, dont M. Tammann a déterminé les courbes de transformation et la courbe de fusion.

Si maintenant, nous considérons un corps présentant trois modifications, stables sous une pression égale à la tension maximum de leurs vapeurs, la figure précédente et ce qui s'y rapporte, lui est applicable : il suffit de remplacer le liquide 3, par la modification 3. C'est ainsi que au point O_2 deux modifications et une vapeur sont dans l'état métastable ; au point O_3, les trois modifications sont stables et par O_3 et O_2 passe la courbe de transformation de la modification 1 en la modification 3. Nous rencontrerons ce cas plus loin, à propos de l'azotate d'ammoniaque.

Il est un dernier cas, qu'il nous faut examiner, tout au moins si nous nous contentons des points essentiels de cette étude théorique.

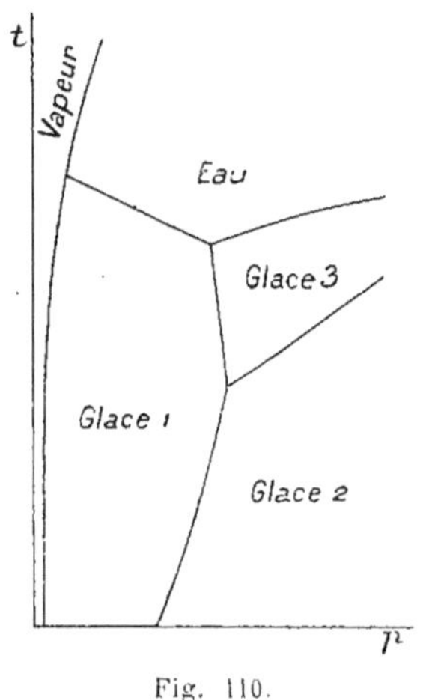

Fig. 110.

Comprimons le corps dans son enveloppe de façon à faire disparaître l'espace vide et avec lui la vapeur ; il pourra se faire que, pour une pression suffisamment élevée, le corps, qui se trouve sous sa modification 1 se transforme en une modification 2 qui n'est pas stable sous une pression aussi faible que la tension maximum de sa vapeur.

Les domaines de stabilité des deux modifications seront séparés par une courbe de transformation, qui viendra couper la courbe de fusion de la modification 1 en un point O, d'où partira la courbe de fusion de la modification 2.

Mais il pourra se faire que suivant la température, la modification 1 suffisamment comprimée se transforme en une modification 2 ou en une modification 3. Bien entendu la courbe (1,2) ne sera pas la même que la courbe (1,3) et du point d'intersection de ces deux courbes partira la courbe (2,3). C'est ce qui a lieu pour la glace, d'après M. Tammann[1], conformément à la figure ci-jointe (fig. 110).

§ 4. — DES MODIFICATIONS INSTABLES

On a vu dans le paragraphe précédent comment une modification stable dans un domaine du plan pouvait grâce à la surfusion où à la surchauffe cristalline être amenée à l'état instable. D'autre

---

[1] Tammann. *Krystalliesieren u. Schmelzen*, p. 315.

part il est des corps qui, à côté d'une modification stable, présente une ou plusieurs modifications instables, sous la pression ordinaire, à toutes les températures et que l'on ne peut obtenir que grâce à certains artifices. Toutes ces modifications instables possèdent des caractères communs qu'il nous faut étudier; mais auparavant nous devons donner quelques renseignements sur les modifications instables à toutes les températures.

Tantôt la modification instable présente une instabilité absolue, et on ne peut l'observer qu'un instant; tantôt grâce à des frottements internes, elle subsiste plus ou moins longtemps, et si l'on ne peut déterminer ses constances cristallographiques, on peut cependant observer certaines de ses propriétés optiques et même déterminer son point de fusion : comme souvent les modifications instables n'ont été étudiées que par des chimistes ou des physiciens les différences dans la température de fusion sont le seul caractère que l'on ait pour les distinguer. Enfin il est des corps pour lesquels la modification instable se trouve dans un état si voisin de la stabilité, qu'il est quelquefois difficile de la distinguer de la modification stable. Citons quelques exemples.

Le chlorate de soude est cubique, mais si on le fait fondre sur une lamelle porte-objet, en le chauffant assez fortement, et si on le laisse refroidir de façon à déterminer la surfusion, le liquide cristallise subitement en donnant des cristaux très biréfringents, qui presque aussitôt se transforment brusquement en cristaux cubiques. Pour pouvoir observer la modification biréfringente, il faut ajouter au chlorate de soude une petite quantité d'un corps étranger, comme le chlorate de potasse ou l'azotate de soude, qui lui donne de la stabilité, sans modifier ses propriétés. On constate alors que ces cristaux biréfringents possèdent toutes les propriétés des cristaux du chlorate de potasse, mêmes clivages, même biréfringence, même angle des axes optiques.

Le chlorate de soude, grâce à la surfusion, cristallise donc en prisme monoclinique quasi-rhomboédrique d'une instabilité complète.

L'acide propionique possède deux formes, appartenant toutes les deux au système monoclinique, l'une stable fond à 64°, l'autre instable fond à 51°. Le corps fondu et fortement chauffé donne par surfusion la modification instable, qui chauffée lentement se transforme en l'autre modification. Mais si on la chauffe rapidement, on la porte à son point de fusion, sans que la transformation se soit produite et l'on obtient un liquide, surfondu relativement à la modification stable. Aussi arrive-t-il que ce liquide recristallise sous la modification stable, pour refondre à la température de 64°. Comme on le voit, par suite de frottements internes, la modification instable peut subsister un certain temps et être étudiée.

Nous citerons encore l'acide acétique monochloré, qui présente quatre modifications, dont trois instables, incomplètement connues. Les points de fusion respectifs sont 61°,2; 56°; 50°; 43°,7. On les obtient par surfusion de plus en plus prononcée[1].

Un autre exemple bien typique est l'acide glycholique, qui fondu entre deux lamelles de verre donne presque toujours la modification instable, qui se transforme immédiatement en la modification stable. Si l'on chauffe la préparation avant que la transformation soit complètement effectuée, on constate que les cristaux non transformés fondent les premiers.

Dans les mêmes conditions la malonamide donne presque toujours les deux modifications côte à côte dans la même préparation. La modification instable est biaxe peu biréfringente, la stable est au contraire uniaxe et très biréfringente. Les deux modifications restent en contact indéfiniment sans qu'il y ait transformation de la modification instable.

Le propionate de cholestéryle donne également ses deux modifications, l'une fortement biréfringente stable et l'autre faiblement biréfringente, instable, se présentant sous forme de sphérolites finement radiés. Malgré le contact les deux modifications subsistent sans limite de temps.

On trouvera beaucoup d'autres exemples dans la *Molekularphysik* de O. Lehmann et dans l'ouvrage de M. Tammann. Malheureusement ce dernier a complètement négligé le côté cristallographique de la question.

Il résulte bien de l'étude de ces quelques exemples, qu'il y a

---

[1] Picckering, *Jour. Chem. Soc.* vol. LXVII.

tous les passages entre les modifications réellement instables, qui
ne subsistent qu'un moment et celles qui par suite de frottements
internes persistent indéfiniment, même en contact de la modification stable. Naturellement ces modifications instables passent aux
modifications stables à une température indéterminée, puisque
l'échauffement n'a d'autre effet que de diminuer les frottements,
sans lesquels la transformation se produirait d'elle-même.

Tous les caractères communs aux modifications instables résultent
de ce fait qu'une telle modification peut se transformer en la modification stable, sans qu'on la soumette à un changement de température et de pression. Bien entendu, la transformation inverse ne peut
avoir lieu et c'est dans cette absence de réversibilité que consiste la
monotropie de Lehmann.

Un premier caractère consiste en ce que la tension de vapeur de
la modification instable est plus forte que celle de la modification
stable à la même température. Si on les place toutes les deux
dans un espace clos ; celui-ci, saturé par la vapeur de la modification ayant la plus haute tension, sera sursaturé relativement à la
seconde modification ; la vapeur se condensera donc sous forme
de cette dernière et peu à peu toute la première modification se
transformera en la seconde.

En second lieu, la modification instable est plus soluble que la
stable. On sait en effet qu'un gaz se dissout dans un liquide en
quantité proportionnelle à la pression qu'il exerce sur la surface de
ce liquide ; si donc on met le solvant en présence de la vapeur
saturante de la modification instable, il en dissoudra une plus grande
quantité que si il était en présence de la vapeur saturante de la modification stable. Nous reviendrons d'ailleurs plus loin sur ce point.

En troisième lieu, quand par un changement de température,
on peut amener les deux modifications dans un même troisième
état, état liquide ou cristallisé, la variation de température, qui
entraînera la transformation de la modification instable sera plus
faible que la variation nécessaire pour la stable. Considérons
d'abord le cas où la première est obtenue par surchauffe ou surfusion cristalline.

Reportons-nous à la figure 107 dans laquelle les courbes 1,2,3,
sont les courbes de tensions de vapeurs des trois modifica-

tions, OM, O_1M_1, O_2M_2 les courbes de transformation de l'une des modifications en une autre. Les courbes 1 et 3 se prolongeront à droite de la courbe 2 et le point O_2 se trouvera entre OM et O_1M_1. A un point du domaine M_2O_2OM correspondent la modification 2 stable et la modification 1 instable, si nous les chauffons pour les transformer en la modification 3, il faudra évidemment moins chauffer la modification instable, qui se transforme suivant la

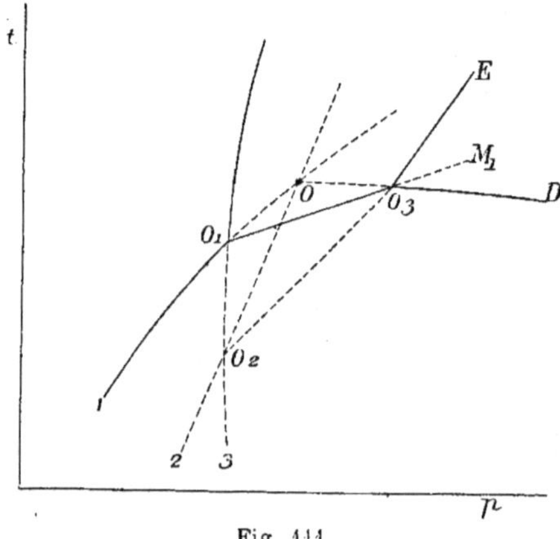

Fig. 111.

courbe O_2M_2, que la modification stable dont la transformation se produit suivant la courbe O_1M_1.

De même à un point du domaine $M_2O_2O_1M_1$ correspondent la modification 2 stable et la modification 3 instable. Si nous refroidissons pour les transformer en la modification 1, il faudra moins refroidir la modification 3 instable que la modification 2 stable.

En particulier si l'état 3, au lieu de représenter une modification cristalline, représente l'état liquide, on voit que la modification instable fond à une température inférieure à celle de la modification stable.

Considérons maintenant un corps dont l'une des modifications est instable à toutes les températures, sous la pression ordinaire. Soient dans la figure ci-jointe (fig. 111) 1 et 3 les courbes de tensions de vapeur de deux modifications stables, à des températures différentes bien entendu ; et O_1M_1, la courbe de transformation de l'une en l'autre. La courbe des tensions de vapeur de la

modification instable 2 ne coupera pas les deux courbes précédentes mais leur prolongement en O et O$_2$. La courbe de transformation de la modification instable en la modification 1 sera donc
une courbe telle que OD passant par O et la courbe de transformation de la modification instable en la modification 3 sera une
courbe telle que O$_2$E passant par O$_2$. On voit donc que pour transformer la modification instable en la modification 3, il faudra
moins chauffer que pour la transformation de 1, puisque la courbe
O$_2$E se trouve au-dessous de la courbe O$_1$M$_1$. De même pour transformer la modification instable en 1 il faudra moins la refroidir
que 3 puisque la courbe de transformation OD se trouve au-dessus de la courbe O$_1$M$_1$. La proposition se trouve donc démontrée
dans tous les cas. Mais du même diagramme nous allons pouvoir
déduire plusieurs conclusions importantes. Tout d'abord nous
voyons que l'on peut obtenir la modification instable en partant
de la modification 3 subissant la surfusion cristalline de façon que
sa température baisse jusqu'à celle d'un point de la courbe de
transformation O$_2$E. De même on pourra l'obtenir en partant de
la modification 1 par surchauffe cristalline de façon à rencontrer
la courbe de transformation OD. Nous rencontrerons plus loin
deux exemples du premier cas à propos de l'azotate de potassium
et de l'oléate d'ammonium.

Supposons que l'état 3 soit l'état liquide ; du diagramme résulte
que la température de fusion de la modification instable est inférieure à celle de la modification stable. En second lieu on pourra
obtenir la modification instable en surfondant le liquide, jusqu'à
une température déterminée, ce qui explique les faits signalés
plus haut à propos des exemples. En outre, comme l'a fait remarquer M. Oswald la véritable température de transformation de la
forme 2 en la forme stable 1 est celle du point O, qui est supérieure à la température de fusion. Nous n'observons donc la
forme 2 qu'au-dessous de la température de transformation ;
quand donc celle-ci se produira, elle sera accompagnée d'un dégagement de chaleur.

Enfin si un même corps présente plusieurs modifications instables, celles-ci auront des tensions de vapeur d'autant plus élevées qu'elles seront moins stables, et les courbes de tension cou-

peront la courbe 3 de tension du liquide en des points d'autant plus bas. Par conséquent la température de solidification baissera avec la stabilité et pour les obtenir avec le liquide, il faudra surfondre celui-ci de plus en plus.

Enfin le même diagramme permet de voir comment à partir d'une certaine pression il peut exister un domaine de stabilité pour la modification instable. Si les deux courbes de transformation OD et O_2E se coupent en un point O_3, en ce point les trois modifications peuvent coexister côte à côte et par conséquent la courbe O_1M_1 de transformation de 1 en 3 passera par ce point O_3, et la modification 2 sera stable dans le domaine EO_3D. Par conséquent en chauffant 1 sous une pression supérieure à celle de O_3 on passera à 2 quand on rencontrera la courbe O_3D, puis à 3 quand on arrivera à la courbe O_3E et les deux transformations seront réversibles.

On voit donc par là que les modifications instables à toutes les températures sous la pression ordinaire ne diffèrent en rien de celle que l'on obtient par surfusion ou surchauffe cristalline.

Si les deux courbes de transformation se rencontraient du côté des pressions négatives, relativement aux courbes de tensions, il y aurait encore un domaine de stabilité pour la modification 2, mais pour l'atteindre, il faudrait exercer une traction sur le corps.

Tammann a eu l'occasion d'étudier deux corps rentrant dans le premier cas : l'acide carbonique et le triméthylcarbinol, qui, à l'état cristallisé, présentent deux modifications, dont l'une n'est stable que sous une forte pression.

Pour le premier les coordonnées du point O_3 sont 2800 et 7°,5, la pression étant exprimée en atmosphères. Pour le second les coordonnées du point O_3 sont 1700 et 60°[1].

Pour les pressions supérieures à la pression limite, les deux modifications sont stables chacune dans un domaine déterminé.

Cristaux naturels. — Dans la nature on trouve de nombreux exemples de corps ayant la même composition centésimale et différant par leurs caractères physiques et en particulier par leurs

---

[1] Wiedm. *Ann.*, vol. LXVIII, 1899.

caractères cristallographiques. A première vue on sera tenté d'admettre que l'on a affaire non à deux modifications d'un corps polymorphe, mais à deux isomères; mais certains faits, qu'il nous faut décrire, ne permettent pas de trancher la question aussi facilement.

Comme on l'a vu par les exemples cités plus haut, les frottements qui s'opposent au passage de la modification instable à la modification stable sont d'intensité très variable suivant les corps et suivant la température à laquelle on les observe. Dans le propionate de cholestéryle ces frottements sont tels que les deux modifications sont en apparence presque aussi stables l'une que l'autre. On les atténue par une élévation de température, tantôt assez vite pour que la transformation se produise avant la fusion, tantôt trop lentement pour que cette transformation puisse s'effectuer. Ces mêmes frottements augmentent quand la température baisse, au point que les deux modifications peuvent rester côte à côte sans que la transformation ait lieu : M. Gernez a mis le fait très nettement en évidence pour le soufre. Ce corps est orthorhombique au-dessous de $95°,6$ et monoclinique au-dessus de cette température. Mais grâce à la surfusion cristalline on peut abaisser la température de ce soufre monoclinique sans qu'il se transforme en soufre orthorhombique; et en général, le soufre à l'état métastable, touché avec un cristal orthorhombique se transforme; la vitesse de transformation va d'abord en augmentant quand la température baisse, passe par un maximum, puis diminue et devient nulle à la température de $-23°$. Donc à partir de cette température les deux modifications du soufre paraîtront aussi stables l'une que l'autre par ce seul fait que les frottements qui s'opposent à la transformation sont trop grands pour être vaincus; mais il n'y a en réalité qu'une seule modification qui soit vraiment stable.

On peut mettre le même fait en évidence par la transformation à $-16°$ des cristaux orthorhombiques d'azotate d'ammoniaque en cristaux quadratiques : la transformation n'affecte que certains fragments de cristaux, les autres restant intacts. Mais si l'on ajoute au sel ammoniacal une petite quantité d'azotate de potassium dont la présence relève la température de transformation, celle-ci se produit rapidement sous forme d'un voile qui traverse la préparation.

Ces exemples nous amènent à concevoir l'existence possible d'un second cas, dans lequel, une modification instable peut se produire sans que la réversibilité puisse être mise en évidence. Supposons que le point O de transformation, corresponde à une température très basse, à laquelle les frottements sont trop éner-

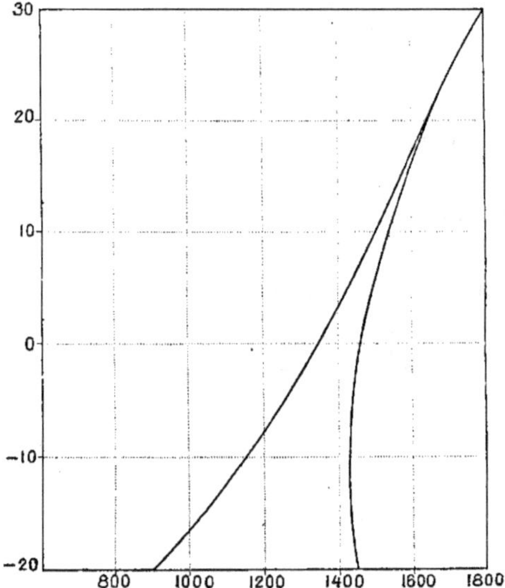

Fig. 112. — Courbes de transformation du phénol.

giques pour que la transformation puisse s'effectuer, quand on y amène le corps. Au-dessus du point O la forme 1 sera instable tandis que la forme 2 sera stable ; la modification 1 sera dans le même état que le soufre orthorhombique, maintenu au-dessus de 95°6, température de passage à la modification monoclinique, grâce à la surchauffe cristalline. Le point de fusion de la modification instable sera toujours inférieur à celui de la modification stable 2, mais la transformation, si elle s'effectue, sera accompagnée d'une absorption de chaleur, à l'inverse de ce qui a lieu pour les formes instables résultant de la surfusion cristalline, étudiées précédemment.

M. Tammann, dans ses remarquables recherches sur l'influence de la pression et de la température sur l'état des corps, a distingué un troisième cas, dans lequel les deux modifications peuvent être toutes les deux considérées, au même titre, comme stables ou instables.

Si faisant varier la pression, on abaisse de plus en plus la température de la transformation réversible du phénol, on constate qu'à partir de 30°, il n'y a plus à proprement parler une courbe de transformation, mais deux courbes, entre lesquelles les deux modifications peuvent subsister en contact, de sorte que le champ se trouve divisé en trois domaines : dans deux d'entr'eux une seule des modifications est stable, tandis que dans l'intermédiaire les deux modifications peuvent exister simultanément (fig. 112).

Donc pour le phénol, dans certaines conditions de température et de pression, les deux formes sont également stables et il est fort possible que ce soit là un fait général, ayant échappé jusqu'ici parce que l'on n'a pas poussé les recherches dans un intervalle de température suffisamment étendu.

En particulier, il faut remarquer que l'une des courbes limitant le domaine intermédiaire rencontre l'axe des températures en un point voisin de —30°. Par conséquent à partir de cette température, sous la pression ordinaire, les deux modifications du phénol pourront subsister.

Il est possible, conformément aux idées de M. Tammann, que l'on doive faire rentrer dans ce cas, un assez grand nombre de corps, présentant deux modifications susceptibles de coexister côte à côte et paraissant également stables.

On peut citer, comme exemple, la calcite et l'aragonite. De même en faisant cristalliser au-dessus de 35°, le bichromate de rubidium, Wyrouboff a obtenu deux espèces de cristaux différant par leur coloration; les uns sont monocliniques et les autres tricliniques. Non seulement les deux sortes de cristaux subsistent indéfiniment dans la dissolution, mais encore il est impossible de passer de l'une à l'autre en modifiant les conditions thermiques. Si on les chauffe on les fond, mais on ne détermine pas le passage de l'une des formes à l'autre.

L'acide tellurique, Te $(OH)^6$, qui cristallise en octaèdres réguliers et en cristaux monocliniques, donne naissance aux deux formes dans une dissolution chaude acidulée à l'acide azotique, pour une concentration déterminée. Il faut étendre la solution pour que les octaèdres se transforment en cristaux monocliniques.

Le corps $SiFl^6(AzH')^2$ donne naissance à des rhomboèdres au-dessous de 5°, et à des cubes au-dessus de 13°, lorsqu'il est en dissolution aqueuse. Pour les températures intermédiaires, les deux formes se produisent simultanément, et il faut chauffer les rhomboèdres à la température de 100° en présence des eaux mères, pour déterminer leur transformation. A sec les deux modifications peuvent subsister côte à côte sans changement[1].

On trouvera d'autres exemples dans l'ouvrage de M. Groth *Einleitung in die chemische Krystallographie*, page 19, qui cite plus spécialement des cas dans lesquels le passage de l'une des formes à l'autre est inconnu. Mais c'est surtout au remarquable traité de M. O. Lehmann, *Molekularphysik*, page 103, qu'il faut faire appel pour trouver des exemples de monotropie c'est-à-dire de corps dont l'une des modifications est susceptible de passer à l'autre sans qu'il y ait réversibilité.

On voit donc en résumé, qu'il y a trois explications possibles de l'existence simultanée de deux modifications d'un même corps. Dans l'une, il y a une modification stable et une instable et le point de transformation ne peut être atteint parce qu'il se trouve au-dessus du point de fusion. Dans la seconde, il y a également une modification stable et une instable, mais la transformation ne peut être produite, car elle devrait avoir lieu à une température fort basse, à laquelle les frottements internes ne la permettent pas. Enfin dans le troisième cas, la transformation est réversible au-dessus d'une certaine température, mais au-dessous de cette température la courbe de réversibilité se divise en deux branches limitant un domaine dans lequel les deux modifications peuvent subsister au même titre.

§ 5. — Polymorphisme des corps cristallisés hydratés

Les corps cristallisés, renfermant de l'eau de cristallisation, peuvent, comme les autres corps cristallisés, présenter des trans-

[1] Gosner. *Zeitsch. f. Kryst.*, vol. XXXVIII.

formations polymorphiques, quand les conditions de température
et de pression viennent à changer, mais en outre ils peuvent posséder une propriété spéciale, un polymorphisme généralisé, résultant de ce que leur eau de cristallisation possède une tension de
dissociation appréciable.

Si en effet, on place, en quantité suffisante, dans un espace vide,
des cristaux renfermant de l'eau de cristallisation, ils se transforment en un autre hydrate *cristallisé* moins riche en eau jusqu'à ce
que la vapeur d'eau, mise en liberté par la transformation, ait
acquis une tension déterminée. Si l'on augmente l'espace vide, de
façon à diminuer la pression de la vapeur d'eau, une nouvelle
quantité de l'hydrate se décompose; si au contraire on diminue
l'espace vide, si on augmente la pression de la vapeur, une certaine quantité de l'hydrate le moins riche en eau repasse à l'état
d'hydrate le plus riche. Cette tension de la vapeur d'eau est ce
que l'on appelle la tension maximum de l'hydrate à la température
considérée; c'est la tension à laquelle peuvent subsister simultanément les deux hydrates et la vapeur d'eau. A notre point de
vue, nous la nommerons tension de transformation.

Naturellement les deux hydrates n'ont pas les mêmes propriétés
physiques et en particulier les mêmes caractères cristallographiques : le passage de l'un à l'autre constitue donc une sorte de
transformation polymorphique, qui se distingue des transformations polymorphiques ordinaires en ce que les deux corps cristallisés ne renferment pas le même nombre de molécules d'eau.

Considérons, par exemple, le sulfate de cuivre, qui suivant la
quantité d'eau de cristallisation, se présente sous quatre états différents ; il peut être anhydre et orthorhombique, ou bien se combiner à une molécule d'eau (système inconnu), ou à trois molécules
d'eau et être monoclinique, ou enfin à cinq molécules et être triclinique. Plaçons une quantité suffisante du sel à trois molécules
dans un espace vide, il se transformera partiellement en sel à une
molécule jusqu'à ce que la tension de la vapeur d'eau soit devenue
égale à 30 millimètres de mercure : l'équilibre sera alors établi.
Si l'on augmente la pression, une partie du $CuSO^4$, H^2O se transformera en $CuSO^4,3H^2O$. Si l'on continue à augmenter la pression,
en ajoutant de la vapeur d'eau, il ne restera finalement que du sel

à trois molécules, qui subsistera jusqu'à ce que la pression devienne égale à 47 millimètres. Alors le sel à trois molécules se transformera peu à peu en sel à cinq molécules et la pression restera constante tant que la transformation ne sera pas complètement effectuée. Puis si la pression continue à croître, il arrivera un moment où elle sera égale à la tension maximum de la solution saturée du sulfate de cuivre et alors celui-ci se dissoudra.

Revenons maintenant au moment de l'expérience où la pression, étant égale à 30 millimètres, la vapeur d'eau est en équilibre en présence d'un mélange des hydrates à 1 et à 3 molécules d'eau. Si l'on tente de diminuer la pression, une nouvelle quantité de sel à 3 molécules se transformera en sel à 1 molécule, jusqu'à ce que la transformation soit complète. Puis on pourra la faire décroître jusqu'à ce qu'elle atteigne la valeur de 4,4 mm ; alors le sel à 1 molécule se transformera en sel anhydre, qui est le dernier terme des transformations.

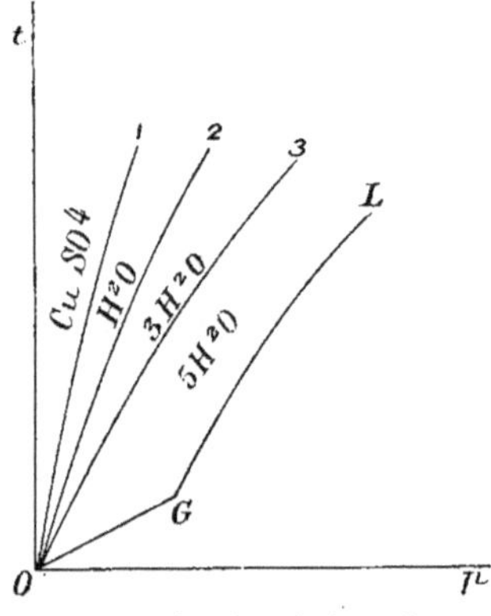

Fig. 113. — Courbes de transformation du sulfate de cuivre.

Les différentes tensions maxima, que nous venons de considérer varient avec la température : si donc nous portons sur deux axes de coordonnées les températures et les tensions correspondantes nous obtiendrons des courbes telles que celles de la figure 113, dans laquelle les chiffres 1,2,3, et L désignent respectivement les courbes de tensions des hydrates à 1, à 3, à 5 molécules d'eau et la courbe de la solution saturée, les pressions étant portées sur l'axe horizontal et les températures sur l'axe vertical. La courbe OG est la courbe des tensions de la glace.

Or si l'on coupe toutes ces courbes par une droite verticale, on obtient les températures auxquelles les hydrates passent les uns aux autres, à pression constante, par simple élévation de température, comme dans le cas du polymorphisme ordinaire. Il ne faudrait pas croire que pour toutes les pressions, en élevant la température, on obtiendra la suite complète de tous les hydrates. Il peut parfaitement se faire que la température s'élevant l'une des courbes de transformation vienne couper la courbe suivante, que par exemple, la courbe 2 vienne couper la courbe 3. A partir de la température correspondante l'hydrate à 3 molécules ne pourra plus exister et l'on passera de l'hydrate à 1 molécule à l'hydrate à 5 molécules. Autrement dit les coordonnées du point d'intersection des deux courbes nous donnent les valeurs limites de la pression et de la température, à partir desquelles l'hydrate cessera d'exister. C'est ainsi que le sulfate de soude à 7 molécules d'eau, dont la tension de vapeur même à 0° est supérieure à celle du sel à 10 molécules, n'est connu qu'à l'état instable.

En second lieu, il peut arriver que la courbe de tension de l'hydrate supérieure rencontre la courbe de tension de la solution saturée : à partir de la température correspondante, il ne pourra plus exister et alors deux cas peuvent se présenter, ou bien l'hydrate se dissoudra complètement dans son eau de cristallisation, comme cela a lieu pour le chlorure de calcium, ou bien il se formera un hydrate inférieur et une solution saturée : c'est ainsi que le sulfate de soude à 10 molécules d'eau, donne naissance à la température de 32°,6 à du sel anhydre et à une solution saturée.

Avant d'aller plus loin, il est nécessaire de faire remarquer que les considérations générales, que l'on vient d'exposer, s'appliquent tout aussi bien aux corps cristallisés dans lesquels l'eau de cristallisation est remplacée par certains autres corps qui jouent le même rôle, telle que l'alcool, l'ammoniaque, qui forment avec le chlorure de calcium des composés absolument comparables aux hydrates.

Méthodes de détermination. — Avant de donner quelques nombres, il nous faut dire deux mots des méthodes employées pour déterminer les températures et les tensions de transformation. Pour les températures, on emploie les méthodes habituelles que nous avons décrites plus loin, c'est-à-dire la méthode optique, la méthode thermique et surtout la méthode dilatométrique.

Quant à la tension de vapeur, on la peut déterminer au moyen du tensimètre représenté par la figure 114. Dans l'une des boules

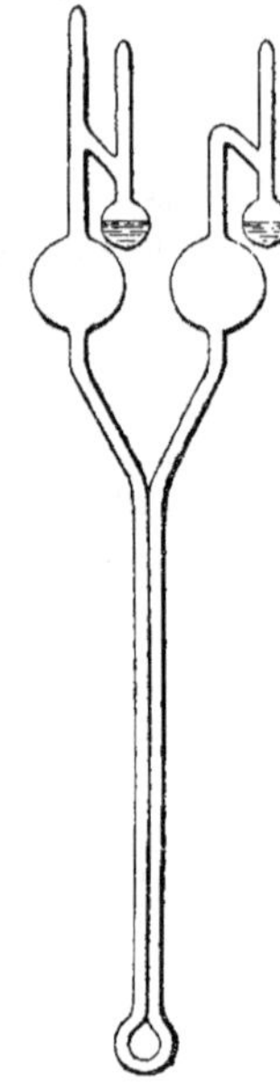

Fig. 114. — Tensimètre.

on met de l'acide sulfurique et dans l'autre le corps cristallisé convenablement desséché, c'est-à dire desséché de façon à avoir un mélange des deux hydrates, dont la tension commune est à déterminer. Le tube en U qui réunit ces deux boules est rempli d'huile d'olive. Après avoir fait le vide, au moyen de la trompe à mercure, on ferme à la lampe et on porte l'appareil à une température connue ; la différence des deux colonnes d'huile donne la tension cherchée.

Tensions de transformation. — Dans les tableaux de données qui suivent, on a caractérisé chaque modification, par l'initiale C, Q, R, O, M, T, de son système cristallin, et par le nombre de molécules d'eau, c'est ainsi que M7, signifie monoclinique à 7 molécules d'eau ; la lettre X est employée quand le système est inconnu.

Sulfate de cuivre[1]

$$T5 \rightleftarrows M3 + 2H^2O$$

t	p
13,95	2,99
20,46	5,06
26,30	8,07
30,20	10,90
34,75	15,31
39,55	21,45
39,70	21,73

Sulfate de zinc

$$O7 \rightleftarrows M6 + H^2O$$

t	p
18,00	8,41
20,45	10,07
25,15	14,70
28,35	19,13
29,95	21,39

Sulfate de magnésium[1]

$$O7 \rightleftarrows M6 + H^2O$$

t	p
14,95	4,87
20,05	7,58
25,75	12,17
30,75	18,18
31,05	18,68

Sulfate de fer

$$M7 \rightleftarrows M6 + H^2O$$

t	p
30,67	21,76
39,96	39,94
44,45	52,86
46,43	59,63

[1] Frowein. *Zeit. f. p. Chemie*, vol. I.

Chlorure de calcium : l'hydrate à 4 molécules d'eau de ce sel est dimorphe ; les caractères cristallographiques des modifications désignés par α et β sont inconnus[1].

R6 $\rightleftarrows$ α + 2H²O			R6 $\rightleftarrows$ β + 2H²O	
t	p		t	p
— 15	0,27		— 15	0,22
0	0,92		0	0,76
10	1,92		10	1,62
20	3,78		20	3,78
25	5,08		25	5,08
29,8	6,80		29,8	6,80

Températures de transformation. — On n'a encore fait que fort peu de déterminations à ce sujet : celles-ci ont été pour la plupart effectuées incidemment, ou à propos d'autres questions. C'est ainsi que les auteurs étudiant la solubilité des différents hydrates ont été amenés à mesurer la température de passage d'un hydrate à l'autre, sans s'occuper de la transformation polymorphique, qui accompagne le changement dans le degré d'hydration. Les tables de Landolt renferment de nombreuses indications, incomplètes à ce point de vue.

$$MnSO^4 : M7 \xrightarrow{8°8} T5 \xrightarrow{26°6} O4 \xrightarrow{27} \text{Monohydrate}$$

$$ZnSO^4 : O7 \xrightarrow{38°7} M6 \xrightarrow{65°} Q6$$

$$Cu\,SO^4 : M7 \xrightarrow{-20} T5 \xrightarrow{105} M3$$

On peut dire que la question est intacte en ce qui concerne les modifications cristallographiques.

§ 6. — FORMATION DES MODIFICATIONS INSTABLES

Les modifications instables se produisent assez fréquemment dans des conditions spéciales tout à fait imprévues et variables d'un corps à l'autre, mais le plus souvent on les obtient en faisant cristalliser soit un liquide surfondu, soit une solution sursaturée. Nous allons étudier successivement ces deux procédés.

[1] Roozeboom. *Zeitsch. f. Phy. Chemie.* vol. IV.

Formation par surfusion. — Nous avons vu qu'une modification instable était plus fusible qu'une modification stable et que s'il existe plusieurs modifications instables, elles sont d'autant plus fusibles qu'elles sont plus instables ; par conséquent, une modification instable ne pourra résulter de la cristallisation d'un corps fondu par voie ignée que si le corps fondu se trouve à l'état de surfusion et la surfusion devra être d'autant plus prononcée que la modification sera plus instable. C'est là une condition nécessaire, mais il est étonnant que très souvent elle soit suffisante, que le liquide surfondu donne naissance à la modification instable au lieu de passer directement à l'état stable.

A la vérité, Ostwald a bien énoncé la règle suivante : « Quand un corps abandonne un état instable, il ne passe pas directement à l'état le plus stable, mais à l'état le plus voisin de l'état primitif, c'est-à-dire à l'état qui est atteint avec la moindre perte d'énergie. » Mais ce n'est pas là une explication, ce n'est qu'une règle qui n'est même pas générale. Pour tâcher de trouver une explication du passage de l'état surfondu à l'état cristallisé instable, il nous faut préciser les conditions qui président à la surfusion et à la formation de la modification considérée. Tout d'abord, il nous faut remarquer que pour obtenir un liquide surfondu, il ne suffit pas de le fondre simplement à la température de fusion, il faut en général le chauffer, une fois fondu, assez longtemps et même le porter à une température supérieure. Sans cette précaution, le liquide, ramené à la température de solidification, cristallise immédiatement à l'état stable. Ce fait ne peut s'expliquer que par la persistance dans le liquide de germes cristallins, qui ne se dissocient que peu à peu sous l'influence prolongée de la chaleur.

La persistance de particules cristallines, après la transformation du milieu est bien mise en évidence par l'expérience suivante due à M. Wyrouboff. Le bichromate de cæsium est dimorphe : désignons la modification stable à haute température par α et la seconde par β. Si par abaissement de température, on passe de α à β, on voit un cristal α se transformer en plusieurs cristaux β sans relation d'orientation ni entre eux ni avec le cristal α, et cependant si l'on rechauffe ces cristaux, on voit réapparaître le cristal α avec son orientation et tous les détails de son contour

primitif ; on peut recommencer l'expérience plusieurs fois ; à
chaque nouvelle transformation les cristaux β sont différents et
cependant on voit toujours réapparaître le même cristal α. Mais
le phénomène ne se produit plus, si le refroidissement a été trop
prolongé. Il faut donc bien admettre qu'après la transformation
de α en β, transformation qui paraît complète, il subsiste cependant dans les cristaux β une trame de particules cristallines α, qui,
servant de points de départ à la cristallisation déterminent la réap-
parition du cristal α. Sous l'influence du refroidissement persis-
tant, ces particules se transforment à leur tour et l'action d'orientation disparaît.

Le même phénomène peut être observé dans la transformation
de l'azotate de potassium, mais moins facilement, car les transformations subissent dans ce cas des retards assez prolongés.

Admettons donc que dans le liquide provenant de la fusion existent des germes cristallins et voyons les conséquences que nous
en pourrons tirer, en nous appuyant sur l'expérience. Celle-ci nous
apprend que si le corps possède plusieurs modifications instables,
il faut porter le liquide à une température d'autant plus élevée que
la modification que l'on veut obtenir est moins stable. Or, si nous
nous reportons au diagramme de la figure 111, nous voyons qu'en
élevant la température des germes cristallins, qui se trouvent en
définitive, à l'état surchauffé, nous atteignons la température de
transformation de ces germes en germes de la première modification instable, puis de la seconde, et ainsi de suite. Si après cette
transformation, on refroidit le liquide, les germes, grâce à la
surfusion cristalline, pourront subsister et servir de point de départ
à la cristallisation, quand on sera revenu à la température normale
de cristallisation de la modification à laquelle ils appartiennent.

Mais, bien entendu, dans l'application de cette théorie à certains cas particuliers, on ne devra pas oublier, pour expliquer
certaines exceptions apparentes que bien des liquides peuvent être
amenés par refroidissement à l'état de verre, en désignant ainsi
un corps solide ou liquide présentant une viscosité telle que la
cristallisation n'y peut s'y propager.

Formation par sursaturation. — Nous avons vu qu'une modification instable était plus soluble que la modification stable du même corps, qu'une modification était d'autant plus soluble qu'elle était plus instable. Il en résulte que pour obtenir une modification instable par cristallisation d'une solution, il faut forcément amener cette solution à l'état de sursaturation, et celle-ci devra être d'autant plus prononcée que la modification à obtenir sera moins stable. Mais, comme dans le cas précédent, on peut se demander pourquoi cette condition, qui est évidemment nécessaire, est suffisante et pourquoi dans la pratique c'est la modification la moins stable et non pas la plus stable qui apparaît. On ne peut trouver d'explication que dans la considération de l'état de la solution sursaturée. Pendant longtemps on a admis que si une solution présentait des degrés de saturation différents pour les différentes modification d'un même corps, cela provenait de ce que la nature de la solution variait, puis Ostwald s'est élevé contre cette façon de voir et a fait admettre par tous que la solution ne changeait pas, et que le changement de la phase solide suffisait à expliquer les variations de solubilité. Or, il est probable que la vérité est intermédiaire entre ces deux opinions : il subsiste des germes cristallins, plus ou moins abondants, qui éprouvent des modifications polymorphiques. Celles-ci ne se produisent plus aux mêmes températures que pour le corps solide isolé : la présence du solvant doit les abaisser, comme celles de toutes les transformations ; et un effet de la présence du solvant peut être surtout d'espacer la transformation sur un intervalle assez étendu de température. Un exemple de persistance de particules cristallines dans un liquide a été mis en évidence par M. Lehmann dans l'étude des sels de cholestérine, qui en fondant donne naissance à des corps cristallisés liquides, qui possèdent deux modifications différentes : or dans certains d'entre eux, le passage de l'une des modifications à l'autre par refroidissement se fait progressivement et l'on voit apparaître de superbes couleurs de dispersion, qui se produisent toutes les fois que des particules ultra-microscopiques sont en suspension dans un autre corps, telles les particules d'or dans le verre. Pour d'autres sels, au contraire, la transformation se fait à une température assez nettement déterminée et l'on voit, lors de la transformation un voile traverser la préparation, et alors ce n'est que dans la zone de contact des deux modifications que se produit la dispersion de la lumière. Nous nous trouvons donc ici en présence d'un phénomène identique à celui observé dans le bichromate de cæsium par M. Wyrouboff, mais les deux modifications sont liquides au lieu d'être solides.

Il est donc probable qu'il existe dans la solution des germes cristallins, qui, comme dans le magma igné subissent les transformations polymorphiques et déterminent la cristallisation, quand la solution est saturée pour la modification à laquelle ils appartiennent. Mais il ne faut pas oublier que ces germes sont à l'état de surfusion cristalline, c'est-à-dire instables, et que par conséquent le contact d'un cristal de la modification stable en déterminera la transformation, de telle sorte qu'une solution sursaturée, renfermant des germes d'une modification instable, cristallisera au contact d'un cristal d'une modification plus stable. Les résultats des expériences de Young, Mitchell et Burke [1] viennent à l'appui de cette façon de voir : en faisant cristalliser une solution d'hyposulfite de soude chauffée pendant dix minutes à 60°, ils obtiennent presque toujours un certain hydrate a ; à 65° on obtient aussi souvent que a un second hydrate b ; à 70° et au-dessus on obtient *toujours* b.

M. Lecoq de Boisbeaudran, au moyen de toute une série d'expérience très remarquables, a mis en évidence l'influence du degré de concentration d'une dissolution sur la forme cristalline des cristaux auxquels elle donne naissance. Ce savant a opéré sur les sulfates de nickel, de cobalt, de magnésie, de fer, de cuivre et de zinc. Ces sulfates sont plus ou moins hydratés et peuvent contenir 5, 6 ou 7 équivalents d'eau, ce que nous indiquerons simplement par le chiffre 5, 6 ou 7. D'autre part, si ces sels de même degré d'hydratation peuvent avoir la même symétrie dans des conditions particulières, à la température ordinaire, ils affectent des formes primitives différentes suivant le tableau suivant :

$$CuSO^4, 5H^2O, \text{ triclinique} \qquad T5.$$

$$CoSO^4, 6H^2O, \text{ monoclinique} \quad M6.$$

[1] *Journ. of the Am. Chem. Soc.*, vol. XXVI.

$FeSO^4$, $7H^2O$, monoclinique   M7.
$CoSO^4$, $7H^2O$, monoclinique   M7.

$MgSO^4$, $7H^2O$, orthorhombique O7.
$ZnSO^4$, $7H^2O$, orthorhombique » .
$NiSO^4$, $7H^2O$, orthorhombique » .

$NiSO^4$, $6H^2O$, quadratique   Q6.

Or, l'on sait, depuis les expériences de l'auteur, que si dans une dissolution sursaturée d'un sel, on sème un cristal isomorphe au sel dissous, celui-ci entraîne la cristallisation de la dissolution en cristaux de même forme. En s'appuyant sur ce résultat, M. de Boisbeaudran a obtenu pour les sulfates précédents des formes cristallines qui ne sont pas stables à la température ordinaire. « Si l'on touche la solution sursaturée d'un de nos sulfates avec un sel solide appartenant au même groupe (c'est-à-dire ayant même forme et même degré d'hydratation que le sulfate employé pour préparer la dissolution) il se forme des cristaux quel que soit le degré de concentration de la liqueur; il suffit que celle-ci soit légèrement sursaturée.

« Si l'on introduit dans la dissolution sursaturée un petit cristal n'appartenant pas au groupe du sel dissous, on obtient généralement une cristallisation, mais il faut que la dissolution soit notablement sursaturée ; dans certains cas la concentration doit être excessive : lorsqu'elle n'est pas suffisante le petit cristal ajouté se dissout au lieu de se recouvrir du sel contenu dans la liqueur. Les cristaux que l'on obtient de cette façon sont entièrement semblables à ceux qui ont provoqué le dépôt ; ils contiennent le même nombre d'équivalents d'eau et présentent les mêmes formes. »

« Si, après avoir obtenu une telle cristallisation, on touche le liquide surnageant avec un cristal appartenant au même groupe que le sel employé pour préparer la dissolution, il se forme de nouveaux et plus abondants cristaux possédant les formes habituelles au sel dissous : en même temps les premiers déposés s'opacifient en prenant la structure propre aux derniers, ou bien ils se dissolvent lentement. Le degré de concentration, nécessaire pour que la solution cristallise, varie avec le groupe auquel appartient le petit cristal ajouté ; aussi peut-on obtenir successivement plusieurs cristallisations distinctes dans une même solution suf-

fisamment chargée de sel, si l'on a soin d'introduire en premier
lieu le type qui exige pour se produire, la plus grande concentration ; chaque espèce de cristaux détruit alors les précédentes.
J'ai ainsi obtenu, l'un après l'autre, jusqu'à quatre types incom-
patibles. »

C'est ainsi que M. de Boisbeaudran a pu obtenir les séries suivantes :

Fe, T5,	Mg. Q6,	Ni, M7,	Zn, Q6,
Fe, O7,	Mg, M6,	Ni, M6,	Zn, M6,
Fe, M6,	Mg, M7,	Ni, Q6,	Zn, M7,
Fe, M7,	Mg, O7,	Ni, O7,	Zn, O7,

dans lesquelles on a indiqué le métal entrant dans le sulfate, le
nombre d'équivalents d'eau et le système cristallin.

§ 7. — DÉTERMINATION DES TEMPÉRATURES DE TRANSFORMATION

Pour déterminer les températures de transformation, on s'appuie sur ce que, au moment où elle a lieu, bien des propriétés physiques varient brusquement : il y a dégagement ou
absorption de chaleur, contraction ou dilatation, changement de
forme ou de couleur, variation de biréfringence ou de conductibilité électrique. Il faut donc déterminer la température à laquelle
se produit l'un de ces changements brusques. Mais en général,
lorsque la température et la pression, variant d'une façon continue, approchent des valeurs pour lesquelles se produit la transformation, les propriétés physiques varient elles-mêmes d'une
façon continue de manière à se rapprocher des valeurs qu'elles
prendront dans la nouvelle modification, et si dans certains corps
l'écart restant à franchir au moment de la transformation est assez
considérable, dans d'autres au contraire, cet écart est très faible,
et la température et la pression de transformation sont difficiles à
déterminer avec quelque précision ; dans plusieurs cas, on a pu
croire au passage continu d'une modification à l'autre.

C'est ainsi que les acétates triples d'urane, de soude, et de
magnésie, étudiés par M. Wyrouboff, monocliniques, quasi ternaires à la température ordinaire, deviennent uniaxes à la température de 28°. Or M. Steinmetz a montré que le changement de
structure n'était pas accompagnée d'une dilatation notable et que

la courbe de dilatation ne présentait qu'un léger changement de direction à la température de 28°.

M. Steinmetz est arrivé au même résultat pour les corps suivants : pour le $PtCl^6 (AzH^3C^3H^3)^2$, corps monoclinique qui devient orthorhombique à la température de 32° ; pour le $K^3Na(CrO^4)^2$ et et le $K^3Na(SO^4)^2$, monocliniques quasi ternaires, qui deviennent rhomboédriques par élévation de température.

Méthode thermique[1]. — Cette méthode repose sur le principe suivant ; désignons par 1 la forme stable à la température la plus élevée, et par 2 la forme stable au-dessous de la température de transformation, si l'on maintient le corps, sous la forme 2, dans une étuve à une température constante mais légèrement supérieure à la température de transformation, et si l'on note la température du corps à des intervalles de temps égaux, toutes les minutes par exemple, en portant les temps et les températures sur deux axes rectangulaires, on obtiendra une courbe cf (fig. 115).

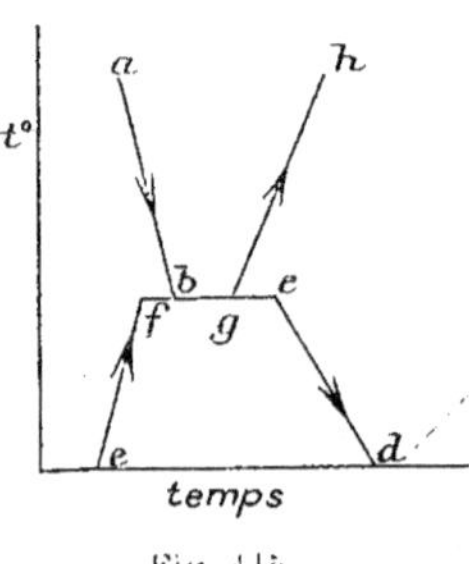

Fig. 115.

Quand on arrive à la température de transformation, la température du corps reste constante pendant toute la durée de la transformation et la courbe devient une ligne droite fg, puis la température s'élève à nouveau et est représentée par le segment de courbe gh.

Si au contraire, on partait de la forme 1 et si l'on maintenait le corps dans une étuve à une température légèrement inférieure à la température de transformation, les changements de température seraient représentés par la courbe $abcd$, les deux courbes ayant en commun un segment de droite, dont la distance à l'axe horizontal donne la température cherchée.

À vrai dire dans la pratique les choses se passent avec beaucoup moins de régularité et moins de netteté, par suite de l'intervention de la conductibilité de la substance pour la chaleur. Il est évident que si la conductibilité est faible, tous les points du corps ne seront pas à la même température et qu'il en résultera des

[1] Bakhuis Roozeboom. *Die heterogenen Gleichgewichte.*

troubles dans la marche du phénomène. En outre, il pourra se produire une surfusion ou une surchauffe cristalline plus ou moins accentuée.

Le plus souvent on dépasse, dans un sens comme dans l'autre, la température de transformation et les deux segments de droite ne coïncident pas. En outre, ces derniers sont généralement remplacés par des inflexions de la courbe, et si les quantités de cha-

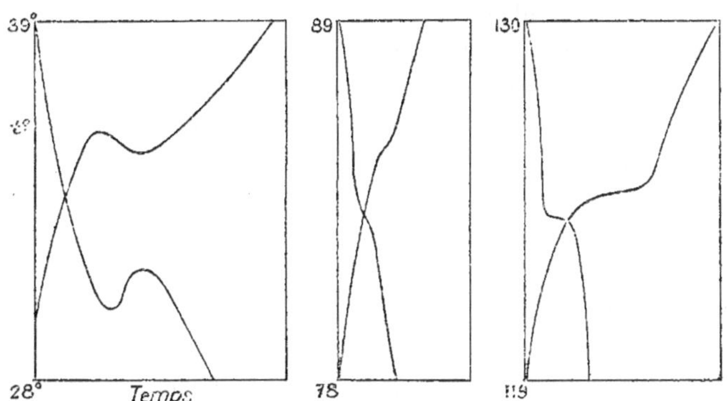

Fig. 116. — Courbes de refroidissement de l'azotate d'ammonium.

leur absorbée ou abandonnée sont très faibles ces inflexions peuvent ne pas être sensibles.

Un bon exemple à donner des différents cas qui peuvent se présenter est celui de l'azotate d'ammoniaque, qui comme on le verra plus loin possède quatre formes cristallines, passant de l'une à l'autre aux températures de 32°,82° et 125° environ. Pour ces trois transformations, Bellati a obtenu les trois courbes suivantes (fig. 116), qui montrent bien les différences pouvant se présenter entre les courbes fournies par l'expérience et la courbe théorique indiquée plus haut.

Pratiquement les auteurs qui emploient cette méthode, se servent d'un tube à essais renfermant la substance et dans laquelle plonge un thermomètre, et la température constante est obtenue au moyen de la vapeur d'un liquide en ébullition.

Quand la température de transformation est élevée, il faut modifier la méthode. On emploie alors le pyromètre de M. Le Chatelier, qui se compose, comme on le sait, d'un fil de platine

et d'un fil de platine-rhodium, soudés à l'une de leurs extrémités
et reliés par l'autre aux deux bornes d'un voltmètre. Il existe à la
soudure une force électromotrice, dont l'intensité varie avec la
température; si donc cette soudure est plongée dans le corps, que
l'on étudie, quand celui-ci se refroidira ou s'échauffera, le voltmètre indiquera les variations de la force électromotrice ou ce
qui revient au même, les variations de température. On aura
donc, théoriquement tout au moins, les éléments pour construire
la courbe de refroidissement ou d'échauffement. Mais dans la pratique on se bute à des difficultés provenant de ce que la quantité
de chaleur dégagée ou absorbée par la transformation du corps
étant très faible, le palier des courbes n'est pas suffisamment
indiqué. Pour rendre la méthode plus sensible on emploie le dispositif suivant : on se sert de deux pyromètres, l'un donnant
la température du corps, l'autre la différence de température
entre le corps étudié et un corps auxiliaire ne subissant pas de
transformation, les deux corps étant placés dans la même enceinte.
Le second pyromètre se compose d'un fil de platine-rhodium de
10 centimètres environ soudé à deux fils de platine; l'une de
soudures plongeant dans le corps étudié et la seconde dans le corps
auxiliaire, la différence de température des deux corps interviendra
seule dans la production du courant électrique. En outre, si le
premier pyromètre est rattaché à un voltmètre gradué de façon à
donner les températures entre 0 et 1600°, le second sera relié à
un voltmètre beaucoup plus sensible donnant par exemple les
températures entre 0 et 100°. Si l'on porte sur un axe de x la température du corps et sur un axe de y la différence des températures des deux corps, on obtiendra, théoriquement du moins, une
droite horizontale, présentant un crochet vertical pour chaque
transformation.

Mais pour simplifier le procédé et éviter les erreurs personnelles, M. Le Chatelier a imaginé de faire inscrire la courbe par
un appareil photographique grâce au dispositif suivant : chacun
des voltmètres auxquels aboutissent les pyromètres, porte un
miroir, qui tourne quand la température varie. Un rayon lumi-
neux tombe sur le miroir correspondant à la différence des températures et il est réfléchi de façon à décrire une droite verticale,

quand cette différence vient à changer, puis il tombe sur le second
miroir qui lui fait décrire une droite horizontale à mesure que la
température du corps se modifie, de sorte que finalement l'extrémité du rayon décrit, sur une plaque photographique, une'courbe
ayant pour abscisses la température du corps et pour ordonnées les
différences de température. Il suffira donc de développer la plaque
photographique pour obtenir la courbe de refroidissement ou
d'échauffement, courbe qui présentera un crochet vertical correspondant à chacune des transformations.

Méthode dilatométrique. — Cette méthode repose sur l'observation de la dilatation ou de la contraction qui se produit généralement au moment de la transformation. Elle a l'avantage de permettre de déterminer le changement de volume et la température
de transformation. On se sert généralement pour cette expérience de l'instrument imaginé par Van't
Hoff et désigné par lui sous le nom de dilatomètre. Cet appareil comprend les parties
essentielles suivantes, mais il peut évidemment être modifié dans ses détails : il est
formé d'un réservoir de 12 centimètres
de long et d'un centimètre de diamètre
intérieur, se prolongeant à une de ses deux
extrémités par un tube de diamètre variable
permettant d'introduire le corps dans le
réservoir et devant être fermé ensuite à la
lampe.

A l'autre extrémité se trouve un autre
tube de 70 centimètres de long et dont le
diamètre intérieur est au plus d'un milli-
mètre. Celui-ci peut se raccorder avec un
second réservoir (fig. 117) se terminant par
un tube capillaire courbé et divisé en millimètres. Le corps étant en place et le réservoir supérieur étant partiellement rempli

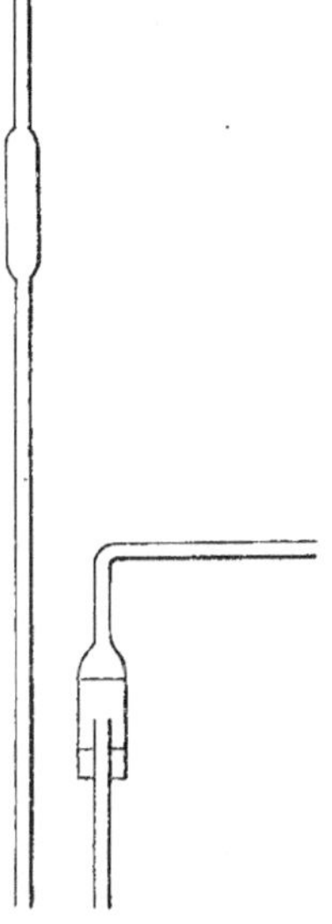

Fig. 117. — Dilatomètre
de Van't Hoff.

d'un liquide, ne se combinant pas avec le corps, mais le dissolvant
légèrement, ce qui facilite la transformation, on fait le vide dans

l'appareil au moyen d'une trompe à eau, ce qui permet au liquide de rentrer dans le réservoir contenant le corps. Ce dernier étant placé dans une étuve dont la température donnée par un thermomètre monte ou descend régulièrement, la dilatation totale est mesurée par le déplacement de la colonne liquide dans le tube capillaire.

Si l'on porte sur l'axe des abscisses les températures et sur l'axe des ordonnées les volumes, on obtiendra, dans le cas théorique, deux fragments de courbe continue, réunis par une droite verticale (fig. 118) correspondant au changement brusque de volume qui se produit à la température de transformation. Mais en réalité par suite des troubles apportés dans le phénomène par les causes indiquées plus haut, le fragment de ligne droite est remplacé par une ligne se rapprochant seulement de la verticale et plus ou moins courbe, comme le montre la figure ci-jointe (fig. 119) donnant les courbes de dilatation du PbI² et du AgI d'après Rodwell.

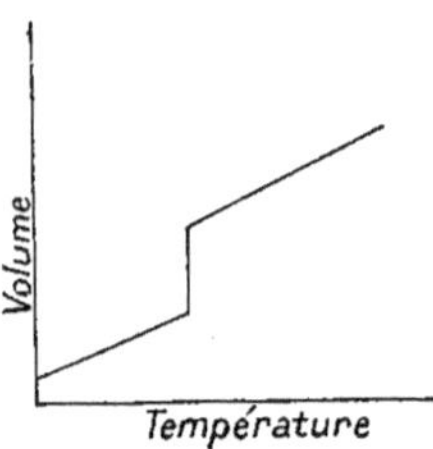

Fig. 118.

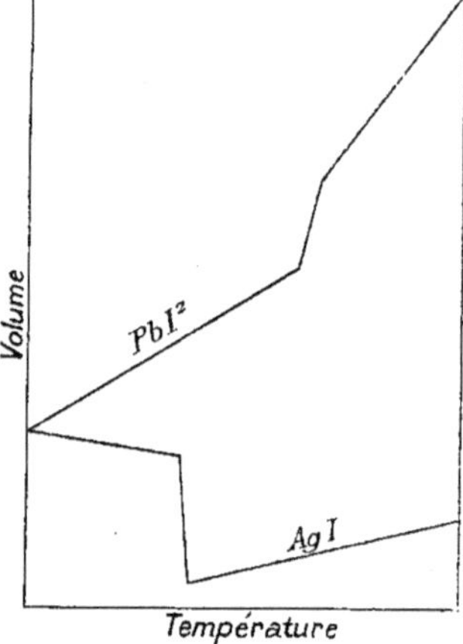

Fig. 119. — Courbes des dilatations de l'iodure de plomb et de l'iodure d'argent.

Méthode optique. — Dans cette méthode, on observe soit le changement de couleur éprouvé par le corps au moment de la transformation, soit le changement dans les propriétés optiques telles que la biréfringence. C'est ainsi que l'iodure de mercure passe de la couleur rouge à la couleur jaune au moment de la transformation polymorphique, mais en général les corps polymorphes sont incolores et les propriétés optiques peuvent seules permettre de déterminer la température à laquelle se produit le

changement de structure. A vrai dire, il est assez facile de constater le changement de structure, mais il est plus difficile de déterminer la température ; aussi le plus souvent se contente-t-on d'une
détermination approximative. Plusieurs procédés ont été proposés, pour atteindre ce but : on trouvera la description de l'un
d'eux dans la *Molekularphysik* de Lehmann tome I, page 149. Un
autre dispositif a été décrit par Schwarz et est représenté dans le
Zeitsch. f. phys. Chemie, tome 30 p. 446. Mais l'appareil le plus
commode est encore le microscope renversé de M. Wyrouboff,
décrit dans le *bulletin de la Société minéralogique de France*,
tome 14, p. 198.

M. Werlein a perfectionné l'appareil de chauffage de cet instrument, de façon que l'on puisse porter le corps à une température plus élevée. Pour pouvoir déterminer la température de
transformation, on place sur la platine chauffante une petite étuve
en cuivre de 6 centimètres de diamètre sur deux de profondeur ; le
fond et le couvercle sont percés d'une ouverture pour laisser
passer la lumière ; des lames de verre placées sur ces ouvertures
suffisent à empêcher les courants d'air. La préparation sup-
portée par des cales se trouve dans un bain d'air dont la température est donnée par un thermomètre ou un pyromètre passant
par une ouverture latérale.

Bien entendu, si les cristaux à étudier sont de grandes dimensions, on a alors à sa disposition tous les procédés de la physique.
C'est ainsi que Mallard et Le Chatellier ont déterminé la température de transformation de la boracite, qui, très biréfringente à
la température ordinaire, devient isotrope quand on la chauffe, en
plaçant une lame du cristal dans un tube de verre contenant un
mélange d'azotate de soude et d'azotate de potasse en parties
égales. Ce mélange fond à 200° et donne un liquide transparent
permettant d'observer la lame entre deux nicols à angle droit ; la
température du bain étant donnée par un thermomètre, on voit à
quel moment la lame devient isotrope.

Méthode électrique. — Cette méthode beaucoup moins commode et moins employée que les précédentes consiste à mesurer
la conductibilité électrique aux différentes températures ; quand

on passe par la température de transformation, la conductibilité varie brusquement.

Méthode à température constante. — Dans les procédés précédents, laissant la pression constante, on fait varier la température, mais il y a un intérèt capital à faire varier la pression sous laquelle se produit la transformation. M. Tammann, qui s'est beaucoup occupé de cette question, laisse la température constante pendant une même expérience et ne modifie que la pression. Pour bien faire comprendre le procédé, considérons un liquide et sa vapeur dans un vase clos. Si nous diminuons le volume d'une façon continue, la tension de la vapeur va augmenter progressivement, jusqu'à ce que cette tension devienne égale à la tension maximum, sous la température considérée, et elle restera constante tant que toute la vapeur ne se sera pas transformée en liquide, puis elle recommencera à croître. De même si nous comprimons des cristaux de façon que la pression varie d'une façon continue, au moment de la transformation il y aura un arrèt brusque dans l'augmentation de pression, par suite de la diminution de volume, conséquence de la transformation. C'est l'inverse qui se produirait, si au lieu de comprimer les cristaux, on détermine une diminution continue de la pression qu'ils supportent. Pratiquement, il serait fort difficile de faire varier la pression d'une façon continue, aussi est-il préférable de donner à cette pression une augmentation arbitraire, il en résulte un dégagement de chaleur, qui au bout d'une dizaine de minutes a disparu par suite des précautions prises pour maintenir la température constante. Cet abaissement de température est accompagné d'une diminution de pression, qui alors seulement devient constante.

Dans l'appareil de M. Tammann cette diminution secondaire de pression est comprise entre 5 et 15 p. 100 de l'augmentation arbitraire de la pression, à moins que l'on ait atteint une pression de transformation : auquel cas, la diminution prend des proportions beaucoup plus considérables relativement à l'augmentation primitive.

En faisant varier la température, qui reste constante pendant toute la durée de l'expérience, on détermine point par point la courbe de transformation.

CHAPITRE II

ÉTUDE DES PRINCIPAUX CORPS POLYMORPHES

Au lieu de donner une liste plus ou moins complète des corps polymorphes, il est certainement préférable d'étudier avec quelques détails ceux d'entre eux, qui présentent des particularités intéressantes. Pour chacun de ces corps, les auteurs allemands désignent les différentes formes ou modifications par les lettres de l'alphabet grec, mais ce mode de représentation a l'inconvénient de ne rappeler en rien les propriétés essentielles de la forme désignée, et et d'exiger par suite un effort continu de mémoire. Aussi préférons-nous employer les lettres C, Q, R, O, M, et T, qui sont les initiales des mots cubique, quadratique, rhomboédrique, orthorhombique, monoclinique et triclinique suivant le système cristallin auquel ces formes appartiennent, en affectant ces majuscules d'un ou deux accents, quand plusieurs formes appartiennent au même système.

SOUFRE

Ce corps a fait l'objet de nombreux travaux dont on trouvera la bibliographie complète dans un mémoire de M. Brauns, inséré dans le tome XIII des *B.B. du N. Jarhb. f. Min.* 1899-1900. Il faut encore citer un travail important de M. Gaubert, publié depuis dans le *bulletin de la société Min. de France* 1905. On connaîtrait aujourd'hui neuf modifications cristallines de ce corps, mais certaines n'ont été obtenues que dans des conditions défectueuses et demanderaient de nouvelles recherches.

1° Soufre orthorhombique, tout au moins en apparence et appelé soufre octaédrique, O.

2° Soufre monoclinique ou encore soufre prismatique découvert par Mitscherlich, M.

3° Soufre dit nacré, monoclinique, M'.

4° Soufre monoclinique de Muthmann, M″.
5° Soufre rhomboédrique de Engel, R.
6° Soufre orthorhombique radié peu biréfringent.
7° Soufre monoclinique radié.
8° Soufre triclinique de Brauns.
9° Soufre triclinique de O. Lehmann.

Les cinq premières modifications ont été obtenues en cristaux isolés, susceptibles d'être étudiés et on a pu déterminer leurs paramètres. Les autres au contraire n'ont été produites qu'à l'état de cristaux microscopiques, et n'ont été caractérisées que par les propriétés optiques : aussi leur système cristallin n'est-il indiqué que comme une probabilité. Un fragment de soufre étant fondu sur une lamelle de verre, on le refroidit brusquement ; suivant la température à laquelle le soufre a été porté, on obtient l'une ou l'autre de ces variétés. Toutes d'ailleurs se transforment à froid en soufre O et à chaud en soufre M.

Les deux premières sont stables pour une température convenable, sous une pression égale à leur tension de vapeur, les autres au contraire sont instables sous la pression atmosphérique et leurs conditions de stabilité n'ont pas été déterminées.

Chacune de ces modifications a été préparée par bien des procédés, nous ne donnerons que les principaux, renvoyant aux travaux spéciaux pour plus de détails.

La première forme n'est orthorhombique que d'apparence, l'axe pris habituellement comme axe moyen étant un axe quasi ternaire du réseau. Les paramètres habituellement adoptés sont 0,81309 : 1 : 1,90339 ; si on les compare à ceux de la marcassite dont l'axe moyen est également un axe quasi ternaire, comme le démontre l'existence de groupements autour de cet axe, on voit que, pour obtenir les véritables paramètres du soufre, il faut multiplier le dernier par 2 : 3, puis faire une permutation tournante, le dernier devant le premier. On obtient ainsi les valeurs 1,5606 : 1 : 1,2299.

Le moyen le plus simple d'obtenir cette forme en beaux cristaux consiste à dissoudre du soufre dans du sulfure carbone, et à faire évaporer cette dissolution.

La seconde modification a pour paramètres $0{,}99575 : 1 : 0{,}99983$, $\beta = 84°14'$; malgré la valeur trop faible de l'angle des zy, elle est quasi cubique, comme l'a fait remarquer M. Muthmann. Des faces, représentant les faces de l'octaèdre cubique, au lieu de $70°32'$, font entre elles les angles suivants.

$$(111)\,(1\bar{1}1) = 67°35'$$
$$(\bar{1}11)\,(\bar{1}\bar{1}1) = 73°1'$$
$$(111)\,(\bar{1}11) = 70°51'$$
$$(111)\,(11\bar{1}) = 70°31'$$

Cette seconde forme s'obtient en faisant fondre du soufre dans un creuset, en laissant solidifier partiellement, et en faisant couler l'excès de soufre après avoir cassé la croute. Les parois du creuset sont tapissées d'aiguilles de cette forme.

D'après Royer[1] une solution chaude de soufre dans le terpentinol laisse déposer cette modification. Si on laisse refroidir lentement, on voit se déposer des cristaux orthorhombiques; si au contraire le refroidissement est rapide, il se dépose des cristaux monocliniques, autrement dit ces derniers se produisent quand il y a sursaturation.

La troisième forme, M', a pour paramètre $1{,}06094 : 1 : 0{,}70944$, $\beta = 88°13'$, elle est également quasi cubique, mais son axe binaire, au lieu de coïncider avec une arête de la forme primitive, coïncide avec la diagonale d'une face de cette forme primitive, de sorte que ses paramètres sont sensiblement égaux à $1 : 1 : 0{,}707$. Les cristaux présentent en particulier les faces correspondant à celles du rhombododécaèdre, comme l'a montré M. Muthmann, et leurs angles au lieu d'être égaux à $60°$, ont les valeurs suivantes.

$$(100)\,(111) = 60°16' \qquad (010)\,(\bar{1}11) = 59°7'$$
$$(111)\,(\bar{1}11) = 57°12' \qquad (111)\,(1\bar{1}1) = 60°19'$$
$$(\bar{1}11)\,(\bar{1}00) = 62°32' \qquad (\bar{1}11)\,(\bar{1}\bar{1}1) = 61°46'$$
$$(010)\,(111) = 59°30'$$

M. Gernez a préparé cette forme au moyen d'une solution sursaturée à chaud sans résidu de soufre dans la benzine, le toluène, le sulfure de carbone, l'alcool, etc., en plongeant l'extrémité seule

[1] *C.R.* 1859, vol. XXXXVIII.

du tube dans un mélange réfrigérant. Dans la partie refroidie, il se produit des lamelles nacrées, qui gagnent de proche en proche. Mais ces lamelles sont trop ténues pour permettre de déterminer les constantes cristallographiques du corps. Pour obtenir des cristaux mesurables, M. Muthmann emploie le procédé suivant : il agite du soufre pur, finement pulvérisé, dans une dissolution alcoolique saturée de sulfure d'ammonium ; il filtre et obtient un liquide rouge sombre, qu'il étend d'un peu d'alcool et verse dans un flacon mal bouché, pour permettre l'accès de l'air. Au bout de peu de temps, le liquide se décolore et il se forme à la surface des cristaux pouvant atteindre 2 centimètres de long et 1-2 millimètres de large ; mais ils sont excessivement minces, et pour obtenir des cristaux mesurables, il faut placer l'éprouvette dans un endroit à l'abri de toute agitation et ne laisser rentrer l'air que très lentement : après quatre jours, il se produit ainsi des cristaux de 0,5 d'épaisseur.

Il arrive que dans ce procédé, pendant que des cristaux monoclinique de la forme M' se produisent à la surface, il se dépose sur le fond du vase des cristaux orthorhombiques et des cristaux monocliniques de la forme M.

La forme M'', probablement monoclinique, se présente en lamelles très minces hexagonales peu biréfringentes. On les obtient par dissolution dans une liqueur alcoolique de sulfure d'ammonium au-dessous de 14°. Elles se transforment facilement en cristaux octaédriques, en conservant leur forme et leur transparence.

La modification ternaire R a été découverte par M. Engel,[1] qui en détermine la formation de la façon suivante : on verse en agitant dans deux volumes d'une dissolution de HCl, saturée à 25 ou 30 degrés, et refroidie à 10 degrés environ, un volume d'une solution également saturée à la température ordinaire d'hyposulfite de soude ; il se précipite du NaCl et on filtre. Peu à peu le liquide jaunit et la coloration augmente : lorsque la teinte jaune est devenue très prononcée, et avant que le liquide se trouble par la précipitation du soufre, on agite la solution filtrée avec son volume de chloroforme. Celui-ci se colore fortement en jaune, en diminuant la teinte de la portion aqueuse : on sépare le chloroforme au moyen d'un enton-

---

[1] Engel. *C.R.* vol. CXII, p. 866.

noir à robinet , on filtre et on abandonne à la cristallisation. Il se produit alors des rhomboèdres basés, dont on a pu observer l'uniaxie optique.

Mais l'intérêt réside surtout dans les relations existant entre ces différentes modifications. Ces relations ont fait l'objet de nombreux travaux, principalement de M. Gernez, Reicher et Muthmann, qui ont été amenés à préciser les conditions de passage d'une forme à l'autre et à éclaircir une des questions les plus ardues, que soulève l'étude du polymorphisme.

Mitscherlich avait remarqué que le soufre, que l'on coule en canons dans les raffineries, présentait au moment de la solidification une teinte jaune-brun différente de la teinte du soufre ordinaire, que par suite du refroidissement des taches jaune-soufre apparaissaient çà et là et s'étendaient à tout le canon ; en outre au moment de la transformation, il constatait une élévation de température due à un dégagement de chaleur. C'est ainsi que Mitscherlich découvrit la forme monoclinique M, qui n'est stable qu'à une température assez élevée, et qui par refroidissement se transforme en soufre orthorhombique.

Inversement, si l'on chauffe ce dernier, il se transforme en soufre monoclinique de la forme M. Il était tout naturel de penser que la transformation se faisait à une température fixe et bien des auteurs s'efforcèrent de déterminer cette température. Mais la variété des résultats obtenus permettait de prévoir que le phénomène de la transformation n'était pas aussi simple qu'on l'avait pensé tout d'abord.

En effet, M. Gernez a montré que, en prenant des précautions suffisantes, on pouvait chauffer la forme O près de son point de fusion pendant plusieurs jours sans en déterminer la transformation, mais si on touche le soufre dans cet état avec un cristal de la forme M, la transformation se produit immédiatement : la substance se trouvait donc dans un état de *surchauffe cristalline*, suivant l'expression de M. Gernez[1].

Inversement la forme M peut être refroidie à une température très basse, sans que la transformation en soufre O ait lieu ; elle se

[1] Gernez. *C.R.* vol. 98, p. 810.

produit alors au contact d'un cristal de ce dernier : il y a *surfu-sion cristalline*[1]. Pour déterminer exactement la *température de transformation*, M. Gernez a employé une méthode, qui l'a amené à faire une remarque du plus haut intérêt : M. Gernez opère sur du soufre monoclinique surfondu dans un tube de verre et dont il touche la surface avec un cristal de soufre O, et en faisant varier la température du soufre, il constate qu'il se forme des cristaux orthorhombiques au-dessous de la température de 95°6, cristaux qui ne se produisent pas pour les températures supérieures : il y a donc tout lieu de penser que cette température de 95°,6 est bien la tempé-rature de transformation du soufre O en soufre M et inversement.

Quand on touche avec un cristal octaédrique, des cristaux M à l'état de surfusion cristalline, la transformation partant du point de contact se propage de proche en proche avec une vitesse plus ou moins grande, mais si le récipient renfermant le soufre est un tube de diamètre suffisamment petit, M. Gernez a constaté que la vitesse de propagation ne dépendait plus que de la température du soufre M : cette vitesse de propagation peut être prise comme vitesse de transformation. M. Gernez a montré que cette vitesse très faible quand le soufre est à une température voisine de 95°6, allait en augmentant quand cette température baisse, qu'elle passait par un maximum pour une température voisine de 50°, puis dimi-nuait et devenait nulle pour une température de — 23°. Cette tem-pérature est donc une température *indifférente*, à laquelle les deux sortes de cristaux peuvent exister simultanément. En réalité, la vitesse de transformation diminue d'une façon continue avec la température et les variations observées résultent du dégagement de chaleur qui accompagne la transformation.

En résumé, les modifications O et M passent l'une à l'autre à la température de 95°6 : il y a réversibilité, et quand on passe de la modification O à la modification M, il a augmentation de volume et absorption de chaleur. M. Reicher[2] a cherché à déterminer l'in-fluence que la pression pouvait avoir sur la température de trans-formation du soufre orthorhombique en soufre monoclinique, et il a constaté que sous la pression de 4 atmosphères le passage d'une

[1] Mallard. *Bull. Soc. Min.*, vol. V, p. 229.
[2] *Zeitsch. f. Krist. u. Min.*, vol. VIII, 1884, 593.

forme à l'autre se produisait à la température de 95°6, et sous une pression de 15,8 atmosphères, il avait lieu à la température de 96°2. Il en résulterait qu'une augmentation de pression d'un atmosphère déterminerait une variation de 0°05 dans la température de transformation.

M. Tammann[1] a repris la question, en faisant varier la température et la pression entre des limites plus étendues et ses résultats sont groupés dans la figure 120, dans laquelle (1,2) est la ligne

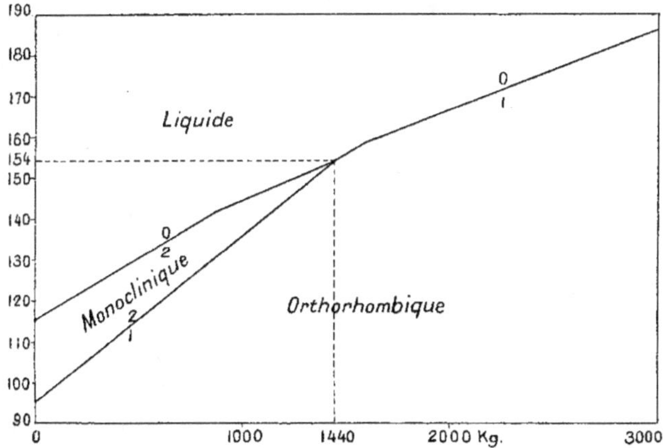

Fig. 120. — Courbes de transformation du soufre.

de transformation du soufre O en soufre M, (2,0) la ligne de fusion du soufre M et (1,0) celle du soufre O. On voit qu'à partir de la pression de 1.440 kilogrammes, il n'y a plus de soufre M et que le soufre O fond directement. D'ailleurs, en opérant sur de petites quantités, on peut à la pression ordinaire fondre directement le soufre O, sans le transformer; la fusion a lieu alors à 113°5 tandis que le soufre M fond à 119°5.

A un autre point de vue M. Meyer[2] a étudié la solubilité des deux formes monoclinique et orthorhombique dans la benzine, le chloroforme et l'éther. Le problème ne présentait aucune difficulté pour le soufre orthorhombique, au-dessous de la température de 95°,6; mais pour le monoclinique, il ne pouvait être question de

[1] *Kristalliesieren und Schmelzen*, p. 269.
[2] *Zeitsch. f. anorg. Chemie.* 1902, 33, p. 140.

dissoudre du soufre déjà cristallisé, qui se transformait immédiatement en cristaux orthorhombiques, aussi M. Meyer a-t-il employé les procédés de préparation qui donnent directement du soufre monoclinique dans les liquides précédemment indiqués : la saturation était établie par le dépôt de cristaux monocliniques. Il est arrivé ainsi aux deux conclusions suivantes : au-dessous de 95°6 le soufre monoclinique est plus soluble que le soufre O, mais, à une température donnée, le rapport des quantités dissoutes est constant et indépendant du dissolvant.

La figure ci-jointe (fig. 121) donne les courbes de solubilité du soufre aux différentes températures : elle montre un point de rebroussement à la température de transformation, c'est-à-dire à 96°, et l'on voit que les deux modifications ont des courbes différentes et qu'en prolongeant la courbe de M on obtient pour sa solubilité une valeur supérieure à celle de O, conformément aux résultats de M. Meyer.

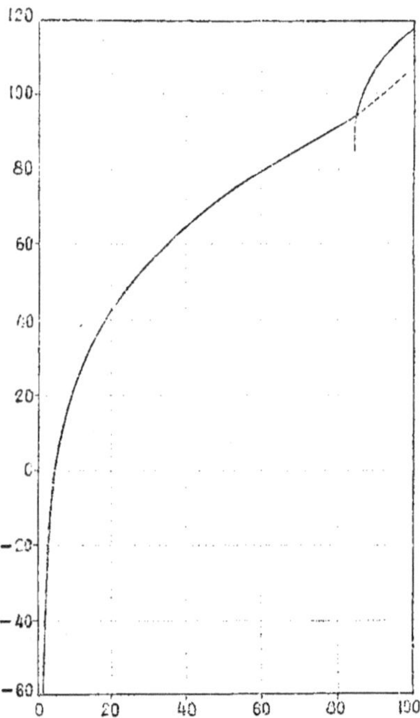

Fig. 121. — Courbes de solubilité du soufre dans le sulfure de carbone.

AZOTATE D'AMMONIUM

Parmi tous les corps polymorphes, cet azotate est peut-être le plus intéressant à étudier par suite des particularités, constatées lors du passage d'une modification à l'autre. On connait quatre modifications, dont l'une est stable dans deux intervalles de température. Malheureusement, il n'a pas été possible jusqu'ici de déterminer les constantes cristallographiques des différents cristaux[1].

[1] Frankenheim. *Pogg. Ann.*, vol. 93, p. 17. O. Lehmann. *Zeistch. f. Kristal.* vol., I et Wallerant. *Bul. Soc. d. Min.*, 1905.

1° Cubique, C ;

2° Quadratique, Q ;

3° Monoclinique, quasi quaternaire, M ;

4° Orthorhombique, quasi quaternaire, O.

Pour étudier les différentes modifications de ce corps on peut employer la méthode de M. Lehmann, consistant à faire cristalliser sous le microscope une dissolution chaude ; à mesure que la température baisse, on voit apparaître successivement toutes les modifications avec leurs formes cristallines. Mais celle-ci ne peuvent être étudiées, parce que les cristaux sont trop petits et qu'en outre on ne peut, pendant l'étude, les maintenir à la température à laquelle ils sont stables. Une autre méthode consiste à fondre un grain d'azotate sur une lame porte-objet, à chauffer suffisamment pour chasser toute l'eau et à couvrir d'une lamelle de verre ; dans ce cas, les cristaux affectent une forme quelconque ; il n'y a plus de forme cristalline ; mais, par contre, on peut faire une étude optique complète. L'azotate d'ammoniaque se prend en cristaux cubiques, isotropes, qui, par refroidissement, se transforment en cristaux de biréfringence analogue à celle du quartz ; la transformation, partant d'un point de la préparation, se propage de proche en proche à travers toute la préparation avec une grande vitesse.

Pour M. Lehmann, cette modification uniaxe était ternaire ; par comparaison avec l'azotate d'argent, M. Wyrouboff a été amené à la considérer comme quaternaire. Son étude est facilitée par ce fait, sur lequel on reviendra plus tard, qu'une faible quantité d'azotate de thallium ou d'azotate de cæsium la rend stable à la température ordinaire ; mais, d'ailleurs, le phénomène de la surfusion se produit assez facilement pour que l'on puisse l'étudier sans avoir recours à cette propriété. Si on la comprime, on constate que des macles secondaires se produisent avec la plus grande facilité ; sur une section perpendiculaire à l'axe optique, on détermine en apparence la formation de deux systèmes de lamelles hémitropes, perpendiculaires l'un sur l'autre. Mais si la section est légèrement oblique sur l'axe optique, on s'aperçoit alors que chaque système se compose en réalité de deux séries de lamelles dont les traces seules sont parallèles sur la section normale et font sur la section oblique un angle très aigu ; autrement dit, l'action mécanique a déterminé la formation de quatre systèmes de lamelles hémitropes, dont les traces sont parallèles et perpendiculaires deux à deux ; ce sont des macles dodécaédriques. Les cristaux sont donc bien quadratiques et non ternaires ; au point de vue optique, ils sont positifs.

A la température de 82°, ils se transforment à leur tour en cristaux de biréfringence plus élevée, considérés comme orthorhombiques par M. Lehmann. Si, en effet, on les fait cristalliser par voie aqueuse, on obtient des prismes allongés, dont les faces latérales sont à peu près perpendiculaires, et terminés soit par une pyramide, soit par un dôme à peu près droit également. Ces prismes s'orientent sur les cristaux quadratiques de façon que l'axe d'allongement soit parallèle à un axe binaire de ce dernier, et que l'une des diagonales de base soit parallèle à l'axe quaternaire. Malheureusement M. Lehmann n'a pu déterminer les rapports de ces prismes avec l'ellipsoïde optique.

Quand elle est obtenue par fusion, cette modification peut être rendue stable à la température ordinaire par l'adjonction d'une petite quantité d'azotate de potasse, et se prête alors aux recherches; si l'on comprime, au moyen de la pointe d'un scapel, une section perpendiculaire à la bissectrice aiguë de l'angle des axes optiques, on détermine trois systèmes de lamelles hémitropes. Les lamelles de deux des systèmes sont à peu près perpendiculaires et le plan des axes optiques est parallèle au plan bissecteur du dièdre obtus, tandis que le troisième système de lamelles est parallèle au plan bissecteur du dièdre aigu : il faut donc admettre que les cristaux sont monocliniques quasi quadratiques ; deux des macles étant des macles hexaédriques et la troisième, dont le plan serait h^1, une macle dodécaédrique.

A 32°, la modification monoclinique se transforme en la modification stable à la température ordinaire : la transformation débute en un grand nombre de points par l'apparition de petits cristaux, présentant souvent des formes cristallines et grandissant aux dépens des cristaux monocliniques. Les nouveaux cristaux sont vacuolaires et troublés par suite de la forte contraction qui se produit lors de la transformation.

Les cristaux de cette modification ont pu être étudiés macroscopiquement et l'on a pu, tout au moins approximativement, déterminer leurs constantes physiques. Pour pouvoir comparer ces cristaux avec ceux de l'azotate de potasse, on a adopté pour valeur des paramètres les nombres :

$$0{,}5834 : 1 : 0{,}736.$$

l'axe vertical étant perpendiculaire sur le plan des axes optiques, et les deux autres coïncidant avec les bissectrices des angles de ces axes. Les faces les plus fréquentes sont celles de deux dômes et sont respectivement parallèles aux axes horizontaux; leurs caractéristiques sont (032) et (304).

Or, en appuyant sur une section parallèle au plan des axes optiques, on fait naître quatre systèmes de lamelles hémitropes, dont les traces sont deux à deux parallèles et deux à deux perpendiculaires, autrement dit ces macles sont orientées comme les macles suivant les quatre plans b^1 dans un cristal quadratique ; ce sont des macles dodécaédriques. On est donc amené à considérer ces cristaux comme orthorhombiques quasi quadratiques, l'axe vertical étant l'axe quasi quadratique. Et, en effet, si l'on multiplie le premier paramètre par 2, on obtient pour paramètres du cristal :

$$1{,}1668 : 1 : 0{,}736,$$

qui sont sensiblement les paramètres d'un cristal cubique rapporté à deux axes binaires non principaux et à un axe quaternaire vertical. Les caractéristiques des faces les plus fréquentes deviennent alors (032) et (302), et si on les rapporte aux arêtes de la forme primitive (334) et $3\bar{3}4$), dont les angles, dans un cristal cubique, sont égaux à $85°13'$ et $94°47'$, différant peu de $84°20'$ et $93°10'$, valeurs mesurées pour ces faces dans l'azotate d'ammoniaque.

Mais les cristaux de cette modification peuvent se présenter sous un aspect tout différent : si, lorsque l'azotate est fondu, on comprime la lamelle de verre supérieure, la modification quadratique, au lieu de passer par refroidissement à la modification monoclinique, passe directement à la modification orthorhombique : ce fait s'explique facilement, car lors du passage de la modification quadratique à la monoclinique, il y a une forte dilatation ; si celle-ci ne peut se produire par suite de la présence de la lamelle de verre, c'est alors la modification orthorhombique, accompagnée d'une contraction, qui apparaît. Mais alors celle-ci présente des caractères particuliers : elle n'est pas vacuolaire et présente de nombreuses macles dodécaédriques suivant b^1. Il est d'ailleurs à remarquer que, dans certains cas, la modification orthorhombique se trouvant à une température supérieure à 32°, se transforme en la modification monoclinique, qui redonne par refroidissement la modification orthorhombique. Le passage de la modification quadratique à la modification orthorhombique se présente avec tous les caractères d'une transformation directe, c'est-à-dire qu'une plage d'un cristal quadratique se transforme instantanément en une plage homogène d'un cristal orthorhombique, et l'orientation de celle-ci est déterminée par rapport à celle-là ; pour éviter les erreurs d'interprétation, il faut seulement remarquer qu'un cristal quadratique peut donner naissance à plusieurs cristaux orthorhombiques maclés suivant les plans b^1. On se rend facilement compte que l'axe optique du cristal quadratique devient l'axe moyen du cristal orthorhombique, et que, si les plans de macles b^1 du cristal quadratique ne se confondent pas avec ceux du cristal orthorhombique, ce qu'il est impossible de savoir, tout au moins les traces des deux séries de plans b^1 sont parallèles ; ce qui achève de déterminer l'orientation des deux catégories de cristaux.

Si l'on refroidit avec du chlorure d'éthyle les cristaux orthorhombiques à une température de — 16° environ, on les transforme en cristaux uniaxes positifs, ayant une biréfringence un peu plus faible que celle des cristaux quadratiques que nous avons étudiés plus haut. La transformation se fait comme dans le cas précédent, c'est-à-dire par plages, mais ce qui est particulier et probablement dû à l'action de la lamelle de verre supérieure, c'est que ces plages ont la forme de lamelles très allongées et ressemblent à s'y méprendre à des lamelles hémitropes.

Un point sur lequel il faut insister, c'est que la transformation ne se propage pas de proche en proche, et qu'une partie d'un cristal peut parfaitement se transformer tandis que l'autre reste sous la première modification et exige pour se transformer une température beaucoup plus basse ; de plus la surfusion cristalline est la règle, et, probablement par suite de la basse température, dans certaines préparations, on n'arrive pas à déterminer la transformation.

Quand on suit sous le microscope la transformation, on constate que ce sont les sections parallèles au plan des axes optiques dans la modification orthorhombique, qui deviennent perpendiculaires sur l'axe optique dans la seconde. La première étant quasi-quadratique, celle-ci est quadratique ; en outre, elle est positive et orientée relativement à la modification orthorhombique, comme l'uniaxe stable au-dessus de 82°. Il n'y aurait rien de surprenant dans l'existence de deux modifications appartenant au même système et parallèlement orientées, car on connaît déjà des exemples de faits analogues dans le quartz, et, comme on le verra plus loin, dans l'azotate de potassium : dans ces deux substances, il y a deux modifications rhomboédriques ayant le même axe ternaire. Mais bien plus, il n'y a en réalité, qu'une modification, stable dans deux intervalles de température. Voici comment ce fait peut être établi : on verra plus loin qu'une faible quantité d'azotate de cæsium suffit pour rendre stable à la température ordinaire la forme quadratique provenant de la transformation de la modification cubique ; en outre, elle persiste malgré le refroidissement le plus énergique. Mais, si l'on appuie légèrement sur un cristal, avec une aiguille, la pointe d'un scalpel, la partie du cristal comprimée se transforme en la modification orthorhombique et reste transformée tant que la pression subsiste, mais revient instantanément à la forme quadratique dès que celle-ci cesse, de sorte qu'en déplaçant la pointe à la surface de la préparation, la plage déformée se déplace avec elle. Mais il est une remarque à faire, c'est qu'une faible pression ne suffit à entraîner la déformation que si la température est voisine de 20° ; pour les températures plus élevées ou plus basses la pression doit être plus forte.

Si l'on diminue la proportion d'azotate de cæsium, le cristal orthorhombique obtenu par pression subsiste, lorsque celle-ci disparaît, mais le cristal redevient quadratique avec son orientation primitive quand on *chauffe* ou quand on *refroidit* la préparation.

Ces faits sont faciles à interpréter : si, dans la première expérience, la modification orthorhombique apparaît quand on appuie la pointe du scalpel, cela tient à ce que, sous la pression atmosphérique, elle n'est stable à aucune température, tandis que les conditions de stabilité sont réalisées pour la température voisine de 20° et pour une pression un peu supérieure à la pression atmosphérique. Autrement dit, si l'on porte sur l'axe des x la pression et sur l'axe des y la température de transformation, le domaine de statibilité de la modification orthorhombique sera compris à l'intérieur d'une courbe, telle que A (fig. 122) dont la convexité est tournée vers l'axe des y, mais ne le rencontre pas. Pour la seconde expérience, cette courbe, B, rencontre l'axe des y en deux points rapprochés, et enfin, pour l'azotate d'ammonium pur, cette courbe rencontre cet axe en des points correspondant aux températures de 42° environ et de — 16°.

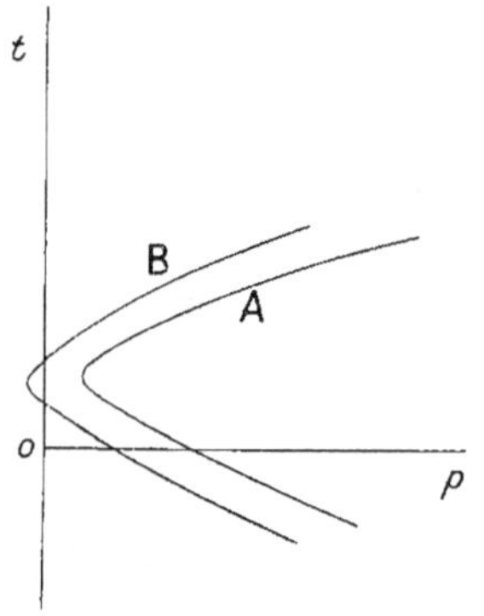

A la pression ordinaire, la modification quadratique est donc stable dans deux intervalles de température : on est en présence d'un phénomène analogue à celui qui nous est offert par le mélange de nicotine et d'eau, qui sont miscibles en toutes proportions au-dessous de 60° et au-dessus de 210° et qui, entre ces deux températures, se répartissent en deux couches de compositions différentes.

Fig. 122.

Si, partant d'une température inférieure à — 16°, on chauffe la préparation, on voit successivement réapparaître toutes les modifications précédentes, il y a réversibilité complète.

Les températures de transformation ont été déterminées par plusieurs méthodes, la méthode thermique, la méthode optique, qui certainement est la plus commode dans le cas présent, et enfin la méthode dilatométrique, qui a permis de constater des faits intéressants.

Comme il est facile de le prévoir d'après la forme de la courbe séparant le domaine de stabilité de la modification quadratique stable aux basses températures de celui de la modification orthorhombique, le passage de la première à la seconde est accompagné d'une contraction, qui n'a pas été mesurée. Le passage de O à M est accompagné d'une dilatation égale à 0,033, si l'on prend le

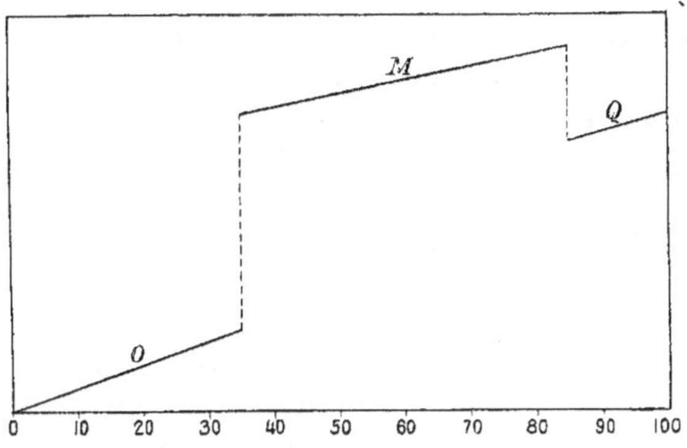

Fig. 123. — Courbes de dilatation de l'azotate d'ammonium.

volume à zéro pour unité de volume ; il y a en même temps une absorption de chaleur égale à 5,02 calories. La transformation sui-

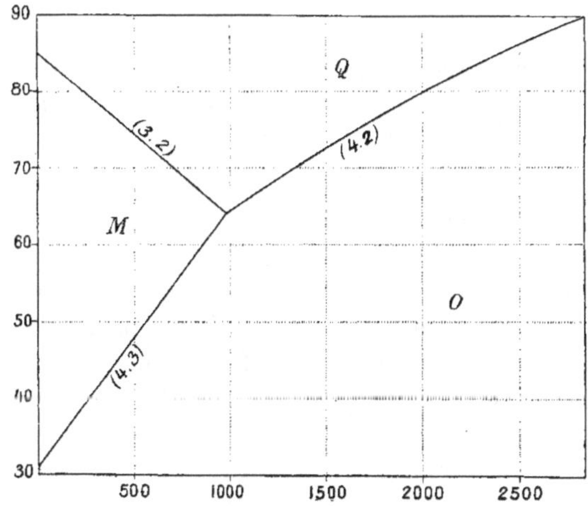

Fig. 124. — Courbes de transformation de l'azotate d'ammonium

vante détermine une nouvelle contraction, égale à 0,0133 et une absorption de chaleur de 5,33 calories. Ces variations de volume sont d'ailleurs coordonnées dans la figure ci-jointe (fig. 123), ne renfermant pas les données concernant la modification cubique, qui n'a pas été étudiée à ce point de vue. On sait seulement que, lors du passage de la modification quadratique à cette dernière, il a une absorption de 11,86 calories.

Un point particulièrement intéressant était l'étude de l'influence de la pression sur les températures de transformation. D'après ce qui vient d'être dit sur les changements de volume, il est évident que quand cette pression augmente la température de passage de M à Q doit baisser et celle de O à M doit s'élever et ces deux températures doivent devenir égales. C'est ce qui a été vérifié par M. Tammann, qui a montré que la modification M était stable à l'intérieur d'un triangle, dont deux sommets sont sur l'axe des t (fig. 124) aux points 32° et 82°; le troisième sommet ayant pour coordonnées 64°,16 et 930 kilogrammes. Pour les pressions supérieures, il y a directement passage de la modification O à la modification Q suivant une courbe (4,2), dont le prolongement pénètre dans le domaine de M pour venir couper l'axe des t en un point correspondant sensiblement à la température de 42°. Comme on le voit, sous la pression atmosphérique, la température de transformation de la modification Q en la modification O est supérieure à celle du passage de M à O. Si donc en refroidissant rapidement les cristaux Q, on les amène à se transformer en cristaux O, ceux-ci seront dans un état métastable, et il pourra se faire, comme il a été indiqué plus haut, que les cristaux O se transforment en cristaux M, qui par refroidissement reviendront à l'état O.

Mais, comme il a été démontré précédemment, la modification O est stable à l'intérieur d'une courbe de forme parabolique, ouverte du côté des pressions croissantes. La seconde branche de cette courbe part du point — 16°, pour s'écarter de l'axe des p lorsque la pression s'accroît.

AZOTATE DE POTASSIUM [1]

On connaît trois formes cristallines de ce corps.

1° M. Orthorhombique (en apparence) 1,692 : 1 : 1,186.

2° R. Rhomboédrique, du type calcite.

---

[1] Frankenheim. *Pogg. Ann.*, vol. 40. Mallard. *Bul. Soc. Min.*, vol. V.

3° R′. Rhomboédrique, du type calcite.

Si l'on fond un grain de la substance sur une lame porte-objet, et si l'on suit l'effet du refroidissement sur l'état cristallin, on constate que, en se solidifiant, la substance cristallise en cristaux rhomboédriques, négatifs à biréfringence élevée. Par refroidissement la biréfringence augmente d'une façon assez notable, mais d'une façon continue, pendant que des macles se produisent parallèlement aux faces d'un rhomboèdre. On arrive ainsi presque toujours à dépasser la température de transformation en M, c'est-à-dire 126°, et les cristaux se trouvent à l'état de surfusion cristalline. C'est alors que, à une température à peine supérieure à celle de fusion du soufre (119°), on voit se produire une augmentation brusque de biréfringence, et les cristaux se transformer en d'autres cristaux rhomboédriques, également négatifs, orientés parallèlement aux premiers, de sorte que les sections perpendiculaires à l'axe optique le sont encore après la transformation. Dans la suite ces cristaux se transforment à leur tour en cristaux orthorhombiques, mais après un temps très variable pouvant atteindre des mois.

Si maintenant on chauffe les cristaux orthorhombiques, on saute par-dessus la forme R et on arrive de suite à la forme R′ à la température de 126°. La forme R est donc une forme qui ne peut s'obtenir que grâce à la surfusion cristalline.

Les trois formes peuvent s'obtenir côte à côte par l'évaporation d'une dissolution sursaturée du sel. Si l'évaporation se produit sous le microscope, et que la goutte soit chaude, on voit, sur les bords de celle-ci, se former des rhomboèdres reposant tantôt sur une face du rhomboèdre, et ayant alors l'aspect d'un parallélépipède applati, et s'éteignant suivant la diagonale d'une face; tantôt, au contraire, reposant sur la base et ayant un contour hexagonal, restant toujours éteint et montrant en lumière convergente les anneaux et la croix noire des uniaxes. L'angle plan de ces rhomboèdres est de 102° 30′, d'où l'on déduit la valeur de 106° 36′ pour l'angle dièdre, et 0,828 pour le paramètre. Par sa haute biréfringence, ses macles, son signe, son paramètre, cette modification paraît bien appartenir au type calcite.

Le refroidissement se poursuivant, un voile passe sur les cristaux dont la biréfringence augmente, mais leur forme extérieure n'est nullement modifiée et les arêtes conservent leur netteté. Les différences qui peuvent exister entre les deux catégories de rhomboèdres ne sont pas appréciables, et le paramètre de la seconde forme ne peut différer beaucoup de celui de la première. Puis on voit apparaître des aiguilles très allongées et s'accroissant rapidement suivant la direction de l'allongement. Ces nouveaux cristaux sont orthorhombiques et sont les seuls stables à la température ordinaire. Si en effet les cristaux rhomboédriques sont rayés par un corps dur, s'ils sont pressés, ou même s'ils sont mis en contact d'un cristal orthorhombique, on voit un voile passer à leur surface et ils se trouvent transformés en cristaux orthorhombiques.

Il y a lieu de se demander si les cristaux orthorhombiques sont primordiaux. Il est plus probable que ce sont exclusivement des cristaux rhomboédriques qui prennent naissance dans la dissolution ; cristaux se transformant immédiatement en cristaux orthorhombiques qui se développent.

Cette nouvelle transformation n'est pas non plus accompagnée d'un changement de forme, les cristaux conservent leurs arêtes vives et leur transparence : ils s'éteignent encore suivant la diagonale de leur face : ce qui indique bien une relation d'orientation entre les deux formes. Mais dans la goutte liquide la transformation s'effectue souvent d'autre façon : quand un cristal orthorhombique approche d'un cristal rhomboédrique, fréquemment celui-ci se dissout en face du point d'approche, il recule devant le premier cristal à mesure qu'il avance; il est très visible, très net que la formation du cristal orthorhombique appauvrit la solution, qui alors peut dissoudre le cristal rhomboédrique plus soluble.

Quant à la forme O, elle n'est orthorhombique qu'en apparence, puisque l'axe vertical est un axe quasi-ternaire de son réseau: l'angle des faces m est en effet de 118° 50′ au lieu de 120°, et des macles fréquentes se produisent suivant les faces du prisme. Le réseau est même quasi-cubique, puisque les faces (101) (10$\bar{1}$) font un angle de 109° 36′ au lieu de 109° 28′. Mais il y a doute sur la véritable nature de ce réseau et l'on peut se demander s'il appartient au type cubique ou au type calcite, autrement dit si ses paramètres sont 1,692 : 1 : 1,186, ou bien 1,692 : 1 : 0,7907. La forte biréfringence des cristaux ferait plutôt pencher vers cette dernière solution. Comme on le verra plus tard, la relation d'orientation constatée entre les formes R et M ne permet pas de trancher la question.

Cet azotate présente donc deux modifications stables sous la pression atmosphérique et une qui ne l'est pas : c'est la seconde modification rhomboédrique. Ses rapports avec les deux modifications stables sont probablement ceux que nous avons indiqués plus haut dans le cas où nous avons considéré deux modifications stables et une instable (p. 220).

AZOTATE DE CÆSIUM [1]

Ce corps est trimorphe :
1° C. Cubique ;
2° R. Rhomboédrique du type cubique ;
3° C'. Cubique.

La substance fondue, en se solidifiant, donne naisssance à des cristaux isotropes et par suite cubiques. Le refroidissement s'accentuant, à la température de 145°, les cristaux se transforment en cristaux rhomboédriques, peu biréfringents et positifs, ils sont quasi-cubiques comme le montre la valeur du paramètre, 1,234. Pour obtenir la troisième forme, il faut les refroidir dans l'air liquide. A mesure que la température baisse, on voit la biréfringence diminuer de plus en plus et devenir nulle, ou tout au moins trop faible pour être appréciée. Il y a donc une différence notable entre le passage de la forme rhomboédrique aux formes cubiques soit par élévation, soit par abaissement de température : dans le premier cas, le passage est brusque, tandis que dans le second il est progressif. Aussi peut-on dire que la dernière modification n'est pas à proprement parler cubique, mais que sa forme primitive est un rhomboèdre différant de moins en moins d'un cube ; le paramètre se rapproche de plus en plus de 1,224.

[1] Schwarz, *Zeis. f. Kryst.*, vol. XXV, p. 613. Wallerant, *C.R.*, vol. 137.

AZOTATE DE RUBIDIUM [1]

Ce corps est également trimorphe, mais les formes ne se présentent pas dans le même ordre que dans le corps précédent, quand la température varie :

1° R. Rhomboédrique du type calcite;

2° C. Cubique;

3° R'. Rhomboédrique du type cubique.

La forme R, qui est stable aux températures supérieures à 219°, est très biréfringente et négative, et se macle facilement suivant les faces d'un rhomboèdre. Entre 219° et 161° ce corps est cubique et au-dessous de cette dernière température, il est rhomboédrique avec une faible biréfringence, positif, quasi-cubique et son paramètre est égal à 1,229.

AZOTATE DE THALLIUM

Ce corps est également trimorphe, et ses modifications se rapprochent davantage de celles de l'azotate d'ammoniaque :

1° C. Cubique;

2° R. Rhomboédrique, quasi-cubique;

3° O. Orthorhombique.

Au-dessous de 80°, ce corps est orthorhombique et ses paramètres sont 0,511 : 1 : 0,651, que l'on a comparés à ceux de l'azotate de potassium, que l'on prenait égaux à 0,594 : 1 : 0,701. Les paramètres étant presque égaux, on a cru pouvoir admettre que les deux sels étaient isomorphes et, comme dans l'azotate de thallium, l'angle des faces *m* est de 125° 25', tandis qu'il est de 118° 50' dans l'azotate de potassium; on en a conclu que, entre les angles de deux corps isomorphes, il pouvait exister une différence de 7°. Or, comme on va le voir, il n'existe aucun rapport entre les cristaux des deux sels; les cristaux de l'azotate de potassium sont en effet quasi-ternaires, tandis que ceux de l'azotate de thallium sont quasi-quaternaires. Si, en effet, on comprime une section d'azotate de thallium perpendiculaire à la bissectrice aiguë des axes optiques, c'est-à-dire à l'axe cristallographique vertical,

[1] Gosner. *Zeit. f. Kryst.*, vol. XXXVIII, p. 112. — Wallerant. *Bul. Soc. d. Min.*, 1905.

on détermine la formation de quatre systèmes de macles, disposées comme les macles suivant les plans b^1 d'un cristal quadratique, les deux axes cristallographiques horizontaux étant dirigés suivant les diagonales du carré dessiné par les traces de ces macles. L'axe vertical est donc un axe quasi-quadratique ; mais, bien plus, si l'on multiplie le premier paramètre par 2, on obtient 1,022 : 1 : 0,651, qui montrent que le cristal est quasi-cubique rapporté à un axe vertical quasi-quaternaire et à deux axes horizontaux binaires non principaux.

Au delà de 80°, le sel est rhomboédrique quasi-cubique, positif, comme les azotates de rubidium et de cæsium, puis, à 125°, il devient cubique.

Il se peut que ces azotates présentent d'autres modifications stables aux basses températures. Il ne faut pas oublier, en effet, que, quand la température baisse au-dessous de — 20°, les transformations polymorphiques ne se produisent que difficilement et même ne se produisent plus : la matière est pour ainsi dire figée.

CHLORATE ET BROMATE DE SOUDE [1]

Ces corps peuvent présenter trois modifications :

1° Cubique ;

2° Orthorhombique (en apparence) ;

3° Monoclinique quasi-rhomboédrique.

Les deux dernières modifications sont instables. Toutes les trois s'observent, comme celles de l'azotate de potasse, en faisant évaporer une goutte de leur dissolution sous le microscope, mais la sursaturation doit être très accentuée. Dans ce cas la modification la plus stable est la forme cubique, de sorte que les deux autres sortes de cristaux se transforment spontanément en cristaux isotropes. Les quasi-rhomboèdres sont presque identiques aux cristaux de chlorate de potasse : l'angle est voisin de 106° ; lors de la transformation, ils conservent leur forme extérieure, leurs arêtes et leur transparence, et il arrive même qu'ils ne sont qu'incomplètement transformés : isotropes à une de leurs extrémités, ils

[1] R. Brauns. *Neues Jahrbuch*, 1898. Mallard, *Bull. de la Société min. de France*, vol. VIII.

sont très biréfringents à l'autre. La cristallisation se continuant, sur les quasi-rhomboèdres transformés, se déposent de petits cubes, ayant une orientation parfaitement déterminée par rapport à la forme extérieure du rhomboèdre : un de leurs axes ternaires est parallèle à l'axe ternaire du rhomboèdre et les trois plans de symétrie passant par l'axe commun coïncident également.

La modification orthorhombique présente un angle voisin de 120°, elle se transforme également en cristaux cubiques sans perdre sa transparence, mais bien plus le passage se fait quelquefois par l'intermédiaire de la forme quasi-rhomboédrique : ils deviennent quasi-rhomboédriques, leur axe ternaire approché coïncidant avec l'axe quasi-ternaire du pseudo-rhomboèdre, et celui-ci se change ensuite en cristal cubique.

Dans ces transformations on peut assister au phénomène qui a été indiqué à propos de l'azotate de potasse : un cristal cubique en s'approchant d'un cristal d'une autre forme en détermine la dissolution ; ce dernier recule pour ainsi dire devant l'autre, plus celui-ci avance rapidement plus la dissolution de l'autre est rapide.

La modification monoclinique s'obtient par surfusion du chlorate de sodium fondu. Cette modification a tous les caractères du chlorate de potassium ; elle est monoclinique, mais très voisine d'un rhomboèdre du type calcite, très biréfringente, le plan des axes optique est perpendiculaire sur le plan de symétrie et l'angle apparent des axes dans l'air est à peu près de 28°, absolument comme dans le chlorate de potasse ; les clivages sont identiques à ceux de ce dernier corps.

CARBONATE DE CHAUX

Ce corps est susceptible de cristalliser sous deux formes :
1° R. Rhomboédrique ;
2° M. Orthorhombique (en apparence).

Une troisième modification est encore trop peu connue pour qu'il soit possible de la comparer aux précédentes.

Berzelius, le premier, a reconnu qu'en chauffant un cristal d'aragonite au rouge sombre, au moyen d'une lampe à alcool, on le faisait éclater, en donnant une poussière blanche opaque. Haidinger exprima l'opinion qu'il y avait transformation de l'aragonite en calcite, et que l'émiettement provenait de ce que ce dernier minéral possédant une densité inférieure, devait occuper un volume supérieur. Cette opinon fut confirmée par G. Rose[1], qui constata que la densité de la poudre était bien celle de la calcite. En examinant cette poudre au microscope, il remarqua que l'opacité provenait de ce que les fragments étaient criblés de fentes, mais que les parties les plus fines de la poussière étaient encore transparentes. De même, parmi les cristaux d'aragonite, obtenus par voie chimique, après la transformation les plus grands présentent quelques fentes, tandis que les plus petits n'ont subi aucun changement ni dans leur forme, ni dans leur transparence : on obtient donc ainsi des cristaux de calcite ayant la forme de cristaux d'aragonite.

M. Klein[2], en opérant sur une lame d'aragonite parallèle à la base, a cru constater que l'axe optique de la calcite était perpendiculaire à cette base.

Cette étude fut reprise par M. O. Mügge[3], qui observa que, à partir de 410°, il se produisait des lamelles hémitropes parallèles aux plans (110), et qu'en même temps apparaissaient des taches se distinguant du reste de la lame par leur réfringence et montrant en lumière convergente les anneaux d'un uniaxe. On a donc en contact les deux modifications et ce contact ne paraît pas influer sur la rapidité de transformation ; en élevant la température, les lamelles augmentent de nombre, ainsi que les plages transformées. M. Mügge a bien constaté que l'axe optique de la calcite coïncidait avec la bissectrice de l'angle aigu des axes optiques de l'aragonite, mais il ne lui a pas été possible d'établir s'il existait une relation plus complète entre les orientations des deux cristaux. D'autre part, M. Mügge a étudié la variation de l'angle des plans (010) et (110) dans l'aragonite quand on la chauffe, et il a montré que cet angle variait d'une façon continue et très lente depuis 20° jusqu'à 400° : en supposant cet angle égal à 58° 6′ à 20°,

[1] G. Rose. *Ueber Bildung des Kalkspaths und des aragonits.* P.-A. t. XLII, 1837. Ueber die heteromorphen Zustaende der kohlensauren Kalkerde. Abhan. der Kgl. d. Wissensch. Berlin, 1856 et 1858.

[2] Klein. *N. Jahrb. Min.* 1884, t. I, p. 188 et t. II. p. 49.

[3] O. Mugge. Ueber die Umlagerungen und die Structure einiger mimetischer Krystalle. *N. Jahrb. Min.* BB., t. XIV, 1901.

il deviendrait égal à 58°13′ à 400°. Il faut donc admettre qu'au moment de la transformation, il y a un changement brusque dans la valeur de cet angle.

La transformation de l'aragonite en calcite est accompagnée d'un dégagement de chaleur de 0,3 calorie, suivant les résultats de M. Le Chatelier.

A côté des recherches concernant la transformation de l'aragonite en calcite sous l'influence de la chaleur, beaucoup d'autres ont été faites pour déterminer les conditions dans lesquelles les deux modifications prenaient naissance. Les résultats auxquels on est parvenu sont d'ailleurs fort incertains et même paraissent jusqu'à un certain point en contradiction les uns avec les autres. Tout d'abord, G. Rose, guidé par les résultats précédents, crut pouvoir affirmer qu'une solution froide donnait exclusivement de la calcite, tandis qu'une solution chaude donnait en même temps de l'aragonite, et même pouvait donner exclusivement de cette dernière. D'autre part, dans une solution à froid, de Na^2CO^3 et de $CaCl^2$, il obtint de l'aragonite si la solution est étendue, tandis que la même solution concentrée à chaud donnait de la calcite.

M. Credner[1], reprenant cette expérience, a montré que la concentration de la liqueur avait plus d'importance que la température sur la formation de l'une ou de l'autre des deux formes : si la solution est étendue, il y a production d'aragonite ; c'est au contraire la calcite qui se précipite, si la liqueur est concentrée.

M. Meigen[2] a fait voir que l'on obtient de l'aragonite sous forme d'agrégats radiés, en précipitant, à basse température, une solution de chlorure de calcium par le carbonate de sodium ; l'aragonite se précipite d'autant plus rapidement que la solution est plus alcaline. Si l'on substitue le bicarbonate au carbonate, on obtient à chaud de l'aragonite en aiguilles, et à froid de la calcite, si la solution est suffisamment étendue.

---

[1] H. Credner. Ueber gewisse Ursachen der Krystallverschiedenheiten des kohlensauren Kalkes. *Journ. f. ptrakt. Chemie*, t. 110, p. 292.
Bauer, *Beitr. f. Min.*, 12.
Ueber eine speudomatamorphose von Aragonit nach Kalspath. N. Jb.. 1890.
Vater. Ueber den einfluss der Loessungsgenossen auf die Krystallisation des Calciumcarbonates. *Zeitsch. f. Kryst.* t. 21, p. 433 et t. XXII, p. 209.

[2] *Ber. d. nat. Gesellsch. z. Friburg i. Br.* vol. XIII, 1902.

M. Michel[1], pour obtenir de l'aragonite, introduit dans un siphon d'eau de seltz du carbonate de chaux précipité ; celui-ci se dissout en quelques mois. Il filtre et fait cristalliser par évaporation très lente. Il obtient ainsi des cristaux d'aragonite de plusieurs millimètres de longueur, et présentant les faces m, p, g^1, e^1.

SULFATE DE POTASSE

Comme l'a montré Mallard, ce sel est dimorphe :

1° Orthorhombique (en apparence) ;

2° Rhomboédrique.

La première forme, seule stable à la température ordinaire, s'obtient par évaporation de la dissolution aqueuse, et se présente en prismes de 120°24′ c'est-à-dire en prismes quasi-ternaires. Les paramètres sont 1,744 : 1 : 1,303. Les cristaux sont fréquemment maclés suivant les faces (110) et (310). La bissectrice de l'angle aigu des axes optiques coïncide avec l'axe vertical et les axes optiques sont dans $\underline{g^1}$; mais si on chauffe les cristaux à une température suffisamment élevée, ils deviennent réellement ternaires, avec les particularités suivantes indiquées par Mallard. Si, après avoir taillé une lame perpendiculaire à l'axe speudosénaire (quasi-ternaire) et par suite à la bissectrice positive, on la place sur le porte-objet du microscope, muni d'un dispositif permettant de la chauffer, on en voit la teinte baisser très lentement ; vers 400° de fortes décrépitations se produisent, la lame se brise en menus fragments. Si on prend un de ces fragments, on observe qu'il a contracté de nombreuses hémitropies, dont les plans perpendiculaires à la lame se croisent sous des angles de 120° et 60° (le plan de macle est le plan m). Si on continue à chauffer ce fragment qui ne décrépite plus en général, on observe qu'à une certaine température, que nous essaierons de préciser tout à l'heure, on voit comme une tache noire envahir la lame et persister aux températures plus élevées. Cet obscurcissement subit de la lame ne se produit d'ailleurs qu'entre les Nicols croisés et il suffit de rendre les Nicols parallèles pour constater que la lame cristalline a conservé toute sa limpidité. Si on laisse

[1] *Bul. Soc. Min. de France*, vol. XXVII, 1904.

refroidir la lame, on voit à un certain moment, qui se fait d'autant plus attendre que la température a été portée plus haut, la lame reprendre subitement sa teinte primitive entre les Nicols croisés, et cette teinte s'élever ensuite graduellement à mesure que la température baisse.

Ainsi, les deux axes d'élasticité du sulfate de potasse, qui sont contenus dans le plan de la base, deviennent égaux à une certaine température θ et restent égaux à des températures plus élevées. Pour savoir quelle est alors la nature de l'ellipsoïde d'élasticité du sulfate, il faut étudier l'action de la chaleur sur une lame parallèle à l'axe.

Si l'on place sur le porte-objet une lame parallèle à l'axe, perpendiculaire à la bissectrice négative, on voit la teinte baisser avec une singulière rapidité : à une certaine température, la teinte est noire et le retard $N_g - N_m = O$. Pour des températures plus élevées la teinte monte, mais on constate que la lame a changé de signe et que la vibration la plus lente, qui était dirigée suivant l'axe, est maintenant dirigée perpendiculairement. A une température un peu plus élevée que celle où $N_g - N_m = O$ en changeant de signe, la lame décrépite violemment et les observations sont interrompues.

Si l'on met côte à côte sur le porte-objet deux fragments provenant de la décrépitation, l'un d'une lame parallèle à l'axe et perpendiculaire à la bissectrice négative, l'autre perpendiculaire à l'axe et à la bissectrice positive, et si on les chauffe ensemble, on voit la teinte des deux lames baisser, mais avec une rapidité fort inégale. A un certain moment la lame parallèle est presque noire, puis elle reprend sa couleur en changeant de signe, et sa teinte monte avec l'élévation de température. A un certain moment, la lame normale devient subitement noire et, au même instant (ou à des intervalles extrêmement courts et évidemment attribuables à l'inégalité de température des deux fragments toujours très inégalement épais) on voit la lame parallèle passer brusquement et avec une extrême rapidité, par toutes les couleurs successives du spectre, pour s'arrêter à une teinte qui diffère d'environ une longueur d'onde de celle qui existait quand a commencé à se produire ce curieux phénomène ».

Ces résultats expérimentaux peuvent être interprétés très facilement au moyen d'une graphique. Désignons par N_g, N_m, N_p, les trois indices relatifs à une couleur, N_g étant l'indice suivant l'axe vertical, c'est-à-dire suivant la bissectrice de l'angle aigu des axes optiques, N_p l'indice suivant la bissectrice de l'angle obtu, et N_m l'indice moyen. Portons sur un axe horizontal (fig. 125) les températures, sur l'axe vertical les biréfringences étudiées, c'est-à-dire $N_m - N_p$ et $N_g - N_m$. Comme il a été constaté, la première

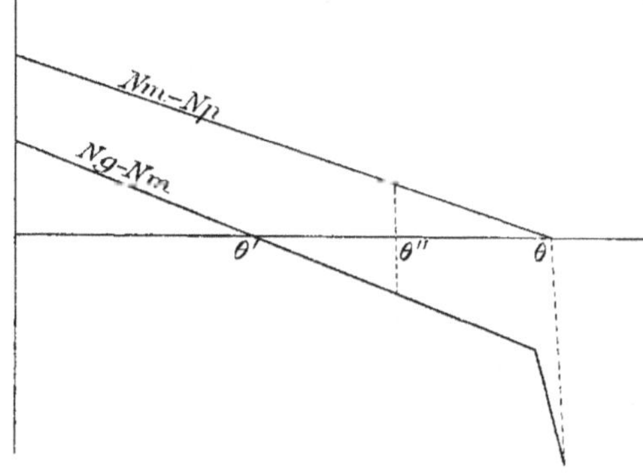

Fig. 125.

sera représentée par une droite doucement inclinée sur l'axe horizontal et venant le couper en un point correspondant à la température θ. La seconde sera représentée par une droite beaucoup plus inclinée sur l'axe des températures et venant le couper en un point correspondant à une température θ', puis passant au-dessous de cet axe, elle baissera rapidement dans le voisinage de la température θ. Donc, pour la température θ' le cristal est uniaxe pour la couleur considérée, l'axe unique étant l'axe N_p, et successivement il devient uniaxe pour toutes les couleurs : les deux axes optiques se sont donc écartés progressivement dans le plan $\underline{g^1}$ pour venir se confondre avec l'axe N_p. Puis, comme il est facile de le voir sur la figure, il existe une température θ'' pour laquelle on a $N_g - N_m = -(N_m - N_p)$, c'est-à-dire $N_g = N_p$; autrement dit, le cristal est devenu uniaxe pour la couleur considérée, l'axe optique coïncidant avec l'axe N_m, et il devient uniaxe successivement pour toutes les couleurs. Par conséquent, les deux axes optiques situés dans le plan p se sont progressivement écartés dans ce plan pour venir se confondre avec l'axe N_m. Puis ils s'écartent de nouveau dans le plan h^1 et pour la température θ ils se confondent pour toutes les couleurs avec l'axe N_g. Alors, et alors seulement, le cristal est véritablement uniaxe.

Enfin, en chauffant dans une étuve les lames précédentes et en suivant les variations de teintes, Mallard a pu déterminer approximativement les températures auxquelle se produisent ces principales modifications : la température θ', pour laquelle est réalisée l'uniaxie transitoire négative, est à peu près égale à 380°; la température θ'', pour laquelle est réalisée l'uniaxie transitoire positive, est sensiblement égale à 490°, et enfin le changement d'état a lieu à la température de 595°.

SULFATE DE LITHINE

L'étude de ce sel a permis à M. Wyrouboff[1] de constater qu'il était au moins dimorphe :

1° Monoclinique; 1,0038 : 1 : 0,690 avec $\beta = 87°52'$;

2° Cubique.

On sait que le sulfate de lithine se dépose à toutes les températures, même dans des solutions fortement acidulées par l'acide sulfurique, avec une molécule d'eau. Mais il est aisé de l'avoir anhydre en fondant le sel au rouge, et en le laissant refroidir. La présence d'un peu d'acide sulfurique libre semble nécessaire pour obtenir une bonne cristallisation et une matière transparente. Le mieux est donc d'humecter le sel d'un peu d'acide sulfurique avant de chauffer, ou d'ajouter un excès d'acide sulfurique à du carbonate de lithine. Les dernières traces de l'acide ne s'en vont qu'à une température très élevée. Lorsque l'on fond plusieurs fois un même culot, il ne cristallise plus qu'en cristaux très petits et paraît opaque. Le culot se fendille beaucoup en refroidissant, et avec une dizaine de grammes de matière, si l'opération a réussi, on peut avoir des fragments d'environ un demi-centimètre de diamètre. Ces fragments possèdent toujours quelques facettes assez brillantes dues à quatre clivages tous à peu près également faciles, et

---

[1] Wyrouboff. *Bul. Soc. Min. de France*, t. XIII, 1890.

conduisant à une pyramide que les mesures goniométriques montrent être clinorhombique et composée des faces o^1, a^1 et e^1.

Les faces d'abord brillantes, deviennent assez rapidement ternes surtout à l'air humide ou au contact des doigts, car le sel absorbe de l'eau avec rapidité et se transforme petit à petit en hydrate $SO^4Li^2H^2O$.

Les mesures ne sont pas tout à fait bonnes, mais elles sont suffisantes pour déterminer d'une façon assez exacte les paramètres. On a ainsi :

$$
\begin{aligned}
mm & \ldots \ldots \ldots \ldots \ldots \ldots \ldots \ldots \ldots \ldots & 90°10' \\
o^1a^1 & \ldots \ldots \ldots \ldots \ldots \ldots \ldots \ldots \ldots \ldots & 72°4' \\
o^1e^1 & \ldots \ldots \ldots \ldots \ldots \ldots \ldots \ldots \ldots \ldots & 110°54' \\
a^1e^1 & \ldots \ldots \ldots \ldots \ldots \ldots \ldots \ldots \ldots \ldots & 109°30' \\
e^1e^1 & \ldots \ldots \ldots \ldots \ldots \ldots \ldots \ldots \ldots \ldots & 71°54'
\end{aligned}
$$

C'est, on le voit, très approximativement un octaèdre régulier rapporté à deux axes binaires pris pour unité et à un axe quaternaire qui devient $\frac{1}{\sqrt{2}} = 0,701$. La symétrie cubique se manifeste ici d'ailleurs très nettement, non seulement par les quatre clivages, mais encore, comme je le montrerai plus loin, par le caractère des macles, qui se produisent avec la plus grande facilité par l'action de la chaleur.

Le plan des axes optiques est perpendiculaire au plan de symétrie et les axes, assez excentrés, sont visibles à travers une lame clivée suivant a^1. La bissectrice aiguë négative fait un angle de 22° avec une normale à cette face et par conséquent un angle de 30°57' avec l'axe vertical dans l'angle aigu γ. Elle coïnciderait à peu près exactement avec une normale à a^2 qui ferait avec l'axe vertical un angle de 33°3' ; $2V = 72°58'$. Biréfringence assez faible, dispersion très faible avec $r > v$, dispersion horizontale inappréciable.

« La chaleur produit dans le sulfate de lithine anhydre des modifications très intéressantes. Lorsqu'on chauffe une lame correspondant à l'un quelconque des clivages, et suffisamment épaisse pour ne plus donner de couleur de polarisation, elle n'éprouve aucun changement jusque vers 500° ; au-dessus de cette température, la biréfringence diminue subitement et des teintes du troisième ordre apparaissent ; elles se succèdent rapidement en descendant, et à un certain moment la lame devient isotrope. Le cristal qui n'était que quasi-cubique géométriquement s'est transformé en un cristal qui est réellement et absolument cubique. Si la lame n'a pas été chauffée trop au-dessus de la température de transformation, elle revient par le refroidissement à son état primitif ; mais si l'échauffement a été poussé aussi loin que possible, on constate souvent qu'elle n'est plus homogène, qu'elle présente une macle par pénétration de deux ou trois individus avec des limites irrégulières et les bandes sans extinction, propres à ces sortes d'assemblages. On se rend facilement compte du caractère de cette macle, quand on connaît les propriétés optiques de chacun des quatre clivages. A travers a^1, on voit, comme je l'ai dit, deux axes excentrés ; à travers e^1 on ne voit qu'un axe au bord du champ ; enfin, à travers o^1 les axes ne sont pas visibles. Or, dans les macles qui se produisent dans les lames parallèles à a^1 ou o^1, les plages nouvelles qui apparaissent montrent l'orientation propre aux faces e^1 ; et, inversement, les lames parallèles à e^1 acquièrent des plages avec l'orientation qui caractérisent les faces a^1 ou o^1. D'ou il suit que la macle se fait symétriquement par rapport à l'une ou à l'autre des faces m. »

SULFATE DE LITHINE ET D'AMMONIAQUE

Les cristaux de ce sel s'obtiennent facilement en évaporant lentement une dissolution des deux sulfates pris équivalents à équivalents. Il est d'ailleurs trimorphe :

1° Orthorhombique (en apparence), $1,6678 : 1 : 3^{1/2}$; O ;

2° Orthorhombique, $0,5981 : 1 : 0,5832$; O' ;

3° Monoclinique ; M.

Les deux premières modifications peuvent se déposer dans la même dissolution, mais à des températures différentes. Si la température d'évaporation est inférieure à 25°, on obtient la modification O', et la modification O si la température est plus élevée. Il est à remarquer que cette dernière se présente sous forme de cristaux, qui au point de vue géométrique sont rigoureusement ternaires ; c'est ainsi que les angles b^1p et e^1p sont égaux. Mais les caractères optiques ne laissent aucun doute sur le degré de symétrie des cristaux : ils présentent deux axes optiques situés dans h^1 et la bissectrice aiguë est perpendiculaire sur la base p.

Sous l'influence de la chaleur, la modification O′ se transforme en la modification O, mais particularité inexpliquée, la présence de l'eau, en quantité aussi petite que l'on veut, est nécessaire pour déterminer cette transformation : si en effet on chauffe graduellement une lamelle de clivage de O′, elle ne subit aucune modification jusqu'à la température de décomposition, mais si l'on met en contact avec la lamelle une goutte d'eau aussi petite que l'on voudra, on la voit envahie par des plages irrégulières différemment colorées. La forme O′ est transformée en une infinité d'individus diversement orientés de la forme O. Inversement, la forme O se transforme en la forme O′ quand on la maintient pendant quelques jours à une température voisine de 15 degrés.

Pour obtenir la troisième forme il faut refroidir brusquement un cristal O en pulvérisant dessus de l'éther, on voit que la lame devient tout d'un coup plus biréfringente. En lumière convergente, on constate que le plan des axes optiques n'a pas changé de position, que l'un des axes seulement s'est déplacé et se trouve au bord du champ.

La bissectrice, qui est restée négative, n'est plus perpendiculaire sur la base ; la forme est donc devenue monoclinique, son plan de symétrie étant la face h^1 de la forme orthorhombique[1].

La forme monoclinique ne dure que tant que persiste le froid : l'élévation de température le ramène à l'état O et la transformation peut se renouveler autant de fois que l'on veut avec le même cristal, sans qu'il perde sa limpidité ni ses faces cristallines.

IODURE D'ARGENT

Cette substance cristallise sous deux états :

1° Rhomboèdrique ;

2° Cubique.

La première modification, stable à la température ordinaire, est naturellement la mieux connue : elle est jaune et son paramètre

[1] Wyrouboff. *Bul. Soc. Min. de France*, t. III, p. 199, 1880.
Ibid., t. XIII, p. 217, 1890.
Scachi, *Atti. R. Ac. di Napoli*, t. III, 1867.

est égal à 1,2294 ; comme l'a montré Fizeau, lorsqu'on la chauffe elle se contracte suivant l'axe ternaire et se dilate suivant une direction perpendiculaire, l'effet total étant une diminution de volume. Si on la porte à une température de 146°, suivant Mallard, elle passe au blanc jaunâtre et devient cubique, un axe du cube coïncidant avec l'axe ternaire du rhomboèdre. La modification inverse se produit si l'on refroidit le cristal cubique au-dessous de 146°.

En étudiant la variation de la chaleur spécifique aux environs de la température de transformation, Mallard et Le Chatelier ont déterminé la quantité de chaleur absorbée par la transformation : ils ont trouvé 6, 8 calories.

En outre, M. Rodwel a montré que le passage de la forme ternaire à la forme cubique était accompagné d'une contraction de volume, mais que la modification cubique se dilatait normalement sous l'influence de la chaleur (Voy. fig. 119).

MM. Mallard et Le Chatelier remarquant que la contraction, qui se produit lors de la transformation, était analogue à celle de la glace passant à l'état liquide, en ont conclu que la température de transformation devait baisser avec la pression, et ils ont constaté en effet que la transformation se produit à la température de 20° sous la pression de 2 500 kilogrammes par centimètre carré. La transformation serait, de plus, accompagnée d'une contraction onze fois plus grande que celle qui se produit à la température de 146° [1].

Mais M. Tammann [2] a montré que le phénomène était beaucoup plus complexe. Au-dessus de 100°, les choses se passent bien suivant les prévisions de la théorie, c'est-à-dire que quand la pression augmente la température de transformation baisse, et entre ces deux quantités existe la relation suivante :

$$t = 144,2 - 0,01473\ p,$$

qui représente une droite. Mais au-dessous de 100° la transformation ne se produit plus à une pression et à une température déter-

---

[1] Mallard et Le Chatelier. *Bul. Soc. Min. de France*, t. VI, p. 181, 1883.
Ibid., t. VII, p. 478, 1884.
[2] Tammann. *Ann. d. Phys. u. Chemie*, 1899.

minées ; elle commence mais ne s'achève que sous une pression plus élevée et une température plus basse.

IODURE D'ANTIMOINE

Ce corps, principalement étudié par M. Cooke, présente trois modifications :

1° Rhomboédrique ;

2° Orthorombique (en apparence) ;

3° Monoclinique.

La première s'obtient facilement en évaporant ou en laissant refroidir une solution saturée du corps dans le sulfure de carbone, que l'on a préparée en dissolvant de l'iode et de la poudre d'antimoine dans ce liquide jusqu'à la disparition de la couleur de l'iode. Les cristaux, obtenus par ce procédé, diffèrent de formes suivant les conditions accessoires de la cristallisation : lorsque le refroidissement est rapide, il se produit des lamelles très minces parallèles à la base et présentant les troncatures d'un rhomboèdre ; si le refroidissement est lent, les cristaux sont plus épais, mais ils sont encore tabulaires. Mais si la dissolution renferme un excès d'iode, les faces rhomboédriques se développent, les cristaux s'allongent et les bases peuvent disparaître. Si enfin l'excès d'iode est encore plus élevé, il se forme des étoiles à six branches résultant de groupements de deux cristaux, ayant leurs axes parallèles et allongés suivant un de leurs axes binaires. On peut encore obtenir les rhomboèdres en sublimant la substance à une température supérieure à 114°.

L'angle du rhomboèdre, pris par M. Cooke pour forme primitive, est de 111°30' et par suite le paramètre de l'axe ternaire est égal à 2,769.

Ces cristaux sont négatifs et la biréfringence est très élevée ; ils sont en outre colorés en rouge écarlate.

La seconde modification est d'un jaune vert, elle s'obtient en sublimant le corps entre 110° et 114°, entre deux verres de montre. Elle se présente sous le microscope en lamelles losangiques de 60° environ ; la bissectrice de l'angle aigu des axes optiques est perpendiculaire à la base, et cet angle est approximativement de 36°.

Si on chauffe cette modification à 114°, elle passe brusquement à la modification rhomboédrique : on voit sur le cristal jaune apparaître une tache rouge, qui s'étend brusquement sur tout le cristal, qui ne perd rien de sa limpidité, qui conserve sa forme extérieure et dont les arêtes conservent toute leur netteté. La transformation est d'ailleurs réversible.

La troisième modification, qui se retire par un procédé un peu compliqué d'une dissolution du corps dans le sulfure de carbone, après l'avoir exposée aux rayons du soleil, est d'un jaune vert également, mais la coloration est moins intense que dans la modification orthorhombique. A la température de 125° environ, elle se transforme en la modification rhomboédrique. Ses constantes cristallographiques seraient d'après M. Cooke [1], 1,6408 : 1 : 0,6682 avec $\beta = 70°16'$, et elle présente un clivage très net parallèle à la base adoptée.

IODURE DE MERCURE

Ce corps se présente sous deux formes qui ont été découvertes par Frankenheim :

1° Q. quadratique ;

2° O. Orthorhombique.

La première, stable à la température ordinaire, est rouge ; si on la chauffe à température de 126°, elle se transforme en cristaux jaunes de la modification O. Cette température peut d'ailleurs être légèrement dépassée, sans que la transformation ait lieu. Réciproquement, si l'on évite toute trace de la forme rouge, la modification jaune peut-être amenée à la température ordinaire sans être transformée ; mais alors il suffit de la rayer pour que le changement se produise immédiatement. M. Rodwell a montré que lors du passage de la modification rouge à la jaune, il y avait une dilatation importante. Mais ce corps est surtout intéressant par les recherches de M. Gernez, qui avec une habileté remarquable est parvenu à mettre de l'ordre dans les résultats discordants de ses prédéceseurs. Tout d'abord, M. Gernez a montré que si l'on vaporisait de l'iodure rouge et si l'on faisait condenser les vapeurs sur

---

[1] P. Cooke, Untersuchung einiger Haloidverbindungen des Antimon, *Pro. of. the Amer. Acad. of Arts a. Sciences*, t. XIII, p. 72, 1877.

un corps à une température quelconque, même inférieure à 126°,
on obtenait toujours des cristaux jaunes ; de même si l'on vaporise
des cristaux jaunes, on obtient toujours par condensation des cristaux de même couleur. Mais pour que l'expérience réussisse, il
faut que le corps sur lequel se produit la condensation soit abso
lument net. Si avant la condensation, on frotte un point avec des
cristaux rouges et un autre point avec des cristaux jaunes, quelle que
soit l'origine des vapeurs émises, quelle que soit la température de
condensation, sur les cristaux rouges se déposeront des cristaux
rouges, et sur les cristaux jaunes se déposeront des cristaux
jaunes.

En second lieu, M. Gernez[1] a fait cristalliser l'iodure en dissolution soit en évaporant, soit en faisant refroidir la liqueur, et il a constaté qu'en partant soit de la forme rouge, soit de la forme jaune,
on obtenait toujours des cristaux jaunes, même à la température
de — 80°.

LEADHILLITE

Comme il a été dit, ce minéral est monoclinique quasi-rhomboédrique : l'angle des faces du prisme est de 59°33′ et l'angle
xz = 89°47′. Les axes optiques, très rapprochés, sont situés dans le
plan de symétrie, et la bissectrice de leur angle aigu fait un angle
de 3°50′ avec la normale à la face (001).

Quand on chauffe les cristaux à 90°, on détermine la formation
de macles secondaires : les unes de seconde espèce, ayant pour
plans de glissement, c'est-à-dire pour plans de symétrie, les plans
(310), faisant entre eux un angle de 119°33′, et pour rangées principales les rangées (110) ; les autres macles, de première espèce,
ont pour axes de glissement les rangées (110) et pour plans de
nulle déformaton les plans (310). Mais si la température s'élève
à 120°, comme l'a montré M. Muegge[2], les axes optiques se rapprochent, se confondent entr'eux et avec la normale au plan (001),
en même temps que les lamelles hémitropes disparaissent. Le cris-

[1] C.R. de l'Acad. d. Sciences, vol. CXXVIII et CXXXVI.
[2] N. Jahrb. f. Min. BB., vol. XIV, 1901.

tal devient donc réellement rhomboédrique. Le phénomène inverse se produit par refroidissement.

LEUCITE

Ce minéral se présente sous forme de cristaux dont les angles se rapprochent beaucoup de ceux d'un trapézoèdre, et dont les faces sont généralement striées. Mais l'étude de ces soi-disant cristaux les montre comme résultant de l'enchevêtrement d'un grand nombre de lamelles biaxes, faiblement biréfringentes et maclées suivant des plans qui auraient pour notation b^1 si le cristal était réellement cubique. On a beaucoup discuté sur la symétrie de ces lamelles : on s'accorde aujourd'hui à les considérer comme orthorhombiques. Mais le premier M. Klein [1] a montré que si on chauffe le cristal à une température voisine de 560 degrés, les lamelles disparaissent et le cristal devient réellement cubique : la transformation est réversible. Par conséquent, la Leucite est dimorphe :

1° Orthorombique ;

2° Cubique.

M. Rosenbuch [2] a mis le phénomène de la réversibilité en évidence d'une façon très élégante : les faces sont striées, comme il a été dit ; par suite si on les examine au goniomètre à réflexion, elles donnent un grand nombre d'images ; mais si on chauffe le cristal à une température suffisamment élevée, on voit brusquement apparaître une image unique, qui disparait lorsque la température baisse.

Ce dimorphisme explique la forme quasi-trapézoédrique des cristaux de leucite, puisqu'à la température à laquelle ils se forment ils sont réellement cubiques : ils affectent donc une forme cristalline cubique et lors du refroidissement ils se transforment en cristaux orthorhombiques ; mais, par suite de tensions résultant de l'inégale contraction, il se produit des macles secondaires ; ce sont les facettes des lamelles hémitropes qui donnent naissance

[1] C. Klein. *N. Jahrb. Min.*, BB., t. III.
Sitz.-Ber. *Berlin Akad.* 1897, p. 48.
[2] Rosenbuch. *N. Jahrb.* 1885 t. II, p. 59.

aux stries des faces du pseudo-trapézoèdre et lors du passage à la forme cubique, par échauffement, les facettes se confondent avec la face du trapézoèdre.

BORACITE

Ce minéral est dimorphe :

1° Orthorhombique;

2° Cubique.

A plusieurs reprises déjà, on a eu l'occasion d'indiquer que si à la température ordinaire, ce minéral se présente avec des formes cristallines rigoureusement cubiques, cependant ses caractères optiques, d'une part, et les figures de corrosion de l'autre permettent d'établir qu'il est en réalité orthorhombique et mériédrique : il possède en effet comme éléments de symétrie un axe binaire coïncidant avec un axe quaternaire de son réseau et deux plans de symétrie non principaux du réseau. En outre, il a été indiqué que dans ces cristaux on peut avec la plus grande facilité déterminer la formation de macles secondaires, ayant pour plans de symétrie les plans de symétrie non principaux du réseau, qui font défaut dans le cristal.

M. Klein[1] a le premier montré que l'action de la chaleur modifie les propriétés optiques de ce minéral, mais Mallard[2] le premier a précisé la nature de la modification : après avoir, dans une première série d'observations, établi que l'échauffement déterminait la formation de nombreuses lamelles hémitropes, il constata que à 265°, une tache noire apparaissait sur une lame chauffée, et que cette tache s'étendait brusquement sur toute la lame, qui devenait isotrope ; le changement inverse se produit non moins brusquement, lorsque l'on refroidit la lame.

Pour déterminer le plus exactement possible la température de transformation, Mallard et Le Chatelier opèrent de la façon suivante : une lame de boracite, placée entre deux lames de verre, est suspendue à la boule d'un thermomètre, et le tout est plongé dans un tube de verre contenant un mélange à parties égales d'azotate de potasse et de soude qui fond à 200°. A travers le

<hr>

[1] Klein. N. Jahrb. Min., 1881.

[2] Mallard. Bul. Soc. Min. de France, t. V et VI.

tube on peut observer la boracite entre un analyseur et un polariseur. On chauffe le tube par la partie inférieure et on détermine ainsi la température à laquelle la lame de boracite devient isotrope.

Le passage de la forme orthorhombique à la forme cubique est accompagné d'une absorption de chaleur, qu'il était intéressant de mesurer; pour y parvenir, Mallard et Le Chatelier ont déterminé la chaleur spécifique de la boracite entre 14° et une série de température allant jusqu'à 339°, c'est-à-dire au delà de la température de transformation. Ils ont pu ainsi calculer la chaleur spécifique moyenne de la boracite orthorhombique entre 14 degrés et 265°, et celle de la boracite cubique entre les mêmes températures : ils ont obtenu respectivement 0,246 et 0,265. Par suite, la chaleur absorbée est égale à

$$(0,265 - 0,246)\ (565 - 14) = 4.77$$

Cette valeur n'est qu'approchée, étant donnée la petite quantité de matière sur laquelle opéraient ces savants. Il y a d'ailleurs contraction lors du passage de la forme orthorhombique à la forme cubique.

ÉTHER PARADIHYDROQUINOCARBONIQUE

Ce corps a été étudié par M. Lehmann, qui à son sujet s'exprime à peu près de la façon suivante :

Si on dissout à chaud ce corps dans l'aniline, légèrement épaissie par l'adjonction de collophane, on obtient par refroidissement des lamelles incolores, ayant la forme de parallélogramme, dont l'angle aigu est de 44°. Mais le refroidissement s'accentuant, dès qu'une certaine température est atteinte, on voit le parallélogramme changer de forme, de sorte que la grande diagonale se raccourcit, la petite s'allonge, et l'angle de 44° devient à peu près égal à 60°. En même temps la couleur change et devient très nettement verte.

Pendant le changement, il est une direction qui reste à peu près invariable : c'est celle du petit côté ; elle coïncide précisément avec la direction d'extinction avant et après la modification.

Le grand côté du parallélogramme tourne environ de 15° relativement à sa position primitive (fig. 126). Généralement la modification se produit dans le milieu et, en même temps, en plu-

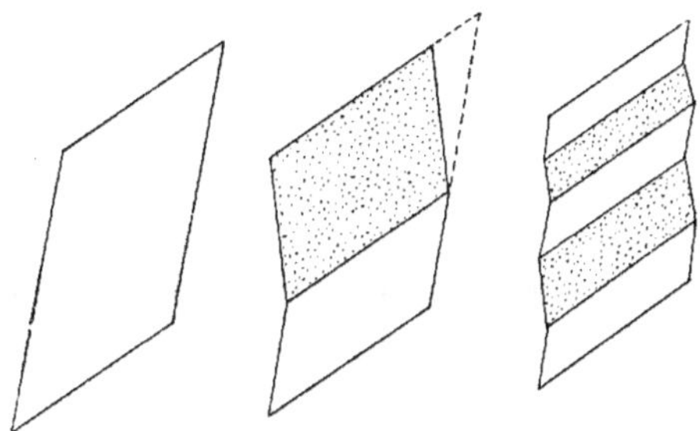

Fig. 126. — Transformation de l'éther paradihydroquinocarbonique.

sieurs points, de sorte qu'une série de lamelles vertes alternent avec une série de lames incolores. Si l'on chauffe le cristal, la modification inverse se produit, et par une alternative d'échauffement et de refroidissement, on peut déterminer le phénomène autant de fois qu'on le veut.

On trouvera beaucoup d'autres exemples de polymorphisme dans la *Molekularphysik* de O. Lehmann, vol. I, et dans l'ouvrage de A. Arzruni : *Die Beziehungen zwischen krystallform und chemischer zuzammensetzung*.

CHAPITRE III

CRISTALLISATION D'UN MÉLANGE DE DEUX CORPS

§ 1. — Conditions générales

Propriétés des solutions. — Avant d'aborder l'étude du sujet, il est nécessaire de rappeler les principales propriétés des solutions. Quand on met en présence un liquide et un solide, le liquide dissout une quantité plus ou moins grande du solide, pour former un mélange homogène, une solution. La quantité maximum du solide que peut dissoudre une quantité déterminée du liquide dépend de la température et dans une moindre mesure de la pression, pourvu, toutefois que la solution se trouve en présence d'un excès du corps solide et que les dimensions des grains de ce solide soient supérieures à 2 μ. Quand ces deux conditions ne sont pas remplies, la quantité du corps dissous peut être plus élevée. Une solution, qui renferme la quantité maximum du solide, les deux conditions précédentes étant satisfaites, est dite *saturée*. La concentration d'une solution saturée peut s'exprimer numériquement de deux façons différentes : on peut indiquer le nombre de grammes ou de molécules du corps dissous dans 100 grammes ou molécules de la solution, de sorte que la solution se compose de x et $100 - x$ grammes ou molécules du corps et du liquide. On peut encore donner le nombre de grammes ou molécules du corps que peut dissoudre 100 grammes ou molécules du solvant.

Le premier mode a l'avantage que les deux corps, solide et liquide, jouent le même rôle ; et, en effet, il ne faut pas oublier que la solution, mélange homogène, peut aussi bien être considérée comme résultant de la dissolution du liquide dans le solide. Il est

des cas où l'on est amené à considérer tantôt l'un, tantôt l'autre
des deux corps comme jouant le rôle de solvant, quand par
exemple le liquide est obtenu par fusion ignée d'un solide. Suivant les cas, nous serons donc amenés à dire que les deux corps
sont mélangés, ou que l'un d'eux est dissous dans l'autre, simplement pour nous expliquer plus clairement, pour mieux faire
comprendre la nature du phénomène étudié. Mais en général,
quand on refroidit le mélange, l'un des corps cristallise le premier
au milieu du second resté liquide; aussi dirons-nous que ce dernier est le solvant, tandis que celui qui se dépose sera considéré
comme le corps dissous.

Mais si l'on refroidit une solution, qui ne se trouve pas en présence d'un excès du corps dissous, on atteint une température à
laquelle la solution renferme une quantité du corps dissous supérieure à celle qu'elle renfermerait si le corps était en excès : on dit
alors que la solution est *sursaturée*. Si la température continue à
baisser, la sursaturation s'accentue, mais la critallisation ne se
produit toujours pas. La solution se trouve, dit-on, dans un état
tel que la cristallisation ne peut se produire spontanément : elle
exige, pour avoir lieu, la présence d'un germe cristallin, c'est-à-
dire d'une parcelle soit du corps dissous, soit d'un corps isomorphe.

Une telle solution sursaturée, mais ne pouvant cristalliser spontanément, est dite à l'état *métastable*. La cristallisation spontanée
n'a lieu, en effet, que quand la concentration atteint certaines
valeurs, et la solution est dite alors à l'état *labile*, sans que l'on
ait pu déterminer jusqu'ici s'il existait une limite précise entre
l'état métastable et l'état labile, ou bien si la solution passait progressivement de l'un à l'autre des deux états.

Pour expliquer ces différentes particularités des solutions, on a
proposé deux théories. Pour les uns, si la solution à l'état métastable ne peut cristalliser, cela provient de ce que dans cet état les
germes cristallins, qui prendraient naissance, auraient des dimensions inférieures à 2 μ, ce qui n'est pas possible puisque si la
solution se trouvait en présence de telles particules, elle les dis-
solverait. La cristallisation ne peut avoir lieu que quand elle est
suffisamment concentrée pour que les cristaux apparaissent dès

le début avec des dimensions supérieures à 2 μ; cette condition serait satisfaite dans les solutions à l'état labile.

Pour d'autres savants, à une température donnée, une solution ne peut contenir qu'une quantité déterminée de la substance dissoute; si la solution paraît renfermer une quantité supérieure, c'est qu'en réalité elle renferme un autre corps, ou le même corps à un autre état. La solution, par exemple, renfermerait une combinaison du corps avec le solvant, un hydrate, si le dernier est de l'eau, ou bien si le corps est polymorphe, la modification dissoute serait différente de celle ayant servi à faire la solution.

L'hydrate ou la modification dissoute étant instables, sont plus solubles que le corps considéré, et par suite la cristallisation ne se produirait que quand la solution serait saturée, pour cet hydrate ou cette modification. Mais les premiers cristaux formés étant instables se transformeraient immédiatement en cristaux stables, qui, par leur présence, entraîneraient la transformation de la solution et, par suite, sa cristallisation.

Considérons maintenant un mélange liquide de deux corps, qui, par refroidissement, les laisse déposer en cristaux absolument distincts, c'est-à-dire qu'il n'y a pas formation de cristaux mixtes. Dans ce cas, il existe un mélange renfermant les deux corps en proportions telles que par refroidissement ce mélange cristallise en masse à une température parfaitement déterminée : ce mélange et sa température de cristallisation sont dits *eutectiques*. Si le mélange liquide contient l'un des corps en proportion supérieure à celle dans laquelle il entre dans le mélange eutectique, par refroidissement, ce corps commence à cristalliser seul à une température supérieure à la température eutectique de sorte que la composition du mélange, à mesure que la température baisse, se rapproche de plus en plus de celle du mélange eutectique, et quand cette composition est atteinte, la cristallisation en masse se produit. Bien entendu, la cristallisation présenterait les mêmes particularités, si c'était le second corps qui prédominait, mais alors ce serait lui qui cristalliserait le premier.

Voyons maintenant comment ces différentes particularités sont représentées graphiquement dans les deux façons d'exprimer la concentration. Désignons les deux corps mélangés par A et B, et

sur une droite horizontale AB (fig. 127), égale à 100, portons une
longueur AM, proportionnelle au nombre de molécules du corps B,
contenues dans le mélange ; la longueur BM sera proportionnelle
au nombre de molécules du corps A contenu dans ce même
mélange, et quand nous ferons varier la composition du mélange,
le point M décrira la droite en allant
du point A, représentant le corps A
pur, jusqu'au point B représentant le
second corps également pur. Sur l'ordonnée verticale menée par M, portons
une longueur M*m* proportionnelle à la
température à laquelle le mélange
commence à cristalliser, quand on le
refroidit. Si nous considérons des
mélanges contenant une proportion
de A supérieure à celle du mélange
eutectique, le point *m* décrira une
courbe partant d'un point *a* situé sur
l'ordonnée, issue de A et tel que la

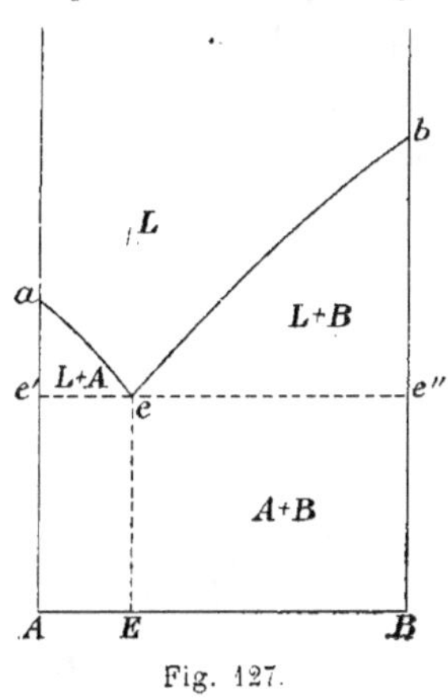

Fig. 127.

longueur A*a* soit égale à la température de fusion du corps A,
et venant aboutir au point *e*, correspondant à la température de
solidification du mélange eutectique. Cette courbe sera forcément
située au-dessus de l'horizontale *e' e''*, menée par le point *e*, puisque,
comme il a été dit, la cristallisation commence toujours à une
température supérieure à la solidification de l'eutectique. Si, au
contraire, c'est le corps B qui est en excès, le point *m* décrira
une seconde courbe partant du point *b*, situé sur l'ordonnée, issue
de B et correspondant à la température de solidification du corps B,
et venant aboutir également au point *e* : la solidification est donc
représentée par deux courbes distinctes, se coupant sous un angle
plus ou moins aigu au point *e*.

Considérons maintenant le point représentatif *m* d'un magma
de composition M ; s'il est situé au-dessus de la courbe A*a*, par
exemple, il représente un magma liquide ; la température baissant, il descend, en suivant l'ordonnée, jusqu'à la rencontre de
la courbe A*a*. Mais alors la cristallisation du corps A commence
et la composition du magma se trouve modifiée puisque la propor-

tion du corps A a diminué ; si donc le point m représente le magma
lui-même, il descendra sur la courbe à mesure que la température
baissera, arrivera au point e et alors le magma restant se consolidera en bloc. Mais si le point m représente la totalité du magma
et du corps cristallisé, après que la cristallisation aura commencé,
il continuera à descendre suivant la même ordonnée. Quand il se
trouvera compris entre la courbe Aa et l'horizontale $e'e''$, il repré-

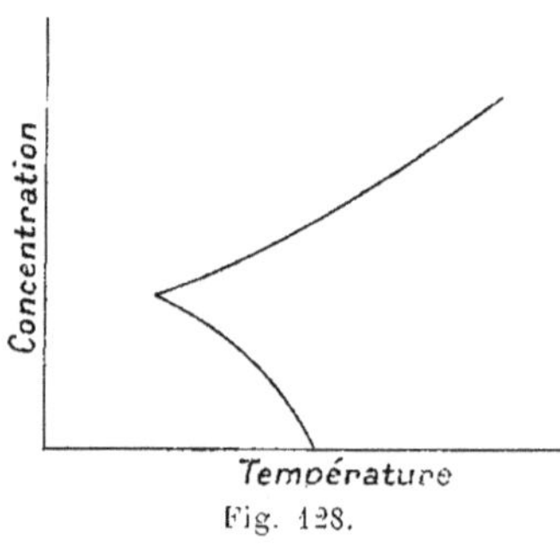

Fig. 128.

sentera l'ensemble composé du
magma saturé de A et de cristaux
de A, et quand il sera au-dessous
de $e'\ e''$, il représentera un conglomérat de cristaux de A et
de B.

Supposons maintenant que l'on
exprime la concentration, en
donnant le nombre de molécules
du corps A dissous dans 100 mo-

lécules du corps B. Dans ce cas, on a l'habitude d'adopter la
représentation graphique suivante : sur un axe vertical (fig. 128)
on porte la quantité de molécules du corps A, dissoutes dans
100 molécules du corps B, et sur la droite horizontale issue du
point ainsi obtenu, une longueur égale à la température à laquelle
commence la cristallisation. On obtiendrait évidemment la même
courbe en portant sur un axe horizontal, la température et sur
un axe vertical la quantité du corps A qui sature 100 molécules
du corps B. On obtient encore deux courbes, l'une concernant la
cristallisation dans le magma du corps B, partant d'un point situé
sur l'axe des x et correspondant à la température de fusion de ce
corps et allant passer par le point e, correspondant à la cristallisation de l'eutectique. Une autre courbe, correspondant à la cristallisation du corps A, part également du point e, mais n'est pas limitée
à son autre extrémité. Cette absence de limite est un des inconvénients de ce mode de représentation.

Après l'exposé de ces considérations générales, nous allons
étudier les particularités que présente la cristallisation d'un magma
liquide, quand l'un des corps, ou bien les deux corps, sont polymorphes ; nous distinguerons trois cas : 1° celui dans lequel les

modifications sont stables sous la pression atmosphérique dans des intervalles de température déterminés; 2° celui dans lequel l'une au moins des modifications est instable à toutes les températures sous la pression ordinaire; et enfin le troisième, dans lequel le corps polymorphe est un hydrate et le solvant de l'eau.

§ II. — Cristallisation des modifications stables

Dans tout ce qui va suivre, nous exprimerons la concentration, en donnant le nombre x de molécules de l'un des corps, mélangées à 100-x molécules de l'autre corps. Deux cas peuvent se rencontrer suivant que toutes les transformations ont lieu à des températures inférieures à celle de l'eutectique, ou que l'une au moins a lieu à une température supérieure à celle de ce même eutectique.

Si toutes les transformations se produisent quand la totalité du magma est cristallisée, elles se produisent dans un conglomérat de cristaux de l'un et de l'autre des deux corps, sans que la présence de l'un des corps influe sur les

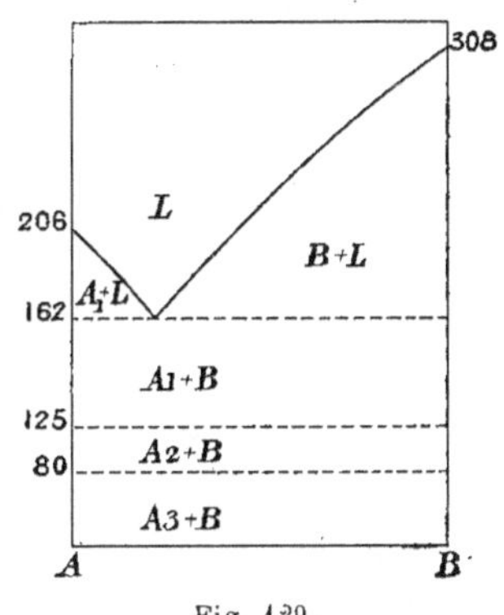

Fig. 129.

transformations de l'autre. Chacune de ces transformations a lieu à sa température propre, et dans la représentation graphique, chaque domaine de stabilité est séparé des autres par des droites horizontales, distantes de l'axe horizontal d'une longueur égale à la température de transformation.

Prenons comme exemple le mélange de nitrate de thallium et de nitrate de sodium étudié par M. van Eyk[1]. Le second n'est pas polymorphe, mais le premier est orthorhombique jusqu'à 80°, rhomboédrique entre 80° et 125°, et cubique aux températures supérieures. Comme la température eutectique est de 162°, le phénomène de la cristallisation et de la transformation est représenté par le graphique (fig. 129) ci-joint dans lequel, A_1, A_2, A_3

[1] *Zeitsch. f. phys. Chemie*, vol. LI.

désignent les trois modifications de l'azotate de thallium et L le magma liquide.

Considérons le cas où le corps A subit une transformation à une température telle que le magma soit encore liquide. Partons du corps A pur et ajoutons progressivement une quantité de plus en plus grande du corps B, la cristallisation du corps A se fera à

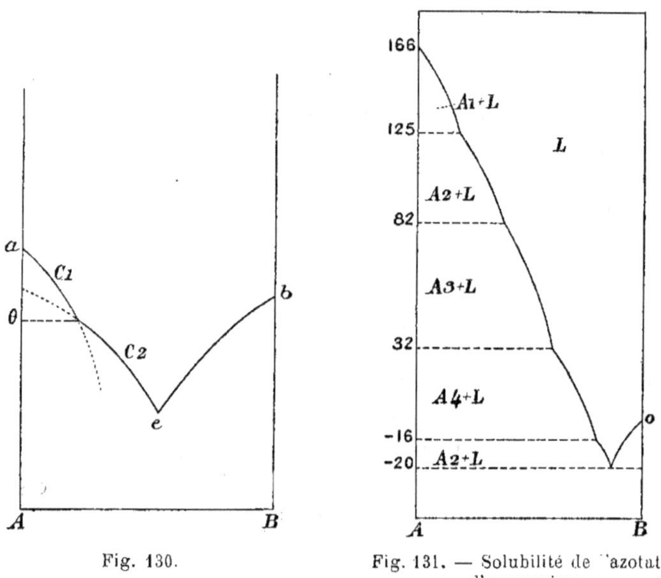

Fig. 130.

Fig. 131. — Solubilité de l'azotate d'ammonium.

une température de plus en plus basse, sous la modification stable aux hautes températures, et le phénomène sera représenté par une certaine courbe; puis à partir de la température de transformation, le corps A cristallisera sous la nouvelle modification. Mais il est bien évident que cette cristallisation s'effectuera en suivant une loi différente de celle qui a présidé à l'apparition de la première modification et que par conséqnent le phénomène sera représenté par une courbe différente de la première. Voyons quelle doit être la position respective de ces deux courbes : désignons par A_1 et A_2 les deux modifications et par C_1 et C_2 les deux courbes correspondantes, et par θ la température de transformation. Comme il a été démontré précédemment, au-dessus de θ, la modification A_2

est instable et par suite plus soluble que la modification A_1; si donc le magma a une composition telle que la cristallisation de A_1 se fasse à une température supérieure à θ, la cristallisation de A_2 ne se fera qu'à une température inférieure à celle de A_1. Par conséquent le prolongement de la courbe C_2 devra se trouver au-dessous de la courbe C_1 (fig. 130). On pourrait également faire remarquer que A_2 devant fondre à une température inférieure à la température de fusion de A_1. le prolongement de C_2 devra aller couper l'ordonnée menée par le point A au-dessous du point d'intersection de C_1. De même au-dessous de la température θ, la modification A_1, étant instable, est plus soluble que A_2 et par conséquent le prolongement de la courbe C_1 devra se trouver au-dessous de C_2. On voit donc que les positions relatives des deux courbes, dans le voisinage de leur point d'intersection, sont parfaitement déterminées.

Ces rapports sont mis en évidence dans la figure 121, relative à la solubilité du soufre dans le sulfure de carbone. La solubilité dans l'eau du nitrate d'ammonium n'a été étudiée avec soin que dans le voisinage de 32°, mais schématiquement, elle est complètement représentée par la figure 131, qui comprend cinq courbes correspondant aux quatre modifications de ce sel.

§ III. — CRISTALLISATION DES MODIFICATIONS INSTABLES

Nous allons maintenant considérer le cas où l'un des corps, le corps B, par exemple, possède, outre la modification B stable à toutes les températures, une modification B', instable à toutes les températures sous la pression atmosphérique. Cette modification B' fond à une température inférieure à celle de B ; en outre B' est plus soluble que B à toutes les températures, et par conséquent la courbe de cristallisation de B' sera au-dessous de celle de B. Quant à la courbe de cristallisation de A, elle sera la même vis-à-vis des deux modifications, puisque l'on admet que la solution est identique, qu'elle laisse déposer B ou B'. Les courbes de A et de B se coupant en un point e, qui correspond à l'eutectique, les courbes de A et de B' se couperont en e', second eutectique, situé sur le prolongement de la courbe de A (fig. 132). Si donc par e et par e' on mène les horizontales ff' et gg', le plan se trouve décomposé en domaines, dont les points représentent plusieurs états, suivant que l'on fait intervenir la modification stable ou l'instable. La correspondance est la suivante en désignant par h le point d'intersection de la courbe $c'b'$ avec la droite ff'.

DOMAINE	B′	B	DOMAINE	B′	B
acf	liquide + A	liquide + A	ehe′	liquide	A + B
fee′g	liquide + A	A + B	f′he′g′	liquide + B′	A + B
behb′	liquide	liquide + B	gABg′	A + B′	A + B
b′hf′	liquide + B′	liquide + B			

Si le corps B possède plusieurs modifications instables, on pourra répéter, à propos de chacune d'elles, ce qui vient d'être dit au sujet de la modification B′ : à chacune d'elles correspondra une courbe de cristallisation, et il y aura autant de points eutectiques qu'il y a de modifications.

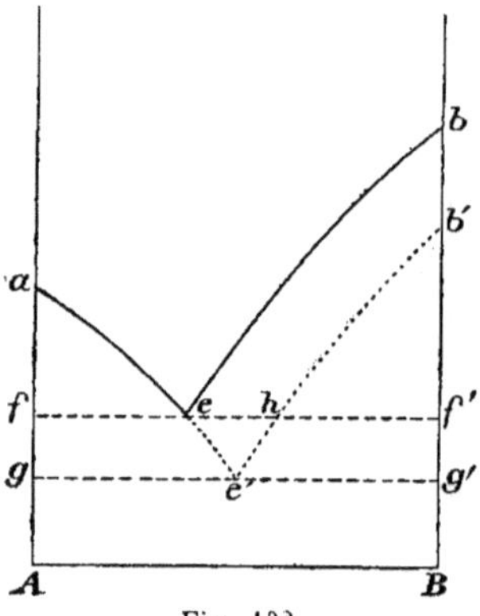

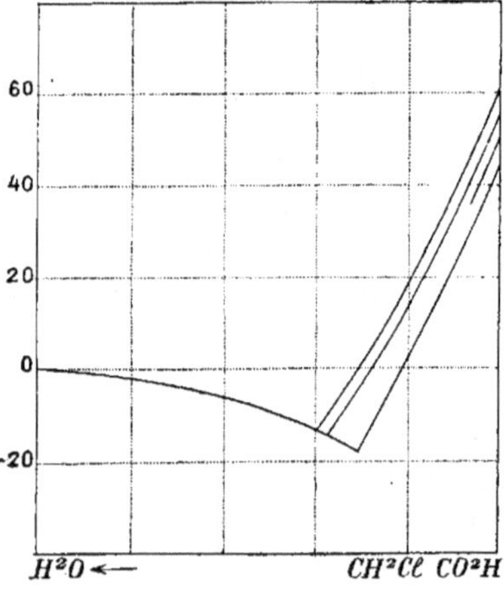

Fig. 133. — Solubilité de l'acide acétique monochloré.

Fig. 132.

Comme on le conçoit facilement, les exemples à citer sont peu nombreux : il est en général difficile d'étudier la solubilité d'une modification instable, qui presque toujours au moment de se dissoudre se transforme en la modification stable; aussi est-on obligé d'employer un procédé de préparation, qui donne directement la modification instable en dissolution dans le solvant considéré.

Un cas, qui mérite d'être cité, est celui du chlorure d'iode, étudié par M. Stortenbeker. Ce corps possède deux modifications solubles dans l'iode. La modification stable, orthorhombique, est rouge-brun, elle fond à la température de 27°2, la modification instable se présente sous forme de longues aiguilles rouge rubis et fond à 13°9. La température de l'eutectique du mélange, dans le cas de la première, est de 7°9 et de 0°9 dans le cas de la seconde.

Un second exemple est celui de l'acide acétique monochloré, qui possède quatre modifications, fondant respectivement aux températures de 61°2, 56°0, 50°0, 43°7. Pickering[1] a déterminé leur solubilité dans l'eau et a pu construire les courbes de cristallisation, tout au moins de trois d'entre elles (fig. 133).

§ IV. — CRISTALLISATION DES MODIFICATIONS HYDRATÉES

Dans les paragraphes précédents nous avons étudié la cristallisation des magmas, dont les éléments se séparaient complètement en se déposant. Dans le cas présent nous avons à considérer la cristallisation dans l'eau de modifications hydratées : le corps en cristallisant se combine donc à une partie du solvant, qui lui fournit les molécules d'eau nécessaires à sa formation. Nous aurons deux cas à considérer : on sait que certaines modifications hydratées, quand on les chauffe, fondent à une température déterminée dans leur eau de cristallisation ; il y a par conséquent une véritable fusion, puisque le liquide a la même composition que le solide. Dans d'autres cas, au contraire, chauffé à une température convenable, l'hydrate se transforme en un autre hydrate, moins riche en eau en abandonnant une partie de son eau, qui est saturée par le sel. Nous commencerons par le cas des corps dont aucune modification n'est fusible.

Conformément aux habitudes, nous adopterons le second mode de représentation graphique, en portant sur l'axe des abscisses la température et sur l'axe des ordonnées le nombre de grammes du corps anhydre, nécessaire pour saturer 100 grammes d'eau.

Nous désignerons chaque modification par l'initiale C, Q, R, O,

---

[1] *Zeitsch. f. phys. Chemie*, vol. III.

M, T, du nom du système auquel elle appartient, en la faisant
suivre du chiffre, indiquant le nombre de molécules d'eau qu'elle
renferme ; la lettre X sera employée pour désigner les modifications dont le système cristallin est inconnu, ce qui malheureusement est le cas le plus fréquent ; c'est ainsi que (X.0) désignera
un sel anhydre de système inconnu.

1. — MODIFICATIONS SANS POINT DE FUSION

Nous prendrons comme exemple le sulfate de soude, dont la
solubilité a été étudiée successivement par différents savants, qui
ont pu à son sujet élucider plusieurs points obscurs relatifs à la

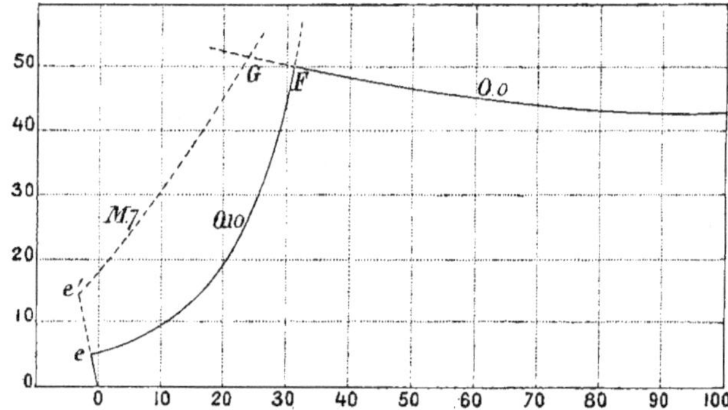

Fig. 134. — Solubilité du sulfate de soude.

solubilité des hydrates cristallisés. Ce corps présente trois modifications. L'une, décahydrate orthorhombique (O.10), est stable
jusqu'à la température de 32°,383 et se transforme alors en sel
orthorhombique anhydre (O.0) ; en outre, il existe une modification
instable à toutes les températures (M.7). La figure 134 nous montre
que la solubilité de (O.10) va en augmentant régulièrement avec
la température depuis le point eutectique e jusqu'au point F. Puis
la solubilité du sel anhydre va au contraire en diminuant, lorsque
la température s'élève. Les courbes de solubilité ont d'ailleurs pu
être prolongées au delà du point d'intersection F : celle du sel
anhydre jusqu'à la température de 18° et celle de (O.10) jusqu'à 34°.

Or, si l'on prend une solution saturée de sel anhydre et qu'on la refroidisse au-dessous de 17°, en ayant soin d'éviter la présence de tout germe du sel anhydre, on voit apparaître des cristaux (M.7), dont on a pu déterminer la solubilité ; elle est représentée par la courbe e'G, le point G correspondant à la température de 24°,2. Comme on le voit, la courbe e'G est tout entière

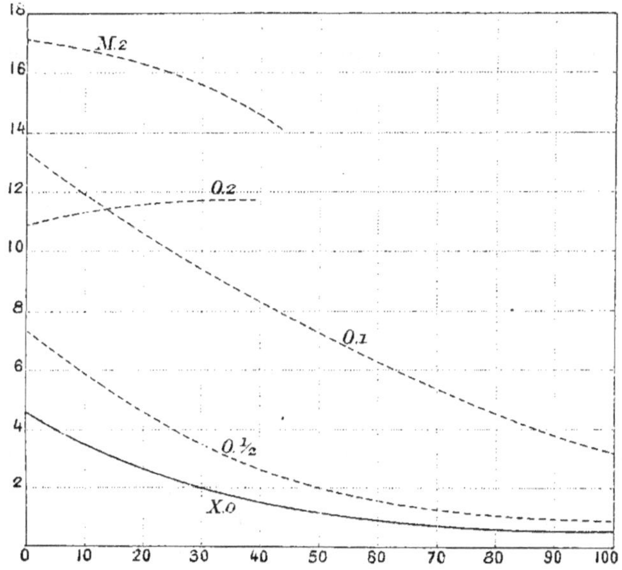

Fig. 135. — Solubilité du chromate de calcium.

au-dessus de la courbe eF, la modification (M.7) est donc instable à toutes les températures auxquelles on l'a observée ; mais il se pourrait que les deux courbes se rencontrent aux basses températures et qu'alors ce soit la modification (M.7) qui devienne stable ; le fait est d'ailleurs difficile à mettre en évidence, car, comme nous avons pu le constater, la transformation de (O.10) en (M.7) ne se ferait qu'à une température assez basse pour que les transformations ne se produisent qu'avec une extrême difficulté. Il est inutile d'insister sur les états de saturation et de sursaturation simultanés, qu'une même solution peut présenter : ils se déduisent de la considération de la figure.

Un autre exemple intéressant est celui du chromate de calcium, qui possède six modifications : (X.0), (O.1 : 2), (O.1), (O.2), (M.2), (R.3). Comme on le voit, le dihydrate est dimorphe dans le sens habituel du mot. La solubilité de ces différentes modifications a été étudiée par MM. Mylius et von Wrochem[1], qui ont déterminé les courbes de cristallisation de la figure 135. L'anhydride est le moins soluble et par suite le seul stable, quoique les autres modifications, malgré leur instabilité, puissent être facilement étudiées. Deux de ces courbes seulement se coupent, celles relatives aux hydrates (O.1) et (O.2), de sorte qu'à partir de la température de 14°, les stabilités relatives de ces deux modifications s'intervertissent.

Il est inutile de multiplier les exemples, car tout se passe comme pour les modifications polymorphiques proprement dites d'un même corps. On pourra d'ailleurs trouver dans les tables de Landolt un grand nombre d'autres cas.

2. — MODIFICATIONS FUSIBLES

Nous allons maintenant considérer les corps cristallisés hydratés, dont l'une des modifications est susceptible de fondre dans son eau de cristallisation, de façon à donner naissance à un liquide ayant même composition que le cristal. La possibilité de fondre entraîne pour la solubilité de cette modification des particularités du plus haut intérêt, qui ont été mises en évidence par Bakhuis Roozeboom dans ses recherches sur le chlorure de calcium et le chlorure de fer. Nous allons prendre comme exemple ce dernier, en faisant remarquer que, dans la construction de son diagramme, Roozeboom évalue les quantités en molécules et non en grammes. Le chlorure de fer, Fe^2Cl^6, outre l'état anhydre (R.0) possède quatre modifications hydratées (O.4), (O.5), (M.7), (M.12), qui, prises dans le même ordre, fondent respectivement aux températures de 73° 5, 56°, 32° 5 et 37°. Nous allons étudier la courbe de cristallisation de la modification (M.12) et montrer que cette courbe présente une tangente verticale, puis revient sur ses pas, de telle sorte

____

[1] *Abhandl. d. phys.-techn. Reichanstalt.*, III, 459 (1900).

que la température de cristallisation passe par un maximum correspondant à la fusion, puis diminue. Il en résulte, en outre, que pour certaines températures, il existe deux solutions saturées.

Le tableau suivant donne, en effet, la quantité n de molécules du chlorure Fe^2Cl^6, qui se trouve en dissolution dans 100 molécules d'eau, en présence d'un excès de (M.12) et cela aux différentes températures. La seconde colonne donne, en outre, le nombre m de molécules d'eau, nécessaire pour dissoudre une molécule de Fe^2Cl^6, dans les mêmes conditions.

t	n	m	t	n	m
— 55	2,75	36,4	37	8,33	12.0
— 41	2,81	35,6	36	9,29	10,8
— 27	2,98	33.6	33	10.45	9,57
0	4,13	24,2	30	11,20	8.92
10	4,54	22.0	27,4	12,15	8.23
20	5,10	19,6	20	12,83	7,80
30	5,93	16,9	10	13,20	7,57
35	6,78	14,8	8	13,70	7,30
36,5	7,93	12,6			

L'examen de ce tableau et du diagramme (fig. 136), qui le

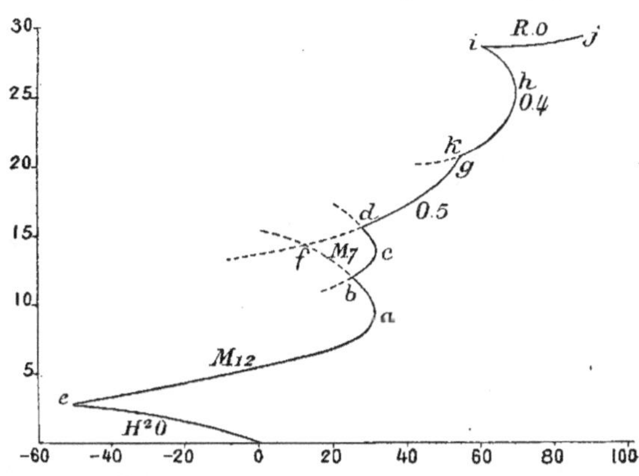

Fig. 136. — Solubilité du chlorure de fer.

résume, montre que la température eutectique de l'eau et de (M.12) est de — 55°, qu'à partir de cette température, si la proportion de chlorure augmente dans la solution, la température de cristallisation s'élève régulièrement jusqu'à celle du point a, c'est-à-dire jusqu'à 37°, à laquelle les cristaux fondent dans leur eau de cristallisation, puisqu'il faut 12 molécules d'eau pour fondre une molécule de Fe^2Cl^6, puis la température de cristallisation baisse jusqu'à 27° 4, correspondant au point b. Donc, à partir de cette température jusqu'à 37°, il existe deux solutions saturées par (M.12).

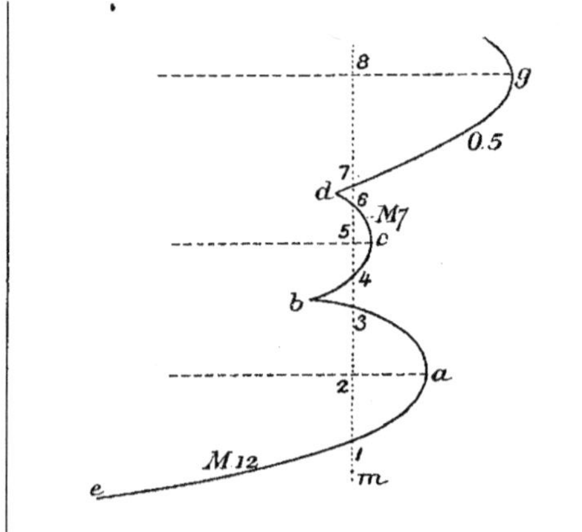

Fig. 137.

On voit que les solubilités des autres modifications sont également représentées par des courbes, possédant une tangente verticale, correspondant au point de fusion de chacune d'elles. On a d'ailleurs pu pousser la détermination de ces courbes au delà de leurs points d'intersection, au moyen de solutions sursaturées. Nous donnerons simplement les températures marquantes pour ces diverses courbes.

b	27°,4	g	56°
f	15°	k	55°
c	32°,5	h	73°,5
d	30°	i	66°

Le point b correspond à un eutectique de (M.12) et de (M.7) : une solution contenant 15,12 molécules de Fe^2Cl^6 cristallise en bloc en un conglomérat de cristaux de (M.12) et de (M.7) ; de même f correspond à un eutectique de (M.12) et de (O.5), mais ce conglomérat est instable dans toutes ses parties.

La forme particulière de ces courbes va nous permettre d'expliquer certains phénomènes, très intéressants, qui se produisent quand, la température restant constante, on augmente progressivement la quantité de chlorure dans la solution, ou ce qui revient au même quand, par évaporation, on diminue la quantité d'eau. Reportons-nous à la figure 137, qui reproduit une partie grandie de la figure précédente, et considérons l'ordonnée correspondant à la température de 31° 5 ; elle coupe les trois courbes et les horizontales menées par les sommets de ces courbes aux points 1, 2, 3, 4, 5, 6, 7, 8. L'état d'une solution à cette température sera représenté par un point m, situé sur cette ordonnée, et quand on diminuera la quantité d'eau ce point m s'élèvera sur l'ordonnée. Lorsqu'il arrivera en 1, les cristaux (M.12) commenceront à se déposer, et leur quantité ira en augmentant, de telle sorte que quand m se trouvera en 2, toute la solution aura cristallisé, puisqu'elle renferme alors précisément 12 molécules d'eau pour une molécule de Fe^2Cl^6. Mais si on enlève de l'eau à nouveau, les cristaux se liquéfieront progressivement pour donner naissance à une solution renfermant moins de 12 molécules d'eau par molécule de Fe^2Cl^6 et la liquéfaction sera complète quand m arrivera en 3 ; elle subsistera dans l'intervalle 3,4, et alors apparaîtront les cristaux (M.7) qui iront en augmentant jusqu'en 5, puis ils se liquéfieront de 5 à 6. On aura une solution liquide de 6 à 7, puis apparaîtront les cristaux (O.5) et on aura une solidification complète pour le point 8. A partir de ce moment, si l'on continue l'évaporation, les cristaux (O.7) se transformeront successivement en (O.4) et en (R.0), mais sans qu'il y ait retour à l'état liquide. On a donc une succession de solidification et de liquéfaction qu'il serait fort difficile de comprendre sans la considération de la figure.

CHAPITRE IV

LIQUIDES CRISTALLISÉS ET CRISTAUX LIQUIDES

Les cristaux solides de certains corps, quand ils sont portés à une température déterminée, se transforment en un liquide cristallisé, en ce sens qu'il est biréfringent et qu'une parcelle placée en suspension dans un liquide convenable affecte des formes cristallines, en tout semblables à celles des cristaux solides. On se trouve donc en présence de deux formations, comparables l'une au corps solide cristallisé et l'autre au cristal. Mais le passage de l'état solide à l'état liquide est accompagné en général d'un changement de propriétés, caractéristique des transformations polymorphiques. En outre, ces liquides cristallisés présentent eux-mêmes à des températures déterminées, variables avec la pression, des changements d'état offrant toutes les particularités des transformations polymorphiques. C'est à ce titre que ces corps méritent d'être étudiés ici.

D'ailleurs, un liquide cristallisé, porté à une température déterminée, donne naissance à un liquide isotrope. Nous avons donc à distinguer une température de fusion, lors du passage de l'état cristallisé à l'état amorphe, et une ou plusieurs températures de transformation. Nous n'avons pas à donner ici tous les caractères des liquides cristallisés ; on les trouvera, avec tous les développements désirables, dans les ouvrages suivants, qui sont écrits à des points de vue différents et se complètent parfaitement :

Lehmann, *Fluessige Kristalle* ; R. Schenck, *Fluessige Kristalle*.

Nous nous contenterons de parler de ceux de ces liquides qui présentent des particularités intéressantes, au point de vue du polymorphisme.

p-Azoxybenzoesäureäthylester. — Pour obtenir des cristaux,

bien individualisés de ce corps, il faut employer un dissolvant,
tel que la colophane, que l'on ajoute en très petite quantité aux
cristaux solides. En faisant fondre le mélange et en laissant
refroidir, on obtient de petits cristaux, ayant la forme de prismes
quadratiques, terminés par les bases, mais dont les faces et les
arêtes sont courbes. Ces cristaux sont uniaxes et dichroïques :
ils sont jaunes quand la vibration lumineuse tombe parallèlement
à la longueur, et incolores quand la vibration est perpendiculaire
sur cette longueur. Quand on passe directement des cristaux
solides aux cristaux liquides, on constate qu'il y a une relation
d'orientation entre les deux modifications, sans qu'il ait été possible de préciser cette relation (Lehmann).

p-Azoxyzimmtsäureäthylester. — Comme l'a montré M. Lehmann, ce corps cristallise dans un dissolvant convenable sous
forme de prismes quadratiques basés, à faces arrondies et optiquement uniaxes. Mais ce qui est tout particulier, c'est que si l'on
comprime l'un de ces prismes contre le couvre-objet de façon à
déterminer la formation d'une facette plane, l'axe optique s'oriente
perpendiculairement à la lamelle de verre et reste ainsi orienté,
si l'on fait rouler le cristal. Le même phénomène d'orientation
s'observe plus facilement si l'on fond la substance sans l'intervention de solvant, entre deux lamelles de verre : il suffit d'agiter
légèrement le couvre-objet pour que le liquide s'oriente, de façon
que son axe optique soit perpendiculaire sur cette lamelle, comme
on le constate sans difficulté en lumière convergente, et si l'on agite
fortement le couvre-objet l'axe reste orienté de même pendant
l'écoulement du liquide.

Azoxybromzimmtsäureester, étudié par M. Vorländer[1], présente
beaucoup d'analogies avec le corps précédent, mais de plus, dissous dans la naphtaline monobromée, il cristallise sous forme de
prismes et d'octaèdres quadratiques à faces planes et à arêtes rectilignes.

Sels de choléstérine. — La plupart des sels de choléstérine
donnent naissance à une ou deux modifications liquides cris-

[1] *Zeitsch. f. phys. Chemie*, vol. LXI.

tallisées, qui ont été étudiées par MM. Lehmann, Jaeger[1] et Gaubert[2]. Nous allons passer en revue les trois types principaux.

Propionate de choléstérine. — Cette substance possède deux modifications solides, l'une instable, cristallisant sous forme de sphérolites très réguliers présentant le phénomène de la croix noire et fort peu biréfringents ; en outre, il y a une modification stable, qui au contraire est très biréfringente ; elle cristallise également en sphérolites, dont les fibres présentent assez souvent un enroulement en spirale, autour de l'une des bissectrices des angles des axes optiques, de sorte que le long d'une fibre on rencontre successivement des plages perpendiculaires à l'une des bissectrices et des plages parallèles au plan des axes optiques.

Si l'on chauffe ces cristaux solides, on les transforme en cristaux liquides. Ces cristaux sont uniaxes négatifs et d'une biréfringence comparable à celle de la modification solide instable.

Il y a une relation très nette entre les cristaux solides stables et les cristaux uniaxes : ceux-ci, en effet, ont leur axe optique qui coïncide avec l'axe moyen du cristal solide, dont ils dérivent[3], de telle sorte que l'enroulement hélicoïdal autour d'une bissectrice se transforme en un enroulement autour d'une droite perpendiculaire à l'axe optique.

Ces cristaux liquides présentent une propriété remarquable, qui a été étudiée par Reinitzer : ils diffusent de la lumière colorée dont la longueur d'onde augmente quand la température baisse : ils commencent par diffuser de la lumière violette, puis de la bleue, de la verte et de la rouge ; la lumière transmise est d'ailleurs sensiblement complémentaire de la lumière diffusée. Mais en outre, il est à remarquer que les sections perpendiculaires à l'axe optique sont seules à jouir de cette propriété : aussi entre les Nicols à 90°, ces sections présentent-elles la teinte de la lumière diffusée, puisque la lumière transmise est arrêtée par les Nicols. Si l'on fait fondre le corps et si on le laisse refroidir lentement, il cristallise sous forme d'étoiles radiées à contours parfaitement définis,

[1] *Zeitsch. f. phys. Chemie*, vol. LVI.
[2] *C. R. de l'Acad. des Sciences*, vol. CVL.
[3] WALLERANT, *C. R. Acad. des Sciences*.

présentant la croix noire et que l'œil ne saurait distinguer de formations solides. Dans ces étoiles, les fibres sont parallèles à l'axe optique, et par conséquent ne diffusent pas de lumière colorée. Mais si, comme le fait remarquer M. Lehmann, on agite la lamelle couvre-objet, on détruit les étoiles et le liquide devenu homogène diffuse de la lumière colorée par toute sa surface. Comme il a été déjà dit, cela provient de ce que les éléments cristallins qui, eux, n'ont pas été détruits, s'orientent de façon à ce que leur axe optique soit perpendiculaire à la lamelle couvre-objet, qui exerce une action d'orientation.

Caprinate de cholestérine. — Le corps précédent paraît bien n'avoir qu'une modification cristallisée liquide et cependant on est amené à supposer qu'en réalité, il en possède deux qui restent en suspension l'une dans l'autre, c'est-à-dire que la modification stable à la température la plus élevée ne subsisterait seule que pendant un intervalle de température très restreint, et se transformerait progressivement en la seconde modification, qui resterait dissoute dans la partie non transformée de la première.

Le caprinate de cholestérine, en effet, fondu, ne diffuse pas la lumière comme le sel précédent; si l'on agite la lamelle couvre-objet, les éléments s'orientent de façon à avoir leur axe optique perpendiculaire sur la lame de verre, et à un moment donné, sous l'influence du refroidissement, on voit un voile traverser la préparation, comme dans bien des transformations polymorphiques des corps solides, et l'on constate que le liquide toujours uniaxe et orienté de la même façon a cependant une biréfringence beaucoup plus élevée. Mais de plus, lors de la transformation on voit la zone de contact des deux modifications diffuser de la lumière colorée : cette zone, qui se déplace à mesure que la transformation avance, est évidemment constituée par un mélange des deux modifications, et il est tout naturel d'attribuer la coloration de la lumière diffusée à ce mélange de deux sortes de particules cristallines.

Caprylate de cholestérine. — Ce sel, qui nous offre le troisième type de transformation, vient compléter l'analogie entre les modifications liquides et les solides : ces deux modifications sont en effet instables, et ce n'est que par surfusion du liquide isotrope qu'on les voit apparaître toutes les deux successivement.

Laurate de choléstérine. — Ce corps, étudié d'une façon spéciale par M. Jaeger[1], est particulièrement intéressant par les phénomènes de surfusion et de surchauffe cristalline qu'il présente. Si l'on part du liquide isotrope et qu'on le refroidisse, on voit apparaître un liquide A, biréfringent, uniaxe, qui passe très facilement à l'état solide, en conservant les mêmes propriétés qu'à l'état liquide : ce n'est que peu à peu et très lentement que l'on voit apparaître les cristaux stables à la température ordinaire; la surfusion est donc très accentuée. Mais si l'on chauffe ces cristaux, on les voit repasser par l'état A, puis ce liquide se transforme en un autre liquide biréfringent uniaxe, stable dans un intervalle de température très restreint, et que l'on n'obtient jamais par refroidissement; ce second liquide à son tour devient isotrope par échauffement. Mais ce qui est particulièrement curieux, c'est que certains cristaux solides, éprouvant la surchauffe cristalline, persistent au milieu du liquide cristallisé, de telle sorte qu'on peut les voir nager au milieu du liquide isotrope.

p-Azoxyphénétol. — Ce corps possède à l'état solide deux modifications, l'une stable et l'autre instable, toutes les deux d'ailleurs très biréfringentes. A 137°, ce corps passe à l'état de liquide biréfringent, qui affecte la forme de gouttes parfaitement sphériques, si on le met en suspension dans un autre liquide non miscible. Ces gouttes possèdent des propriétés optiques tout à fait particulières, qui montrent bien que l'on n'a pas affaire à un corps homogène, et, par conséquent, ces gouttes ne sauraient être considérées comme des cristaux. D'après M. Lehmann, pour obtenir un liquide homogène, biréfringent, autrement dit un liquide cristallisé, il faut opérer de la façon suivante : on prépare des cristaux solides entre une lamelle porte-objet et une lamelle couvre-objet, toutes les deux parfaitement propres. On obtient ainsi des plages solides différemment orientées. Or, si on les chauffe doucement on trans-

---

[1] *Rec. Trav. chim. des Pays-Bas*, vol. XXVI.

forme chacune de ces plages solides en une plage liquide. Ces plages liquides ont une orientation optique parallèle à celle des plages solides primitives : chacune d'elles s'éteint en une seule fois et dans quatre positions à 90°. Ces plages sont si bien individualisées, qu'en faisant glisser la lamelle supérieure, on les amène à chevaucher les unes sur les autres, sans qu'elles se mélangent. Elles sont dichroïques, comme les cristaux solides, et même elles présentent la teinte jaune pour la même orientation que le cristal, qui leur a donné naissance. Enfin la biréfringence du liquide cristallisé est à peine plus faible que celle du cristal solide : les teintes de polarisation sont sensiblement les mêmes.

On voit d'après cela qu'il y a si peu de différence entre le cristal solide et le liquide cristallisé, qu'il engendre par fusion, que l'on est en droit de se demander s'il y a bien là une transformation polymorphique, un changement de structure. On n'observe pas, en effet, ces changements brusques des différentes propriétés physiques, qui ont lieu habituellement dans le passage d'une modification à l'autre. Les variations dans les propriétés physiques sont plutôt de l'ordre de celles que l'on observe dans un cristal déterminé quand on fait monter ou baisser la température.

Nous arrivons donc à cette conclusion qu'à la température de 137°, il n'y a pas de transformation polymorphique, mais simplement changement dans l'intensité de la cohésion. Les particules cristallines sont, en effet, soumises à deux sortes de forces, les unes d'attraction et les autres d'orientation ; à la température de 137°, les premières disparaissent et les secondes seules subsistent. Les forces d'orientation sont, en effet, très puissantes dans les corps que nous étudions, comme le prouvent les expériences de M. Lehmann sur les cristaux de l'éther éthylique de l'acide azoxybenzoïque. Aussi, quand une poussière se trouve prise dans le liquide cristallisé, que nous venons de décrire, elle peut se déplacer, comme dans un autre liquide, sans déterminer de variation dans les phénomènes, car les particules, dérangées de leur position par la poussière, reprennent immédiatement leur orientation.

Il est fort probable que c'est dans l'existence de ces forces d'orientation que réside la différence essentielle entre les liquides biréfringents et les liquides isotropes. A la température de fusion des liquides biréfringents, ces forces s'annuleraient à leur tour.

A un autre point de vue, si l'on comprime doucement le liquide cristallisé entre les deux lamelles de verre, on le fait diminuer d'épaisseur, puisqu'il s'étale, et la teinte de polarisation se trouve modifiée, puisqu'elle dépend de l'épaisseur, mais rien n'est changé dans les propriétés du cristal. Par conséquent nous sommes amenés à cette conclusion importante, que les propriétés optiques ne dépendent pas de la répartition réticulaire, mais uniquement de la particule cristalline.

Il est inutile de parler des autres corps qui présentent les mêmes caractères que ceux que nous venons de décrire, mais il nous faut dire quelques mots de l'influence de la pression et des matières étrangères sur la température de transformation et celle de fusion.

M. Hulett[1] s'est principalement occupé de l'influence de la pression. Il a montré que quand la pression augmente, les deux températures s'élèvent et que l'élévation de température est sensiblement proportionnelle à l'augmentation de pression ; de plus, en général, l'écart de ces températures augmente également avec la pression.

Influence des substances étrangères. — Les liquides cristallisés jouissent de la propriété de dissoudre en quantités notables certaines substances telles que l'hydroquinone, le thymol, le benzophénone, etc. La présence de ces substances modifie, d'une façon intéressante, les propriétés du liquide. Comme toujours, les températures de fusion et de transformation sont abaissées, et cela d'autant plus que la proportion de la substance étrangère est plus élevée. Mais, en outre, la température de fusion n'est plus unique, en ce sens que, si on laisse refroidir le liquide isotrope résultant du mélange, la biréfringence apparaît d'abord faible, puis va en augmentant pendant un certain intervalle de température, intervalle qui augmente avec la proportion de la substance étrangère. Si on laisse refroidir le liquide biréfringent, il se solidifie à une température qui baisse quand la proportion de la substance étrangère augmente. Mais, si la proportion de celle-ci dépasse une certaine valeur, les choses se passent tout autrement :

[1] *Zeitsch. f. phys. Chemie*, vol. XXVIII, 1899.

le liquide ne devient pas biréfringent et le liquide isotrope laisse
directement déposer des cristaux du dissolvant et s'enrichit en
substance étrangère, jusqu'au moment où la température ait
atteint la valeur eutectique à laquelle
il y a cristallisation en masse.

Le diagramme suivant (fig. 138)
relatif au mélange d'hydroquinone au
p-méthoxyzimtsäure[1] met bien en évidence la marche de la solidification.
Le domaine compris entre les droites
CH et CG correspond à la phase
pendant laquelle la biréfringence augmente, et celui compris entre les
droites CG et EG correspond à la phase
liquide cristallisée. On voit donc que,
pour toute proportion supérieure à

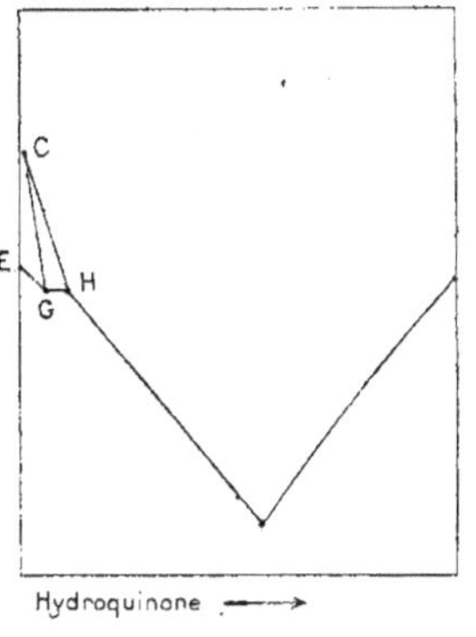

Fig. 138.

celle qui correspond au point H, le liquide passe directement
de la phase isotrope à la phase solide.

Mais quand la proportion de la substance dissoute est assez
élevée pour que la phase isotrope passe directement à la phase

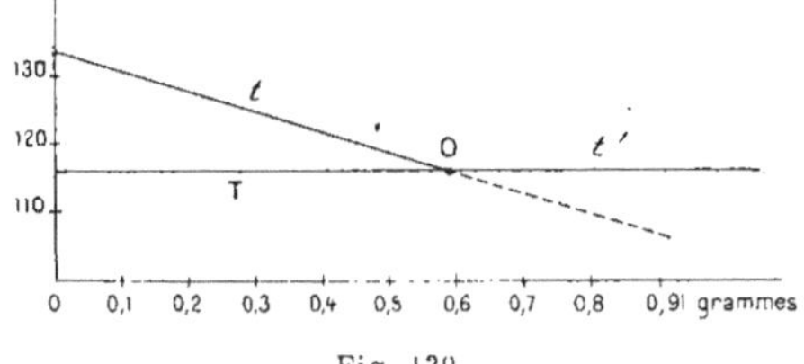

Fig. 139.

solide, le phénomène peut être beaucoup plus complexe. Si, en
effet, on laisse le mélange se refroidir lentement sans agitation,
on peut l'amener à une température t' à laquelle se produisent les
cristaux sans entraîner leur formation; mais alors, à une température t inférieure à t', on voit le liquide se troubler et devenir
biréfringent. Le liquide cristallisé est dans un état instable, car si
on l'agite ou si on sème un cristal solide du dissolvant, on voit

[1] Kock : *Zeitsch. f. phys. Chemie*, vol. XLVIII, 1904.

les cristaux se précipiter, le liquide redevenir isotrope et le phénomène reprend sa marche normale.

MM. Schenck et Schneider [1] ont étudié l'influence du benzophénone en proportions variables sur le p-azoxyanizol et le diagramme
suivant (fig. 139) correspondant à $13^{gr},61$ d'azoxyanizol, représente le résultat de leurs recherches ; la droite T correspond à la
température normale de transformation. Les droites se coupent
en un point O correspondant à une quantité de benzophénone un
peu inférieure à $0^{gr},6$. A gauche de ce point, les phases liquide
isotrope, liquide cristallisée et solide cristallisée se suivent normalement : les deux phases cristallisées passent de l'une à l'autre
par une transformation énantiotropique. A droite, au contraire,
il n'y a équilibre qu'entre la phase liquide isotrope et la phase
solide : la phase liquide cristallisée ne peut être obtenue que
grace à une surfusion ; elle est instable et ses rapports avec la
phase solide sont ceux d'une monotropie.

[1] *Zeitsch. f. phys. Chemie*, vol. XXIX, 1899.

CHAPITRE V

Laurent d'abord, Pasteur bientôt ensuite, ont montré que les formes cristallines des différentes modifications d'un même corps présentaient de nombreuses analogies, que les angles de leurs faces étaient sensiblement égaux, ce que Pasteur exprime de la façon suivante : « Une propriété commune aux substances dimorphes : c'est que l'une des deux formes qu'elles présentent est une forme limite, c'est-à-dire en quelque sorte placée à la séparation de deux systèmes, dont l'un est le système propre de cette forme, et l'autre le système dans lequel entre la seconde forme de la substance. » Pour faire comprendre la véritable nature de la relation indiquée par Pasteur, on peut prendre comme exemple, le soufre : il cristallise, dit-il, en prisme rectangulaire droit dont l'angle des pans est de 90°, ainsi que l'angle des bases sur les faces latérales. Dans la seconde forme, la forme primitive est un prisme oblique à base rhombe, qui a pour angle des pans 90° 32′, et dont l'angle de la base sur les pans est de 94° 6′. C'est donc une forme limite voisine d'un prisme rectangulaire droit. En outre, Pasteur remarque que dans le prisme oblique il existe des troncatures faisant avec la base des angles de 127° 38′ et 135° 9′, tandis que dans le prisme rectangulaire droit, des troncatures correspondantes font avec la base des angles de 128° et 134° 56′.

Le carbonate de chaux cristallise, dit-il, d'une part dans le système du prisme hexagonal régulier, et d'autre part dans le système du prisme rhomboïdal droit, dont l'angle est voisin de 116°. Il en résulte que si les arêtes du prisme correspondant au dièdre de 60° environ sont modifiées tangentiellement, ce qui arrive d'une manière fréquente, la forme sera très voisine d'un prisme hexagonal régulier. Le prisme hexagonal de l'aragonite est donc une forme limite voisine du prisme hexagonal régulier, qui est le type de l'autre système de la chaux carbonatée. En outre, Pasteur montre que l'égalité des angles se retrouve dans les troncatures sur les arêtes de base, qui font entre elles des angles sensiblement égaux à ceux des rhomboèdres de la calcite.

Les observations de Pasteur amènent à cette conclusion que les réseaux des différentes modifications sont sensiblement identiques, et c'est sur cette conclusion, qui n'est pas générale, que l'on a basé certaines théories du polymorphisme. Il est bien vrai que dans certains corps le même réseau préside à la répartition dans l'espace des particules cristallines : tel est le cas de la boracite, tel est le cas des corps qui possèdent des formes primitives inverses et non superposables. Un cristal de quartz gauche n'a pas la même structure qu'un cristal droit, mais les réseaux des deux cristaux sont identiques ; il en est de même des cristaux gauches et droits du chlorate de soude, dont les particules cristallines doivent être inverses l'une de l'autre. Un autre exemple, digne d'être cité, est celui de la pyrite : comme l'a montré M. J. Curie, il y a deux espèces de dodécaèdres pentagonaux de cette substance, ils se distinguent par la position des stries que l'on observe sur leurs faces. Dans les uns ces stries sont parallèles aux arêtes situées dans les plans de symétrie du cristal, dans les autres les stries sont perpendiculaires sur ces arêtes. Or ces deux variétés de dodécaèdres pentagonaux ne sont ni superposables ni symétriques, si bien entendu l'on tient compte des stries ; on a donc deux formes d'un même corps, formes ayant le même réseau, mais différant par la particule cristalline.

A côté de ces exemples bien connus, il en est beaucoup d'autres qui ont pu échapper parce que, en général, on se base exclusivement sur les formes cristallines pour définir la symétrie d'un cristal. Or l'intervention de ces seules formes cristallines peut être insuffisante : considérons par exemple un corps cubique, si l'on trouve des cristaux ayant des formes holoédriques et d'autres ayant des formes mériédriques, on en conclura que le corps est mériédrique, et que les formes holoédriques résultent de la superposition de demi-formes. Cette conclusion peut être exacte, mais il peut aussi parfaitement se faire que le corps soit dimorphe, d'une part holoédrique et de l'autre mériédrique, les deux formes ayant le même réseau. C'est ainsi que M. Lehmann a montré[1] que le chlorure, l'iodure et le bromure d'ammonium avaient chacun deux formes cubiques.

A côté de ces cas, dans lesquels le réseau ne varie pas, quand on passe d'une forme à l'autre, il en est d'autres, dans lesquels le réseau subit une légère variation : tel est la leucite dont le réseau orthorhombique est très voisin d'un réseau cubique, l'iodure d'argent dont la maille rhomboédrique a pour paramètre 1,229, différant par conséquent très peu d'un cube dont le paramètre est 1,224 ; le sulfate de potasse dont l'angle du prisme dans la forme orthorhombique est égale à 120° 24′, très voisin de 120°, valeur que prend cet angle dans la forme ternaire, etc., etc.

La déformation du réseau peut être notable, comme on l'a vu pour l'éther paradihydroquinocarbonique, dans lequel des angles de 44° deviennent égaux à 60°. Mais dans tous ces cas la maille du réseau de l'une des modifications résulte de la déformation de la maille de l'autre : ce sont les mêmes molécules qui se trouvent dans les mailles des deux modifications; ce sont les mêmes molécules qui dans les deux modifications constituent une particule cristalline.

Cette relation de structure entre les modifications d'un même corps a été longtemps considérée comme générale, mais M. Wyrouboff[2] a montré qu'il fallait à ce point de vue établir une distinction entre les corps et les répartir en deux groupes. A ce sujet il s'exprime comme suit :

« A ce groupe (groupe 1) appartiennent les substances dans lesquelles le changement de formes, généralement réversible, se produit sans détruire l'homogénéité et sans modifier l'enveloppe extérieure du corps. Le cristal se transforme plus ou moins brusquement en un autre cristal ou un grand nombre de cristaux parallèles entre eux, avec conservation des axes de symétrie. Ceci suppose nécessairement que les réseaux des deux formes sont identiques à la température de la transformation. Dans toutes ces

---

[1] *Molekular Physik.*, vol. I, p. 792.
[2] *Bul. Soc. Min.*, vol. XIII, 1890.

substances sans exception, la forme la plus symétrique est la moins
stable à la température ordinaire, et l'action de la chaleur est
nécessaire pour la produire.

On peut donc caractériser ce groupe :

« Au point de vue statique, les diverses formes y possèdent, à
une certaine température, des réseaux identiques. Au point de
vue dynamique, la chaleur y amène la forme la plus symétrique,
dans une position isoaxe par rapport à la forme la plus symétrique.

« On pourrait donc désigner ce polymorphisme comme isoréti-
ticulaire, si l'on se plaçait au point de vue des caractères géométriques des formes, isoaxe, si l'on considérait le mode de
transformation, ou enfin direct, si l'on adoptait l'interprétation
que je propose plus loin.

« Les substances qui appartiennent à ce groupe sont : le sulfate
de potasse, le sulfate de soude, le séléniate de potasse, le sulfate
de lithine, le sulfate de lithico-ammonique, le séléniate de strych-
nine, la boracite.

« Dans ce groupe (groupe 2) se rangent les substances de
beaucoup les plus nombreuses, dans lesquelles la transformation,
le plus souvent réversible, se fait de façon à ce que le cristal se
change en un grand nombre d'individus sans contours définis et
ayant une position absolument quelconque par rapport à ses axes
de symétrie. Le cristal transformé a donc perdu son homogénéité,
aussi est-il toujours plus ou moins trouble ou même tout à fait
opaque sous une certaine épaisseur.

« Cette façon d'être tient à ce que ici les diverses formes qui
appartiennent à un même corps ne sont que voisines, et n'ont de
réseau identique à aucune température. Il n'y a donc pas là à
proprement parler de transformation ; il y a remplacement d'une
structure cristalline sans rapport nécessaire avec l'enveloppe
extérieure du cristal. La stabilité à la température ordinaire des
diverses formes qui appartiennent à un même corps, peut être
d'ailleurs à peu près égale, comme dans le sulfate lithico-ammonique, le sulfate de nickel, le bichromate de rubidium, le carbonate
de chaux ; ou extrêmement différente, comme dans le sulfate
lithico-sodique et l'iodure d'argent.

« Il est enfin un autre caractère qui distingue le second groupe des substances polymorphes. Leurs diverses formes, quoique toujours voisines, n'appartiennent pas nécessairement à des symétries différentes. C'est ainsi que les deux formes du racémate neutre de thallium sont clinorhombiques et que les formes α et β du sulfate lithico-ammonique sont orthorhombiques toutes deux. Au point de vue de la transformation, l'action de la chaleur ne peut avoir ici aucun rapport avec la symétrie. Il faut remarquer cependant que dans la majorité des cas la chaleur produit, comme dans le premier groupe, la forme la plus symétrique. Mais cette règle admet, comme nous le verrons plus tard, de nombreuses exceptions.

« Le second groupe se définit donc ainsi : au point de vue statique, les diverses formes ont des réseaux qui restent plus ou moins différents à toutes les températures.

« Au point de vue dynamique, la chaleur y amène une des formes dans une position qui n'a aucun rapport géométrique nécessaire avec l'autre.

« Suivant que l'on se place à l'un ou l'autre de ces points de vue, on peut appeler cette forme du plymorphisme hétéroaxe ou hétéroréticulaire. On l'appellerait indirect si l'on prenait en considération les idées théoriques que j'expose plus loin. »

Mais la distinction proposée par M. Wyrouboff doit à notre avis être poussée plus loin. Dans le cas en effet où la maille de l'une des modifications ne résulte pas de la déformation de la maille de l'autre, où les particules cristallines ne sont pas constituées par les mêmes molécules, les deux réseaux peuvent être reliés par une loi très simple.

Considérons par exemple le chlorate de soude : deux de ses formes ont respectivement pour mailles de leur réseau un cube et un pseudo-rhomboèdre dont l'angle est voisin de 107°, et cependant on constate que les rhomboèdres se transforment en cristaux cubiques sans perdre leur transparence, sans que leurs faces, leurs arêtes perdent leur netteté. Il faut donc que les plans réticulaires du réseau rhomboédrique se retrouvent dans le réseau cubique, moyennant une légère déformation, puisque l'on ne constate pas de changement de forme lors de la transformation. Or cette condition serait rigoureusement réalisée si l'angle du rhomboèdre était de 107° 6'; car, en effet, le rhomboèdre ayant relativement au rhomboèdre de 107° 6' les caractéristiques (30$\bar{3}$2) est un cube, et par suite en divisant les arêtes de ce cube en parties d'égales longueurs, ou bien en prenant des multiples de ces longueurs, on obtiendra autant de réseau cubiques, ayant pour plans réticulaires les plans du réseau de 107° 6'. Mais bien entendu les mailles de ces réseaux cubiques ne contiennent pas les mêmes molécules que la maille du réseau donné. On voit donc que dans ce cas on passe d'une forme appartenant à un type cristallin à une forme appartenant à un autre type : les particules cristallines des deux formes ne comprennent pas les mêmes molécules et cependant les angles des faces sont sensiblement égaux dans les deux espèces de cristaux. On verra d'ailleurs plus loin qu'il y a une autre explication de ces particularités.

Enfin il est d'autres cas où il ne paraît y avoir aucune relation soit entre les réseaux, soit entre les particules des deux édifices cristallins : tels serait le cas de la modification de l'azotate d'ammonium stable entre 32° et 82°, qui paraît n'avoir aucune relation de structure avec les modifications dont l'une est stable au-dessous de 32° et l'autre au-dessus de 82°. Ce serait également le cas des deux variétés de bichromate de rubidium.

On est donc ainsi amené, en se plaçant exclusivement au point de vue des relations de structure entre les différentes modifications, à distinguer trois espèces de polymorphisme :

Le polymorphisme direct ;

Le polymorphisme semi-direct ;

Le polymorphisme indirect.

Le premier et le troisième cas correspondent exactement au polymorphisme direct et indirect de M. Wyrouboff, tandis que dans le second rentrent les corps dont les modifications diffèrent par leur particule cristalline, mais qui présentent les mêmes angles dièdres.

Mais si la distinction est nette au point de vue théorique, il n'en est plus de même dans la pratique, et il est souvent bien difficile de décider à quelle espèce de polymorphisme on a affaire, soit que nos connaissances sur les différentes modifications soient incomplètes, soit que l'on ne puisse observer le passage d'une modification à l'autre dans des conditions satisfaisantes. L'une des modifications n'étant généralement pas stables à la température et sous la pression ordinaires, il est souvent impossible d'étudier ses formes cristallines et de déterminer sa forme primitive et par suite son type cristallin. On peut, il est vrai, dans certains cas, remédier à cet inconvénient par l'étude de la biréfringence et des macles secondaires, comme on l'a vu dans les azotates, dans lesquels le type cubique et le type calcite se reconnaissent facilement. Il est encore d'autres difficultés : le premier et le second type de polymorphisme se reconnaissent à ce qu'un cristal de l'une des modifications se transforme en un ou plusieurs cristaux ayant une orientation déterminée relativement au premier cristal. Or cette orientation peut être dans certains cas difficilement mise en évidence : au moment de la transformation, il y a le plus souvent une contraction ou une dilatation notable, qui peuvent déterminer des macles secondaires dans le cristal en voie de transformation. Chacune de ces lamelles maclées se transformant en un cristal distinct, on aura après la transformation une association de cristaux orientés différemment. On devra donc, avant de conclure à la non-orientation, s'assurer que des macles secondaires ne sont pas susceptibles de se produire. Mais même dans le cas de la non-existence des macles secondaires, il peut arriver qu'un cristal donne naissance par transformation à des plages différemment orientées : par suite des tensions, il peut se produire, si la mobilité des particules cristallines est suffisante, un effet analogue à celui que l'on observe dans la cristallisation aqueuse rapide : ici en effet les particules, au lieu de s'orienter parallèlement, s'orientent dans toutes les directions et il en résulte de petits cristaux enchevêtrés dans tous les sens. Or la mobilité des particules est très visible dans certains corps, comme dans l'azotate de potasse. Si on chauffe les cristaux rhomboédriques de cet azotate, ou voit fréquemment que de deux cristaux accolés, différemment orientés, ne montrant pas les mêmes teintes de polarisation, l'un d'eux change brusquement d'orientation de façon à devenir parallèle à l'autre. On conçoit donc qu'inversement, sous l'influence d'actions susceptibles de gêner les particules dans leur tendances à l'orientation parallèle, un cristal engendre plusieurs plages et non un seul cristal.

CHAPITRE VI

THÉORIES DU POLYMORPHISME

§ I. — Historique

Il a été déjà dit plus haut que, lors de la découverte de l'aragonite, Haüy s'était refusé à y voir une espèce identique à la calcite : une espèce pour lui est caractérisée non seulement par sa composition chimique, mais encore par la forme de sa molécule intégrante. « On ne conçoit pas, dit-il, que des éléments qui seraient les mêmes quant à leurs qualités, à leurs quantités respectives et à leur mode d'agrégation, puissent donner naissance à des molécules intégrantes de formes différentes. Cette diversité ne peut être que l'effet d'une cause qui a influé d'une manière quelconque sur la composition. »

Comme on le voit, Haüy ramenait la notion de polymorphisme à la notion d'isomérie, quoique cette dernière ne fût pas encore formulée par les chimistes.

Mais déjà à cette époque d'autres minéralogistes ne voulaient voir dans le polymorphisme qu'un phénomène physique : pour eux des molécules jouissant des mêmes propriétés chimiques étaient susceptibles de donner naissance à plusieurs édifices cristallins, d'adopter dans la cristallisation plusieurs positions d'équilibre.

Ces deux façons d'expliquer, ou plus tôt d'interpréter la propriété du polymorphisme, ont toujours eu leurs défenseurs. C'est ainsi que Pasteur à ce sujet s'exprime de la façon suivante : « En admettant la manière de voir d'Haüy, on peut se demander comment les substances dimorphes n'offrent pas de différences de propriétés chimiques aussi profondes que les substances isomères, puisque l'isomérie et le polymorphisme ont également pour cause une différence dans l'arrangement des molécules élémentaires.

« Je partage l'opinion de Haüy : je pense que les substances polymorphes sont une classe de substances isomères. Mais si les arrangements moléculaires ne sont pas les mêmes dans deux variétés dimorphes, il y a entre eux une relation étroite. La différence est assez grande pour provoquer l'incompatibilité de leurs systèmes cristallins ; pourtant elle n'a rien de profond. Elle altère les propriétés physiques, elle laisse à peu près les mêmes propriétés chimiques. »

A mesure que la chimie des isomères faisait des progrès, on essayait de développer, de préciser cette théorie chimique du polymorphisme. C'est ainsi que Geuther[1] explique le dimorphisme du carbonate de chaux, en s'appuyant sur l'existence de deux acides carboniques, l'acide monocarbonique qui donnerait la calcite et l'acide bicarbonique, qui engendrerait l'aragonite, et pour cet auteur, dans bien des cas analogues, le polymorphisme aurait pour cause la polymérie de l'acide. Après une étude sur les oxydes jaune et rouge de plomb, il généralise ses résultats, et arrive à cette conclusion que le polymorphisme est le résultat de la polymérisation de la molécule chimique.

Mais à côté de ces auteurs n'admettant qu'une seule explication pour tous les cas où des corps de même composition contésimale présentent des formes cristallines différentes, il en est d'autres, qui tout en admettant le polymorphisme comme propriété physique, n'en acceptent pas moins que pour certains corps les différences de formes cristallines tiennent à des différences chimiques, autrement dit à l'isomérie.

Dans cette voie, Groth[2] étudie plusieurs minéraux de même composition centésimale, tels que les variétés de l'acide titanique : s'appuyant sur ce que le zircon, la cassitérite et le rutile sont isomorphes, il en conclut que la formule de la cassitérite doit être $SnSnO^4$, correspondant à celle du zircon qui est $ZrSiO^4$. De même celle du rutile doit être $TiTiO^4$ et ce minéral doit être considéré comme résultant de la polymérisation de l'acide titanique TiO^2, qui cristallise en anatase et en brookite.

Un autre cas intéressant, traité par le même auteur, est celui du

[1] *Ann. Chem.*, vol. CCXVIII et CCXIX.
[2] *Tableaux des minéraux.*

silicate d'alumine, qui cristallise sous trois formes, l'andalousite, la sillimanite et le disthène, et qui tous trois ont une composition centésimale représentée par la formule Al^2O^3, SiO^2. Pour M. Groth, les deux premiers seraient des orthosilicates et le troisième un métasilicate. Il se base, pour établir son opinion, sur ce que les orthosilicates sont moins stables que les métasilicates. Or la transformation de l'andalousite en disthène a été fréquemment observée dans la nature, et il n'en est pas de même pour ce qui concerne la sillimanite.

Enfin il faut citer les recherches de M. Dölter sur les différences chimiques que peuvent présenter certains corps de même composition centésimale ayant des formes primitives différentes. Cet auteur a fait agir sur ces corps de l'acide chlorhydrique, fluorhydrique et du chlore soit à l'état gazeux, soit à l'état de dissolution, du carbonate de soude, et de la soude hydratée, et il a constaté que dans aucun cas, les modifications du même corps ne possédaient identiquement les mêmes propriétés chimiques. Il paraîtrait résulter que pour les cas étudiés, il est impossible de distinguer les corps isomères des corps polymorphes.

Théorie de la structure maclée. — A plusieurs reprises, Mallard a traité cette question importante du polymorphisme, pour développer, modifier sa théorie, consistant à considérer la forme la plus symétrique d'un corps comme résultant du groupement moléculaire de plusieurs cristaux de la forme la moins symétrique. Dans le cours de ses recherches, ses idées se sont sensiblement modifiées, et pour en avoir l'expression définitive, il faut se reporter à la conférence faite par lui devant la Société Chimique, et publiée dans la *Revue scientifique,* numéros des 30 juillet et 7 août 1887. Se basant sur les analogies établies par Pasteur entre les différentes formes d'un corps polymorphe, il s'exprime ainsi : « On peut formuler ses analogies en disant que les systèmes réticulaires des centres de gravité sont en réalité peu différents les uns des autres dans les diverses formes cristallines d'une même substance, ou tout au moins que les paramètres de ces systèmes réticulaires ont entre eux des rapports simples. Les édifices cristallins de ces diverses formes diffèrent les uns des autres surtout par le nombre et la nature des éléments de symétrie.

« Il résulte clairement de là que le système réticulaire des substances polymorphes pouvant changer de symétrie, sans changer sensiblement de forme, doit avoir pour maille un de ces prismes que M. Pasteur appelait une forme limite et auquel nous avons donné le nom de forme pseudo-symétrique.

« On peut prendre pour exemple le carbonate de chaux, rhombique à l'état d'aragonite, et rhomboédrique ou hémiédrique hexagonal à l'état de calcite. La symétrie des deux formes est très différente, mais l'aragonite, comme vous l'avez déjà vu, est pseudo-hexagonale et tend, par ses groupements multiples à se rapprocher de la symétrie hexagonale.

« Si l'on suppose ces groupements de plus en plus multipliés, et en quelque sorte de plus en plus intimes, l'aragonite se rapprochant progressivement de la symétrie hexagonale, il semble que la calcite doive être considérée comme le dernier terme d'une série continue dont l'aragonite rhombique est le premier.

« Il ne s'agit plus que de montrer comment ces groupements, se produisant entre particules, et non plus entre portions finies de la matière, peuvent donner naissance à une substance nouvelle en quelque sorte, et douée de propriétés physiques et cristallines différentes de celles qui existaient avant le groupement.

« Représentons sur le tableau les cellules hexagonales du nitre, juxtaposées dans un même plan réticulaire perpendiculaire à l'axe pseudo-hexagonal. Suivant les trois directions perpendiculaires aux faces latérales de ces cellules, plaçons les trois orientations des molécules de manière qu'elles se succèdent toujours dans le même ordre : 1, 2, 3 ; 1, 2, 3, etc.

« Dans ce plan réticulaire, il est évident qu'après ce groupement la molécule cristallographique a changé de nature ; car celle-ci, par définition, est la plus petite portion de matière qui se répète périodiquement, identique à elle-même et dans une orientation parallèle. La portion de matière qui satisfait à cette définition est composée, après le groupement, de trois anciennes molécules, et les distances qui séparent les centres de gravité des nouvelles molécules sont, non plus, comme dans un premier cristal aa et bb, mais AA et BB.

« Quant à la cellule, elle pourra être considérée comme formée par les prismes hexagonaux dont les bases, triples en surface des anciennes, sont figurées en traits longs, et dont la hauteur sera la même qu'avant le groupement. Il est aisé de voir que la nouvelle particule possède exactement la symétrie ternaire.

« Il n'est pas d'ailleurs possible que le groupement que nous avons choisi comme le plus simple pour rendre compte du passage du nitre, de la forme rhombique à la forme rhomboédrique soit précisément celui que réalise la nature. En effet, après ce groupement, si la particule a bien acquis un axe ternaire et trois plans de symétrie passant par cet axe, elle n'a pas acquis, comme il le faudrait, un centre de symétrie et trois axes binaires.

« Il est d'ailleurs possible, et même jusqu'à un certain point probable que la forme rhombique du nitre soit une forme déjà obtenue par groupement d'une autre forme clinorhombique ou même anorthique encore inconnue. »

Ces conclusions amènent Mallard à formuler les réflexions suivantes : « Ce groupement particulaire, qui se produit brusquement à une température déterminée, avec dégagement de chaleur, qui change les poids moléculaires de la substance et modifie toutes ses propriétés physiques, qu'est-ce donc autre chose que ce que les chimistes appellent une polymérisation? Un phénomène purement cristallographique en apparence conduit donc à un phénomène manifestement chimique. »

Comme on le voit, Mallard en partant d'une conception physique de la propriété du polymorphisme se trouve ramené à une conception chimique, à l'exemple d'autres auteurs.

M. Wyrouboff[1] s'élève contre cette façon de voir et distingue d'une façon absolue l'isomérie, phénomène chimique, du polymorphisme, phénomène exclusivement physique, et trouvant, suivant son expression, la théorie de Mallard trop simpliste, il en propose une nouvelle qu'il résume de la façon suivante :

1° Les molécules chimiques se disposent suivant un certain réseau pour former des particules cristallines. Elles peuvent parfois se disposer suivant plusieurs réseaux, en général, très

[1] *Bul. Soc. Min.*, vol XIII, 1890.

voisins, pour former ainsi plusieurs espèces de particules.

2° Les particules se disposent à leur tour suivant un réseau pour former le cristal. Le réseau peut être identique à leur propre réseau ou en différer plus ou moins ; dans le premier cas on a des corps symétriques, dans le second des corps pseudo-symétriques.

3° Les diverses formes d'un corps polymorphe appartiennent à la catégorie des corps symétriques. Pour que l'une d'elles puisse passer à l'autre, il faut donc que la symétrie du réseau cristallin change en même temps que le réseau particulaire. Quand ce double changement peut s'effectuer à une certaine température, le cristal se transforme en un autre cristal et l'on a le polymorphisme direct. Dans le cas contraire, lorsque la particule seule change, la forme se détruit à mesure que se produit la forme nouvelle. Ce cristal est remplacé par une infinité de cristaux, et l'on a le polymorphisme indirect.

4° Les corps pseudo-symétriques présentent un mélange des diverses orientations que le réseau, toujours à forme limite, prend autour d'axes de symétrie supérieure à celle de la particule. La pseudo-symétrie et le polymorphisme, qui ne sont que les différentes manières d'être des réseaux particulaires par rapport au réseau cristallin ne s'excluent nullement, et peuvent par conséquent exister dans une même substance.

En un mot, d'après M. Wyrouboff, l'idée de Mallard, développée plus haut, ne s'appliquerait qu'aux corps pseudo-symétriques. Dans les corps, qui changent de forme sans perdre leur homogénéité, sous l'influence de la chaleur, les réseaux particulaires et cristallins se modifieraient simultanément, tandis que dans le cas de polymorphisme indirect, le réseau particulaire se modifierait seul sous l'influence de la chaleur, et l'édifice cristallin devrait se détruire pour permettre aux particules d'adopter un nouveau réseau : il y aurait recristallisation.

DISCUSSION. — Avant d'aborder la discussion des théories précédentes, il est nécessaire de faire remarquer qu'il est impossible dans l'état actuel de la science, de formuler une théorie proprement dite du polymorphisme, et il en sera ainsi tant que l'on ne pourra donner une théorie de la cristallisation. Il est évident, en effet, que s'il nous est impossible de dire pourquoi les particules adoptent un réseau plutôt qu'un autre, il nous est par cela même impossible d'expliquer pourquoi ces particules sont susceptibles d'adopter deux ou plusieurs réseaux. Tout ce qu'il est possible de faire aujourd'hui, consiste à rechercher les relations de structure existant entre les différents édifices cristallins constitués par les mêmes molécules.

Les auteurs qui, comme M. Lehmann, ramènent le polymorphisme à l'isomérie chimique, ne donnent, en réalité, aucune explication du polymorphisme, ils reculent la difficulté, et laissent aux chimistes le soin d'expliquer un phénomène physique, conséquence d'un phénomène chimique de nature encore problématique. En admettant donc que cette hypothèse soit exacte, elle ne constituerait pas une explication, mais serait la simple constatation d'un fait, encore inexpliqué. Cette hypothèse a en outre le désavantage de ne pas permettre de prévoir les relations de structure existant à coup sûr entre les différents édifices cristallins, auxquels donnent naissance les molécules de certains corps.

Si nous passons maintenant à l'examen des idées de Mallard, nous voyons qu'elles contiennent le principe d'une explication, plutôt qu'une explication véritable, et en effet en l'appliquant à un exemple très simple, il se trouve arrêté dès le début, et obligé de reconnaître que la solution qu'il propose n'est pas la véritable, et que le mode de passage du nitre orthorhombique au nitre hexagonal lui échappe. C'est qu'en effet le problème tel que le pose Mallard ne comporte pas de solution dans le cas général, à moins de considérer les molécules de la forme la moins symétrique, comme dépourvues d'éléments de symétrie, et alors de leur attribuer non seulement des rotations de 120° autour de la droite, qui deviendra un axe ternaire, mais encore des rotations de 180° autour des trois droites destinées à devenir des axes binaires.

En outre, à part les plans de symétrie de la molécule orthorhombique qui restent des plans de symétrie de la nouvelle molécule, les autres éléments de symétrie de la molécule orthorhombique, centres et axes binaires, ne sont plus des éléments de symétrie de la molécule rhomboédrique.

On voit donc quelle complication de rotation demande cette théorie, complication qui est d'autant moins admissible que la transformation si complète de la molécule cristalline ne serait accompagnée que d'une déformation très faible du réseau.

§ II. — Relations de structure

Il nous faut maintenant, non pas donner une théorie du polymorphisme, mais rechercher les relations de structure existant entre les modifications d'un même corps, quand ces relations sont susceptibles d'être exprimées géométriquement. Nous n'aurons donc à nous occuper que des cas de polymorphisme direct et semi-direct.

Il est bien évident, en effet, que dans le cas du polymorphisme indirect, on est obligé de s'en tenir à l'observation des faits puisqu'il n'y a pas de relation immédiate entre les différentes modifications. Ces relations sont de nature beaucoup trop complexes pour que l'on puisse, dans l'état actuel de la science, espérer leur donner une expression concrète, une expression géométrique par exemple.

Polymorphisme direct. — Même dans le cas de polymorphisme direct, les résultats de l'observation permettent simplement d'expliquer la nature de la transformation qui se produit dans un corps cristallisé, lorsqu'il acquiert ou lorsqu'il perd un élément de symétrie.

Si l'on se reporte, en effet, à la description des exemples de macles secondaires et aux exemples de polymorphisme, on constate que presque toujours avant le passage de la forme la moins symétrique à la forme la plus symétrique, il se produit des macles secondaires, dans lesquelles les cristaux sont symétriquement placés relativement aux rangées, aux plans réticulaires, qui vont devenir des axes binaires, des plans de symétrie dans la forme la plus symétrique. Or, il a été démontré qu'un plan ne peut être un plan de symétrie d'une macle secondaire, que s'il est un plan diamétral de la particule cristalline, la direction conjuguée étant celle de la rangée principale, c'est-à-dire que, dans la particule,

des molécules symétriques, à peu près symétriquement orientées,
doivent être diamétralement placées, la droite joignant leurs
centres de gravité étant parallèle à la rangée principale. De même,
une rangée ne peut être un axe de macle que si les molécules de
la particule sont diamétralement placées relativement à cette droite,
la direction conjuguée étant celle du plan de nulle déformation,
les molécules diamétralement placées étant de même espèce et
orientées sensiblement à 180°.

De plus l'observation nous apprend que dans le passage de la

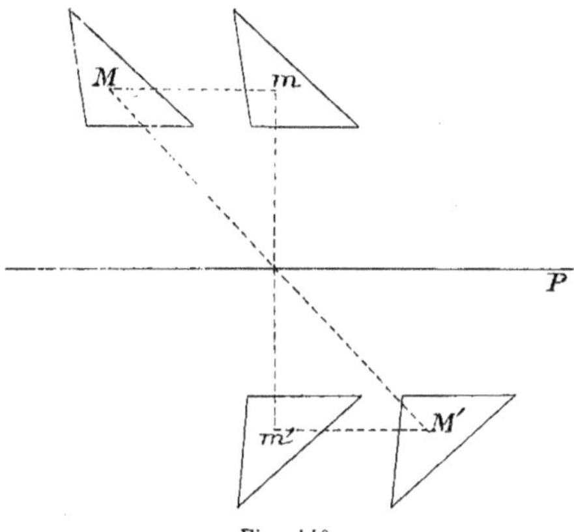

Fig. 140.

forme la moins symétrique à la forme la plus symétrique, lorsque
un plan de macle devient un plan de symétrie, en même temps
la rangée principale devient perpendiculaire sur ce plan, et de
même lorsqu'un axe de macle devient un axe binaire le plan de
nulle déformation lui devient perpendiculaire.

On voit donc que dans le passage de la forme la moins symétrique à la forme la plus symétrique, la déformation consiste en
ceci que les molécules symétriquement orientées, mais diamétralement placées, se placent symétriquement. La relation de structure est donc la suivante : la forme la moins symétrique possède
comme éléments diamétraux les droites et plans qui sont des éléments de symétrie dans la modification la plus symétrique.

Autrement dit, si P est un plan de macle, à toute molécule M
doit correspondre une molécule M' (fig. 140), symétrique de M,

symétriquement orientée et placée de telle façon que la droite MM′, joignant les centres de gravité soit parallèle à la rangée principale. Or l'expérience nous montre que plus on se rapproche de la température de transformation, plus la droite MM′ se rapproche de la normale au plan P, et que finalement elle lui devient normale lors de la transformation. Par conséquent, la transformation consiste en ce que les deux molécules M et M′ se déplacent parallèlement à elles-mêmes de façon à venir se placer symétriquement par rapport au plan de macle, qui devient par cela même un plan de symétrie.

On voit donc que dans une transformation polymorphique directe, les molécules se déplacent parallèlement à elles-mêmes et ce déplacement est précisément mesuré par la déformation du réseau; il n'y a donc pas lieu de faire appel à des rotations multiples.

En second lieu, l'explication précédente, nous montre pourquoi plus on se rapproche de la température de transformation, plus les macles secondaires ont tendance à se produire : il suffit, en effet, de remarquer que plus on se rapproche de cette température, plus la droite MM′ se rapproche de la normale $mm′$ et par conséquent moins est grande la distance $2Mm$, que doit parcourir la molécule M pour venir dans une position symétrique de M′.

De même si L est un axe de macle, à toute molécule M doit correspondre une molécule M′ orientée à 180° relativement à L et placée de telle façon que la droite joignant les centres de gravité soit parallèle au plan de nulle déformation et rencontre la droite L en son point milieu. Or, l'observation nous révèle que lors de la transformation le plan de nulle déformation devient normal à la droite L. Par conséquent la transformation consiste simplement dans le déplacement des molécules M et M′, qui viennent se placer symétriquement par rapport à la droite L, devenant par cela même un axe binaire.

Comme exemple, nous allons faire une application de ces théories à la Léadhillite, qui est monoclinique, quasi-rhomboédrique, puisque l'angle xz est égal à 89° 47′, et l'angle des faces du prisme à 59° 33′ : ce minéral possède donc un plan de symétrie et un axe binaire. Or, si on le chauffe à 90°, il se produit des macles secondaires ayant pour plans de symétrie les plans (310) et ($3\bar{1}0$), qui font avec le plan de symétrie du cristal des angles égaux à 59° 45', les rangées principales étant les rangées (110) et ($1\bar{1}0$), qui font respectivement avec le plan correspondant un angle de 89° 30'. En outre, il se produit des macles de première espèce, ayant pour axes de symétrie les rangées (110) et ($1\bar{1}0$), les plans de nulle déformation étant les plans (310) et ($3\bar{1}0$). Il faut donc que les plans (310) et ($3\bar{1}0$) soient des plans diamétraux ayant pour directions conjuguées les droites (110) et ($1\bar{1}0$); de même ces droites doivent être des diamètres ayant pour plans conjugués les plans (310) et ($3\bar{1}0$). Mais si l'on chauffe à 120°, les diamètres viennent respectivement perpendiculaires sur les plans diamétraux ; par conséquent ceux-ci deviennent des plans de symétrie et les diamètres des axes binaires : le cristal a donc alors trois plans de symétrie et trois axes binaires respectivement perpendiculaires sur les plans ; il est rhomboédrique.

Comme second exemple, nous pouvons citer la Leucite, qui est orthorhombique. Elle possède six plans de macles secondaires, qui sont les six plans diamétraux non principaux, les rangées principales étant les diamètres respectivement conjugués à ces plans. A la température de transformation, ces diamètres deviennent perpendiculaires sur les plans diamétraux correspondants, qui par suite deviennent des plans de symétrie : le cristal devient ainsi cubique.

On voit combien est simple la solution basée sur les résultats que nous a fournis l'étude des macles secondaires. Malheureusement en dehors de la considération des éléments de symétrie, on peut dire que nos connaissances sur les modifications de structure susceptibles de se produire dans un édifice cristallin sont à peu près nulles ; c'est ainsi que nous ne savons rien sur la transformation qui a lieu quand la forme primitive se modifie tout en conservant la même symétrie : il y a un changement dans la disposition des molécules, mais nous n'avons aucun renseignement sur la nature de ce changement.

Polymorphisme semi-direct. — Le polymorphisme semi-direct peut recevoir deux explications sans que, dans l'état actuel de nos connaissances, il nous soit possible de choisir entre elles. On a vu, en effet, que les faces du premier cristal subsistaient dans le second malgré le changement de type cristallin, quoique les mailles des réseaux des deux modifications soient totalement différentes. Or, ou bien le réseau reste le même et la particule seule est modifiée, ou bien réseau et particule sont changés, de façon toutefois que le nouveau réseau comprenne comme plans réticulaires les plans réticulaires du premier.

Voyons d'abord l'explication qui suppose la conservation du réseau, et considérons le cas du chlorate de soude, dont les cristaux pseudo-rhomboédriques du type calcite se transforment en cristaux cubiques. Comme on l'a vu à propos de la calcite, la particule cristalline se compose de 48 particules fondamentales, diamétralement ou symétriquement placées relativement à neuf plans diamétraux ou de symétrie. Si dans la déformation, les directions conjuguées de ces plans diamétraux deviennent perpendiculaires sur ces plans, les particules cristallines pseudo-rhomboédriques deviendront cubiques, tout en restant réparties suivant les mailles d'un réseau rhomboédrique. Comme on l'a vu dans l'introduction, relativement aux cristaux liquides, un cristal, constitué de particules cubiques réparties suivant les mailles du réseau rhomboédrique, présentera toutes les propriétés d'un véritable cristal cubique, à l'exception, bien entendu, des propriétés dépendant du réseau. En un mot, la modification cubique se trouve à l'état de pseudomorphose.

Passons maintenant à la seconde explication, qui suppose le changement simultané du réseau et de la particule.

Comme il a été dit plus haut, les cristaux de chlorate de soude obtenus par sursaturation sont rhomboédriques, fortement biréfringents et leur forme primitive est un rhomboèdre voisin de 107° 6'. Ils se transforment spontanément en cristaux cubiques sans que la forme extérieure soit sensiblement modifiée, les faces restent des faces planes, les arêtes restent rectilignes : il faut donc que les faces de la modification rhomboédrique soient des plans réticulaires de la modification cubique. Or, la forme primitive du chlorate rhomboédrique est un rhomboèdre dont l'angle est voisin de 107° 6', par conséquent le rhomboèdre dont les faces ont pour caractéristiques $(30\bar{3}2)$ est sensiblement un cube. Si donc on divise les longueurs de ces arêtes en parties égales ou si l'on prend sur ces arêtes des multiples de leurs longueurs, on obtiendra des réseaux cubiques dont les plans réticulaires seront parallèles à ceux du réseau rhomboédrique ; de plus, tous les éléments de symétrie de ce dernier réseau se retrouveront dans les réseaux cubiques. Mais, bien entendu, la maille de l'un de ces réseaux cubiques ne contiendra pas les mêmes molécules que la maille du réseau rhomboédrique : la nouvelle particule cristalline sera constituée de plusieurs particules primitives ou d'une partie seulement des molécules de l'une d'entre elles. Il doit y avoir une relation entre les deux particules, mais nous ne la connaissons pas.

On pourrait traiter la question en suivant une marche inverse, si la transformation allait du cristal cubique au cristal rhomboédrique, puisque dans tous les réseaux cubiques, il y a trois rangées, ayant pour caractéristiques $(\bar{8}11)$, $(1\bar{8}1)$, $(11\bar{8})$, qui déterminent un rhomboèdre ayant un angle dièdre de 107° 6'. Si, donc on prend sur ces rangées des sous-multiples ou des multiples de leurs paramètres on obtiendra des réseaux ayant leurs plans réticulaires parallèles à ceux du réseau cubique.

D'une façon générale, si l'on se reporte à ce qui a été établi à propos de la déformation homogène des réseaux, on voit que pour obtenir deux réseaux appartenant à des types cristallins différents mais ayant les mêmes plans réticulaires, il suffit de prendre dans un réseau trois rangées et sur celles-ci des longueurs égales à des multiples ou à des sous-multiples des longueurs respectives de leurs paramètres. Par conséquent, on se trouve en présence d'une explication générale du polymorphisme semi-direct, mais il est bien probable que c'est la première explication, de beaucoup la plus simple, qui doit être adoptée.

On voit combien la question du polymorphisme est loin d'être complètement résolue, combien sont nombreux les points qui restent encore dans l'obscurité et ce n'est qu'en étudiant de nouveaux cas que l'on pourra espérer les éclaircir.

LIVRE V

ISOMORPHISME

CHAPITRE PREMIER

§ 1. — DÉFINITION DE L'ISOMORPHISME

En 1819, Mitscherlich[1], étudiant les phosphates et les arséniates
de potassium et d'ammonium, constata ou plutôt crut constater
que ces corps, qui chimiquement sont analogues, avaient des formes
cristallines identiques. Ayant étendu ces résultats aux carbonates
et aux sulfates, il fut amené à formuler la définition d'une nouvelle
propriété, qu'il désigna sous le nom *d'isomorphisme :* des corps
sont isomorphes quand, ayant des compositions chimiques
analogues, ils ont mêmes formes cristallines et sont susceptibles
de se mélanger en proportions variables pour cristalliser.

La définition de Mitscherlich comprenait donc trois conditions,
mais, à vrai dire, il attribuait plus d'importance aux deux premières
qu'à la dernière. Quoi qu'il en soit, cette définition a suscité de
nombreuses discussions, qui pourront se renouveler tant que l'on
n'en comprendra pas la véritable portée. Au lieu de considérer
l'isomorphisme comme l'expression d'une parenté étroite, tant
au point de vue physique qu'au point de vue chimique, on en fit
une loi, la loi de Mitscherlich, d'après laquelle deux corps, qui
satisfont à l'une des conditions précédentes, remplissent par cela
même les deux autres. Il faut reconnaître que cette façon de voir
eut les plus heureux résultats en chimie, mais il n'en est pas
moins vrai qu'elle devait entraîner bien des difficultés. On fut
bientôt amené à constater que dans bien des cas deux corps

---

[1] Mitscherlich. *Ann. de Chim. et de Phys.*. 1820 et 1821.

remplissant deux des conditions exigées par la définition ne satisfaisaient pas à la troisième. Il y avait lieu de se demander s'ils étaient isomorphes. Pour tourner la difficulté, on proposa de baser la notion d'isomorphisme sur une seule des conditions, mais le choix de cette condition devint une affaire d'appréciation personnelle. Les chimistes attribuèrent une importance prépondérante à l'analogie chimique, tandis que les cristallographes eurent une tendance à l'accorder à l'identité des formes cristallines, pendant que d'autres cherchèrent dans la faculté de se mélanger pour cristalliser la caractéristique de l'isomorphisme. Nous allons montrer qu'aucune de ces propriétés ne peut constituer une bonne définition de l'isomorphisme et que deux corps pour être isomorphes doivent satisfaire aux trois conditions [1].

Pour cela, nous allons discuter chacun des trois termes de la définition et mettre sa valeur en évidence.

De l'analogie chimique. — L'analogie est une de ces notions indéfinissables que certains esprits ont le don de saisir plus sûrement que d'autres ; elle est basée sur la considération d'un ensemble de caractères dont la valeur relative peut donner lieu à des appréciations différentes. Si par exemple personne ne songe à mettre en doute l'analogie complète existant entre les acides chlorhydrique, bromhydrique et iodhydrique, les opinions pourront être partagées, quand il s'agira de l'acide chlorhydrique et de l'acide sulfhydrique, que certains chimistes avec Dumas considéreront comme analogues, tandis que d'autres se refuseront à tout rapprochement. Cette notion ne peut donc servir de base à une définition précise. D'ailleurs, des corps dont les compositions chimiques ne peuvent être considérées comme analogues sont susceptibles de se mélanger pour cristalliser : telles sont, par exemple, la galène et l'argyrite, toutes les deux cubiques, dont les compositions sont représentées par les formules $Pb\,S$, $Ag^2\,S$, et dont l'analogie est difficile à admettre.

On peut faire la même remarque pour l'albite et l'anorthite,

---

[1] La définition de l'isomorphisme a fait l'objet d'une discussion approfondie de la part de MM. Mallard et Wyrouboff. *Bull. Soc. Min.*, t. IX ; Retgers. *Ann. de l'École Polytechnique de Delft*, t. V.

dont les compositions sont respectivement exprimées par les
formules $Na^2Al^2Si^6O^{16}$, $Ca^2Al^3Si^3O^{16}$. On ne peut donc les considérer comme analogues au point de vue chimique, et cependant
les deux espèces cristallisent dans le système triclinique avec des
formes cristallines très voisines, et, comme l'a montré Tschermak,
elles peuvent se mélanger en toutes proportions pour cristalliser,
et donner naissance aux autres feldspaths. Un autre exemple à
citer est celui qu'a étudié M. Wyrouboff[1] : ce savant a constaté que
l'acide silicotungstique à 24 équivalents d'eau et le silicotungstate de
lithine, également à 24 équivalents, sont tous les deux rhomboédriques, se présentent en rhomboèdres basés très voisins de l'octaèdre régulier, et peuvent en outre se mélanger en toutes proportions pour cristalliser. M. Copaux[2] a retrouvé les mêmes propriétés
dans l'acide silicomolybdique et dans le silicomolybdate de barium.

D'après M. Wyrouboff[3], le sulfate anhydre de soude et le
chromate de soude à deux équivalents d'eau, qui appartiennent
au système orthorhombique, non seulement présentent des formes
cristallines voisines, mais encore se mélangent en proportions
variables pour cristalliser.

Enfin M. Klein[4] a montré que l'acide silicotungstique, l'acide
borotungstique et le borotungstate de soude, ayant pour formules :

$$9WO^3, B^2O^3, 2H^2O + 22 \text{ aq.}$$
$$9WO^3, B^2O^3, Na^2O. H^2O + 23 \text{ aq.}$$
$$12WO^3, SiO^2, 4H^2O + 29 \text{ aq.}$$

étaient isomorphes, c'est-à-dire qu'ils se présentaient en cristaux
quadratiques, voisins de cristaux cubiques, qu'en outre ils pouvaient se mélanger en proportions variables pour cristalliser, ou
que tout au moins un cristal de l'un deux pouvait déterminer la
cristallisation d'une solution sursaturée de l'un des autres.

Nombreux sont les cas, que l'on pourrait citer dans le domaine
de la chimie organique, et même il ne faut pas oublier qu'aucune
recherche systématique n'a été faite sur ce sujet : les cas connus
ont été découverts par hasard.

[1] Wyrouboff. *Bull. Soc. Min.*, vol. XIX.
[2] Copaux. Thèse de doctorat.
[3] Wyrouboff. *Bull. Soc. Min.*, vol. II.
[4] Klein. *Ibid.*, vol. V.

C'est ainsi que Hiortdahl[1] cite les aluns de méthylamine, de triméthylamine, d'æthylamine et d'amylamine comme isomorphes entre eux et avec l'alun d'ammoniaque.

Kuster[2] a étudié les cristaux mixtes de naphtaline et de β-naphtol ; Paterno[3] ceux de phénol et de benzol, de naphtaline avec la naphtylamine.

Dans le tome premier de son ouvrage intitulé *Molekularphysik*, à la page 469, Lehmann cite de nombreux cas, étudiés par lui, de corps dont l'analogie chimique est fort discutable et qui peuvent cependant se mélanger pour cristalliser.

Ces exemples, que l'on pourrait multiplier, suffisent à montrer que l'analogie chimique n'est pas nécessaire pour entraîner l'existence des autres propriétés.

De l'identité des formes cristallines. — Etudions l'influence de la seconde condition, qui paraît avoir été considérée comme essentielle par Mitscherlich, puisqu'il en a tiré le nom de la nouvelle propriété. Mitscherlich avait cru reconnaître que, dans les corps qu'il considérait comme isomorphes, les formes cristallines étaient identiques, et cependant Wollaston[4] avait déjà montré en 1802 et 1812 que pour certains de ces corps les formes cristallines étaient simplement voisines ; que, par exemple, l'angle des carbonates rhomboédriques variait de 105° à 107°. Cette propriété perdait donc de sa précision, puisque l'on devait se demander dans quelles limites les angles pouvaient varier, sans que pour cela les corps cessassent d'être isomorphes. En particulier, la question de symétrie se trouvait soulevée : deux corps appartenant à des systèmes cristallins différents pouvaient-ils être considérés comme isomorphes. A cette dernière question on a répondu par la négative, mais sans avoir aucune raison sérieuse pour appuyer cette façon de voir et les observations viennent aujourd'hui l'infirmer.

Mais le fait le plus important à signaler consiste en ce que des

[1] *Zeitsch. f. Kryst.*, vol. VI, 1881.
[2] *Zeitsch. f. phys. Chemie*, vol. XVII, 1895.
[3] *Gazz. chimica*, vol. XXV, 1895.
[4] Wollaston. *Philos. Trans. R. S.*, 1802, 1812.

corps, n'ayant aucun rapport, à quelque point de vue que l'on se place, présentent des formes cristallines très voisines ; tels sont, par exemple, la calcite, carbonate de chaux, et la pyrargyrite, sulfo-antimoniure d'argent, qui, tous les deux rhomboédriques, présentent non seulement les mêmes angles mais encore les mêmes macles. On peut encore, citer le borax, borate de soude hydraté, et les pyroxènes monocliniques, silicates de chaux et de magnésie : les différences d'angles sont certainement moins grandes entre le borax et certaines espèces de pyroxènes qu'entre ceux d'autres espèces de pyroxènes. Enfin, on pourrait citer les corps cubiques qui sont isomorphes dans le sens géométrique du mot, et dont cependant beaucoup n'ont aucun rapport. Ces seuls exemples suffisent pour montrer que la considération des formes cristallines est insuffisante pour décider s'il existe des liens étroits entre les corps.

Mais, théoriquement tout au moins, on a levé l'objection faite à la définition cristallographique de l'isomorphisme, et cela de la façon suivante :

Connaissant les formes cristallines d'un corps cristallisé, il n'est pas possible d'en déduire tous les éléments de la forme primitive ; c'est-à-dire la valeur des angles dièdres et les longueurs des arêtes. On en déduit bien les angles dièdres, d'autant plus que généralement on peut les mesurer sur le cristal et l'on n'est pas forcé de les calculer, mais il n'en est pas de même de la longueur des arêtes : des angles des formes cristallines, non seulement nous ne pouvons déduire la longueur des arêtes, mais nous ne pouvons même pas en tirer des nombres proportionnels à ces arêtes. Nous sommes simplement à même de calculer les longueurs des arêtes multipliées par des rapports de nombres entiers, ces rapports variant d'une arête à l'autre. Il en résulte que deux cristaux dont les formes cristallines ont les mêmes angles, peuvent avoir des formes primitives très différentes. Prenons un exemple simple pour bien faire comprendre ce point : les cristaux cubiques ont tous pour forme primitive un cube et tous ces cubes ont mêmes angles dièdres, mais les arêtes de ces cubes peuvent être très différentes en ce qui concerne leur longueur.

Ceci posé, les cristallographes ont proposé de modifier la définition de façon à ne considérer comme isomorphes que les corps dont non seulement les formes cristallines sont très voisines, mais dont les formes primitives sont sensiblement égales : il faut donc que les formes primitives aient à peu près les mêmes angles dièdres et que les longueurs des arêtes soient sensiblement égales. Dans les corps tels que les pyroxènes et le borax, dit-on, les formes primitives ne sont pas égales, les arêtes sont simplement proportionnelles ; ces corps ne sont donc pas isomorphes.

Mais cette définition de l'isomorphisme a le grave défaut de n'avoir qu'une portée théorique, puisqu'il nous est impossible de déterminer si les arêtes sont égales ou proportionnelles. D'autre part, il ne faut pas oublier qu'aujourd'hui il faut tenir compte des liquides cristallisés, chez lesquels il n'y a pas de formes cristallines, pas de forme primitive et qui cependant peuvent satisfaire aux deux autres conditions de l'isomorphisme.

En se plaçant à un tout autre point de vue, il est facile de montrer que la considération des formes cristallines ne peut toujours mettre en évidence les rapports de parenté existant entre deux corps. On sait aujourd'hui que la structure de la plupart des corps cristallisés est sous la dépendance des conditions de température et de pression ; que si celles-ci viennent à changer, il en résulte souvent un changement de structure et, par suite, un changement de forme primitive et de toutes les propriétés physiques ; ces changements se produisent d'ailleurs à une température fixe sous une pression déterminée ; autrement dit la plupart des corps sont polymorphes. Or les modifications de la structure ne se produisent naturellement pas dans les différents corps à la même température, sous la même pression ; si dans certaines conditions de température et de pression, deux corps ont des formes cristallines très voisines, il en pourra être tout autrement à une autre température. Considérons, par exemple, les azotates de potassium et de rubidium : à température élevée, ils sont tous les deux rhomboédriques, la forme primitive étant un rhomboèdre voisin de 107°6′ ; ils sont négatifs et très biréfringents, en un mot ils présentent des formes cristallines très voisines de celles de la calcite et de l'azotate de soude ; en outre, ils se mélangent en toutes proportions pour cristalliser :

ils sont donc isomorphes[1]. Au contraire, à la température ordinaire, l'azotate de rubidium devient rhomboédrique, mais la forme primitive étant un rhomboèdre ne différant que fort peu d'un cube, les cristaux sont peu biréfrigents et positifs, tandis que l'azotate de potassium devient quasi-ternaire, fortement biréfringent et négatif ; ils ne sont plus isomorphes. Comme on le voit, les conditions exigées pour l'isomorphisme ne sont remplies que pour certaines températures et certaines pressions.

A ce sujet, il n'est pas inutile d'appeler l'attention sur un point qu'on laisse trop facilement de côté, quand on compare les angles des formes cristallines de deux espèces de cristaux. Il peut parfaitement se faire que les angles soient sensiblement égaux et que cependant les deux corps ne soient pas isomorphes, par ce seul fait que les faces faisant les mêmes angles, n'ont pas la même valeur physique dans les deux espèces de cristaux. Considérons, par exemple, la modification rhomboédrique de l'azotate de potassium et la modification rhomboédrique positive de l'azotate de rubidium : le paramètre de l'axe vertical du premier est sensiblement les deux tiers du paramètre de l'axe vertical du second : il en résulte que les angles des faces dans les deux catégories de cristaux seront, à peu de chose près, égaux, mais les faces faisant des angles égaux n'auront pas les mêmes caractéristiques ni la même signification physique dans les deux sels[2].

Un autre exemple à signaler est celui de l'azotate de thallium et de l'azotate de potassium[3] : les chimistes, les considérant *a priori* comme isomorphes, leur ont attribué des paramètres très voisins, ce qui est généralement facile, en modifiant les caractéristiques des faces. Or, comme l'angle des faces (110) et ($1\overline{1}0$) est de 118° environ dans l'azotate de potassium et de 125° à peu près dans l'azotate de thallium, on en concluait que l'angle des faces correspondantes pouvait varier de 7° dans les cristaux isomorphes. En réalité, les deux azotates ne sont nullement isomorphes : l'axe vertical de l'azotate de potassium est un axe quasi-ternaire, comme l'indique la présence de macles dans lesquelles les cristaux sont orientés sensiblement à 120°, tandis que dans l'azotate de thallium

[1] Wallerant. *Bull. Soc. Min.*, t. XXVIII.
[2] Wallerant. *Loc. cit.*

l'axe vertical est quasi-quaternaire : si, en effet, on comprime
une lame de cet azotate taillée perpendiculairement à cet axe, on
y fait naître facilement quatre systèmes de macles, sensiblement
orientées à 90° les unes des autres. En un mot, avant de déclarer
que deux corps sont isomorphes, c'est-à-dire que leurs formes cristallines et en particulier leurs formes primitives sont très
voisines, il faut discuter très sérieusement la question et faire
appel à toutes les propriétés physiques des cristaux.

De la faculté de se mélanger pour cristalliser. — Passons
maintenant à la troisième condition, consistant dans la propriété
de se mélanger en proportions variables pour cristalliser. Comme
le fait remarquer Mallard, cette propriété suppose que les deux
corps sont susceptibles de se vaporiser ensemble, ou de fondre
ensemble par fusion ignée, ou de se dissoudre simultanément de
façon à pouvoir se mélanger moléculairement : or cette propriété
n'a que des rapports lointains et très indirects avec la quasi-
identité des formes cristallines. En outre, il est des corps qui
présentent la plus grande analogie dans leur composition chimique, leurs caractères cristallographiques, et qui cependant ne
peuvent donner naissance à des mélanges isomorphes, par suite
de ce fait, que, mis en présence, ils éprouvent une double décomposition.

En second lieu, il arrive fréquemment que deux corps n'ayant
aucun rapport au point de vue cristallographique, dont les formes
primitives sont nettement différentes, tout au moins dans les
conditions de température et de pression ordinaires, peuvent se
mélanger en proportions variables pour cristalliser ; tels sont le
sulfate de fer monoclinique et le sulfate de zinc orthorhombique.
Ce cas peut être, il est vrai, rationnellement ramené à celui des
formes primitives voisines. Les deux sulfates, en se mélangeant,
donnent en effet naissance à deux séries absolument distinctes de
cristaux mixtes : les uns sont orthorhombiques, les autres monocliniques, sans qu'il y ait convergence des cristaux de l'une des
séries vers les cristaux de l'autre. Or si, comme l'a montré Lecoq
de Boisbaudran, on ensemence une solution sursaturée de sulfate
de fer avec un cristal de sulfate de zinc, on obtient le premier

sulfate en cristaux orthorhombiques, isomorphes des cristaux de zinc. Il est donc tout naturel d'admettre que ce sont les deux modifications orthorhombiques qui, en se mélangeant, ont donné naissance aux cristaux mixtes isomorphes. Par le même procédé, on obtient la modification monoclinique du sulfate de zinc, isomorphe du sulfate de fer. On est donc amené à dire que les deux sulfates sont isodimorphes, isopolymorphes, c'est-à-dire qu'ils sont dimorphes, les modifications de l'un étant respectivement isomorphes des modifications de l'autre. A côté de ce cas, dans lequel les modifications instables nous sont connues, il en est d'autres pour lesquels les secondes modifications n'ont jamais été obtenues, on leur applique cependant l'explication précédente, et cela avec justes raisons ; mais il n'en est pas moins vrai que, dans les cristaux connus, les formes cristallines sont tout à fait différentes et que, par conséquent, les deux corps, d'après la définition de Mitscherlich, ne sont pas isomorphes.

On voit donc que la possibilité de donner naissance à des mélanges isomorphes ne saurait servir de base à une définition de l'isomorphisme, puisque des corps ayant les plus grandes analogies ne possèdent pas cette propriété, tandis qu'on la retrouve dans les corps dont les formes primitives sont nettement différentes.

Il n'est pas moins vrai que, pour trancher la question de l'isomorphisme de deux corps, on a le plus souvent recours à cette propriété. Mais ce procédé peut lui-même se buter à une difficulté d'ordre expérimental, si les deux sels considérés sont susceptibles de former un sel double. Ce dernier peut avoir des formes cristallines nettement différentes de celles des sels combinés et alors il n'y a aucune confusion possible ; mais il peut aussi posséder des formes voisines et se déposer en même temps que l'un des sels simples ; de sorte que dans l'analyse, suivant les proportions du sel double et du sel simple, on trouvera des proportions variables des deux sels simples, et l'on sera ainsi amené à conclure à tort à l'isomorphisme.

En résumé, de l'exposé que nous venons de faire de la question, il résulte que, si, très fréquemment, les trois propriétés, énoncées dans la définition de Mitscherlich, se trouvent associées dans les mêmes corps, il n'en est pas moins vrai que l'on ne peut, d'une façon absolue, de la présence de deux de ces propriétés, en conclure l'existence de la troisième : si, par exemple, les cristaux ont des formes cristallines très voisines et peuvent se mélanger pour cristalliser, il n'en résulte nullement que ces deux corps soient analogues au point de vue chimique, il n'en résulte même pas qu'ils aient la même fonction chimique. Si deux corps sont analogues au point de vue chimique, et s'ils peuvent se mélanger pour cristalliser, il n'en résulte pas que leurs formes cristallines soient voisines. Enfin, s'ils sont analogues au point de vue chimique, et s'ils ont des formes cristallines voisines, il n'en résulte pas qu'ils doivent forcément se mélanger pour cristalliser.

On conçoit par cela même combien il doit être difficile de donner une bonne définition de l'isomorphisme, et, en réalité, il n'est pas possible de donner une définition échappant à toute objection. Par la nature même du sujet, une définition, quelle qu'elle soit, établira parmi les corps une distinction artificielle : à côté de corps rentrant dans la définition, s'en trouveront d'autres n'y rentrant pas, et cependant très voisins des premiers par l'ensemble de leurs propriétés. En un mot, l'isomorphisme est l'expression d'une parenté très accentuée au point de vue chimique et au point de vue physique ; or, cette parenté a des degrés, elle est plus ou moins accentuée soit dans les caractères chimiques, soit dans les caractères physiques ; si donc on veut faire une coupure en un point, si bien choisi soit-il, cette coupure entraînera toujours la séparation de corps, que l'on serait amené à rapprocher en se plaçant à un autre point de vue. La propriété d'isomorphisme, telle que la définit Mitscherlich, éclaircie par la notion d'isodimorphisme, n'en présente pas moins le plus grand intérêt, surtout si l'on en comprend la véritable portée, puisqu'elle paraît correspondre au degré de parenté le plus élevé.

A la vérité on peut encore resserrer la parenté en ajoutant une nouvelle condition à celles imposées par Mitscherlich. C'est ainsi que l'on a proposé de ne considérer comme isomorphes que les corps présentant les mêmes clivages, mais il y a si peu de rapport entre les clivages et les autres propriétés des cristaux, que ce rapprochement tout à fait artificiel ne pouvait être accepté. Il

en est tout autrement de la proposition de M. Wyrouboff, qui,
parmi les corps isomorphes, suivant la définition de Mitscherlich,
distingue les corps dont les caractères optiques sont presque
identiques. La quasi-identité des propriétés optiques indique
sans aucun doute un degré très élevé de parenté, mais il ne faut
pas oublier que, ici encore, il n'y a pas de séparation tranchée
entre ces corps et les autres corps isomorphes, puisqu'il y a toutes
les transitions entre ceux chez lesquels les caractères optiques
sont très voisins et ceux qui ne présentent aucun lien à ce point
de vue.

De tout ceci résulte que la définition de Mitscherlich doit être
conservée, mais avant de décider que deux corps satisfont aux
conditions de cette définition, on devra en faire l'objet d'une étude
approfondie, car de ce que deux des conditions sont réalisées, il
n'en résulte pas que la troisième l'est également : en un mot, la
définition ne doit pas être transformée en une loi.

Mais si on ne considère comme isomorphes que les corps satisfaisant aux trois conditions, il peut être commode et utile de
grouper les corps satisfaisant à deux de ces conditions.

Nous avons déjà distingué l'isodimorphie, et dit que deux corps
sont isodimorphes, quand, n'ayant pas les mêmes formes cristallines, ils sont analogues au point de vue chimique et sont susceptibles de se mélanger pour cristalliser.

On a proposé de désigner comme isomorphotropes des corps
sans analogie chimique et qui cependant ont des formes cristallines
voisines et donnent naissance à des cristaux mixtes.

Enfin M. Groth a désigné sous le nom de morphotropes, les
corps qui présentent une certaine parenté chimique et qui ont
des formes cristallines voisines. On trouvera, dans son ouvrage
Einleitung in die Chemische Krystallographie les résultats que
l'étude de ces corps a permis d'établir et l'on verra que malgré
tout l'intérêt que cette question est susceptible de prendre dans
l'avenir, elle n'a pour le moment qu'une importance secondaire.

Historique. — Ici encore on retrouve le nom de Romée de l'Isle
au début de l'histoire de nos connaissances sur les mélanges
isomorphes : il est le premier à avoir montré que le sulfate de

cuivre et le sulfate de fer pouvaient se mélanger pour cristalliser [1].

Leblanc et Vauquelin reprirent ce travail, en étendirent les résultats à différents corps [2] ; ils montrèrent que dans les aluns, on pouvait remplacer soit une partie de l'alumine par du sesqui-oxyde de fer, soit la potasse par de l'ammoniaque.

Mais c'est Beudant qui, pour la première fois, fit une étude d'ensemble de cette propriété [3]. Il étudia, en particulier, les mélanges de sulfate de fer monoclinique et de sulfate de zinc orthorhombique, constata que le mélange avait tantôt la forme du premier, tantôt la forme du second et détermina la quantité maximum de sulfate de zinc que devait contenir le mélange pour présenter la forme du sulfate de fer. En outre, il obtint des mélanges de sulfate de cuivre, de fer, de zinc, de magnésium et de nickel.

C'est à cette époque que Mitscherlich étudiant les phosphates et les arséniates de potasse et d'ammoniaque donna sa définition de l'isomorphisme, qui entraîna tant de discussions. Cette défi-nition fut en effet le point de départ de nombreuses recherches, intéressant aussi bien les minéraux naturels que les composés chimiques : chaque chimiste qui eut l'occasion d'étudier un groupe naturel de composés, se préoccupa de déterminer si les différents termes n'en étaient pas isomorphes, et susceptibles de se mélanger pour cristalliser. Les résultats acquis sont donc l'œuvre de nombreux savants, trop nombreux pour être cités.

On ne saurait cependant passer sous silence les noms des savants qui ont joué un rôle prépondérant dans le développement de nos connaissances sur ce sujet si intéressant. Il faut citer en première ligne M. Wyrouboff, qui en faisant une étude complète, aussi bien au point de vue physique qu'au point de vue chimique de nombreuses séries de sels, a fourni des bases solides à l'étude de l'isomorphisme. M. Dufet, de son côté, en apportant une précision extrême dans la mesure des constantes optiques des mélanges cristallisés, a le mérite d'avoir établi une loi de proportionnalité entre les indices de réfraction et la composition chimique.

A un autre point de vue, l'introduction de l'énergétique dans le

---

[1] *Essai de Cristallographie*, 1772.

[2] Leblanc. *Bull. de la Société philom.* 1801. — Vauquelin. *Ann. de Chimie*, 1797.

[3] *Ann. des Mines*, 1817.

domaine de la cristallographie a donné une nouvelle impulsion aux recherches sur l'isomorphisme. En comparant les cristaux mixtes aux solutions, de Boisbaudrand, et van't Hoff ont donné le moyen de leur appliquer les lois, établies précédemment pour les solutions, et c'est ainsi que Bakuis Roozeboom a pu étudier théoriquement les rapports de composition devant exister entre les cristaux mixtes et les milieux cristallogènes. Quoique le point de départ de ces considérations théoriques fût fort contestable, il n'en est pas moins vrai que pour vérifier le bien-fondé des conclusions, on fut amené à entreprendre toute une série de recherches expérimentales du plus haut intérêt, et qui suffisent largement à justifier l'introduction d'une hypothèse un peu hardie.

§ II. — Propriétés physiques des cristaux des corps isomorphes.

Formes cristallines. — Il y a peu à dire sur les formes cristallines des corps isomorphes, puisque la quasi-identité de ces formes sert de base à la définition de l'isomorphisme. Mais il est un point qu'il faut cependant préciser : quelle peut être la différence entre les angles des formes cristallines ? Aucune considération théorique ne permet de répondre à cette question, ne permet de limiter les variations de ces angles. Aujourd'hui on admet que la différence peut être de 4 degrés, comme cela a lieu dans les phosphates de potasse et d'ammoniaque, et dans les arséniates des mêmes bases. Mais il se peut que, dans la suite, les observations nous amènent à accepter une plus grande latitude dans les variations.

D'autre part, il est une question qu'il serait particulièrement intéressante d'étudier et sur laquelle on ne possède que peu de renseignements : en général, deux corps isomorphes présentent les mêmes faces, également développées; mais cette propriété n'est pas générale comme l'a montré M. v. Hauer, qui cite les aluns de potasse et d'ammoniaque, les chlorures et bromure de potassium, comme présentant des différences de cet ordre. Ces recherches permettraient peut-être de préciser nos connaissances sur les faces devant se produire le plus fréquemment dans la cristallisation.

Clivages. — Dans un très grand nombre de cas, on retrouve les mêmes clivages dans les corps isomorphes. Il suffira de citer les carbonates rhomboédriques qui se clivent suivant p.

> Les carbonates orthorhombiques. . . . . . suivant g^1 et m.
> Les spinelles . . . .   — a^1.
> Les grenats. . . . .   — b^1.
> Les feldspaths . . . .   — p et g^1.

Mais, dans d'autres cas, on ne retrouve plus cette identité de clivage ; c'est ainsi que le chlorure d'argent et le chlorure de sodium, quoique isomorphes, ne se clivent pas suivant les mêmes plans. Aussi ne saurait-on accepter l'opinion de certains auteurs qui voient dans l'identité des clivages une condition nécessaire à l'isomorphisme ; cette propriété est en effet liée aux autres propriétés physiques, à la structure en particulier, d'une façon si complexe, que dans l'état actuel de la science, il est absolument impossible de se rendre compte de la nature de cette relation.

Propriétés optiques. — Il n'est pas de loi générale relativement aux rapports qui peuvent exister entre les propriétés optiques des corps isomorphes, et il n'en peut être autrement si l'on réfléchit que, comme pour les clivages, les relations sont fort lointaines entre ces propriétés et les propriétés géométriques qui ont servi à définir l'isomorphisme.

La comparaison peut se faire au point de vue de l'orientation de l'ellipsoïde d'élasticité optique et entre les grandeurs de ses axes, autrement dit entre les indices de réfraction. Certains auteurs font également intervenir le signe optique des cristaux ; cette considération peut être justifiée, mais elle demande dans chaque cas à être discutée : si l'angle des axes optiques est voisin de 90 degrés, dans deux corps isomorphes, l'un pourra être positif et l'autre négatif, sans qu'il y ait de notables différences entre eux ; de même si deux corps uniaxes sont très peu biréfringents, l'un pourra être positif et l'autre négatif.

Les carbonates rhomboédriques présentent de grandes analogies au point de vue optique : ils sont très biréfringents et négatifs. Il en est de même de la série des sulfates orthorhombiques à sept

molécules d'eau de magnésie, de zinc, etc. dont les axes optiques
sont dans la face (001), la bissectrice aiguë coïncidant avec l'axe
moyen. On peut encore citer les sulfates anhydres de plomb, de
baryte et de strontiane, les phosphates et arséniates de potasse et
d'ammoniaque, etc. On trouvera d'ailleurs les résultats les plus
complets sur cette question dans le travail de Topsöe et Christian-
sen, *Ann. de Chimie et Physique*, 1874.

Mais à côté de ces coïncidences, combien de séries de corps isomorphes dont les termes ne présentent au point de vue optique
que des rapports lointains.

Cristaux zonés. — Si l'on plonge un cristal d'alun ordinaire
dans une solution saturée d'alun de chrome, il se recouvre d'une
couche de ce dernier alun, et l'on obtient ainsi un cristal dont le
centre est incolore et la partie périphérique colorée en violet.
L'alun de chrome peut être à son tour recouvert d'une couche
d'alun ordinaire, autrement dit, on peut produire un cristal formé
de zones concentriques, alternant dans leur couleur, en aussi
grand nombre que l'on veut ; ces zones pouvant avoir une épaisseur quelconque et même suffisamment faible pour être indiscernables.

Cette propriété est générale chez les corps isomorphes : si un
cristal est placé dans une dissolution saturée d'un corps, qui lui
est isomorphe, ce dernier se dépose en cristallisant sur le cristal
primitif, et s'oriente parallèlement, autant que le permettent les
petites différences existant dans les constantes cristallographiques.
Dans le cas des aluns, le parallélisme sera rigoureux, puisque
l'on peut orienter parallèlement les deux formes primitives. Mais
il n'en est pas toujours ainsi : dans les feldspaths, par exemple,
l'angle des faces p et g^1 varie de 90° à 94°, et par suite les deux
formes primitives ne peuvent s'orienter parallèlement, il y a alors
un léger flottement dans l'orientation respective des deux cristaux,
tantôt ce sont les faces p, tantôt les faces g^1 qui coïncident.

L'exemple le plus frappant de ce mode d'association des cristaux
a été décrit par v. Hauer : ce savant a obtenu de superbes cristaux
formés de couches jaunes, roses, vertes et blanches, en faisant
cristalliser successivement des sulfates doubles de nickel et de

magnésie, de cobalt et de magnésie, du chromo-sulfate de magnésie
et du sulfate de magnésie, toutes substances isomorphes.

Action cristallisante. — Quand une solution est sursaturée, si
le degré de sursaturation est inférieur à une certaine limite, la
cristallisation ne se produit pas spontanément, elle exige la présence
de germes cristallins. Or Lecoq de Boisbaudrand a montré
qu'il n'était nullement nécessaire pour déterminer la cristallisation
d'ensemencer la solution avec une particule du corps dissous,
mais que tous les corps isomorphes pouvaient entraîner la cristallisation.

Quand le corps dissous est polymorphe, nous avons vu que ces
différentes modifications ont des solubilités différentes, et sont
d'autant plus solubles qu'elles sont moins stables dans les conditions
de température et de pression qui président à la solution. Si l'on
ensemence la solution d'un tel corps, les cristaux formés seront
isomorphes au germe employé, pourvu bien entendu que la solution soit sursaturée pour cette modification. Si la solution est
sursaturée pour la modification la plus soluble, on pourra obtenir
avec cette solution l'une ou l'autre des modifications, en ensemençant avec un germe convenable.

En apparence tout au moins, les résultats de la cristallisation
pourront être, dans certains cas, en contradiction avec la règle
précédente. Supposons que l'ensemencement doive déterminer
l'apparition d'une modification instable, il pourra arriver que par
suite de son instabilité, la modification aussitôt apparue se transforme en la modification stable, qui est alors le point de départ
de la cristallisation; on obtiendra donc des cristaux qui ne sont
pas isomorphes avec le germe, mais simplement isodimorphes avec
lui. On voit donc que, de l'action cristallisante d'un cristal sur la
solution sursaturée d'un corps, on ne peut conclure avec certitude
à l'isomorphisme des deux corps, qui peuvent n'être que isodimorphes.

On a vu à propos du polymorphisme, comment M. Lecoq de
Boisbaudrand avait utilisé cette propriété pour obtenir les modifications instables des différents sulfates hydratés de fer, de cuivre,
de manganèse, de cobalt et de magnésie.

M. Ostwald a cherché, par plusieurs méthodes, que l'on trouvera décrites dans son ouvrage : *Lehrb. d. Allgem. Chimie*, vol. II, page 754, la limite inférieure du poids du germe susceptible de déterminer la cristallisation et il a trouvé que pour le chlorate de soude le poids ne devait pas descendre au-dessous du dix-millionième de milligramme. Il n'y a pas lieu d'ailleurs de s'étendre sur ce sujet, qui ne se rapporte pas spécialement aux corps isomorphes.

Volumes moléculaires. — En 1839, l'étude des corps isomorphes amena Kopp a formuler une loi, qui eût été d'une importance réelle, si des recherches ultérieures n'avaient établi qu'elle manquait de généralité.

Si l'on nomme volume moléculaire le rapport du poids moléculaire à la densité du corps, d'après la loi de Kopp, les volumes moléculaires des corps isomorphes sont égaux. Évidemment il ne s'agit pas ici d'égalité absolue, qui entraînerait pour ces corps l'égalité de coefficient de dilatation cubique ; il faut simplement entendre par là que les volumes moléculaires ont des valeurs très voisines, les variations étant comparables à celles que l'on observe dans les angles des formes cristallines. Cette loi, dont nous aurons à donner plus tard une interprétation géométrique, ne paraît pas satisfaite dans tous les cas, car pour certains corps les différences entre les volumes moléculaires sont vraiment trop grandes pour que l'on puisse en considérer les valeurs comme voisines. Mais, d'autre part, il ne faut pas oublier qu'assez souvent on a considéré comme isomorphes des corps, qui ne sont qu'isodimorphes, et que, naturellement dans ce cas, la loi n'est plus applicable.

CHAPITRE II

MÉLANGES CRISTALLISÉS

§ I. — CRISTAUX MIXTES ISOMORPHES

Définition. — Lorsque deux corps sont isomorphes dans le sens le plus complet du mot, ils donnent naissance en se mélangeant à une série de cristaux mixtes qui forment une série allant sans interruption de l'un des corps à l'autre ; la composition chimique ainsi que toutes les propriétés physiques de ces cristaux mixtes varient d'une façon continue et graduelle. Mais dans d'autres cas, soit que l'isomorphisme des deux corps soit moins complet, soit qu'ils soient isopolymorphes, les cristaux mixtes se répartissent dans deux ou plusieurs séries, séparées par une discontinuité dans la composition chimique, ou dans les propriétés physiques ; et c'est seulement dans ces séries prises isolément que la composition chimique et les propriétés physiques varient d'une façon continue. En particulier les formes cristallines, tout en variant, restent très voisines, et les cristaux mixtes d'une même série méritent le nom de mélanges isomorphes. La propriété essentielle, on peut dire caractéristique des mélanges isomorphes, propriété les distinguant des combinaisons chimiques, consiste en ce que leurs propriétés physiques varient graduellement avec la composition chimique. Il y a là une analogie frappante avec les solutions et le rapprochement devait se faire tout naturellement. En effet Lecoq de Boisbaudran d'abord, Van't Hoff ensuite, proposèrent de considérer les mélanges isomorphes comme résultant de la solution de l'un des corps dans l'autre, et ils se demandèrent si les lois sur les solutions ne leur étaient pas applicables. Pour eux il y a non seulement analogie, mais identité entre les deux états.

Cette hypothèse suscita de nombreuses discussions et fut le point de départ de recherches du plus haut intérêt de la part de Van't Hoff, de Backuis Roozeboom et de leurs élèves. On ne saurait cependant admettre qu'une analogie entre un mélange cristallisé et une dissolution. Dans celle-ci, en effet, la structure, qui caractérise l'état cristallisé, fait complètement défaut; d'autre part une propriété essentielle de la solution ne s'est jamais rencontrée jusqu'ici dans les cristaux : nous voulons parler de la diffusion, qui a pour résultat de rendre la composition homogène, même quand le corps, qui se dissout, est concentré en un point du solvant; qui permet encore à la substance dissoute de se concentrer, de cristalliser en un point, quoique primitivement répartie dans toute la masse du solvant.

M. Bodlander a démontré l'absence de diffusion dans les mélanges cristallisés en faisant remarquer que dans les roches éruptives on trouve des cristaux formés de couches concentriques, différant par leur composition, mais résultant toutes du mélange en proportions variables des deux mêmes corps isomorphes. Or ces couches sont restées en contact pendant de nombreuses années, à une température voisine de la température de cristallisation, c'est-à-dire dans les conditions les plus favorables à la diffusion. Et cependant les zones se retrouvent encore aujourd'hui, ne se sont pas fondues, comme cela se serait produit si elles avaient été le théâtre d'une diffusion, si lente soit-elle.

Nous avons nous-même cité des exemples de cristallisation et de diffusion en milieu cristallisé, mais dans des conditions leur enlevant toute force démonstrative. A haute température, sous sa modification rhomboédrique, l'azotate de potassium est isomorphe du chlorate de potassium, tandis que la modification orthorhombique cristallise en dissolution contenant du chlorate sans en entraîner la moindre trace. Or une solution sursaturée, ne renfermant que peu de chlorate, donne naissance à des cristaux rhomboédriques instables. Si on les touche avec une pointe, on les voit se transformer en cristaux orthorhombiques, qui rejettent le chlorate, et l'on voit celui-ci cristalliser en prismes monocliniques à la surface des cristaux orthorhombiques. Il y a donc concentration

en certains points du chlorate primitivement répandu dans toute
la masse.

En second lieu, si l'on fond un mélange contenant deux parties
en poids d'azotate d'ammonium pour une d'azotate de cæsium, on
obtient par refroidissement des cristaux cubiques, qui se transforment en cristaux rhomboédriques quasi-cubiques. La tempé-

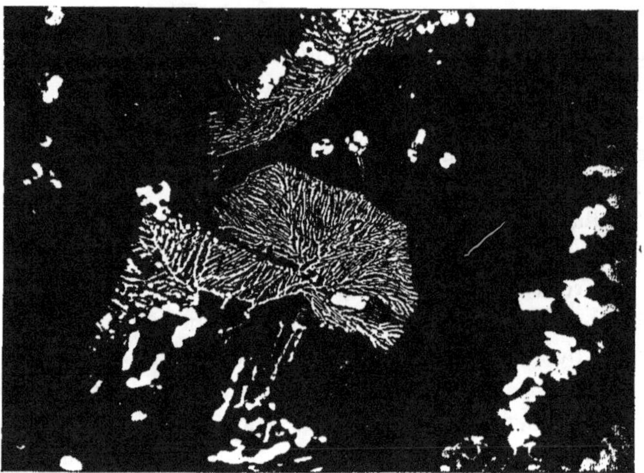

Fig. 141. — Cristaux quadratiques cristallisés en milieu rhomboédrique.

rature baissant ceux-ci cessent d'être stables et se transforment en
un conglomérat de deux espèces de cristaux : les uns rhomboédriques, comme les cristaux primitifs, mais plus riches en cæsium,
les autres quadratiques, plus riches en ammonium. Ces derniers
se présentent sous forme de filaments très déliés au milieu des
premiers. Tous les filaments provenant d'un même cristal primitif sont orientés parallèlement entre eux ; ils constituent donc,
avec le cristal rhomboédrique qui les renferment, une véritable
micropegmatite (fig. 141).

De même, en faisant fondre un mélange de chlorate de soude
et d'azotate de soude on obtient des cristaux biaxes, présentant
tous les caractères du chlorate de potasse. Mais à la température
ordinaire ces cristaux ne sont pas stables et se décomposent en

cristaux cubiques, renfermant sous forme de filaments des cristaux
uniaxes, orientés relativement aux cristaux cubiques.

Le phénomène inverse, c'est-à-dire comparable à la dissolution,
s'observe en faisant fondre un mélange d'azotate d'ammonium et
d'azotate de potassium, renfermant une proportion du premier sel
pouvant varier entre 80 et 90 p. 100, on obtient par cristallisation un conglomérat de cristaux quadratiques et de cristaux
biaxes. A la température de 104°, la préparation se trouble, les

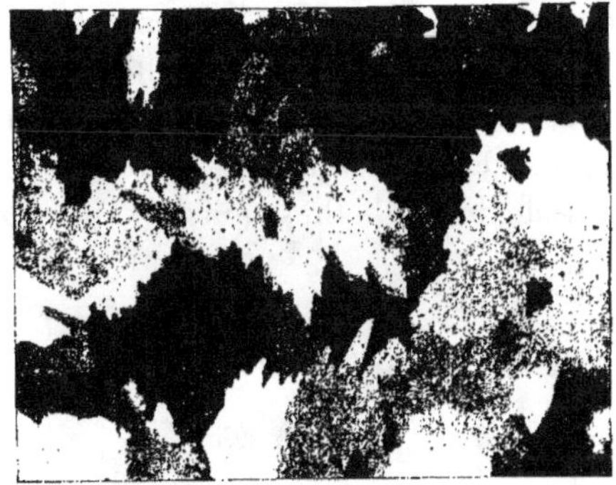

Fig. 142. — Cristaux monocliniques résultant de la diffusion de cristaux quadratiques
dans des cristaux orthorhombiques.

cristaux deviennent indiscernables, les teintes de polarisation
varient de façon à donner l'apparence de mouvements vermiculaires,
qui se produiraient dans la masse, et peu à peu, sans que l'on
puisse reconnaître le moment précis où commence le phénomène,
on voit apparaître de grandes plages cristallines, qui s'individualisent progressivement et deviennent complètement homogènes :
les cristaux quadratiques et les biaxes se sont fondus pour donner
naissance à des cristaux monocliniques (fig. 142).

Nous nous trouvons donc en présence de deux phénomènes,
qui sont la conséquence immédiate de la diffusion : concentration
en un point de la matière primitivement disséminée, concentration
qui a pour conséquence la cristallisation et en second lieu, dissé-
mination de la matière primitivement concentrée. Mais la question
est de savoir si les mouvements de la matière se produisent en
milieu cristallisé ou simplement en milieu solide : dans les cas cités,

en effet, les mouvements se produisent en même temps qu'une transformation polymorphique, et l'on peut dire par conséquent que les édifices cristallins se sont détruits pour permettre les mouvements internes et ne se sont reconstitués qu'une fois ces mouvements terminés. On voit donc que les faits signalés ne peuvent être considérés comme démonstratifs.

Le rapprochement des dissolutions des mélanges isomorphes doit donc être considéré comme une assimilation heureuse, qui en donnant une base concrète aux raisonnements a permis d'en tirer un grand nombre de conclusions. Celles-ci ont dû évidemment être vérifiées par l'expérience, et il en résulte tout un ensemble de recherches du plus haut intérêt, qui ont confirmé le bien-fondé des résultats théoriques, ce qui n'entraîne nullement, il ne faut pas l'oublier, l'exactitude de l'hypothèse qui a servi de point de départ.

§ II. — Corps isopolymorphes

Nous avons déjà expliqué plus haut ce que l'on entendait par corps isodimorphes, mais il est nécessaire de revenir sur cette notion pour la préciser et la compléter.

Quand deux corps sont dimorphes, il peut se faire que les formes de l'un soient respectivement isomorphes des formes de l'autre, les deux corps sont dits alors isodimorphes, et, d'une façon générale, isopolymorphes.

Mais la notion a dû être étendue, car il peut arriver que deux des modifications ne soient pas stables, ou tout au moins ne le soient pas dans les conditions où s'effectue la cristallisation, de sorte que ces deux formes n'existent qu'à l'état de mélange. Un exemple très frappant est celui des sulfates de fer et de magnésie, celui-ci étant orthorhombique et celui-là monoclinique. Si dans le mélange, le sulfate de fer prédomine, le mélange est lui-même monoclinique ; si au contraire le sulfate de magnésie l'emporte, le mélange est orthorhombique. Il se produit donc deux séries de cristaux mixtes, qui ne sont pas en continuité, comme cela aurait lieu si les corps étaient simplement isomorphes : il n'y a pas passage graduel entre les cristaux orthorhombiques et les cristaux monocliniques, on admet donc que dans les mélanges orthorhombiques, il existe un sulfate de fer orthorhombique, et dans les mélanges monocliniques un sulfate de magnésie monoclinique.

On a cherché à justifier cette manière d'interpréter les faits de deux façons différentes, et tout d'abord en cherchant à obtenir les formes considérées comme instables.

C'est ainsi que Lecoq de Boisbaudran a obtenu la forme orthorhombique du sulfate de fer et la forme monoclinique du sulfate de magnésie. Pour ce faire il emploie des dissolutions moyennement sursaturées des sulfates ordinaires. Si dans la solution de sulfate de fer, il laisse tomber un cristal orthorhombique de sulfate de magnésie, de nickel ou de zinc, il se forme des aiguilles, de plusieurs centimètres, de sulfate de fer orthorhombique, bientôt accompagnées de cristaux monocliniques. De même un cristal de sulfate de fer ou de cobalt mis en contact de la dissolution du sulfate de magnésie détermine la formation de cristaux orthorhombiques de plusieurs centimètres, qui se conservent bien dans leurs eaux mères, et qui se transforment au contact de l'air.

Dans le même ordre d'idées, Groth ayant constaté la présence en quantité variable de la potasse dans l'albite, en tira cette conclusion qu'il devait exister un feldspath potassique triclinique, prévision qui fut confirmée par la découverte du microcline, que fit plus tard Descloiseaux.

D'autre part Retgers a bien mis en évidence la discontinuité existant entre les deux séries de mélanges, et l'existence de formes instables, en étudiant la variation de densité de ces mélanges et en comparant les résultats expérimentaux à ceux déduits d'une formule établie par lui (p. 405). « Voici, dit-il, le raisonnement qui m'a guidé dans ces recherches : puisque sans exception les deux modifications d'une même substance ont un poids spécifique différent, il est probable que ce phénomène se produira dans les modifications stable et instable des deux sels. En ce cas les poids spécifiques trouvés des cristaux mixtes montreront des différences avec ceux que l'on obtient en les déduisant par le calcul de leur composition chimique, et en prenant pour poids spécifiques des deux sels simples ceux de leurs modifications stables. Il va sans dire que ces différences, pour avoir une force démonstrative, doivent tomber en dehors des erreurs d'observations moyennes. C'est ce qui se manifestait en effet dans les trois cas que j'ai examinés et dont je communiquerai ci-dessous les résultats. »

C'est ainsi qu'en déterminant les densités des cristaux mixtes de sulfate de fer à sept équivalents d'eau, et de sulfate de magnésie, il constata que la densité des cristaux monocliniques ne pouvait être représentée par sa formule que si on attribuait au sulfate de magnésie la densité 1,691, au lieu de 1,677 qui est celle du sel stable orthorhombique. De même, la densité des sels orthorhombiques entraîne pour le sulfate de fer orthorhombique instable la densité 1,875 au lieu de 1,898, qui est le poids spécifique de la forme stable monoclinique.

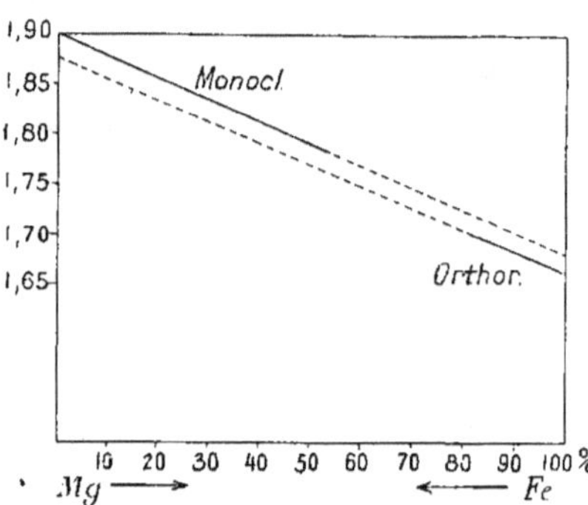

Fig. 143. — Densités des cristaux mixtes de sulfate de fer et de sulfate de magnésie.

Il en résulte que si l'on représente les densités par les ordonnées d'un point, dont les abscisses représentent la composition chimique, les points seront répartis sur deux droites, ou plutôt sur deux tronçons de droite, qui ne sont pas dans le prolongement l'un de l'autre (fig. 143).

Donnons maintenant quelques exemples :

Le sulfate de fer à 7 molécules d'eau est monoclinique et le sulfate de magnésie orthorhombique : leurs mélanges se répartissent en deux séries. Les mélanges orthorhombiques sont presque incolores, comme le sel de magnésie, et absolument semblables au point de vue cristallographique. Les cristaux, qui limitent cette série, c'est-à-dire les cristaux qui renferment le moins de sel de magnésie, en contiennent 83,10 molécules hydratées et par suite 16,90 molécules du sel de fer.

Les cristaux monocliniques sont vert pâle, semblables à ceux du sel de fer, mais plus simples ; ceux qui limitent la série contiennent 43.45 molécules de sel de fer hydraté et 56,55 molécules du sel de magnésie[1].

Le sulfate de zinc à 7 molécules d'eau étant orthorhombique donne également avec le sulfate de fer deux séries de mélanges cristallisés.

Les cristaux orthorhombiques sont incolores et absolument semblables à ceux du sel de zinc. Les cristaux limites renferment 89,13 molécules du sel de zinc hydraté et 10,87 du sel de fer.

Les cristaux monocliniques sont vert pâle et moins riches en faces que les cristaux de sel de fer pur. Les limites contiennent 74,89 molécules de sel de zinc et 25,11 de sel de fer.

Dans les cristaux mixtes de sulfate de fer à 7 molécules monocliniques et de sulfate de nickel à 7 molécules d'eau orthorhombique, le nombre de molécules de sulfate de fer hydraté varie de 0 à 21,10 dans la série orthorhombique et de 49,63 à 100 dans la série monoclinique.

Le sulfate et le séléniate de Béryl à 4 molécules d'eau sont également isodimorphes. Le premier est quadratique et le second orthorhombique, mais non seulement les angles de celui-ci sont très voisins de ceux du sulfate, mais encore ce sont les mêmes faces qui se développent dans les deux corps. Les cristaux mixtes sont quadratiques, si pour un atome de sélénium ils renferment au moins 7,33 atomes de soufre : ils sont orthorhombiques, si avec un atome de sélénium, il y a au plus 3,95 atomes de soufre.

Mais un cas encore plus intéressant est celui des trichromates de potasse et d'ammoniaque, étudiés par M. Wyrouboff[2], qui s'exprime ainsi à leur sujet : « Lorsque l'on dissout à chaud dans de l'acide nitrique dilué (D = 1,24), 100 parties de trichromate de potasse et 150 parties de trichromate d'ammoniaque, et qu'on refroidit lentement la liqueur, on obtient du jour au lendemain trois espèces de cristaux :

1° Petits cristaux aciculaires de la forme rhombique du sel ammonique.

2° Très gros cristaux hexagonaux.

---

[1] Retgers. *Zeitsch. f. phys. Chemie*, vol. XV.

[2] *Bul. Soc. Min. de France*, vol. IV, p. 17.

3° Cristaux de taille moyenne de la forme monoclinique du sel potassique.

La première idée qui se présente à l'esprit est de considérer les sels orthorhombiques et les cristaux monocliniques comme appartenant aux sels simples et les cristaux hexagonaux comme appartenant à un sel double dont la composition est à déterminer. L'analyse montre que cette manière de voir est erronée. Les trois sels sont des mélanges à proportions diverses de sel ammonique et de sel potassique, et, de plus, la composition des cristaux hexagonaux n'est pas constante. Les deux sels peuvent donc cristalliser ensemble et la forme de l'un avant de se transformer en la forme de l'autre passe par une troisième forme.

« Cela étant, il était intéressant de déterminer les limites dans lesquelles la composition pouvait osciller dans chacune des trois formes. J'ai varié les proportions du mélange et la concentration de la solution ; une série de dosages de l'ammoniaque par les liqueurs titrées m'a donné les chiffres suivants :

FORME ORTHORHOMBIQUE	FORME HEXAGONALE	FORME MONOCLINIQUE
11,0	10,2	8,6
10,8	9,8	8,1
10,6	9,7	6,9
	9,5	6,1
	8,6	5,68
14,7 — 10.6	10,2 — 8.6	8,6 — 0
100 — 72	69,7 — 58,5	58,5 — 0

« Les deux dernières lignes indiquent les variations en tant pour cent d'ammoniaque, et de trichromate d'ammoniaque dans le mélange pour chacune des trois formes (le trichromate d'ammoniaque pur renferme 14,7 p. 100 d'ammoniaque).

« Tel est le phénomène dans les conditions où je m'étais placé. »

On voit donc que les cristaux mixtes se répartissent en trois séries, se distinguant de la façon la plus complète par leurs propriétés physiques et en particulier par leurs propriétés cristallographiques. Il est même probable que ces trois séries sont séparées par des lacunes dans la composition chimique, lacunes qui ne pouvaient être mises en évidence dans les conditions où s'est placé

M. Wyrouboff, puisque la cristallisation s'effectuait à des températures de plus en plus basses. Quoi qu'il en soit, nous sommes amenés à considérer les trichromates comme trimorphes, comme orthorhombiques, monocliniques et rhomboédriques ; mais à l'état pur, les seules modifications stables sont la modification orthorhombique du sel ammonique, et la modification monoclinique du sel potassique ; pour les autres, le mélange avec la modification correspondante est indispensable pour leur donner de la stabilité.

On rencontrera dans la suite un grand nombre d'autres exemples d'isopolymorphisme, mais les cas précédents suffiront à bien faire comprendre le sens de cette notion.

CHAPITRE III

DES RAPPORTS DE COMPOSITION ENTRE LES CRISTAUX MIXTES ET LE MILIEU CRISTALLOGÈNE

Une des questions les plus intéressantes soulevées par l'étude des mélanges cristallisés est celle des rapports de composition, susceptibles d'exister entre le milieu cristallogène et les cristaux auxquels il donne naissance. Elle a été résolue sous l'influence d'idées théoriques, que l'on peut ne pas accepter, mais qu'il n'est pas nécessaire de faire intervenir pour exposer les résultats.

Pour mélanger moléculairement deux corps et par suite pour obtenir les mélanges cristallins, on peut employer trois méthodes : soit dissoudre les deux corps dans un même dissolvant et déterminer la cristallisation par évaporation ou par refroidissement ; soit encore faire fondre les deux corps pour pouvoir assurer le mélange, soit enfin les sublimer simultanément. Mais cette dernière méthode n'a jamais été employée et il faut successivement examiner les deux premiers procédés.

D'après la nature même des mélanges isomorphes, il est bien évident que si E et E′ sont les poids moléculaires des deux corps susceptibles de se mélanger, la composition du mélange sera représentée par la formule xE $+$ yE′, x et y étant des nombres tels que $x + y = 100$ par exemple, et variant l'un de zéro à cent pendant que l'autre varie de cent à zéro, si les corps peuvent se mélanger en toutes proportions, mais restant compris entre certaines limites dans le cas contraire.

§ I. — MÉLANGES PAR DISSOLUTION

D'une façon générale, si les deux corps possèdent la même solubilité, ils se retrouvent dans les cristaux à peu près dans les mêmes proportions que dans la dissolution. Mais il en est tout autrement si les solubilités sont différentes : les cristaux, à mesure qu'ils se forment, renferment une proportion de plus en plus faible du corps le moins soluble et de plus en plus forte du plus soluble; bien plus, les cristaux qui s'accroissent présentent une composition variable du centre à la périphérie, s'ils se trouvent en présence d'une quantité de liquide suffisamment faible pour que sa composition soit influencée par la formation même des cristaux.

Mais à côté de ces résultats d'un caractère général, il faut citer des recherches très précises effectuées principalement par Bakhuis Roozeboom[1], Muthmann et Kuntze[2], Fock[3], etc. Ces auteurs se sont principalement proposés de déterminer les rapports existant entre la composition des cristaux, cristaux mixtes, et la composition de la dissolution leur donnant naissance. Ce problème, très simple en apparence, présente pratiquement d'assez grandes difficultés, car il faut éviter que la formation des cristaux n'entraîne une modification dans la dissolution.

Roozeboom opéra de la façon suivante sur le perchlorate de potasse et le perchlorate de thallium. La dissolution des deux sels, en proportions variables, était d'au moins un litre, et le vase qui la renfermait était lui-même placé dans un récipient renfermant de l'eau à la température constante de 10°. Les cristaux, dont la quantité ne devait pas dépasser un ou deux grammes, se formaient par évaporation lente. Après leur formation, ils étaient maintenus au moins deux jours en contact de la dissolution fréquemment agitée. Grâce à ces précautions, on pouvait espérer que la composition des cristaux ne se modifiait pas pendant leur formation, et qu'elle était la même pour tous.

Quant aux résultats numériques, ils sont coordonnés de la façon suivante : considérons un carré, dont les côtés sont égaux à 100 unités de longueur, et à partir d'un sommet portons sur le côté horizontal une longueur égale au nombre de molécules de l'un des corps contenu dans la dissolution; ce nombre étant calculé en

[1] *Zeitsch. f. phsy. Chemie,* vol. VIII, 1891.
[2] *Zeitsch. f. Kryst.,* vol. XXIII, 1894.
[3] *Id.,* XXXIII, 1897.

supposant que cette solution renferme 100 molécules des deux corps. Sur le côté vertical portons le nombre de molécules du même corps contenu dans 100 molécules du mélange cristallisé. On aura ainsi les coordonnées d'un point qui se trouvera sur la bissectrice des axes, si la solution et les cristaux mixtes renferment la même quantité des deux corps; si le point est au-dessus de cette bissectrice, les cristaux mixtes renferment une quantité du corps supérieure à celle qui se trouve dans la dissolution, c'est l'inverse qui a lieu, si le point est au-dessous de la bissectrice.

Il est à peine nécessaire de faire remarquer que si l'on prend pour origine des coordonnées, le sommet du carré, situé à l'autre extrémité de la bissectrice, les coordonnées du point représentent les quantités du second corps, dans la solution et dans les cristaux mixtes.

Si l'on fait varier la composition de la solution d'une façon continue, le point représentatif décrira une courbe ou plusieurs fragments de courbe suivant que les cristaux mixtes forment une ou plusieurs séries.

Mais ce diagramme ne fournit aucun renseignement sur la quantité d'eau, la quantité du solvant, que renferme la solution saturée par les cristaux mixtes. Aussi au diagramme précédent, on adjoint généralement un second diagramme, qui peut se construire de deux façons différentes. Certains auteurs portent sur deux axes rectangulaires le nombre de molécules de chacun des corps nécessaires pour saturer une quantité constante d'eau, 100 molécules d'eau par exemple, et le point représentatif décrit une courbe ou plusieurs fragments de courbe suivant que les cristaux mixtes appartiennent à une ou à plusieurs séries. D'autres auteurs portent sur une droite égale à 100, le tant pour cent de l'un des corps, contenu dans la solution et sur l'axe vertical, le nombre de molécules d'eau nécessaire pour dissoudre une molécule du mélange correspondant.

Nous allons maintenant passer en revue les différents cas susceptibles de se présenter.

Premier type. — Pour le mélange de phosphate et d'arséniate monopotassiques, Muthmann et Kuntze obtinrent la courbe ci-jointe (fig. 144). Cette courbe s'étend d'une façon continue du point zéro au point cent, en restant au-dessous de la droite, bissectrice des axes de coordonnées, qui joint les mêmes points. Comme elle s'écarte très peu de la droite, il en résulte que les cristaux contiennent une proportion légèrement plus faible d'arséniate que les dissolutions correspondantes.

Par conséquent si dans une dissolution de ces deux corps, des cristaux s'accroissent d'une façon un peu notable, leur composi-

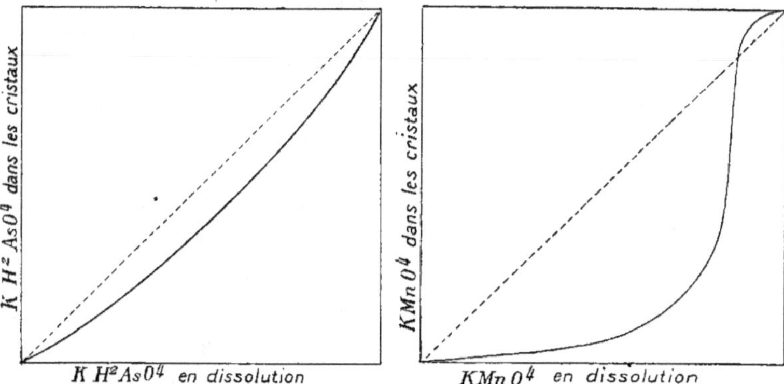

Fig. 144. — Cristaux mixtes d'arséniate et de phosphate monopotassiques.

Fig. 145. — Cristaux mixtes de permanganate et de perchlorate potassiques.

tion variera de la partie centrale à la partie périphérique ; du centre à la périphérie les cristaux s'enrichiront en arséniate.

Deuxième type. — Pour le permanganate et le perchlorate de potasse, les mêmes auteurs obtinrent une courbe, de forme toute différente (fig. 145), en prenant pour abscisses et ordonnées les quantités de permanganate. Cette courbe s'écarte très peu au début de l'axe des x, par conséquent de grandes différences dans la composition de la dissolution n'entraînent que de faibles différences dans la composition des cristaux, qui renferment une forte proportion de perchlorate. Puis la courbe s'infléchit de façon à devenir à peu près verticale, donc une faible variation dans la composition de la dissolution entraîne une forte variation dans la composition des cristaux. Pour une proportion à peu près égale à 88 p. 100 de permanganate, la courbe coupe la bissectrice des axes de coordonnées, pour cette proportion la composition des cristaux est donc identique à celle de la dissolution. Puis la courbe passant au-dessus de la bissectrice, pour des proportions plus élevées de permanganate, les cristaux renferment une quantité de ce sel supérieure à celle de la dissolution.

Il est à remarquer que la cristallisation ne modifiera pas la solution renfermant 88 p. 100 de permanganate et que jusqu'à l'évaporation complète les cristaux auront la même composition.

Troisième type. — Les mélanges isomorphes de chlorure de potassium et de chlorure d'ammonium, dont l'étude a été faite par M. Fock, correspondent à un troisième type, dans lequel les sels ne cristallisent ensemble qu'entre certaines limites. Le phénomène est alors représenté par la courbe ci-jointe (fig. 146) qui se compose de deux fragments dont les extrémités sont sur une même verticale. Tant que la proportion de chlorure d'ammonium

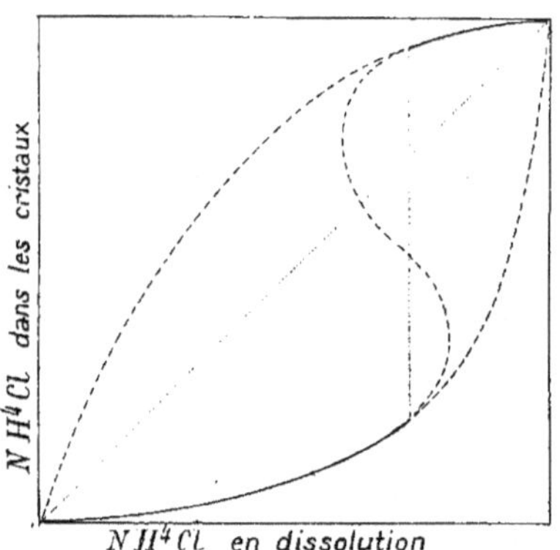

Fig. 146. — Cristaux mixtes de chlorures d'ammonium et de potassium.

reste dans la dissolution inférieure à 73 p. 100, la quantité de ce même chlorure dans les cristaux s'accroît d'une façon continue, tout en restant bien inférieure à celle de la dissolution, et sans dépasser 23 p. 100 ; puis quand cette limite se trouve dépassée, la quantité de ce même sel dans les cristaux saute brusquement à 97 p. 100 et augmente ensuite progressivement en étant supérieure à celle contenue dans la dissolution.

La solution renfermant 73 p. 100 du chlorure d'ammonium peut donc donner naissance à deux espèces de cristaux, qui se déposeront côte à côte, les uns contenant 23 et les autres 97 p. 100 du même chlorure ; de plus la cristallisation ne modifiera pas la composition de la solution, qui restera identique jusqu'à la dernière goutte.

Il est d'ailleurs évident que les deux fragments de courbe peu-

vent se trouver du même côté de la bissectrice, comme cela a lieu
pour les mélanges de $HgBr^2$ et de HgI^2 (fig. 147).

La lacune, dont nous venons de parler, peut d'ailleurs se rencontrer dans deux cas bien différents. Tout d'abord quand les
deux corps sont réellement isomorphes et que leurs propriétés
varient d'une façon continue avec la composition. Dans ce cas,

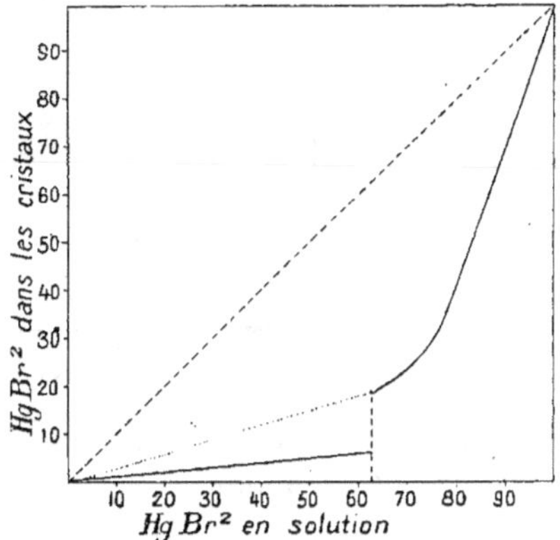

Fig. 147. — Cristaux mixtes d'iodure et de bromure de mercure.

les deux fragments de courbe appartiennent à la même courbe et
sont réunis par un troisième fragment, marqué en pointillé dans
la figure 146, et correspondant à des mélanges instables.

Il est à remarquer que jusqu'ici ce cas est purement théorique,
l'existence de mélanges isomorphes instables dans ces conditions
n'étant pas démontrée.

En second lieu, quand les corps sont isodimorphes, les deux
fragments de courbes appartiennent à deux courbes différentes,
qui prolongées iraient passer toutes les deux par l'autre extrémité
de la diagonale, comme le montre la figure 146.

On conçoit d'ailleurs que les limites de la lacune puissent être
très rapprochées et même confondues, de telle sorte que les cristaux mixtes se répartissent en deux séries, séparées par une
discontinuité physique et non par une discontinuité dans leur composition chimique. Les deux fragments de courbes pourront d'ailleurs appartenir à une même courbe ou à deux courbes différentes
suivant que les corps seront isomorphes ou isodimorphes (fig. 148).

Après ces cas très simples, il faut citer ceux dans lesquels les corps donnent naissance à trois ou quatre séries de cristaux représentées par trois ou quatre segments de courbe.

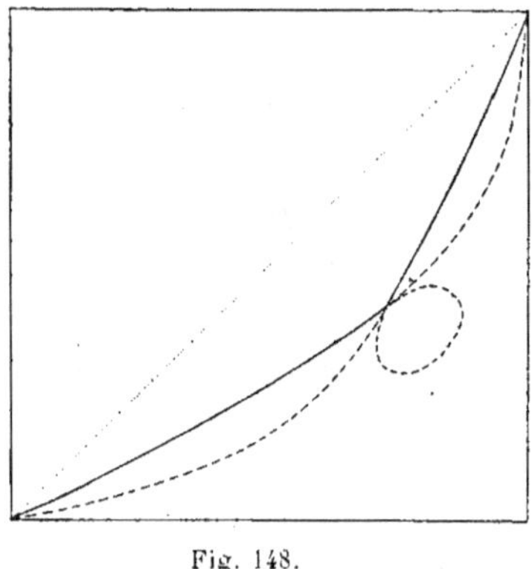

Fig. 148.

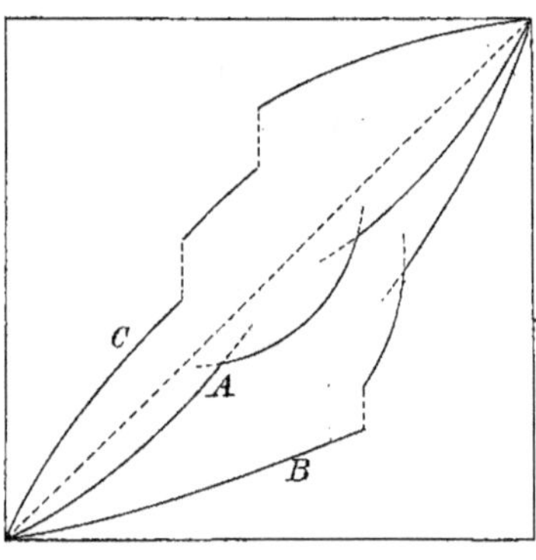

Fig. 149.

Tantôt, il n'y a entre les trois séries aucune discontinuité au point de vue de la composition chimique, comme cela est indiqué dans la figure A (fig. 149). Tantôt la série intermédiaire est séparée par une lacune de l'une des autres séries et en continuité de composition avec l'autre (B, fig. 149).

Tantôt enfin la série intermédiaire est séparée des deux autres séries par une lacune (C, fig. 149).

Tel est le cas des mélanges isodimorphes d'hyposulfate de potassium et d'hyposulfate de thallium, étudié par M. Stortenbeker [1], qui se répartissent en trois séries, dont deux sont respectivement isomorphes de chacun des sels tandis que la troisième intermédiaire comprend des cristaux quasi-ternaires (fig. 150).

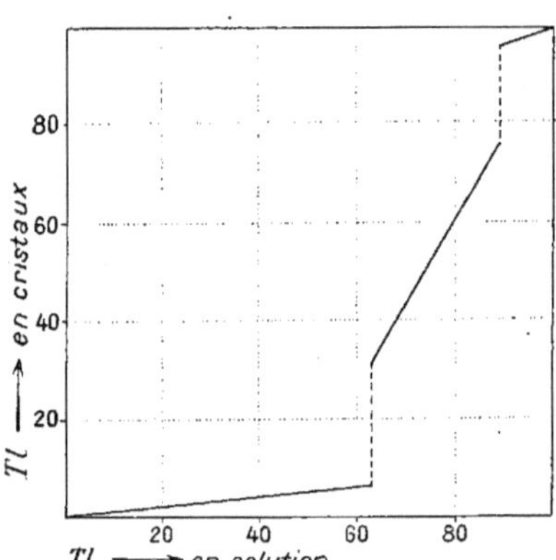

Fig. 150. — Cristaux mixtes d'hyposulfates de potassium et de thallium.

[1] *Recueil des travaux chimiques des Pays-Bas*, vol. XXIV.

Dans les trois cas, d'ailleurs, il ne faut pas oublier que les deux séries extrêmes peuvent comprendre des mélanges isomorphes, et les deux fragments de courbe correspondant appartenir à une seule et même courbe; ou bien au contraire ces deux fragments appartiennent à deux courbes différentes, si les deux corps ne sont pas isomorphes.

Un point important à signaler relativement aux courbes précédentes, consiste en ce qu'elles sont sous la dépendance de la pression et de la température. Si la pression n'a, il est vrai, que peu d'influence, il n'en est pas de même de la température, et les rapports entre la composition des cristaux mixtes et celle du milieu cristallogène peuvent être successivement représentés par les différentes courbes précédentes.

En particulier, quand les cristaux mixtes se répartissent en deux séries séparées par une lacune, les limites de cette lacune varient avec la température. M. Foote a étudié cette question dans le

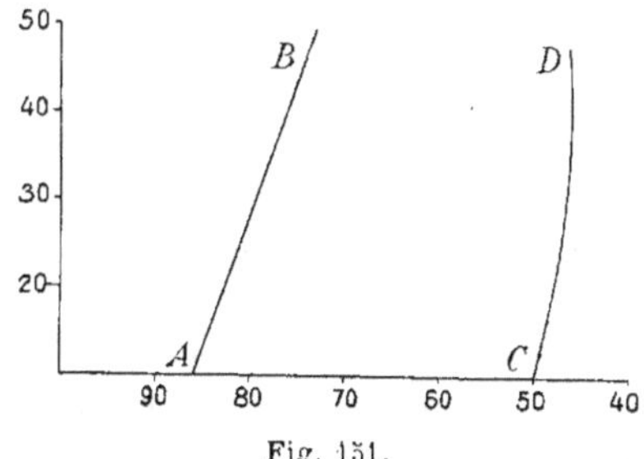

Fig. 151.

cas du chlorate de soude et du chlorate d'argent, qui sont, le premier cubique, le second quadratique et qui donnent naissance à deux séries de cristaux mixtes séparées par une lacune. M. Foote a déterminé les limites de cette lacune pour les températures comprises entre 12° et 50°. La composition des cristaux mixtes limitant la lacune étant déterminée par le tant pour cent de chlorate de soude, la ligne AB dans la figure 151 donne la composition des cristaux cubiques et la ligne CD celle des cristaux quadratiques. On voit que la composition de ceux-ci ne varie guère avec la température, mais il n'en est pas de même de la composition des cristaux cubiques, qui renferment de moins en moins de chlorate de soude quand la température s'élève. La ligne AB est sensiblement une ligne droite, qui va couper l'axe vertical au point — 30°; par conséquent à partir de cette température, la série cubique sera réduite à un seul terme, le chlorate de soude pur[1]. M. Herbette[2] a constaté un fait semblable dans la cristallisation simultanée du chlorate de potasse et de l'azotate de potasse. A la température de 16°, ces sels donnent naissance à des cristaux mixtes, isomorphes du chlorate et renfermant une quantité de ce sel variant depuis 65 jusque 100 p. 100; tandis que les cristaux de l'azotate ne renferment pas trace de chlorate.

Les figures 148, 149 peuvent d'ailleurs représenter également des cas tout à fait différents de ceux indiqués plus haut : si les deux corps forment une ou deux combinaisons, isomorphes avec chacun des corps ou entre elles, les variations de composition des cristaux mixtes seront représentées par chacun des tronçons de courbes, leurs points d'intersection correspondant aux combinaisons elles-mêmes.

§ II. — Mélanges par fusion

Quand on fait fondre simultanément de façon à les mélanger intimement deux corps susceptibles de cristalliser ensemble, les résultats de la solidification, c'est-à-dire la composition des cristaux mixtes formés, dépendent de la nature des corps eux-mêmes et des proportions dans lesquels ils sont mélangés. Bakuis Roozeboom, en s'appuyant sur les variations de la fonction de Gibbs, a cherché à distinguer les différents cas susceptibles de se présenter, mais l'ignorance dans laquelle nous nous trouvons relativement aux propriétés de cette fonction, fait que la théorie ne nous fournit qu'un fil conducteur incomplet, et que l'on est obligé de suppléer par l'intuition à ces lacunes. Aussi croyons-nous préférable de laisser de côté les considérations purement théoriques.

Quand le magma fondu commence à se solidifier, les premiers cristaux formés ont une composition, qui, en général, diffère de

[1] *Chem. Journ.*, 27.
[2] Herbette, *thèse*.

celle du magma liquide. La composition du liquide se trouve par cela même modifiée, ainsi que sa température de cristallisation. On voit donc que le liquide, en général se solidifiera, non pas à une température déterminée, mais dans un certain intervalle de température. Ceci posé, portons sur un axe des x le tant pour cent en molécules de l'un des corps entrant dans le magma et sur l'axe des y, la température à laquelle le magma commence à cristalliser; en supposant que les deux corps sont miscibles en toutes proportions, on obtiendra une courbe continue, que nous nommerons la courbe de solidification.

Considérons maintenant les cristaux auxquels les différents magma donnent naissance au début de leur cristallisation, et construisons les points correspondant à leur composition et à leur température de formation, c'est-à-dire à leur température de fusion; nous obtiendrons une seconde courbe dite de fusion, et les points d'intersection de ces deux courbes par une même horizontale, donneront la composition du magma et celle des cristaux stables à la même température.

Il est bien évident que la courbe de fusion sera toujours au-dessous de de la courbe de solidification, puisque si l'on considère deux points situés sur une même verticale, et correspondant l'un au point de fusion d'un cristal et l'autre au point de solidification du magma de même composition, le premier point ne saurait être au-dessus du second.

Il faut maintenant étudier les particularités que peuvent présenter ces courbes suivant que le magma donne naissance à une ou plusieurs séries de cristaux mixtes, séparées par des discontinuités dans la composition chimique ou dans les propriétés physiques.

Nous supposerons tout d'abord que les deux corps donnent naissance à une seule série continue de cristaux mixtes.

Nous avons deux courbes continues allant toutes les deux du point de fusion de l'un des corps au point de fusion de l'autre. Mais quatre types peuvent se présenter suivant que la courbe de solidification est comprise entre les températures de solidification des deux corps, ou bien qu'elle présente un maximum ou bien un minimum.

Premier type. — D'une façon générale, les deux courbes auront la forme représentée dans la figure ci-jointe (fig. 152). Tous les points situés au-dessus de la courbe de solidification S représentent une phase liquide du magma, les points situés au-dessous de la courbe de fusion F représente une phase cristallisée, et un point situé entre les deux courbes un mélange d'une phase solide et d'une phase liquide. Les points des deux courbes situés sur une même horizontale représentent une phase liquide et une phase cristallisée susceptible de coexister à la même température, mesurée par la distance de l'horizontale à l'axe des x.

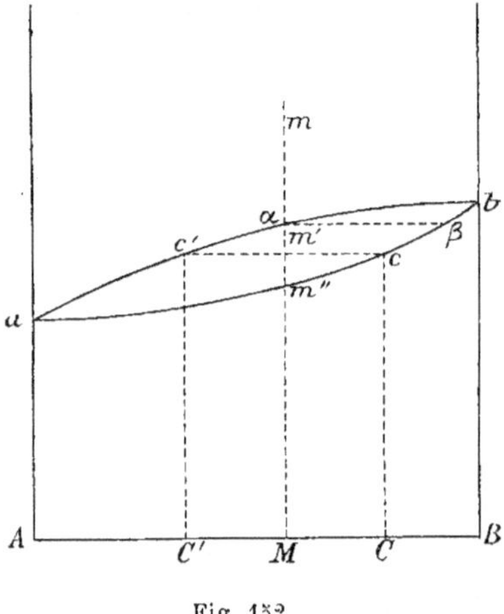

Fig. 152.

Considérons un point représentatif m se déplaçant sur une même verticale ; il représentera une phase liquide tant qu'il sera au-dessus de la courbe de solidification S, et normalement la cristallisation commencera lorsqu'il se trouvera par suite de l'abaissement de température sur cette courbe S, mais supposons que par surfusion on l'amène en m', entre les deux courbes F et S. La cristallisation donnera naissance à des cristaux dont la composition sera donnée par le point c, obtenu en prenant le point d'intersection de la courbe F avec l'horizontale menée par le point m' ; le point c' d'intersection de la même horizontale avec la courbe S donnera la composition du magma restant. Il est facile de voir que les quantités de magma liquide et de cristaux sont respectivement proportionnelles aux longueurs $m'c : cc'$ et $m'c' : cc'$. Projetons en effet les points c, c' et m' sur l'axe des x, en C, M' et C', l'origine étant au point A. Dans cette hypothèse le nombre de molécules de l'un des corps entrant dans l'ensemble constitué par les cristaux et le magma restant sera mesuré par :

$$AC'.MC : CC' + AC.MC' : CC' = (AM - MC')MC : CC' + (AM + MC)MC' : CC' = AM$$

L'ensemble considéré possède donc bien la composition chimique du magma primitif.

Si par surfusion on amène le point m sur la courbe de fusion F, le magma cristallisera en bloc en donnant naissance à des cristaux ayant tous la composition du magma. C'est ce qui se produira, lorsque les deux courbes F et S seront très voisines, lorsque le magma présentera, comme cela a lieu assez souvent, une tendance à la surfusion.

S'il n'y a pas de surfusion, si la cristallisation commence normalement quand le point m se trouve sur la courbe de solidification en α, il se produira des cristaux de composition β, renfermant une proportion du corps B, le moins fusible, plus élevée que le magma, et celui-ci s'enrichissant en A, le corps le plus fusible, son point représentatif se rapprochera sur la courbe S du point a, autrement dit descendra vers le point le plus bas de la courbe. Mais alors deux cas extrèmes peuvent se présenter : si l'abaissement de température est rapide, le nouveau magma donnera naissance à de nouveaux cristaux et pendant que le point représentatif du magma décrira la courbe αa, le point représentatif des cristaux décrira l'arc de courbe $\beta\alpha$, les cristaux formés restant intacts. On aura donc finalement un conglomérat de cristaux mixtes dont la composition variera depuis celle correspondant au point β jusqu'à celle du corps A pur.

Il pourra en être tout autrement si la cristallisation est lente, car il ne faut pas oublier que les cristaux β par exemple ne sont stables en présence que d'un seul magma, le magma α. Si donc, dans la suite, ils se trouvent assez longtemps plongés dans un autre magma, ils se dissoudront, et le produit de la dissolution contribuera à former des cristaux stables dans le dernier magma. Le même phénomène se reproduisant pour les cristaux successivement formés, le point m représentatif du magma se trouvera finalement sur la courbe de fusion, et le magma cristallisera en bloc, en donnant naissance à des cristaux ayant tous la même composition que lui.

On comprend qu'entre ces deux cas extrèmes, d'autres peuvent se rencontrer dans lesquels les cristaux seront incomplètement dissous.

On voit par ce qui précède combien les conditions de la cristallisation influent sur la nature des cristaux formés : tantôt, ils sont tous identiques et possèdent la même composition que le magma primitif, tantôt leur composition varie d'une façon continue, correspondant à tous les points d'un arc de la courbe de fusion jusqu'à la composition du corps pur fondant à la température la plus basse.

Deuxième type. — En second lieu, supposons que la courbe de solidification S présente un maximum, et par suite une tangente horizontale, il est facile de voir en se rappelant que la courbe de fusion F est au-dessous de la courbe S, que cette courbe F est tangente à la courbe S en ce point maximum.

Lorsque le magma liquide aura la composition correspondant à ce maximum et que la température baissant atteindra cette valeur maximum, il y aura cristallisation en masse du magma, et les cristaux auront tous la même composition. Pour les autres compositions, on se retrouvera dans les mêmes conditions que dans le type premier, mais suivant que l'on partira d'un point situé à droite ou à gauche du maximum, le dernier terme de la cristallisation sera l'un ou l'autre des deux corps.

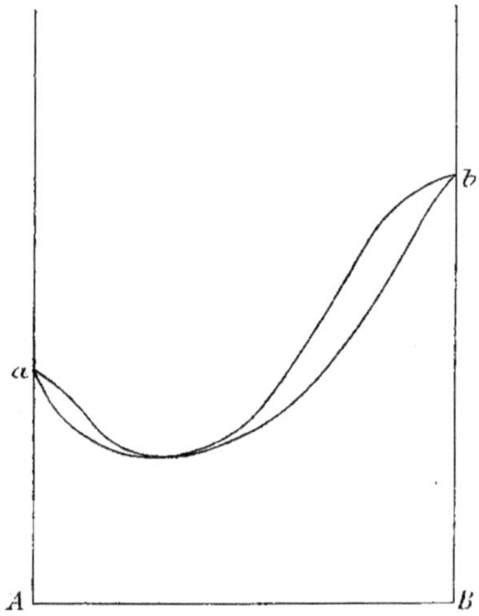

Troisième type. — Les deux courbes présentent un même minimum (fig. 153), et pour la composition correspondante, la cristallisation se fera en masse et donnera naissance à des cristaux de même composition. Pour les autres points de départ la composition des cristaux variera et l'on aboutira toujours à des cristaux ayant la composition correspondant au minimum.

Fig. 153.

Quatrième type. — Ce type, omis par Roozeboom, a été signalé par M. Rudolf Ruer[1], qui suppose que les deux courbes peuvent avoir une tangente horizontale, en un point d'inflexion commun E.

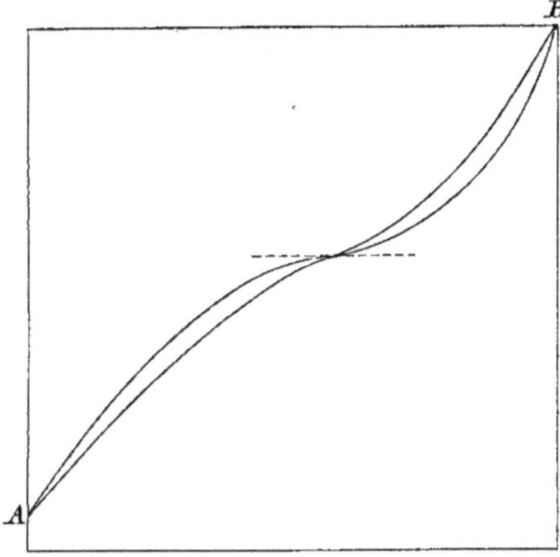

Fig. 134.

Un magma ayant la composition correspondant à ce point E donnera naissance à une espèce de cristaux, qui se formeront à une température unique (fig. 134).

Cinquième type. — Supposons maintenant qu'il y ait deux séries de cristaux mixtes séparés par une discontinuité dans la composition chimique ou seulement dans les propriétés physiques. La courbe de fusion devra présenter une discontinuité et à cette discontinuité de la courbe de fusion devra correspondre sur la même horizontale, c'est-à-dire à la même température, une discontinuité dans la courbe de solidification: puisque le magma donne naissance à une nouvelle série de cristaux, sa solidification ne doit pas se faire suivant la même loi, ne doit pas être représentée par la même courbe.

Considérons tout d'abord le cas où la température correspondant à cette discontinuité est inférieure aux températures de solidification de chacun des corps pris isolément. La courbe de solidification se composera de deux fragments se rencontrant en un point E

<hr>

[1] *Zeitsch. f. phys. Chemie*, vol. LIX.

(fig. 155) et la courbe de fusion se composera également de deux fragments s'arrêtant aux points F et G, situés sur l'horizontale menée par le point E. Deux sortes de cristaux mixtes sont stables à la température du point E et leurs compositions sont données par les points F et G. Par conséquent un magma de composition E donnera naissance à un conglomérat de deux espèces de cristaux, à un conglomérat eutectique, comprenant les cristaux F et G dans des quantités proportionnelles aux longueurs EG et EF.

Les indications données plus haut sur la marche de la cristallisation devront être modifiées de la façon suivante. Si la cristallisation s'effectue rapidement sans surfusion, le point représentatif du magma descendra en suivant l'un des fragments de la courbe de solidification jusqu'au point E. de sorte que quand le point m' représentatif du cristal aura parcouru en partie l'un des fragments de la courbe de fusion, il se produira un conglomérat eutectique aux dépens du magma restant.

Il est un point intéressant à signaler : quand la composition du magma est comprise entre celles des points F et G, si par surfusion on amène le point représentatif sur le prolongement du fragment de la courbe de fusion passant par F, par exemple, le magma cristallisera en donnant naissance à un mélange cristallisé instable et non à un conglomérat de cristaux différents.

La lacune entre les deux séries de cristaux mixtes subsiste naturellement quand la température baisse, ses limites variant d'ailleurs d'une température à l'autre. Il en résulte que pour compléter le diagramme, il faut mener par les points F et G les courbes qui limitent cette lacune.

Les limites de la lacune peuvent être d'ailleurs très rapprochées et même confondues, les points F et G venant se réunir au point E, et dans ce cas, il n'y a plus entre les deux séries de cristaux mixtes, qu'une discontinuité dans les propriétés physiques.

Sixième type. — Passons maintenant au cas où la température de la discontinuité est comprise entre les températures de solidification des deux corps pris isolément.

Comme dans le cas précédent, nous avons deux fragments de courbes de solidification et deux fragments de courbes de fusion,

mais le point E n'est plus compris entre les points F et G, comme
le montre la figure 156. Il y a encore deux sortes de cristaux
mixtes, stables à la température du point E et une lacune entre les
cristaux correspondant aux points F et G, mais quand le point
représentatif *m* du magma passe par le point E, s'il se forme bien
un conglomérat des deux sortes de cristaux mixtes F et G, la totalité du magma n'intervient pas dans cette cristallisation, puisqu'il

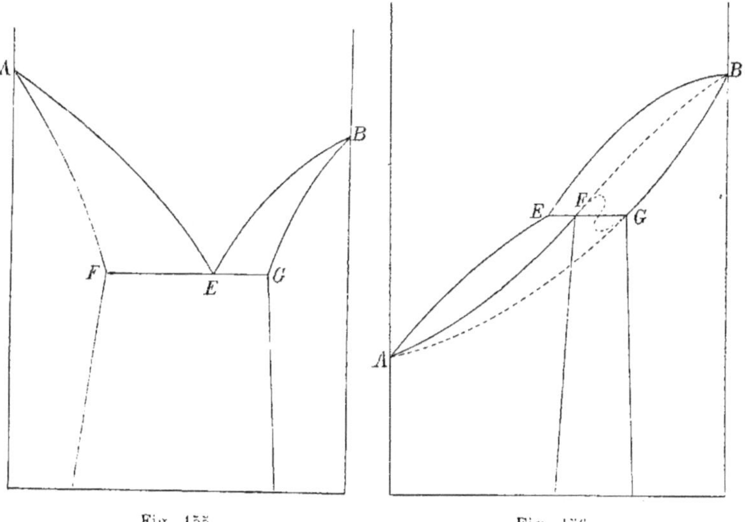

Fig. 155.   Fig. 156.

renferme moins de l'un des corps que l'une et l'autre des deux
espèces de cristaux ; la cristallisation se poursuit donc au delà du
point E, jusqu'au point A de solidification du corps fondant à la
plus basse température.

Comme dans le cas précédent, la lacune peut disparaître par la
réunion des deux points F et G, et alors les deux séries sont en
continuité de composition chimique.

D'autre part, la discontinuité, existant au moment de la cristallisation, se poursuit, quand la température baisse, et le diagramme
doit être complété par l'adjonction des deux courbes issues de F
et G, et limitant la lacune.

Les courbes de solidification et de fusion du cinquième et du
sixième type peuvent se rencontrer avec les particularités que

nous venons de décrire dans deux cas différents : tout d'abord lorsque les corps sont isomorphes et alors les deux segments de la courbe de fusion appartiennent à la même courbe et sont réunis par un segment correspondant à des mélanges instables. Ou bien les deux corps sont isodimorphes et les deux segments AF et GB appartiennent à deux courbes différentes dont les prolongements vont respectivement passer par les points B et A.

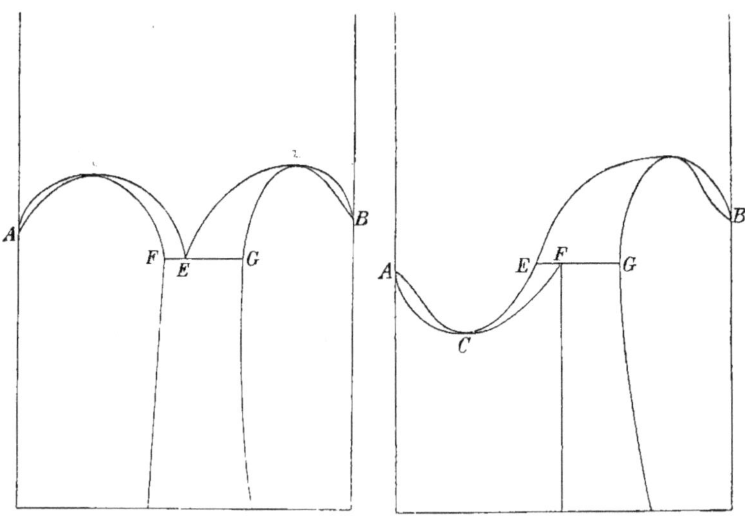

Fig. 157.　　　　　　　　Fig. 158.

Mais il faut cependant faire remarquer que jusqu'ici le premier cas est purement théorique.

A un autre point de vue, les cas précédents peuvent se compliquer par suite de ce fait, que les courbes AE et BE au lieu d'être comprises entre les points A et E d'une part, entre B et E de l'autre, peuvent présenter un maximum ou un minimum comme dans les figures 157, 158. Les conditions de la cristallisation se compliquent encore beaucoup, puisqu'elles dépendent de la position primitive du point représentatif du magma. relativement à ces maxima et à ces minima. Considérons d'abord le cas représenté par la figure 157, dans laquelle les deux courbes AE et BE passent par les maxima C et D. Si le point représentatif m se trouve au début dans l'intervalle CD, la cristallisation se passera, comme dans le cas simple étudié, plus haut. Mais s'il se trouve compris entre C et A par exemple, le point m baissera pour venir aboutir finalement en A, et la cristallisation donnera naissance aux cristaux mixtes représentés par la courbe de fusion depuis le point C jusqu'au point A. On voit facilement par cet exemple quels peuvent être les résultats de la cristallisation, dans les autres cas susceptibles d'être distingués.

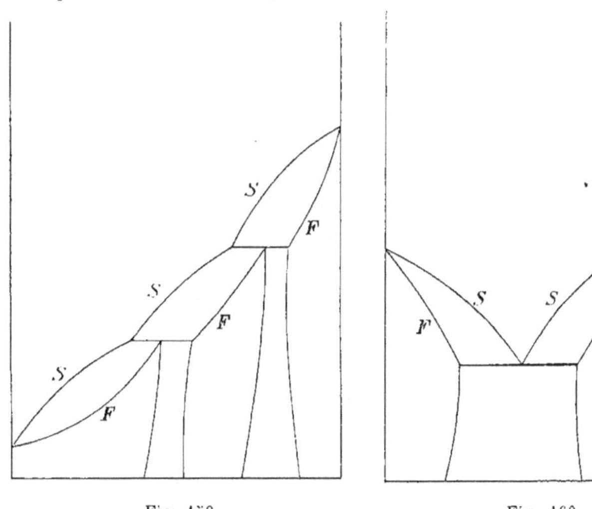

Fig. 159.   Fig. 160.

Enfin, pour terminer, il suffit de rappeler que si les deux corps donnent naissance à plus de deux séries de cristaux mixtes, le diagramme représentatif résultera de la combinaison des cas précédemment décrits, comme on le voit dans les figures 159 et 160.

Résultats expérimentaux. — Les études sur la solidification des corps susceptibles de donnner naissance à des cristaux mixtes étant encore très incomplètes, on n'a pas encore retrouvé expérimentalement tous les cas que nous avons distingués théoriquement. Le troisième type a été constaté dans la solidification des mélanges du bromure et de l'iodure de mercure par M. Reinders [1] : le bromure

---

[1] *Zeitsch. f. phys. Chemie.* vol. XXXII.

fondant à 236° et l'iodure à 255°, le mélange renfermant 59 p. 100 de molécules de bromure se solidifie à la température unique de 216°.

E. van Eyk [1] a retrouvé le quatrième type dans les mélanges de nitrate de thallium, fondant 206° et de nitrate de potassium fondant à 339°. La température eutectique est égale à 132° et le magma eutectique renferme à 31,3 p. 100 du sel de potassium.

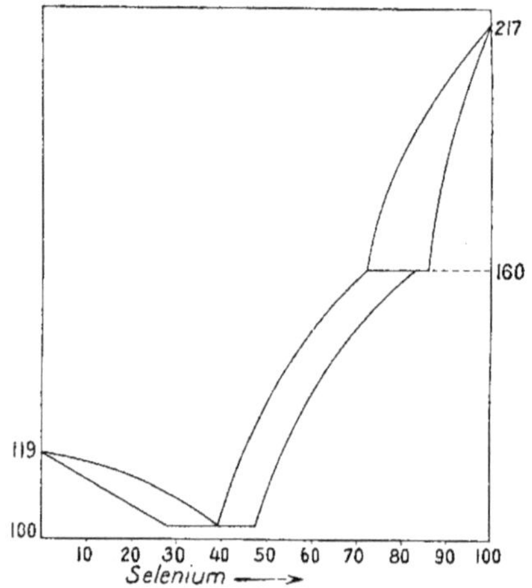

Fig. 161. — Cristallisation du soufre et du selenium.

Enfin les points F et G correspondent respectivement à 20 et 50 p. 100 du même sel.

Le nitrate d'argent et le nitrate de sodium nous fournissent un exemple du cinquième type. D'après les recherches de M. Hissink [2] les deux courbes de solidification et de fusion présentent une discontinuité à la température de 217°, comprise entre la température de 208° à laquelle fond le sel d'argent et la température de 308°, point de fusion du sel de soude.

Une combinaison du quatrième et du troisième type s'observe dans les mélanges de soufre et de sélénium; la figure ci-jointe (fig. 161) donne tous les renseignements sur la marche de la cristallisation dans un tel magma [3].

[1] *Zeitsch. f. phys, Chemie*, vol. XXX.
[2] *Id.*, vol. XXXII.
[3] W. E. Ringer. *Zeitsch. f. anorg. Chemie*, vol. XXXII.

Cas de combinaisons entre les deux corps. — Nous avons supposé jusqu'ici que les deux corps se mélangeaient pour cristaller, mais qu'ils ne se combinaient pas ; c'est là cependant un cas qui peut se présenter : les deux corps peuvent s'unir pour donner naissance à une ou plusieurs combinaisons, et il est nécessaire d'examiner le rôle que celles-ci vont jouer dans la cristallisation. La question devient très simple, tout au moins

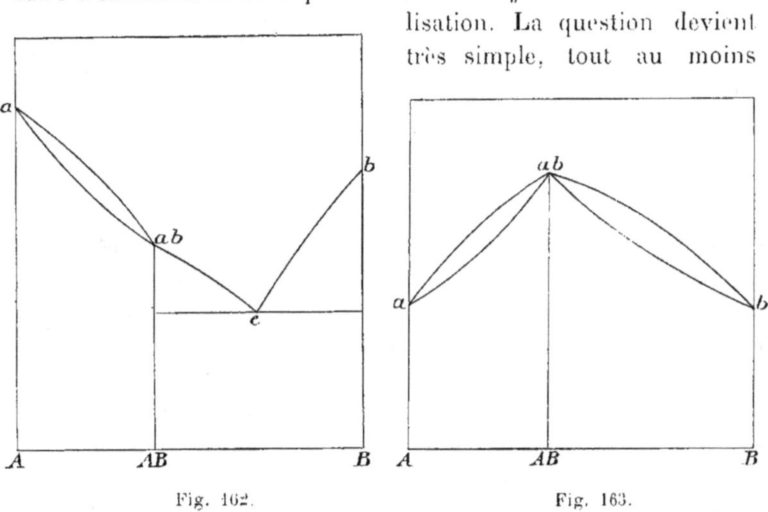

Fig. 162.

Fig. 163.

théoriquement, si l'on remarque que chacune des combinaisons se comporte comme un corps indépendant, qui suivant les proportions des deux corps simples, se trouve en présence de l'un de ces corps simples ou d'une autre combinaison. Il en résulte que le diagramme se trouve composé d'autant de diagrammes simples qu'il y a de combinaisons, ces diagrammes simples étant identiques à ceux que nous avons distingué pour le cas de deux corps ne se combinant pas.

Supposons par exemple que les deux corps ne donnent naissance qu'à une seule combinaison que nous désignerons par le symbole AB, il pourra se présenter plusieurs cas :

1° AB forme une série continue ou discontinue de cristaux mixtes avec A et n'en forme pas avec B (fig. 162).

2° AB forme deux séries continues ou discontinues de cristaux mixtes avec A et B (fig. 163).

3° **AB** forme une série continue avec A et une série discontinue avec **B**.

Il faudrait maintenant distinguer, comme cas secondaires, ceux dans lesquels les courbes de solidification présentent un maximum ou un minimum, mais il est inutile d'insister sur ce sujet, qui trouve surtout son application dans l'étude des alliages et les figures 162, 163 suffiront pour faire comprendre la marche suivie par la cristallisation, quand il y a combinaison entre les deux corps **A** et **B**.

§ III. — Mélanges de trois corps isomorphes ou isodimorphes

Jusqu'ici on n'a publié aucun travail sur la cristallisation simultanée de trois corps isomorphes, cristallisant dans un solvant, nous n'allons donc considérer que les cristaux mixtes obtenus par fusion, et comme peu de recherches ont été effectuées sur ce sujet, nous n'aurons à nous y arrêter que quelques instants.

Quand on mélange, par fusion, trois corps susceptibles de cristalliser ensemble, le problème, qui consiste à déterminer les rapports de composition existant entre le magma fondu et les cristaux mixtes, devient très complexe, et n'a été résolu complètement dans aucun cas. Cette étude devra donc, dans l'état actuel de la science, se réduire à un examen purement théorique, à des considérations d'ordre exclusivement géométrique. Aussi croyons-nous préférable de n'examiner que les deux cas extrêmes d'après l'analyse qu'en donne Ostwald [1].

Voyons d'abord le mode de représentation employé dans le cas de trois corps. Le plus usité est le suivant qui se rapporte à une pression déterminée, et qui, par suite, entraîne un nouveau graphique pour chaque pression.

On sait que dans un triangle équilatéral, la somme des distances d'un point aux trois côtés est constante et, par suite, égale à la hauteur de ce triangle.

On peut donc représenter la composition d'un mélange de trois corps par un point du plan du triangle, dont les distances aux trois côtés sont respectivement proportionnelles aux quantités de

---

[1] *Lehrb. d. Allgem. Chemie*, vol. II. 3ᵉ partie.

ces corps dans le mélange. Si, par exemple, on divise la hauteur en 100 parties égales, et ,si, d'autre part, on calcule les quantités x, y et z de molécules des trois corps, de façon que la somme soit égale à 100, il y aura un point du plan dont les distances aux trois côtés du triangle seront précisément égales aux nombres x, y et z, point qui pourra servir à représenter le mélange. Si maintenant, par ce point, on élève une normale au plan sur laquelle on prend une longueur égale à la température, ou à la pression du mélange, on aura un point représentant l'état de ce mélange sous pression constante ou à température constante. Si, par exemple, on porte sur la normale la température à laquelle le mélange commence à se solidifier, on obtiendra une surface de solidification, une surface d'équilibre entre la phase liquide et une phase solide ; de cette surface n'interviendra que la portion comprise entre les trois faces verticales du prisme droit ayant pour section droite le triangle équilatéral, et cette surface coupera ces faces latérales suivant les lignes de solidification des mélanges des corps pris deux à deux.

En général, comme dans le cas des mélanges de deux corps, le magma en se solidifiant donnera naissance à des cristaux de composition différente de sa composition propre : on aura donc en présence deux phases de compositions différentes en équilibre à une même température, qui est la température de solidification du magma, et ces deux phases seront représentées par deux points correspondants situés à la même hauteur. Si l'on fait varier la composition du mélange, ces deux points décriront deux surfaces se correspondant point par point, mais contrairement à ce qui a lieu dans le cas de deux corps, la loi de correspondance est inconnue ; tout ce que l'on sait dans le cas général, c'est que, à un point de l'une des surfaces correspond un point situé sur la courbe d'intersection de la seconde surface avec le plan horizontal mené par le point donné. Il y a cependant un cas où les deux points correspondant coïncident, c'est celui où les deux surfaces présentent un point maximun ou minimum, qui est forcément un point de tangence des deux surfaces : le magma correspondant se solidifie à une température unique, et donne naissance à des cristaux ayant même composition que lui.

On voit donc que, en général, un magma donnera naissance en se solidifiant à toute une série de cristaux mixtes de compositions différentes ; mais s'il en est ainsi théoriquement, dans la pratique, il arrivera souvent que la surface de fusion et celle de solidification étant très voisines, par suite d'une légère surfusion le point représentatif atteindra la dernière avant que la cristallisation n'ait commencé et alors le magma se consolidera sous forme de cristaux mixtes ayant même composition que lui. D'ailleurs, tout ce qui a été dit au sujet de deux corps peut être répété ici.

Cas où les trois corps se mélangent en toutes proportions. — MM. Bruni et Corni[1] ont étudié la surface de solidification des mélanges des trois corps suivants : la para-benzine dichlorée, la

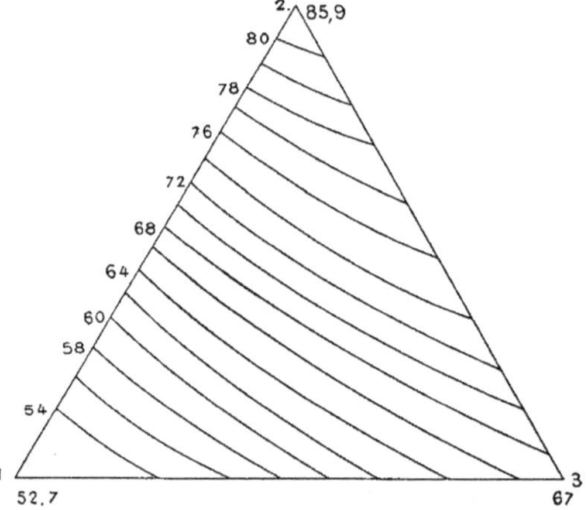

Fig. 164. — Surface de solidification de trois corps.

para-benzine dibromée et la para-benzine chlorobromée, qui sont isomorphes et se mélangent en toutes proportions, mais ces auteurs n'ont pas déterminé la surface de fusion.

L'isomorphisme est attesté par les constantes cristallographiques suivantes :

1	2	3
Benzine dichlorée	Benzine dibromée	Benzine chlorobromée
Monoclinique	Monoclinique	Monoclinique
2,5193 : 1 : 1,3920	2,666 : 1 : 1,4179	2,6077 : 1 : 1,4242
$\beta = 67°30'$	$\beta = 67°22'$	$\beta = 67°0'$

[1] *Atti d. R. Accad. d. Lincei.* 1900. Rendiconti. vol. IX, série 2.

La température de fusion du corps 1 est 52°,70, celle du corps 2 85°,90, et celle du corps 3 est 67°. La figure 164 donne la

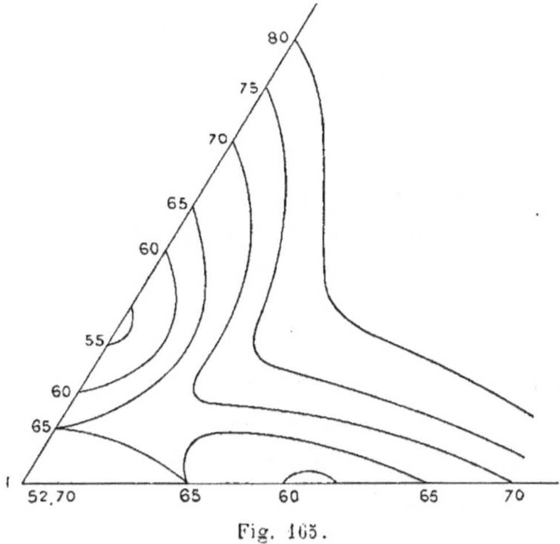

Fig. 165.

projection de la surface de solidification sur la base du prisme, et pour la représenter, on a construit les isothermes de 2 en

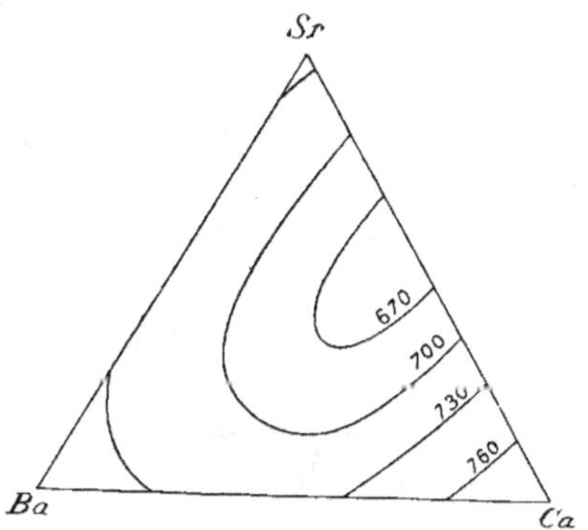

Fig. 166. — Surface de solidification de trois carbonates.

2 degrés ; elle a donc la forme générale d'une coupole s'élevant progressivement en se rapprochant du point 1.

Les courbes d'intersection de cette surface avec les faces du prisme sont les courbes de solidification des corps pris deux à deux : or, la courbe relative aux mélanges de 1 et 2 d'une part,

celle des corps 1 et 3 de l'autre présentent un minimum dans le
voisinage du sommet 1. La figure 165 donne le détail des isothermes dans le voisinage de ce point 1, au moyen d'isothermes
tracés de 0,5 en 0,5 degré.

D'autre part, M. Le Châtelier [1] a étudié la surface de solidification
des mélanges des trois carbonates doubles de soude et de calcium,
de strontium et de baryum. La figure 166 donne la projection de
cette surface sur la base du prisme, et l'on a dessiné les isothermes
de 30 en 30 degrés. La surface a donc la forme générale d'une
coupole renversée présentant un minimum sur la courbe des mélanges des carbonates de calcium et de strontium.

Cas où les mélanges présentent une lacune. — Nous allons considérer l'autre cas extrême, dans lequel les mélanges de deux
corps, pris deux à deux, présentent une lacune, en nous plaçant
exclusivement au point de vue théorique, puisqu'aucun travail
n'a encore été fait sur cette question. On verra d'ailleurs plus loin,
à propos du polymorphisme, l'étude d'un cas intermédiaire. Supposons donc que la courbe de solidification des mélanges des
corps pris deux à deux offrent un point eutectique : dans chacune
des faces du prisme, le diagramme aura l'aspect donné par la
figure 167, et les courbes de fusion s'arrêteront à une droite
horizontale, passant par le point eutectique et dont les extrémités
donneront la composition des mélanges formant un conglomérat
eutectique. De ces lignes droites partiront trois surfaces réglées,
telles que leurs côtés se coupent en trois points, situés dans un
plan horizontal. Les trois sommets de ce triangle donnent la
composition des trois mélanges, formant un conglomérat eutectique, et prenant naissance simultanément dans un même magma,
qui est le magma se solidifiant à la plus basse température ; ce sont
respectivement le magma et la température eutectiques. Quant à
la composition de ce magma eutectique, elle est représentée par
un point E situé à l'intérieur du triangle.

La surface de solidification se compose donc de trois nappes,
passant chacune par deux courbes de solidification, situées dans

---

[1] *C. R. Acad. d. Sciences*, vol. CXVIII. 1894.

les faces du prisme, et allant toutes les trois passer par le point
eutectique E. Ces nappes se coupent deux à deux suivant des
lignes joignant les points eutectiques des corps pris deux à deux
au point eutectique E. Quant à la surface de fusion, elle se com-

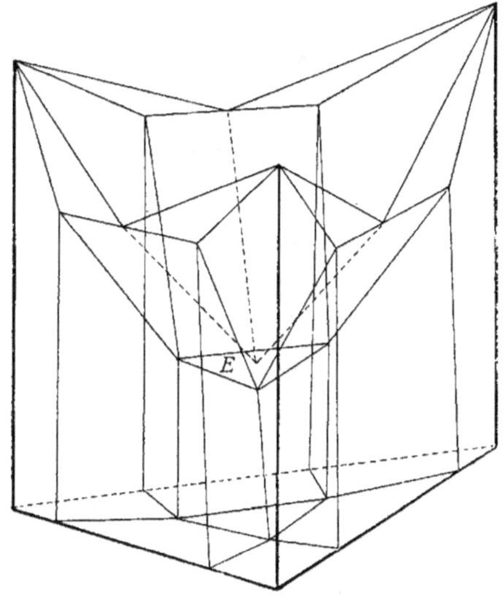

Fig. 167.

posera de six nappes, comme le montre la figure, et dont trois
correspondent à des lacunes.

Il est inutile d'insister davantage sur les particularités du diagramme, puisque jusqu'ici, on n'en a fait aucune application, et
que, d'autre part, s'il est possible de le construire par point, une
fois construit, on n'en peut déduire la composition des cristaux
qui prendront naissance dans un magma de composition donné.

En terminant, il faut faire remarquer que M. Schreinemakers a
commencé dans le *Zeitsch. f. phys. Chemie*, vol. L, une étude
générale de la solidification d'un magma composé de trois corps.

CHAPITRE IV

PROPRIÉTÉS PHYSIQUES DES CRISTAUX MIXTES

§ I. — Propriétés géométriques

Il est un premier point qu'il est tout d'abord nécessaire de préciser, pour que les théories proposées par d'autres auteurs sur la constitution des mélanges isomorphes ne viennent pas jeter le trouble dans l'exposé des résultats concernant cette question. Les mélanges isomorphes jouissent absolument de toutes les propriétés, sur lesquelles on s'appuie pour définir l'état cristallin ; par conséquent, on ne peut, sous aucun prétexte, leur attribuer une structure différente de celle admise pour les cristaux d'une substance unique : attribuer aux mélanges une structure particulière, cela revient à admettre que la définition adoptée pour l'état cristallin n'est pas suffisamment générale, et la première chose à faire serait d'étendre cette définition, pour que les mélanges isomorphes puissent y rentrer. Autrement dit, on doit les considérer comme constitués de particules cristallines toutes identiques, distribuées suivant les mailles d'un réseau, et nous verrons par la suite que cette façon de voir se trouve corroborée par tous les faits d'observation. L'étude des propriétés géométriques doit porter sur les rapports susceptibles d'exister entre les formes cristallines, les réseaux et la symétrie des mélanges cristallisés d'une part, et les formes cristallines, les réseaux et la symétrie des corps mélangés de l'autre.

Formes cristallines. — Bien des mélanges isomorphes ont été étudiés, et cependant on ne possède que peu de renseignements sur les formes cristallines des cristaux mixtes. On a constaté, dans quelques cas, que les formes cristallines les plus développées dans les mélanges n'étaient pas celles que l'on observe dans les corps mélangés. D'autres fois, les faces des cristaux sont courbes, comme cela a lieu pour les mélanges de carbonates rhomboédriques.

Dans d'autres cas la cristallisation est irrégulière, on n'obtient qu'un agrégat granuleux, et, fait particulièrement intéressant, il arrive que la cristallisation ne soit régulière que pour certaines proportions des deux corps. C'est ainsi que les phosphates de potasse et d'ammoniaque qui, isolés, donnent de beaux cristaux quadratiques, dans leurs mélanges ne cristallisent régulièrement que si les proportions sont pour l'un quelconque des deux composés entre 0 et 25 p. 100, ou bien entre 75 et 100 p. 100.

Systèmes réticulaires. — Sur ce premier point, on n'a malheureusement qus fort peu de données ; deux cas ont été étudiés avec assez de soins pour fournir des renseignements précis sur les variations des angles des faces sous l'influence des changements de composition.

Le premier exemple à citer est celui des perchlorate et permanganate de potasse, étudié par M. Groth[1]. Le savant professeur de Munich a obtenu trois mélanges cristallisés présentant les faces m du prisme orthorhombique et deux dômes dont il désigne les faces par les lettres r et q^2. Ces faces font entre elles les angles indiqués dans le tableau suivant où $A = KClO^4$ et $B = KMnO^4$.

	mm	rr	q^2q^2
A	$103°57'7$	$101°22$	$104°0$
$A + \dfrac{1}{3}$ p. 100 de B	$104°43$	$101°31$	$103°7$
11A + B	$104°7$	$101°10$	$104°4$
11A + 2B	$103°50$	$101°34$	$103°59$
B	$102°51$	$101°42$	$104°49$

La connaissance de ces angles permet de calculer les paramètres des cristaux, et on obtient :

A	0,7819	1	0,6396
$A + \dfrac{1}{3}$ p. 100 de B	0,7704	1	0,6298
11A + B	0,7797	1	0,6408
11A + 2B	0,7839	1	0,6398
B	0,7974	1	0,6498

[1] Groth. Beitrage zur Kenntniss der uber chlosauren und uber mangasauren Salze (*Ann. d. Phys. und Chemie*, 1868).

Quoique très incomplets, puisque la série ne comprend que trois mélanges, ces résultats suffisent cependant pour se faire une idée nette de la loi de variation des éléments du système réticulaire. Celui-ci, comme on le sait, est déterminé par six éléments, les angles que font entre elles trois rangées conjuguées et les paramètres de ces trois rangées ; les tableaux précédents nous montrent qu'aucun de ces éléments ne varie proportionnellement aux quantités des corps mélangés. Bien plus, pour certaines proportions de ces derniers, leurs valeurs ne sont pas comprises entre les valeurs de ces éléments dans les corps simples. Si l'on considère, par exemple, l'angle des deux faces du prisme m, angle que l'on peut considérer comme étant celui de deux rangées conjuguées, on voit qu'en partant du perchlorate de potasse il augmente jusqu'à un maximum, pour diminuer ensuite, redevenir égal à celui du perchlorate et se rapprocher de celui du permanganate. Les paramètres varient de la même façon.

Un autre exemple, mieux connu, qui a été étudié par M. Stibing[1] est celui du sulfate et du chromate de potasse. Les angles et les paramètres varient conformément au tableau suivant :

K^2CrO^4	(011) (010)	(110) (010)	$a : b : c$
0	53°26′	60°12′	0,5727 : 1 : 0.7418
0,50	53°23′	60°12′	0,5727 : 1 : 0.7434
1,19	53°22′	60°13′	0.5723 : 1 : 0,7436
2,24	53°20′	60°14′	0.5719 : 1 : 0,7445
8,26	53°18′	60°15′	0.5715 : 1 : 0,7447
38,47	53°28′	60°16′	0.5712 : 1 : 0,7418
90,59	53°33′	60°18′	0.5704 : 1 : 0,7381
100,00	53°48′	60°20′	0 5696 : 1 : 0,7351

Ce cas nous amène aux mêmes conclusions que le précédent, puisque l'angle (011) (010) passe par un minimum égal à 53°18′, pour 8,26 molécules de K^2CrO^4, tandis que le paramètre vertical c passe par un maximum dans les cristaux renfermant un peu plus de 2,24 molécules.

Un autre exemple à rapprocher de celui indiqué par M. Groth nous est offert par des minéraux du groupe de l'olivine : M. Bauer[2]

[1] *Zeit. f. Kryst.*, vol. XLI.
[2] *N. Jahrb.*, 1887, vol. I.

a fait remarquer en effet que les paramètres du minéral de composition $(Fe, Mg)^2 SiO^4$ n'étaient pas compris entre ceux de la Fayalite $(Fe^2 SiO^4)$ et ceux de la Forstérite $(Mg^2 SiO^4)$.

D'après Arzrun [1], un fait analogue se constaterait dans le mélange de sulfate de chaux et de sulfate de strontiane.

On voit donc que la loi de variation est absolument identique à celle observée par M. Lala [2], dans l'étude de l'élasticité des mélanges gazeux. La compressibilité d'un mélange d'air et d'acide carbonique, tant que la proportion de ce dernier ne dépasse pas 22 p. 100 , reste comprise entre celle des deux gaz ; puis, la proportion d'acide carbonique augmentant, on voit la compressibilité du mélange augmenter, devenir égale à celle de l'acide carbonique, puis, pour une certaine proportion la dépasser, prendre une valeur maximum, puis diminuer pour redevenir égale à celle de l'acide carbonique, quand celui-ci reste seul. Dans le mélange d'air et d'hydrogène, quand la proportion de ce dernier augmente, c'est l'inverse qui a lieu, c'est-à-dire que la compressibilité, d'abord intermédiaire, diminue de façon à devenir égale à celle de l'hydrogène, puis inférieure à cette dernière, passe par un minimum et, augmentant, redevient égale à celle de l'hydrogène.

Nous devons à M. Dufet [3] des mesures de la plus grande précision sur les variations du système réticulaire dans les mélanges isomorphes de sulfate de zinc et de sulfate de magnésie. M. Dufet a principalement mesuré les angles mm et $g^1b^{1,2}$ dans sept mélanges ; les résultats sont réunis dans le tableau suivant où Mg et Zn représentent le sulfate de magnésie et le sulfate de zinc, et les n°s 1, 2, ... 7, les mélanges dans l'ordre où la teneur en sulfate de zinc augmente.

	mm	$g^1b^{1,2}$
Mg	90°35'	116°19'30
1	90°42'30	116°17'
2	90°45'	116°15'30
3	90°49'	116°13'15
4	90°52'	116°13'30
5	90°56'30	116°11'

[1] *Ber. d. deut. Chemie Gesellsch.*, 1872, page 1043.

[2] Lala. *Recherches expérimentales sur l'élasticité des mélanges gazeux.*

[3] Dufet. Sur la variation de forme cristalline dans les mélanges isomorphes. *Bull. de la Société miner.*, t. XII.

	mm	$g^1 b^{1/2}$
6	90°59′	116°11′30
7	91°6	116°7′
Zn	91°12′	116°6′

Comme le montre M. Dufet, en tenant compte des quantités des deux corps entrant dans les mélanges, l'angle mm, que l'on peut considérer comme l'angle de deux rangées conjuguées, croît à peu près proportionnellement à ces quantités. Mais, pour connaître les variations véritables du système réticulaire, il faut savoir comment varient les paramètres de ces rangées. Les paramètres déduits des angles mm, $g^1 b^{1/2}$ sont :

Mg.	1,7328	1	1,7505
1	1,7321	1	1,7535
2	1,7328	1	1,7556
3	1,7338	1	1,7586
4	1,7316	1	1,7580
5	1,7326	1	1,7624
6	1,7302	1	1,7602
7	1,7331	1	1,7667
Zn.	1,7308	1	1,7674

Je ne pense pas que l'on soit en droit de retenir toutes les variations relatives indiquées par ce tableau ; les valeurs extrêmes de l'angle $g^1 b^{1/2}$ ne diffèrent que de 13′30″ ; il n'était pas possible, malgré toute la précision apportée dans les mesures, d'éviter de petites erreurs, ayant une importance relative considérable. On doit donc admettre que les paramètres varient d'une façon continue dans le même sens du premier terme jusqu'au dernier.

De ces quelques résultats expérimentaux, on peut conclure avec certitude que les éléments du système réticulaire varient d'une façon continue avec la composition des cristaux mixtes ; mais il n'en résulte pas moins nettement que ces variations ne sont pas proportionnelles aux variations de la composition. D'ailleurs, il ne faut pas oublier que tous ces éléments ne sont pas indépendants les uns des autres ; que par exemple les paramètres sont fonctions non des angles, mais des lignes trigonométriques de ces angles et que par conséquent la proportionnalité ne saurait se retrouver dans les variations de ces deux sortes d'éléments.

Paramètres topiques. — Les mesures directes nous fournissent des renseignements précis sur les variations des angles des faces dans les cristaux mixtes, mais malheureusement il n'en est pas de même en ce qui concerne les paramètres : nous ne déterminons que leurs rapports au paramètre moyen, qui lui-même varie ; nous ne connaissons donc que les variations d'un rapport, dont les deux termes se modifient. Il y a un intérêt capital pour la solution de la plupart des problèmes, que soulève la cristallographie, à pouvoir mesurer ces paramètres en prenant une même unité. MM. Beccke et Muthmann ont donné une solution du problème, qui ne s'applique malheureusement qu'aux cristaux mixtes d'une même série isomorphe[1].

Considérons une maille du réseau ; soient V sont volume, m le nombre de molécules qu'elle renferme et M le poids moléculaire du corps ; en divisant le produit $m\,M$, c'est-à-dire le poids de la maille par son volume V, nous obtenons la densité moyenne de cette maille, c'est-à-dire la densité qu'elle aurait, si la matière qui constitue les molécules était uniformément répartie dans toute la maille. En considérant 2,3... mailles, on obtiendra la même densité moyenne, qui est par suite la densité moyenne du corps lui-même. Nous arrivons donc à cette conséquence, que la densité du corps est égale à la densité d'une partie de ce corps, pourvu que cette partie se répète périodiquement, et inversement en divisant le poids $m\,M$ d'une partie du corps par la densité de ce corps, nous obtenons le volume de cette partie, dans le cas présent de la maille.

Par conséquent, si l'on connaissait le nombre de molécules contenues dans la maille de chaque corps, on en pourrait déduire son volume, puisque l'on peut déterminer expérimentalement le poids de la molécule et la densité du corps. Tous les poids moléculaires étant déterminés avec la même unité de poids, les volumes de toutes les mailles seraient déterminés avec la même unité de longueur, la longueur correspondante dans le système métrique. Il serait alors, comme on le verra tout à l'heure, possible de calculer les paramètres de tous les corps avec cette même unité de

[1] Beccke. *Anzeig. d. K. Akad. d. Wis. Wien.*, 1893, 36, p. 204.
Zeitsch. f. Kryst. 1864, 22, p. 497.

longueur. Malheureusement on ne connaît pas le nombre de molécules renfermées dans chaque maille, et la solution n'est pas applicable dans le cas général. Mais s'il s'agit de deux corps réellement
isomorphes, le nombre de molécules doit être le même dans les deux mailles, puisque par substitution successive des molécules de l'un aux molécules de l'autre, on passe de l'un des corps à l'autre. Par conséquent, si l'on suppose par exemple, que les mailles de tous les cristaux mixtes ne renferment qu'une molécule, cela revient à diviser les volumes de toutes les mailles par le même nombre, et, comme on va le voir, tous les paramètres par la racine cubique de ce même nombre.

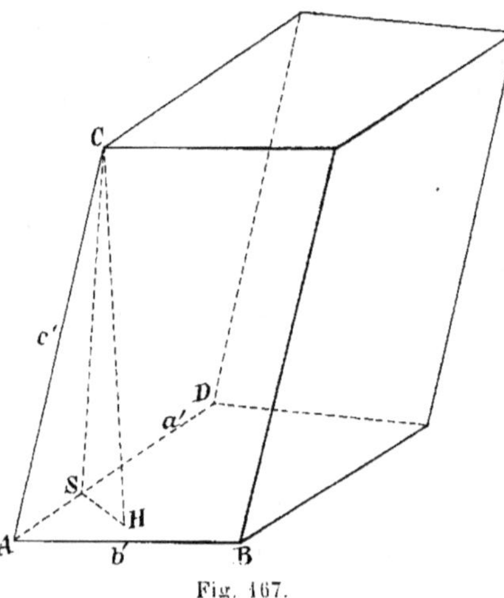

Fig. 167.

Soient (fig. 167) $a' =$ AD, $b' =$ AB et $c' =$ AC, les longueurs
des arêtes de la maille du réseau, évaluées avec l'unité précédente,
c'est-à-dire les paramètres topiques. Si CH est la normale abaissée du
sommet C sur la base, et HS la normale menée dans cette base, sur le
côté AD, et A l'angle de SC avec SH, c'est-à-dire l'angle dièdre des
deux faces de la maille, il est facile de voir que le volume de la
maille pour expression :

$$V = a'b'c' \; \mathrm{Sin} \; \beta \; \mathrm{Sin} \; \alpha \; \mathrm{Sin} \; A.$$

en désignant par α et β les angles plans des arêtes AD et AB, AD
et AC, que le calcul permet de déduire des angles dièdres mesurés
de la maille, c'est-à-dire de la forme primitive.

Soient maintenant $a : 1 : c$ les paramètres ordinaires, on a,
$a' : b' = a$ et $c' : b' = c$ et par suite :

$$b' = (V : ac \; \mathrm{Sin} \; \alpha \; \mathrm{Sin} \; \beta \; \mathrm{Sin} \; A)^{1/3}$$
$$a' = (Va^2 : c \; \mathrm{Sin} \; \alpha \; \mathrm{Sin} \; \beta \; \mathrm{Sin} \; A)^{1/3}$$
$$c' = (Vc^2 : a \; \mathrm{Sin} \; \alpha \; \mathrm{Sin} \; \beta \; \mathrm{Sin} \; A)^{1/3}$$

formule que l'on pourra facilement simplifier suivant la symétrie de la maille. En particulier si la maille est cubique, on aura : $a' = b' = c' = V^{1/3}$. On voit par ces formules que les paramètres topiques sont proportionnels à la racine cubique du nombre m de molécules entrant dans la constitution de la particule cristalline, puisque l'on a $V = mM : d$, et que par conséquent on peut supposer ce nombre égal à l'unité.

Si maintenant on considère une série de cristaux mixtes résultant du mélange de deux corps isomorphes de poids moléculaires égaux à M et M', le poids moléculaire de ces cristaux sera donné par la formule :

$$(xM + yM') : (x + y)$$

x et y étant les nombres de molécules de chacun des corps entrant dans le mélange.

Comme exemple, reprenons les mélanges de sulfate et de chromate de potasse, étudiés par M. Stibing.

En considérant les cristaux comme orthorhombiques, les formules précédentes deviennent :

$$a' = \sqrt[3]{\frac{2\,a^2M}{c \cdot d \cdot}}$$

$$b' = \frac{1}{2}\sqrt{1 + a^2}\,\sqrt[3]{\frac{2M}{acd}}$$

$$c' = \sqrt[3]{\frac{2\,c^2M}{a \cdot d \cdot}}$$

K^2CrO^4	M	d	a'	b'	c'
0	174	2,658	3,857	3,880	4,996
0,50	174,3	2,666	3,864	3,887	5,015
1,19	174,4	2,667	3,862	3,887	5,018
2,44	174,7	2,668	3,860	3,888	5,025
8,26	175,9	2,673	3,865	3,895	5,034
38,47	181,9	2,696	3,900	3,932	5,065
90,59	192,5	2,735	3,959	3,995	5,122
100,00	194,0	2,741	3,970	4,011	5,124

On voit donc que les paramètres topiques comme les paramètres ordinaires varient d'une façon continue, mais non proportionnellement à la composition chimique.

De la symétrie. — On a toujours admis jusqu'ici qu'il existait une barrière infranchissable entre les cristaux appartenant à des systèmes cristallins différents, et que par conséquent des cristaux n'ayant pas la même symétrie ne pouvaient être isomorphes, même si les angles ont des valeurs très voisines. Cette opinion se comprenait parfaitement quand on admettait que la particule cristalline se composait d'une seule molécule dont la symétrie ne pouvait évidemment se modifier d'une façon graduelle. Mais aujourd'hui que l'on admet que la particule cristalline doit sa symétrie à la disposition des molécules qui la composent, rien ne peut inciter à croire que cette symétrie ne puisse se modifier graduellement. Il serait d'ailleurs bien étonnant que la symétrie soit la seule propriété des mélanges isomorphes, qui ne soit pas susceptible de varier d'une façon continue ; il suffit pour que la chose soit possible, que les particules cristallines des deux corps contiennent le même nombre de molécules, ayant le même mode de répartition, de façon que, par de simples variations d'angles, on puisse passer de la répartition dans l'une des particules à la répartition dans l'autre ; si par exemple, un plan de symétrie de la particule de l'un des corps est remplacé par un plan diamétral dans la particule de l'autre corps, on conçoit que à mesure que les molécules du premier se substituent à celles de ce dernier, la direction conjuguée se rapproche de plus en plus de la perpendiculaire et le plan diamétral d'un plan de symétrie.

Comme on le voit, théoriquement, rien ne s'oppose à ce que deux corps de systèmes cristallins différents soient isomorphes, et c'est à l'expérience à trancher la question.

En général deux corps de symétrie différente, s'ils sont susceptibles de se mélanger pour cristalliser, donnent naissance à deux séries de cristaux appartenant très nettement à l'un ou à l'autre des systèmes cristallins, sans qu'il y ait convergence des deux séries ; autrement dit, ils sont isodimorphes. Dans d'autres cas, les cristaux mixtes sont de petites dimensions, leurs faces sont courbes, ce qui incitait les auteurs à ne pas les étudier et à laisser ainsi échapper l'occasion de constater un fait non seulement intéressant, mais réellement important.

Au point de vue des formes cristallines le seul cas étudié est celui du tartrate de thallium, $2C^4H^4O^6Tl^2$, H^2O et du tartrate de

potassium, examinés par M. J. Herbette[1]. Le premier est orthorhombique et a pour paramètres : 3,1056 : 1 : 3,9407 et le second
monoclinique, ses paramètres étant égaux à : 3,0869 : 1 : 3,970
avec $\beta = 89°\,10'$. L'auteur a étudié 17 mélanges cristallisés provenant tous d'une dissolution renfermant une quantité de tartrate
de thallium un peu supérieure à celle des cristaux mixtes. Les
résultats obtenus sont résumés dans le tableau suivant, ne men-
tionnant que quelques mélanges :

	Teneur en Tl	a	b	β
Tartrate pur de Tl		3,1056	3,9407	90°0'
	71,2	3,161	3,980	89°34'
	67,5	3,176	4,065	88°56'
	54	3,100	4,000	88°36'
	42,5	3,077	3,990	88°44'
	15,5	3,084	3,990	88°59'
Tartrate de K		3,0869	3,970	89°10'

On voit donc qu'il y a passage graduel entre les cristaux du premier système et ceux du second, puisque l'angle β passe peu à peu
de la valeur de 90° à celle de 89° 10'; mais ce qui est particulièrement
intéressant c'est que l'angle β ne diminue pas d'une façon continue,
mais passe par un minimum pour croître à nouveau et atteindre
finalement la valeur de 89° 10'.

Mais si l'on fait appel aux caractères optiques, qui se prêtent à
des observations plus faciles, on peut citer d'autres exemples de
passage d'une symétrie à une autre dans une série de cristaux
mixtes.

L'azotate de potassium, comme on l'a vu précédemment, est
rhomboédrique du type calcite à haute température, et d'autre
part le chlorate de potassium, quoique monoclinique, se présente
en cristaux, ayant toutes les apparences de rhomboèdres et n'en
diffèrent que par ce fait que les angles de la face p avec les faces m
sont égaux à 105°36', tandis que l'angle que les faces m font entre
elles est égale à 104° 22'. Le plan des axes optiques est perpendiculaire sur le plan de symétrie, et l'angle des axes, qui d'ailleurs
n'est que de 28 dans l'air, a pour bissectrice aiguë la diagonale de

<hr>

[1] Thèse de doctorat.

la maille qui aboutit au sommet, c'est-à-dire la diagonale qui serait l'axe ternaire, si le parallélépipède était un rhomboèdre. Comme on le voit les deux corps, quoique appartenant à des systèmes cristallins très différents, ont des formes primitives très voisines, et aussi, en faisant fondre par élévation de température, on peut les faire cristalliser en toutes proportions, et, comme il est facile de s'en rendre compte pour les personnes qui sont familiarisées avec l'emploi des méthodes optiques, il y a passage graduel entre les cristaux uniaxes d'azotate pur et les cristaux biaxes de chlorate pur.

En second lieu, les cristaux mixtes d'azotate de potassium et d'ammonium, obtenus par fusion ignée, sont uniaxes, quand le premier azotate est seul, et ils deviennent biaxes, l'angle des axes augmentant progressivement avec la proportion du second.

Un autre exemple plus net, si possible, est celui que nous présentent les cristaux mixtes d'azotate d'ammonium et de thallium. Si la proportion du premier sel est de 60 p. 100 en poids, on obtient à la température ordinaire des cristaux biaxes, quasi-quadratiques, qui se maclent avec la plus grande facilité suivant des plans qui auraient pour notation b^1, si les cristaux étaient quadratiques. Or si la quantité d'azotate d'ammonium augmente, ou si la température s'élève jusque 35°, les cristaux biaxes deviennent uniaxes, quadratiques. Le phénomène de la transformation peut s'observer de deux façons : en lumière parallèle, on voit les différences d'éclairement entre les cristaux maclés s'effaçait peu à peu sur les sections perpendiculaires à la bissectrice aiguë et la section s'éteindre complètement. Dans les mêmes conditions, si l'on observe la section en lumière convergente, on voit les axes optiques se rapprocher progressivement, se confondre et rester confondus lorsque les causes, qui ont déterminé le rapprochement s'accentuent, quand la température continue à s'élever, quand la proportion d'azotate d'ammonium augmente.

Il nous faut maintenant examiner le cas dans lequel les cristaux mixtes ont une symétrie différente de celle de l'un et de l'autre corps mélangés. A propos du polymorphisme des cristaux mixtes, des azotates alcalins, on verra de nombreux exemples de ce cas ; nous ne parlerons, pour le moment, que des corps présentant quelques particularités intéressantes.

On sait que le chlorate de soude et le bromate de soude cristallisent dans le système terquaternaire et possèdent comme éléments de symétrie $3A^2$, $4L^3$; tous deux jouissent de la propriété de faire tourner le plan de polarisation.

M. R. Brauns[1] a étudié les cristaux provenant d'une dissolution contenant 20 grammes de bromate pour 100 grammes de chlorate et résume ses observations de la façon suivante. « Les cristaux réguliers, mélanges de chlorate et de bromate de soude, sont optiquement biaxes. Par chaque face cubique d'un cristal, formé de couches concentriques, sortent, normalement à la face, quatre axes optiques. L'angle interne des axes optiques est de 90°. Une bissectrice de l'angle des axes optiques est toujours perpendiculaire à la face du rhombododécaèdre, sur laquelle les deux axes optiques sont symétriquement et également inclinés, et les deux bissectrices d'un angle d'axes optiques se trouvent dans la face du cube, qui est perpendiculaire aux deux autres par lesquelles sortent les axes optiques. Il en résulte que, dans une face du cube, deux axes d'élasticité coïncident avec les diagonales de cette face, de telle sorte que, dans trois faces n'appartenant pas à la même zone, trois axes d'élasticité de même nom aboutissent au même sommet. La lumière, qui, dans les cristaux de chacune des substances, est polarisée circulairement, est polarisée elliptiquement dans les cristaux biréfrigents et biaxes du mélange. Ces derniers cristaux nous offrent le premier exemple de polarisation elliptique dans des cristaux accrus librement, qui acquiert cette propriété pendant leur croissance et non postérieurement par l'action de force extérieures, comme le quartz, par action mécanique. »

La singularité des propriétés décrites par M. Brauns justifiait de nouvelles recherches, et il a été facile de se convaincre, comme cela d'ailleurs résultait des figures de M. Brauns, qu'en réalité ces cubes sont formés de six cristaux maclés[2]. Ces cristaux ont la forme de pyramides, dont les sommets coïncident approximativement avec le centre du cube et dont les bases sont les faces du cube. Chacune de ces pyramides est un cristal biaxe dont les

---

[1] R. Brauns. Ueber Polymorphie und die optischen Anomalien von chlor- und bromsauren Natron (*Neues Jahrbuch., f. Mineral., Geol. u. Paleont.*, 1898).

[2] Wallerant : *Bul. Soc. Min. de France*, 1898.

axes d'élasticité coïncident avec la normale à la face du cube et avec les diagonales de cette face. Mais les axes optiques, contrairement à ce que dit M. Brauns, ne sont pas normaux aux deux autres faces adjacentes du cube : ils font entre eux un angle de 82°, qui d'ailleurs diminue quand augmente la proportion de bromate de soude.

Pour déterminer la symétrie de ces cristaux, une seule méthode est applicable, celle des figures de corrosion, qui permet d'établir que chaque cristal ne possède qu'un axe binaire coïncidant avec un axe quaternaire du réseau. Six cristaux sont donc associés, pour constituer un groupement parfait, ayant pour éléments de symétrie $3A^2$, $4L^3$. De cette étude résulte que, si le chlorate et le bromate possèdent, comme éléments de symétrie, $3A^2$, $4L^3$, le mélange ne possède que A^2.

On peut citer comme second exemple celui du nitrate de plomb et du nitrate de baryte, qui, pris isolément, présentent comme éléments de symétrie, suivant les conditions de cristallisation, soit $3A^2$, $4L^3$, soit $3A^2$, $4L^3$, $6P$. Quand on les fait cristalliser ensemble, ils donnent naissance à des octaèdres biréfringents, se décomposant en huit pyramides ayant pour sommet le centre de l'octaèdre et pour base les faces de cet octaèdre. Au point de vue optique, chacune de ces pyramides est un cristal uniaxe dont l'axe optique coïncide avec l'axe ternaire du cube perpendiculaire à sa base. L'étude au moyen des figures de corrosion montre que deux pyramides opposées par le sommet appartiennent au même cristal ayant pour éléments de symétrie L^3, $3L^2$, C, $3P$. Ces cristaux s'unissent pour former une macle ayant pour éléments $3A^4$, $4L^3$, $6L^2$, C, $6P$, 3Π, et comprennent par suite un nombre de cristaux égal à $\frac{48}{12} = 4$, chacun d'eux étant subdivisé par les éléments déficients ; comme toujours, la face dominante est perpendiculaire à l'élément de symétrie le plus élevé, c'est-à-dire à l'axe ternaire. Ainsi donc le mélange présente encore ici une symétrie différente de celle observée dans les corps mélangés.

Un autre exemple non moins intéressant est celui des mélanges de chlorure d'ammonium et de perchlorure de fer, étudié par Lehmann[1].

---

[1] *Molekularphysik*, vol. I, p. 429.

Si à une dissolution de chlorure d'ammonium on ajoute une trace de perchlorure de fer, la tendance à la production de formes octaédriques disparaît et il se produit des cubes à arêtes vives, mais si en outre la quantité de perchlorure est suffisante pour colorer le liquide en jaune, les cubes se colorent eux-mêmes en prenant une teinte plus foncée que le liquide, s'accentuant à mesure que le perchlorure augmente et pouvant aller jusqu'au jaune-rouge foncé. Mais l'examen en lumière polarisée permet de constater deux faits importants. Tout d'abord le cube se décompose en six cristaux quadratiques, ayant pour base une face du cube et leur sommet au centre ; la biréfringence est d'autant plus marquée que la quantité de perchlorure est plus grande. En outre, ces cristaux sont polychroïques : quand l'un des côtés du cube est parallèle à la vibration incidente, des quatre secteurs déterminés dans la face du cube par les diagonales, deux opposés sont rouge-jaune et les deux autres jaune pâle ; les quatre secteurs ont la même teinte quand la vibration est parallèle à l'une des diagonales.

Quand la quantité de perchlorure est suffisamment élevée, à côté des mélanges isomorphes se produisent des cristaux d'un sel double résultant de la combinaison des deux corps. Ce sel double $2NH^4Cl, FeCl^3H^2O$ est également coloré en jaune-rouge, et comme il est dichroïque, Lehmann se demande si les cubes dichroïques ne résultent pas du mélange de ce sel double et du sel ammoniaque. De toutes façons, on voit ici se former des mélanges isomorphes de deux sels n'appartenant pas au même système cristallin : le perchlorure de fer, en effet, est rhomboédrique, l'axe ternaire étant égal à 1,235, c'est-à-dire très voisin de 1,224, paramètre d'un cristal cubique.

D'autre part, le sel double est orthorhombique quasi-cubique, car ses paramètres sont égaux à 0,6847 : 1 : 0,7022, très voisins de 0,7011 : 1 : 0,7011, paramètres d'un cristal cubique rapporté à un axe quaternaire comme axe moyen et à deux axes binaires perpendiculaires. Cette assimilation est parfaitement confirmée par les macles observées dans ce sel par M. Johnsen[1].

[1] *N. Jahrb. f. Min.*, 1903, vol. 2.

On voit donc deux corps de symétrie différente se mélanger pour donner naissance à un autre corps ayant sa symétrie propre ; en outre, la symétrie de la particule cristalline, de cubique qu'elle était dans le sel ammoniaque, devient graduellement quadratique, la dissymétrie s'accentuant de plus en plus ; ce qui ne permet pas de considérer ces corps, pas plus que les précédents, comme isodimorphes.

On obtient d'ailleurs des résultats analogues avec les chlorures de cobalt, de nickel, de manganèse, etc.

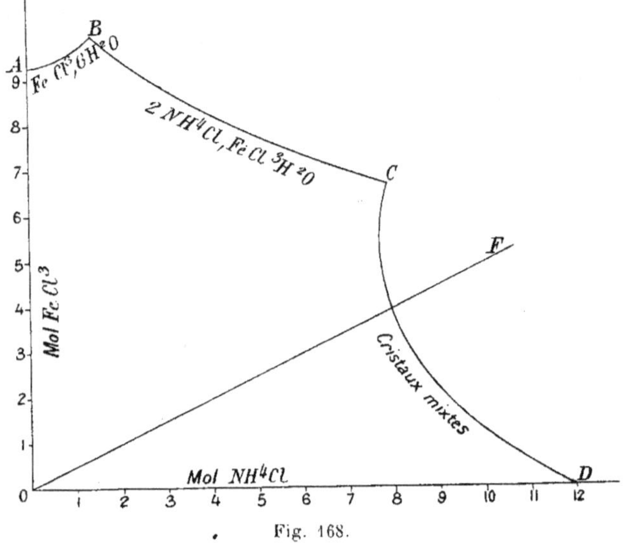

Fig. 168.

Mais les cristaux mixtes de chlorure d'ammonium et de chlorure de fer sont encore intéressants à un autre point de vue, comme le montre un travail de Roozeboom [1]. Si nous considérons une solution composée de 100 molécules d'eau, et d'un certain nombre x de molécules de chlorure d'ammonium, il faudra pour la saturée un nombre y de molécules de chlorure de fer, et ce nombre y variera avec x. Or, Roozeboom a constaté que suivant la valeur du rapport de x à y, la solution saturée donnait naissance à des cristaux de chlorure de fer $FeCl^3$, $6H^2O$, à des cristaux

<hr>

[1] *Zeitsch. f. phys. Chemie*, vol. X.

du sel double $2NH^4Cl, FeCl^3H^2O$, ou enfin à des cristaux mixtes. Les résultats sont ordonnés dans la figure 168, dans laquelle la courbe AB correspond aux cristaux de chlorure de fer, la courbe BC au sel double et enfin la courbe CD aux cristaux mixtes. Enfin la droite OF représente la proportion des deux chlorures entrant dans la composition du sel double, et l'on voit qu'elle ne coupe pas la courbe BC ; ce qui indique qu'une solution contenant les deux sels dans les proportions, qui président à leur combinaison dans le sel double, ne donne pas naissance à ce sel double, et que, d'autre part, le sel double se décompose quand on le dissout dans l'eau.

§ II. — Propriétés optiques des cristaux mixtes isomorphes

Ces propriétés ont été étudiées avec plus de développement et plus de soin que les propriétés précédentes. Les auteurs se sont placés à trois points de vue différents. Dans certaines séries de cristaux, on a déterminé les variations de l'angle d'extinction dans une face déterminée, cet angle étant compté à partir d'une certaine arête. Dans d'autres cas, on a mesuré les variations des indices de réfraction, et en troisième lieu, on a étudié les variations de l'angle des axes optiques.

Dans le premier cas, il ne faut pas oublier que les résultats sont complexes, que les systèmes réticulaires variant eux-mêmes, ainsi que l'arête servant de ligne de repère, on obtient une résultante des variations des propriétés optiques et des géométriques.

Max Schuster a étudié les variations de l'angle d'extinction dans la face g^1 des feldspaths, cet angle étant compté à partir de l'arête pg^1, positivement dans l'angle aigu de pg^1 avec h^1g^1 et négativement dans l'angle obtus, ainsi que l'angle d'extinction sur la face p, compté à partir de l'arête pg^1. Pour comprendre le tableau suivant renfermant ces résultats, il faut se rappeler que Tschermak a montré qu'en posant $Ab = Na^2Al^2Si^6O^{16}$ et $An = Ca^2Al^4Si^4O^{16}$, la composition de tous les feldspaths pouvant être représentée par la formule $mAb + nAn$, m et n étant deux nombres, tels que leur somme soit constante, de façon qu'il suffit de déterminer ces nombres pour que la nature du feldspath soit définie.

Composition.	Angle sur p.	Angle sur g^1.
Ab	$3°40'$ à $3°54'$	$17°35'$ à $17°54'$
$Ab_6\,An_1$	$2°3'$ à $2°37'$	$11°13'$ à $11°36'$
$Ab_4\,An_1$	$2°5'$	$7°$ à $9°6'$
$Ab_3\,An_1$	$1°10'$	$3°54'$
$Ab_3\,An_2$	$-\ 2°19'$	$-\ 3°36'$ à $-\ 8°$
$Ab_1\,An_1$	$-\ 5°12'$ à $-\ 5°24'$	$-\ 17°28'$ à $-\ 21°23'$
$Ab_3\,An_6$	$-\ 6°42'$ à $-\ 6°54'$	$-\ 20°3'$
$Ab_1\,An_3$	$-\ 14°30'$ à $-\ 20°$	$-\ 28°$
An	$-\ 36°$ à $-\ 42°$	$-\ 37°$ à $-\ 43°$

En portant sur deux axes de coordonnés, d'une part, le tant pour cent d'anorthite et, d'autre part, l'un des angles d'extinction précédents, Max Schuster obtint deux courbes mettant nettement en évidence ce point important, que l'angle variait d'une façon continue avec la composition.

En ce qui concerne la mesure des indices de réfraction des mélanges de corps isomorphes, on doit les résultats les plus précis à M. Dufet, qui s'est principalement occupé des mélanges des sulfates à sept molécules d'eau de magnésium, de nickel et de zinc, dont les formes cristallines sont très voisines, et dont les ellipsoïdes d'élasticité optique sont orientés de la même façon. De ses résultats, M. Dufet a tiré la conclusion que l'indice d'un mélange était proportionnel aux nombres de molécules des deux corps entrant dans la composition de ce mélange, autrement dit que l'indice était donné par la formule :

$$N = (np + n'p') : (p + p')$$

n et n' étant les indices des deux corps, p et p' les nombres de molécules. Le tableau suivant montre les différences entre les valeurs obtenues par l'observation et celles déduites de la formule précédente.

TENEUR EN P. 100		VALEURS DE n_m POUR D	
Sel de Mg.	Sel de Ni.	observé.	calculé.
100	0	1,4554	»
71,65	28,35	1,4645	1,4641
59,3	40,7	1,4675	1,4681
46,1	53,9	1,4720	1,4725
28,05	71,95	1,4790	1,4788
20,9	79,1	1,4830	1,4815
0	100	1,4893	»

Comme on le voit, les différences entre les valeurs mesurées et les valeurs calculées sont de l'ordre des erreurs d'observation.

Sous la direction de M. Dufet, M. Lavenir a étudié les mélanges des sels de seignette potassique et ammoniacal. Il a déterminé les trois indices pour la raie D et obtenu les valeurs suivantes qui concordent très suffisamment avec celles que permet de calculer la formule de M. Dufet [1].

TENEUR en p. 100 du sel potassique.	n_g	n_m	n_p
1	1,4954	1,4919	1,4900
0.772	1,4961	1,4937	1,4912
0.530	1,4969	1,4957	1,4926
0.472	1,4970	1,4961	1,4928
0.399	1,4974	1,4967	1,4933
0.206	1,4981	1,4978	1,4942
0.000	1,4996	1,4984	1,4953

On pourrait encore citer les recherches de M. Fock [2] sur les aluns de thallium et de potassium, les hyposulfates de plomb et de strontium, le sulfate et le chromate de magnésie, mais les conclusions à tirer de ces recherches ne différeraient pas de celles que fournissent les études précédentes, conclusions qui seront développées plus loin.

C'est à de Sénarmont que l'on doit les premières recherches sur les variations de l'angle des axes optiques dans les mélanges isomorphes, et ses études ont porté sur un cas particulièrement intéressant, celui des sels de seignette potassique et ammoniacal. Dans ce dernier, les axes optiques sont dans le plan h^1, la bissectrice de l'angle aiguë est l'axe vertical, $2Vr = 62°$ et $2Vv = 46°$; dans le premier, au contraire, les axes optiques sont dans le plan g^1, la bissectrice coïncidant avec l'axe horizontal, $2Vr = 71°$ et $2Vv = 56°$. Si à ce dernier on ajoute du sel ammoniacal progressivement, on voit les axes rouges se rapprocher de l'axe vertical et cela beaucoup plus vite que les axes violets, de sorte que pour

[1] *Bul. de la Soc. de Min.*, vol. XVII. 1894.
[2] *Zeitschr. f. Krystal.*, vol. IV.

une proportion déterminée des deux sels, le mélange est uniaxe pour le rouge, l'axe optique coïncidant avec l'axe vertical du cristal. Puis la proportion du sel ammoniacal augmentant, les axes rouges s'écartent dans le plan h^1, tandis que les axes violets se trouvent encore dans le plan g^1. La proportion de sel ammoniacal augmentant toujours, les choses se rapprochent de plus en plus de ce qu'elles sont dans ce dernier sel [1].

On doit à M. Dufet une constatation très intéressante. Nous avons vu que dans les sulfates à 7 molécules d'eau, les indices peuvent se calculer avec une très grande approximation au moyen de la formule donnée plus haut. Au moyen de ces indices, M. Duffet a calculé l'angle des axes optiques dans des mélanges dont il a mesuré l'angle des axes directement. Les résultats sont résumés dans le tableau suivant, qui montre une concordance des plus frappantes.

ÉQUIVALENTS de MgO. SO³, 7H²O	ANGLE EXTÉRIEUR DES AXES OPTIQUES	
	mesuré.	calculé.
100	78,18	»
80,8	76,55	76,58
75,5	76,36	76,37
42,75	74,15	74,16
40,95	74,9	74,8
29,8	73,16	73,17
0	70,57	»

D'autres mélanges ont été étudiés par MM. Mallard et Wyrouboff[2], tels les mélanges de sulfate de potasse et d'ammoniaque d'une part, de sulfate de potasse et de chromate de potasse de l'autre.

D'après M. Wyrouboff[3], les mesures demanderaient à être refaites, mais ses observations n'en révèlent pas moins pour les propriétés optiques de ces mélanges des particularités trop intéressantes pour être passées sous silence. Dans le sulfate de potasse, les axes optiques se trouvent dans le plan h^1, la bissectrice de

[1] Ann. Chimie et Physique, vol. XXXIII.
[2] Bull de la Soc. Minér., vol. III.
[3] Id., vol. III.

l'angle aigu étant perpendiculaire sur la face p, tandis que dans le sulfate d'ammoniaque, les axes optiques sont dans le plan g^1, la bissectrice étant perpendiculaire sur h^1. Si partant du sulfate de potasse, on considère des mélanges de plus en plus riches en sulfate d'ammoniaque, on voit les axes, situés dans h^1, se rapprocher de plus en plus de la normale à g^1 et se confondre, en ce qui concerne les rayons rouges, avec cette droite pour une proportion de 23 molécules de sulfate d'ammoniaque. Puis les axes se séparent dans le plan p, l'angle grandit et pour une proportion voisine de 66 molécules de sulfate d'ammoniaque, les axes se confondent avec le normale à h^1. On n'a pas pu suivre les modifications au delà, car les cristaux sont trop petits et trop mal venus pour être étudiés.

Un autre exemple à signaler est celui du picrate de manganèse et du picrate de fer, qui présentent la plus grande similitude au au point de vue géométrique. Dans le premier le plan des axes optiques coïncide avec le plan g^1 pour la lumière du lithium et le plan g^1 pour les lumières du sodium et du thallium ; dans le second, les axes pour le sodium sont encore dans le plan h^1 et ceux seulement du thallium passent dans le plan g^1.

Les variations de l'angle des axes optiques dans les mélanges de ces deux sels ont été étudiées par M. Hiortdal[1], qui a obtenu les résultats résumés dans le tableau suivant, où l'on a ajouté les angles calculés par la formule de M. Dufet.

TANT P. 100 de sel de fer.	$2E_{Li}$		$2E_{Tl}$	
	observé.	calculé.	observé.	calculé.
100	50°16′	»	46°54′	»
72,94	47°47′	47°58′	49°37′	49°41′
57,86	46°58′	46°44′	50°50′	51°15′
36,38	44°50′	44°36′	53°43′	53°35′
31,24	44°37′	44°30′	54°3′	54°5′
0	41°53′	»	57°13′	»

Enfin dans le même ordre de travaux, il faut citer les recher-

[1] Christiana Vidensk. Selsk. Forhandl, 1882.

ches de M. Bodlaender[1] sur la polarisation rotatoire des mélanges des hyposulfates de plomb et de strontium, qui tous les deux jouissent de la propriété de faire tourner le plan de vibration. En outre, M. Bodlaender a essayé de coordonner ses résultats au moyen d'une formule analogue à celle de M. Dufet, en posant :

$$R = (mr + m'r') : (m + m')$$

r et r' représentant les pouvoirs rotatoires respectifs des deux sulfates et R celui du mélange, m et m' étant le nombre de molécules des corps entrant dans le mélange. Les résultats donnés par l'observation ont été d'ailleurs légèrement troublés par ce fait que des cristaux de rotation inverse se maclent fréquemment.

MOLÉCULES d'hyposulfate de plomb.	POUVOIR ROTATOIRE POUR D		MOLÉCULES d'hyposulfate de plomb.	POUVOIR ROTATOIRE POUR D	
	mesuré.	calculé.		mesuré.	calculé.
100	6,338	»	39,361	3,857	3,602
91,79	5,811	5,968	29,330	3,270	3,149
69,247	4,576	4,950	23,725	3,040	2,896
66,381	4,388	4,821	22,142	2,950	2,825
60,603	4,175	4,560	14,482	2,559	2,439
57,844	4,340	4,436	11,781	2,237	2,358
50,159	4,103	4,089	0	1,826	»

Calcul des constantes optiques des mélanges isomorphes. — De ce qui précède, il résulte que les constantes optiques varient d'une façon continue avec la teneur du mélange en chacun des éléments mélangés. Bien plus, on a vu que, d'après M. Dufet, les indices dans les cas étudiés variaient proportionnellement aux quantités dans le mélange, mais, en admettant que cette loi vérifiée sur un petit nombre de cas fût exacte, elle ne pourrait s'appliquer aux autres constantes qui sont des fonctions complexes de ces indices; aussi plusieurs auteurs ont-ils cherché à établir directement les relations reliant ces constantes. C'est Mallard[2] qui le premier a donné une solution de la question, en considérant les mélanges comme constitués par la simple juxtaposition

[1] *Zeitschr. f. Kryst.*, vol. IX.
[2] *Traité de cristallographie*, vol. II, p. 266.

des deux édifices cristallins, et l'action du mélange sur la vibration moléculaire, comme la résultante des actions de ces deux édifices considérés séparément.

Autrement dit, Mallard applique aux mélanges les formules établies par lui pour les paquets de lames minces. D'après ses calculs, le rayon vecteur de l'ellipsoïde optique du paquet s'obtient en prenant la somme des rayons vecteurs des ellipsoïdes de chaque lame dans la même direction, chaque rayon vecteur étant multiplié par le rapport $e : E$, e étant l'épaisseur de la lame considérée et E l'épaisseur du paquet. Si donc le mélange contient m molécules de l'un des corps et m' de l'autre, le rayon de l'ellipsoïde résultant sera :

$$r = (m\rho + m'\rho') : (m + m')$$

qui est identique à la formule de M. Dufet, mais qui ne saurait être exacte, puisque la surface, dont le rayon vecteur est ainsi défini n'est pas un ellipsoïde. Il est facile de démontrer que cette surface, étant donnée la faible biréfringence des cristaux, ne diffère que peu d'un ellipsoïde; par conséquent, on ne saurait s'étonner de la concordance entre les résultats calculés et les résultats de l'expérience.

M. Pockels[1] et M. Wallerant[2] ont traité le problème dans toute sa généralité, en partant de l'égalité précédente démontrée expérimentalement par M. Dufet et théoriquement par Mallard. Leurs travaux ne diffèrent au fond que par la façon de conduire le calcul, pour passer de la formule précédente qui ne peut être qu'approchée à la formule exacte, qui est celle d'un ellipsoïde.

M. Wallerant a fait l'application de ses formules aux calculs de l'angle des axes optiques des feldspaths, et montré que si la courbe représentant les variations constatées expérimentalement avait la même allure que la courbe calculée, elles ne coïncidaient cependant pas, et qu'en particulier s'il existe trois feldspaths dont l'angle est de 90 degrés, le calcul n'en indique qu'un seul.

En résumé, il semble bien résulter que si les formules peuvent représenter les constantes optiques, quand les deux termes

[1] *N. Jahrb. f. Min. BB.*, vol. VIII.
[2] *Bull. de la Soc. de Min.*, vol. XIX.

extrêmes sont suffisamment rapprochés, elles cessent de pouvoir représenter les variations de ces constantes, dès que ces variations sont un peu importantes. Autrement dit, la formule de Mallard-Dufet, qui sert de point de départ à ces calculs peut être considérée comme obtenue par un développement en série, en s'en tenant au terme du premier degré, et l'expérience nous enseigne que dans certains cas il faudrait pousser au moins jusqu'aux termes du second.

Coloration des cristaux mixtes isomorphes. — En général, lorsque deux corps, dont l'un au moins est coloré, se mélangent, la coloration des cristaux est intermédiaire à celle des corps mélangés ; la coloration varie suivant la proportion des deux corps, et à mesure que la quantité de l'un augmente la coloration des cristaux se rapproche de plus en plus de celle du corps prépondérant. Nombreux sont les exemples que l'on pourrait citer à l'appui de cette règle. Si par exemple on fait cristalliser simultanément du sulfate potassique et du chromate potassique en proportion variable, on obtient des cristaux jaunes dont la nuance varie depuis le jaune foncé, couleur du chromate, jusqu'à l'absence complète de coloration, comme pour les cristaux purs de sulfate. Avec l'alun de chrome violet et l'alun potassique incolore on obtient en augmentant la proportion d'alun de chrome, des cristaux violets de plus en plus foncés.

Si enfin on mélange une goutte de chlorate de potasse et une goutte de manganate de la même base, à côté des cristaux incolores du premier sel et de cristaux rouge foncé du second, il se produit d'autres cristaux ayant une coloration intermédiaire.

Dans tous ces cas, il y a donc variation continue de la coloration ; mais le phénomène n'est pas toujours aussi simple : c'est ainsi que dans le mélange de chlorhydrate d'ammoniaque et du perchlorure de fer, les cristaux sont bien jaune rougeâtre, mais en outre ils sont polychroïques, dans cette même teinte.

§ III. — Densités des cristaux mixtes isomorphes

Les variations, que la densité d'un mélange éprouve quand sa composition se modifie, ont fait l'objet d'un travail de la première importance, de la part de M. Retgers[1]. Cet auteur, pour éviter les cristaux hétérogènes, n'a utilisé que de très petits cristaux, dont il a déterminé la densité au moyen de l'iodure de méthylène, mélangé à du xylol, et les résultats qu'il a obtenus sont, dit-il, en contradiction avec les idées généralement admises. « On s'imagine à l'ordinaire, que si l'on exprime la composition en centièmes de molécules, le poids spécifique variera proportionnellement à ces nombres ; cependant il n'en est rien, ni encore quand on exprime la composition en centièmes de poids. La proportionnalité ne se montre que quand on se sert de centièmes de volumes ; dans ce cas, la construction graphique, où les poids spécifiques apparaissent comme ordonnées et les centièmes en volumes d'un des sels comme abscisses, nous fournira une ligne droite, comme cela ressort de la formule suivante :

$$S = (s - s')\, v\, :\, 100 + s',$$

déduite des formules

$$S = \frac{vs + v's'}{v + v'}$$

et

$$v + v' = 100,$$

dans lesquelles les lettres s et s' signifient les poids spécifiques des deux sels et S le poids spécifique demandé du cristal mixte, tandis que v indique le nombre de centièmes de volume de l'une des parties constituantes.

« Si l'on exprime la composition en centièmes de poids p, en partant de la formule précédente, on parvient à l'expression :

$$(s - s')\, Sp + 100\, s'S - 100\, ss' = 0.$$

qui présente une courbe du second degré et plus spécialement une hyperbole, puisque l'on a : $p + p' = 100$ et $vs = p$, avec $v's' = p'$

En se servant des centièmes en molécules m, on a, si M et M' indiquent les poids moléculaires des deux sels simples :

$$S = \left[mM' + (100 - m)\, M \right]\, :\, \left[mM' : s' + (100 - m)\, M : s \right]$$

expression qui représente encore une hyperbole. Celle-ci deviendrait

<hr>

[1] *Ann. de l'Ecole Polyt. de Delft*, vol. V. 1889.

une ligne droite dans le cas spécial où les volumes molécuculaires $M : s$ et $M' : s'$ des deux sels simples seraient absolument égaux ; probablement ce cas ne se présentera jamais rigoureusement dans les corps isomorphes, et celui où la différence sera assez petite pour pouvoir être négligée, ne se présentera que rarement. »

« Au lieu d'introduire dans la formule les poids spécifiques, on peut encore se servir de son inverse, le volume spécifique $V = 1 : S$. Si nous examinons comment ce volume dépend de la composition chimique des cristaux mixtes, nous arrivons au résultat que si celle-ci est exprimée en centièmes de poids, il y a une proportionnalité, représentée par la formule :

$$V = (v - v')\, p : 100 + v',$$

dans laquelle V, v et v' indiquent les volumes spécifiques du mélange isomorphe et de ses deux parties constituantes. »

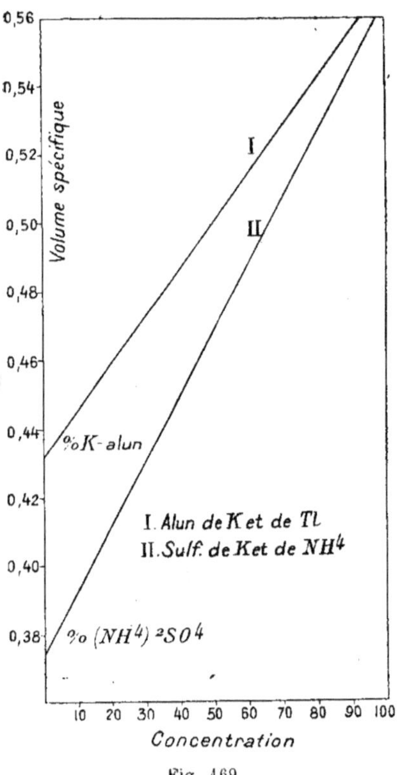

Fig. 169.

« Dans tout ce que nous avons avancé, nous avons admis implicitement qu'il n'y a aucune contraction de volume dans la formation des cristaux mixtes (comme elle se manifeste bien réellement dans les mélanges de plusieurs liquides et les alliages), en d'autres termes que le poids spécifique n'est ici qu'une propriété se montrant purement additive. Que tel est l'état des choses, c'est ce qui résulte des expériences que j'ai exécutées à ce sujet. »

« La distinction des trois sortes de centièmes n'est pas toujours observée dans les mémoires sur l'isomorphisme. Dans les rapports

de toutes les propriétés physiques (indices de réfraction, angle
d'extinction, écartement des axes optiques, pouvoir rotatoire, etc.)
avec la composition chimique des mélanges isomorphes, c'est une
erreur de se servir, comme on le fait d'ordinaire, des centièmes
en molécules, et selon moi, il faut employer dans les formules de
Dufet et de Bodlaender, et dans les courbes de Schuster et de
Wyrouboff les centièmes en volume. Dans la plupart des cas cependant, les deux corps isomorphes ayant des volumes moléculaires
sensiblement égaux, la différence des deux courbes sera faible.
Toutefois elle existe au point de vue théorique. »

« Partout où l'on a affaire à des combinaisons chimiques, comme
dans la loi de Gladstone, il faut au contraire se servir des centièmes
en molécules. »

Retgers a confirmé l'exactitude de ses formules pour les
mélanges de sulfates potassique et ammonique, pour les aluns de
potassium et de thallium, et ses résultats sont représentés dans le
diagramme suivant (fig. 169).

La formule :

$$S = \frac{100\ ss'}{(s - s')\ p + 100\ s'}$$

vient d'être de nouveau vérifiée par M. Stibing pour les mélanges
de sulfate et de chlorate de potasse, qui ont fourni les résultats
suivants :

K^2CrO^4	Densité mesurée.	Densité calculée.
0	2,638	»
0,50	2,666	2,6664
1,19	2,667	2,6669
2,44	2,668	2,6680
8,26	2,673	2,6732
38,47	2,696	2,6959
90,59	2,735	2,7345
100,00	2,741	»

Mais il n'y a pas moins beaucoup à dire sur la généralité des
conclusions de Retgers. Ses formules supposent que le poids du
mélange est égal à la somme des poids des corps mélangés, et
que le volume du mélange est égal à la somme des volumes
de ces corps. Or, si la première proposition est évidente, il

n'en est pas de même de la seconde. Celle-ci se vérifie bien dans les deux cas particuliers étudiés par Retgers et Stibing, il n'en résulte nullement qu'elle soit générale, et il est fort probable qu'elle ne l'est pas : les mélanges isomorphes seraient en effet les seuls mélanges, comme le fait remarquer Retgers lui-même, qui ne présenteraient jamais de contraction. De même, il n'est pas juste de dire que ce soit une erreur de rapporter les variations d'une quantité physique au centième en poids moléculaire : l'expérience peut montrer qu'il n'y a pas proportionnalité entre les deux variables, mais la véritable relation n'en est pas moins intéressante à rechercher.

Retgers lui-même met d'ailleurs très bien en évidence cet intérêt en donnant comme conclusion de son travail l'énoncé suivant : « Deux substances sont réellement isomorphes, si les propriétés physiques de leurs mélanges sont des fonctions continues de leur composition chimique. » Or si cette continuité existe dans une façon d'exprimer la composition chimique, elle se retrouvera dans tous les modes d'expression de cette composition, mais, bien entendu, il ne faut pas que cette façon d'exprimer la composition fasse appel à une loi physique, qui peut se trouver en défaut dans certains cas, comme la constance du volume que Retgers fait intervenir.

CHAPITRE V

POLYMORPHISME DES CRISTAUX MIXTES

§ I. — Considérations théoriques

Les cristaux mixtes, d'après ce que nous avons vu jusqu'ici, possèdent toutes les propriétés des corps cristallisés simples; nous devons donc nous attendre à ce que, comme ces derniers, ils présentent le phénomène du polymorphisme. Mais la question devient plus complexe, puisque dans le cas des mélanges, l'état du corps dépend non seulement de la pression et de la température, mais encore de la concentration, c'est-à-dire des nombres x et y de molécules de chacun des corps entrant dans le mélange, ces nombres étant toujours pris de façon que leur somme soit égale à 100. Il en résulte que graphiquement l'état du corps est représenté, non par un point se déplaçant dans le plan, mais par un point se déplaçant dans l'espace et dont la position est déterminée par les valeurs p, t et x de la pression, de la température et de la concentration, cette dernière ne variant qu'entre 0 et 100. De même les domaines de stabilité ne sont plus délimités par des courbes d'équilibre pour les deux modifications, respectivement stables de chaque côté de la courbe, mais par des surfaces ou plutôt des fragments de surfaces compris entre les deux plans $x = 0$ et $x = 100$.

Malheureusement, on ne fait que commencer les recherches sur ce sujet si intéressant; on n'a déterminé les courbes d'équilibre que pour un petit nombre de corps simples: de même on n'a étudié que quelques mélanges, sous la pression atmosphérique, en faisant varier la température et la concentration, et dans aucun cas, on n'a expérimenté sous de fortes pressions.

La question devient encore plus complexe, si on considère des mélanges cristallisés comprenant trois corps, et il n'est plus possible de représenter les phénomènes au moyen d'un seul diagramme : on est obligé d'en construire un pour chaque pression. Le mode de représentation le plus employé est celui indiqué à la page 376, à propos de la cristallisation d'un mélange de trois corps. Les domaines de stabilité pour chaque modification sont séparés par des tronçons de surfaces, compris entre les faces latérales d'un prisme à base triangulaire.

En se plaçant au point de vue théorique, Bakuis Roozeboom a recherché suivant quel mode devaient s'effectuer les transformations polymorphiques des mélanges cristallisés de deux corps, quand on fait varier la température et la composition, autrement dit, il a cherché les différents types de courbes d'équilibre pour deux modifications d'un mélange. Mais pour arriver à ce résultat, Roozeboom admet que lors de la solidification du magma fondu, les cristaux mixtes ont tous la même composition que ce magma, ce qui, comme nous l'avons vu, ne peut avoir lieu que dans des conditions tout à fait particulières. D'autre part, assimilant les cristaux mixtes à de véritables solutions, c'est-à-dire à un magma fondu, il admet qu'un cristal mixte ne peut se transformer qu'en changeant de composition : de même que d'un magma se séparent des cristaux de composition différente de la sienne, de même d'un cristal mixte doivent s'exuder des cristaux de la nouvelle modification, cristaux ayant une composition différente de celle du cristal primitif. Absolument, comme pour les magmas liquides, le passage de l'une des modifications à l'autre ne doit pas se faire en un seul stade, mais par une série continue de décompositions et de recristallisations, qui supposent que la diffusion se fait avec la même facilité en milieu solide, qu'en milieu liquide. En un mot la transformation s'espacerait sur un certain intervalle de température, et il y aurait non une courbe de transformation, mais deux courbes dont les propriétés seraient identiques à celles des courbes de fusion et de solidification, et tout ce qui a été dit à propos de la figure 152 sur le passage de l'état liquide à l'état solide pourrait être répété au sujet du passage d'une modification à l'autre.

Mais jamais, dans les nombreuses observations de transformations polymorphiques, que nous avons eu l'occasion d'observer, nous n'avons constaté semblable dédoublement ; toujours les mélanges cristallisés se comportent comme les corps simples, et un cristal se transforme en un autre cristal de même composition. On peut dire, il est vrai, que par suite des frottements internes qui s'opposent à la transformation, il y a toujours surfusion ou surchauffe cristalline, et que le cristal est ainsi amené à une température à laquelle la nouvelle modification est stable sous la composition primitive.

Ces observations ne suffiraient donc pas pour trancher la question, mais il ne faut pas oublier que bien d'autres raisons rendent bien difficile l'assimilation complète des mélanges cristallisés aux dissolutions. Toutes les observations nous portent à croire que, dans le cas général, il y a pour les mélanges comme pour les corps simples une courbe et non deux courbes de transformation, qu'il y a une température et non un intervalle de température pour le passage d'une modification à l'autre.

Mais il n'en est pas moins vrai que, dans certains cas, il peut parfaitement se faire qu'il y ait une lacune dans le sens vertical entre les deux modifications : si la lacune est étroite, un cristal de composition donnée, grâce à la surchauffe ou à la surfusion cristallines, franchira la lacune sans se décomposer et donnera naissance à un cristal de même composition, mais appartenant à la seconde modification. Si au contraire la lacune est assez étendue, si par exemple les deux courbes qui la limitent, se rapprochent beaucoup de la verticale, alors seulement il pourra y avoir décomposition : un cristal de la première modification se dédoublera en deux cristaux de compositions différentes, l'un appartenant à la nouvelle modification, l'autre à la modification primitive, qui par abaissement de température sera à son tour amené à se décomposer. Aussi, dans tous les graphiques, tracerons-nous les deux courbes de transformation, mais il sera bien entendu que dans le cas général ces deux courbes sont confondues.

Il nous faut maintenant avec Bakuis Roozeboom[1] rechercher les différents cas susceptibles de se présenter.

<hr>

[1] *Zeitschr. f. Phys. Chemie*, vol. XXX.

Premier type. — Nous supposerons d'abord que les deux corps en se mélangeant donnent naissance à une série continue de cristaux et que chacun de ces corps à certaines températures passe à de nouvelles modifications et que les dernières soient également

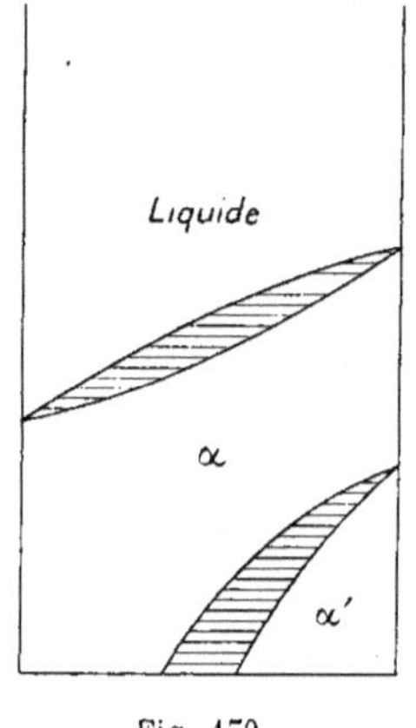

Fig. 170.

ment susceptibles de se mélanger en toutes proportions pour cristalliser. Dans ces conditions, tous les cristaux mixtes sous la première modification se transformeront en la seconde à une température qui variera avec la composition de ces cristaux. Le phénomène sera représenté par un graphique obtenu en portant sur l'axe des x la composition et sur l'axe des y la température de transformation ; on aura ainsi une courbe allant du point E de transformation du corps A au point F de transformation du corps B.

Mais il y aura lieu de distinguer plusieurs cas secondaires : tous les points de la courbe seront compris entre les points E et F, ou bien la courbe présentera un maximum ou un minimum, ou bien enfin le point E étant à une température trop basse pour être atteint, la courbe viendra s'arrêter à l'axe des x (fig. 170).

A propos de ce dernier cas, il ne faut pas oublier de faire la remarque suivante : admettre que la température E est trop basse pour être atteinte, ou bien admettre qu'elle n'existe pas, cela revient au même. Par conséquent le diagramme représentera encore le phénomène de la transformation dans le cas où le corps A pur ne présente qu'une modification, n'est pas polymorphe.

Type 2. — Les deux corps sont polymorphes, les deux modifications stables aux températures supérieures pouvant se mélanger en toutes proportions, tandis que les deux modifications stables aux températures inférieures donnent naissance à deux séries de cristaux mixtes séparées par une lacune (fig. 171). Nous désignerons les deux modifications, stables aux températures inférieures, par β et β'; elles pourront être isomorphes ou isodimorphes.

Les cristaux mixtes, sous la première modification, dont la composition tombe dans les limites de la lacune entre les cristaux β et β', devront à une certaine température se décomposer en cristaux stables à cette température, c'est-à-dire en cristaux présentant les compositions correspondant aux limites de la lacune. Ces nouveaux cristaux sont donc les mêmes pour les différents magmas et les conglomérats provenant de la solidification de ces magmas ne se différencient que par la proportion des deux espèces de cristaux. Il en résulte que la température de décomposition est la même pour tous les cristaux mixtes, de sorte que la lacune est limitée par une ligne droite horizontale à la partie supérieure.

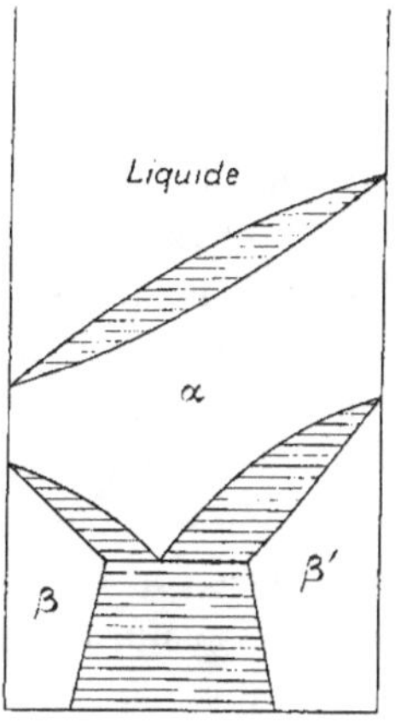

Fig. 171.

En outre, les limites de la lacune n'étant pas les mêmes à toutes les températures, théoriquement à mesure que la température baissera, les cristaux devront se décomposer ou se reconstituer de façon à toujours présenter la composition correspondant aux limites de la lacune: pratiquement, les cristaux présentant une composition généralement très voisine de la composition d'équilibre, les phénomènes de décomposition ou de reconstitution ne se produiront que très lentement, si même ils se produisent.

D'autre part, les cristaux mixtes de la première modification, dont la composition tombe en dehors des limites de la lacune, passeront à une température variable avec la composition, à la seconde modification. Mais il pourra se faire que la température baissant, la verticale dont les points représentent l'état du mélange aux différentes températures, rencontre une des courbes limitant la lacune; à la température correspondante, le cristal qui se trouve sous la seconde modification devra se décomposer en cristaux dont la composition et la nature correspondront aux deux limites de la lacune.

Il faut remarquer en terminant que si les modifications β et β' sont réellement isomorphes, il y aura forcément, dans le cas considéré, une lacune dans la composition chimique; dans le cas contraire on rentrerait dans le type précédent. Mais si les modifications β et β' sont isodimorphes, les limites de la lacune pourront être très rapprochées et même confondues. On a alors deux séries de cristaux, respectivement isomorphes de β et β', séparées non par une discontinuité dans la composition, mais dans les propriétés physiques.

Si les mélanges cristallisés étaient de véritables solutions, la fusion des deux limites de la lacune ne pourraient avoir lieu que pour certaines températures parfaitement déterminées et non pour toutes les températures. Mais tant que la question des solutions solides ne sera pas définitivement résolue par l'affirmative, ce cas devra être conservé, car il se rencontre dans la pratique, sans que l'on puisse affirmer que les deux limites sont très rapprochées, et non confondues.

On pourra distinguer plusieurs cas secondaires, suivant la forme des courbes qui limitent les domaines de stabilité des modifications β et β', ou encore suivant les particularités présentées par la lacune. Si les modifications β et β' sont isomorphes, il pourra se faire que la température baissant les courbes limitant la lacune se rapprochent et se raccordent d'une façon continue, de telle sorte que les deux séries se fusionnent en une seule.

Type 3. — En se solidifiant les corps cristallisent sous les modifications α et α', qui en se mélangeant donnent naissance à deux séries de cristaux mixtes séparées par une lacune, mais par refroidissement les modifications passent à des modifications β et β' qui en se mélangeant donnent naissance à une série continue de cristaux mixtes (fig. 172).

La solidification du magma résultant du mélange des deux corps se fera suivant le type 5 ou le type 6 décrit précédemment (p. 369), et il en résultera deux séries de cristaux mixtes, respectivement isomorphes de α et de α', et séparées par une lacune. La température baissant, les cristaux α et α' se transformeront en cristaux β et β'.

Mais le point délicat consiste dans l'examen de ce qui se passera pour le magma, dont la composition correspond à la lacune et qui par suite donne naissance à un conglomérat de cristaux α et α', dont les compositions correspondent aux limites de la lacune. Si les cristaux sont en plages nettement individualisées, ils se transformeront en cristaux β et β', mais si les cristaux α et α' se pénè-

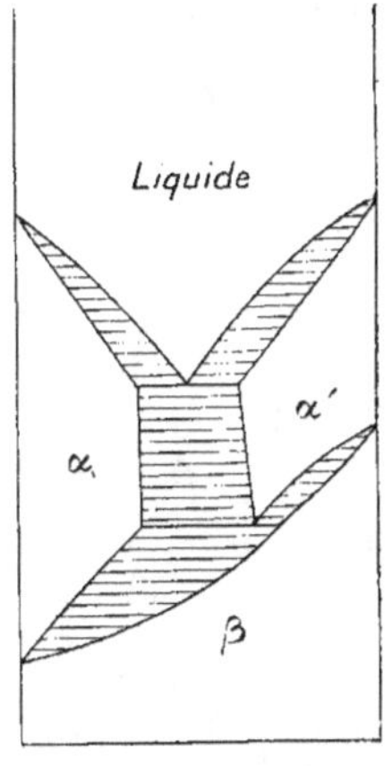

Fig. 172.   Fig. 173.

trent intimement, il pourra se faire que, lors de la transformation, ils fondent les uns dans les autres pour donner naissance à des cristaux homogènes de composition intermédiaire à celle des cristaux α et α', c'est-à-dire de même composition que le magma primitif.

Mais comme les différents magmas donneront naissance aux mêmes cristaux, correspondant aux limites de la lacune, ces cristaux se transformeront toujours à la même température et la lacune sera limitée inférieurement par une droite horizontale.

Comme dans le type précédent, on pourra distinguer plusieurs cas particuliers suivant que les courbes de transformation des modifications α et α' seront toujours de même sens, ou présenteront un maximum ou un minimum.

Si les modifications α et α' sont isodimorphes, il pourra se faire que la lacune vienne se terminer en pointe sur l'axe de A, de sorte que le domaine de stabilité des cristaux mixtes, isomorphes à la

modification α, se trouve limité et qu'en outre au-dessous de cette
température la modification α se transforme en une modification
isomorphe de α' et donnant avec elle des cristaux mixtes, constituant une série continue (fig. 173).

Type 4. — En se solidifiant les deux corps adoptent des modifications α et β qui en se mélangeant donnent deux séries de cris-

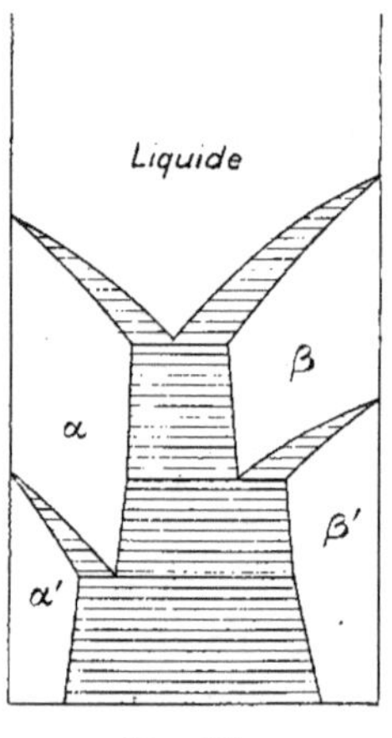

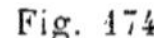

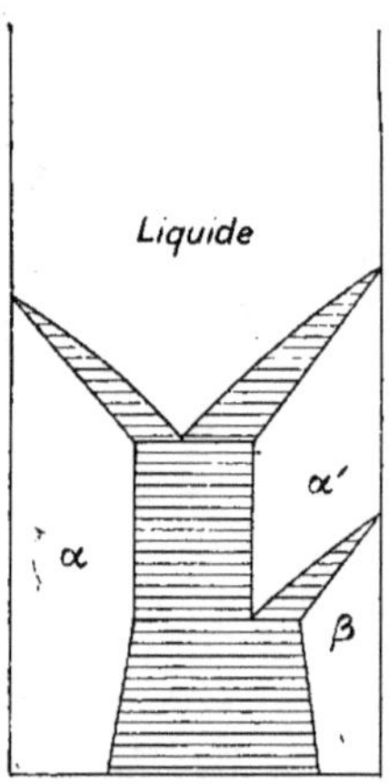

Fig. 174.
Fig. 175.

taux mixtes séparées par une lacune. D'autre part, les cristaux α
et β se transforment en cristaux α' et β' qui en se mélangeant donnent également naissance à deux séries de cristaux séparées par une
lacune. On pourra distinguer plusieurs cas secondaires suivant la
position relative des deux lacunes, suivant la forme des courbes
séparant les domaines de stabilité des différentes modifications.
L'un de ces cas se trouve représenté dans la figure 174. En particulier, il peut se faire que l'un des corps ne présente qu'une seule
modification α, qui donne avec les deux modifications α' et β de
l'autre deux séries de cristaux mixtes.

Tels sont les principaux types simples que l'on peut distinguer,
mais il est évident que par la combinaison des particularités que
chacun d'eux présente, on peut obtenir des types secondaires.

En particulier, si l'on se reporte à la distinction que nous avons
faite précédemment des différents types de solidification, on voit

que celle-ci peut donner naissance à trois séries de cristaux mixtes séparées par deux lacunes : chacune de ces séries offrira des phénomènes de transformations polymorphiques, et dans la série intermédiaire ces phénomènes seront indépendants de ceux que l'on aura pu observer dans les cristaux des susbtances pures. Enfin si les deux corps donnent naissance à un ou plusieurs composés, chacun de ces composés doit être considéré comme un corps indépendant et l'on doit étudier successivement ses rapports avec chacun des corps simples. En particulier, le diagramme comprend deux diagrammes relatifs, l'un à l'ensemble constitué par le composé et l'un des corps simple et l'autre correspondant au magma du second corps simple et du même composé. Tout ceci d'ailleurs se déduit facilement des figures données à propos de la solidification du magma de deux corps se combinant.

§ II. — Déterminations expérimentales

Comme nous avons eu l'occasion de le dire, les considérations théoriques précédentes sont dues à Backuis Roozeboom, qui a cherché immédiatement à les confirmer par des recherches expérimentales; il entraîna dans cette voie plusieurs de ses élèves, et quoique les résultats acquis aujourd'hui soient encore bien incomplets, ils suffisent certainement à établir le bien-fondé des déductions du savant Hollandais. Et cependant on ne saurait trop mettre en garde contre la précision beaucoup plus apparente que réelle, qui a présidé à l'établissement de ces résultats.

On a vu en effet que quand un magma, résultant du mélange de deux corps fondus, donnait naissance à des cristaux mixtes, ceux-ci ne présentaient la même composition, composition identique à celle du magma, que dans des conditions tout à fait exceptionnelles, quand les deux courbes de solidification et de fusion sont suffisamment rapprochées pour pouvoir être considérées comme confondues, ou bien quand la cristallisation se fait assez lentement pour que les cristaux, qui prennent successivement naissance, aient le temps de se redissoudre dans le magma pour prendre part à une nouvelle cristallisation. Il est évident à priori que pour certains corps ce résultat ne peut être acquis que grâce à une lenteur, pour ainsi dire irréalisable. Dans bien des cas les cristaux mixtes, qui se forment dans le magma ont des compositions très différentes et par suite les températures de transformation s'espacent sur un assez long intervalle. Nous avons pu constater que pour les mélanges de certains azotates, une transformation déterminée s'échelonnait sur un intervalle de température pouvant atteindre 10°, 15°, 20°, et pour ces corps il ne nous a pas été possible d'éviter cette difficulté, qui doit troubler les résultats quelle que soit la méthode employée pour déterminer les températures de transformation.

Comme exemples nous allons étudier le mélange d'azotates alcalins.

MÉLANGES D'AZOTATE DE POTASSIUM ET D'AZOTATE DE THALLIUM

La méthode la plus précise pour la détermination des températures de transformation, paraît bien être la méthode thermométrique, décrite précédemment, mais elle a le grand inconvénient de ne fournir que des renseignements tout à fait incomplets sur la nature de la transformation, c'est-à-dire sur un des points essentiels pour le cristallographe. Aussi nous ne décrirons que le cas étudié par M. van Eyk[1], celui des azotates de potassium et de thallium.

Dans un premier travail, l'auteur considère le premier sel comme dimorphe, la température de transformation étant de 129°,4 et le second comme également dimorphe la température étant égale à 142°,5. En mélangeant les deux sels, il obtint pour les différents mélanges, les températures de transformation suivantes :

Molécules p. 100 de KNO³

100	—	129,4		
93	—	122		
86	—	113		
83,5 p. 100.		108,5		
77,5	—	108,5		
69,3	—	108,5		
65,2	—	108,5	et	133
59,5	—	108,5		133

[1] *Zeitschr. f. Phys. Chimie*, vol. XXX.

Molécules p. 100 de KNO^3.

54.8 p. 100	108.5	et	133
50.3 —	108.5		133
39.5 —	108.5		133
31.3 —			133
22.4 —			133
15.9 —			135.5
14.7 —			136.5
5.8 —			139.5
0			143.3

De ce tableau de valeurs, résulte que la teneur en $KAzO^3$ diminuant, la température de transformation diminue elle-même de 129°,4 à 108°,5 pour 83,5 de molécules. Puisque cette température reste constante tant que la proportion ne descend pas au-dessous de 39,5, entre ces deux proportions le magma a dû donner naissance à un conglomérat de deux espèces de cristaux mixtes, dont les compositions correspondent à peu près à 83,5 et à 39,5. Ainsi se trouvent déterminées les limites de la première lacune. En second lieu la température reste également constante, quand les proportions sont comprises entre 65,3 et 31,3, proportions qui caractérisent les limites d'une nouvelle lacune. Puis la quantité de $KAzO^3$ diminuant encore la température s'élève jusqu'à 143°,3, température de transformation de l'azotate de thallium pur.

Comme nous avons relaté plus haut les résultats relatifs à la cristallisation du magma liquide, dans la figure ci-jointe (fig. 175) se trouvent déterminés les points J et J', H et H' et enfin les points D, C et E, ainsi que les courbes de transformation FH et GJ. Mais par contre les points H' et J' ne le sont pas, et ne peuvent l'être comme nous l'avons fait remarquer précédemment.

Pour achever de déterminer les limites de la lacune à la température ordinaire, M. van Eyk a fait cristalliser les deux corps en solution aqueuse aux températures de 10° et de 25° et il a trouvé qu'à ces températures les limites de la lacune correspondaient aux proportions de 15,5 et 96,5 p. 100 d'azotate de potassium à la première température, et aux proportions de 19 et de 94 pour la seconde. M. van Eyk admet, comme on le voit, que les limites de la lacune sont les mêmes pour les cristaux obtenus par la solu-

tion aqueuse et pour les cristaux obtenus par fusion ignée.
Cette hypothèse est en effet d'accord avec la règle des phases,
puisque si dans le cas de la solution il y a un composant de plus d'eau, il y a également une phase de plus et que par conséquent le nombre de libertés est le même.

En réunissant les points ainsi obtenus aux points J' et J², l'auteur achevait de limiter la lacune. Mais ce qui montre combien ce procédé est dangereux, c'est que depuis on a constaté que l'azotate de thallium présentait une seconde transformation à la température de 80°, et que par conséquent la figure devait être modifiée comme cela est indiqué par le pointillé.

D'autre part, il est facile de voir que si les points H et J sont déterminés avec précision par la méthode thermique, il n'en est pas de même des points H' et J'. Considérons en effet un point A sur la droite HH', il représente un conglomérat de deux espèces de cristaux, ayant respectivement les compositions H et H', les premiers se transformant, les seconds ne se transformant pas. De plus les cristaux de composition H sont en quantité proportionnelle à la longueur AH' et les cristaux de composition H' en quantité proportionnelle à la longueur AH, si donc le point A est voisin de H, le dilatomètre indiquera un changement notable de volume quand on passera par la température de 133°, si au contraire, le point A est voisin de H', comme il n'y aura qu'une petite quantité de cristaux se transformant, le changement de volume sera très faible, et passera certainement inaperçu quand on approchera de la limite de la lacune.

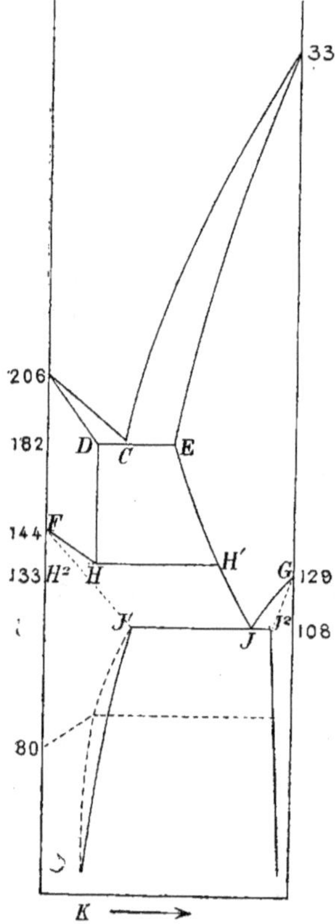

Fig. 175. — Transformation des cristaux mixtes de KAzO³ et de TlAzO³.

De cette étude, si difficile à bien mener, résulte que les déductions théoriques de Roozeboom doivent être considérées comme exactes, mais qu'il reste un doute sur l'existence des doubles courbes de transformation. Mais on ne devra pas oublier que si la vérification a été possible, cela tient à ce que la bonne fortune de l'auteur lui fait choisir deux corps, qui donnent par cristallisation des cristaux mixtes de même composition que le magma.

Le reproche le plus grave, que l'on puisse faire à la méthode thermique consiste en ce qu'elle laisse complètement dans l'ombre la question cristallographique, elle ne nous fournit aucun renseignement sur la nature des transformations. Aussi avons-nous repris l'étude de la question par la méthode optique, employant le microscope de M. Wyrouboff, comme il a été dit plus haut. Cette méthode présente aussi de grands inconvénients : la détermination des températures de transformation et celle des limites des lacunes est peu précise en général. Dans le cas présent par exemple, le conglomérat, qui prend naissance à l'intérieur de la lacune comprend deux sortes de cristaux, les uns du type de l'azotate de potassium, qui sont très biréfringents, les autres du type de l'azotate de thallium, qui au contraire sont peu biréfringents. Quand donc les premiers dominent de beaucoup, les seconds peuvent passer inaperçus et cette limite de la lacune n'est déterminée qu'approximativement. Si au contraire ce sont les seconds qui l'emportent en nombre, comme ils sont peu biréfringents, les premiers très brillants se verront sans difficulté et la seconde limite sera connue avec assez de précision.

Aussi dans nos recherches n'avons-nous indiqué que des limites moyennes, sans chercher à déterminer les variations que ces limites éprouvent avec les changements de température et nous sommes-nous attachés à étudier la nature des transformations cristallographiques.

Les différentes modifications de chacun des deux sels sont les suivantes :

Tl NO^3	KNO^3
Orthorhombique	Quasi-ternaire
—	—

80°

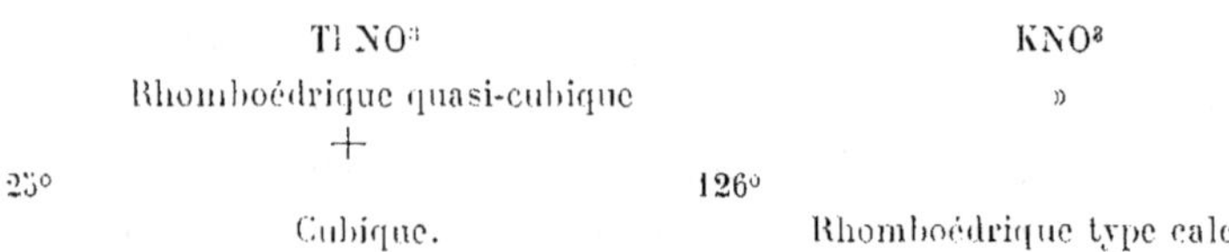

Comme on le voit, il n'y a aucun rapport entre les formes cristallines stables de ces deux corps, qui sont évidemment isodimorphes à toutes les températures [1].

Le résultat de nos recherches se trouve résumé dans le diagramme suivant (fig. 176). A la température de solidification les

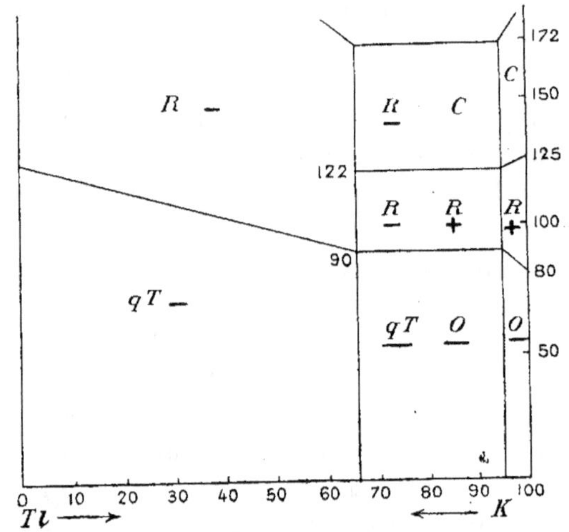

Fig. 176. — Transformation des cristaux mixtes de KAzO³ et de TlAzO³.

limites de la lacune seraient 33 et 5 p. 100 d'azotate de potassium. Comme il a été expliqué plus haut, la limite de 33 n'est déterminée qu'approximativement, car il se peut qu'une petite quantité de cristaux du type de l'azotate de thallium ait passé inaperçue. Au contraire, l'autre limite est déterminée avec une

[1] Dans les diagrammes suivants, les quantités sont exprimées en poids et non en molécules. En outre le système cristallin des différentes modifications a été indiqué par les initiales suivantes : C = cubique ; Q = quadratique ; R = rhomboédrique ; O = orthorhombique ; qT = quasi-ternaire d'apparence orthorhombique ; M = monoclinique et T = triclinique. Les signes + et — indiquent, suivant le cas, que les cristaux sont positifs ou négatifs.

précision suffisante parce que au milieu des cristaux cubiques, il est facile d'apercevoir les petits cristaux brillants d'azotate de potassium.

Les cristaux rhomboédriques du type calcite qui se forment quand la teneur en azotate de potassium varie de 33 à 100 p. 100 sont d'autant moins bien développés que la quantité en azotate de thallium est plus élevée, mais ils n'en présentent pas moins tous les caractères des cristaux d'azotate de potassium pur : ils se maclent sous l'influence de la pression et de la contraction. Par suite de la surfusion cristalline, ils se transforment en une autre modification ternaire orientée parallèlement à la première.

A une température qui varie de 126° à 90°, ils passent à la modification quasi-ternaire.

Quand la teneur en azotate de thallium est supérieure à 66, il se produit, par solidification du mélange liquide, un conglomérat de deux espèces de cristaux et, dans aucun des autres mélanges d'azotates alcalins, on ne peut rencontrer un exemple aussi net de mélange eutectique. On voit se former tout d'abord des étoiles généralement à quatre branches, qui sont autant de cristaux rhomboédriques, nageant dans le liquide. Puis, subitement, à la température de 172°, on voit tout le liquide cristalliser, pour donner naissance à un lacis de cristaux de deux sortes ; les uns sont des cristaux rhomboédriques, les autres des cristaux cubiques. Assez fréquemment les cristaux rhomboédriques qui entourent un cristal de première consolidation sont orientés comme lui : on a une véritable micropegmatite.

A la température de 90°, les cristaux rhomboédriques se transforment en cristaux quasi-ternaires et, à la température de 122°, les cristaux cubiques passent à l'état de cristaux rhomboédriques positifs, très peu biréfringents, qui n'ont rien de commun avec ceux de l'azotate de potassium ; enfin, à une température qui diffère trop peu de 90°, pour en être distinguée, ces derniers cristaux se transforment en la modification orthorhombique négative du type des cristaux purs d'azotate de thallium.

Enfin, quand la proportion d'azotate de thallium atteint 95 p. 100, les cristaux du type de l'azotate de potassium disparaissent et les mélanges cristallisés ne diffèrent que très peu des cristaux du sel pur. Par solidification, on obtient des cristaux cubiques qui, à une température qui varie de 122° à 125°, se transforment en cristaux rhomboédriques positifs et ceux-ci, à une température qui descend de 90° à 80°, passent à la modification orthorhombique.

En définitive, les mélanges de ces deux azotates, qui ne présentent rien de particulier, offrent de grandes difficultés en ce qui concerne la détermination des limites et des températures.

MÉLANGES D'AZOTATE DE POTASSIUM ET D'AZOTATE DE RUBIDIUM.

Les modifications de ces azotates pris isolément sont les suivantes :

	$K\,AzO^3$	$Rb\,AzO^3$
	Quasi-ternaire	Rhomb. quasi-cubique
	—	+
126°		
	Rhomb. type calcite	»
	—	
161		
	»	cubique
219		
	»	Rhomb. type calcite.
		—

On voit donc que, à haute température, ces deux azotates paraissent bien isomorphes, tandis que, au-dessous de 219°, leurs modifications cristallines semblent n'avoir rien de commun.

Les mélanges cristallisés de ces deux azotates obtenus par voie aqueuse présentent quelque intérèt, principalement au point de vue optique. La série de ces mélanges présente une lacune : tant que l'azotate de potassium domine, les cristaux ont des formes cristallines quasi-ternaires de l'azotate de potassium pur, et l'on passe, par l'intermédiaire de cristaux mal venus, à des cristaux ayant le type rhomboédrique des cristaux d'azotate de rubidium pur. Les cristaux d'azotate de potassium pur ont leurs axes optiques dans le plan h^1, et la dispersion est assez forte, les axes rouges étant moins écartés que les axes violets. Si l'on ajoute du $RbAzO^3$ à la dissolution, on voit, dans les cristaux obtenus, les axes se rapprocher graduellement, de sorte que les cristaux deviennent uniaxes pour le rouge ; puis les axes rouges s'écartent dans le plan perpendiculaire, c'est-à-dire dans le plan g^1, et l'uniaxie se produit successivement pour toutes les couleurs ; enfin les cristaux redeviennent nettement biaxes, mais les axes sont dans le plan g^1. Il est à remarquer que, dans ces mélanges cristallisés, l'élévation de température produit le même effet que l'augmentation d'azotate de rubidium : en chauffant des cristaux dont les axes sont encore dans le plan h^1, on voit les axes passer successivement dans le plan g^1 et, par refroidissement, les axes reprennent leur position première. Tous ces cristaux sont négatifs, fortement biréfringents et présentent l'habitus des cristaux de $KAzO^3$, l'angle *mm* étant légèrement inférieur à 120°. Mais, quand les proportions dans la dissolution deviennent de 10 de $RbAzO^3$ pour 6 de $KAzO^3$, les cristaux ne présentent plus que des faces irrégulières mal venues et, si la proportion du rubidium augmente, on passe brusquement à une série de mélanges dont les cristaux ont l'habitus du $RbAzO^3$ pur, c'est-à-dire rhomboédriques positifs.

Comme le montre le tableau précédent, à partir de 219° chacun des corps pris isolement est rhomboédrique du type calcite ; il y a donc tout lieu de croire que, à partir de cette température, ils sont réellement isomorphes. En effet, si l'on opère par fusion, on constate que ces corps se mélangent en toutes proportions pour donner naissance à des cristaux rhomboédriques négatifs se maclant avec facilité, et, chose remarquable, tant que le phénomène de la surfusion se produit, on constate que la seconde forme rhomboédrique de l'azotate de potasse apparaît ; c'est ainsi que l'on constate son existence pour une proportion en poids de 8 d'azotate de rubidium pour 1 d'azotate de potassium. Il est donc fort probable que cette seconde modification existe aussi dans l'azotate de rubidium, et si on ne l'observe pas, cela tient simplement à ce que la surfusion se produit difficilement, quand l'azotate de rubidium est pur.

Par refroidissement, les cristaux rhomboédriques se transforment en cristaux quasi-ternaires du type de l'azotate de potassium, qui ont une biréfringence au moins comparable à celle des rhomboèdres ; mais, à partir d'une proportion qui correspond à peu près à 66 p. 100 en poids d'azotate de rubidium, ces cristaux quasi-ternaires se décomposent en cristaux du même type évidemment et en grains microscopiques qui sont probablement des cristaux rhomboédriques positifs du type de l'azotate de rubidium, c'est-à-dire très peu biréfringents. Par suite, l'ensemble présente une biréfringence beaucoup moins élevée que celle des cristaux quasi-ternaires seuls. Mais il est très difficile de suivre les variations de la température à laquelle se fait le passage d'une des modifications à l'autre. Lors du refroidissement, il y a toujours surfusion cristalline, et, par échauffement, on se butte à deux sortes de difficultés : pour certaines proportions des deux azotates, les deux modifications ont sensiblement la même biréfringence, et il est, par suite, difficile de saisir le moment du passage. D'autre part, quand la modification quasi-ternaire est décomposée, il faut, pour qu'il y ait reconstitution de cristaux homogènes, que la substance des cristaux microscopiques se diffuse dans les grands cristaux quasi-ternaires. Or, cette diffusion, en admettant qu'elle se produise, n'a lieu que très lentement et, par conséquent, le passage à la modification rhomboédrique s'étendra sur un assez long intervalle de température.

Un fait à signaler consiste en ce que, si l'on comprime un cristal rhomboédrique à l'état de surfusion cristalline, on le transforme immédiatement en un cristal quasi-ternaire, qui n'est pas toujours homogène, puisque la compression a pu déterminer des macles dans le cristal primitif.

Quand la proportion d'azotate de rubidium dépasse 10 p. 100 en poids, on voit les cristaux rhomboédriques se transformer en cristaux quasi-ternaires qui se décomposent immédiatement : la zone de décomposition suit pas à pas la zone de transformation. Puis, si la proportion augmente, on finit par distinguer nettement la modification cubique et la rhomboédrique positive de l'azotate de rubidium, mais renfermant alors sous forme de grains microscopiques les cristaux quasi-ternaires.

Il résulte de tous ces faits que, si l'azotate de potassium est susceptible de dissoudre une notable quantité d'azotate de rubidium, inversement ce dernier ne peut dissoudre qu'une faible quantité du premier, à la température ordinaire, bien entendu.

MÉLANGES D'AZOTATE DE POTASSIUM ET D'AZOTATE DE CÆSIUM

D'après le tableau suivant, qui donne les différentes modifications de chacun des corps,

	$K\,AzO^3$.	$Cs\,AzO^3$.
	quasi-ternaire	rhomb. quasi-cubique
	—	$+$
126	rhomb. type calcite	»
	—	
145	»	cubique

on peut prévoir qu'ils sont isodimorphes, c'est-à-dire que leurs mélanges se répartiront en deux séries séparées par une lacune. Il ne faut pas oublier que les deux formes rhomboédriques n'ont aucun rapport : l'une est quasi-cubique ; l'autre, au contraire, appartient au type calcite et possède une forte biréfringence, bien supérieure à celle de la première.

Pour les mélanges dont les proportions concordent avec la lacune, on obtient des conglomérats eutectiques, à structure micropegmatique de toute beauté. Ce conglomérat eutectique est compris entre les proportions de 50 p. 100 en poids et celle de 33 p. 100 d'azotate de potassium ; la température eutectique est d'environ 200°. On a donc une série de cristaux passant par les modifications cubiques et rhomboédriques, la température de transformation variant depuis 110° pour le mélange eutectique et 145° pour l'azotate de cæsium pur. D'autre part, il existe une seconde série dont les termes passent par la symétrie rhomboédrique, négative, et par la symétrie quasi-ternaire. Mais, dans le conglomérat eutectique, les biréfringences des deux modifications sont si voisines que la méthode optique ne permet pas de déterminer la température de transformation.

MÉLANGES D'AZOTATE D'AMMONIUM ET D'AZOTATE DE CÆSIUM

Il est tout d'abord une remarque à faire sur ce mélange, comme sur tous ceux renfermant l'azotate d'ammonium : c'est qu'une faible quantité du second azotate suffit pour faire disparaître certaines modifications de l'azotate d'ammonium et rendre stable, sur la plus grande longueur de l'échelle des températures, une des formes de cet azotate. Le tableau suivant indique les formes stables à chacune des températures dans les azotates pris isolément :

	Am NO^3.	Cs NO^3.
	Quadratique	Rhomb. quasi-cubique
	+	+
— 16°		
	Orthorh. quasi-quadratique	»
	—	
+ 32		
	Monoclinique quasi-quadratique	»
	+	
82		
	Quadratique	»
	—	
125		
	Cubique	»
145		
	Cubique	Cubique

Comme le fait prévoir le tableau et comme le montre le diagramme (fig. 177), pour les températures élevées le mélange est

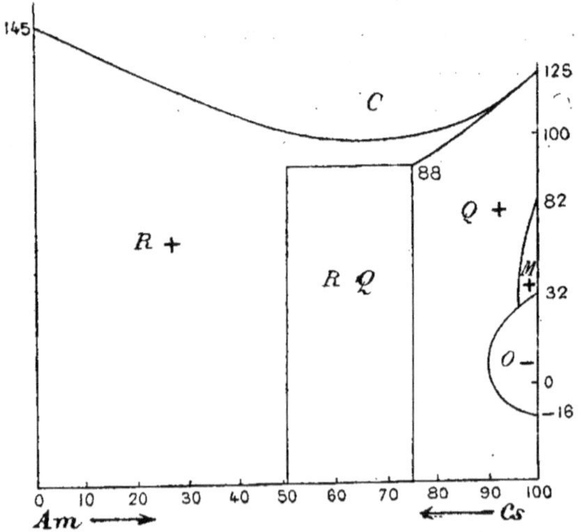

Fig. 177. — Transformations des cristaux mixtes de CsAzO^3 et de AmAzO^3.

toujours cubique. Par refroidissement, les cristaux se transforment en cristaux rhomboédriques, quasi-cubiques, positifs, en tout semblables à ceux de l'azotate de cæsium, tant que la proportion de l'azotate d'ammonium reste inférieure à 85 p. 100 environ ; cette limite est difficile à déterminer par suite de la surfusion, qui fait passer directement les cristaux de la forme cubique à la modification quadratique. La température de transformation baisse d'ailleurs d'une façon continue depuis la température de 145°, pour l'azotate de cæsium pur, jusqu'à la température de 100°, pour le

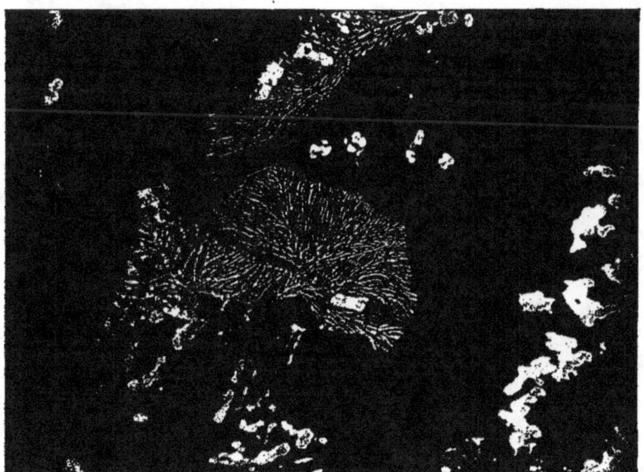

Fig. 178. — Cristallisation de cristaux quadratiques en milieu rhomboédrique.

mélange à 60 p. 100. Ces cristaux rhomboédriques subsistent pour les températures inférieures, tant que la proportion de $AmAzO^3$ est inférieure à 50 p. 100.

De 50 à 75 p. 100 d'azotate d'ammoniun, les cristaux rhomboédriques, à la température fixe de 88°, donnent naissance à un conglomérat de cristaux rhomboédriques et de cristaux quadratiques, le nombre de ces derniers augmentant progressivement de façon à rester seuls, pour la proportion de 75 p. 100. Le phénomène est très curieux, car les cristaux quadratiques apparaissent sous forme de fines arborescences au milieu des cristaux rhomboédriques (fig. 178). Mais, bien entendu, ceux-ci ont pris part à la transformation et leur composition est changée. Autrement dit, une plage rhomboédrique se trouble, puis s'éclaircit en donnant naissance aux arborisations rhomboédriques au milieu d'un cristal quadratique. Comme aspect, la préparation se modifie d'ailleurs avec le temps. Dans la figure 178, les grandes plages noires représentent des cristaux rhomboédriques très peu biréfringents non modifiés ; à côté se trouvent de fines arborescences quadratiques séparées par des filaments rhomboédriques. Les arborescences quadratiques en un jour ou deux se contractent, se ramassent sur elles-mêmes pour donner les plages que l'on voit à droite de la figure.

A partir de cette proportion, la température de transformation augmente progressivement depuis 88° jusqu'à 125°, température de transformation pour l'azotate d'ammonium pur. De plus, pour les proportions variant entre 75° et 86° p. 100 d'azotate d'ammonium, la modification quadratique est stable à toutes les températures au-dessous de sa température de passage à la modification cubique. La transformation des cristaux rhomboédriques en cristaux quadratiques présente une particularité intéressante en ce que, si l'on refroidit brusquement les premiers, la transformation est accompagnée de l'apparition de nombreuses lamelles hémitropes, très fines suivant les quatre plans b^1, ce qui permet de constater une relation d'orientation entre les cristaux quadratiques et les cristaux cubiques primitifs. Ceux-ci apparaissent lors de la solidification sous forme de trémies, il en résulte une disposition des inclusions permettant de reconnaître les plages perpendiculaires sur un axe quaternaire du cube ; or, dans les cristaux quadratiques, ces plages présentent de fines lamelles hémitropes perpendiculaires et, en outre, elles sont perpendiculaires sur l'axe optique : l'axe quaternaire de ces cristaux coïncide donc avec un axe quaternaire du cube primitif.

Mais, tandis que pour la teneur de 75 p. 100 et les teneurs voisines la pression exercée n'a d'autre résultat que de déterminer la formation de macles secondaires, pour la teneur voisine de 86 p. 100 une faible pression détermine la transformation de la modification quadratique en la modification orthorhombique ; mais celle-ci ne subsiste qu'autant que la pression se fait sentir, de sorte que la région transformée se déplace avec la pointe du scalpel qui exerce la pression ; la plage transformée a d'ailleurs, relativement aux cristaux quadratiques, une orientation parfaitement déterminée qui est celle indiquée pour les deux mêmes modifications dans l'azotate d'ammonium pur. D'autre part, pour qu'une faible pression suffise à déterminer la transformation, il est nécessaire que la température soit voisine de 20°; plus la température s'écartera de cette valeur, plus la pression devra être énergique pour déterminer la transformation. Enfin, à partir de 90 p. 100 d'azotate d'ammonium, la modification quadratique paraît encore être seule stable à toutes les températures, mais cela tient à la surfusion cristalline, et, si l'on comprime les cristaux, ils se transforment en la modification orthorhombique qui est stable à la température ordinaire ; mais alors les cristaux orthorhombiques repassent à la modification quadratique, soit qu'on les chauffe, soit qu'on les refroidisse. Enfin, pour les teneurs plus élevées en azotate d'ammonium, la modification orthorhombique apparaît d'elle-même et alors aussi apparaît la modification monoclinique.

MÉLANGES D'AZOTATE D'AMMONIUM ET D'AZOTATE DE THALLIUM

Le tableau ci-joint donne les modifications de chacun de ces azotates pris isolément et cela à chaque température.

	Am AzO³	Tl AzO³
	quadratique	orthorh. quasi-quadratique
	+	—
— 16°	orth. quasi-quadratique	»
	—	
32	monocl. quasi-quadratique	»
	+	
82	quadratique	rhomb. quasi-cubique
80°	+	+
125	cubique	cubique

Comme le tableau permet de le prévoir, pour les températures élevées les mélanges sont cubiques pour toutes les proportions (fig. 179). Considérons d'abord le cas où la proportion d'azotate d'ammonium est inférieure à 32 p. 100. Les cristaux cubiques, par refroidissement, se transforment en cristaux rhomboédriques quasi-cubiques, positifs, très peu biréfringents, en tout semblables aux cristaux d'azotate de thallium pur, mais la température de transformation baisse régulièrement depuis 125° jusqu'à 104° pour la proportion de 32 p. 100. Puis ces cristaux rhomboédriques se transforment en cristaux orthorhombiques quasi-quadratiques, négatifs, ayant tous les caractères des cristaux d'azotate de thallium à la température ordinaire : il y a cependant une petite différence consistant en ce que les cristaux d'azotate pur sont très petits,

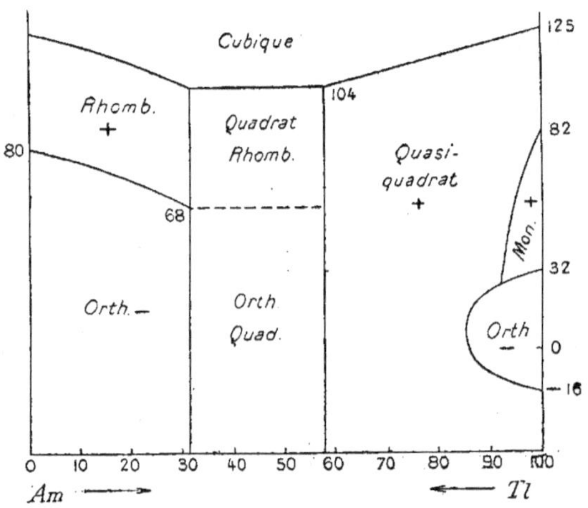

Fig. 179. — Transformation des cristaux mixtes de AmAzO³ et de TlAzO³.

tandis que les mélanges cristallisent en grandes plages ; ils se maclent d'ailleurs avec grande facilité. La température de transformation baisse graduellement depuis 80° jusqu'à 68°.

Mais, si les proportions d'azotate d'ammonium sont comprises entre 32 et 58 p. 100, il doit se former deux espèces de cristaux cubiques, renfermant les uns 32 p. 100 et les autres 58 p. 100 d'azotate d'ammonium, car ils se transforment à la température constante de 104°, les uns en cristaux rhomboédriques, les autres en cristaux quadratiques ; les premiers devenant orthorhombiques à la température fixe de 68°. Donc, dans cet intervalle, les cristaux conservent la même composition puisque les températures de transformation restent les mêmes, seule la quantité de cristaux quadratiques augmente lorsque le tant p. 100 d'azotate d'ammonium se rapproche de 58, de telle sorte que pour cette proportion les cristaux quadratiques restent seuls et cela à toutes les températures.

A partir de la proportion de 58 p. 100 d'azotate d'ammonium, les cristaux cubiques se transforment toujours en cristaux quadratiques à une température qui varie depuis 104° jusqu'à 125°, pour l'azotate pur. Comme dans le mélange d'azotate de cæsium la modification quadratique devient stable non seulement à la température ordinaire, mais encore aux températures plus basses. De

Fig. 180. — Macles secondaires dans les cristaux mixtes.

plus, dans le cas du thallium, ces cristaux d'abord quadratiques deviennent orthorhombiques quand la proportion d'azotate d'ammonium augmente : l'angle des axes optiques grandit peu à peu et devient égal à 12° dans l'huile, le plan des axes coïncidant avec un plan m des cristaux quadratiques, autrement dit étant parallèle à la trace de l'un des systèmes de macles suivant b^1. Celles-ci s'obtiennent avec la plus grande facilité dans les cristaux quadratiques et dans les cristaux orthorhombiques. Mais en outre, dans ces derniers, il se produit des macles suivant les plans h^1 ; c'est à peine s'il est nécessaire de toucher les cristaux pour faire naître ces dernières macles ; naturellement les cristaux maclés d'après cette loi ont leurs plans d'axes optiques orientés à 90° ; ce sont ces macles qui abondent dans la figure ci-jointe (180) ; les macles suivant b^1 ne sont représentées que par quelques lamelles. Si l'on chauffe ces cristaux orthorhombiques, ils deviennent quadratiques à la température de 35°. Le passage d'une modification à l'autre peut s'observer de deux façons. En lumière parallèle, les cristaux maclés suivant h^1 ne présentent pas, en général, la même intensité lumineuse ; or, si l'on chauffe, on voit la différence s'atténuer progressivement de telle sorte qu'il est impossible de saisir le moment où la différence a disparu, où le plan de macle est devenu un plan de symétrie. Si l'on observe le cristal en lumière convergente on voit, sous l'influence de la chaleur, les deux branches d'hyperboles de la ligne neutre se rapprocher peu à peu et se confondre de façon à donner naissance à une croix noire qui ne se disloque pas quand on continue à chauffer.

Il y a donc continuité absolue entre l'uniaxie et la biaxie, entre un cristal quadratique et un cristal orthorhombique, entre des cristaux appartenant à des systèmes cristallins différents.

Ces mélanges peuvent présenter des particularités identiques à celles que nous avons observées dans les mélanges d'azotate d'ammonium et d'azotate de cæsium, c'est-à-dire que, si le mélange renferme 88 p. 100 du premier, une faible pression exercée à la température ordinaire le transforme en la modification orthorhombique, qui revient à la modification quasi-quadratique positive dès que la pression cesse. Pour une proportion un peu plus forte d'azotate d'ammonium, il y a surfusion ou surchauffe cristalline, de sorte que la forme quasi-quadratique positive subsiste à la température ordinaire, mais la transformation se produit sous la moindre augmentation de pression et persiste une fois la pression disparue ; mais on revient à la première modification soit par échauffement, soit par refroidissement. Il est intéressant de remarquer que ce sont les deux plans de macles h^1 de la modification positive qui deviennent les deux plans de symétrie de la modification négative. Lorsque la proportion de l'azotate d'ammonium augmente, on voit apparaître la modification monoclinique positive.

D'après ce qui vient d'être exposé, à la température ordinaire se produisent successivement trois séries de cristaux : une première comprenant des cristaux ayant les caractères des cristaux de l'azotate de thallium ; une seconde comprenant des cristaux quadratiques ou quasi-quadratiques positifs, et enfin une troisième comprenant des cristaux ayant le facies des cristaux d'azotate d'am-

monium. L'expérience m'a montré que, si l'on fait cristalliser les
mélanges par voie aqueuse, on obtient les mêmes résultats sans
pouvoir affirmer cependant que les limites de la lacune existant
entre la première et la seconde série sont les mêmes que pour
les mélanges obtenus par fusion ignée.

En coordonnant ces résultats avec ceux que l'étude de l'influence
de la pression a révélés à M. Tammann, on peut se faire une idée

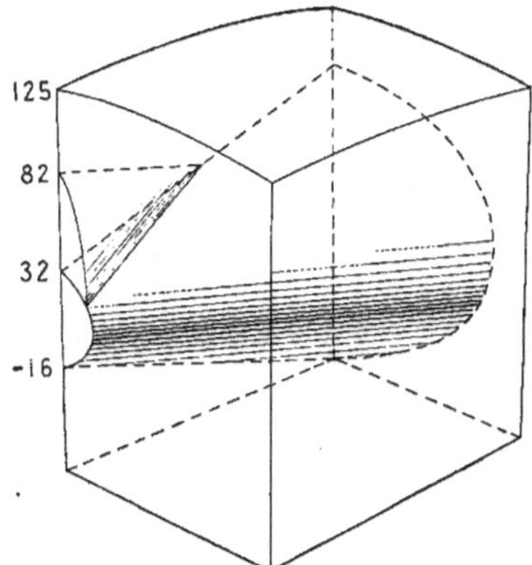

Fig. 181. — Domaines de stabilité des cristaux mixtes.

de la forme des surfaces, qui limitent dans l'espace, le domaine de
stabilité des différentes modifications, quand la température, la
pression et la composition varient. La figure 181 montre l'aspect de
ces surfaces, quand la composition varie entre 58 et 100 d'AmAzO^3,
mais bien entendu, la représentation de ces surfaces n'est
qu'approximative, puisqu'elle suppose que les limites de la lacune
restent les mêmes quand la pression change ; ce qui, évidemment,
n'est pas exact. Une surface supérieure, en forme de tuile, sépare
le domaine cubique du domaine quadratique, au milieu duquel se
découpe le domaine monoclinique, ayant la forme d'un cône dont
le sommet est tourné vers des pressions positives, et le domaine
orthorhombique, ayant la forme d'un tronc de cône dont le sommet
est tourné en sens inverse. On voit bien, de cette façon, comment
il y a continuité entre la modification quadratique stable au-dessus
de 32° et celle stable au-dessous de — 16° pour l'azotate d'ammonium pur.

MÉLANGES D'AZOTATE D'AMMONIUM ET D'AZOTATE DE RUBIDIUM

Dans le tableau ci-joint, on a rappelé les différentes modifications, en indiquant les intervalles de températures dans lesquels elles sont stables, quand chacun des sels est pris isolément.

	Am AzO³.	Rb AzO³.
	quadratique	rhomboédrique quasi-cubique
	$+$	$+$
— 16°		
	orthorh.	»
	—	
32		
	monocl.	»
	$+$	
82		
	quadratique	»
	$+$	
125		
	cubique	»
161		
	»	cubique
219		
	»	rhomboédrique type calcite

L'étude des cristaux mixtes de ces deux corps est rendue très difficile par suite de ce fait que la cristallisation du magma donne naissance à des cristaux de composition fort variable.

Comme l'indique le tableau pour une très forte proportion de $RbAzO^3$, les cristaux mixtes résultant de la solidification sont rhomboédriques du type calcite et possèdent une forte biréfringence et un signe négatif. Mais, comme une faible quantité d'azotate d'ammonium suffit pour faire disparaître cette modification et déterminer l'apparition de la modification cubique dès la solidification, on n'a pas porté sur le diagramme (fig. 182) le domaine de stabilité de cette modification rhomboédrique.

Tant que la proportion d'azotate d'ammonium ne dépasse pas 75 p. 100, la modification cubique se transforme en cristaux rhomboédriques ayant les caractères de la modification ternaire du $RbAzO^3$. Au delà, elle se transforme en cristaux quaternaires du type de l'$AmAzO^3$, la limite étant difficile à déterminer, car dans son voisinage on passe facilement au-dessus de la modification ternaire. Mais par refroidissement, les cristaux rhomboédriques peuvent éprouver des changements différents suivant les proportions des deux sels : si la proportion du sel ammonium est inférieure à 27 p. 100, la modification rhomboédrique subsiste à toutes les températures ; pour une proportion plus élevée, les cristaux rhomboédriques se transforment en cristaux orthorhombiques, négatifs, quasi-quadratiques, comme le prouve la possibilité de faire naître sur les sections perpendiculaires à la bissectrice de l'angle aigu

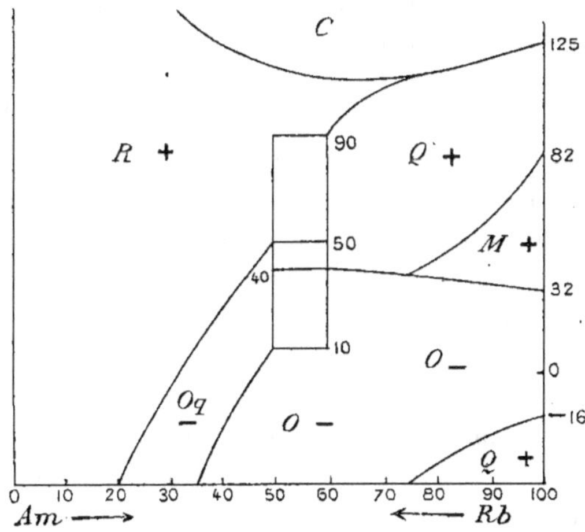

Fig. 182. — Transformations des cristaux mixtes de $AmAzO^3$ et de $RbAzO^3$

des axes optiques, quatre systèmes de macles secondaires. Par sa biréfringence et par l'ensemble de ses caractères, cette modification est identique à l'azotate de thallium. En particulier, il est impossible de distinguer les préparations renfermant les cristaux mixtes d'azotate d'ammonium et d'azotate de rubidium de celles renfermant des cristaux mixtes d'azotate d'ammonium et d'azotate de thallium, étudiés précédemment. La température de transformation, qui est de 50° pour la proportion de 50 p. 100 $Am\,Az\,O^3$, baisse assez rapidement quand cette proportion diminue. D'ailleurs le phénomène de la surfusion se produit fréquemment, et si, pour terminer la transformation, on fait subir un refroidissement énergique à la préparation, le passage s'effectue d'une modification à l'autre par un processus qui mérite d'être

signalé. Les cristaux cubiques résultant de la solidification du
mélange liquide reposent généralement sur une face du cube,
comme le montre la disposition des inclusions; deux des faces
du cube sont donc perpendiculaires au plan de la préparation. Or
dans la transformation en cristaux rhomboédriques, ces faces du
cube deviennent les faces d'un rhomboèdre et restent sensiblement
perpendiculaires. En outre, elles sont des plans de clivage et,
sous l'influence du refroidissement, les traces de ces plans de clivage apparaissent nombreuses et suivent deux directions à peu près
perpendiculaires. C'est fort probablement la présence de ces plans
de clivage qui détermine le mode particulier de transformation
qui s'effectue suivant deux séries de lamelles, très fines et perpendiculaires, simulant à s'y méprendre des lamelles hémitropes,
puisque des lamelles transformées alternent avec des lamelles non
transformées. Il est fort difficile de distinguer ces lamelles de véritables lamelles hémitropes, puisque, comme cela doit avoir lieu
dans les deux cas, les deux systèmes de lamelles s'éteignent
simultanément. Mais la distinction se fait facilement sur les sections obliques, parce que, alors, l'extinction se fait simultanément
pour toutes les lamelles, ce qui évidemment n'aurait pas lieu si
l'on avait affaire à des lamelles hémitropes. Comme on le voit, les
choses se passent comme dans la transformation de la modification orthorhombique de l'azotate d'ammonium en modification
quadratique par refroidissement. Dans un cas comme dans l'autre,
si des parties de cristaux non transformés subsistent à côté des
parties modifiées, cela tient probablement à ce que l'on se rapproche de la température indifférente à laquelle les deux modifications
peuvent subsister en contact. Mais, à côté de ces lamelles, que l'on
peut appeler *lamelles de transformation*, il existe de nombreuses
lamelles hémitropes dodécaédriques, qui, par leur disposition,
montrent bien que c'est un axe quaternaire du cube primitif qui
est devenu un axe quasi-quaternaire du cristal orthorhombique.

Mais la remarque la plus intéressante au sujet de cette modification consiste en ce qu'elle n'existe ni dans l'azotate de rubidium, ni dans l'azotate d'ammonium : elle n'est stable que dans
leur mélange, et c'est elle seule qui est isomorphe avec l'azotate
de thallium.

Par refroidissement, ces cristaux orthorhombiques se transforment en une modification ayant une biréfringence plus élevée, mais si finement maclée qu'il ne m'a pas été possible d'en faire l'étude optique complète; sa biréfringence est moins élevée que celle de la modification orthorhombique du $AmAzO^3$ pur; mais, quand la proportion de celui-ci augmente, il paraît bien y avoir passage graduel entre les deux espèces de cristaux. Il en résulterait que les azotates de thallium et d'ammonium, quoique étant orthorhombiques quasi-quadratiques, ne sont pas isomorphes.

Quand les proportions du $AmAzO^3$ varient entre 50 et 60 p. 100, les cristaux rhomboédriques se transforment partiellement à la température de 90° en cristaux quadratiques : ceux-ci se présentent tout d'abord en minces filonnets au milieu et sur le pour-tour des cristaux rhomboédriques. Puis, à la température de 50°, les cristaux rhomboédriques se transforment en cristaux orthorhombiques du type $TlAzO^3$, tandis que les cristaux quadratiques subsistent jusqu'à la température de 40°, à laquelle ils donnent naissance à des cristaux orthorhombiques du type $AmAzO^3$. Comment expliquer la présence de ces conglomérats de cristaux ? Il y a trois explications possibles : ou bien il se produit deux espèces de cristaux cubiques contenant respectivement 50 et 60 p. 100 de $AmAzO^3$ et donnant naissance à deux espèces de cristaux rhomboédriques qui se transforment respectivement en cristaux quadratiques et en cristaux orthorhombiques ; ou bien les cristaux rhomboédriques, dont la composition varie depuis 50 jusqu'à 60 p. 100, n'étant plus stables à partir de 80°, se dédoublent alors en cristaux rhomboédriques et en cristaux quadratiques ; enfin il est une troisième explication qui paraît confirmée par l'observation : celle-ci nous montre en effet que, si l'on réchauffe une plage orthorhombique traversée par un filonnet de cristaux quadratiques de façon à ramener le tout à l'état rhomboédrique, par refroidissement on peut obtenir une plage homogène orthorhombique. Ceci montre bien que la décomposition d'un cristal instable en deux cristaux stables n'a pas toujours lieu, par suite des frottements internes, et que le même édifice rhomboédrique peut passer à la modification orthorhombique du $AmAzO^3$ en suivant deux chemins différents.

Au delà de 60 p. 100, la modification rhomboédrique devient quadratique, puis orthorhombique du type du $AmAzO^3$ et, à partir de 75 p. 100, tout se passe comme pour l'azotate d'ammonium pur ; les températures de transformation seules varient.

MÉLANGES D'AZOTATE D'AMMONIUM ET D'AZOTATE DE POTASSIUM

Les modifications de chacun des sels sont stables dans les intervalles de température ci-indiqués :

	$Am\,AzO^3$		$K\,AzO^3$.
	Quadratique		Quasi-ternaire type calcite
	+		—
— 16°			
	Orthorhombique		»
	—		
32			
	Monoclinique		»
	+		
82			
	Quadratique		»
	+		
125		126°	
	Cubique		Rhomboédrique type calcite
			—

La méthode de mélange par fusion ignée présente une réelle difficulté provenant de ce que l'azotate de potassium ne fond qu'à une température beaucoup plus élevée que l'azotate d'ammonium, de sorte que, quand la proportion de celui-là est un peu élevée, celui-ci se décompose avant la fusion du mélange. Cependant, en commençant par les mélanges renfermant une proportion prépondérante de $AmAzO^3$, on obtient des résultats qui méritent d'être signalés.

Comme le montre le diagramme (fig. 183), l'adjonction de l'azotate de potassium à l'azotate d'ammonium, tant que la teneur en celui-ci est inférieure à 93 p. 100, a pour effet d'abaisser la température des transformations accompagnées de dilatation, et d'élever les températures de celles qui sont accompagnées de contraction. C'est ainsi que la température baisse pour la fusion de 152° à 145°, pour le passage de la forme cubique à la forme quadratique de 125° à 110°, pour le passage de la forme monoclinique à la forme ortho-rhombique de 32° à — 4° tandis qu'il y a élévation pour le pas-

sage de la modification monoclinique à la modification quadratique
de 82° à 104° et pour le passage de la modification quadratique
à la modification orthorhombique de — 16° à — 4°. Mais la température de transformation de la forme monoclinique se rapprochant de plus en plus de la température de passage à la forme
quadratique, il en résulte que, presque toujours, on passe de la

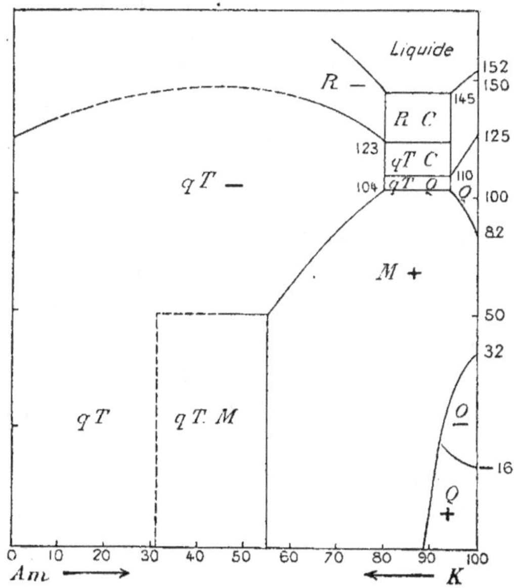

Fig. 183. — Transformations des cristaux mixtes de AmAzO³ et de KAzO³.

première à la seconde par-dessus la modification orthorhombique,
quand on refroidit un peu vivement la préparation, et ce n'est
que par réchauffement que la modification orthorhombique apparaît. Il se produit donc un phénomène identique à celui que l'on
observe dans le passage direct de la forme quadratique à la
forme orthorhombique par-dessus la forme monoclinique. C'est
d'ailleurs la même cause qui intervient dans les deux cas ; en
sautant par-dessus une forme, le volume des cristaux varie d'une
façon presque continue, et les variations brusques, qui sont la conséquence du passage par la modification intermédiaire, sont évitées.
Il est en outre à remarquer que la transformation n'est plus

gênée par l'abaissement de température, et qu'elle se fait d'une façon continue, sous forme d'un voile qui passe, au lieu de se produire par à-coup comme dans l'azotate d'ammonium pur.

A partir de 93 p. 100 de AmAzO³, la solidification donne naissance à un conglomérat de cristaux cubiques renfermant 93 p. 100 de AmAzO³ et de cristaux biaxes négatifs, dont les axes sont très rapprochés, qui renferment 80 p. 100 du même azotate. Mais il est à remarquer que souvent ces derniers cristaux commencent par être cubiques. A 123°, les cristaux biaxes se transforment en autres cristaux biaxes dont les axes sont plus écartés, les bissectrices aiguës coïncidant. A 110°, les cristaux cubiques se transforment en cristaux quadratiques, et alors on a, par exemple, des plages de ces derniers cristaux renfermant les cristaux biaxes, qui se présentent à l'état de filaments. A 104°, tous ces cristaux se transforment en cristaux monocliniques et la transformation offre un très grand intérêt : au moment de la transformatton, les cristaux se brouillent et deviennent le siège de mouvements vermiculaires dont il est difficile de déterminer la véritable nature et, après quelques instants, on commence à voir apparaître des plages qui s'individualisent peu à peu et finalement sont parfaitement homogènes (fig. 142) ; les filaments de la modification biaxe ont complètement disparu, et il faut bien admettre qu'il y a eu diffusion entre les biaxes et les cristaux quadratiques, au moment de la transformation, pour donner naissance à des cristaux appartenant à la modification monoclinique. Si je ne me trompe, ce serait le premier exemple bien démonstratif de la diffusion au sein de corps cristallisés, diffusion caractérisant les solutions et permettant d'établir une analogie entre les mélanges isomorphes et les solutions liquides. Mais il est à remarquer que cette diffusion se produit au moment où il y a transformation polymorphique, où les molécules paraissent jouir d'une mobilité particulière, analogue à celle que l'on observe au moment où les molécules sortent d'une combinaison, de sorte que l'on est en droit de se demander si la diffusion a bien lieu en milieu cristallisé, si elle n'a pas lieu simplement en milieu solide, puisqu'elle se produit au moment où il y a désagrégation du milieu cristallisé.

Lorsque la proportion d'azotate d'ammonium baisse au-dessous de 80 pour 100, la solidification du mélange liquide donne naissance à des cristaux négatifs nettement biaxes, quoique l'angle des axes optiques soit petit. C'est cette modification qui devient progressivement uniaxe quand la teneur en $AmAzO^3$ diminue, et qui se confond finalement avec la modification rhomboédrique du type calcite de l'azotate de potassium.

Cette modification biaxe se transforme, à une température qui, partant de 125°, va d'abord en augmentant, puis baisse pour prendre la valeur de 126° lorsque l'azotate de potassium est pur, en une seconde modification dont l'angle des axes optiques est plus grand, dont la biréfringence est plus faible. Lorsque la teneur en azotate de potassium augmente, l'angle des axes diminue et se rapproche peu à peu de la valeur qu'il possède dans la modification quasi-ternaire de l'azotate de potassium.

Quand la proportion d'azotate d'ammonium varie de 80 à 55 pour 100, cette modification biaxe se transforme à une température qui varie de 104° à 50° en la modification monoclinique de l'azotate d'ammonium. Mais les caractères de celle-ci se modifient peu à peu : l'angle des axes optiques augmente progressivement, atteint puis dépasse la valeur de 90°, de sorte que le cristal devient négatif. On voit donc que l'adjonction de l'azotate de potassium à l'azotate d'ammonium a pour principal effet de rendre stable, dans un domaine assez étendu, la forme monoclinique qui est la moins stable dans l'azotate pur.

Mais quand la proportion d'azotate d'ammonium descend au-dessous de 55 p. 100, la modification monoclinique ne paraît plus stable au-dessous de 50°. Aussi, quand la température descend au-dessous de cette limite, voit-on les cristaux quasi-ternaires se dédoubler en cristaux monocliniques dont la composition correspond à la proportion de 55 p. 100 de $AmAzO^3$ et en cristaux quasi-ternaires dont la composition ne peut être déterminée : car, dans l'impossibilité où l'on se trouve de faire cristalliser les mélanges, par fusion ignée, pour une proportion plus élevée de $K Az O^3$, on ne peut limiter l'espace correspondant au conglomérat et, par suite, la proportion à partir de laquelle la forme quasi-ternaire se produit seule à la température ordinaire.

On peut, cependant, démontrer sans peine que l'azotate d'ammonium possède une modification quasi-ternaire qui n'est pas stable dans les conditions ordinaires. Il suffit en effet, d'ensemencer une solution sursaturée du sel avec un cristal d'azotate de potassium, on la voit cristalliser immédiatement.

En terminant, il est important de faire remarquer le passage graduel constaté encore ici entre un uniaxe et un biaxe : on a vu, en effet, que le mélange renfermant moins de 80 p. 100 de $AmAzO^3$ cristallisait en cristaux dont la biaxie n'est pas douteuse, puisque la croix noire se disloque nettement dans des lames assez minces pour donner des teintes en lumière polarisée parallèle : or, ces cristaux biaxes se transforment progressivement en rhomboèdres du type calcite.

MÉLANGES D'AZOTATE DE CÆSIUM ET D'AZOTATE DE RUBIDIUM

Comme le montre le tableau ci-joint, l'analogie est beaucoup plus marquée entre ces azotates qu'entre les précédents.

	$Cs\,AzO^3$.	$Rb\,AzO^3$.
	Rhomboédr. quasi-cubique	Rhomboédr. quasi-cubique
	+	+
145°		
	Cubique	»
161		
	»	Cubique
219		
	»	Rhomboéd. type calcite
		—

Les particularités à signaler sont beaucoup moins nombreuses que pour les mélanges précédents. Tant que la proportion d'azotate de rubidium est inférieure à 75 p. 100, le mélange en se solidifiant donne naissance à des cristaux cubiques qui se transforment en cristaux rhomboédriques très peu biréfringents, et dont la biréfringence va en diminuant quand la température baisse (fig. 184). La température de transformation baisse elle-même de 145°, pour le $CsAzO^3$ pur jusque 136°, se maintient dans le voisinage de cette température, puis se relève assez brusquement jusque 161° pour $RbAzO^3$ pur. Mais, si la proportion de $RbAzO^3$ est supérieure à 75 p. 100, le liquide se solidifie sous forme de cristaux rhomboédriques négatifs dont la biréfringence relativement faible au début va en augmentant quand la proportion de $RbAzO^3$ aug-

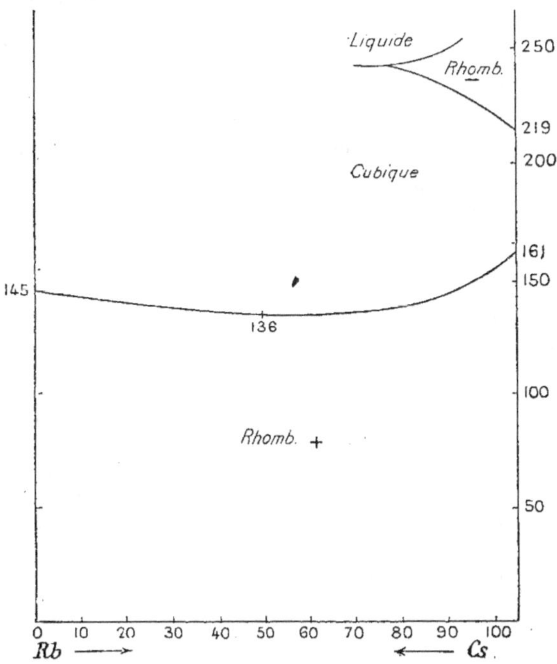

Fig. 184. — Transformations des cristaux mixtes de $CsAzO^3$ et de $RbAzO^3$.

mente. Quant à la température de transformation de cette modification rhomboédrique à la modification cubique, elle baisse graduellement depuis 248° jusqu'à 219°.

MÉLANGES D'AZOTATE DE RUBIDIUM ET D'AZOTATE DE THALLIUM

Les rapports des différentes modifications de ces deux corps sont les suivants :

$TlAzO^3$.	$RbAzO^3$
Orthorhomb. quasi-quadratique	Rhomboédrique quasi-cubique
—	+
Rhomboédrique quasi-cubique	»
+	

80°

	Tl AzO³.	Rb AzO³,
125		
	Cubique	»
161		
	»	Cubique.
219		
	»	Rhomb. type calcique

Quand la proportion de Tl Az O³ varie de 0 à 25 p. 100, le mélange, en se solidifiant, donne naissance à des cristaux rhomboédriques

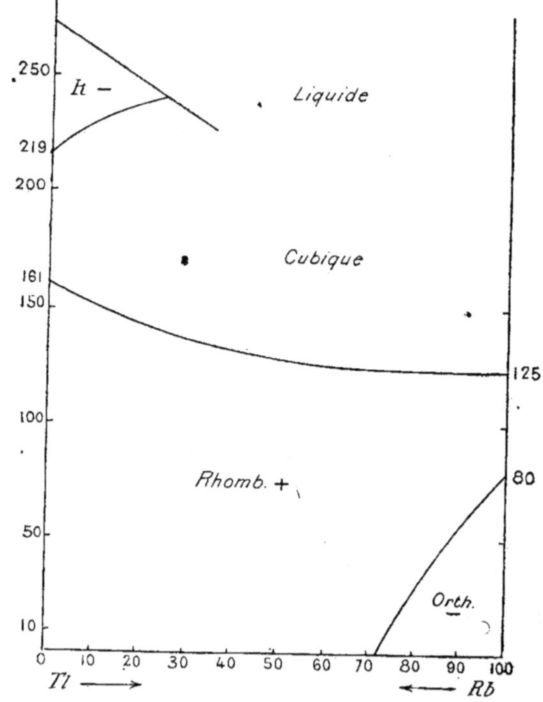

Fig. 185. — Transformations des cristaux mixtes de TlAzO³ et RbAzO³.

négatifs du type calcite dont la biréfringence, d'abord très élevée, va en baissant peu à peu (fig. 185).

Ces cristaux se transforment en cristaux cubiques à une température qui s'élève depuis 219° jusqu'à 245° p. 25 p. 100 de Rb Az O³. A partir de cette proportion, les mélanges cristallisent directement en cristaux cubiques.

Ces derniers se transforment en cristaux rhomboédriques positifs, quasi-cubiques, à une température qui baisse à partir de 161° jusque dans le voisinage de 125° où elle se maintient pour l'azotate de thallium pur.

Enfin, quand l'azotate de thallium est prépondérant, mais pour une proportion et à une température qu'il est fort difficile de déterminer, les cristaux rhomboédriques se transforment en cristaux orthorhombiques négatifs du type azotate de thallium ; la surfusion est, en effet, la règle, et la transformation ne se produit que longtemps après le passage par la température où elle doit avoir lieu.

MÉLANGES D'AZOTATE DE THALLIUM ET D'AZOTATE DE CÆSIUM

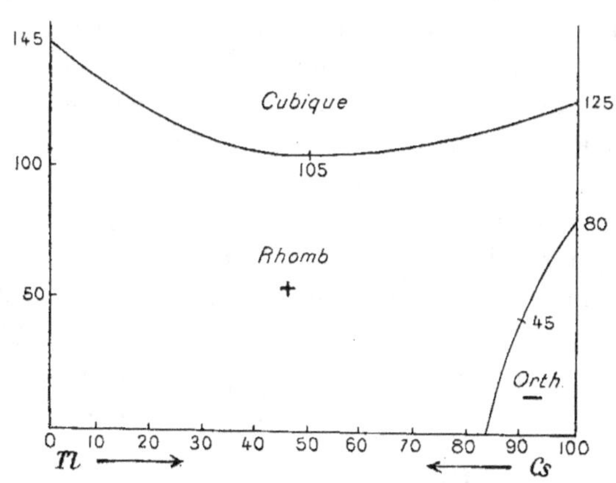

Fig. 186. — Transformations des cristaux mixtes de CsAzO³ et de TlAzO³.

Les différentes modifications de ces sels sont les suivantes :

	Tl AzO³.	Cs AzO³.
	Orthorhombique	Rhomboédrique
	—	+
80°		
	Rhomboédrique	»
	+	
125		
	Cubique	»
145		
	»	Cubique

Les mélanges, quelles que soient les proportions des deux corps, se solidifient en cristaux cubiques qui se transforment en cristaux rhomboédriques quasi-cubiques à une température qui varie depuis 145° jusque 105° qui paraît être la valeur minimum, pour la proportion de 50 p. 100, se relève ensuite et atteint la valeur de 125° pour l'azotate de thallium pur (fig. 186).

Pour une proportion élevée d'azotate de thallium, ces cristaux rhomboédriques se transforment en cristaux orthorhombiques. Mais il y a toujours surfusion, et il est à remarquer que, par une pression même légère exercée sur la préparation, on détermine la transformation.

Conclusions. — Nombreuses et importantes sont les conclusions qui ressortent de cette étude des cristaux mixtes de deux azotates alcalins. Tout d'abord, elle nous montre combien il faut être circonspect avant de déclarer que deux corps sont isomorphes ; dans tous les ouvrages de chimie cristallographique, on les indique comme isomorphes, sur la foi de la loi de Mitscherlich, et on leur attribue des paramètres sensiblement égaux. On arrive à ce résultat, en changeant les caractéristiques des faces, et en donnant les mêmes caractéristiques à des faces faisant, il est vrai des angles à peu près égaux, mais n'ayant nullement la même signification physique. Or de l'étude, que nous avons faite de ces azotates, il résulte que, à la température ordinaire, il n'y a que deux de ces azotates qui soient réellement isomorphes, l'azotate de rubidium et celui de cæsium.

A un autre point de vue, il résulte encore de cette étude, que les conditions exigées pour l'isomorphisme peuvent n'être réalisées que dans un certain intervalle de température : en dehors de cette intervalle les corps sont isodimorphes, et non isomorphes.

Enfin les diagrammes nous permettent de prévoir les résultats de la cristallisation à température constante, lorsque l'on fait cristalliser les deux corps par l'intermédiaire d'un dissolvant, en admettant que ces résultats doivent être les mêmes quel que soit le procédé employé pour obtenir les cristaux mixtes. Il suffit de couper un diagramme par une droite horizontale, correspondant à la température considérée ; suivant les domaines traversés par cette droite, la cristallisation aqueuse donnera telle ou telles suites de cristaux mixtes, en continuité chimique ou séparées par des lacunes.

Comme il est facile de s'en rendre compte, les azotates sont susceptibles de fournir des exemples de presque tous les cas distingués dans l'étude des cristaux mixtes obtenus par dissolution, pourvu bien entendu que l'on fasse varier la température de cristallisation. C'est ainsi que des diagrammes précédents, on tire les conclusions suivantes :

Les azotates de rubidium et de cæsium donnent une série continue de cristaux mixtes rhomboédriques quasi-cubiques, à toutes les températures inférieures à 136°.

Les mèmes azotates donnent également une série continue et complète, mais alors de cristaux cubiques, entre 161° et 219°.

Entre 80° et 105° d'une part, entre 80° et 125° de l'autre, les azotates de cæsium et de thallium, les azotates de rubidium et de thallium donnent également une série continue de cristaux mixtes rhomboédriques quasi-cubiques. Les mèmes azotates donnent des séries de cristaux cubiques aux températures supérieures à 145° pour les premiers et entre 161° et 185° pour les seconds ; cette température de 185° est la température inférieure de fusion du mélange.

L'azotate d'ammonium donne des séries continues de cristaux cubiques avec l'azotate de thallium au-dessus de 125°, avec l'azotate de cæsium au-dessus de 145°, avec l'azotate de rubidium au-dessus de 161°. Mais cependant il y a doute sur la continuité de ces dernières séries : il se pourrait en effet, que, lors de la solidification, il y eût, entre certaines limites, formation de deux espèces de cristaux cubiques, autrement dit qu'il y eût une lacune au milieu de ces séries de cristaux cubiques.

Enfin l'azotate de potassium est réellement isomorphe avec l'azotate de rubidium aux températures supérieures à 219°. Alors, en effet, les deux azotates se mélangent en toutes proportions pour donner des cristaux rhomboédriques du type calcite.

Dans toutes ces séries de cristaux mixtes, les propriétés physiques varient de façon continue avec la composition : ils sont réellement isomorphes.

Dans un autre type de mélanges, les cristaux appartiennent à une même série, présentant une lacune, et cette lacune est occupée par une série de cristaux mixtes ayant une forme primitive différente. Il y a continuité, au point de vue de la composition chimique, entre les trois groupes de cristaux, mais, pour les deux groupes extrèmes seulement, les constantes physiques sont représentées par une même courbe; les constantes physiques des cristaux du groupe intermédiaire sont représentées par des courbes n'ayant rien de commun avec les précédentes.

C'est ainsi que, entre 105° et 125°, les cristaux mixtes d'azotates de cæsium et de thallium forment une série continue au point de vue de la composition chimique ; mais, aux deux extrémités, ils sont rhomboédriques quasi-cubiques, tandis que, pour les proportions intermédiaires, ils sont cubiques. Quand la température baisse, les deux limites comprenant les cristaux cubiques se rapprochent de plus en plus et se réunissent à la température de 105°, de telle sorte que, au-dessous de cette température, il n'y a plus qu'une série continue de cristaux rhomboédriques.

Dans les cas précédents les corps qui se mélangent pour cristalliser sont isomorphes, c'est-à-dire présentent des formes cristallines voisines.

Considérons maintenant les séries de cristaux mixtes résultant du mélange de corps isopolymorphes : les séries de cristaux obtenus en partant de chacun des corps ne convergent pas l'une vers l'autre.

Dans un premier cas, les deux séries sont séparées par une lacune, comme cela a lieu dans la cristallisation simultanée de l'azotate de potassium et des azotates de cæsium, ou de thallium, ou encore de rubidium.

Dans un second cas, il n'y a pas de lacune, et au point de vue de la composition chimique il y a continuité entre les deux séries de cristaux mixtes. Tels sont les mélanges d'azotates de thallium et de cæsium d'une part et ceux d'azotates de thallium et de rubidium de l'autre, tous étant considérés au-dessous de 80° : les cristaux d'une série sont orthorhombiques comme l'azotate de thallium et les cristaux de l'autre série sont rhomboédriques comme les azotates de rubidium et de cæsium.

Dans un troisième cas, la lacune, comprise entre les deux séries, est occupée par une troisième série de cristaux ayant une forme primitive différente de celles des deux autres séries. Tel serait le cas des mélanges d'azotates d'ammonium et de rubidium entre — 16° et 10° : ils comprennent une série rhomboédrique quasi-cubique isomorphe de l'azotate de rubidium, une série orthorhombique isomorphe de l'azotate d'ammonium et entre ces deux séries une troisième série de cristaux orthorhombiques isomorphes de l'azotate de thallium.

Dans un quatrième cas, deux des séries du cas précédent sont séparées par une lacune. Par exemple, dans les mélanges d'azotate d'ammonium et de cæsium, on a, à la température ordinaire, une série de cristaux mixtes isomorphes de l'azotate d'ammonium, puis une série de cristaux quadratiques, puis une lacune et une série de cristaux rhomboédriques isomorphes de l'azotate de cæsium. Il pourrait, d'ailleurs, y avoir une seconde lacune entre les deux autres séries ; mais les azotates ne nous offrent pas d'exemple de cette particularité.

Cas de trois corps mélangés. — Les détails que nous venons de donner sur le polymorphisme des cristaux mixtes de deux corps, nous permettront de passer rapidement sur les mélanges constitués par trois corps, et cela avec d'autant plus de raisons que les recherches théoriques et expérimentales sur cette question se réduisent à fort peu de chose.

Avec le mode de représentation géométrique, basé sur la considération d'un prisme à base triangulaire équilatérale, les domaines de stabilité des différentes modifications des mélanges sont séparées par des surfaces, ou plutôt par des fragments de surfaces, se coupant entre elles ou coupant les faces latérales du prisme. Comme dans le cas des mélanges de deux corps, on pourra se demander si ces domaines ne sont pas séparés par deux surfaces limitant un domaine intermédiaire, correspondant à un équilibre simultané des deux modifications, ou bien s'il existe une seule surface de transformation, comme pour les corps simples. La théorie, qui consiste à considérer les mélanges isomorphes comme des solutions conduit à admettre l'existence de deux surfaces, tandis que l'expérience ne permet pas de constater l'existence d'un intervalle de température pour la transformation, mais seulement l'existence d'une température de transformation. En un mot, comme pour les mélanges de deux corps, la question reste en suspens.

Au point de vue expérimental un seul cas à été étudié, celui des trois azotates de thallium, de cæsium et d'ammonium [1]. Les

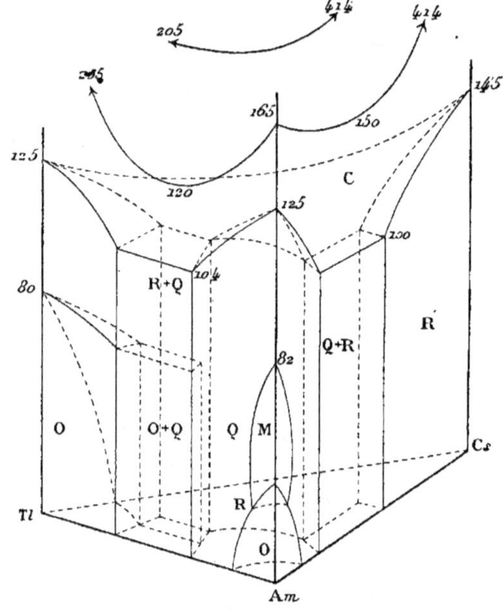

Fig. 187. — Transformations des cristaux mixtes de $CsAzO^3$, de $TlAzO^3$ et $AmAzO^3$.

résultats sont résumés dans le diagramme représenté par la figure 187, qui donne une vue perspective du prisme.

Dans chacune des faces du prisme, on retrouve le diagramme donné dans le paragraphe précédent, pour le mélange de deux des azotates, considérés indépendamment du troisième. La surface de solidification n'a pu être déterminée que très imparfaitement, car, comme on le sait, la moindre trace d'eau dans les sels ammoniacaux entraîne un notable changement dans la température de fusion, et, d'autre part, les mélanges d'azotates de thallium et de cæsium passent par l'état pâteux avant de fondre, ce qui rend très difficiles les déterminations exactes.

[1] Wallerant. *C. R. Acad. des Sciences*, 1907.

Tous les mélanges passent de l'état liquide à l'état solide en cristallisant dans le système cubique. Les cristaux cubiques par refroidissement se transforment en cristaux, dont la nature varie suivant les proportions des trois corps, mais pour le plus grand nombre de mélanges, c'est la modification rhomboédrique positive, peu biréfringente, qui apparaît, comme le montre la section droite du prisme.

Si la proportion d'azotate de thallium augmente beaucoup, les cristaux rhomboédriques se transforment, quand la température baisse, en cristaux orthorhombiques négatifs. Si c'est l'azotate d'ammonium, qui prédomine, les cristaux deviennent quadratiques et restent quadratiques pour toutes les températures, tant que la quantité d'azotate d'ammonium ne dépasse pas une certaine proportion; quand celle-ci est dépassée les cristaux deviennent successivement monocliniques et orthorhombiques.

Comme on le voit sur la figure, ces différents domaines de stabilité sont séparés par des lacunes, c'est-à-dire par des régions correspondant à des conglomérats de deux espèces de cristaux, de composition constante pour tous les points de ce que l'on peut appeler le domaine lacunaire. Il est à remarquer que deux de ces domaines lacunaires s'emboîtent l'un dans l'autre, par suite de ce fait que les cristaux rhomboédriques suivant les proportions se transforment ou ne se transforment pas en cristaux orthorhombiques.

CHAPITRE VI

POLYMORPHISME DES CRISTAUX MIXTES HYDRATÉS

I. — TRANSFORMATION SOUS L'INFLUENCE DE LA COMPOSITION

Quand deux corps cristallisés renferment le même nombre de molécules d'eau de cristallisation, ils peuvent être isomorphes comme les autres corps, et donner naissance à des cristaux mixtes renfermant le même nombre de molécules d'eau de cristallisation que les corps purs : tels sont les sulfates de magnésie et de zinc à 7 molécules d'eau : ils sont orthorhombiques, l'angle des prismes étant très voisin, et ils donnent une série continue de cristaux mixtes. Mais pour les corps ne renfermant pas le même nombre de molécules d'eau il en est, le plus souvent, tout autrement. S'ils se mélangent pour cristalliser, les cristaux mixtes se répartissent au moins en deux séries, différant non seulement par les propriétés physiques et cristallographiques, mais encore pas le nombre de molécules d'eau de cristallisation : chacune d'elle aboutit à l'un des corps et présente dans tous ses termes le même nombre de molécules d'eau que ce dernier ; entre ces deux séries peuvent d'ailleurs s'intercaler d'autres séries, dont le degré d'hydratation est indépendant de celui des corps mélangés. On voit donc que l'on se trouve en présence d'un isodimorphisme généralisé, puisqu'à la variation dans les formes cristallines s'ajoute un changement dans le degré d'hydratation.

On ne connaît jusqu'ici qu'un seul exemple de sels inégalement hydratés qui se retrouvent dans les cristaux mixtes avec leur nombre propre de molécules d'eau de cristallisation. Ce sont le silicotungstate de baryum à 24 molécules d'eau et le silicomolybdate de baryum à 22 molécules d'eau [1]. Si la proportion du premier sel est supérieure

---

[1] Copaux, *thèse*.

à 40 p. 100 dans le mélange, le second adopte également 24 molécules, mais si la proportion est inférieure à cette quantité, le second sel se trouve dans les cristaux mixtes avec ses 22 molécules.

Dans ce chapitre nous nous proposons de résumer les recherches sur les cristaux mixtes de deux hydrates, isodimorphes dans le sens généralisé.

Pour grouper les résultats, on a employé deux sortes de diagrammes, qui se complètent heureusement. M. W. Stortenbeker[1] a préconisé le mode de représentation suivant. Sur deux axes de coordonnées rectangulaires on porte les nombres de molécules des deux corps A et B qui saturent une quantité fixe d'eau, 100 molécules par exemple. Ces nombres, pris comme coordonnées déterminent un point du plan. Quand la quantité de A varie, il en est de même de la quantité de B et le point décrit une courbe, qui rencontre chacun des axes de coordonnées en un point dont la coordonnée donne le nombre de molécules du corps, nécessaire pour saturer 100 molécules d'eau.

Mais chacune de ces dissolutions se trouve en équilibre, avec un certain mélange cristallisé, qui bien entendu ne renferme pas les corps A et B dans les mêmes proportions que la dissolution, et que l'expérience permet seule de déterminer. Supposons que les deux corps soient susceptibles de donner naissance à deux séries de cristaux mixtes, différant soit par la forme cristalline soit par le degré d'hydratation ; à une température donnée, une seule moidfication est stable en présence d'une solution donnée ; la modification instable étant plus soluble, ne pourra prendre naissance que dans une solution sursaturée, c'est-à-dire renfermant une plus forte proportion des corps A et B. Par conséquent les solutions, tenant les mêmes proportions des deux corps, mais donnant naissance l'une à la modification stable et l'autre à la modification instable seront représentées par deux points situés sur une même droite, passant par l'origine, le point correspondant à la solution de la modification instable étant plus éloigné que celui correspondant à la solution de la modification stable. C'est ainsi que les sulfates de magnésium et de zinc peuvent constituer des cristaux mixtes à 7 molécules d'eau stables et des cristaux instables à 6 molécules ;

[1] *Zeitsch. f. phys. Chemie*, vol. 17.

la courbe de solubilité de la modification à 6 molécules sera tout entière au delà de la courbe correspondant à l'autre modification, relativement à l'origine. Dans un autre cas, les deux courbes pourront se couper et suivant la composition de la solution ce sera l'une ou l'autre des modifications qui sera stable. Dans la solution, correspondant au point d'intersection, se formeront deux espèces de cristaux appartenant les uns à l'une des modifications et les seconds à l'autre modification, et généralement il y aura une discontinuité entre les compositions de ces deux espèces de cristaux.

Si les deux corps sont susceptibles de donner naissance à trois séries de cristaux mixtes, les conditions de stabilité seront exprimées par la manière dont les trois courbes se couperont, et théoriquement on peut prévoir un très grand nombre de cas, qu'il est inutile de distinguer en dehors des applications.

Il ne faut pas oublier que les courbes de solubilité varient avec la température et que par conséquent deux courbes qui se coupent à une température donnée, peuvent ne pas se rencontrer à une autre, ce qui correspond à un changement dans l'ordre des stabilités.

Mais ce mode de représentation ne donne aucun renseignement sur la composition des cristaux mixtes, dont il indique la solubilité. Aussi faut-il lui adjoindre un second mode, que nous avons indiqué précédemment, et qui consiste à porter sur les côtés d'un carré les nombres de molécules de l'un des corps, contenus dans 100 molécules de cristaux mixtes et dans 100 molécules des sels dissous.

Résultats expérimentaux. — On ne possède encore que fort peu de résultats sur cette question si intéressante, mais ce qui manque surtout ce sont les données cristallographiques : les auteurs se sont contentés d'étudier la solubilité des différents mélanges cristallisés, de déterminer les rapports de composition entre ces mélanges et les solutions, la nature des mélanges n'étant examinée qu'au point de vue de la quantité de molécules d'eau qu'ils renfermaient. Aussi est-on en droit de désirer voir confirmer les résultats publiés par de nouvelles recherches cristallographiques.

Sulfate de cadmium. — Sulfate de fer.

Ces deux sulfates sont monocliniques, mais le premier ne renferme que 2 $^2/_3$ molécules d'eau, tandis que le second en contient 7. Les mélanges cristallisés ont été étudiés, d'abord par Retgers[1], qui a constaté que les cristaux de cadmium ne dissolvaient qu'une faible quantité de sulfate de fer; les cristaux mixtes sont incolores et semblables à ceux de cadmium. Au contraire le sulfate de fer peut dissoudre une notable quantité du second sulfate; les cristaux mixtes sont vert pâle et à mesure que la quantité de cadmium augmente le nombre de faces diminue et, dans les plus riches, il ne reste que les faces et les bases du prisme.

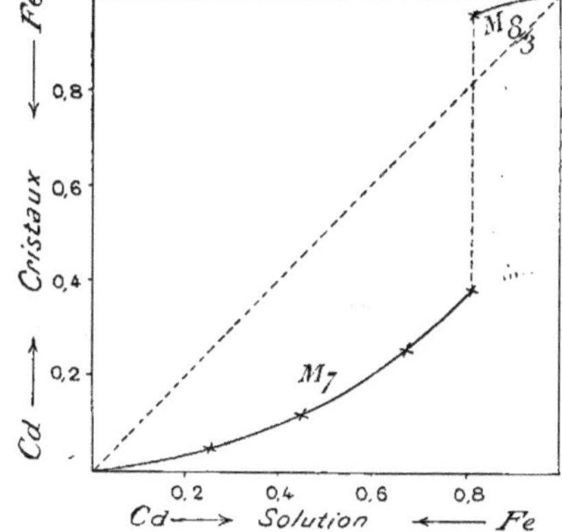

Fig. 188. — Cristaux mixtes de sulfates de fer et de cadmium.

M. W. Stortenbeker[2] a repris la question et a obtenu les limites suivantes :

	(Cd,Fe) SO⁴,2²/₃H²O		(Cd,Fe) SO⁴,7H²O	
Solution. . .	100 — 79,8 mol. p. 100 Cd		79,8 — 0 mol. p. 100 Cd	
Cristaux. . .	100 — 99,1	—	36,6 — 0	—

d'où l'on déduit les deux figures suivantes (fig. 188)

Sulfate de cuivre. — Sulfate de manganèse.

L'étude des cristaux mixtes de ces deux sulfates est particulièrement intéressante. Ils sont, en effet, tous les deux tricliniques et renferment 5 molécules d'eau. Leurs constantes cristallographiques sont :

CuSO⁴,5H²O 0,5261 : 1 : 0,5623 α = 112°48′ β = 109°49′ γ = 92°54′
MnSO⁴,5H²O 0,5449 : 1 : 0,5268 α = 113°5′ β = 109°44′ γ = 94°0′

[1] *Zeitsch. f. phys. Chemie*, vol. 16.
[2] *Zeitsch. f. phys. Chemie*, vol. 34.

Ils présentent donc toutes les conditions de l'isomorphisme, et cependant Retgers, en étudiant les cristaux mixtes, a constaté que la série triclinique était interrompue par une lacune, dans laquelle se formaient des cristaux monocliniques, à sept molécules d'eau isomorphes du sulfate de fer.

M. W. Stortenbeker a repris cette étude à la température de 18°, car comme on le verra tout à l'heure la température a

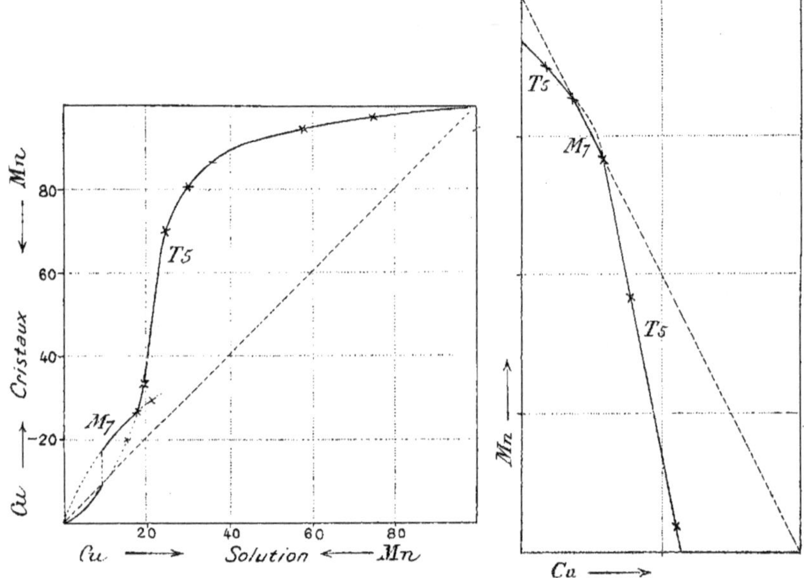

Fig. 189. — Cristaux mixtes de sulfates de cuivre et de manganèse.

une grande influence sur les résultats de la cristallisation. Il a obtenu les nombres suivants pour les limites :

	(Cu,Mn) SO⁴,5H²O	(Cu,Mn) SO⁴,6H²O
Solution.	100 — 15,9 et 10,27 — 0 mol. p. 100 Cu	15,9 — 10,27 mol. p. 100 Cu
Cristaux.	100 — 22,9 et 10, 5 — 0 —	23,5 — 16 —

D'autre part les solutions correspondant aux limites renfermaient pour 100 H²O.

Première limite	1,06 mol. Cu	5,58 mol. Mn
Seconde limite.	0,73 —	6,37 —

Les résultats se trouvent groupés dans les deux figures suivantes (fig. 189). qui montrent bien la continuité existant entre les
deux fragments de la série des mélanges isomorphes à 5 molécules d'eau; cette continuité est d'autant plus nette que M. W.
Stortenbeker a pu jalonner les courbes en analysant des cristaux
mixtes instables. D'autre part la figure montre les rapports des
deux courbes de solubilité, qui se coupent en deux points très
rapprochés, de sorte qu'il est à prévoir qu'une légère élévation de
température suffit pour faire disparaître les cristaux à 7 molécules
d'eau. Et en effet à la température de 23°, la solubilité du sel à

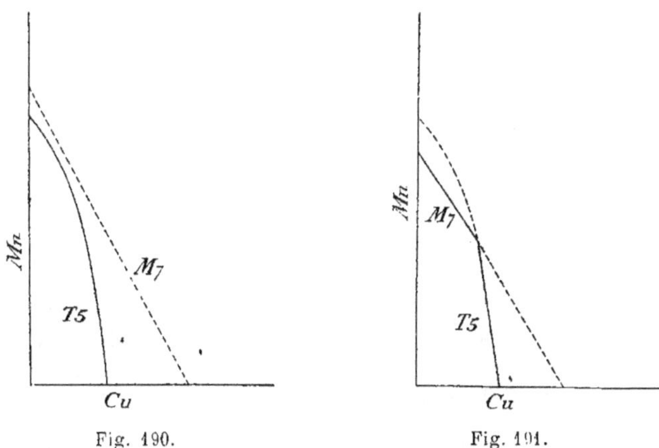

Fig. 190.   Fig. 191.

7 molécules augmente relativement à celle du sel à 5 molécules
et les deux courbes sont situées l'une par rapport à l'autre dans
la position représentée schématiquement par la figure 190. Au
contraire à 10°, le sel de manganèse à 7 molécules est moins
soluble que le sel à 5, et par conséquent les deux courbes ont
une position analogue à celle de la figure 191.

D'ailleurs M. Hollmann[1] a déterminé la courbe, qui donne les
rapports de composition de la solution et des cristaux à la température de 0°, et cette courbe réprésentée, figure 192 A, comprend
deux segments correspondant l'un aux cristaux monocliniques.
l'autre aux cristaux tricliniques. Les extrémités de ces fragments déterminés graphiquement correspondent à 0.360 molécule

[1] *Zeitsch. f. phys. Chemie*, vol. LIV.

du sulfate de cuivre pour une molécule du cristal monoclinique et
à 0,780 molécule du même sulfate pour une molécule du cristal
triclinique. La solution correspondant à cette lacune renferme
0,290 molécule du même sulfate pour une molécule du sel mixte
dissous.

M. Hollmann a déterminé la même courbe, pour la température
de 17°, c'est-à-dire pour une température très voisine de celle de
18°, à laquelle ont été faites les recherches de M. Stortenbeker, et

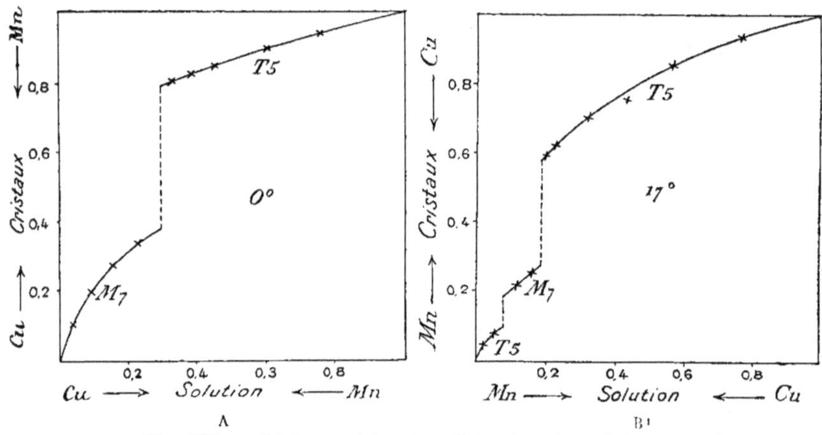

Fig. 192. — Cristaux mixtes de sulfates de cuivre et de manganèse.

ses résultats, groupés dans la figure 192 B[1] sont assez différents,
en ce que, d'après lui, il y aurait deux lacunes notables, tandis
que d'après M. Stortenbeker, l'une tout au moins de ces lacunes
serait très réduite. La comparaison des deux figures montre de
suite que la partie presque verticale de la courbe de M. Stortenbeker correspond en réalité à une lacune.

Sulfate de cuivre. — Sulfate de zinc.

Le premier de ces sulfates est triclinique et contient 5 molécules
d'eau ; le second est orthorhombique et possède 7 molécules d'eau.
D'après Retgers[2], qui le premier a étudié les mélanges cristallisés
de ces deux sels, ces mélanges se répartissent en trois séries,
l'une comprenant des cristaux tricliniques, bleu foncé en tout sem-

[1] Substituer dans cette figure Mn à Cu.
[2] *Zeitsch. f. phys. Chemie*, vol. XV.

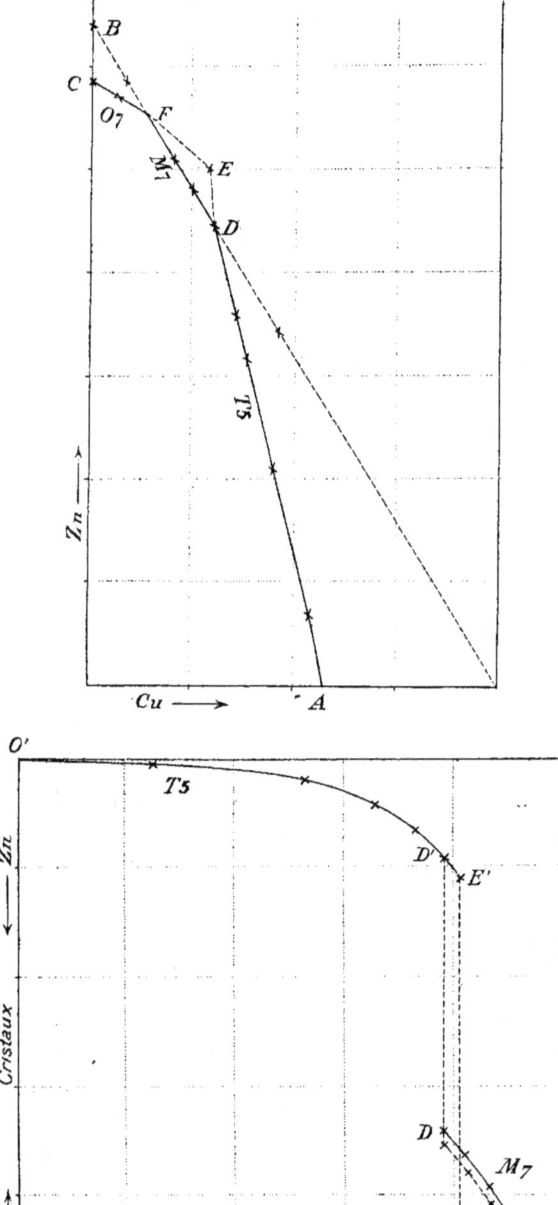

Fig. 193. — Cristaux mixtes de sulfates de cuivre et de zinc.

blables aux cristaux de sulfate de cuivre pur ; la seconde comprenant des cristaux monocliniques, bleu clair, sous forme de prismes ayant l'aspect de rhomboèdres et enfin la troisième composée de cristaux orthorhombiques, incolores, semblables à ceux de sulfate de zinc pur.

M. Stortenbeker a repris cette étude [1] et a établi les courbes de solubilité et les rapports de composition donnés par les figures A et B (fig. 193).

En ce qui concerne la première, le point D, correspondant à une solution, donnant naissance à deux espèces de cristaux, a pour coordonnées 1.22 de sulfate de cuivre et 4.45 de sulfate de zinc. Les coordonnées du point F sont 0,51 du premier sulfate et 5,59 du second. Mais en outre l'auteur a pu obtenir des modifications instables permettant de jalonner ses courbes. C'est ainsi que parmi les cristaux (M7), il a pu obtenir sans difficulté le sulfate de zinc pur, un cristal renfermant 0,30 molécule de sulfate de cuivre pour 5,86 molécules de sulfate de zinc, et sur l'autre prolongement de la courbe, des cristaux contenant 1,86 molécule du premier sulfate pour 3,36 molécules du second.

Quant à la courbe de concentration respective de la solution et des cristaux, elle présente, comme on le voit, trois segments, correspondant à des cristaux stables, OF, F'D et D'O' et les coordonnées de ces points en molécules de sulfate de cuivre sont fournies par le tableau suivant :

	Orthorhombique.	Monoclinique.	Triclinique.
Solution. . .	0 — 8,36	8,36 — 21,5	21,5 — 100
Cristaux. . .	0 — 1,97	14,9 — 31,9	82,8 — 100

Mais les fragments de courbe OF et O'D' ont pu être prolongés jusqu'aux points E et E', qui sont les limites de la lacune entre les cristaux (T5) et (O7), quand on saute par-dessus la série (M7). Les données correspondant à ces points EE' sont les suivantes :

	Orthorhombique.	Triclinique.
Solution.	0 — 19,2	19,2 — 100
Cristaux	0 — 5,01	77,9 — 100

Mais on voit en outre que le fragment F'D est doublé ; cela tient

[1] *Zeitsch. f. phys. Chemie*, vol. XXII.

à ce que les cristaux monocliniques, même laissés dans leur eau-mère, se troublent, puis s'éclaircissent de nouveau, en même temps que se forme une couche riche en inclusions. Or les cristaux obtenus après clarification sont moins riches en cuivre que les cristaux primitifs. Ce qui porte à croire que ces derniers ne sont pas véritablement stables et qu'ils ne se forment que par suite de l'intervention d'une cause inconnue et dont la disparition permet au véritable équilibre de s'établir.

D'ailleurs, M. Foot[1] a étudié entre 12° et 35° l'influence de la température sur les limites des lacunes. Les résultats sont résu-

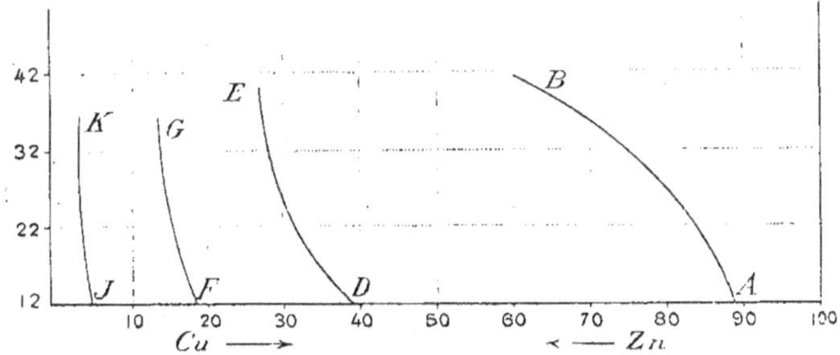

Fig. 194. — Limites des cristaux mixtes de sulfates de cuivre et de zinc.

més dans la figure 194 construite en prenant la température pour ordonnée et la teneur en sulfate de cuivre hydraté comme abcisse. Les courbes AB et DE donnent respectivement les limites en (T5) et (M7) de la première lacune, FG et JK les limites en (M7) et (O7) de la seconde.

Ces lignes ne peuvent être suivies à plus haute température, car à 39°, le sulfate de zinc (O7) se transforme.

Dans un chapitre suivant, à propos d'une autre question, nous aurons l'occasion d'étudier d'autres cas, mais ceux que nous venons de décrire suffisent pour montrer l'intérêt que présente cette question des mélanges cristallisés hydratés, et l'isodimorphisme particulier que révèle leur étude.

Mélanges de trois corps. — On ne connaît qu'un seul exemple de mélanges cristallisés hydratés de trois corps[2]; les trois corps

[1] *Chem. sercin.*, vol. XXVI, 1901.
[2] Wallerant. *Bul. Soc. Min.*

simples considérés sont le sulfate de cuivre (T5), le sulfate de magnésie (O7) et le sulfate de cobalt (M7).

Rappelons d'abord les résultats fournis par la cristallisation simultanée de ces corps pris deux à deux.

Le sulfate de cuivre et le sulfate de cobalt donnent naissance à deux séries de cristaux ; dans les cristaux (T5) la quantité de sul-

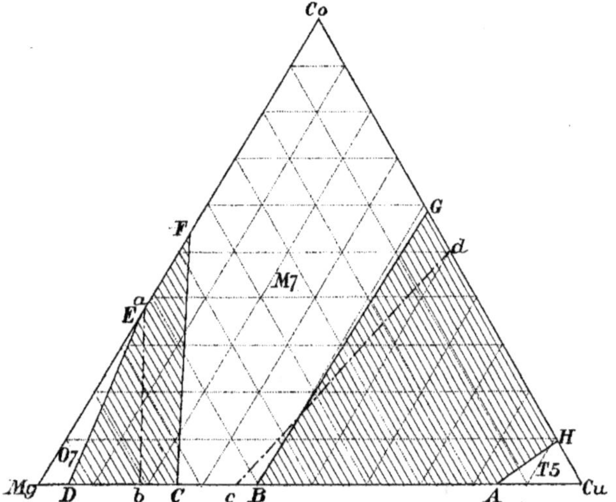

Fig. 195. — Cristaux mixtes de sulfates de cuivre, cobalt et magnesie.

fate de cobalt varie de 0 à 9 molécules de sulfate anhydre, tandis que dans les cristaux (M7) elle varie de 60 à 100. La solution qui donne simultanément les deux sortes de cristaux renferme une égale quantité des deux sulfates.

Les cristaux de sulfates de cobalt et de magnésie se répartissent également en deux séries. Les cristaux (O7) contiennent au maximum 34 molécules de sel de cobalt anhydre, et les cristaux (M7) en contiennent au minimum 57. La solution donnant les cristaux limites renferme 36 p. 100 de molécules de sel de cobalt.

Comme l'a montré Retgers, les cristaux mixtes de sulfate de cuivre et de magnésie forment trois séries (O7), (M7) et (T5), dans lesquelles la quantité de sulfate de magnésie varie de 0 à 5, de 26 à 40 et de 84 à 100.

La première solution singulière renferme 19 molécules de sulfate de magnésie, et la seconde 40.

Les solutions renfermant les trois sulfates donnent naissance à des cristaux mixtes composés également de ces trois corps et pour grouper les résultats, on a employé la méthode du triangle équilatéral (fig. 195). Sur le côté Mg, Co on a marqué les limites E, F des deux séries (O7) et (M7) des cristaux mixtes de sulfates de cobalt et de magnésie. Sur le côté Co, Cu, les limites G,H des séries (M7) et (T5) des sulfates de cuivre et de cobalt, et enfin sur le côté Mg, Cu, les limites D, C et B,A des séries (O7), (M7) et (T5) des cristaux de sulfates de cuivre et de magnésie. Comme on le voit les lacunes se rejoignent en traversant la surface du triangle, de telle sorte qu'il n'existe pas de cristal mixte dont la composition corresponde aux points des domaines barrés.

En outre, il y a continuité entre le sommet Co et la série C, B ; ce qui démontre, comme cela était à prévoir, que le sulfate de cobalt

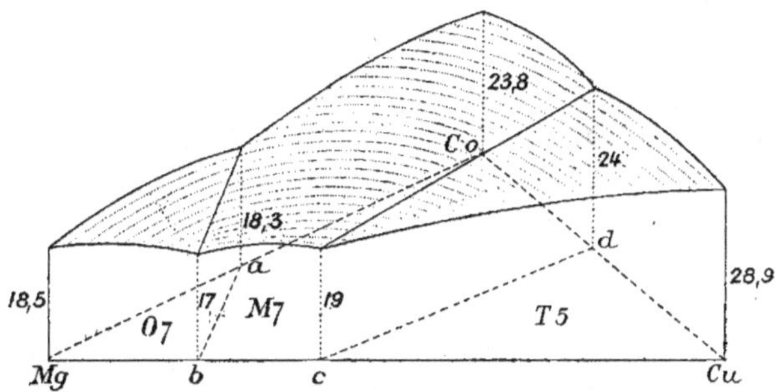

Fig. 196. — Solubilité de cristaux mixtes de trois corps.

(M7) est isomorphe avec les cristaux mixtes (M7) des sulfates de cuivre et de magnésie.

Les lignes a,b et d,c, donnent la composition des solutions engendrant les deux sortes de cristaux qui limitent les lacunes.

Enfin la figure 196 donne la solubilité des cristaux mixtes. En chaque point, correspondant à la composition du sel mixte dissous, on a porté sur une verticale le nombre de molécules d'eau nécessaires pour dissoudre une molécule de ce sel mixte. On obtient ainsi trois surfaces correspondant chacune à l'un des groupes (O7), (M7) et (T5).

II. — Transformation sous l'influence de la tension de la vapeur d'eau

A propos du polymorphisme nous avons vu ce que l'on entendait par tensions de transformation, ou tensions de vapeur, des corps cristallisés hydratés. A une température donnée, il existe une tension à laquelle l'hydrate se transforme en un autre hydrate cristallisé, et le phénomène est réversible : si la tension diminue le corps le plus hydraté se transforme en l'hydrate le moins riche en eau, et inversement si la tension augmente. Il en est à peu près de même si le corps cristallisé est un mélange de deux hydrates.

En 1877, v. Hauer avait remarqué que des sels hydratés tels que l'alun de fer, le dithionate de plomb, se décomposaient presque immédiatement au contact de l'air, tandis que leur mélange avec l'alun d'alumine et le dithionate de calcium restaient longtemps intacts [1]. Cette remarque amena M. Hollmann à étudier les variations de la tension de vapeur d'un certain nombre de mélanges isomorphes hydratés. Mais avant d'exposer ses résultats, il nous faut d'abord examiner la question au point de vue théorique ; tout au moins dans ce qu'elle a d'essentiel, car on en trouvera une étude complète dans le *Lehrb. d. Allegemeine Chemie*, de M. Ostwald, vol. II, troisième partie.

Considérations théoriques. — Comme dans toutes les considérations du même genre, nous assimilerons un mélange cristallisé à une solution, et, en admettant même que cette assimilation ne soit pas exacte, elle nous permettra de nous rendre compte, avec une certaine approximation, de la marche de la transformation. Dans cette hypothèse, cette transformation est tout à fait comparable à la cristallisation d'un magna fondu, donnant naissance à des cristaux mixtes. Le mélange hydraté en se transformant donnera naissance à un nouveau mélange hydraté ; dans celui-ci le degré d'hydratation sera différent, ainsi en général que les proportions des deux corps. Le reliquat aura donc une composition autre que celle du mélange primitif et en se transformant à son tour, il

[1] *Verhand. d. k. k. Reichsanstlt*, 1877, 63.

engendrera un mélange du second hydrate différent du premier
hydrate obtenu, et ainsi de suite.

Précisons ces faits au moyen d'un diagramme, en supposant que
les deux corps isomorphes forment une série continue de mélanges
cristallisés, aussi bien sous le premier état d'hydratation que sous

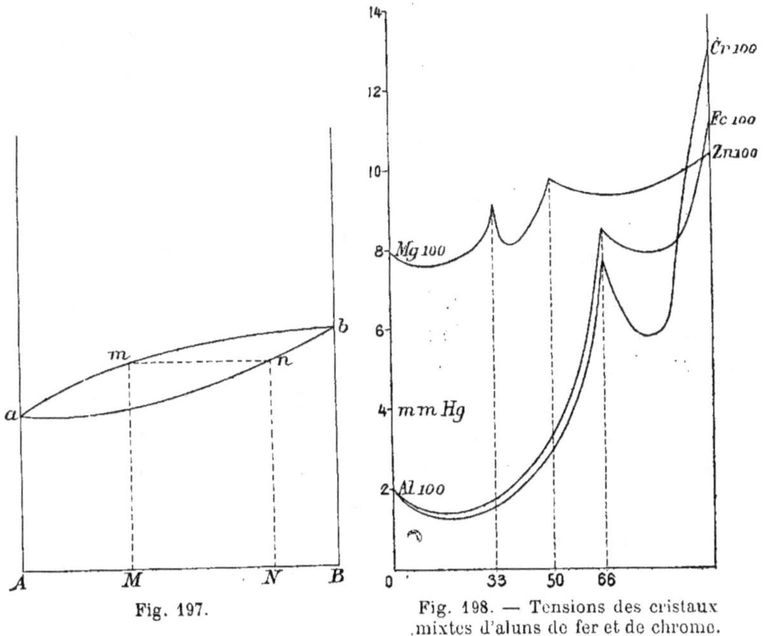

Fig. 197.

Fig. 198. — Tensions des cristaux
mixtes d'aluns de fer et de chrome.

le second. Prenons sur une droite horizontale AB (fig. 197), égale
à 100, un point M tel que les longueurs MA et MB soient proportionnelles aux quantités des deux corps dans le mélange primitif,
et sur la verticale menée par M une longueur proportionnelle à la
tension à laquelle commence la transformation, puis sur AB un
point N tel que les longueurs NA et NB soient proportionnelles
aux quantités des deux corps dans le produit de la transformation
à ses débuts et sur la verticale menée par N une longueur *n*N égale
à *m*M. Quand le point M décrira la droite AB, les points *m* et *n*
décriront deux courbes continues allant du point *a* au point *b*, qui
donnent les tensions de transformation des corps pris isolément.
Comme on le voit les points N et M nous donnent les compositions

des deux mélanges hydratés dont le conglomérat, renfermant ces mélanges en proportions quelconques, est en équilibre sous la tension $m\mathrm{M} = \mathrm{N}n$. Mais la figure nous montre que quand le mélange M commence à se transformer, il donne naissance à un mélange N renfermant une proportion plus élevée du corps B; par conséquent le reliquat contient une plus forte proportion de A, autrement dit le point représentatif m descend vers le point a en restant sur la première courbe, tandis que le point n se dirige également vers le point a en décrivant la seconde courbe. Il résulte de ces considérations qu'un mélange cristallisé hydraté ne possède pas une tension, mais un intervalle de tension de transformation.

En terminant, il faut faire remarquer que si pour connaître complètement le phénomène de la transformation, il est nécessaire de connaître les deux courbes relatives au mélange initial et au mélange final de la transformation, il n'en est pas moins vrai que dans la pratique la première seule est déterminable, puisque le produit de la transformation, comme on l'a vu, est un conglomérat d'un nombre infini de mélanges cristallisés. Aussi est-il inutile d'insister davantage sur le côte théorique de la question, et il suffira de faire remarquer que si les cristaux mixtes les plus riches en eau ne présentent pas de lacune, et s'il y en a une dans les cristaux mixtes les moins hydratés, les courbes de transformation auront l'une ou l'autre des formes indiquées par les figures 155, 156. Si au contraire la lacune se trouve dans la série la plus hydratée, les courbes seront représentées par les mêmes figures, renversées de haut en bas. Nous renvoyons au livre de M. Ostwald, pour le cas où les deux séries présentent une lacune.

Etudes expérimentales. — Comme il a été dit, c'est à M. Hollmann que nous devons les seuls résultats connus sur les variations de la tension de vapeur des mélanges cristallisés hydratés. Nous allons rapidement les résumer, reportant à plus tard l'exposé des conclusions importantes qu'il en tire.

Alun de fer. — Alun de chrome.
Les résultats sont condensés dans le tableau et le diagramme suivants (fig. 198).

Les proportions des deux sels sont données en molécules et les tensions en millimètres de mercure.

Cr ALUN	Al ALUN	TENSIONS	Cr ALUN	Al ALUN	TENSIONS
0,0	100,0	2,0	66,3	33,7	»
2,3	97,7	1,7	71,8	28,2	6,6
17,2	82,7	1,5	78,8	21,2	5,8
28,9	71,1	1,5	87,4	12,6	6,8
41,1	58,9	2,0	95,3	4,7	10,2
53,3	46,7	3,3	100,0	0,0	13,2
63,2	36,8	5,4			

Alun de fer. — Alun d'alumine.

Fe ALUN	Al ALUN	TENSIONS	Fe ALUN	Al ALUN	TENSIONS
0,0	100,0	2,0	62,4	37,6	6,5
4,0	96,0	1,7	71,8	28,2	8,1
7,8	92,2	1,5	78,1	21,9	7,9
15,2	84,8	1,4	89,0	11,0	8,1
24,6	75,4	1,6	98,2	1,8	9,9
39,3	60,7	2,1	100,0	0,0	10,9
54,9	45,1	3,9			

De ces tableaux, comme du diagramme, résulte immédiatement que l'adjonction d'une petite quantité d'un alun à un autre fait baisser la tension de transformation de ce dernier. En outre dans chacun des mélanges, la tension présente deux minima séparés par un maximum, indiqué par un point de rebroussement. Un point capital à signaler consiste en ce que les points de rebroussement, correspondant à une discontinuité dans les variations de la tension, sont donnés par des mélanges contenant :

>2 mol. d'alun de Fer pour. . . . . 1 mol. d'alun d'alumine.
>2 mol. d'alun de chrome pour. . . 1 mol. d'alun d'alumine.

Ces rapports simples entre les quantités de sels mélangés a amené **M.** Hollmann à formuler cette opinion que l'on se trouvait en présence de combinaisons et non de mélanges. Nous aurons à revenir sur ce point.

Sulfate de zinc. — Sulfate de magnésie.

Ces deux sulfates orthorhombiques donnent naissance à une série continue de mélanges cristallisés. Les tensions de ceux-ci sont :

Zn SULFATE	Mg SULFATE	TENSIONS	Zn SULFATE	Mg SULFATE	TENSIONS
0,0	100,0	8,0	51,2	48,8	9,8
9,9	90,1	7,8	56,0	44,0	9,6
18,4	81,6	7,7	68,3	31,7	9,4
28,0	72,0	8,2	76,4	23,6	9,5
34,0	66,0	8,7	88,8	11,2	9,9
36,5	63,5	8,3	100,0	0,0	10,5
45,5	54,5	8,7			

Si l'on se reporte au diagramme (fig. 198), on voit que la tension présente trois minima et deux points de rebroussement correspondant à des discontinuités ; celles-ci ont lieu pour les mélanges renfermant :

2 Mol. de Mg sulfate pour 1 Mol. de Zn sulfate.
1 Mol. de Mg sulfate pour 1 Mol. de Zn sulfate.

Sulfate de zinc. — Sulfate de cuivre.

Les mélanges de ces deux sulfates se répartissent en trois séries, l'une orthorhombique, à 7 molécules d'eau, la seconde monoclinique à 7 molécules, et la troisième triclinique à 5 molécules :

Cu SULFATE		Zn SULFATE	TENSIONS
O7..	0,0	100,0	10,5
	2,2	97,8	9,8
M7..	14,7	85,3	»
	25,4	74,6	9,3
	35,3	64,7	9,4
T5..	88,4	11,6	3,8
	97,2	2,8	4,8
	100,0	0,0	5,8

Sulfate de cuivre. — Sulfate de magnésium.

Ces deux sulfates donnent également naissance à trois séries de cristaux :

Cu SULFATE	Mg SULFATE	TENSIONS
O7 . . $\Big\{$ 0,0	100,0	8,0
2,1	97,9	7,9
M7 . . $\Big\{$ 32,0	68,0	15,1
40,1	59,9	15,0
T5 . . $\Big\{$ 84.8	15,2	4,7
92,4	7,6	4,8
95,4	4,6	5,2
100,0	0,0	5,8

Sulfate de manganèse. — Sulfate de zinc.
Ces sulfates donnent naissance à trois séries de cristaux mixtes.

Mn SULFATE	Zn SULFATE	TENSIONS
O7 . . $\Big\{$ 0,0	100,0	10,5
1,9	98,1	10,4
5,2	94,8	10,3
10,6	89,4	10,2
16,3	83,7	10,2
24,0	76,0	10,3
M7 . . $\Big\{$ 36,4	63,6	11,3
46,5	53,5	11,6
58,3	41,7	11,9
67,2	32,8	12,4
70,2	29,8	12,7
T5 . . $\Big\{$ 90,4	9,6	12,6
95,8	4,2	13,1
100,0	0,0	13,4

Tels sont les résultats que nous possédons sur les variations de
la tension de transformation avec la composition du mélange cristallisé. La seule conclusion qu'en tire M. Hollmann consiste en ce
qu'une petite quantité de l'un des hydrates ajoutée à l'autre diminue
la tension de ce dernier. Nous aurons en outre à revenir plus tard
sur les conclusions à tirer de l'existence de discontinuités dans ces
variations.

II. — Transformation sous l'influence de la chaleur

Nous avons vu que quand on chauffe un hydrate cristallisé, à une certaine température, il se transforme en un autre hydrate moins riche en eau ; mais comme une partie de l'eau du premier hydrate est mise en liberté, deux cas peuvent se présenter : ou bien l'eau est en quantité suffisante pour dissoudre complètement le second hydrate, et alors la question sort de notre domaine ou bien l'eau ne dissout qu'une partie de cet hydrate, dont la partie restante résulte de la transformation de l'hydrate primitif. La solution, qui prend ainsi naissance, ne nous intéresse pas en elle-même, mais sa présence peut modifier les conditions d'équilibre, de sorte qu'il ne nous est pas loisible de la négliger complètement.

Si au lieu de considérer un hydrate simple, nous considérons une série de mélanges isomorphes hydratés, la température de transformation variera naturellement d'une façon continue avec la composition, mais en outre le phénomène présentera une certaine complexité, de sorte qu'il n'y aura pas à proprement parler de température de transformation, mais un intervalle de température de transformation. Un de ces mélanges étant, en effet, chauffé jusqu'à la température à laquelle il commence à se décomposer, il se produit d'une part un second hydrate, qui ne contient pas les deux corps dans les mêmes proportions que l'hydrate primitif et d'autre part, une solution, qui renferme les deux corps dans des proportions différentes de celles des deux hydrates. On a donc en présence trois phases de compositions différentes. Mais la portion restante de l'hydrate le plus riche en eau, ayant une composition différente de l'hydrate primitif, sa température de transformation aura elle-même une autre valeur ; en se décomposant elle donnera naissance à un mélange du type le moins riche en eau et à une solution de nouvelle composition, et ainsi de suite, tant que la transformation de l'hydrate le plus riche en eau ne sera pas terminée.

Considérons d'abord le cas de deux corps formant deux séries continues de mélanges cristallisés sous les deux états d'hydratation, et prenons sur un axe des x trois points représentant les compositions des trois phases en équilibre en présence l'une de l'autre, et sur l'axe des y la température à laquelle a lieu cet équilibre. Nous obtiendrons ainsi trois points qui décriront trois courbes, quand la composition de l'hydrate primitif variera, et ces trois courbes aboutiront aux points, donnant la température de transformation des hydrates simples. La courbe relative à la solution ne nous intéresse pas, mais des deux autres la courbe relative à l'hydrate le moins riche en eau sera forcément au-dessous de la courbe correspondant à l'hydrate le plus riche. Par conséquent l'hydrate primitif en se transformant donnera naissance à un hydrate contenant une proportion plus élevée du corps se transformant à la température la plus haute.

D'autre part, la présence de l'eau, en compliquant le phénomène à certains points de vue peut le simplifier à d'autres : c'est ainsi que la présence de l'eau facilitant les échanges entre les trois phases, il doit en résulter que, pendant une transformation, l'équilibre doit se rétablir à chaque instant comme il a été expliqué à propos des transformations polymorphiques simples, et par conséquent, finalement au lieu d'avoir un conglomérat de cristaux mixtes de compositions différentes, on doit avoir une seule espèce de cristaux mixtes de l'hydrate inférieur, ne renfermant pas à la vérité les deux corps dans les mêmes proportions que l'hydrate primitif, puisque cet hydrate inférieur se trouve en présence d'une solution, qui a en général une composition différente de la sienne.

Dans le cas que nous considérons maintenant, c'est-à-dire celui dans lequel les deux corps hydratés se mélangent en toutes proportions sous les deux états d'hydratation, les deux courbes pourront être simples, ou bien toutes les deux présenter un maximum ou un minimum. Mais alors par suite de la présence de l'eau les deux courbes ne sont pas forcément tangentes au point le plus élevé ou au point le plus bas ; la seule condition, à laquelle elles sont assujetties, consiste en ce qu'elles doivent avoir la même tangente, horizontale en ces points, comme l'explique M. Ostwald, dans son ouvrage : *Lehrb. d. Allgem. Chemie*, vol. II, 3ᵉ partie, p. 193.

Supposons maintenant que les hydrates les plus riches en eau forment deux séries de cristaux mixtes, tandis que les hydrates les moins riches donnent naissance à une série continue. Dans ce cas, le diagramme de la transformation sera donné par l'une des figures de la page 371, dans lesquelles on considère la partie du plan relative au mélange des deux liquides comme correspondant ici aux cristaux mixtes les moins hydratés.

Si inversement, ce sont les corps renfermant la plus grande quantité d'eau qui donnent naissance à une série continue de cristaux mixtes, tandis que les cristaux mixtes les moins hydratés forment deux séries, les diagrammes de transformation seront donnés par

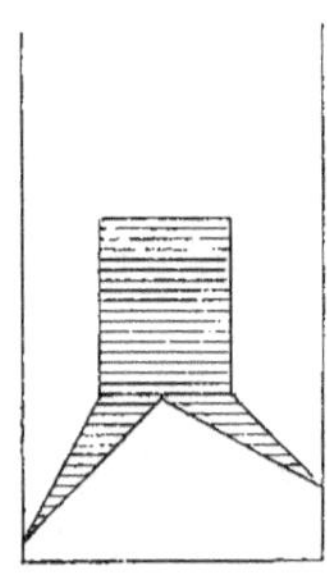

Fig. 199.

les mêmes figures renversées de haut en bas ; le diagramme ne se terminant pas vers le haut pour ne pas préjuger de l'état final des cristaux mixtes quand on pousse très haut la température (fig. 199).

Enfin si les cristaux des deux hydrates se répartissent en deux séries, le diagramme sera donné par l'une des figures 174, 175, dans lesquelles on néglige la partie supérieure, c'est-à-dire les courbes de solidification et de fusion[1].

Recherches expérimentales. — C'est également à M. Hollmannn que l'on doit les premières recherches sur les températures de transformation des mélanges cristallisés hydratés, recherches, qui n'en sont encore qu'à leur début, et qui auraient bien besoin d'être complétées, pour que l'on puisse en tirer des conclusions certaines sur la valeur des vues théoriques exposées à leur sujet.

Sulfate de magnésium. — Sulfate de zinc.

Ces deux sulfates forment une série continue de cristaux mixtes monocliniques. Par la méthode dilatométrique M. Hollman[2] a déterminé la température de transformation et l'a rapportée à la composition du mélange initial, sans étudier la composition du produit de la transformation ; ce qui évidemment enlève beaucoup de valeur à ces premières recherches.

Les nombres obtenus par lui ont servi à construire la courbe ci-

---

[1] M. Hollmann a également donné une étude théorique de la transformation des mélanges cristallisés hydratés. *Zeitsch. f. phys. Chemie*, vol. 50.

[2] *Zeitsch. f. phys. Chemie*, vol. 40, p. 577.

jointe (fig. 200, en pointillé). Elle montre donc des discontinuités, correspondant aux mélanges qui renferment :

$$1 \text{ mol. de } ZnSO^4 \text{ pour } 2 \text{ mol. de } MgSO^4$$
$$1 \text{ mol. de } ZnSO^4 \text{ pour } 1 \text{ mol. de } MgSO^4.$$

et on est en droit de se demander si les discontinuités dans la température ne résultent pas de discontinuité dans la composition du produit de transformation.

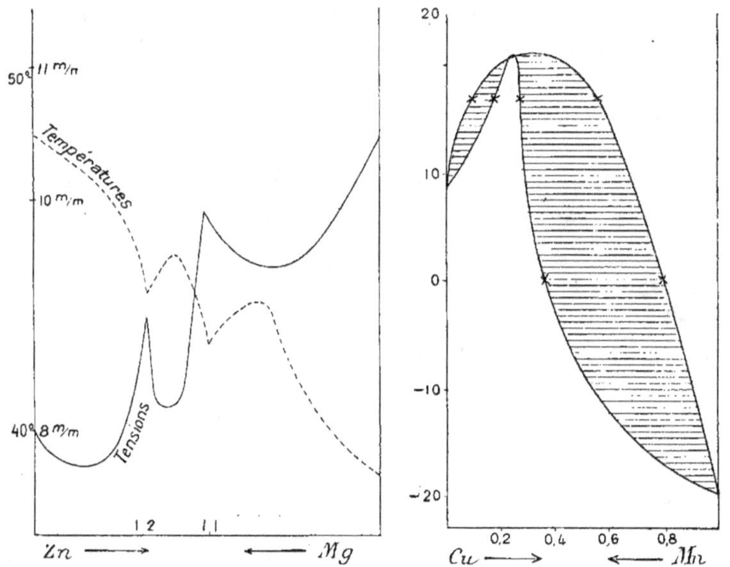

Fig. 200. — Transformations des cristaux mixtes de sulfates de magnésium et de zinc.

Fig. 201. — Cristaux mixtes de sulfates cuivre et de manganèse.

Sulfate de manganèse. — Sulfate de cuivre.

Les hydrates de ces sulfates pris isolément subissent des modifications différentes quand on fait varier la température ; ces transformations sont résumées de la façon suivante :

$$CuSO^4 : M7 \xrightarrow{-20} T5 \xrightarrow{105} M3.$$
$$MnSO^4 : M7 \xrightarrow{8°.8} T5 \xrightarrow{26°6} O4 \xrightarrow{27.5} X1.$$

Mais la température, à laquelle le sulfate triclinique à 5 molécules se transforme en cristaux monocliniques, portée ici comme

[1] Hollmann. *Zeitsch. f. phys. Chemie,* vol. LIV. p. 99.

étant égale à — 20°, est en réalité fort douteuse. Il est bien vrai que
en ensemençant avec un cristal de sulfate de fer à 7 molécules
d'eau une solution sursaturée du sulfate de cuivre, Lecoq de Boisbaudran a obtenu des cristaux instables de sulfate de cuivre, répon-
dant à la formule (M7) ; mais il n'en résulte nullement de là qu'en
abaissant suffisamment la température, on en peut faire des cristaux stables ; il se peut parfaitement que cette stabilité ne puisse
être acquise que par un changement de pression.

Dans ce cas, M. Hollmann a obtenu les cristaux mixtes par dissolution aqueuse et déterminé ainsi les limites des lacunes aux
températures de 0° et 17°, comme cela a été indiqué page 460. Il
admet bien entendu que ces limites restent les mêmes, que la transformation ait lieu en milieu aqueux ou en milieu cristallisé.

A 0° il n'y a qu'une lacune entre les cristaux (M7) et les cristaux
(T5). Les cristaux limites (M7) renferment 0,360 molécule de sulfate
de cuivre pour une molécule des cristaux mixtes, et les cristaux
(T5), 0,780 molécule du même sulfate.

A 17° il y a une lacune entre les cristaux (T5) et (M7), et une
autre entre les cristaux (M7) et (T5).

		Cu sulfate.
⎰ T5.	. . . .	0,090
⎱ M7.	. . . .	0,185
⎰ M7.	. . . .	0,270
⎱ T5.	. . . .	0,560

En portant sur un axe des x les compositions et sur un axe des y
les températures, et en s'appuyant sur ce que à 21°, il se forme
une série unique de cristaux mixtes (T5), M. Hollmann obtient le
diagramme de la figure 201, qui pourrait bien être modifiée par
des recherches ultérieures.

Sulfate de zinc. — Sulfate de cuivre.
Ces sulfates pris isolément subissent les transformations suivantes :

$$ZnSO^4 : O7 \xrightarrow{38°75} M6 \xrightarrow{65°1} Q6$$
$$CuSO^4 : M7 \xrightarrow{-20} T5 \xrightarrow{105} M3$$

Les cristaux mixtes sont répartis en séries séparées par des lacunes dont les limites ont été déterminées, comme on l'a vu, par M. Foote, entre 12° et 35°. D'autres auteurs ont collaboré à ces déterminations, et M. Hollmann a groupé dans le tableau suivant tous les résultats acquis[1].

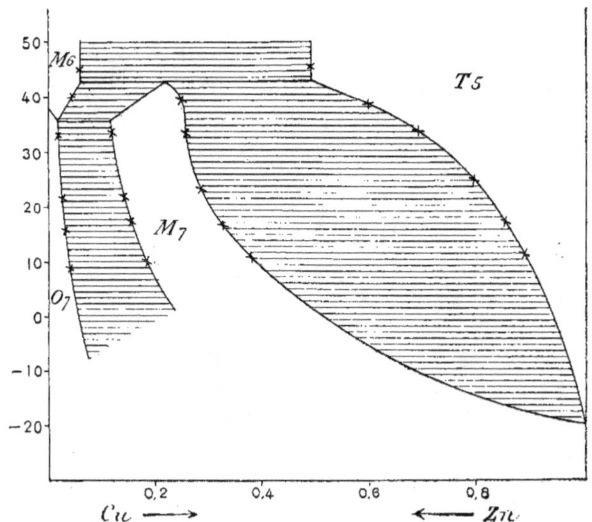

Fig. 202. — Cristaux mixtes de sulfates de cuivre et de zinc.

Température.		Cu sulfate.	Type.
12°.	1re lacune.	0,031	O7
		0,174	M7
12°.	2e lacune.	0,386	M7
		0,883	T5
18°.	1re lacune.	0,020	O7
		0,149	M7
18°.	2e lacune.	0,319	M7
		0,828	T5
25°.	1re lacune.	0,025	O7
		0,135	M7
25°.	2e lacune.	0,285	M7
		0,793	T5
35°.	1re lacune.	0,022	O7
		0,123	M7
35°.	2e lacune.	0,254	M7
		0,687	T5

[1] *Zeitsch. f. phys. Chemie*, vol. 54, p. 105.

Température.		Cu sulfate.	Type.
40°. . . . . 1ʳᵉ lacune.	{	0,038	M6
	{	0,148	M7
40°. . . . . 2ᵉ lacune.	{	0,246	M7
	{	0,587	T5
45°.	{	0,055	M6
	{	0,490	T5

En portant ces nombres sur deux axes de coordonnées, M. Hollmann a obtenu la figure suivante (fig. 202), au sujet de laquelle il y a lieu de faire les mêmes restrictions que pour la précédente.

Sulfate de manganèse. — Sulfate de zinc.

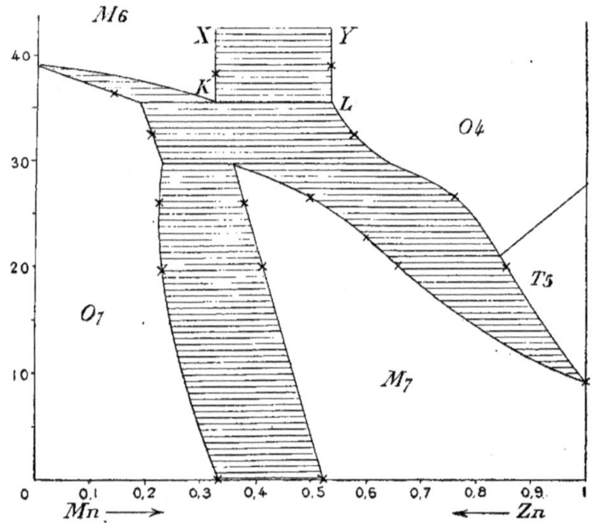

Fig. 203. — Cristaux mixtes de sulfates de manganèse et de zinc.

Entre 0° et 39° les sulfates pris isolément donnent naissance aux hydrates suivants :

$$MnSO^4 : M7 \xrightarrow{8°8} T5 \xrightarrow{26°6} O4$$
$$ZnSO^4 : O7 \xrightarrow{38°75} M6$$

M Sahmen [1] en faisant cristalliser les mélanges dans l'eau a obtenu des séries de cristaux mixtes qui varient avec la température. Ces séries sont les suivantes :

à 0° série O7 + série M7.
20° série O7 + série M7 + série T5.

[1] *Zeitsch. f. phys. Chemie.* vol. 54.

23°   série O7 + série M7 + série O4 + série T5.
26°   série O7 + série M7 + série O4.
32°   série O7 + série O4.
38°   série O7 + série M6 + série O4.

En molécules de $MnSO^4$, pour une molécule de $(Mn,Zn)SO^4$, les limites de ces séries renferment :

 0° (O7 = 0,32 : M7 = 0,52)
20° (O7 = 0,235; M7 = 0,41) (M7 = 0,665; T5 = 0,865)
23° (O7 =   M7 =   ) (M7 = 0,61; O4 = 0,82) (O4 = 0,91 : T5 = 0,92)
26° (O7 = 0,225; M7 = 0,38) (M7 = 0,50; O4 = 0,78)
32° (O7 = 0,21 : O4 = 0,545)
38° (O7 =   ; M6 =   ) (M6 = 0,325; O4 = 0,64).

En coordonnant ces chiffres, M. Sahmen obtient la figure 203, dans laquelle, dit-il, les lignes **KX** et **LY** ne sont pas déterminées avec certitude.

Mais l'intérêt ne réside pas dans le plus ou moins d'exactitude du tracé des lignes, mais dans la détermination de l'allure générale des courbes qui seule nous permet de saisir la marche du phénomène.

CHAPITRE VII

STRUCTURE DES CRISTAUX MIXTES

§ I. — Mélanges isomorphes et combinaisons

Des observations relatées dans les paragraphes précédents, il résulte, d'une façon indiscutable, que les propriétés physiques des mélanges isomorphes varient d'une façon continue avec la composition, que leurs constantes physiques sont des fonctions également continues des constantes correspondantes des corps mélangés. Quant à la nature des fonctions reliant ces constantes à la composition, elle change évidemment avec les constantes considérées, et dans tous les cas ces fonctions doivent être très complexes. Leur continuité est le seul caractère ressortant nettement des expériences, aussi cette continuité peut-elle servir à caractériser les mélanges isomorphes et à les distinguer des combinaisons, dont les constantes ne sont pas des fonctions immédiates de celles des corps combinés. Par ce caractère, d'ailleurs, les mélanges isomorphes se rapprochent de tous les mélanges moléculaires.

Quant à la proportionnalité, constatée expérimentalement entre certaines constantes, telles que les indices de réfraction et la densité d'une part, et la composition de l'autre, elle ne saurait évidemment résulter que d'une approximation, qui peut d'ailleurs être très approchée. Si la loi de M. Dufet, par exemple, sur les indices de réfraction était exacte, il en résulterait que dans un mélange isomorphe la surface d'élasticité n'est pas un ellipsoïde, ce que personne n'a jamais songé à contester.

De même pour établir sa loi relative aux densités, Retgers admet que le volume du mélange est égal à la somme des volumes des corps mélangés. Or on sait bien que dans tous les mélanges molé-

culaires, il y a contraction ou dilatation ; le volume d'un mélange
de deux liquides n'est jamais rigoureusement égal à la somme des
volumes des liquides mélangés : la différence peut être très faible,
peut être négligeable dans la pratique, mais elle n'est jamais rigoureusement nulle.

On en pourrait dire autant pour les constantes cristallographiques :
si on admet que les angles varient proportionnellement à la composition, il n'en saurait être de même des paramètres qui sont fonctions
des lignes trigonométriques de ces angles, et d'ailleurs les observations de Groth sont là pour nous montrer que les paramètres
des mélanges peuvent ne pas être compris entre les paramètres
des corps mélangés. Et alors pourquoi seraient-ce les angles et non
les paramètres qui varieraient proportionnellement à la composition ?

En un mot la proportionnalité n'est qu'une loi approchée, comme
la loi de Mariotte pour les gaz éloignés de leur point de liquéfaction, et les variations d'une constante physique en fonction des
variations de la composition seront représentées par une courbe ou
plusieurs fragments d'une courbe, qui pourra se rapprocher plus
ou moins d'une droite.

Théoriquement la distinction entre un mélange isomorphe et
une combinaison chimique est donc très nette : le premier fait partie
d'une série de termes dont la composition et les propriétés physiques varient d'une façon continue. La combinaison chimique est
caractérisée au contraire par une composition absolument fixe,
spécifique, indépendante des conditions dans lesquelles la combinaison s'est formée. Elle est isolée des mélanges de compositions voisines par ses propriétés physiques, qui, étant indépendantes de celles
des corps mélangés, permettent de la distinguer de ces mélanges.
C'est ainsi que l'hydrogène et l'oxygène en se mélangeant donnent
naissance à un gaz ; s'ils se combinent, ils forment de l'eau, que ses
propriétés physiques permettent de distinguer du mélange gazeux.
De même le chlorhydrate d'ammoniaque et le perchlorure de fer
donnent naissance à des mélanges isomorphes et d'autre part à une
combinaison qui possède des caractères très nettement différents
de ceux des cristaux mixtes, de sorte qu'il n'y a aucune confusion
possible.

Mais la question est loin d'être toujours aussi simple : la distinction que nous venons d'indiquer suppose que les propriétés de la combinaison soient suffisamment différentes de celles des mélanges de compositions voisines. Or ces différences peuvent être plus ou moins marquées, plus ou moins atténuées, et la difficulté que l'on éprouve alors à résoudre la question est bien mise en évidence par la diversité des résultats expérimentaux et la diversité des conclusions que les auteurs en ont tirées.

Comme exemple on peut citer la dolomie, mélange de carbonate de chaux et de carbonate de magnésie. D'après la plupart des auteurs la composition de la dolomie serait très variable, mais comme l'un des termes de la série se rencontre plus souvent que les autres, celui comprenant un équivalent de chaque sel, les uns admettent que ce mélange est plus stable que les autres, et d'autres auteurs le considèrent comme un sel double. Pour M. Retgers, il ne saurait y avoir de composé au milieu d'une série isomorphe, et pour lui les deux carbonates ne sont pas isomorphes : la densité de la calcite est 2,714, celle de la magnésite est 3,017, par suite celle du mélange équivalent à équivalent devrait être 2,843. Or pour la dolomie pure on obtient 2,872 notablement différente de la valeur théorique. Aussi, pour Retgers la dolomie est-elle un sel, et les compositions variables obtenues pour la dolomie résultent-elles de ce qu'au lieu d'opérer sur des cristaux purs, les essais ont porté sur des mélanges de cristaux de calcite et de cristaux de dolomie. Mais pour arriver à ce résultat, M. Retgers admet l'exactitude de formules, qui n'ont été vérifiées que dans des cas particuliers et peuvent n'être pas applicables ici.

Un autre cas particulièrement intéressant est celui du sulfate de potasse et du sulfate de soude. Le premier est quasi-ternaire, l'angle des faces étant de 120° 24' ; dans le second, orthorhombique d'apparence, l'angle des faces latérales du prisme est de 118° 46' ; il peut être considéré également comme quasi-ternaire, mais tandis que dans le premier la présence d'un axe quasi-ternaire se révèle dans l'aspect extérieur, il n'en est pas de même pour le second. Il y avait lieu de se demander si ces deux corps étaient réellement isomorphes.

Mitscherlich fut le premier à constater que dans la dissolution

des deux sels se formaient des cristaux rhomboédriques, mais il
crut à l'existence d'une forme réellement ternaire du sulfate
de potasse. Scacchi a reconnu que ces cristaux rhomboédriques renfermaient les deux sulfates, et détermina avec la plus
grande précision les conditions de formation de ces cristaux [1].

Ces cristaux, qui ont pour formule $K^3Na(SO^4)^2$, se forment quand
la proportion de sulfate sodique est d'au moins deux pour cinq de
sulfate de potasse, la température étant comprise entre 15°et 24°.

Mais une particularité importante à signaler résulte de l'observation suivante: si on fait cristalliser une dissolution contenant
deux fois autant de sulfate potassique que de sulfate sodique, il se
produit d'abord des cristaux quasi-ternaires de sulfate potassique,
puis quand la dissolution est assez riche en sulfate sodique, des
cristaux rhomboédriques du sel double se produisent. Ceux-ci se
déposent sur les premiers en s'orientant parallèlement entre eux et
avec le sel potassique, de telle sorte que ce dernier peut être
englobé complètement. Il y a donc là une cause d'erreur sur la
composition des cristaux ternaires, si chaque cristal n'a été l'objet
d'une étude spéciale.

Enfin Retgers a repris la question par une autre méthode, celle
des densités. Le sulfate de potasse a un poids spécifique de 2,666; le
sulfate rhomboédrique ressemble beaucoup au précédent, mais
comme un cristal unique suffit à prendre la densité, l'examen optique
permet d'acquérir une certitude relativement à la nature et à l'homogénéité de la matière employée. On obtient 2,695 pour son
poids spécifique. Enfin le sel de soude a une densité égale
à 2,673.

On voit que la densité du second est plus élevée que celle des
deux autres; il y a donc là un argument, sinon une preuve en
faveur de la combinaison. Retgers prit des solutions saturées de
sel rhomboédrique et de sel potassique et les mélangea dans neuf
proportions différentes, et dans toutes les liqueurs obtint des
cristaux se ressemblant au plus haut degré. Les faisant flotter
dans l'iodure de méthylène, il ajouta progressivement du xylol,
et constata à un moment donné que certains cristaux se précipi-
taient simultanément; mais il dut ajouter une quantité notable de

[1] *Della polisimetria dei cristalli, Napoli*, 1863.

xylol, pour déterminer la précipitation des autres cristaux, qui tombèrent simultanément au fond du vase. Les deux produits sont donc séparés par un hiatus considérable, et il n'y a pas de transition continue à observer.

L'examen optique montre que les premiers, les plus lourds, sont sans exception uniaxes et les seconds biaxes.

En outre en choisissant parmi les cristaux des deux lots, des individus parfaitement limpides et homogènes, Retgers constate que les cristaux uniaxes ont la densité du sel rhomboédrique, il n'y a donc pas mélange du sel rhomboédrique avec le sel potassique. Quant aux cristaux biaxes, les différences de densité ne portent que sur quelques unités du troisième ordre : ils ne peuvent donc renfermer que fort peu de sulfate de soude.

Retgers opéra ensuite sur des dissolutions de sel rhomboédrique et de sulfate sodique, et obtint le même résultat, c'est-à-dire qu'à côté de sel rhomboédrique pur, il se produit des cristaux de sulfate de soude, pouvant renfermer une très faible quantité de sulfate potassique.

Retgers arrive donc à cette conclusion, que les deux sulfates sont isodimorphes, les limites dans lesquelles ils peuvent se mélanger aux deux extrémités de l'échelle, étant très rapprochées, et en outre les deux sels peuvent former un sel double, tout à fait indépendant des séries isomorphes.

Comme on le voit, Retgers n'a pas fait l'analyse de ses cristaux. Aussi MM. van't Hoff et Barschall ont-ils repris la question et sont arrivés à des conclusions diamétralement opposées : d'après ces savants, en faisant varier la température de cristallisation, on obtiendrait des cristaux hexagonaux dont la teneur en sulfate de potasse varierait de 60 à 78,7 p. 100 Mais d'après l'étude faite par M. Jaeger, il est impossible de savoir si ces cristaux sont uniaxes ou biaxes [1].

Cette étude est donc imparfaite, elle devait être reprise par M. Gossner [2] : pour cet auteur, au contraire, il ne se produit qu'un sel double. Comme on le voit, autant d'auteurs autant d'opinions, et aucun exemple ne saurait montrer avec plus de clarté combien

<hr>

[1] *Berlin Akad. Ber.*, 1903.
[2] *Zeitsch. f. Kryst.*, vol. XXXIX, 1904.

il est difficile dans certains cas de distinguer les sels doubles des
mélanges isomorphes. Il est vrai que dans le cas présent une cause
d'erreurs peut provenir de ce que l'on oublie trop que quand un
corps cristallise en présence d'autres, il peut englober de notables
quantités de ce dernier, sans que les deux corps soient isomorphes :
le corps englobé joue le rôle d'impureté : c'est ainsi que la malonamide, l'acide glycolique peuvent dissoudre de grandes quantités
d'acide santonique, sans que leurs propriétés soient modifiées
d'une façon appréciable.

Un autre exemple, sur lequel on a beaucoup discuté, est celui
des feldspaths. Tschermak a montré que ces corps étaient des
mélanges d'albite et d'anorthite en proportions variables. Or il est
incontestable que certains feldspaths, dont la composition correspond
à des nombres simples de molécules d'albite et d'anorthite, se
rencontrent dans la nature beaucoup plus souvent que les autres,
il en résulte que, pour certains auteurs, il n'y a pas mélanges mais
bien combinaisons.

La question de l'existence de composés chimiques au milieu
d'une série de mélanges isomorphes est des plus controversée et
des plus difficile à résoudre de façon définitive. On se trouve en
effet dans le cas cité plus haut : le composé, s'il existe, présente
des caractères peu différents de ceux des mélanges voisins, son
individualité se trouve trop peu accentuée, pour que son existence
puisse être affirmée avec certitude.

Il est évidemment des cas simples, dans lesquels la présence
d'un composé double ne fait pas de doute. Par exemple, l'iodure
de mercure et l'iodure d'argent forment aux basses températures deux
séries de cristaux mixtes séparées par une lacune, au milieu de
laquelle se place le composé HgI^2, $2AgI$, qui par suite est isolé et
qui se distingue d'ailleurs des mélanges par la forme cristalline et
par la couleur. Mais si la température s'élève les deux limites de
la lacune se rapprochent, pour se confondre à la température de
157°, avec le point représentant le composé, qui se trouve ainsi
intercalé au milieu d'une série de cristaux mixtes. Au-dessus de
157°, le composé se transforme en mélange de même composition[1].
La certitude dans cet exemple provient donc de ce fait exceptionnel,

[1] Steger. *Zeitsch. f. phys. Chemie*, vol. 43.

qu'au-dessous de 157°, le composé se trouve au milieu d'une lacune.

Mais le problème devient beaucoup plus difficile à résoudre, quand il s'agit des mélanges de sulfate de zinc et de magnésie, étudiés par M. Hollmann.

Comme on l'a vu plus haut, cet auteur a déterminé les tensions et les températures de transformation des cristaux mixtes de ces deux sels, et il a trouvé que les courbes représentatives offraient deux discontinuités, qui se correspondent dans les deux phénomènes

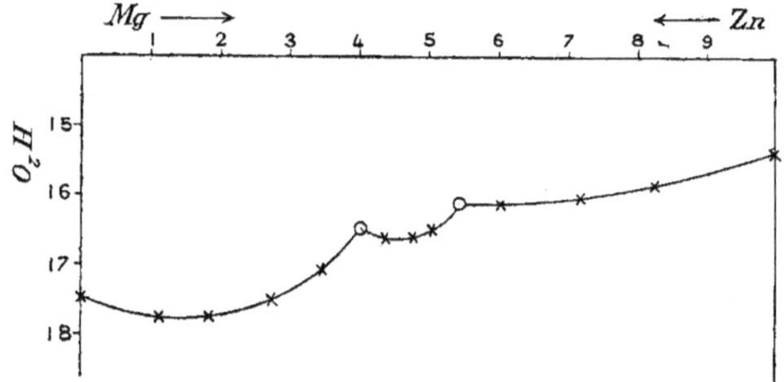

Fig. 204. — Solubilité des cristaux mixtes de sulfates de magnesium et de zinc.

(fig. 200), pour les cristaux renfermant les uns 2 molécules du Mg-sulfate pour une molécule du Zn-sulfate, et les autres une molécule de chacun des sels. Ces discontinuités, jointes à ce fait que les quantités des sels simples entrant dans les cristaux mixtes, sont entre elles dans des rapports simples constituent un argument très puissant en faveur de l'opinion de M. Hollmann. Mais on objecte que toutes les propriétés physiques devraient également présenter une discontinuité, ce qui est parfaitement exacte, mais il ne faut pas oublier que la discontinuité peut être si peu marquée, qu'il devient difficile de la mettre en évidence. Les mesures de M. Dufet, que nous avons données plus haut, relatives aux constantes cristallographiques paraissent indiquer une continuité parfaite dans les variations, mais qui nous dit que des mesures plus précises n'auraient pas révélé de variations brusques?

Toujours est-il que M. Hollmann pour répondre à cette objection a étudié les variations de solubilité des cristaux mixtes [1], et a coordonné ses résultats dans le diagramme suivant (fig. 204) construit

[1] *Centralblatt. f. Min.*. 1904.

en prenant pour abscisse le nombre de molécules de sulfate de zinc
qui entrent dans une molécule du sel dissous et pour ordonnée
le nombre de molécules d'eau, saturées par cette molécule du sel
dissous. On voit que cette courbe ainsi construite présente deux
discontinuités, qui, si l'on se reporte au diagramme des rapports
de compositions des cristaux mixtes et de la solution, diagramme
que nous ne reproduisons pas ici, correspondent aux rapports
simples 1 : 1 et 1 : 2 des sels simples dans les cristaux mixtes.

De la concordance de tous ces faits, il paraît bien résulter qu'il
existe deux composés au milieu de la série des mélanges isomorphes, avec cette observation que ces combinaisons diffèrent
peu des mélanges. On pourra dire il est vrai que l'on a simplement
à faire à des mélanges plus stables que les autres, mais ce serait
jouer sur les mots, et la véritable conclusion à tirer de ces faits,
consiste en ce qu'il y a tous les intermédiaires entre les combinaisons chimiques nettement caractérisées et les mélanges isomorphes.

§ II. — STRUCTURE DES CRISTAUX MIXTES

Comme nous l'avons déjà fait remarquer les cristaux mixtes
possèdent absolument toutes les propriétés des corps cristallisés
simples, on a donc aucune raison de leur attribuer une structure
différente de celle reconnue dans ces derniers, à moins d'admettre
que d'autres structures sont susceptibles d'expliquer les propriétés
de ceux-ci. C'est ainsi que certains auteurs s'appuyant sur cette
propriété que possèdent deux corps isomorphes de pouvoir cristalliser l'un sur l'autre en formant des couches parallèles aux
faces, on admit que les cristaux mixtes étaient constitués de
couches minces de chacun des corps. Mais il ne faut pas oublier
que sous l'influence de la chaleur ou de la pression les cristaux
mixtes peuvent éprouver des transformations polymorphiques :
les mêmes molécules constituent un nouvel édifice cristallisé pouvant n'avoir aucun rapport avec le premier : les faces de l'un ne
se transforment pas en faces de l'autre, et alors que deviennent les
couches minces de chacun des corps dans le nouvel édifice. Cette
conception n'est donc pas suffisamment générale et les cristaux

mixtes présentent certainement une structure différente. Comment d'ailleurs expliquer dans cette hypothèse, que la symétrie des cristaux mixtes puisse varier, et passer progressivement d'une symétrie inférieure à une symétrie supérieure.

D'autres auteurs admettant la théorie de Bravais, sous sa forme primitive, c'est-à-dire considérant les cristaux comme constitués par des molécules douées de symétrie, réparties sur les mailles d'un réseau, admettent que dans le cristal mixte une partie des molécules de l'un des corps est remplacée sur les mailles du réseau par les molécules de l'autre corps. Mais cette hypothèse, qui serait au besoin admissible pour les cristaux liquides, n'est pas suffisante pour les cristaux solides, qui perdraient leur symétrie dans leurs formes cristallines. Car un édifice cristallisé ne possède pas un élément de symétrie par cela seul que le réseau et la molécule le présentent, il est en outre nécessaire que toutes les molécules soient identiques pour qu'elles puissent se substituer les unes aux autres par l'intermédiaire de cet élément. Or les molécules de deux corps ne sont jamais absolument identiques, comme le montre la déformation du réseau. La première conséquence de cette façon de voir serait donc de faire disparaître les éléments de symétrie dans les formes cristallines des cristaux mixtes. On a d'ailleurs vu à propos du polymorphisme que cette théorie de Bravais était impuissante à expliquer les transformations multiples des corps cristallisés.

Revenons donc à l'hypothèse formulée au début de cet ouvrage : Nous avons montré que l'on devait considérer les corps cristallisés comme constitués par des particules cristallines, toutes identiques, parallèlement orientées, et dans le cas des corps solides répartis suivant les mailles d'un réseau. La particule cristalline possède les éléments de symétrie que l'on retrouve dans le corps cristallisé, et ces éléments de symétrie la divisent en groupes de molécules, les particules fondamentales, en général de deux espèces, les particules d'une espèce étant identiques entre elles et symétriques des particules de l'autre espèce. Autrement dit, dans la particule cristalline, les molécules d'une particule fondamentale sont symétriques des molécules des autres particules fondamentales relativement aux éléments de symétrie de la particule cristalline. Or, supposons que dans chaque particule fondamentale 1, 2, 3,… n molécules du corps soient successivement remplacées par 1, 2, 3,… n molécules d'un autre corps de façon que ces particules fondamentales restent identiques ou symétriques, nous aurons un nouvel édifice cristallin, constitué sur le même plan que les édifices d'une seule espèce de molécules, et participant des propriétés des deux corps mélangés.

Les cristaux mixtes sont donc des édifices parfaitement individualisés et non des mélanges plus ou moins intimes de deux édifices : ils peuvent donc posséder des propriétés que l'on ne retrouve pas dans chacun des corps pris isolément, ils peuvent par exemple posséder des modifications polymorphiques absentes chez ces derniers.

Dans cette conception, on comprend très bien comment un élément de symétrie peut être acquis progressivement par les cristaux mixtes, ou peut disparaître. Supposons, pour la simplicité du raisonnement, qu'un plan de symétrie de l'un des corps isomorphes soit remplacé dans l'autre par un plan diamétral ; si dans ce dernier les molécules sont remplacées peu à peu par les molécules du premier corps le diamètre se rapprochera progressivement de la perpendicularité, qui sera définitivement acquise quand la substitution sera complète.

Nous sommes maintenant à même de préciser les conditions que doivent présenter les deux corps pour être, soit réellement isomorphes, soit isodimorphes.

Supposons que les particules fondamentales des deux corps renferment le même nombre de molécules semblablement placées, on pourra passer de l'un des édifices cristallisés à l'autre par substitution des molécules du second à celles de l'autre. Il existera une série continue de cristaux mixtes reliant les deux corps, qui seront isomorphes dans le sens strict du mot.

Mais si les particules fondamentales des deux corps ne contiennent pas le même nombre de molécules, ou si ces molécules ne sont pas semblablement placées dans les deux particules, le passage de l'un des édifices à l'autre par substitution des molécules ne sera plus possible, et l'on aura forcément deux séries de cristaux, ne passant pas l'une à l'autre. Nous sommes ainsi amenés à préciser la notion d'isodimorphisme. Considérons l'une des séries de cristaux mixtes ; si dans ceux-ci toutes les molécules du corps simple initial peuvent être remplacées par les molécules de l'autre corps, on obtient ce dernier sous une modification cristalline, isomorphe du premier. On est alors en droit de dire que le second corps est bien dimorphe. Mais rien ne nous permet d'affirmer *a priori* que la possibilité de la substitution totale est générale : il se peut que le nouvel édifice résultant de cette substitution totale ne puisse prendre naissance, quelles que soient les conditions de cristallisation, et alors le dimorphisme du corps n'est plus qu'une conception exclusivement théorique, permettant d'exprimer facilement les rapports des deux corps susceptibles de se mélanger pour cristalliser.

Cette façon de concevoir la constitution des cristaux mixtes a en outre le grand avantage de permettre de comprendre comment il peut y avoir continuité entre les mélanges et les combinaisons : dans les mélanges les molécules des deux corps sont juxtaposées et par suite en position de se combiner, de s'unir par un lien plus étroit, quand les proportions sont convenables. Fort probablement, entre le mélange et la combinaison la différence consiste essentiellement dans l'intensité des forces qui groupent les molécules et, comme il a déjà été dit, les forces qui réunissent les molécules de la particule cristalline, qu'elles soient de la même espèce ou d'espèces différentes, paraissent comparables comme intensité aux forces qui soudent les molécules d'eau de cristallisation aux molécules du corps hydraté. Or cette union des molécules d'eau est considérée par tous comme une combinaison, on ne saurait donc établir de démarcation précise entre un mélange cristallisé et une combinaison, qui se trouvent reliés par toutes les transitions.

On voit que notre hypothèse sur la constitution des corps cristallisés est encore une fois complètement d'accord avec les faits observés.

LIVRE VII

GROUPEMENTS DE CRISTAUX D'ESPÈCES DIFFÉRENTES

§ I. — Considérations générales

L'étude des groupements de cristaux appartenant à des espèces
différentes est du plus haut intérêt : elle complète nos connaissances
sur les actions que les molécules exercent les unes sur les autres.
Les recherches faites sur les cristaux eux-mêmes et sur les groupements de cristaux de même espèce nous fournissent des renseignements assez complets sur les positions d'équilibre que les molécules d'un corps prennent sous leurs actions réciproques. En étudiant les groupements de cristaux d'espèces différentes, nous
avons chance de pouvoir généraliser ces résultats, surtout si nous
n'oublions pas que les cristaux constitués par des molécules d'espèces différentes, c'est-à-dire les mélanges isomorphes, nous
fournissent une transition toute naturelle entre le premier sujet
d'étude et le second.

Les groupements les plus simples sont bien connus de tous :
tout le monde a eu l'occasion de voir des octaèdres formés alternativement de couches violettes d'alun de chrome et de couches
blanches d'alun de potasse. C'est là un groupement parallèle nous
montrant d'une façon indiscutable que les molécules de l'un des
corps agissent sur les molécules de l'autre comme elles agissent
les unes sur les autres, que les particules cristallines de l'un sont
parallèles à celles de l'autre.

Dans un autre ordre d'idées, on sait, depuis les recherches de
Lecoq de Boisbaudran, qu'une dissolution sursaturée cristallise
non seulement si l'on y laisse tomber un cristal de la substance

en dissolution, mais encore si le cristal intervenant est simplement isomorphe de la substance dissoute. C'est ainsi qu'on détermine la cristallisation d'une dissolution de $MgSO^4$, $7H^2O$, en y laissant tomber un cristal de sulfate de zinc, de sulfate de nickel, de cobalt, de fer, tous à 7 équivalents d'eau. De même le sulfate de nickel à 6 équivalents d'eau est actif, tandis que le sulfate double de magnésie et de potasse à 6 équivalents ne produit aucun effet. Dans tous ces exemples nous voyons les molécules d'un corps agir sur les molécules d'un autre corps comme elles agiraient sur elles-mêmes ; mais cela ne saurait nous étonner puisqu'il s'agit exclusivement de corps isomorphes et que le fait de pouvoir se mélanger pour cristalliser implique déjà cette propriété. Mais des actions d'orientation peuvent s'exercer entre les molécules de corps qui, non seulement, ne sont pas isomorphes, mais, qui, encore, n'ont rien de commun au point de vue de leur composition chimique, de leur forme cristalline : ainsi, par exemple, le sel double $3ZnCu$ $4SO^4$,H^2O en dissolution sursaturée cristallise sous l'influence du sulfate de zinc à 7 équivalents d'eau et du sulfate de cuivre à 5 équivalents d'eau. Bien plus, des corps de nature essentiellement différente peuvent exercer une action d'orientation l'un sur l'autre : telle la calcite sur le quartz, la calcite sur l'amphibole, le mica sur l'iodure de potassium et l'azotate de soude. Si en effet, d'après les indications de Frankenheim, on place une goutte d'une dissolution d'iodure de potassium sur une lamelle de clivage de mica, fraîchement clivée, on voit le sel cristalliser sous forme de trémies cubiques, constituées par trois branches à 120° et orientées de façon que l'axe ternaire passant par le sommet de la trémie soit perpendiculaire à la lame de mica, et que l'un des plans de symétrie parallèle à cet axe soit parallèle au plan de symétrie du mica : ces trémies peuvent d'ailleurs occuper deux positions à 180° l'une de l'autre. Nous voyons donc que, dans ce cas encore, les molécules du mica agissent sur celles de l'iodure absolument comme sur elles-mêmes : les cristaux de l'iodure prennent sur la lamelle de mica la même orientation que prendraient d'autres lamelles de mica, c'est-à-dire l'orientation parallèle et l'orientation à 180° de deux cristaux maclés autour d'un axe ternaire.

De même Wakkernagel a constaté que les cristaux d'azotate

de plomb s'orientaient sur les cristaux d'alun et ceux-ci sur la
boracite. On voit donc par ces exemples que ces actions d'orientation peuvent s'exercer entre les corps les plus différents : on
peut donc s'étonner à bon droit que l'orientation exercée par la
calcite sur l'azotate de soude ait suscité tant de discussions : certains auteurs croyant pouvoir en conclure à l'isomorphisme des
deux substances.

On voit par ces faits quel intérêt peut présenter cette étude des

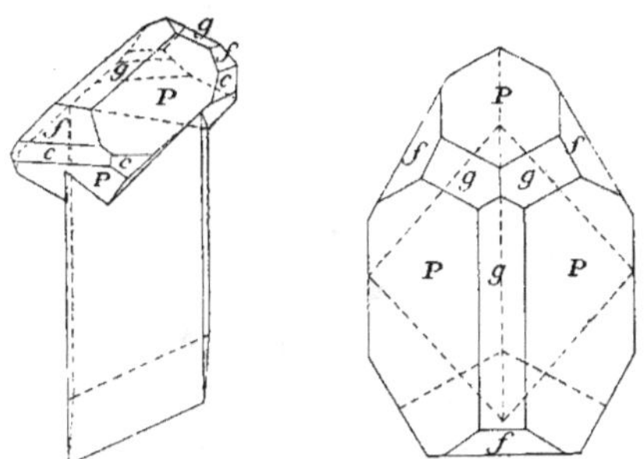

Fig. 205. — Calcite et barytocalcite.

groupements de cristaux d'espèces différentes, d'autant plus que
dans certains cas elle peut en outre nous fournir des renseignements sur la structure d'un cristal mal connu, quand il s'associe
avec un cristal sur lequel nous possédons des données suffisantes.

Tel est le cas, par exemple, de la barytocalcite, cristal monoclinique, dont la forme primitive est un prisme ayant des angles
égaux à 106° 54′, 102° 54′ et 102° 54′ et pour paramètres 0, 77171 :
1 : 0, 62545 avec β = 73° 51′. Ce prisme monoclinique est-il bien
la forme primitive du cristal et quelle est sa signification cristallographique. Comme on ne connaît aucun groupement de cristaux
de barytocalcite entre eux, il ne serait pas possible de répondre
à cette question, si Haidinger n'avait pas décrit un groupement
de ce minéral avec la calcite. Un cristal de barytocalcite présentant
les faces m et p (fig. 205) porte à son extrémité un cristal de calcite limité par les faces b^1 et e^1 et orienté de telle sorte qu'une
arête du rhomboèdre p soit parallèle à l'arête du dièdre de 106° 54′
et que les plans de symétrie des cristaux passant par cette arête
coïncident. Les faces m de la barytocalcite sont donc sensiblement

parallèles à celles du rhomboèdre et nous sommes ainsi amenés à considérer le prisme résultant de la superposition des formes simples m et p comme étant la forme primitive qui se rapproche beaucoup du rhomboèdre de 107° 6'. Dans ce mode de comparaison, les axes de la barytocalcite deviennent assimilables à une arête, à un axe binaire et à une diagonale d'une face du rhomboèdre de 107° 6'. Et, en effet, dans ce rhomboèdre, comme il est facile de le calculer, les paramètres de ces rangées sont égaux à

$$0, 79350 : 1 : 0, 63826,$$

très voisins de ceux de la barytocalcite. Grâce au groupement étudié par Haidinger, nous pouvons donc comparer la barytocalcite aux autres cristaux.

L'historique de cette question se réduit à fort peu de choses, car, à part les descriptions isolées, trois auteurs seulement s'en sont occupés d'une façon systématique : Sadebeck, dans les *Pogg. Ann. Erg.*, vol. VIII (1878). Wallerant. dans le *Bul.l Soc. Min.*, 1902 et O. Muegge, dans le *N. Jahrb. BB.*, vol. XVI (1903).

Loi d'association. — Suivant notre méthode avant d'entrer dans la description des groupements particuliers, nous allons énoncer la loi d'association des cristaux d'espèces différentes, loi qui n'est qu'une généralisation de la loi de groupements des cristaux d'une même espèce. Nous avons vu, en effet, que ceux-ci se groupaient de façon que deux éléments de la forme primitive de l'un des cristaux se trouvent en coïncidence avec deux éléments de même nature de la forme primitive de l'autre cristal. Quand les cristaux ne sont pas de la même espèce, deux éléments de la forme primitive de l'un se retrouvent encore en coïncidence avec deux éléments de la forme primitive de l'autre, mais les éléments coïncidant ne sont pas forcément de même nature.

Bien entendu la coïncidence de ces deux éléments peut entraîner la coïncidence d'autres éléments ; c'est ainsi que la coïncidence de deux droites entraîne celle du plan qui les contient, c'est-à-dire d'un plan qui par rapport aux arêtes de la forme primitive a pour caractéristiques l'un des groupes suivants : (100), (110), (111), (211), ce plan pouvant naturellement n'avoir pas les mêmes caractéristiques dans les deux cristaux.

Mais il ne faut pas croire que la position des deux cristaux d'espèces différentes soit toujours rigoureusement déterminée, comme cela a lieu pour les cristaux de même espèce. Les deux éléments de la forme primitive qui doivent coïncider ne font pas toujours rigoureusement le même angle dans les deux cristaux, la superposition complète n'est donc pas possible et il y a un léger flottement : tantôt deux éléments coïncident exactement, les deux autres occupant des positions voisines ; tantôt ce sont ces derniers qui sont en coïncidence et entre ces deux positions extrêmes les deux cristaux peuvent occuper toutes les positions relatives.

Dans le cas assez fréquent où les formes primitives sont sensiblement égales et où les deux éléments coïncidants sont de même espèce, les deux réseaux sont sensiblement parallèles et le groupement est dit *parallèle*. Mais si nous remarquons que la coïncidence de deux droites, faisant un angle donné, avec deux autres droites faisant le même angle peut se faire de deux façons, avec deux orientations à 180° l'une de l'autre autour de la normale au plan, contenant les droites, nous voyons qu'outre l'orientation parallèle il peut se produire une association dans laquelle les deux réseaux sont à peu près symétriques par rapport au plan des deux droites communes.

Cette remarque nous amène à considérer un cas particulièrement intéressant, d'autant plus intéressant que sa méconnaissance a déterminé des erreurs. Supposons que la normale au plan, contenant les deux éléments qui interviennent dans l'association, soit un axe d'ordre n de l'un des cristaux. Le second cristal pourra prendre sur ce dernier n orientations différentes ; il pourra donc se former n cristaux de la même espèce, faisant entre eux un angle de $2\pi : n$ autour de la normale au plan, normale qui n'est pas forcément un axe de symétrie de ces cristaux. Or si ces cristaux s'accroissent suffisamment pour se rencontrer et pour se souder, il en résultera un groupement de n cristaux autour d'une droite qui ne jouit dans ces cristaux d'aucune des propriétés qui en font un axe de groupement.

Le même fait peut se produire si l'une des droites communes perpendiculaire sur l'autre est un axe d'ordre n dans l'un des cristaux.

Pour bien faire comprendre comment les choses se passent, citons quelques exemples : l'amphibole s'associe à la calcite de façon que son axe, dénommé habituellement vertical, soit parallèle à l'arête du rhomboèdre ($10\overline{1}1$) de la calcite, et que son axe binaire coïncide avec l'un des axes binaires de ce minéral (fig. 206).

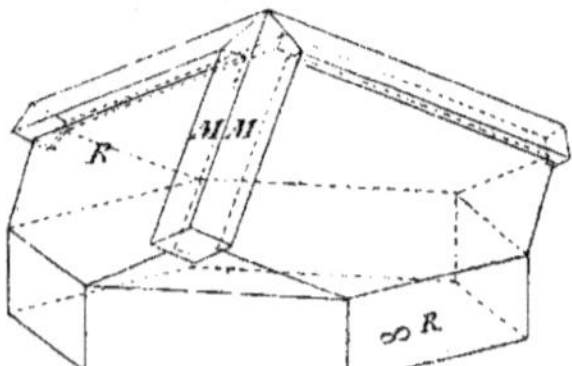

Fig. 206. — Calcite et amphibole.

S'il se produit un cristal d'amphibole sur chacune des arêtes du rhomboèdre, et si les trois cristaux se développent suffisamment pour se rencontrer, après dissolution de la calcite il subsistera un

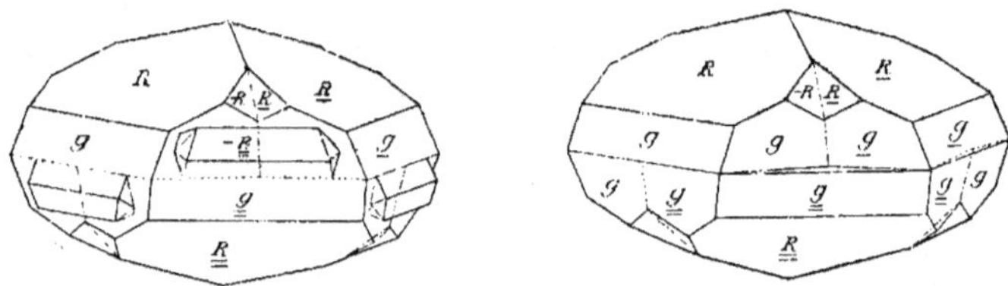

Fig 207. — Calcite et quartz.

groupement de trois cristaux d'amphibole autour d'une droite ne jouissant d'aucune des propriétés susceptibles d'en faire un axe de groupement ternaire.

De même le quartz peut se grouper avec la calcite de façon que l'une de ses faces ($10\overline{1}1$) coïncide avec l'une des faces ($0\overline{1}\overline{1}2$) de la calcite et que l'un de ses axes binaires soit parallèle à l'un des axes binaires de ce minéral. Si sur chacune des faces de la calcite il se produit un tel cristal de quartz, on aura un groupement ternaire de six cristaux de quartz autour d'une droite ne présentant dans ce minéral aucun des caractères d'un axe ternaire de groupement (fig. 207).

Enfin comme l'a constaté M. Lacroix, la galène s'associe avec la pyrrhotine de telle sorte que l'un de ses axes quaternaires coïncide avec l'axe ternaire de ce minéral. Il y a donc trois orientations possibles pour ces cristaux de galène et s'ils se rencontrent il en résultera un groupement de trois cristaux de galène autour d'un de leurs axes quaternaires.

Il est bien évident que l'on présente les choses d'une façon inexacte, si l'on assimile ces groupements, d'origine particulière, aux groupements ordinaires des cristaux de même espèce. Dans ces derniers, en effet, les cristaux s'orientent sous leur influence réciproque, tandis que dans les groupements qui nous occupent actuellement ils s'orientent indépendamment l'un de l'autre, ils s'orientent sous l'influence d'un cristal étranger qui en les orientant par rapport à lui les oriente entre eux. Je proposerai de désigner ces groupements particuliers sous le nom de *pseudo-groupements*.

Il est probable que certains groupements de cristaux de même espèce, qui sont anormaux, doivent rentrer dans cette catégorie des pseudo-groupements : tel par exemple la macle de la Gardette formée de deux cristaux de quartz dont les axes font entre eux un angle de $84°34'$. Les deux cristaux sont généralement aplatis dans un plan de symétrie commun. ils présentent l'aspect de cristaux qui se seraient formés dans un plan de clivage d'un troisième minéral, qui depuis a disparu.

Dans la description suivante, on a réparti les différents groupements d'après la nature des éléments en coïncidence. Dans un premier paragraphe, on a réuni les groupements dans lesquels les éléments en coïncidence sont de même nature dans les deux formes primitives, de sorte que les deux réseaux sont parallèles ou symétriques, autant qu'il est possible, bien entendu; dans un autre paragraphe on a réuni ceux où l'arête de la forme primitive de l'un des cristaux est parallèle à une diagonale de la forme primitive de l'autre, etc.

§ II. — GROUPEMENTS PARALLÈLES OU SYMÉTRIQUES

Blende et tétraédrite. — M. Becke a décrit une association de ces deux minéraux dans laquelle le premier présente les faces (001), (110), (111), les seconds les mêmes faces avec (321). Ceux-

ci, de très petites dimensions, sont englobés dans les premiers de
telle sorte que leurs faces octaédriques soient parallèles aux faces
octaédriques de la blende. Le premier octaèdre de la blende porte
tantôt le premier, tantôt le second octaèdre de la tétraédrite. Quand

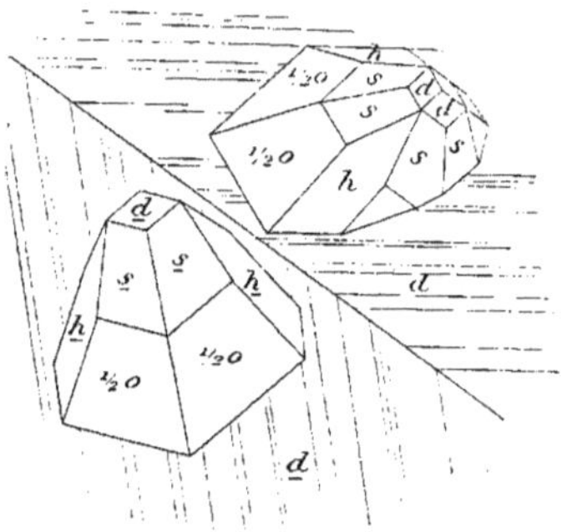

Fig. 208. — Blende et tétraédrite.

les cristaux de blende sont maclés, les deux parties portent des
cristaux de tétraédrite orientés symétriquement, comme l'indique
la figure ci-contre, montrant deux cristaux maclés de blende portant deux cristaux de tétraédrite (fig. 208) [1].

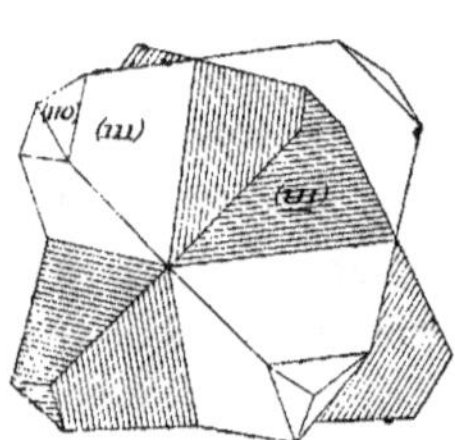

Fig. 209. — Chalcopyrite
et tétraédrite.

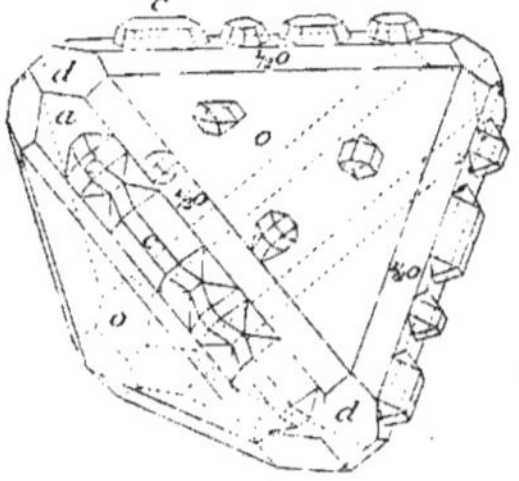

Fig 210. — Tétraédrite
et chalcopyrite.

Chalcopyrite et tétraédrite. — Sadebeck a décrit une association de ces deux minéraux, identique à celle que je viens d'indiquer. Deux tétraèdres se pénètrent de façon à être orientés à 90°
autour d'axes quaternaires approchés communs (fig. 209).

Dans d'autres cas, les cristaux ont leurs faces à peu près parallèles et l'association se présente avec l'aspect de la figure 210, dans

[1] Tschermack. *Mittheilungen,* t. V, p. 334.

laquelle la tétraédrite supporte les cristaux de chalcopyrite, tantôt sous l'aspect de la figure 211, dans laquelle l'inverse a lieu.

Blende et chalcopyrite. — Toujours d'après Sadebeck ces deux minéraux s'associent comme les précédents.

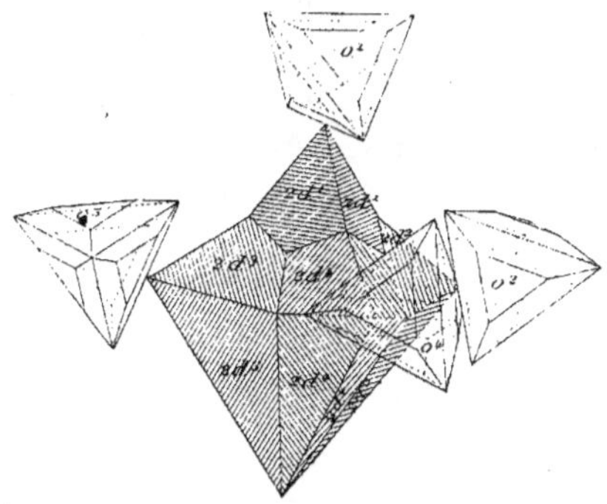

Fig. 211. — Chalcopyrite et tétraédrite.

Cobaltine et chalcopyrite [1]. — Des cubes de cobaltine portent de petits cristaux de chalcopyrite présentant les faces (111), (11$\bar{1}$), (201). Les axes quaternaires des derniers sont autant que possible parallèles aux axes quaternaires de la cobaltine. Mais la chalcopyrite étant mériédrique, le parallélisme peut se réaliser de deux façons, et les cristaux de chalcopyrite occupent deux positions à 90° l'une de l'autre (fig. 212).

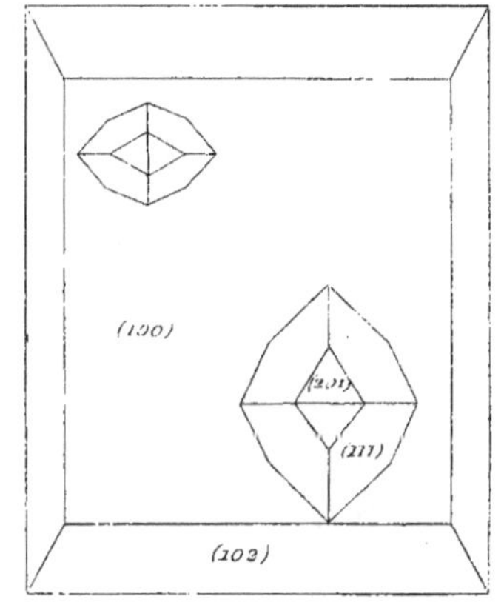

Fig. 212. — Cobaltine et chalcopyrite.

Chalcopyrite et polybasite [2]. — Le premier de ces minéraux, quoique quadratique, est, comme on le sait, sensiblement cubique ; il en est de même du second, qui n'est orthorhombique que d'apparence. En effet, ses paramètres sont égaux à : 0,5793 : 1 : 0,91305 ; or, en multipliant le premier par 3 et le troi-

[1] Mugge. *Min. u. Petrogr. Mitth.*, vol. XX, p. 349.
[2] *N. Jahrb. f. Min., Geo. u. s. w.*, t. II, 1897, p. 70.

sième par 4 : 3 on obtient 1,7379 : 1 : 1,226 au lieu de 1,732 : 1 : 1,224. Ces deux minéraux sont donc susceptibles de s'associer parallèlement, et en effet M. Mügge a constaté l'association suivante : des lamelles quasi hexagonales de polybasite portent sur leur base de petits cristaux de chalcopyrite présentant les faces (111), (201), (011) et maclés suivant la face (101). L'axe quasi ternaire de la chalcopyrite est parallèle à l'axe quasi ternaire de la polybasite; en outre les axes quasi binaires perpendiculaires sur l'axe ternaire coïncident. Il en résulte que les cristaux de chalcopyrite ont six orientations différentes à 120° et à 60° l'une de l'autre (fig. 213).

Argyrose et pyrargyrite [1]. — Cette association particulièrement intéressante se compose d'un cristal du second minéral qui pré-

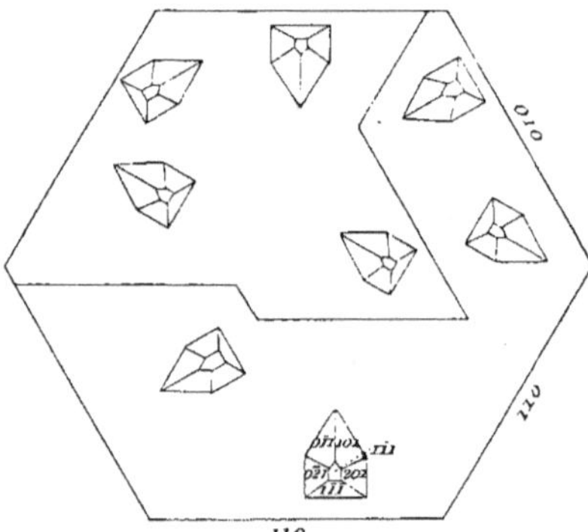

Fig. 213. — Polybasite et chalcopyrite.

sente les faces du prisme $(10\bar{1}0)$ et du rhomboèdre $(30\bar{3}4)$ dont l'angle est de 121°30′. L'argyrose, délimitée par les faces du rhombododécaèdre, s'est déposée sur ce cristal de façon que six de ses faces soient parallèles à celles du prisme $(10\bar{1}0)$ et que les six autres soient autant que possible parallèles à celles du rhomboèdre $(30\bar{3}4)$; il ne faut pas oublier, en effet, que ces six dernières faces forment un rhomboèdre dont l'angle est de 120°.

Marcassite et pyrrothine. — On sait que la marcassite ne présente qu'une symétrie orthorhombique apparente : l'axe médian est en

[1] *Berg- und Huttenmannische Zeitung*, t. XX, p. 153.

réalité un axe ternaire approché, le seul axe qui soit réellement binaire est l'axe vertical. Aussi voit-on la marcassite s'associer avec la pyrrothine de façon que son axe médian coïncide avec l'axe ternaire de cette dernière, et son axe vertical avec un des axes binaires de la pyrrothine.

C'est, en effet, ce que M. Mügge[1] a eu l'occasion d'observer : des lamelles hexagonales de pyrrothine, hautes de 5 et larges de 4 centimètres. portent de petits cristaux de marcassite limités par les faces (001), (011). (110) et tous parallèles entre eux. Ils sont orientés de façon que la face (001) soit parallèle

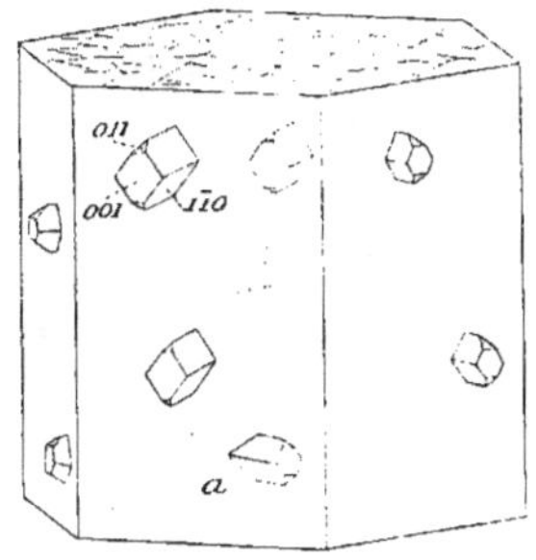

Fig. 214. — Marcassite et pyrrothine.

à la face (10$\bar{1}$0) du second minéral c'est-à-dire à un de ses plans de symétrie. En outre la microdiagonale (001) est parallèle à l'axe ternaire de la pyrrothine. En général, la face (001) est parallèle à la face (10$\bar{1}$0) sur laquelle repose le cristal, mais il peut se faire qu'elle soit parallèle à une autre face (fig. 214).

Mica et magnétite, mica et oligiste. —D'après M. Lacroix[2], la la magnétite et l'oligiste s'associent avec la biotite de telle façon que les faces (111) de la magnétite et (0001) de l'oligiste s'accolent sur la face (001) de la biotite ; les côtés de la face octaédrique de l'oligiste ou des lames de magnétite étant parallèles à celles du mica.

Chlorite et biotite. — Dans sa remarquable étude sur les chlorites, Tschermack[3] signale une association de ces deux minéraux dans laquelle leurs bases sont parallèles ainsi que les lignes de choc, les plans des axes optiques. En outre les deux minéraux présentent la macle autour de leur axe ternaire approché.

Magnétite et chlorite. — Les octaèdres de magnétite ont leurs faces recouvertes de lamelles hexagonales de chlorite de telle sorte

[1] *N. Jahrb. f. Min., Geo. u. s. w.*, 1897, p. 28.
[2] *Minéralogie de la France*, t. I, p. 326.
[3] *Sitzungsber, Wien. Akad.*, t. XCIX.

que les bases de celles-ci sont parallèles aux faces octaédriques et que leurs côtés sont parallèles ou perpendiculaires aux arêtes de l'octaèdre.

Oligiste et magnétite. — Un des modes d'association de ces deux minéraux a été étudié par M. Bucking[1]. Un octaèdre de magnétite repose sur un cristal d'oligiste de façon qu'une face (111) du premier soit parallèle à la face (0001) du second, et les plans de symétrie passant par l'axe ternaire commun coïncident, il en est par suite de même des axes binaires perpendiculaires sur cet axe ternaire, ainsi que des axes trapézoédriques (fig. 215).

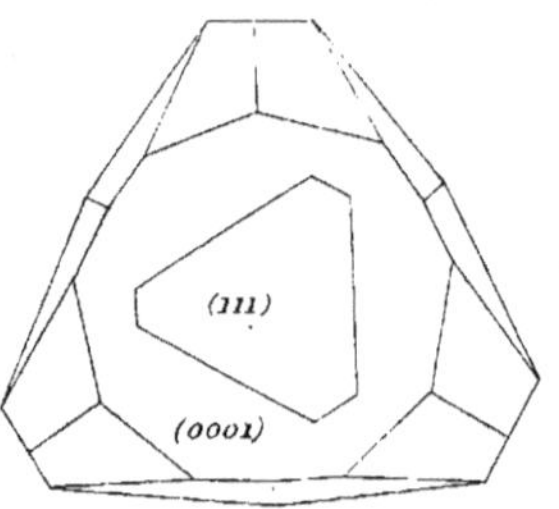

Fig. 215. — Oligiste et magnétite.

Rutile et oligiste. — Cette association, signalée par Breithaupt, a été étudiée par v. Rath[2] (fig. 216). Les cristaux de rutile, présen-

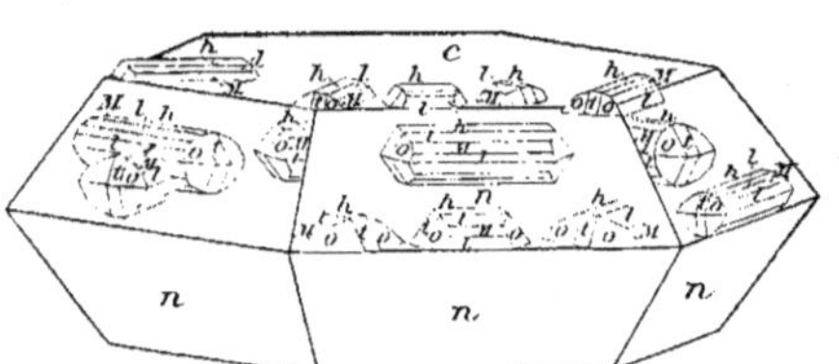

Fig. 216. — Rutile et oligiste.

tant en particulier les faces (100) et celles de l'octaèdre (101), sont implantés sur des tables hexagonales de fer oligiste de façon qu'une de leurs faces (100) soit appliquée sur la face (0001) du second minéral, et que les axes soient perpendiculaires aux arêtes (0001) (10$\bar{1}$1) de ce dernier. Dans certains cas, à ces cristaux s'en ajoutent d'autres orientés à 60°, et dont les axes sont perpendiculaires sur les arêtes (0001) (01$\bar{1}$1) du fer oligiste. Considérons l'un des premiers, ses faces (010) parallèles à l'axe ternaire du fer oligiste coïncident avec un plan de symétrie de celui-ci; une face (101) de l'octaèdre, faisant avec (100) et par suite avec (0001) un

[1] *Zeitsch. f. Kryst. u. Min.*, t. 1, p. 575.
[2] *Zeitsch. f. Kryst. u. Min.*, t. I, p. 13.

angle de 122°47', coïncide sensiblement avec la face (10$\bar{1}$1) du fer oligiste, qui fait avec (0001) un angle de 122°23', tandis que la face (101) coïncide à peu près avec la face (01$\bar{1}$1). De même une face de l'octaèdre (221) du rutile se trouve à peu près dans le prolongement de l'une des faces l'isocéloèdre (22$\bar{4}$3), car ces faces font respectivement avec (0001) des angles égaux à 118°47' et 118°28'.

La concordance est un peu moins nette pour d'autres faces : c'est ainsi que les faces de l'octaèdre (011) et (01$\bar{1}$), qui passent par l'axe ternaire, font avec la face (010), appartenant à la même zone des angles de 57°13', tandis que, dans le fer oligiste, les deux plans de symétrie qui leur correspondent font avec la même face des angles de 60°. Les cristaux, orientés à 60°, donnent naissance, par la disparition de l'oligiste, a des pseudo-groupements, désignés sous le nom de macles en cœur du rutile.

Rutile et mica. — Le rutile forme avec le mica des associations analogues aux précédentes. L'axe quaternaire est perpendiculaire ou parallèle aux faces (110) et (010) du mica et l'un des axes binaires est parallèle à l'axe ternaire du mica.

Rutile et magnétite[1]. — Ces deux minéraux s'associent toujours d'après la même loi, c'est-à-dire qu'une face (100) du rutile repose sur une face (111) de la magnétite et que sa direction d'allongement est parallèle à un axe binaire de la magnétite.

Rutile et broockite. — Ce dernier minéral appartient au type

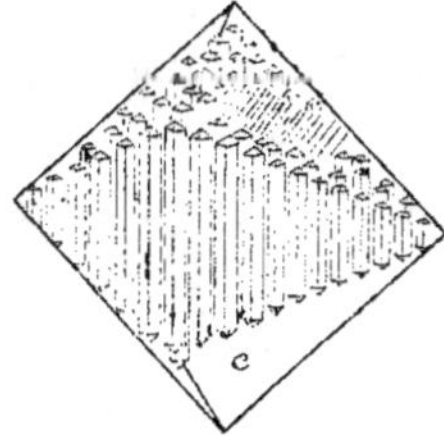

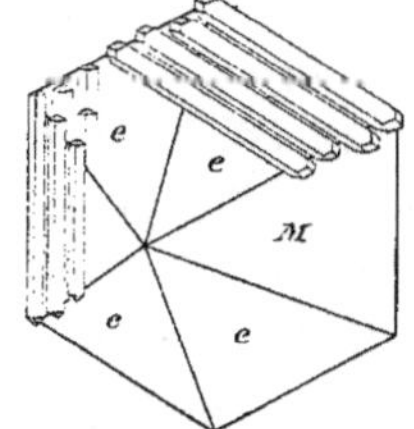

Fig. 217. — Rutile et broockite.   Fig. 218. — Rutile et broockite.

rutile, ses axes binaires étant assimilables aux axes perpendicu-

---

[1] *Zeitsch f. Kryst. u. Min.*, t. I, p. 575.

laires sur les faces *m* du minéral quadratique. Aussi les substances s'associent-elles suivant deux modes étudiés par v. Rath[1]. Dans l'un, les axes homologues sont parallèles et les deux réseaux coïncident autant que possible (fig. 217).

Dans la seconde association, deux axes binaires coïncident encore, mais les cristaux de rutile ont tourné de 120° environ par rapport à leur première orientation autour de cet axe de groupement (fig. 218).

Zircon et xénotime. — Ces deux minéraux s'associent de façon que leurs axes cristallographiques soient parallèles. Tantôt le zircon recouvre le xénotime, tantôt c'est l'inverse qui a lieu. On sait d'ailleurs que les paramètres de ces deux minéraux diffèrent très peu (fig. 219).

Staurotide et disthène. — On rencontre assez fréquemment des

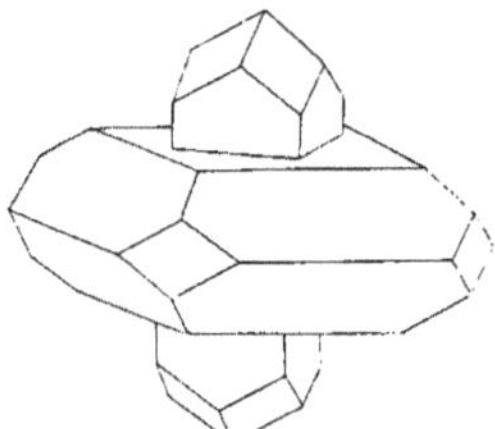

Fig. 219. — Zircon et xénotime.

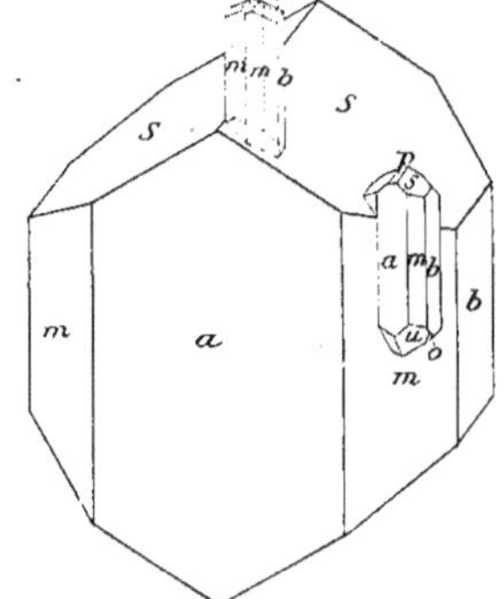

Fig. 220. — Pyroxène et amphibole.

cristaux de disthène recouverts d'une enveloppe de staurotide, les deux cristaux ayant une orientation déterminée l'un par rapport à l'autre : l'axe des *x* de la staurotide coïncide avec l'axe des *y* du disthène ; les deux axes des *z* coïncidant. Or, dans les deux minéraux, l'axe des *z* est un axe quaternaire approché, l'axe des *x* de la staurotide et l'axe des *y* du disthène sont des axes binaires approchés. Par conséquent, les deux réseaux s'orientent de façon à coïncider autant que possible.

Andalousite et sillimanite. — Ces deux silicates d'alumine,

[1] *N. Jahrb. f. Min., Geo. u. s. w.,* 1876, p. 386.

tous les deux orthorhombiques, s'associent, comme l'a montré M. Lacroix[1], de façon que leurs axes soient parallèles.

Amphibole et pyroxène[2]. — L'association parallèle de ces deux minéraux est connue depuis longtemps. Ils se disposent de façon que les axes cristallographiques soient parallèles, les faces p coïncidant sensiblement (fig. 220). Cette association a l'avantage de nous montrer que les plans de clivage n'ont qu'une importance relative pour la détermination de la forme primitive puisque, dans deux minéraux si voisins, les clivages font des angles si différents.

Pyroxène et mica. — L'association de ces minéraux a été étudiée par v. Rath[3]. Les lamelles de mica sont englobées au milieu des cristaux de pyroxène, de telle façon que la face p du mica soit parallèle à la face h^1 du pyroxène, et que les deux faces m du premier minéral soient parallèles aux faces (122) du second (fig. 221). Or, la normale à la face h^1 est un axe quasi ternaire de groupement, les faces (122) étant des plans de groupement. Il y a donc coïncidence d'éléments privilégiées des deux formes primitives.

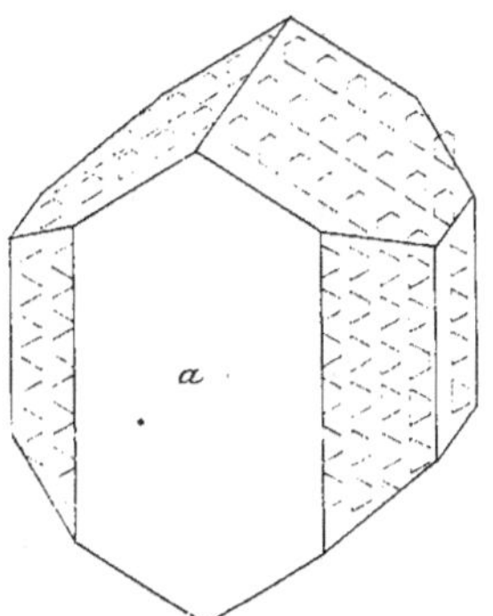

Fig. 221. — Pyroxène et mica.

Amphibole et magnétite. — Ces minéraux s'associent comme les précédents, quoique la face d'association ne soit plus la même. La face a^1 du second minéral repose sur la face p du premier, un plan de symétrie de la magnétite normal sur la face a^1 étant parallèle au plan de symétrie de l'amphibole. Les cristaux de magnétite peuvent occuper deux positions à 180° l'une de l'autre, et par conséquent les deux réseaux peuvent être parallèles ou être symétriques par rapport à la face d'association.

[1] *B. S. M.*, t. XI, p. 150.
[2] *N. Jahrb. f. Min., Geol. u. s. w.*, 1876, p. 386.
[3] *N. Jahr. f. Min., u. Geol.*, 1876, p. 386.

Epidote et allanite. — Ces deux minéraux, dont les paramètres cristallographiques sont très voisins, s'associent de façon que les faces analogues soient parallèles ; il en est donc de même des deux réseaux, quelle que soit l'interprétation donnée aux arêtes du parallélépipède pris comme forme primitive.

Feldspaths. — On sait que les feldspaths d'espèces différentes peuvent se grouper de façon que, autant que possible, il y ait

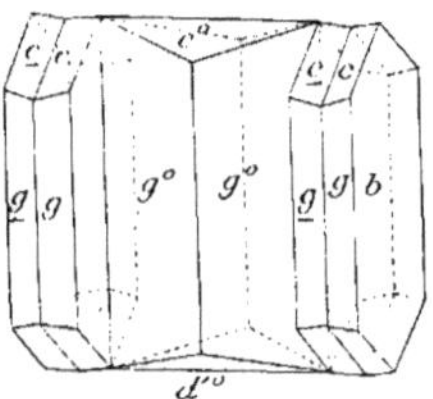

Fig. 222. — Orthose et albite.

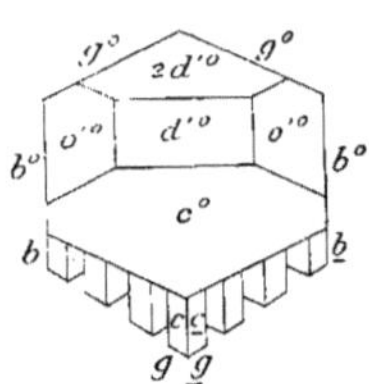

Fig. 223. — Orthose et albite.

coïncidence entre les faces g^1, les faces h^1 et les faces p. Dans les feldspaths acides l'un des cristaux se présente sous forme de facules irrégulières englobées dans l'autre. Les feldspaths basiques, au contraire, s'associent généralement en zones concentriques. Mais, comme dans tous les cas où les réseaux ne peuvent pas s'orienter d'une façon absolument rigoureuse, il y a toujours un léger flottement : les cristaux oscillent autour d'une position limite.

Les meilleurs exemples que l'on puisse citer sont ceux de l'albite et de l'orthose. Un cristal de ce dernier minéral porte des lamelles d'albite, elles-mêmes maclées, de façon que les arêtes pg^1 soient parallèles et qu'une face m ou t de l'albite soit parallèle à une face m de l'orthose (fig. 222). Mais le plus souvent l'albite, à l'état de petits cristaux, forme une couche sur les cristaux d'orthose (fig. 223). De telles associations se rencontrent dans les granites de bien des localités.

Calcite et mica. — Breithaupt cite une association parallèle de ces deux minéraux, mais il ne la décrit pas, et son dessin est trop incomplet pour qu'il soit possible de se rendre un compte exact de ce groupement. Toutefois, d'après ce dessin il paraîtrait que le mica présente une face parallèle à la face $(01\bar{1}1)$ de la calcite, et une face m parallèle à $(10\bar{1}0)$.

Depuis M. Mügge[1] a trouvé dans la collection de Kœnigsberg une lamelle de biotite englobant des cristaux de calcite aplatis suivant la base, qui est parallèle à la face p du mica. De plus les traces de clivage sur la base de la calcite, c'est-à-dire les droites parallèles aux axes binaires, sont parallèles aux lignes de pression du mica, c'est-à-dire aux axes de ce minéral. Il y a donc bien parallélisme des deux minéraux. Cependant certains cristaux de calcite sont orientés à 180° des précédents et ils sont par suite symétriques du mica par rapport à la face d'accolement.

Calcite et barytocalcite[2]. — Il a été décrit plus haut une association de ces deux minéraux et nous avons vu qu'elle était une association parallèle, malgré la différence dans l'aspect extérieur des cristaux (fig. 205).

§ II. — UNE ARÊTE COÏNCIDE AVEC UNE DIAGONALE

Pyrite et galène. — Cette association, observée par M. O. Mügge[3], se compose de cubes de pyrite portant sur une face de petits octaèdres de galène. La face a^1 de cette dernière est parallèle à la face p du cube, et un plan de symétrie de l'octaèdre est parallèle à un plan de symétrie principale du cube. Les octaèdres peuvent naturellement occuper deux positions à 180° l'une de l'autre.

Pyrite et pyrrhotine[4]. — La pyrite se dépose sur la pyrrhotine de façon qu'une de ses faces soit parallèle à la face (0001) de ce minéral, une autre face étant parallèle à un plan de symétrie de la pyrrhotine.

[1] *Centralblatt f. Min. u. Geol.*, 1902, p. 353.

[2] Haidinger, *Handbuch der Mineralogie*, p. 279.

[3] Mügge, *Min. u. Petrog. Mitth.*, vol. XX, p. 339.

[4] Lacroix, *Minéralogie de la France*, t. II, p. 567.

Galène et pyrrothine[1]. — La position de la galène est la même que celle de la pyrite. Les cristaux de galène peuvent donc prendre sur un même cristal de pyrrothine trois orientations différentes à 120° l'une de l'autre. Si les trois cristaux, ainsi orientés, s'accroissent suffisamment pour se rejoindre, leur ensemble simulera un groupement ternaire. Comme il est indiqué plus haut, il faut bien se garder de comparer une telle association aux groupements ordinaires des cristaux. D'ailleurs, l'inverse pourrait avoir lieu : si la pyrrothine se déposait sur la pyrite, quatre cristaux pourraient se produire à 90° les uns des autres et, s'ils s'accroissaient suffisamment, en se rencontrant ils formeraient un groupement quaternaire apparent autour de l'axe ternaire de la pyrrothine.

Aragonite et calcite[2]. — Cette association décrite par G. Rose est particulièrement intéressante parce que les éléments coïncidant ne paraissent avoir à première vue aucun rapport entre eux. La calcite est limitée par un scalénoèdre ayant pour notation $(21\bar{3}1)$, un axe binaire de cette calcite coïncide avec l'axe a de l'aragonite et l'axe b de cette dernière coïncide avec une arête du scalénoèdre. Or, comme on le sait, l'axe a de l'aragonite est un axe binaire de son réseau, tandis que l'axe b n'est qu'un axe trapézoédrique, et d'autre part, il est facile de voir que l'arête du scalénoèdre, rapportée aux arêtes de la forme primitive de la calcite, a pour notation (112) ; elle est donc également un axe trapézoédrique. Par conséquent les éléments des deux cristaux qui coïncident sont bien de même nature. Mais, en outre, un calcul très simple montre que l'axe vertical de l'aragonite, c'est-à-dire un axe ternaire approché, coïncide avec une arête du rhomboèdre primitif de la calcite.

Amphibole et calcite. — Cette association a été décrite et figurée par Breithaupt[3]. Trois cristaux d'amphibole sont allongés suivant les arêtes du rhomboèdre p de la calcite, de façon que leurs arêtes verticales soient parallèles aux arêtes du rhomboèdre et

[1] Lacroix, *Minéralogie de la France*, t. II, p. 567.
[2] Pogg, *Annalen*, t. XCI, 1854, p. 147.
[3] Breithaupt, *Handbuch der Mineralogie*.

que leur plan de symétrie coïncide avec l'un des plans de symétrie de la calcite (fig. 206).

Les trois cristaux d'amphibole simulent donc un groupement ternaire autour d'une rangée qui, *a priori*, ne présente rien de particulier. Or, la forme primitive de l'amphibole est un parallélépipède voisin d'un rhomboèdre de 80° 50', et il est facile de voir que l'arête de ce parallélépipède située dans un plan de symétrie fait avec l'arête verticale un angle de 61° 26', c'est-à-dire un angle très voisin de celui de l'arête du rhomboèdre de la calcite avec l'axe ternaire, qui est de 60° 44'. La différence peut s'expliquer de deux façons : ou bien, dans l'association, les arêtes des deux cristaux n'étaient pas rigoureusement parallèles ou bien les constantes cristallographiques de l'amphibole observée ne sont pas identiques à celles qui ont servi de bases au calcul. On voit donc qu'une arête de la forme primitive de l'amphibole, coïncide avec un axe ternaire de la calcite, et qu'il en est de même de deux axes binaires.

§ III. — UNE ARÊTE DE LA FORME PRIMITIVE DE L'UN DES CRISTAUX COÏNCIDE AVEC LA DIAGONALE D'UNE FACE DE L'AUTRE

Quartz et calcite. — Cette association a été décrite pour la première fois par Breithaupt[1], et plus tard retrouvée sous un aspect tout différent par von Rath et Dana. Dans l'échantillon de Breithaupt, un cristal de calcite présentant les faces $(01\bar{1}2)$ et $(01\bar{1}0)$ porte sur les premières un grand nombre de petits cristaux de quartz, limités par les faces $(1\bar{1}01)$, $(01\bar{1}1)$ et $(01\bar{1}0)$, et orientés de façon qu'une de leurs faces $(10\bar{1}1)$ repose sur la face $(01\bar{1}2)$ de la calcite et qu'un de leurs plans de symétrie coïncide avec un plan de symétrie de ce minéral, et par suite un de leurs axes binaires coïncide avec un axe binaire du même minéral (fig. 224). Mais en outre l'orientation est telle que les directions des axes ternaires faisant des angles aigus avec la face commune soient de part et d'autre de cette face. Une arête de la forme primitive de la calcite

---

[1] Breithaupt. *Handbuch der Mineralogie*.

est donc parallèle à la diagonale d'une face de la forme primitive du quartz. En outre, il est facile de voir que l'axe ternaire du quartz coïncide sensiblement avec un axe trapézoédrique de la calcite, car ils font respectivement avec l'axe ternaire de la calcite : le premier un angle de 25°32′ et le second un angle de 26°53′.

Dans l'association observée par von Rath et par Dana[1], le cristal

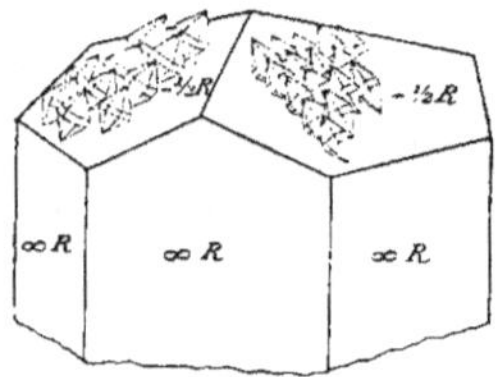

Fig. 224. — Calcite et quartz.

de calcite est complètement englobé au milieu de six cristaux de quartz parallèles deux à deux, chacun d'eux reposant sur une face de la calcite avec l'orientation indiquée plus haut. Il en résulte donc une association de six cristaux de quartz disposés à 120° autour d'une droite n'ayant aucune signification cristallographique. (fig. 207).

Quartz et feldspaths. — Ces deux minéraux s'associent souvent pour donner naissance à de la pegmatite graphique dans laquelle tous les cristaux de quartz ont la même orientation. Jamais d'ailleurs on a fait remarquer que le parallélisme de tous ces cristaux de quartz provient de ce qu'ils occupent une position déterminée par rapport au cristal de feldspath. Il est vrai que cette orientation réciproque est assez difficile à reconnaître par suite de ce fait que si les positions relatives sont déterminées, elles sont susceptibles de se présenter en assez grand nombre. Toutes, d'ailleurs, satisfont à la règle énon-

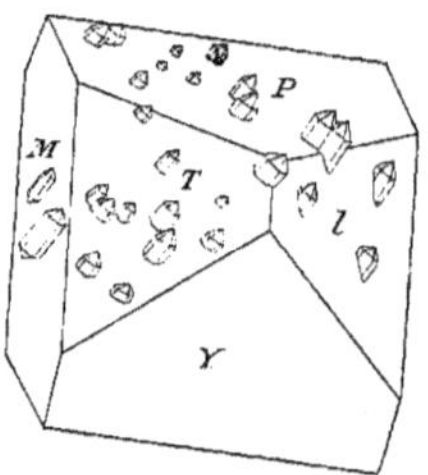

Fig. 225. — Orthose et quartz.

cée plus haut. Breithaupt[2] a reconnu plusieurs de ces orientations, et d'autres ont été reconnues depuis.

1. L'association suivante a été décrite par Breithaupt : un cristal d'orthose englobe un grand nombre de petits cristaux de quartz orientés de telle sorte qu'une face $(10\bar{1}1)$ soit parallèle à une face (110) du feldspath, et que la diagonale de cette face $(10\bar{1}1)$ aboutissant à l'axe ternaire soit parallèle à la droite d'intersection des

[1] Breithaupt. *Handbuch der Mineralogie.*
[2] *N. Jahrb. f. Min. u. Geol.*, 1875, p. 857.

faces (110) et (2̄01̄), qui, comme on le sait, est une arête de la forme primitive du feldspath (fig. 225.)

2. Breithaupt décrit une autre association dans laquelle une face (101̄1) du quartz repose sur la face (001) de l'orthose de façon qu'un plan de symétrie du premier minéral coïncide avec le plan de symétrie du second. Il en résulte que l'arête (001) (010), qui est une arête de la forme primitive du feldspath, coïncide avec la diagonale de la face de la forme primitive du quartz.

Quartz et tourmaline, quartz et cordiérite, quartz et muscovite. — Ces associations ont été signalées par M. Lacroix[1]. Dans les deux premières, le quartz englobe des cristaux de tourmaline ou de cordiérite orientés parallèlement. Dans la troisième c'est le quartz qui est englobé dans le mica. La communauté d'orientation ne peut évidemment s'expliquer que par une relation entre les cristaux englobés et le cristal englobant; malheureusement M. Lacroix ne s'est pas préoccupé de la question et le problème est encore à résoudre.

Néphéline et augite. — Ces deux minéraux forment, d'après M. Lacroix, des associations pegmatoïdes, dans lesquelles la néphéline englobe des cristaux de quartz parallèlement orientés. Mais l'auteur n'indique pas les relations existant entre les deux minéraux.

Pyrite et mispickel. — La figure ci-dessous (fig. 226) montre

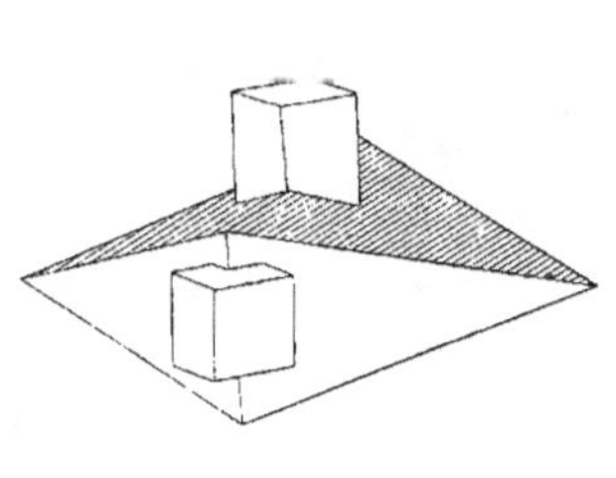

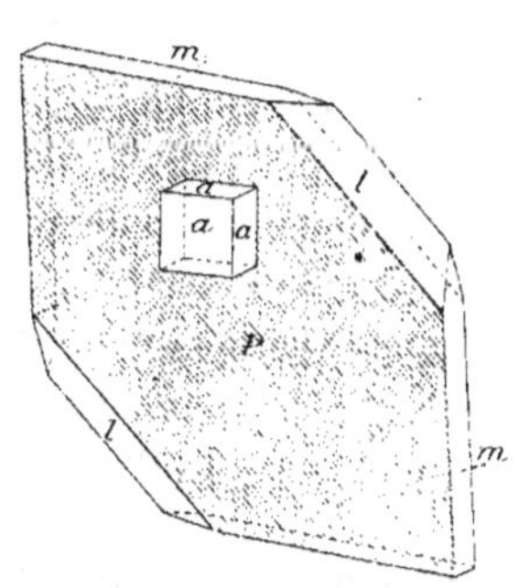

Fig. 226. — Mispickel et pyrite.   Fig. 227. — Pyrite et marcassite.

d'après Sadebeck, de petits cubes de pyrite enchâssés dans un prisme

[1] Lacroix. *Minéralogie de la France.*

de mispickel de façon qu'un de leurs axes quaternaires coïncide avec l'axe binaire de ce dernier. En outre, un axe binaire de la pyrite est parallèle à l'axe ternaire approché du second sulfure[1].

Pyrite et marcassite[2]. — Ces deux minéraux peuvent s'associer comme la pyrite et le mispickel (fig. 227), et suivant une seconde loi, dans laquelle l'axe binaire de la marcassite coïncide aussi avec un axe quaternaire de la pyrite, mais en outre un autre axe quaternaire de la pyrite est parallèle à l'arête de base de la marcassite. Or, il a été démontré que la face (110) de ce dernier minéral était une face de sa forme primitive et que, par conséquent, son arète de base est une diagonale d'une face de cette forme primitive. Dans la figure ci-dessous (*fig.* 228) les cristaux de marcassite sont maclés suivant la face (110).

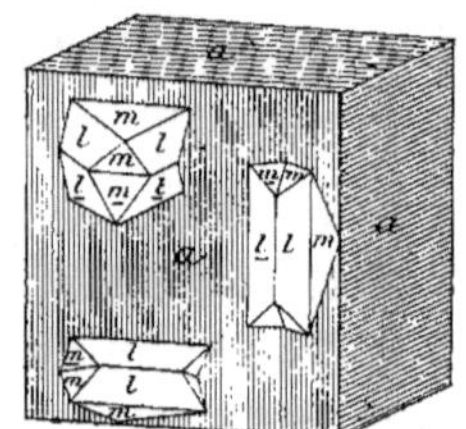

Fig. 228. — Pyrite et marcassite.

§ IV. — UNE DIAGONALE COÏNCIDE AVEC LA DIAGONALE D'UNE FACE

Tourmaline et muscovite. — M. Linck[3] a eu l'occasion d'observer l'association suivante de ces deux minéraux : la tourmaline en cristaux aplatis suivant un plan de symétrie est orientée de telle sorte que ce plan de symétrie soit parallèle au plan de clivage du mica, autrement dit, de façon que l'axe ternaire de ce dernier minéral coïncide avec un axe binaire de la tourmaline; en outre, l'axe ternaire de celle-ci est parallèle à une ligne de pression du mica, c'est-à-dire à un de ses axes binaires.

Barytine et barytocalcite. — C'est encore à M. Mügge que l'on doit l'étude de cette association. Les axes *b* des deux minéraux coïncident ainsi que les faces (100) (fig. 229). Or nous avons vu qu'elle était la forme primitive de la barytocalcite, il est maintenant nécessaire de discuter celle de la barytine. On ne connaît pas de groupement authentique de ce minéral, et il faut, pour déter-

[1] *Wiedmann's Annalen*, t. V, 1878, p. 577.
[2] Sadebeck. *Pogg. Ann.* Erganz. B., vol. VIII, p. 625.
[3] *Jenaische Zeitsch. f. Natw.*. t. XXXIII. p. 350.

miner sa forme primitive, s'en rapporter aux analogies ; au point
de vue des formes cristallines, il existe les plus grandes ressem-
blances entre les sulfates, le soufre et les sulfures. Les paramètres
habituels de la löllingite, par exemple, sont 0,66888 : 1 : 1,2331,
et ceux de la barytine 0,81520 : 1 : 1,31359, si l'on divise le dernier de ces paramètres par 2, et si l'on multiplie le premier par
3 : 2, on obtient 1,2228 : 1 : 0,65676, très
voisins des paramètres de la löllingite. Or
les groupements de ce dernier minéral nous
montrent que son axe moyen est en réalité
un axe ternaire approché, et l'axe vertical
un axe binaire ; il en est donc de même dans
la barytine dont les paramètres sont

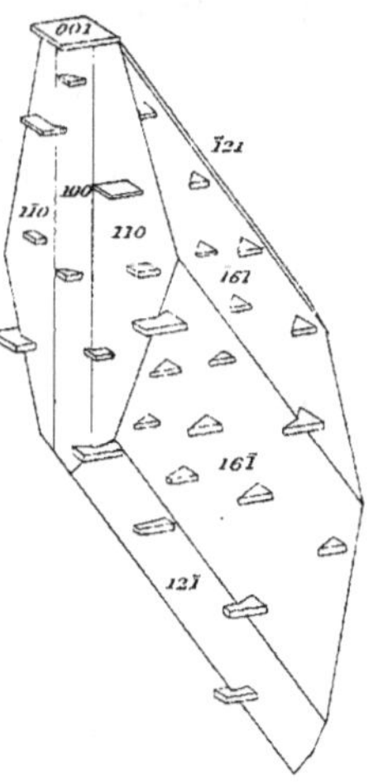

$$0,65629 : 1,2228 : 1.$$

D'après ces résultats, on voit que le groupement des deux cristaux est tel qu'un axe
binaire de la barytocalcite coïncide avec un
axe ternaire approché de la barytine, et
qu'un axe binaire de ce dernier est parallèle à la diagonale d'une face de la forme
primitive du premier.

Fig 229. — Barytocalcite
et barytine.

Quartz et feldspaths. — Dans ce groupe rentre une association
de ces deux minéraux pouvant donner naissance à une pegmatite.
J'ai, en effet, observé dans une pegmatite l'orientation suivante :
un plan de symétrie du quartz coïncide avec le plan de symétrie
de l'orthose et la face (1101) du quartz repose sur la face (100) du
feldspath, de sorte que la diagonale de la face du quartz est parallèle à l'arête (100) (010), qui est un axe quasi-ternaire.

§ V. — Groupements d'apparence aberrante

Il nous faut maintenant nous occuper d'une catégorie de grou-
ments ne satisfaisant pas absolument à la loi énoncée au début de
ce travail, et dont l'examen nous permettra de préciser nos connaissances sur l'action d'une particule cristalline sur les autres par-

ticules. Dans les groupements étudiés jusqu'ici l'orientation des cristaux était déterminée par la coïncidence de deux éléments des formes primitives de ces cristaux, et l'on a pu constater que, dans certains cas, la coïncidence de ces éléments entraînait celle d'un axe trapézoédrique de l'un des cristaux, avec un des éléments de la forme primitive de l'autre. Or, dans les groupements qu'il nous reste à étudier, un seul élément de la forme primitive de l'un des cristaux coïncide avec un élément du second, et c'est la coïncidence d'un axe trapézoédrique de l'un des cristaux avec un élément de la forme primitive de l'autre qui achève de déterminer l'orientation des cristaux.

Magnétite et oligiste. — L'association la plus remarquable, satisfaisant aux conditions ci-dessus énoncées, est sans contredit

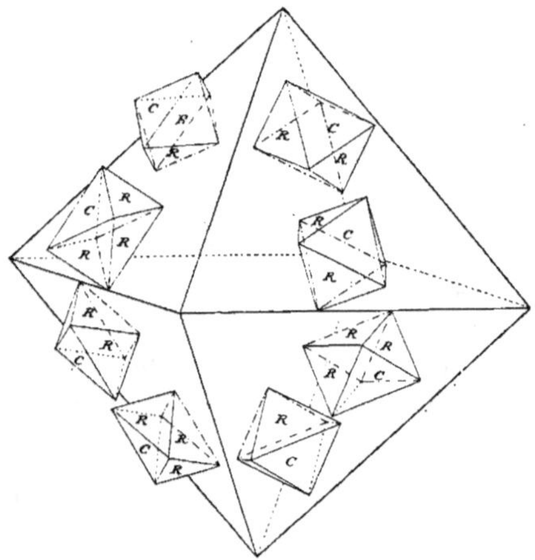

Fig. 230. — Magnétite et oligiste.

celle décrite par von Rath, d'après un échantillon venant du Vésuve et comprenant un octaèdre de magnétite englobant de petits cristaux d'oligiste (fig. 230.) Ce dernier minéral est limité par les bases et par les faces du rhomboèdre primitif; les bases sont parallèles à l'une des faces de l'octaèdre, et, en outre, la droite d'intersection d'une base avec une face du rhomboèdre, c'est-à-dire un axe binaire, est parallèle à l'une des hauteurs de la face de l'octaèdre, c'est-à-dire

parallèle à un axe trapézoédrique de la magnétite. Sur la même
face de cet octaèdre, les cristaux d'oligiste peuvent d'ailleurs
avoir deux orientations à 180°. Il y a donc, comme on le voit, huit
orientations différentes pour les cristaux d'oligiste.

Tourmaline et muscovite. — Un second cas du même mode
d'association nous est fourni par ces deux minéraux qui ont été
trouvés réunis par MM. Linck et Mügge. Une base de la tourmaline
est parallèle au plan de clivage du mica, et la trace d'un plan de
symétrie du premier minéral, c'est-à-dire un axe trapézoédrique,
est parallèle à l'axe binaire du mica.

Muscovite et iodure de potassium. — Il a été indiqué plus haut
que l'iodure de potassium s'orientait en cristallisant sur une lamelle
de mica, de façon que les axes ternaires fussent parallèles ainsi
que les axes binaires perpendiculaires, mais il peut se produire
une autre orientation, dans laquelle l'iodure est à 30° de l'orientation précédente, et où les axes binaires de l'un des minéraux
coïncident avec les axes trapézoédriques de l'autre.

Muscovite et azotate de soude. — Sur une lamelle de mica
l'azotate de soude cristallise en rhomboèdres, dont les plus petits
présentent une base sur laquelle ils reposent, de façon que les
axes trapézoédriques des deux minéraux coïncident. Les rhomboèdres présentent d'ailleurs deux orientations à 180° l'une de
l'autre.

De ce qui précède il résulte que, dans les groupements de cristaux d'espèces différentes, les axes trapézoédriques se présentent
comme des rangées particulières jouissant de propriétés communes avec les véritables éléments de symétrie. A plusieurs reprises
nous avons été amenés à faire un rapprochement analogue entre
ces axes trapézoédriques et les éléments de symétrie ; tout d'abord
on a vu que, dans les groupements autour d'un axe ternaire, les
axes trapézoédriques devenaient des axes binaires véritables du

---

[1] *N. Jahrb. f. Min. u. Geol.*, 1876, p. 386.

[2] *Jenaische Zeitsch. f. Naturw.*, t. XXXIII, p. 350. — *Centralblatt f. Min. u. Geol.*,
1902, p. 354.

[3] *Pogg. Annalen*, t. XXXVII, 1836, p. 516.

[4] *Pogg. Annalen*, t. XXXVII, 1836, p. 516.

groupement ; d'autre part, il arrive fréquemment que ces axes trapézoédriques deviennent, dans un cristal, des axes binaires apparents, jouissant, tout au moins au point de vue des formes cristallines, de toutes les propriétés des axes binaires ordinaires. Il faut donc bien admettre que dans les cristaux ces axes trapézoédriques ne sont pas des rangées quelconques, qu'ils jouissent de propriétés qui ne découlent pas immédiatement de la nature du réseau, ni de ce que nous savons de la particule cristalline. Au point de vue géométrique, ces axes trapézoédriques sont les seules droites qui, sans être des axes de symétrie, sont, cependant, perpendiculaires sur deux axes de symétrie, perpendiculaires entre eux, mais je ne sache pas que cette position particulière entraîne, d'une façon générale, de propriété spéciale. Il faut donc admettre que la particule cristalline présente quelques particularités qu'il serait du plus haut intérêt, pour la cristallographie, de mettre en évidence.

TABLE DES MATIÈRES

LIVRE PREMIER
DE LA DÉFORMATION HOMOGÈNE

CHAPITRE PREMIER
ÉTUDE THÉORIQUE

CHAPITRE II
RECHERCHES EXPÉRIMENTALES

CHAPITRE III

DE LA CONSTITUTION DES CORPS CRISTALLISÉS

LIVRE II

GROUPEMENTS CRISTALLINS

CHAPITRE PREMIER

ÉTUDE GÉNÉRALE

CHAPITRE II

GROUPEMENTS PARFAITS

CHAPITRE III

GROUPEMENTS IMPARFAITS

LIVRE III

DE LA SYMÉTRIE APPARENTE. 164

LIVRE IV

POLYMORPHISME

CHAPITRE PREMIER
CONSIDÉRATIONS GÉNÉRALES

CHAPITRE II

ÉTUDE DES PRINCIPAUX CORPS POLYMORPHES

CHAPITRE III

CRISTALLISATION D'UN MÉLANGE DE DEUX CORPS

CHAPITRE IV

P-Azoxybenzoesäureäthylester. p-Azoxyzimmtsäureäthylester. Propionate de cholestérine. Caprinate de cholestérine. Caprylate de cholestérine. Laurate de cholestérine. p-Azoxyphénétol.
Influence des matières étrangères.

CHAPITRE V

CHAPITRE VI
THÉORIES DU POLYMORPHISME

LIVRE V
ISOMORPHISME

CHAPITRE PREMIER

CHAPITRE II
MÉLANGES CRISTALLISÉS

CHAPITRE III
DES RAPPORTS DE COMPOSITION ENTRE LES CRISTAUX MIXTES
ET LE MILIEU CRISTALLOGÈNE

CHAPITRE IV
PROPRIÉTÉS PHYSIQUES DES CRISTAUX MIXTES

CHAPITRE V

POLYMORPHISME DES CRISTAUX MIXTES

CHAPITRE VI

POLYMORPHISME DES CRISTAUX MIXTES HYDRATÉS

CHAPITRE VII

STRUCTURE DES CRISTAUX MIXTES

LIVRE VII

GROUPEMENTS DE CRISTAUX D'ESPÈCES DIFFÉRENTES